C 模式之二

追求繁荣与舒适

——中国典型城市规划、建设与管理的策略

（第二版）

仇保兴　著

中国建筑工业出版社

图书在版编目(CIP)数据

追求繁荣与舒适——中国典型城市规划、建设与管理的策略/仇保兴著. —2 版. —北京：中国建筑工业出版社，2007
(C 模式之二)
ISBN 978-7-112-09636-7

Ⅰ. 追… Ⅱ. 仇… Ⅲ. ①城市规划—研究—中国②城市建设—研究—中国 Ⅳ. TU984.2

中国版本图书馆 CIP 数据核字(2007)第 158121 号

C 模式之二

追求繁荣与舒适

——中国典型城市规划、建设与管理的策略

(第二版)

仇保兴 著

*

中国建筑工业出版社出版、发行(北京西郊百万庄)

各地新华书店、建筑书店经销

北京天成排版公司制版

北京建筑工业印刷厂印刷

*

开本：787×1092 毫米 1/16 印张：32¼ 字数：600 千字

2007 年 11 月第二版 2020 年 6 月第九次印刷

定价：98.00 元

ISBN 978-7-112-09636-7

(35543)

本书是在作者2002年出版的《追求繁荣与舒适——转型期间城市规划、建设与管理的若干策略》基础上，经修订、补充而成的。

我国城市化正进入高速发展时期，市场化、全球化及高科技浪潮的冲击波一浪高过一浪。但是，由于传统的城市规划理论与技术、囿于计划经济模式的城市政府行为以及盲目的城市社会改造运动，使得在我国城市高速发展的同时也暴露出许多问题。本书着眼于总结国内外城市化的经验尤其是失败的教训，着重强调在城市化过程中亟待解决滞后的理性和幼稚的法治；城市规划体制和编制方法的创新；无法回避的城市竞争力；繁荣城市经济的钥匙；城市科技创新与政府管理模式变革；城市个性和特色的沦丧与复兴；现代城市对美化、维护和整修的要求；追求舒适、便利与和谐；经营城市的基本矛盾及对策；传统城市管理模式的矛盾与变革之道等。

本书不仅可作为广大城市管理者、城市规划师、建筑师、景观设计师及房地产开发商的学习用书，而且也是广大建筑与城市规划院校师生员工的有益参考读物。

责任编辑：吴宇江
责任设计：崔兰萍
责任校对：王雪竹　关　健

自　序

毫无疑问，人类最伟大的成就始终是她们所缔造的城市。城市代表了人类作为地球的统治物种所有想像力的恢弘巨作。当今的世界不再仅仅是国家的组合，更是城市相互联系构成的体系(Galaxy)。城市化和城市发展已经成为这个时代既充满机遇和希望，又令人忧心忡忡的话题。从本世纪开始，在全球范围内，城市人口首次超过了农村人口，世界有50%以上的人口居住在城市，在未来30年，发展中国家的城市人口势必增加一倍，从20亿增至40亿。与此同时，无论是发达国家还是发展中国家，快速发展的城市几乎都伴随着能源浪费、人居环境恶化、就业短缺、交通拥堵、空气污染、疾病流行、生态退化、贫民窟蔓延等弊端。正如联合国助理秘书长沃利·恩道说过的那样，“城市化极可能是无可比拟的未来光明前景之所在，也可能是前所未有的灾难之凶兆。所以，未来会怎样就取决于我们当今的所作所为。”为此，进入新世纪，在城市发展过程中如何解决城市发展与人口、资源、环境压力的矛盾，特别是节约能源资源，保护生态环境，应对气候变暖，已经成为全人类共同面临的严峻挑战。

与此同时，我们生活在一个日益加速变化的全球化和多样化时代，城市问题几乎是人类面临所有问题的聚集点。由于发展水平、文化传统、自然资源禀赋等方面的不同，就城市所面临的问题和挑战而言，不存在简单的答案和单一的解决办法：某些城市面对过度增长的现状，它们在提供足够的公共服务设施、保障适宜的住房以及满足居民文化、精神需求和解决日益严重的环境污染和市容卫生等方面显得束手无策……这些城市所缺乏的是“舒适”的要素；而另一些城市则面临资源非持续利用、人口老龄化、城市产业衰败、就业机会日趋减少，在全球化体系中，这些城市正面临着被迅速“边缘化”的命运……我们可将它们归纳为缺乏“繁荣”的要素。

除此之外，某些城市首脑错误地判断形势或只是从自身短期的政治需求出发，或被锁定在过去成功的模式之中，盲目决策：如过度负债兴建宽马路、大广场；引进不恰当的高污染、高耗能的企业使资源供应日趋短缺；必要的基础设施投资不足促使人居环境恶化、疾病流行和治安混乱，最终导致人才流失、经济衰退……此类城市面临“繁荣与舒适”均退化的双重困境。

回溯历史，实现城市的“繁荣与舒适”知易行难。城市科学研究者们往往只是满足于纸上谈兵，构建种种日趋复杂高深的城市模型，勾画出种种振奋人心的“理想之城”，历史上的“广亩城市”、“阳光之城”、“空中城市”……当把这些完美的设想付之实践的时候，“繁荣与舒适”的理想目标不是捉襟见肘就是烟飞灰灭。当然更多的理想之城未被实践就已经归入废纸堆之中，成为文字的乌托邦式的虚构之城。

城市实践者，包括工程师、规划师及其领导人——城市首脑们，又会因知识维度不足、个人好恶或自身政治利益出发，而常常采用“管中窥豹”、“盲人摸象”式的思维方式，将复杂的自组织系统——城市肢解为产业的城市、机动的城市、卧城……由此而采取的策略结果常常使“繁荣与舒适”顾此失彼。正如李瑞环同志所指出的：城市领导的决策必须依靠城市科学，离开城市科学的领导是“瞎领导”。同时，城市科学也必须围绕城市领导的需要进行研究，脱离领导的研究是“白研究”。

所幸的是笔者自 1984 年起就在“温州模式”的发源地乐清市任主要领导，市场经济和对外开放的超前进行也使我领教了现实城市问题的紧迫性、复杂性和广泛的关联性。随后我的金华市委书记和杭州市市长的经历，以及有机会赴香港大学、美国斯坦福大学、哈佛大学、澳大利亚悉尼大学和法国环境学院学习培训，或作为访问学者的学习机会，更使我领悟出不从实际问题和历史经验导向的“城市研究”和没有科学理性指导和足够知识储备的“城市领导”的危害性。

尽管本书写作的目的在于力求使自己和同行们避免“白研究”或“瞎领导”的误区，但我个人 20 多年的实践和研究与博大精深的城市科学体系相比，只能是“沧海一粟”，所提的对策措施也难免有“一叶障目”式的谬误。希望本书的出版也能像本人 2002 年出版的著作那样得到学术界与实践者们的批评与指正。

作者写于北京百万庄

建设部大院

2007 年 8 月

前　言

我国的经济与社会发展已经进入到了一个新的历史阶段。至2001年止，全国设市城市663个，建制镇近2万个，城镇人口达4.6亿人，城镇化水平为36%，城市国内生产总值、工业产值和社会消费品零售总额都占全国的70%以上。据世界发达国家城市化的经历来判断，我国城市化的“起飞阶段”已经来临。在这一时期，城市对社会经济的发展扮演着决定性的角色，没有城市的健康发展，我国社会发展的许多目标都将难以实现。

著名的城市历史学家刘易斯·芒福德认为：城市起因于人类的社会需要，并使这些需要的表达方式和方法变得更为强烈。在城市中，外来的力量和影响相互混合，它们的冲突和协调，对于推进城市的发展都一样重要。互不相同的人、互不相同的兴趣和互不相同的信仰将打破血缘关系和邻里关系的传统束缚。在城市环境中，机械的震动会引起社会的变化，而社会的需要又会转化为发明创造，这将导致工业和政治进入新的试验渠道……城市一旦消除了它有史以来的固有缺陷，它将来发挥的社会作用将会远远超过历史上所发挥的作用。

而现代城市规划是在现代城市化的历史背景下，由社会改造运动、政府管治行为和专项工程技术三方面的相互渗透、共同作用而形成的综合体。城市规划的核心任务是以维护国家利益、民众利益为目的，调控空间资源的开发，实现经济、社会的协调和可持续发展。城市规划作为政府行为，不仅包括对城市内部开发、建设和管理的具体安排和协调，同时还因为今天的农村或许就是明天的城市，所以也应包括对城市化区域与城乡发展的宏观调控。

当前，我国城市化正进入高速发展时期，市场化、全球化及高科技浪潮的冲击波一浪高过一浪。但是，由于传统的城市规划理论与技术、囿于计划经济模式的城市政府行为以及盲目的城市扩张和改造活动，使得在我国城市化高速发展的同时也暴露出许多问题。

本书着眼于总结国内外城市化的经验尤其是失败的教训，着重强调在城市发展过程中亟待解决的若干问题。它们是：

（一）城市规划理论、技术、法律和管理体系应适应时代的要求，适时进行创新。规划作为一种政府行为，不应是排斥、对抗市场的作用，而应充分利用市场机制来实现规划调控的目标，并及时弥补其不足之处。规划的本意也在于填补“市场缺陷”。所以，引入竞争机制，改革编制及其审批办法，加强法制建设和改善政府对规划的调控是极为必要的。如何实行规划的规定性与市场经济所要求的灵活性的结合，持续地提高其科学理性和法治水平？

（二）城市是国民经济的主要载体。没有城市的发展就不可能有有效的消费和生产。同时，城市发展也是拉动经济增长的主要动力之一。没有适度健康的城市发展，产业结构的调整，农业、农村和农民的出路，生态平衡，防治污染及社会就业等方面的问题都难以解决。城市规划应是城市经济健康、持续发展的轨道，是经济繁荣的推进器而不能成为其桎梏和障碍。如何提高城市规划的预见性，使规划与快速发展的城市化相适应，有效指导城市化发展进程？

（三）国与国之间的竞争其实就体现在城市之间的竞争，提高城市在新时期的全球竞争力，是我国加入 WTO 后参与全球竞争的关键。传统的规划理论强调静态的“定位”和面面俱到的综合竞争能力，但世界上具有强大竞争能力从而获得高速发展的城市，从产业结构上来看，一般都突出了一二项强势的产业。如会议展览城市德国汉诺威、印刷机械和大学城德国海德堡、港口城荷兰鹿特丹、服装名城意大利米兰、钟表之都瑞士洛桑和国际硅谷之源美国圣何塞等，无一不是以独到的城市竞争优势而屹立于世。如何解释和培育这些基于全球分工而形成优势产业的城市核心竞争力？

（四）城市又是现代科技进步的发祥地和孵化器，几乎所有的高科技都诞生于城市。给予这些创新活动以最大的自由度，并遵循科技进步、高新技术产业发展自身的规律，变革城市政府的管理模式，无疑是所有发展中国家城市政府的工作重点之一。如何更有效地推进第一生产力的发展而不是成为其障碍？

（五）城市是历史文化浓缩和积淀的产物。正是基于这些历史文化的遗物，人们才可能解读城市兴衰（其实也是人类自身兴衰）之谜。但高速城市化的冲击力、盲目追求现代化的表征符号、急功近利的无知行为和少数利益集团的贪婪汇集在一起，有可能对体现我国城市特色及可持续发展的高等资源——历史文化遗产带来毁灭性的灾害。如何摆脱这场规模空前的特色危机和文化危机？

（六）城市"三分建设、七分管理"已经成为黄金定律，但广义的城市管理包括了其与建设交织在一起的整修治理，并由此派生的"城市美化运动"正席卷全国大地。这是一场灾害还是解决城市病的良药？我们能从这一在半个世纪前就被西方发达国家抛弃的旧巢中拾取什么经验和教训？如何正确处理优化"城市形象"与避免浮夸的关系？

（七）城市规划、建设和管理的最高目标，是让人类"诗意般"地栖息。但如何才能正确解读人们对舒适、便利与和谐的理解和追求？怎样处理十分有限的土地资源、生态资源与市民追求居住质量及城市扩张的矛盾？

（八）城市本身是一份可以增值，但也会迅速贬值的资产。因此，在规划和建设城市时，要着眼于城市整体资产的增值，讲究经营理念、手段和法规。但公共设施的不足与城市的高速发展恰如一对孪生兄弟。如何从经营城市空间资源的过程中有效地获取财富为全体市民尤其是贫困的群体提供更多、更好的公共服务设施，显然是当务之急。

在我国，城市化已如离弦之箭飞奔向前。正如诺贝尔经济学奖获得者斯蒂格利茨所认为的那样：21世纪对全人类最具影响的两件大事，除了新技术革命之外，就是中国的城市化。这是我国生产力发展阶段的必然要求。面对这汹涌而来的大潮，谁也不能挽回和阻挡，只能是充分地发挥城市规划追求理性和法治的功能，把正航向，克服弊端，和谐发展。机遇和挑战、困难和希望始终同在。

提对问题无疑是解决问题的良好开端。本书正是基于这样的要求，从城市规划、建设和管理的实践经验与理论归纳两方面入手，试图对这些问题作初步的解答，力求起到抛砖引玉之功效。

目　　录

第一章　滞后的理性和幼稚的法治

——城市规划现状的困惑与解读

众所周知，城市规划已被公认为是各级政府指导与调控城市建设和发展的基本手段，是关系我国社会主义现代化建设事业全局的重要工作[1]。李瑞环同志说："城市建设第一位的工作是城市规划。规划是城市建设的蓝图，是城市管理的依据，也是城市发展的目标。没有好的城市规划，就不可能把城市建设管理好……"[2]。城市规划也被认为是科学理性和实践艺术性的有机结合。规划师们大都受过专门的高等教育，掌握了"高深而又广博的科学知识与技能"，并有着丰富的实践经验，被称之谓现代社会不可缺少的知识财富。

城市规划法规是国家的基本法规之一，有着一定的权威性和强制性。规划部门借助于"两证一书"[3] 的法定权力而理应使城市规划得到较好的实施。各级城市规划部门也依法成为不可替代的执法主体。

毫无疑问，城市规划作为一门应用科学，近十年来在我国得到了长足发展，对社会进步、经济繁荣和人民生活质量的提高都起到了十分重大的作用。1984 年《城市规划条例》实施，1990 年《城市规划法》颁布也不断提高了城市规划者的地位。但随着国力的增强，市场主体经济活动能力的提高，城市规划模式、规划师的知识结构与城市发展、经济建设的实际不相适应的矛盾反而越来越突出了，社会各界对城市规划工作者的意见比任何时候都更为尖锐。有的城市在公开评议"最满意与最不

---

[1] 参见：国办发［2000］25 号《国务院办公厅关于加强和改进城市规划的通知》

[2] 李瑞环同志在大连考察时的讲话，解放日报，1999 年 10 月 31 日

[3] 这里指的是：建设用地规划许可证、建设工程规划许可证和建设项目选址意见书

满意政府部门”时，当地的城市规划局竟然位居倒数第一。我国城市建设以“一年一变样，三年大变样”的速度突飞猛进，城市规划也迎来了空前的繁荣，但城市规划工作者的苦恼、彷徨也与日俱增。

这种奇特的不协调性是如何形成的？为什么自认为体现科学理性思想的城市规划工作者在当今会受到如此多的责问？本章就是试图从分析我国城市规划工作中存在的问题入手，进而揭示造成这些问题的原因。

一、当前城市规划存在的问题

（一）城市规划对城市发展失去调控作用

规划失效(Planning Failure)已经日益频繁地出现在各种学术刊物上。城市规划作为市场失效(Market Failure)的弥补者，在市场化逐步完善的今天却失去调控的作用，这是十分值得关注的现象。规划失效主要体现在两个方面：

一方面是许多城市总体规划尚未到期，但城市建设规模已完全突破原定的框框。许多城市为期 20 年的规划指标 5 年“完成”已成为“常识”。自 1980 年以来，人口在 200 万和 100 万以上的大城市，人口增长速度分别是 1964～1980 年的 6.37 和 2.35 倍❶。在这种大大超越规划预测的发展速度面前，规划的失效就成了普遍的现象。例如，深圳 2010 年城市总体规划人口总数为 300 万人，但到 2000 年第五次人口普查时的人口总数已达 707 万人；北京市 2010 年规划总人口为 800 万人，而 2000 年的实际人口为 1800 万人。原估计 2000 年北京机动车数量达到 50 万辆，但现在已经突破 160 多万辆❷。

另一方面，总体规划的实施进程滞后于规划的期限。例如，1983 年制订的杭州市城市总体规划，到 1999 年就已到期了，但市域范围内的分区规划和控规的覆盖率还仅有 30%左右，除上城、下城区外，其余四个区的大部分区域的次干道、供电、通信、排水、供水、燃气、消防、供热、环境卫生等系统的布局就没法确定，反映在道路建设上与各种管道铺设不同步，结果是修了挖，挖了又修，老百姓戏称城市道路应安上

---

❶ 参见：建设部. 中外城市与城市化对比分析. 1997 年 8 月

❷ 参见：京城违法建筑：怎一个“拆”字了得. 中国经济时报，2001 年 9 月 24 日

拉链。

（二）城乡规划体制分割，城郊结合部建设混乱

传统的城市规划管理始终受到“规划区”或“市区”等模糊概念的限制，无论是1990年的《城市规划法》，还是1999年1月1日实施的新版《土地法》，都没有明确规定市区之外的郊区（城市扩张活动最活跃的地区）的土地性质[❶]和规划管理的具体细则，在城市总体规划编制过程中只能将其画成空白地带。在实际规划管理上，也往往采用规划部门与土地管理部门分而治之的策略，其结果就使得城郊结合部成了“两不管”的地带，基础设施不配套、环保市容卫生设施不足、管理混乱、生态受到严重破坏、“城中村”蔓延等脏乱差现象成了城市通病。尽管在规划法中已将建制镇作为小城市纳入规划法的管理范围，但并没有及时出台能够有效管理城市郊区的管理办法，尤其是对20世纪80年代以来出现的农村工业化迅速展开和集体所有制土地需求快速增长的新情况，没有在法律和制度上作出安排。城市和农村规划在法律规章、管理理念、机构人员等方面都成了“两张皮”，造成了具有中国特色的城市郊区病。

（三）开发区规划建设与城市总体规划脱节，自成体系

改革开放之后，城市发展加速，许多大城市理应利用开发区来加快新区的建设，使老城得到疏解。但长期以来由于城市规划编制的滞后，再加上长期拘泥于“三为主”的方针[❷]，许多城市的开发区并没有作为城市的有机组成部分来发展，从而不能成为老城区产业和居民住宅有效疏散的发展区，更严重的是造成老城区建筑密度过高和开发区土地资源浪费现象并存的困境。例如著名的历史文化名城、旅游城市杭州市，最密的城区已达4万人/km^2，超过了上海。旧城人口密度过高、服务功能重叠的情况几乎是普遍的现象。这不仅使市民居住环境受到严重的影响，而且也由于旧城的高强度开发改造，使我国许多城市历史街区几乎消失殆尽，风貌荡然无存。如桂林市，按照国务院批准的城市总体规划要求，该市核心城区的人口规模应在1985年6万人的基础上，到2000年逐步疏解至3万人左右，从而降低建筑密度，保持城市的传统风貌。但是，

---

❶ 参见：敬东．新土地管理法对城市规划法的影响．城市规划汇刊，1999年第5期第76页

❷ 指原国务院特区办规定的国家级开发区建设必须以引进外资企业为主、工业企业为主、高新技术产业为主的方针

由于当地政府及其主管部门的一些领导片面强调旧城改造的紧迫性，对传统风貌的保护和继承重视不够，这一重要的规划保护原则并没有得到落实，人口规模不减反增，到1998年底已经达到了11万人，致使建设密度愈来愈高，环境问题十分严重，并对传统风貌造成破坏性的影响，整体形象已经给人完全不同的感受。目前，桂林市为了按照总体规划的要求，恢复山水城市格局，不得不将一批建于20世纪80年代和90年代的建筑拆除。

同时，各类开发区规划管理封闭进行，产业结构单一，也给许多城市的发展带来了弊端。例如，交通呈“钟摆式”，开发区晚上成为流浪汉和小偷出没的“死城”。尤其值得引起注意的是，新一轮的开发区热、大学城、科技园、软件园、旅游度假区等可以独立进行规划的园区纷纷涌现，从而肢解了城市的总体规划，给城市的长远健康发展埋下了隐患。

（四）历史建筑、城市风貌受到空前破坏

解放以来，我国城市中传承着城市文脉的历史古建筑和遗迹受到三次严重的破坏：第一次是解放初的大建设到大炼钢铁，许多珍贵的文化遗产和古建筑被拆毁，布满精美雕刻的梁柱门窗被用来“炼钢”；第二次是文化大革命破四旧，大批红卫兵几乎是横扫一切古建筑，许多文物古迹难逃被破坏的厄运，仅遗留下部分被“实用化了”的建筑得以保留，许多历史街坊是由于地方政府财政困难无钱进行改造而使风貌得以幸存。但改革开放之后兴起的第三次破坏浪潮几乎是灭绝性的，借着“改造旧城，消灭危房”的动人口号和“为民办实事、旧貌变新颜”的雄心壮志，再加上众多房地产商人的利益引诱(因而也萌发不少腐败现象)，从而使由许多历史古建筑组合而成、历代许多能工巧匠精心打造的历史街区毁于一旦，不少历史文化名城文脉之根再也无法找寻。此外，受求大、求洋的浮夸风之影响，少数保存较为完美的城市古街坊区也被不伦不类的大广场“中心开花”而变得面目全非。

更有一些城市领导，急功近利，热衷于拆真古迹，建假古董，造成历史文化遗产、自然资源和城市独特风貌的破坏。例如，浙江舟山定海古城曾是明代抗倭前线、清代鸦片战争的重要战场，经过历朝各代特别是清代和民国时期的建设，定海已经形成独特的古城风貌，享誉中外，是省级历史文化名城。1999年，在旧城改造过程中，忽视历史文化遗产的保护，将舟山市城市总体规划确定的保护区内的西大街东段长约50

米、东大街西段北侧长约 60 米、东大街东段南侧长约 140 米地段内的传统街巷和建筑，列入定海古城保护范围的五道防火墙中的一道以及其他具有历史文化价值的传统街巷和建筑等拆除，致使历史文化名城的总体格局和风貌遭到严重破坏。

（五）城市生态受到破坏，环境污染日益严重

目前，我国城市的生活污水和工业废水的处理率还不到 30%，近 80%的污水未经处理而直接排放，使得许多城市和周边农村河道、地下水源受到严重污染。昔日清澈的河水、繁多的鱼虾、岸边的垂钓、儿童们戏水等都成了遥远的记忆。与我们的近邻日本相比，1996 年日本主要城市下水道普及率为 96%，污水处理率为 98.6%，而同期我国城市污水处理率只有 21%。

企业燃煤锅炉的废气混合着汽车尾气和灰尘，也使许多城市居民难见蓝天白云。

随着人民生活条件的改善，城市生活垃圾日益增多。部分南方城市因在基础设施方面投入过少，垃圾随便堆放，导致城市已被垃圾堆所包围。长江三峡库区随意堆放的垃圾处理费用估计高达 30 亿元人民币。据统计，我国城市垃圾处理率还不到 50%，而且其中一半以上城市的垃圾是未经处理的露天堆放，与发达国家 100%的处理率相比差距十分巨大。

城市的绿地被违法建筑不断地蚕食。如 1997 年，广西平乐县委、县政府将具有 500 多年历史的中山公园作为商品住宅开发，园内大量古树名木和文物被毁；1999 年，广州市共查处侵占绿地、破坏绿地的行为 1.613 万宗，平均每天 45 宗。还有近些年从西方学来的大草坪正在错误地取代对尘埃和工业废气有良好过滤作用的树木……据不完全统计，全国城市近 10 年因建设被侵占的绿地（主要在中心市区）达 45 万亩。

这一切都导致我国许多城市的生态受到严重破坏，环境污染日益加剧，全国有 70%的大中城市大气污染指数在 3 级以上，2/3 的城市居民生活在超标的噪声环境之中。全球十大污染最严重的城市，我国就占了 8 个。

随着我国加入 WTO，汽车时代的到来，机动车尾气已逐渐成为城市主要的污染源。上海市道路交叉口曾发生值勤警察中毒事件，北京曾发生过车辆废气与工业污染叠加的“光气”现象。

（六）规划监督约束机制软弱，违法建筑严重泛滥

全国600多个城市都不同程度地存在违法建筑的蔓延现象。例如：

北京市近几年已拆除1300万平方米违法建筑，还仅仅是拆除了街面、路边和公园绿地的违法建筑，尚未触及许多深宅大院和城郊结合部的违法建筑。据统计，北京尚有1000多万平方米的违法建筑。

深圳市到2001年底共建有3亿平方米的总建筑量，其中约1/3属未批先建和乱搭乱建的违法建筑。该市目前以每年拆除300万平方米的进度还不能遏制违法建设的势头。

广州市近几年已拆除了近1000万平方米的违法建筑，但也仅是消除了一部分违法建筑。

被誉为天堂之城的杭州，仅1999～2001年三年内就拆除了320多万平方米的违法建筑。

大多数城市的城乡结合部，受到城市集聚经济的辐射影响，农村经济发展较快。但集体土地未经征用为国有就进行开发建设，农业用地以使用权流转、合作开发等名义转为建设用地，不仅导致建设布局混乱、土地利用率低、国有资产严重流失、基础设施严重短缺、环境恶劣，严重制约了城市的发展，而且也造成了违法建设屡禁不止、愈演愈烈的趋势。

（七）城市建设时序混乱，城市基础设施严重不足和重复建设浪费并存

改革开放以来，大批的城市和城市建成区快速崛起，但这类城市的不少领导缺乏城市规划方面的基本知识。就如“农民城”那样，房子和工厂成批盖起来了，但道路、供水、排水，尤其是污水、供热、垃圾处理等基础设施严重短缺。这种先盖房后修路、再修下水道的错误建设时序，使许多城市污水横流、建筑垃圾遍地、道路刚修又掘开。一些北方城市甚至近80%的道路没有下水道，到了冬季，雨水和污水结成厚厚的黑冰疙瘩，使车辆和行人步履艰难。许多城市的大楼群、大商场因事先未编制交通设施规划或进行交通流量分析，建成之后才发现交通不畅、供水不足、排水困难。重大基础设施项目布局不合理。例如，杭州市区总投资达16亿元之多的望江热电厂，定址在新一轮总体规划确定的城市CBD和城市跨江发展的中心地带。如该项目上马，每年几十万吨的煤及煤灰的运输，方圆5平方公里的高降尘区将使城市遭受无法预计的损失。

恰好在该电厂打桩兴建之时，经各方努力得以停建，才避免了给杭州脸上抹灰。但也因为设备订货合同已签，总赔偿损失金额达 4 亿元之巨。

而另一方面，又由于行政体制不顺，一些城市“一条街道三个府”，机构重叠，财政分灶吃饭，基础设施重复建设屡见不鲜，不到 10 公里距离范围内建有两个电视高塔和大规模的火车站，相互唱对台戏。

（八）区域化规划或协调机制不健全，传统的大而全、小而全思想仍占上风

长期以来，由于错误的节约土地和约束城市发展的思想[1]（据有关统计资料表明，1995 年我国设市城市平均人均建设用地实际值为 101 平方米，而建制镇平均建设用地为 239 平方米）导致城市规划区之外无法进行规划管理，城市规划完全脱离了区域协调发展的客观现实需求。正如芒福德（Lewis Mumford）所说的：“真正成功的城市规划必须是区域规划。区域规划的第一不同要素需要包括城市、村庄及永久农业地区，作为区域综合体的组成部分。”而目前不少地方的一些规划部门仍在“本末倒置”，拘泥于“城市规划区”的旧框框，忽视了城市与周边城镇的协调发展、城市与城市间的相互作用和城市与城郊农村的统筹规划、互补发展。这表现为以下几个方面：

区域基础设施失调：区域内不能实现基础设施共建共享，出现了诸如某一沿江城市的排污口曾建在另一城市取水源的上游。珠江三角洲方圆不到 200 公里的范围内建有 6 个大型机场，结果导致客源不足而濒临破产的恶果。地级市东莞由于缺乏统一的区域规划，各乡镇基础设施自成体系，仅自来水厂就有 100 多个，而污水处理率极低。江苏境内 400 公里长的长江沿江地段，“条条”“块块”各建各的码头港口，已建、在建、将建的万吨级泊位竟达 135 个，能力超过了实际需求，造成许多码头闲置。

环境保护失调：在江南水网密布的地带，由于缺乏区域性的协调规划，各城市竞相追求眼前利益，随意排污，水质严重污染，鱼虾绝迹，居民发病率持续上升，使全国水资源最富余的地区面临水质性缺水的境

---

[1] 曾经有一段时间，认为大中城市浪费土地必须严格控制的意见在我国占了上风，靠城市规划去约束城市的发展也被不少政府部门采用过。事实证明，这种基于计划经济的方法只会造成城市的畸形发展

地，不得不实施代价高昂的远距离调水工程。

产业布局失调：乡镇企业与农村集镇的发展具有相互强化的效能，但由于缺乏利益机制的协调功能，“村村冒烟”设立工业小区，乡镇企业布局分散，产业同构、恶性低成本竞争就难以避免。

总之，这种“只见单个城市，不见区域和城市群”的传统思维，使城市发展的良性循环受到破坏。

(九) 城市建设风格雷同、千城一面

对城市现代化的片面理解和互相模仿，盲目追求城市变大、变新、变高、变洋，热衷于建设“标志性”建筑，而为解决中低收入居民住房困难的廉租房、经济适用房和公共交通等设施的建设则被搁置一边。大广场、宽马路、大草坪、豪华的政府办公楼、景观房产、欧化建筑席卷全国。一些城市的规划建设成了少数城市领导人表达个人意志的试验品，市民的长期利益被淡漠对待，个人好恶取代一切。错误的政绩观又导致片面地追求大大小小的“大变工程”，城市的独特风貌丧失了，众多具有悠久文明史的历史名城在市场经济、新型建筑材料和不珍视自身文化特质等三股潮流的合击下“丧失了自我”。

(十) 中小城镇规划建设未引起足够重视，生活和工作环境相对恶化，未能形成城市化的协调机制

许多小城镇定点不合理，缺乏产业支撑，只是长官意志的产物，而不是将其看成是社会经济自组织复杂系统的有机组成部分。这样一来，小城镇发展就脱离了为周边村庄服务和集聚功能的方向。

规划体系不合理。在实际工作中，只是简单地套用大城市规划的现成程序，但更多的是处于没有规划的状态，有的村镇建筑只简单依据几张沿公路的立面建筑图来进行建设，导致许多南方城镇放任由农民沿着国道线或者省道、县道公路建房，造成居住环境恶化、投资浪费和交通事故剧升。

基础设施缺乏，生活质量下降。在农村工业化的迅速推动下，昔日宁静、充满田园风光的乡村消失了，而现代化城市服务设施又不具备。我国农村许多小城镇正处在这样一种“青黄不接”的历史时期，以至于许多国外旅游者对我国农村小城镇的评价是如此的尖锐：过了一村又一村，村村像城镇(指大规模的房屋建设)，过了一镇又一镇，镇镇像农村(指的是城镇建设的无序混乱和恶劣的生活环境)。

例如，我国乡镇企业起步较早、发展较快的苏南地区，由于缺乏规划的引导，乡镇企业遍地开花。日渐富裕起来的农民大力建造房屋，以改善自己的住房条件，也因没有规划的引导，造成布局混乱：乡镇企业分散在田野，农民住宅散布在田间、地头、公路边，导致土地大量浪费，环境严重污染，居住环境持续恶化。

正因为小城镇建设的失范，无论在生活质量和就业机会提供方面，都无法与大城市竞争，所以造成了大量的农村剩余劳动力越过小城镇直接进入大城市，引发了我国大城市的过度膨胀。

（十一）交通拥挤，市民出行日益困难

如北京、上海、杭州、西安等城市，尽管近几年在城市道路方面进行了大量的投资，但由于小汽车和流动人口增加过快(北京市区约有 300 万流动人口，杭州市区约有 70 万流动人口，约占这两个城市市区人口总数的 1/4 左右)，市区主要道路负荷已达 85%以上，每到节假日，大量的游客进入城市，经常使得局部交通发生瘫痪。有的城市中心区约有 50%的车道高峰时饱和度达到 95%，全天饱和度超过 70%，中心区车辆行驶平均车速降为 10 公里/小时左右。这种情况将随着我国加入 WTO 后，小轿车价格的大幅度降低导致轿车大量进入家庭而进一步加剧。

另一方面，“优先发展公共交通”的方针并没有得到足够的重视，城市公交系统仍然沿袭计划经济的僵化体制，大多数城市公共交通企业主要依靠政府补贴，职工收入和运营效率并无根本性联系，服务质量下降与领导升迁奖惩和职工福利无关，因而普遍处于管理粗放、连年亏损状态，1994 年亏损面就达 70%，当年亏损补贴 35.5 亿元人民币，仅北京、上海两市就达 16 亿元人民币[1]。正是这种垄断加大锅饭的经营模式，导致这些企业几乎没有自我发展的能力，因而不少城市公共交通在整个城市交通客运量中的比重呈下降的趋势。例如，天津市 20 世纪 80 年代公共交通与其他交通形式负担出行率的比重为 19∶81，到了 90 年代初反而降为 10∶90。上海市此比率 1982 年为 30∶70，到了 1995 年降为 25∶75，而另一个城市南京公交出行比率 1986 年为 19.2%，1997 年降为 8.2%[2]。同期，郑州、石家庄等城市公共交通出行量不足总体车出行

[1] 参见：周干峙. 发展我国大城市交通的研究. 中国建筑工业出版社，1997 年 6 月第一版第 5 页

[2] 参见：新世纪的城市与交通发展. 中国城市交通规划学术委员会 2001 年年会暨第十九次学术研讨会论文集，第 23 页、第 29 页

量的10%。近年来，随着“公交优先”发展战略实施力度的进一步加大，城市公共交通有了较快的发展，但城市公交出行的比率仍然偏低。如2006年，天津、上海、南京三城市的公交出行比率分别为10%、24%和18.61%。

交通拥挤所造成的时间浪费和行车成本损失是巨大的。有人测算，其直接经济损失要占国民生产总值的1%以上，有的大城市可能达到所在城市国民生产总值的10%左右❶。而交通事故率居高不下所致的损失更是惊人。北京近年来的交通事故死亡人数每年一直在500人左右，万车交通事故死亡率为6人。而日本东京为1.9人，美国和澳大利亚为2.6人，英国为2.7人(均为1985年数)。

(十二) 城市居民收入贫富差距不断增大，低收入市民住房困难依然存在

我国城市居民收入贫富差距扩大的问题，是在城市下岗失业人员增加、就业矛盾尖锐的背景下产生的。新增城市贫困人口的主体是下岗职工和失业人员、停产半停产企业的职工、长期被拖欠工资的在职职工和养老金不能按时足额发放的企业退休职工。据民政部统计，截止2000年底，按当地制定的“低保”标准，全国应纳入最低生活保障范围的人数为1382万人。但据不同专家估计，目前城市贫困人口在1500～3100万人(还不包括因生活所逼进城打工，但工作又无着落的大量农民❷)。在东北地区某些资源枯竭型城市，或中央、省属企业集中，地方经济欠发达的城市，应纳入“低保”范围的人数已达到居民人数的8%～12%，引发了城市财政的危机。连北京、天津这样的城市贫困人口都已达总人口的5%左右。居民收入贫富差距日益悬殊，正在引发新时期的一系列城市社会问题。例如：

1. 住房紧张。不少贫困居民仍三代同堂居住在破旧狭小的平房中，与周边日趋增多的高级酒楼、豪华公寓形成了巨大的反差。而政府所提供的经济适用房或廉租房，则由于种种原因并没有真正为中低收入阶层

---

❶ 参见：上海市城市道路交通现代化研究报告

❷ 据劳动和社会保障部统计，2000年这部分进城农民的总量已有5000多万人。除了一部分人从事城市企业苦脏累险的职业之外，尚有相当多的人未能就业。而且由于现行的城市户口制度和城乡二元结构的限制，他们未被纳入城市社会保障范围，所有的城市就业统计和生活救助都未包括他们。估计这一部分人数与城市贫困人口相当

所享用，而且数量、户型、面积和地点可选择性都不足。

2. 社会治安状况持续恶化，恶性刑事案件居高不下。

3. 引发社会不稳定的因素。部分贫困职工，在计划经济时期是原国有集体企业的职工，曾拥有社会上令人羡慕的、收入稳定的职业，但近年来由于经济结构调整和企业改革滞后(同时期国企改革进度快、市场化程度高的沿海城市，贫困人口已降到0.5%左右)等社会因素所带来的影响，生活暂处于贫困状态。他们中的相当一部分人对企业经营者的权力缺乏监督制约，损公肥私、腐败浪费和经营决策失误使他们陷入困境而日益痛恨。

从理论上说，在市场经济条件下，城市规划的核心问题应是围绕城市空间资源分配的社会公正(Social Justice)来弥补市场失效。但长期以来，技术规范型的专业教育、偏于一隅的社会地位和与社会复杂状况日益不相适应的调控能力，只能使规划工作者和规划部门的负责人呈现无可奈何的心态。

二、限制城市规划科学性的因素分析

1. 计划经济管理模式的影响

计划经济作为集中分配的体制，从资源供给、项目布局、财政分配、社会调控等方面决定了城市建设的性质、规模和速度。城市的空间与土地使用的模式，是在中央有关部门和各级地方政府的权力和利益的支配下形成的。按计划经济的理论，只要计划制定得当，并以行政手段保证其权威性及其全面执行，城市的各类生产要素就可以有效配置，城市本身也可获得协调发展。正是因为“计划”与“规划”从政府调节控制的角度来讲具有一致性，因而以往也将当地的国民经济和社会发展计划当成城市总体规划编制的主要依据。

也有人认为：从城市规划的历史来看，现代城市规划的思想根源可追溯到几个世纪之前的欧文(Owen)、圣西门(Saint-Simon)、傅利叶(Fourier)等乌托邦、空想社会主义的思想[1]。而霍华德的“田园城市”、勒·柯布西耶的“当代城市”和赖特的“广亩城市”也是空想社会主义思潮影响的产物。这样一来，计划经济与城市规划因为同宗同源从而拥

[1] 参见：Benevolo，Leonardo. Origins of Town Planning. The M. I. T. Press，1967

有相类似的残缺基因的确是不足为奇了。我国实行了40多年苏联式的计划经济僵化体制更将这种缺陷当成宝贝而进行强化。正因为历史基因和苏联模式的相互作用，使得我国计划经济模式对城市规划的负面影响根深蒂固，难以消除。

而市场经济是依靠“看不见的手”——价值规律来调节社会的需求和供给，并由此引导千百万人以追求自身利益的最大化作分散决策为特征的经济体制。人类社会发展的历史早已表明，要达到资源的有效配置，必须依靠市场机制的基础性作用。完全的计划调控(这正是不少城市规划者心仪之处)之所以荒谬，就是因为，要使计划调控富有效率，计划者就必须拥有可供灵活运用的大量信息，不仅要具备关于决定应当做什么的信息，而且还须具有监管已完成事项的能力。2001年度诺贝尔经济学奖获得者美国经济学家斯蒂格利茨断言：“那些处于计划调控中心的人，几乎不可能具备必需的信息”❶。

规划师在编制规划的实际工作中，也常陷入信息“太多”与“太少”的苦恼之中。要汇集城市历史沿革、地理自然、文化习俗、社会经济发展和生态环境等诸如此类的信息数据不可不谓之浩繁，远远超过了规划师的消化能力(尤其是对那些自以为是城市发展主宰导师的规划师来说更是如此)。而且苦心收集的既有的信息仍无助于旧问题的洞察和消除，而新的问题又层出不穷，这对更大量的信息资料收集又提出了更高的要求。这类恶性循环常使规划师们陷入苦恼❷。不仅如此，而且他们也常会忽视在做决策时所使用的信息的时效性。因此，从事后来看，这样所做的“规划决策”出现失误是不可避免的。

正确的态度应该以城市规划来弥补“市场的失灵”，而不是自认为“万能”而包办一切或替代市场机制在城市规划建设过程中过度干预。

一般来说，市场之所以会出现失灵现象，主要是由两个方面的原因造成的：一是信息不完善；二是市场不完全，即存在不完全的竞争。由此引发三类问题：

公共产品提供不足——城市道路、桥梁等基础设施，学校、医院等服务设施，公安、消防、法院等司法保障设施……这些公共产品随着社

❶ 参见：[美] 斯蒂格利茨. 政府为什么干预经济. 中国物资出版社，1998年7月版第64页

❷ 参见：张兵. 城市规划实效论. 中国人民大学出版社，1998年6月版第134页

会经济的发展日益相对短缺。

负外部性问题日益突出——由于偷排污染物可使企业和个人的支付成本减少，导致城市水源、大气环境污染越来越成为严峻的问题；侵占绿地森林、公共空间、河道违法建房可获得巨额的利润，使许多人铤而走险，置居民根本利益于不顾。

垄断尤其是自然垄断的存在——无论是政府服务部门或私人企业，因垄断可排除竞争对手从而产生的超额利润，已成为越来越多的人追求的目标。不适当的政府政策和城市规划不自主地充当了他们的帮凶，从而损害了推动城市经济发展的动力机制、社会公平和生态环境。

2. 功能主义的内在缺陷

功能主义推崇者们从工业革命以来科学和技术发展中得到启示，认为城市可以按照一种科学和合理的秩序进行建设和管理，而城市规划的目的就是寻找和建立这一理性秩序。这种思潮对城市规划的影响，在20世纪二三十年代达到高潮。现代建筑国际会议(CIAM)于1933年通过的《雅典宪章——城市规划大纲》，就是从功能主义思想出发，对现代城市规划原则进行阐述的重要文件。它将城市活动分解为居住、工作、游憩和交通四种功能。尽管在当时的历史背景下——世界经济大萧条之后，凯恩斯主义兴起，强调以政府的积极干预，大规模地进行城市和基础设施建设来扩大内需，摆脱经济衰退；以及人们从西方国家工业化高潮期间城市布局的混乱、贫民窟蔓延、传染病流行的历史中“拨乱反正、矫枉过正”——迎合了以勒·柯布西耶(Le Corbusier)为代表的功能主义思潮，并将《雅典宪章》作为城市规划的经典，深刻地影响着当代规划工作者的思想(尤其是尚未完全从原苏联城市规划模式中摆脱出来的我国城市规划界更是如此)。尽管它所确定的城市规划的根本目标——创造和维持美好的城市生活，及其思想精髓——对人文精神的乐观和对理性的追求等是合理的，但它所固有的缺陷已日益显现：

首先，由于功能主义思想强调对事物的分解，从而达到非常清楚明确地认识所有事物的目的。这种自以为是的观念，就使得我国相当数量的规划工作者，对于城市的认识往往停留在纯粹的物质空间方面，容易产生一叶障目的病症。

他们的思想观念与吴良镛院士和美国规划学家芒福德(Mumford)所

归纳提出的几种科学的城市观有着天壤之别❶。

——城市是社会主义全面发展的关键。

——城市是创造公共财富最大的基地。但城市又是贫穷、社会分化、污染、交通堵塞的渊薮。

——城市问题是社会、经济、技术发展的缩影，是解决世界上最复杂、最紧迫问题的关键。

——城市是大地的产物。乡村生活的每一个方面都影响着城市，各种起源于农村的知识通过城市精化为人类历史中的持久要素。

——城市是时间的产物。人们的一生在这个模子中冷却、凝固，通过时间和空间的复杂融合，城市生活就像劳动分工一样具有交响曲的特征：各色各样的人才，各式各样的乐器，形成宏伟的效果，无论在音量上还是音色上都是任何单一乐器所无法实现的。

——城市起因于人类的社会需要，并使这些需要的表达方式和方法变得更强烈。

其次，功能主义者往往确信已经创造出现代城市最终而通用的形式，带有一种强烈的“乌托邦”色彩，企图以一个统一的同质规划城市的模式来满足社会发展多样化的需求。现实中的城市规划经常存在这样的问题：在片面强调规划“科学性”的同时，却忽视了对未来社会发展的适应性、居住者的选择性、开发建设的经济性和规划管理的有效性等。尽管这些错误观念在近几年内得到了极大的纠正，但仍留有顽固的、不切合实际的痕迹。例如，有一定弹性度的控制性详规与法定图则推行阻力极大，不少地方政府官员和规划工作者习惯于以“一锤定终身”的修建性详规来限定城市或某一区域未来发展的多种可能性。

再次，由于受勒·柯布西耶所崇尚的“居住机器”❷ 观念的影响，功能“理想化”的城市空间按照严格的递增等级来布局，并带有以下几种特征：

(1) 近百家住宅组成一个相对独立的邻里单位，在其周围保留一些公用空地。

---

❶ 参见：吴良镛．面对城市规划“第三个春天”的冷静思考．城市规划．2002 年第 2 期第 10 页

❷ 参见：［法］让—保罗·拉卡兹．城市规划方法．商务印书馆，1996 年版第 26 页；［美］芒福德．城市发展史．倪文彦、宋峻岭译．中国建筑工业出版社，1989 年

(2) 2000～3000户住宅组成一个街道，其中拥有一个包括学校、商店、体育和社会文化设施在内的次中心：这些街区圈在四通八达的主次干道网中，彼此互相隔开。

(3) 主中心区，也由于主干道网和交通所需的停车场与其他街区隔开，其中包括主要的市政功能和方便全体市民的生活设施。

显然，这些受到保罗·拉卡兹批判的“扩大的居住机器”，在我国规划界仍然被作为设计准则而备受推崇。

最后，由于片面地强调功能分区思想及各功能分区间的机械联系，既忽视了城市各部分的有机组合、相互影响的复杂性，又无视科学技术快速发展的今天，现代都市型工业已与20世纪二三十年代的福特式大生产流水线有着根本性的差别。以硅谷模式为特征的“簇状”企业集群已成为遍布世界的新生产方式。这种从紧靠研究性大学的街道和住宅区中萌发，以科技人员自主创业为发展主体，以众多小企业间高度的专业化分工与合作为组织方式，以集群内部中小企业的裂变和衍生推动簇状整体繁殖成长为增长方式的新型产业组织，是与功能主义的城市分区结构格格不入的。也可以这样认为，是功能主义的思想观念，扼杀了拥有哈佛大学和麻省理工学院两所顶尖级名校的波士顿市诞生硅谷的可能性。

从一般意义上说：现代城市的发展使城市社会分工更为多样化和复杂化，金融、证券、信息等“虚拟经济”部门在城市经济社会中正在发挥越来越重要的作用，它们是以广泛联系而不是以分离为活动特征的。现代高速公路、因特网、快速运输工具、发达的通讯技术、无孔不入的媒体、现代物流配送体系……，正在以日益扩张的网状结构将城市内部、城市之间紧密地联系在一起，这些都使得为防治工业化初期的脏乱环境而使居住与工作相分离的空间模式发生了根本性的冲击。早在1977年，《马丘比丘宪章》就指出：《雅典宪章》把城市分为各种分区域组成部分的做法，是为了追求分区清楚却牺牲了城市的有机构成。这一错误的后果在许多新城市中都可看到。这些新城市没有考虑到城市居民人与人之间的关系，结果使城市生活患上了贫血症，城市中的建筑成了孤立的单元，否认了人类活动要求流动的、连续的空间这一事实。该宪章还指出：在今天，规划、建筑、设计工作都不应该把城市当作一系列的组成部分拼在一起来考虑，而必须努力去创造一个综合的、多功能的环境。但在我国，有多少城市规划工作者已经遵循1/4个世纪之前的忠告而放弃错误百出的传统规划理念？

3. 新自由主义❶学派的干扰

在对起源于西方笛卡尔哲学❷的功能主义、理性主义或环境决定论的批判之后，另一个值得警惕的是须防止近几年在我国青年规划学者中悄然抬头的所谓新自由主义学派的干扰。

这一学派的主要立论依据是：既然理性主义需要全面详尽的信息资料、绝对准确的预测是不可能的事。那么，作为另一个极端贬低城市规划对理性和科学性需求，突出“自由市场”的“非理性”的新自由主义学派就该应运而生了。该学派的积极意义在于，一方面，我们不能迷信政府或者规划师有足够的技术能力可以控制城市未来的发展。同时城市规划确实涉及社会资源的重新分配，而在市场经济价值规律发挥作用和个人、企业追求利益最大化的过程中，其结果对社会弱小阶层往往是不公平的。这的确是城市规划应该加以调节和关注的方面；另一方面也有助于城市规划从少数精英的象牙塔中走出，成为一种政府行为、职业技术和社会运动的结合体。但进一步的推论却是有害的：规划的所谓的理性和科学性只反映了市场经济和既得利益集团的价值观。如要打破这种不公平，就要将城市规划的所谓理性和科学性的面具扯下来，然后把各种各样的价值观和看法置于同一地位，也就是要求城市规划政治化。这也是芙瑞德曼·佛莱斯特(Friedman Forester)等提出“交易性规划”(Transactive Planning)和“联络性规划”(Communicative Planning)的理论的出发点❸。而“渐进式规划”(Incremental Planning)的倡导者查尔斯·E·林德布洛姆认为：由于社会充满各种利益冲突，城市规划只能在很有限的目标内，用渐进的思路，通过广泛的协商来满足多数人的利益。所谓“倡导性规划”(Advocacy Planning)则直接质疑传统规划理论中隐含的关于政府是社会公正代表的假设，强调规划师是公众参与规划制订的鼓动者和民众利益的协调人，甚至以极端的取消主义要求政府放

---

❶ 注释：新自由主义(Neo-liberal)是与亚当斯密古典自由主义存在某些继承性而得名的。在他们看来，市场是最有效的资源配置方式，而政府的任何干预几乎都是多余的，政府只有在能够顺应市场机制运行的情况下才被认为是必要的

❷ 注释：按哈耶克(Friedrich. A. Von Hayek)解释，所谓笛卡尔哲学的核心，就是“只要我们对任何一种观点哪怕还有一点理由去怀疑，我们就应当将它视作完全谬误加以拒绝和否弃。”见哈耶克《自由秩序原理》，邓正来译，三联书店，1997年版，上册第75页

❸ 参见：梁鹤年. 规划战略：来自生态学的启发. 城市规划，2000年第5期第51页

弃在城市规划中的调控地位。

这种貌似城市规划理论的丰富多彩，实际上是理论的贫乏。20 世纪 60 年代来自西方尤其是北美的“新自由主义学派”，不仅对尚处在初级发展阶段的我国不适用，其对基于理性主义的物质性规划的全面否定，更会导致城市规划虚无主义的倾向，这是必须加以关注和认真加以纠正的。这是因为：

首先，对功能主义、环境决定论的批判，意味着物质性规划中这些思潮占统治地位的瓦解，而不是对物质性规划存在合理性的根本否定。正因为存在着这种倾向，不少人担心在批判理性主义的一片呼声中，越来越羞于承认我们实际从事的社会服务工作是物质性规划的内容❶。

其次，不能将规划学科领域之外的理论或者说与规划学发展有关的理论当成城市规划理论本身。由于现代社会自身结构正在经历的巨变导致了城市规划工作与经济、社会和生态等方面的问题越来越相关，必须在更大的范围内思考问题，所以经济学理论、社会学理论、生态学理论和政治学理论都被引入城市规划。这大大开阔了新时代城市规划者的视野。但这样的好事在新自由主义者那里却被演变为“喧宾夺主”，反而使部分城市规划者丧失了自身追求的目标。

最后，某些受新自由主义思潮影响的教授，一方面在大学教室里慷慨激昂地演讲，批判理性主义，而另一方面在校外的“兼职打工”中，仍然按照客观理性的实用主义思路去迎合用户对物质性规划的需求，被人戏称“只要给钱，火星上的规划也敢编制”。这样的“两分法”当然导致受其“解惑”的学生们产生新的迷惑。正是因为新理论与实际工作的脱节，走上工作岗位之后，他们将会感到实际可用的技术基础不足，却又不知道从哪里学习。这些出现在北美规划院校规划专业的苦恼学生，被学贯中西、有几十年城市规划经验的加拿大皇后大学城市与区域规划学院教授梁鹤年先生称之为“迷失的一代”❷。这一教训是非常值得我们汲取的。

诞生于对计划经济批判过程的我国规划理论，难免会因“根基不深”而受到各种思潮的影响。但最根本的却是要立足于我国社会经济发展和城市化突飞猛进的现实问题，从“高处不胜寒”的理想王国中走向“兼

---

❶ 参见：张兵．城市规划实效论．中国人民大学出版社，1998 年 6 月第一版第 165 页

❷ 参见：梁鹤年．规划战略：来自生态学的启发．城市规划．2000 年第 5 期第 15 页

济天下"的实践场合，脚踏实地去解决城市发展面临的许多棘手的紧迫性难题，并力求从方法论上创新，以指导正在进行中的理论变革。

一是在规划思想上，我们要首先确立城市规划对城市的重新认识，将城市视作复杂的社会大系统，放弃"盲人摸象式"的片面探索。

对城市规划本身要有新的认识。城市规划本质上不应成为权力的意志体现，也不是规划师们能够自在自为的理想王国的进化过程，而应是城市发展客观过程的一种反映[❶]，甚至是一种适应性调节过程。在这一方面，同济大学的吴志强教授在总结一个世纪以来城市规划理论演变的历史后得出的结论是颇有说服力的："从城市规划的历史演进来看，'田园城市'的精髓在于告诉读者，在现代城市规划意义上，没有一个空间问题不是来源于社会经济问题，而没有一个空间技术上想解决的城市空间问题的最终解决是仅仅通过空间技术手段解决的，现代城市规划以其特有的社会精神和责任与传统城市美学设计划分出分水岭"[❷]。

总之，城市规划必须以人及其活动作为最基本的出发点，以人与人、人与社会、人与自然之间的作用关系作为建构规划理论的价值基础。

二是城市规划应当充分适应市场经济的内在规律，以最小的强制力来有效地弥补"市场失灵"。当前，我国正面临着从计划经济模式全面转入市场经济、区域经济步入国际全球经济，市场体制的健全与培育仍是各行各业发展的要务。城市规划的编制主要应与之适应而不是一厢情愿地对市场加以限制与扼杀。一个不能充分利用价值规律、无助于加快城市经济发展的规划，是不可能解决发展中国家城市中贫富不均等不公平问题的。一个广泛使用强制力的城市规划体系，实际上是一种公共资源的过度损耗，对市民增进和改善自身福利的积极性的限制。从适应计划经济的"集中决策体系"转向适应市场经济的"分散决策体系"，充分调动和诱导市场经济的主体——企业和个人在创造私人财富时，尽量不妨碍他人的发展与幸福，应是城市规划理论创新的核心理念之一。

三是城市规划的有效实施是城市规划意义之所在。正如 H. C. Hightower 把"规划的理论"定义为"有关规划过程(Process)理

---

❶ 参见：孙施文、邓永成．城市规划作用的研究．城市规划汇刊，1996 年第 5 期，同济大学出版社

❷ 参见：吴志强．百年现代城市规划中不变的精神与责任．城市规划，1999 年第 1 期第 28 页

论”[1] 那样，是指目标——各种有关未来的备选方案的预测和模拟——连续的监督和实施——反馈修正的过程。这一方面要求将规划图则和文本转译成较严密的法律性条款，以增强规划执法的保障度，并将“应该干什么”转变为“不该干什么”，或再加上有限制条件的若干许可项目清单，以提高规划的明确性及对未来多种市场需求的适应性。另一方面，应通过城市规划理论的广义化，对城市中各系统发生、发展的机制理论，包括交通、居住、生态环境、基础设施、创业环境、区域文化等，这些部分现有的理论都需要在城市科学的层面上加以整合贯通，同时向“政策”方面转化，以融入实施的过程来接受实践的系统验证。

4. 编制规划的开放度不足

长期以来，我国城市规划的编制模式经常在以政府控制为中心和以规划专家为中心两种同样封闭的模式之间徘徊。近几年来，各地相继建立了由多学科专家组成的城市规划咨询委员会，来代替过去的“市长一言堂”，也就是以科学家的干预来“平衡”行政权力的干预，这无疑是一个不小的进步。但这依然无法摆脱从一个封闭系统过渡到另一个封闭系统的旧巢。

编制城市规划的开放性要求基于：

首先，是由城市问题的复杂性决定的。正如保罗·拉卡兹所说的那样：城市基本上是“一个旨在使社会中的相互作用达到最大的组织”[2]。所以它们构成一个经济、社会、政治、文化诸多利害关系的聚集体。对这样一种复杂体系进行封闭的单学科的分析研究，其结果只能是片面的。

其次，城市规划必须是一个从编制到实施的完整体系。编制过程中就必须考虑到规划的有效实施，否则就摆脱不了“墙上挂挂”的命运。正因为这样，在相当程度上，城市规划方面的决策方式最终要比决策的性质更为重要。保罗·拉卡兹甚至还认为：许多经过较长时期的、可参与的过程决定的规划方案，与高明的规划师或建筑师“一下子”巧妙构思出来的方案不一定有大的差别[3]。 如果说某一方案是“更可取的规划方

[1] 参见：Hightower，H. C，1969，转引自 Camhis，M，Planning theory and Philosophy，1979. P1

[2][3] 参见：[法] 让—保罗·拉卡兹. 城市规划方法. 商务印书馆，1996 年版第 108 页、第 12 页

案”，但实际上这一方案有时并不是通过由少数人对参与竞选的方案进行客观比较，或根据事先确定的美学、技术或经济成本等标准来确定的，而是根据公开决策的程序，让与该方案实施直接有关的市民及各利益团体逐渐达成一致意见的方式来确定的。

再次，在市场经济充分发育的现代社会，城市规划实际上已处于政府权力、社会各阶层利益和市场机制等力量作用的交叉点上。城市规划法规体系存在的种种缺陷也导致规划无法很好地体现人民的意志。必须深化改革城市规划编制办法，采取更加民主、公开的方针，更好地维护社会公正，促进社会的健康发展。

西方发达国家城市规划发展历程中，也出现过类似的情况。二战以后，西方各国经济由稳定增长转向20世纪70年代的滞胀，以凯恩斯主义为主导的政府干预学派的影响力日渐式微。在这一背景下，各种社会利益集团逐渐替代政府权威成为对城市规划干扰最大的社会势力。与此同时，中产阶层人数的增加、市民文化素质的提高，也对城市规划提出自己的意见。在这种情况下，规划师们不得不放弃原有的单纯“引导”和“规范”市场的立场，参与利益团体之间的调停协商，或借助公众参与来获取社会的支持，保持与各利益集团的平衡。所以，制订于1977年的《马丘比丘宪章》明确指出：“城市规划必须建立在各专业设计人、城市居民、公众和政治领导人之间的系统的不断的互相协作配合的基础上。”

如果说，西方规划师是为了摆脱自身困境、提高自己调停各类社会矛盾的地位而采取开放性编制城市规划的话，我国“人民自己的政府”的规划编制部门更有理由采取主动的变革，来实现联合国于1999年提出的“人人共享的城市”(cities for all)主题，保障公民参与规划决策的基本权利，更加关注社会弱小群体的利益。

5. 城市规划编制体系的自身变革滞后

城市规划的科学性是由编制、审批和管理部门的组织结构、人员素质、市场化竞争程度、规划体系健全与否、制度安排及审批程序合理性等因素决定的。显然，这些“内因”方面的缺陷，严重影响了城市规划的科学性。

首先，城市规划编制的竞争性不足。这一方面是由于城市规划制定和实施是一定公共权力作用的结果，是城市政府权力意志的主要表现形式之一。任何市场化分权的设想都很难得到通过。另一方面，在城市规划的体系之中，总体规划、分区规划或控制性详规及交通、能源、绿化、环保等专项规划，因存在信息的严重不对称性(政府有关部门几乎垄断了编制规划的全部原始资料)，导致“习惯上”这类规划只能由行政规划部门由组织编制转变为包办替代，这就无情地扼杀了任何诞生竞争机制的萌芽，城市规划科学性的提高也无从说起。

其次，各级政府的城市规划部门集具体规划审查与规划编制及管理权于一体，形成自编、自审、自批这样一套自我封闭循环的怪圈。在此循环过程中，权力按照自身的运行规律，总是趋向于扩大任意使用，甚至直到腐败变质的边界为止(这也是近些年规划界不正之风及经济犯罪频发的主要原因)。也正是因为审批规划颁发“两证一书”纯粹是一种行政管制权力，而且也因为信息的不对称及权力运行规范的不健全，许可与否的边界通常是十分模糊的。任意性极大的权力，不仅成为各级政府建设主管部门与规划部门竭力争夺和各房地产公司寻租的对象。与此同时，真正从事研究和编制城市规划的机构成为“门前冷落车马稀”的清水部门，大量的规划人才从后者流向审批处室，进一步削弱了规划编制研究的力量。

再次，政事、政企不分，也妨碍了竞争机制的形成。城市规划部门(包括下属的规划设计院等事业单位)几乎完全是各级政府城建部门的下属机构，是按年初预定计划完成编制任务，并由财政提供经济来源的垄断性机构。这样一来，规划设计市场的分割封闭就在所难免了。人们往往对啤酒、肥皂、卷烟等实物商品市场的封闭行为深恶痛绝，由于受传统计划经济观念的影响，对国民经济和社会发展危害甚烈的规划设计市场封闭远没有对前者那样痛恨。公众的这种淡漠态度，进一步削弱了规划体系制度创新的动力(这也因城市规划知识不普及，城市规划的编制和审批执行被误认为是少数社会精英和政府官员的事有关)。这不仅妨碍了城市规划科学性的提高，而且也致使有些规划方案屈从于当权者的个人意志，或满足一些官员好大喜功的需求，甚至沦落为少数腐败分子的寻租工具。

例如，南京市规划审批部门批准在全国文物保护单位、举世闻名的紫金山天文台附近建造体积巨大的“观景台”[1]，遭到东南大学两位教授

---

[1] 参见：紫金山顶该不该建观景台. 杭州日报，2001年10月23日第7版

的提诉而被迫停建。试想，如果东南大学不是全国重点大学，而是从属于南京市政府拨款的单位，会有这种见义勇为、拨乱反正的“义举”吗？更有意义的是这两位提出异议的教授，居然是并不精通城市规划的法律教授，那我们这一代规划师曾引以自豪的道德精神都到哪儿去了呢？

三、从法治的原则来看《城市规划法》的缺陷

从上节的分析中我们可以断定，单纯追求城市规划的“科学理性”无疑会陷入技治主义(Technocracy)的泥潭而难以自拔。事实证明：作为专门的工程科学技术的城市规划，必须与政府的有效治理和社会各界关于城市文明的文化运动相结合才能发挥其应有的作用。城市规划不能作为一种纯粹的工程技术由少数规划界精英在书斋中“闭门造车”式地进行研究，或将其个人所崇尚的社会生活方式和技术美学观念强加给城市的每一位居民，从中获得个人拥有权威或“科学成就”的满足感。而应以城市的未来和全体市民的长远利益为根本出发点，将遵循“科学理性”而获得的城市规划方案通过规范的制度安排，以某种相对稳定的程序和形式体现出来，并由此确立稳定的社会关系。而且在这一过程中与现存的社会价值取向主动发生“双向调节”，最后“内化”为大多数市民和城市社会系统共同的价值观。这也就是要求在现代社会，城市规划必然要走向科学理性和法治的统一。

我国于 1989 年 12 月 26 日由全国人大审议通过了建国后第一部《城市规划法》(从 1990 年 4 月 1 日起施行)。它的诞生标志着我国城市规划工作走上了“法治”的轨道。建设部以《城市规划法》为依据，制定颁布了一系列部门规章。这部法律颁布以来，城市建设领域依法行政的思想逐渐深入人心，规划法规体系的建立和执行也逐步受到重视。事实证明，建立在法规体系基础上的规范化管理是政府规划部门的主要管理方式，相对完善的城市规划法规体系，为城市经济的健康发展和物质环境的有序建设提供了保证。但是城市规划法规体系的建立与贯彻实施，需要全社会整体法治环境的完善和相关法律制度的健全。也正如西方发达国家在第一部《城市规划法》诞生之后，都经历了一个逐步完善和修订的阶段一样，我国《城市规划法》也因首次颁布仍然具有单一“宣言法”的倾向及计划经济的影响，有许多方面亟待修正和完善。我们可以从西

方法学家福勒(Lon Fuller)和诺贝尔经济学奖获得者、法学博士冯·哈耶克(Friedrich A. Von Hayek)等人对“什么是真正的法治”的论述来揭示我国目前城市规划法律体系的缺陷。

1. 实行法治应该避免法规之间相互抵触

当前《城市规划法》与《土地管理法》、《水法》、《环境保护法》……等法规存在着相当多的相互冲突的条款，依据《城市规划法》所制订的城市总体规划也因此被其他专业性规划所肢解从而失去了“总体”功能。在实际的城市管理工作中，究竟是依据哪一部法律算是真正的合法行为，就变得相当模糊了。我们可以从依据新版《土地管理法》而制订的土地利用总体规划，与依据《城市规划法》而编制的城市总体规划之间的不协调性为例来分析这两部法律的冲突：

首先，土地利用总体规划是国家根据国民经济发展和社会发展的需要以及土地本身的适应性，对土地资源的开发、利用、整理、保护等在时间和空间上所作的总体的、战略的安排，具有主体目标单一性。而城市总体规划是综合考虑城市经济社会发展、生态环境和文化遗产保护等各方面的因素，既着重对土地利用进行考虑，又要对各类基础设施空间布局、建设时序进行统筹安排和具体布局。一般来说，城市规划区内的土地利用总体规划已经包含在城市总体规划之内。但《土地管理法》又规定了城市规划区范围的划定和用地规模的确定，均应以“土地行政区划”和“耕地总量的动态平衡”为依据。而且由于这两个规划的编制、审批单位不同，重复工作，相互不能衔接就成了基层遇到的经常性难题。

其次，规划用地的分类标准和数据统计口径不一致。土地利用总体规划中的土地利用分类，主要从土地利用的主要用途、经营特点、利用方式和区域特点来进行划分的，共分 8 个一级类和 47 个二级类。而城市总体规划主要是按照土地在建设中的功能特点和使用特性进行划分和归类，共分 10 大类、46 中类和 73 小类。此外，土地利用总体规划的用地数据是以行政区为范围进行统计的，而城市总体规划则以城市规划区作为各类用地统计的界限，两者之间缺乏数据的直接沟通和可比性。

正因为以上两方面的原因，目前我国城市规划与土地利用总体规划相互脱节情况突出。据统计，城市规划服从城市土地利用总体规划的不到 10%，专业人员中有 60%的人不认同土地利用规划起宏观、总量的调控作用，而且过半数的规划工作者认为这两张图应该“两图并一图”，建立统一的规划体系[1]。

实际上，城市规划是一种空间资源配置和建设管理的实践活动，其实质是对土地使用的配置管理。世界上的发达国家在这一点上无不明确。因此，土地使用管理的事务集中在一个政府部门，凡开发活动，无论是在城市地区还是乡村，都归属该部门统一管理，未见有哪国设置两个平行的政府部门来行使这一种规划调控权。我国分别设立建设部负责实施《城市规划法》，国土资源部负责实施《土地法》，这是两个规划不协调的最大起因。

城市是人类自身创造的最为复杂的社会组织形式，也可以说任何法律规章都起源于城市，任何立法都希望对城市社会秩序的改进有所作为和控制。在当前政企、政事尚未完全分开的情况下，“权力利益化、利益部门化、部门法制化”几乎普遍存在。在这种情形下，立法就不可避免地会成为确立部门利益的过程，有利的事情大家争着上，争相通过颁布法律而据为自有；无利的事则无人问津。这就是当前各种“部门法”严重肢解《城市规划法》的主要原因。此外，各类地方立法也纷纷仿效，随意对依据《城市规划法》而设立的行政规章进行取舍裁减，从而“法规之间的相互冲突”也就难以避免了。

2. 法治是以人们对法规之意义有明确的界说为前提的

也就是说“非法治”特征是法规的内容无法让人了解。因为法治意味着人们对法律的理解、遵守和监督。但由于目前《城市规划法》包容了过多的技术术语而更像一部“城市规划原理”之类的专业教科书，普通市民对此往往颇为费解，更难以主动遵循和监督。在这种情境之下，政府的规划部门、开发商与市民之间自然存在着对城市规划方面的严重信息不对称性，以至于前者因而可以免受监督而屡屡越权违法。

作为我国首部《城市规划法》，自然不可避免地带有“宣言法”的特点，侧重于说明法律的管理原则和立法目标。这样一来，条文过于原则化就不可避免了。这一方面是受制于当时对法治的认识和配套法规均衡的需要，另一方面也是为了兼顾全国各地情况的巨大差异性，为地方立法、编制“条例”留有充分的空间和余地。

另外，《城市规划法》的大量篇幅是在规定规划文件的内容与编制方

---

[1] 参见：刘云亚．我国城市规划编制和实施的现状与改革方向．硕士论文，1998年

法，使规划工作技术的色彩很浓厚，模糊了规划工作法律管制的政策意义。从发达国家的情况来看，在现代社会，城市规划的编制在很大程度上已经不是一项单纯的工程技术工作，而是某一级政府表述空间发展政策的过程和手段。我国《城市规划法》包含有过多的编制技术说明，只能说明传统计划经济痕迹和考虑到当时我国规划技术力量薄弱及分布不平衡的条件下确保所编制的规划最低水平之故。这就不可避免地带来对"真正法治"的影响。

3. 法治必须构成对政府机构一切权力的限制

哈耶克认为：这一原则之所以非常重要，乃是因为在今天，人们常把政府的一切行动只需具有形式合法性（Legality）的要求误作为法治[1]。梁启超认为，中国古代的"法治"主义有两大缺点，一是立法权操于君主之手，"不能正本清源"，故"法治"实为专制；二是把法律作为尺寸，把人视作为可以用尺寸来度量的"布匹土石"，否定人的自由意志，故"法治"主义实为"物治主义"[2]。现代真正的法治要求各级政府（包括一切掌权者）都要服从法律，居于法律之下而不是之上，权力运作只能严格在法律授予的范围内行使。这对于我国长期实行从上到下动员指挥型经济建设的国家和封建意识尚未消除的民族来说更为重要。故哈耶克曾论述道：法治只在立法者认为受其约束的时候才是有效的[3]。

《城市规划法》没有反映实际编制和管理规划工作量较大的各级地方政府之间以及它们与中央政府之间的法律责任。城市规划的分级审批管理办法，其本质是为了协调不同级别政府之间的政策行为，但在规划法中没有进一步对下级政府在审批程序中保留的权力及上级政府应有的权利范围和义务做出程序和实体上的规定。一方面审批时间冗长、效率不高的问题影响了规划的时效性和审批的严肃性，另一方面又因拘泥于具体的技术性问题（如人口与用地规模的核定等）而忽视了城市发展的战略性和政策性问题。从国外发达国家的经验来看，城市规划管理看似是地方的事务，但它都是落实中央政府认同的城市发展战略和计划的关键环

[1] 参见：[英] 哈耶克．自由秩序原理．邓正来译．生活·读书·新知三联书店，1997年版第260页

[2] 参见：夏勇．法治与公法．读书杂志，2002年第5期第119页

[3] 参见：[英] 哈耶克．自由秩序原理．邓正来译．生活·读书·新知三联书店，1997年版第260页

节。因此，在西方发达国家，即使主要由地方政府对开发申请做出的审批决策，许多国家的中央政府主管部门仍然通过法律规定保留一定的否决权力，或调审的权力，或者规定一些有重要影响的地区性规划许可由中央政府主管部门直接审查管理。但我国《城市规划法》未明确规定中央和省(自治区)及其规划行政主管部门对各市规划实施的约束权，同时也未明确地方各级人大对政府的审批监督权力。

从另一个角度来看，法律责任的界定是为了追究，但《城市规划法》中并没有明确技术违规和行政失职责任的追究程序和责任人的具体界定。在实践中更因为难以区分个人责任与集体责任、前任责任与后任责任而无法实施。前者是由于城市规划的决策往往是以貌似“民主”的形式做出的，如经过“专家讨论”、“四套班子”决定等加以搪塞。后者是由于城市规划决策的超前性和效果的滞后性，结果是造成了损失之后，找不到具体承担责任的官员而不了了之。决策者责任与权力的严重不对称，以至于城市规划作为公共权力决策过程的草率和随意性愈演愈烈，损失也越来越大。

4. 法治不应使受到法律影响的人无力做到对法律的遵循

也就是说法律不能规定某些人力所难以做到的事情。众所周知，我国首部《城市规划法》是在计划经济观念尚有一定市场的时代背景下制订的，部分条款已难以符合当代市场经济发展的要求。例如《城市规划法》所规定的“一书两证”制度已不能适应城市土地招投标式有偿使用的要求。因为在土地产权转让市场化的操作过程中，无论是土地管理部门还是用户都无法按照原法定程序来领取“规划选址说明书”。

此外，城市是区域的产物。城市规划必须符合我国国情，正确处理近期建设和远景发展的关系[1]。也就是说，城市规划要为城市的未来发展留有充分的空间，城乡应该协调发展。在实际工作中，人们也已越来越清楚地认识到区域规划(也可将其以城镇体系规划取代，两者的作用相似)工作的重要性。一方面，编制城镇体系规划有利于综合协调分别由各部门负责编制的生态与环境保护、土地利用、流域水资源综合利用、交通、开发区及各类基础设施建设规划，妥善解决部门之间和地区之间的矛盾。另一方面，统筹安排区域内城镇体系的合理结构与布局，明确重

[1] 参见：《城市规划法》第一章第五条

点发展和优先建设的中心城镇和地区，按点、轴、网的建设开发时序来获得城市协调发展和较好的整体空间开发效益。

但现阶段的《城市规划法》规定我国的城市规划编制只分为总体规划和详细规划两个阶段，不仅区域规划没有足够的法律地位和相应的规范，而且城市与乡村在规划中的关系也被回避了，以至于许多外国规划专家对我们许多城市规划图中严格标定“规划区”而将区外看成是“空白”感到很不理解。实际上正是因为这种“图”上的视而不见和适用法律的“两张皮”，导致了当前城郊结合部建设活动的严重无序和混乱，这已经成为我国绝大多数城市难以医治的肿瘤。

5. 法治必须贯彻权力分设的原则

哈耶克在论述法治的性质时认为：除非制定新的一般性规则和将它所适用于具体案件这两项职能分别由不同的人或机构予以实施，否则想有效地分立这两项职能实为人力所不可能及的❶。这也就是说在制定规则（立法）时不能考虑具体的情形（案件）。同样，审判具体案件时（审批具体建设项目）只能依据一般性规则（规划法和总体规划），而不能随意修改规划让后者去适应开发商的获利要求。尤其是现代城市规划所涉及的对象、目标、范围越来越广，不少学者正在采用“开放的复杂巨系统”来描述。但在《城市规划法》中规定的规划决策主体仍然是“城市规划行政主管部门”❷。这与城市规划编制的目标与过程所要求的公开性和规范性是完全不相适应的，也与现代法治所要求的一般性规则——城市规划、总体规划、分区规划的编制审批与具体案件审判——单个建设项目规划审定分设的原则相冲突。

因为从行政管理的有效性与公正性来看，单一的决策主体也是难以胜任的。城市规划从本质上来看是一种公共权力，但实际上城市规划行政主管部门负责规划的编制、审查、修改、审批、监督和核发“一书两证”。这种封闭式的自成体系的弊端，一方面难以满足规划的科学性和公正性要求，另一方面也极易导致在规划决策方面的个人主观意志强加于民众和腐败问题的滋生。现代法治要求，无论是行政机关、立法机关还

---

❶ 参见：[英] 哈耶克. 自由秩序原理. 邓正来译. 生活·读书·新知三联书店，1997 年版第 263 页

❷ 参见：《城市规划法》第一章第九条

是法院，都应运行于一个依据法律原则而自我运转的、内部有相互制衡与依赖的逻辑有机体之中。显然《城市规划法》及其实施机构目前无法做到这一条。

更重要的是城市规划的内容不仅包括科学的决策和政府的治理，而且更是民众的社会文化运动过程，是典型的“社会契约”。也就说，城市规划本身应具有与其功能任务相适应的法律地位以获得足够的号召力。显然目前的单一决策主体是无法履行社会动员这一重要角色的。当前，深圳、上海、杭州等地通过地方立法明确由社会各界人士组成的“城市规划委员会”作为城市规划决策主体就是很好的尝试。但正是由于现阶段规划的“主干法”——《城市规划法》中没有相应的条文可以引用，使这一类改进方案的效果大打折扣。

6. 法治应防止所制定的法律在实施中出入过大

也就是说，法律在实际执行中不应出现过大的落差。正如亚里斯多德所认为的那样，法治应包含两重意义：已成立的法律获得普遍的服从，而大家所服从的法律本身又应该是制订得良好的法律[1]。当然，任何法律制度在实行方面总是与完全被遵守的理想状态有一定的差距。但由于各种各样的原因，《城市规划法》在诞生之时起，在制止违法建筑方面就没有得到很好的贯彻实施过。“有法不依、执法不严、违法难究”已成为普遍的现象，以至于违法建筑屡禁不止，愈演愈烈，到处蔓延，甚至出现“法不责众”而无力实施《城市规划法》的地步。这对现代中国法治构成巨大的挑战。

究其原因，主要可归纳为《城市规划法》的可实施性方面存在明显的缺陷。如《城市规划法》第五章所设定的法律责任，大多数是针对违法建(构)筑物。例如，“责令停止建设”、“限期拆除”、“没收”、“罚款”等。而针对违法建设行为主体的，仅有第四十一条，即对未取得建设工程规划许可证件或违反建设工程规划许可证件的规定进行建设的单位和有关责任人员，可以由其所在单位或者上级主管机关给予行政处分。在利益主体和决策主体多元化和市场化的今天，这类的“行政处分”是非常软弱无力的，更不用说许多违法建筑是上级部门默许甚至是怂恿之下违法的，由他们对下属进行处分等于是“与虎谋皮”。这也正是至今为止

[1] 参见：[古希腊] 亚里斯多德. 政治学. 第 199 页，商务印书馆，1983 年版

全国范围内违法建设到处泛滥，公然向现代法治挑衅的原因之一。

此外，现行的《城市规划法》没有明确授予行政主管部门行政强制权，一旦违法建设的当事人不履行处罚决定，做出处罚决定的机关只能申请人民法院来执行。这意味着规划部门面对破坏城市规划的行为只能充当“送达者”和强制执行的“申请者”的角色。而这一类申请也因程序复杂、周期长(一般需 8 个月)，常常会因违法建筑的“短平快”和“法不责众”而不了了之。尽管许多有立法权的地方人大根据当地违反《城市规划法》的实际情况制订了一系列实施《城市规划法》的具体条例，并授予规划部门行政强制权，但在实际实施过程中经常得不到法院的支持。法院正是根据“地方立法不能超越国家法律而自创行政强制权”、《城市规划法》中并没有这方面的授权为理由而拒绝支持。面对如此猖獗和广泛的违法行为，对苦于没有行政强制权而陷入困境的城市规划部门来说，不能不被认为是一种悲哀。

7. 法治必须拥有与法律条款相称的程序性保障措施

如果缺乏程序性保障措施，法治就难以延续。正如哈耶克所说的：正是对这些程序性保障措施的尊重，才使得英语世界能够将中世纪的法治观念维续下来❶。目前在《城市规划法》中，对规划实施的监督措施及程序几乎没有规定，也没有对违法行政行为的行政责任追究作任何实质性的规定。监督检查体系不健全，再加上处罚不力，结果就造成了城市规划方面“违法风险极低”而“执法成本极高”这样一种不对称的局面，以至于违法建筑泛滥成灾，城市规划在许多地方已成了一纸空文，仅供“墙上挂挂”而已。与 1998 年新版《土地管理法》相比较，后者就根据土地违法的实际情况新增了监督检查的条款。监督检查分为守法监督检查和执行监督检查。土地监督检查是行政检查的一种形式，是指具有土地监督检查职权的土地管理部门依据法定的监督检查职权，对使用土地的单位和个人是否遵守土地管理法律、法规和规章，以及是否执行有关行政决定、命令等情况进行能够影响当事人权益的检查、了解行为，它是县级以上各级政府管理土地资源的重要手段，也是土地管理部门本身的重要职责。执法内容更为复杂的《城市规划法》却没有这类相应的

❶ 参见：[英] 哈耶克. 自由秩序原理. 邓正来译. 生活·读书·新知三联书店，1997 年版第 277 页

规定。此外，《城市规划法》中缺乏关于严重违法者的刑事责任条款，在刑法中也没有设定相应的罪名，从而使因违法建筑给国家带来巨大损失的责任人未能受到法律的惩罚。以至于在实际工作中出现私占耕地建房要承担刑事责任，而在同样的地上批一层盖十层而严重侵占公共空间的责任者可以逍遥法外。

正是因为《城市规划法》对监督实施和责任追究的严重缺乏，以至于一些地方政府领导以权代法，凭主观意志和某些房地产企业的利益，任意违反已定的城市规划，带头违法造成了极为恶劣的社会影响。例如，已被朱镕基总理明令拆除的武汉市外滩花园，总建筑面积达 6 万多平方米。按照武汉市城市总体规划，该项目的建设地点属非法建设用地，也是《防洪法》明令禁止的建设地段，它直接影响到长江在武汉段的溢洪能力。但这一类违法建筑由于规划行政部门审批手续齐全，纠正违法行为就必须由国家财政资金给予全额赔偿。仅这一项目就必须支付 2 亿多元人民币的赔偿金。更为严重的是这种执法者违法的现象极大地刺激了社会上各类违法行为的恶性膨胀，造成了今天许多违法建设“顶风而上”，这边在检查、拆除违法建筑，另一边又在大肆进行违法建设，而且越造越豪华，规模越来越大。

在法律史上，一般当实体法的约束度达到极限时，就会采用程序法来约束权力的运行。但在我国的《城市规划法》体系中，尚未见有效的程序法。

8. 法治要求对执法者的自由裁量权进行严格限制

法治的本质是权力来源于法律并受法律的约束。所以，较小的自由裁量权(Administrative discretion)是法律趋于成熟的标志之一。正如哈耶克所说的：“法治的基本点是很清楚的，即留给执掌强制权力的执行机构的行动自由，应当减少到最低限度”❶。但在我国城市化所处的快速发展阶段的特性来看，作为复杂巨系统的城市面临的问题，无论在发生的量上，还是变化的速度方面都是前所未有的，在该阶段所制定的规划法不可避免地带有执行中自由裁量权过大的弊病。一是由此而带来的城市规划及其决策的复杂性、动态性、不可预见性，迫使所编制的规划应有足够的灵活性与之适应。二是由于城市规划行政决策过程的技术性很强，

---

❶ 参见：[英] 哈耶克. 通向奴役之路. 第 74 页，中国社会科学出版社，1996 年版

地方立法机关一般缺乏制定专业法规和监督实施的专业人才，只能适度制定一些软约束条款，如城市规划的目标、任务和原则等，由行政机关相机决策。三是直接用于指导和规范城市建设的详细规划，其编制、审批、调整、实施均集中在城市主管部门，再加上现行规划法规的实体性内容对应严加规范的城市历史街区、生态敏感区等没有明确的强制性条文。这几方面的因素都会导致城市规划行政主管部门自由裁量权过大。

当然，规划管理部门的合理的自由裁量权是需要的，而且这一权力的大小，自然会与所编制的规划对未来不确定因素的适应性有着成正比的关系。但是过大的自由裁量权，不仅使规划人员在对城市建设实施管理的过程中极易受到利益集团和长官意志的干扰，使城市规划管理在不同程度上变得“有法难依”，而且规划部门手中的裁量权也会受到权力运行的一般规律所支配，而使权力自行扩张直到自由行使的边界为止。这就会不可避免地产生权钱交易式的腐败，而这类腐败又会进一步勾结上级权力的执掌者进一步扩大自由裁量权的范围。这样的恶性循环之结果，就是城市规划作为一种公共权力的私有化，从而导致城市公共资源（大量地表现为土地和空间资源）转变为一小撮腐败分子的私财。

总之，由以上八个方面的论述，我们可以得出这样一个结论：我国在城市规划方面的法治进程仍处于蹒跚学步的幼稚阶段，要想推进这一方面的工作，真正确立《城市规划法》作为规范城市市民、政府和社会各界建设、管理城市的“社会契约”的地位，为我国正在迅猛发展的城市化铺好健康发展的轨道，确实还需要法律界和规划界同仁们的合作与努力。

第二章　城市规划体制和编制方法的创新

——引入竞争机制和加强法制建设

为了增强我国城市规划的科学理性和加快其法治的进程，就要进行城市规划编制及管理等方面的体制创新，有效地消除计划经济和传统封建思想的残余在该领域的影响，使规划体系尽快适应市场经济和对外开放时代城市发展的内在规律。

本章就是从阐述竞争机制的五方面优化功能入手，并将思路归结到启动城市规划竞争机制的关键——概念性规划上，详细论述了在城市总体规划阶段引入概念性规划相对于传统规划手段的八个方面的突破，从而引出这样的结论：如果我们在城市规划的各个层次适度引入概念性规划，造就规划设计思路和编制单位之间的合理竞争，才能形成合理、科学的编制流程和正确指导城市建设、确保城市健康发展的规划成果。

另外，城市规划本质之一就是政府的管制行为，在现代法治社会，必须使这种管制行为符合法治的原则和生产力发展的需求。西方发达国家已经从几百年历史的工业化和现代化历程中形成了一整套城市规划的法规体制，合理吸收和借鉴它们的经验和教训，无疑是我国规划体制改革的捷径。不少发展中国家的实践已经证明，现代法律制度和管理体制的复制，有时会比科学技术的引入和吸收更加简便有效，这也是发展中国家发挥“后发优势”赶超西方发达国家的具体路径之一。本章在第三节中探讨了西方发达国家城市规划法规的主要类别与特征、管理职能与权限，并得出对我国现阶段规划法规体制建设有借鉴意义的八个方面的启示。

本章还在附录中给出了城市规划体制和编制方法创新的三个实例。

一、实施体制创新，引入竞争机制

正如吴良镛院士认为的那样："规划设计贵在思路，设计竞赛不是内容的竞赛，而是概念的竞争……"❶。通过引入竞争机制，是消除当前规划工作的种种弊端，提高规划科学性的必由之路。

那么，竞争机制对改善城市规划科学性起到哪些作用呢？

（一）竞争具有增强内动力的功能

竞争的开展必然在规划设计师之间、规划院所之间形成一种动力场。无论是谁，一旦处在这个动力场中，就会不由自主地产生紧迫感、压力感。正是这种随时可能被别人更科学的设计概念超越的可替代性，能把规划设计单位和个人的积极性、创造性、突破常规的冒险精神激发出来，并汇集成为推动城市规划设计的科学性不断优化的动力。正如恩格斯所说的"竞争是一部强大的机器，它一再促使我们日益衰竭的社会秩序或者更确切地说无秩序的状况活动起来，但是它每紧张一次，同时就吞噬掉一部分日益衰弱的力量"❷。

这种竞争所致的动力场，显然是全方位的。随着我国市场体制的不断完善，所有制形式的多元化，像城市土地这样稀缺的资源已经逐步采用招投标的方式来竞争性获得。这也需要城市规划部门开展与之相适应的竞争性服务，为投资者在投资区位、土地利用经济分析、规划方案设计和环境影响评估等方面展开全方位的服务。这些内容显然超越过去单一为政府服务的格局，从而把自身推入接受双向选择的竞争游戏之中，使得规划设计部门从此走向被迫增强内动力，提高规划水平，接受用户挑选的不归之路。

（二）竞争使人力资源分配更趋合理

在我国城市化进程空前加速的当代，合格的城市规划人才十分紧缺。要使稀缺的人力资源尽可能地生产出更多更好的城市规划产品，就必须提高有限人才资源的使用效率。竞争机制对规划设计人才具有合理分配的功能。当然原有的国家计划分配大专院校毕业生的僵化机制，难以精

---

❶ 参见：广州城市总体规划发展概念规划的探索与实践. 城市规划，2001年第3期第7页

❷ 参见：马克思、恩格斯全集. 第1卷第614页

确反映复杂的规划设计人才的市场需求状况。而且这种分配也与原有的死搬硬套的人才定价(工资报酬、福利分配)制度联系在一起的，更加突出了旧体制的弊端。当前我国许多规划设计院所冗员过多、人才流失严重的状况正说明了这一点。

我国已经加入WTO，城市规划设计市场已被列入限期对外开放的领域。大部分西方发达国家由于城市化已基本停滞，再加上经济普遍不景气，规划建筑设计人员普遍过剩，这些富有成就而且拥有一流人才的著名设计院所进入我国规划设计市场正处于方兴未艾的境况。这一方面，可以大大地缓解我国规划设计人才资源不足的困境，有利于引进现代城市规划设计理念；另一方面，如果我国现有的众多规划设计院所不进行体制创新，必然处于不平等的竞争状态而导致衰退。

(三) 竞争具有人才和产品定价功能

城市规划设计人力资源的特点，在于知识和技能的个人化属性。规划设计中形成的技巧类知识和历史经验的积累，很难形成编码知识被完整地复制传播。对城市规划设计院所来说，能争取到国际规划设计大师的加盟，无疑可以迅速提高自身人力资源的储量和整体设计水平。

竞争定价功能表现为，规划设计人市场的竞争也是围绕价格而进行的(当然另一方面也包括名声、地位、福利及所处城市的环境等隐性价格因素)。一方面，人才价位的高低决定竞争的流向；另一方面，竞争的波动也决定着价格的波动。很明显的一个例子，就是近几年国内各大学推行“长江学者计划”，使人才的竞争定价机制扩大到国际范畴，促使大批学有成就的留学生回国服务，为推动各相关学科的建设发挥了极大的作用。与此同时，这一计划和我国规划设计市场的日益开放，也为沉寂已久、供需不配套的规划设计人才市场注入了一剂强心针。

竞争的定价功能也包含有降价功能。对于相同技术等级的人力资本来说，其竞争力与报酬成反比。从目前的情况来看，由于国内对合格的规划设计人才需求旺盛，报酬日益提高，但与西方发达国家相比，尚有一定的距离。通过开放规划设计市场和促进人才流动的政策，可以使竞争降价功能充分发挥，可有效降低规划设计和制度创新的成本。

(四) 竞争具有优化功能

竞争本质就是选择。这种选择是大浪淘沙优选的过程，使更有创新精神、更低成本设计出更多规划成果的院所得到长足发展，而使劣者淘汰，人才资源经市场重新配置。具体来说：

1. 竞争能使规划设计质量优化。城市规划设计的竞争，最主要的是规划设计成果的科学性、有效性的竞争。经过专家评选和实践，在价格成本相同的条件下，质量越高的设计产品和单位自然越能占领市场、受到用户的欢迎。

2. 竞争能使规划设计院所增强服务意识，积极开拓市场。市场经济体制下的城市规划设计院所，通过竞争性地为政府部门、社会企业或个人提供服务而获取收入，维持生存发展。在这种优胜劣汰的情况下，城市规划设计单位必须在服务单位、对象、内容以及地域等方面进行不断地拓展。当前，规划设计的后继服务尤为重要。因为随着时间和环境的变化，规划的某些内容应作相应的调整。这种调整就是规划设计人员对原设计产品跟踪服务的过程，也是规划设计成果作为完整的商品属性的有机组成部分。但如果没有竞争机制的存在，这种承诺式过程服务就有可能因粗制滥造而损害用户的利益。

3. 竞争能使设计院所内部管理优化。在竞争中，能发挥人才作用，形成团队学习、团队协同攻关优势的院所将得到生存与发展，竞争力弱的同行则会被淘汰或兼并。这就会促使每个设计院所加强管理，优化内部激励机制以避免被淘汰，从而使设计院所自身素质得到提高。

（五）竞争具有促进创新功能

竞争促使规划设计所不断优化的过程，也就是不断创新的过程。为了避免被激烈竞争的市场所淘汰，规划院所必须通过各方面的创新来增强自身的竞争力。

首先，竞争促使规划设计院所推行技术创新。一方面吸引一流的人才加盟以增强创新能力；另一方面加速采用最新颖的CAD系统、地理信息系统(GIS)和遥感(RS)等新技术。由于院所的竞争能力与这些新技术的应用是相联系的，一单位的新技术也会因竞争的传导作用而迅速普及，从而失去自身的优势。要不断取得熊彼德式的“技术性垄断”效益，规划设计院所就必须坚持不断地进行技术创新。

其次，竞争也能使规划设计院所进行内部管理体制的创新。吸收先进的管理办法，改革内部分配体制和技术职称评审体制，实行中层干部和院所负责人竞争上岗、公开招聘等改革，充分调动规划设计人员的积极性和创造性。

最后，是城市规划院所管理体制的创新。这也标志着城市规划行业性质的转变和更新，真正使城市规划院所采用股份制或合伙制的方式进行产权变革，既成为自负盈亏、自主经营的企业，又能接受职业和行业道德严格约束的社会典范。

要使以上五个方面的竞争功能发挥作用，最关键的先决性基础性条件有三项：

一是政府部门必须全部彻底地开放城市规划设计市场，打破围墙，建立严密完善的规划设计招投标制度和监督制度，开放各专业管理部门的信息资源，并筹建公开、透明、共享的城市地理信息系统，为国内外规划设计院所提供公平竞争的环境。

二是逐步地推进规划设计部门的产权制度改革，彻底实行政企分开，使其摆脱政府部门的所属地位和财政拨款核算的事业单位性质。这样做不仅使城市规划设计院所成为社会各界、居民和政府相互监督的中介，而且也有利于规划院所和规划师们像东南大学那两位教授那样，敢于向政府的错误决策直言。显然这有利于城市规划的公正性和科学性的体现；有利于土地资源的合理配置；有利于城市公共物品的合理供给；也有利于均衡利益集团所施的压力。

三是建立有约束力的职业道德评价处分机制。市场经济思潮的奠基人——杰出的英国古典经济学家亚当·斯密在其1776年出版的《国富论》中提出，贸易、社会分工是构成财富的重要源泉，竞争为每一个个体提供了高效生产的动机。当每一个社会成员为了自身的利益而创造出最大量的财富和幸福时，社会财富和社会幸福总量也就达到了最大值。因此，自由竞争的市场体系有益于国家财富的增长。但人们往往忽视了亚当·斯密的另一部非常重要的著作《道德情操论》。作者本人更欣赏自己后一部著作，并将其作为《国富论》的姐妹篇而加以推荐。这位先贤所担心的问题是：失去社会道德规范的竞争社会不仅没有效率，而且将会是极端可怕混乱的，必须以相应的道德情操来与之相制衡。今天，尽管我国城市规划界刚步入竞争时代，但部分规划师已经出现了诸如不求规划质量、唯利是图，甚至混钱骗财；不讲规划原则，不依法规，唯权是从；违背科学，不讲理性，因循守旧，错误选用陈旧无效的规划方法；不讲公德，片面迎合业主的要求，忽视社会弱势群体的利益；浮夸浮躁，满足于吃老本，不思进取，沦落为拷贝别人成果的画图匠……

这些问题的出现，正好印证了亚当·斯密关于市场经济弊端的远见，同时也证实了必须重建与竞争机制所激发的自私动机相抗衡的职业道德规范，来引导公平、公正的竞争模式，预防和制止混乱、腐败的恶性竞争。这就需要我们在以下几个方面做出持续的努力。

1. 城市规划师在编制和实施规划中，必须模范地执行各种城市规划法规和强制性标准规范。这是职业道德的底线。规划师不仅自身应知法、懂法、守法并严格执法，而且还必须当好这方面法律法规的宣传员和监督员，督促各相关利益主体共同遵守公平“竞争”的底线。

2. 认真学习，不断钻研，努力成为掌握现代城市规划新理论新成果的合格规划师。城市规划几乎涉及到各类主要社会和工程学科，其本身就是一门复合交叉的综合学科，尤其在体现“三个尊重”，即尊重自然、尊重普通百姓(尤其是弱势群体)、尊重地方传统文化等方面更应该具有理性的勇气。这些只能建立在广博学习、认真汲取国内外众多成功与失败案例的基础之上。“无知有时也是丧德的重要因素”。

3. 应该有勇气和胆识纠正掌权者的错误决定。在某种意义上说，城市规划师正是“向权威阐述真理”的说教者。如果斤斤计较自身的利益，盲从个别领导的独断专横，成为其错误规划理念的应声虫，就无法纠正恶性竞争，维护公共利益的准则，最后也难免会成为错误决策替罪羊的可悲结果。

4. 对违反公正、客观、守法等基本职业道德并造成公共利益损害的城市规划师，应通过规划师协会、规划院校同盟等“自律”组织，给予通报批评、经济处罚、停业整顿、吊销执业资格甚至党纪政纪处理等方面的惩处，以真正做到教育大多数、增强行业自律功能、强化职业道德的约束力、预防违法事件频发的作用。

5. 建立推广规划督察员制度。许多事关人民大众最根本利益的资源，例如历史文化名城、名镇、名村、历史街区、优秀历史建筑、名人故居、风景名胜、自然遗产和生态资源等，都具有不可再生性，一旦被破坏就难以恢复，有的甚至是永久性的消失。所以，必须在规划、拆迁、建造的过程之前和之中进行实地现场监督，这也是英国、意大利和法国等欧洲国家成功保护历史文化城市的主要经验。该制度与城市规划委员会、规划公开、听证会、规划行政诉讼制度相结合，形成上级政府对下级政府和规划师的有效监督，有利于提高和保障规划师的职业道德水准。

总之，在城镇化、市场化、全球化的大潮中，城市规划师既要正确认识城市可持续发展的内在规律，又要积极作为；既要明确自身的社会角色，又要坚守社会责任；既要追求理想，又要有直面复杂局面、纠正错误的勇气；既要坚持原则，又要有协调各种矛盾与冲突的艺术；既要坚守道德底线，又要成为城市科学发展观的有效鼓动者或解说大师。只有这样，才能保证公正、公平竞争环境的形成和健康发展，从而求得城市规划建设结果的社会公正、经济效能和生态效益三方面的统一。

二、推行概念性规划

在计划经济年代逐步形成的总体规划——详细规划两阶段的规划编制体系，已难以适应市场经济、全球化和信息时代的城市实际发展的需要。而概念规划所具有的多学科综合平衡、侧重于发展方向研究以及具有动态性而非静止等特点，非常适宜用来指导处于快速发展阶段城市总体规划的编制。这不仅仅是因为可以借此引入竞争性的思路进行比较，以求得发展建设城市的真经，同时也是我们步入市场经济之后，规划工作者的无可奈何但又明智的选择。当市场已取代计划成为配置资源的主要手段，大量的原来由计划制定的指令性指标只得让位于对发展趋势预测性的指导性指标了，而赖此为依据的传统城市规划方法自然面临着被改革的命运。当然更重要的是要在认清概念性规划众多优点的基础上，在实际工作中加以发挥，而不是“削足适履”使其服从传统规划编制办法的“水土”。这就要求我们在规划实际编制过程中力求对传统的一些规划编制办法进行改革，努力在以下八个方面进行创新。

(一) 突破规划有效期的限制

所谓战略规划，就是要具有前瞻性，淡化时间期限，它是城市未来长期发展的战略性纲领，是对未来任何时候可能进行开发的原则性指导，所考虑的是几十年以后甚至更长期限的事。如新加坡在 20 世纪 90 年代借鉴英国的结构规划编制了概念规划(X 年规划)[1]。考虑的是未来 50 年以后的事，再根据长远的发展目标，向后导出近期应做哪些工作。但从

---

[1] 1996 年新加坡编制的概念规划，是新加坡的未来发展战略框架，分三个阶段，即 2000 年、2010 年和 X 年。X 年的人口达到 400 万人(容量极限)(新加坡 1990 年人口为 269 万人)

实际情况来看，许多城市的总体规划的编制因受规划法规的“有效期”限制，往往使编制满足于近期目标的现实性选择，缺少对长远目标的导向性选择，以至“规划滞后”已成为地方政府的头条“罪状”。可以这样说，没有一个城市地方政府敢在人民代表前表态，说我们这个城市总体规划是不落后的，是恰到好处的或者是略有超前。规划本身就要求具有前瞻性，如果规划没有未来导向，就失去了规划的本意。规划是为了实现一定目标而预先安排行动步骤并不断付诸实践的过程。规划也需要研究过去和现在，但主要目的则在于借此来揭示和顺应城市发展的内在规律，展开实现目标的未来行动。但实际上几乎没有哪一个城市的规划能达到如此“科学”的水平。正如格迪斯(Patrick Geddes)所说的那样：城市不仅是空间上的地点，也是时间上的一台戏[1]。但这台戏的剧本在现实中并未事先给定。在多变而又相互联系的世界里，城市的未来意味着无穷的可能，概念性规划对城市未来的把握不再是被动地、静止地和惟一地做出推断，而是强调以能动的姿态，创造性地、适应性地谱写城市未来可能上演的多种“剧本”。也就是说，在城市总体规划的编制的过程引入概念性规划，就使得传统的“有效期”及其惟一性失效了。

规划编制时间上的突破，也必然带来了程序和操作上的问题。

一是要不要按常规设置上报总体规划的时间表。实际上就面临着是规划质量服从时间，还是时间服从质量这样一个问题。无论从哪方面来看，都应该是规划编制的时间要服从质量。而且由于概念性规划的编制过程受到的约束比原有的总体规划要少得多，故可以在较短的时间内编制出多方向、多目标的多种方案用于指导总体规划的修编。

二是高层次规划与低层次规划之间的衔接问题。规划体系本身应是高低配套的，应当是低层次规划服从大规划。那如何来解决这一问题呢?相应的专项规划可以适当推迟，如综合交通体系规划、空间形态规划等，可以等到战略规划编制定稿后，结合战略规划的成果，再进行编制。

三是总体规划修编与局部建设的问题。这是规划修编与城市建设的最大矛盾之一。如何解决？战略规划与局部区域规划，在空间结构上要

[1] 参见：金经元．近现代西方人本主义城市规划思想家．中国城市出版社，1998 年 5 月第一版第 85 页

分别对待，对敏感性区域要加以控制，对其他一般性区域，目前已有项目的，还要抓紧做好控制性详规，不然的话要影响当前的发展。总体规划修编或战略规划的编制与局部建设的矛盾是不可避免的，不能因为目前正在修编总体规划需要一定的期限，而把必须要上的项目搁置起来，影响当前的发展。但是在战略规划没有确定前，就来编制下一层次的规划，这将是盲目的。而先在某些局部区域编制控制性详细规划，则是当前经济建设所必须的。所以，在实际工作中要注意正确处理战略规划、总体规划与控制性详规这三者的关系。

（二）突破规划空间上的限制

以往编制城市总体规划，首先是在批准的行政区划范围之内进行规划编制。不论规划区外存在多大的城镇、基础设施该如何统盘考虑，规划的范围是不能超越的。否则，就称这个规划越权。尤其是许多城市周边的县改为市之后拥有独立的规划权，使城市规划的科学合理性受到现行规划法规的制约。更重要的是，传统的总体规划编制方法，不可能在更广的领域里来研究城市资源的空间配置问题。

正如美国杰出的规划家刘易斯·芒福德（Lewis Mumford）所说的那样：城市是区域个性的一种表现……城市的活动有赖于区域的支持；区域的发展取决于城市的推动[1]。城市的涵义，从市场经济的角度来讲，就是生产要素和商品交换的场所。小城市是周边农村的交换场所，中等城市是小城市的生产要素集中交换场所，大城市就是更大区域范围内的生产要素交换场所。所以，城市总体规划的编制必须摆在更广阔的空间范围内进行，特别是我国已经进入WTO，信息时代的到来，任何一个城市的资源配置空间都将大大扩大。在这样的情况下，如果还是就事论事，就不能准确地判断将来会有何种机遇和挑战。引入概念性规划，也就是以区域观点来认识城市问题，在更大的区域空间来寻求对策，即“解决城市的问题立足于城市之外。”例如广州的城市战略规划，就是把研究范围大大扩大，考虑到了整个亚太地区、珠江三角洲和华南区域。杭州的城市战略规划编制，就要研究杭州在整个东南沿海地区处于什么位置，特别是杭州与上海的关系值得认真研究。杭州将来发展的成败，在很大程度上取决于与上海的关系处理上。另外，还要考虑周边城市如宁波等

---

[1] 参见：［美］刘易斯·芒福德．城市发展史．倪文彦，宋峻岭．中国建筑工业出版社，1989

发展趋势的变化所带来的影响，像杭州湾大通道[1]的建设包括大、小洋山港口[2]建设对杭州的发展都将带来重大的影响，应进行详尽的分析研究，并在战略规划中体现出来。省内城镇体系规划以及其他城市发展的演变，对某些特定城市新一轮的发展也都会带来影响，在制订战略规划时，都要考虑这些因素。所以，在制订战略规划时，要处理好与区域内首位城市的关系和周边城市之间的相互作用。

此外，要在新的城市规划中创造城市新的特色。在传统大工业时期，工业项目必然与风景旅游城市的定位严重冲突。但知识经济时代的创意产业是以无形资产投入为主体的经济，城市主导产业模式正在经历变化，二、三产业的边界模糊了。在这种情况下，如果编制战略规划不考虑这些因素，不为新兴产业提供及时的支撑，那将会痛失城市发展的良机。

（三）突破过于注重具体问题研究的限制

要着重于抓住事关城市未来发展的主要问题进行研究。战略规划，也即概念性规划，是抽象的，它要求提供的是宏观的、全局性的发展思路与设想，而在微观具体问题上则具有不确定性、模糊性和灵活性。我们从事编制规划的专家往往习惯于搞具体的设计方案，习惯于摆具体项目，这其实是把规划的程序颠倒了。所谓战略规划，就是要把城市的功能定位、空间布局模式、生态环境保护、基础设施布局等重大问题，放到知识经济、经济全球化和区域发展的大背景中去研究分析，寻求发展思路上的突破。只有把这些重大问题研究透了，才能使所编制的城市总体规划更具有科学性、合理性。

城市总体规划从本质上讲，就是战略意义上的资源配置。如果不是战略意义上的，其资源就不能以政府宏观长期规划去引导配置，而是市场本身或下一层次规划就可以发挥作用的。城市战略规划就是为了弥补“市场的远期失灵”问题，市场不能发挥作用的这一部分，才由规划来做前瞻性的考虑。所以战略规划编制不能局限于微观具体问题的研究分析。从另外一个角度讲，城市的本质就是集聚。在现阶段，城市要集聚哪些生产要素才能发展得更快更好？集聚的对象在哪里？竞争的对手是谁？

---

[1] 杭州湾大通道：北起浙江乍浦，南抵宁波慈溪，长 33 公里，为国内最长的跨海大桥。建成后，上海与宁波两市的陆路距离从现在的 300 公里缩短到 120 公里

[2] 大、小洋山港口处于浙江省舟山群岛东边，邻近长江入海口，有十分优越的港口资源

在与竞争对手的博弈过程中，自身的优势在哪里？以什么样的手段来保证城市可持续的集聚和竞争能力？这些都是宏观上的问题。如果规划编制过早地转到具体的专项规划之中，就进入了死胡同，结果制订的规划将是捡了芝麻丢了西瓜，而且必将滞后于城市的发展。

虽然概念性规划不属于法定要编制的规划，没有统一的格式要求，但这恰恰为从宏观层次上把握城市发展的功能、定性、定向和空间形态布局设计创造了充分的自由度。如果不在这些重大问题上花大力气去深入研究，那么总体规划即使做得再细、再具体，也都将因目标和结构不合理，给城市发展带来全局性的问题，犯历史性的错误。所谓战略，就是指重大的，带全局性、长期性、相对稳定的决定全局的谋划❶。

（四）突破单一的物质空间规划的限制

物质空间规划的盛行，一方面是受物质空间决定论的影响。“……物质空间结构决定社会行为，这两个因素的关系是单向联系的，在这种关系中，社会行为是因变量……”（M. Broady，引自 Bordo and Hartman，1982）；另一方面，大多数的规划师因受建筑学背景知识、思维方式的影响，过分注重图面的效果和建筑空间形态的想像，要求发展前景的清晰与明确，非此即彼，而对城市空间的演变以及各相关因素的相互关系很少涉及。这恰恰成为城市规划与城市现实相脱离的思维基础，以至于以往编制的规划，一是拼图，找一些局部的规划图拼凑起来；二是套硬指标，从计委找些指标来套。一本硬指标和一张图，规划就算基本完成了。但是，这样的规划越是具体化、物质化，各方面的争论就越多，协调平衡这些争论，就会耗去大半年时间。目前，我们要编制的战略规划，是经济、社会、生态、可持续发展等重大问题在物质空间上的投影。物质空间是这些重大问题的载体，只有把这些问题研究透了，物质空间形态的确定才有意义，不能主次颠倒。例如，中央决定东南沿海各省市粮食全面放开后，就可从区域、全国的层次来满足耕地在数量上的总量平衡——最低极限是解决整体的“口粮田”，而不需要根据对规划期末人口变化的精确预测（事实上也没有可能），确定未来城市的用地规模，更多的是应考虑生态环境的承载能力。

❶ 参见：陈秉钊．中国城市规划面临的问题和发展趋势．第 29 期市长研究班参考资料，2000 年 5 月

此外，我们还要求城市总体规划针对未来不同的发展可能性和模式，能提供多种解决方案。这样就可以让决策者进行合理选择，做出科学的决策。因为随着我国进入 WTO 和知识经济时代的到来，城市发展的环境已变得更加繁复多变，一个合理的发展战略应当给城市提供较强的转换能力。规划本身具有足够的前瞻性和适应性，能够帮助城市政府规避风险和把握机遇。正如 J. B. Mcloughlin(1968)从城市环境的现实过程出发提出的“规划的目的在于影响和利用变化，而不是描绘未来的、静态的图景”，“规划是连续的，因此不存在什么确定的规划”。因此，我们所编制的战略规划，必然是多学科的、多维度的、多方案的，充分体现包容性和适应性。

总之，概念性规划作为规划体系的一项改革，就是要求规划准确把握战略的方向性问题，要求善于超越“就城市论城市”的旧观念，注意区域的发展与城乡建设的协调性；城市规划要使之有效，就要下决心超越“就物质规划论物质规划”的旧巢，注意从社会、经济、环境和对人的终极关怀等深层本源问题的研究和影响长远的公共政策的制定。

(五) 突破计划经济模式的限制

我国经过 20 多年的体制改革，市场已经成功地取代计划成为配置资源的主要手段。随之而来的是，现实发展过程中的不确定性正在取代传统计划的确定性。我们不再知道准确的经济发展速度；也不可能准确地预见经济的波动周期；……但许多城市规划者仍然习惯于从“社会经济发展规划”推导出“确定”的城市人口和用地规模，习惯于用封闭式的自身设计来描绘城市的终极蓝图。为什么近 10 年来广泛出现城市规划滞后的现象？正是由于我们沿用了计划经济测算工具，而导致我们在市场经济时代对环境容量、人口规模、土地开发强度等方面的测算都落后于实践。广州的战略规划，对这些指标的测算，运用了当今国际上市场化程度比较高的国家所采用的一些科学方法，与市场经济的发展就较适应。

当我们不能再指望“计划”为城市规划提供依据时，城市规划工作者必须根据市场经济发展的可能状态，独立而又有竞争性地判断城市发展的趋势。而这正是概念规划所应扮演的角色：将社会经济发展的潜在可能和需要(产业结构变化、竞争优势的改变、新经济增长点的涌现等)解释为空间的语言(不同功能的空间分布、发展方向、城市结构和基础设施种类与布局等)，而这原本是由“计划”自上而下确定的。同时，城市规划目标之一就是弥补市场的不足。所以，在编制规划时要反方面来操作，就是哪些方面由市场来调节会失灵的，具体在规划上就要重点突出这些内容。我们以前的一些规划，对市场能够发挥作用的地方已经明确了，但在市场失灵的地方没有办法进行补救，这样的规划其有效性当然就要打折扣了。再者，规划要明确该做什么，不该做什么。尤其是明确不该做什么非常重要。广州的战略规划中，提出了不可建设区和控制发展区。上海的总体规划中确定了发展敏感区或生态敏感区，这非常必要。

结合面临的实际问题，战略规划要明确发展敏感区、生态敏感区和历史文化敏感区。作为敏感区，有两层意思：一是对于发展较快的区域，如某一城镇历史上发展一直较快，集聚能力较强，那规划有可能出现滞后，所以这一区域就要细心规划。二是政府投资的回收区。政府搞基础设施建设，需要高强度的投入，这些投资要靠土地收益来回收。例如，有的城市要发展轨道交通，那如何来筹措这方面的巨额投资呢？就是要提前对沿轨道交通规划的地块予以控制。因为轨道交通两侧的地块特别是站点附近的地块肯定会成倍上涨，所以首先就要把这一敏感区控制好。届时，轨道交通方案一经正式确定，就可将两侧土地予以公开拍卖，通过土地收益收回投资。发展敏感区的及时控制就是这一概念。生态敏感区的确定就更为重要。哪些区域对生物多样性、生态资源的保护特别敏感的，当然要划定保护范围，对开发建设行为严加控制，否则将贻害无穷。例如，在杭州的规划中就要阐明对地处城市水源保护区的富阳造纸业[1]污染的严格治理控制，因为它影响着下游300多万人的饮水质量问题。而历史文化敏感区比生态敏感区更为脆弱，生态一旦被破坏了，还可以假以时日来恢复，历史文化一旦破坏，则永远不能恢复。许多城市形象的千篇一律，就是缺乏把城市的未来与历史相互结合起来。没有延续城市特有的文脉，人们对城市就会缺乏认同感、归属感。概念性规划应当在宏观整体策划上承担起不可推卸的责任，真正体现以规划来保护人民的长远利益。

（六）突破原有规划、政策包括习惯提法的限制

在传统的规划编制过程中，规划的目标往往是委托方提供的，然后

[1] 富阳市处于钱塘江上游，新安江下游，富春江横贯境内，造纸业为其传统特色产业

由规划师从专业技术的角度做进一步的诠释或论证。但战略规划的编制则是对城市战略目标本身进行分析研究，而不是事先给定。这样的话，规划工作者就可以放弃过去那种按照领导的意图来编制规划的旧思路。因为概念性规划的灵魂就在于城市发展思路、目标的创新和对过去旧观念的批判和扬弃上。规划就是要找准城市当前和未来发展中存在的问题，就如系统理论中的“木桶效应”一样，要在规划编制过程中找出最短的一块木板，然后通过规划实施来予以补充。市场难以发挥作用的地方，就要由政府通过规划来补齐。如果制订的规划老是夸大哪几块“木板”特别长，而对短的视而不见，那这个规划就是无效的规划，是不可能充分指导发展的规划，只能算是宣传提纲而已。所以，在制订战略规划时，对原有的规划、计划等结论性的东西，既要充分继承，更要大胆突破，从而使规划体现科学性。例如，由于概念性规划时空的广域性强化了城乡协调发展的观念，对于现在的农村而言，未来的某一时候其物质形态和功能性质都会发生变化，或者成为城市的一部分，或者自成体系，成为大城市的卫星镇或永久性的生态农业区。所以，在编制规划时，这些地方都是不能遗漏的，否则它们将成为未来城市化进程的障碍。现在的“城中村”现象，无疑就是过去规划失误的注脚。对规划中的一些问题的争论，应在多种方案编制出来之后而不是在此之前；规划研究单位不能迎合时下热门的话题或领导的既定结论，而应将研究成果建立在严密的论证分析的基础上；城市政府对方案的决策应在专家决策之后而不是先于专家决策。

总之，引进概念性规划的重要意义，不仅在于规划的科学性有了保障，而且也在于为城市规划师们坚持自身的职业道德提供了良好的外部条件。

（七）突破单一部门编制规划的限制

吴良镛院士认为：“规划设计好比大师意匠手笔，不要太急，要高层次研究。”一个设计单位一般只能做一个规划，不可能把几个规划都交给一个单位去做。不同设计单位的资源禀赋和实践积累不同，只有引入不同经验、知识结构的人才梯队，才能做出多样化的规划。这样，我们对规划方案就有多种选择，才有可能通过竞争选优来组合各方案的优点。

广州市政府借鉴一些发达国家和地区的做法，于 2000 年 6 月邀请中国城规院、清华大学城规院、同济大学建筑城规院、中山大学城市与区域研究中心、广州市城规勘测设计院五家规划设计单位，开展了广州城市总体发展概念性规划的编制咨询工作。实践表明，这次广州市城市总体发展概念规划的多单位编制的成果，远远超过原先的预料。概念规划不仅提出了许多开创性的设想，而且也给出了众多具体的实施对策。例如，中山大学课题组提出的“基于 IT 产业的城市空间结构”并细分为：空间基础设施重构——发达的信息网络与现代交通网络的结合互补；空间经济重构——网络经济与工业经济的结合；中心地空间等级重构——城市对外联系强度成为重构中心地等级体系的主要指标，人口规模指标退居次要地位；空间形态重构——区分城市中心网络化服务业、高新技术和居住平衡区、物流配送网络及与此相关的空间拓展方向等[1]。这些设想对以 IT 产业为主导产业的杭州市来说，无疑有着很好的借鉴意义。

更为可贵的是来自各方面的规划师们，一改过去仅仅是被动地执行或“具体化”上级意图的角色，第一次作为主角深入地参与城市战略层次的决策过程，较为充分地发挥自己的聪明才智，广采博引，并运用一些新的分析工具为战略层次的规划编制的科学性创造了良好条件。

（八）突破规划可批性编制方式的限制

过去，城市规划往往以能够批准为目标来编制，这其实是一种本末倒置的错误做法。但当时也的确受到城市规划法的限制。现在对城市总体规划的审批流程正在经历变革，一是大大简化审批程序，二是只审批纲要，不死扣具体的细节问题。概念性规划的推行也为突破可批性创造了条件。这首先是因为这一层次的规划不属于“法定的审批规划”，其编制的科学性较少受现有规划法规框框的影响。其次是由于概念性规划编制方法的竞争性与创造性要求，也使其能突破“常规”。这就为我们在规划编制中增加把握城市问题的精确性和规划自身的可操作性方面创造了条件。

规划的可操作性体现在三个方面：

一是法律和行政的保障措施。城市规划不仅仅是一项专门技术，同时更是一项政府行为，此外，城市规划除了得到立法和执法的保障外，

---

[1] 参阅：中山大学广州城市总体规划发展概念规划工作组．确立新的发展观念，增强区域竞争力．城市规划，2001 年第 3 期第 26 页

还需要有政府政策的配套。政策，一方面作为城市规划法律文本的补充和具体化，另一方面，则将面对更为广泛、现实的实际问题，在实际工作中更具操作性。政策还可以发挥其协调机制，使城市规划的调控目标与各部门、机构、各阶层人群的具体情况和实际利益结合起来，使城市规划得以顺利实施。

二是社会的认同感和参与性。规划从某种意义上讲，还是一项社会改造运动，是一种现代文明，不是少数规划专家表达意志的手段。不然的话，规划将难以得到社会各界的支持和贯彻，城市社会的主体与规划师在城市发展过程中将难免会长期处在对抗的状态，城市规划的原则、意图和内容也就无法体现在城市建设活动之中。

三是要充分运用市场的力量。在市场经济的环境中，城市规划主要靠市场力量去实现的，只有小部分由政府从弥补市场不足的角度来实施。有了市场经济，才有了规划中的控制性详规。法定图则也是按市场经济规律而产生的，就是力求把更多的选择权交给用户，但政府却拥有了调控城市建设的主动权。总体规划、战略规划要充分考虑运用市场机制的效用，而且越到基础性规划特别是专项规划，越要考虑如何引导市场力量去实施好规划。例如在实施城市规划的过程中，传统做法往往是由于城市的自我扩张之后造成基础设施的短缺，然后再由政府按规划的要求进行建设，这种“滞后性经营”造成基础设施的“正向外部性”的效益全部落入房地产商的腰包，基础设施的适度超前发展也就无法落实。而所谓的“前瞻性经营”，就是利用政府规划制订权所带来的信息优势，在规划的建设区内成片预征建设用地，然后再由规划引导进行基础设施的建设。例如采用 TOD(即交通导向的开发模式)。这样，政府不仅可从“熟地”和“生地”的差价中回收投资，而且新开发区的市政设施、社会服务设施也可以与建设项目同步形成。

此外，在城市总体规划修订过程中，为使对重大问题进行持续的研究，有必要给予组织机构和人力资源方面的保证，建立城市总体规划编制研究中心，定期对规划进行研究和探讨。

但必须指出的是，概念性规划相当于汽车制造商的“概念车”。在这些“概念车”设计的时候，设计师们可以让思路自由地奔驰，可以运用众多闻所未闻、见所未见的创新技术。但概念车要转变为商品车，就要接受一系列技术、标准和规范的“再造”，综合衡量经济、技术、环保、安全等方面参数之后才能进入消费者市场。“概念性规划”也同理，尽管该规划可以通过“八个突破”对未来发展的空间模式的固定化框框进行更新，以取得更好的可持续综合效果。但是概念性规划仅仅是城市总体规划或其他层次和重要区域规划和设计方案的修编前的研究，不能将其作为“法定”规划直接用于实施。在这方面，许多无知的城市领导人常会犯将“概念车”直接开上高速路而车毁人亡式的错误。这必须引以为鉴。“概念性规划”说到底，是完善法定规划修编的重要工具。

三、西方发达国家城市规划法规的主要特征及对我们的启示

1. 类别与特征

1909 年，英国颁布了世界上第一部城市规划法，以后一些工业国家也相继制定了城市规划法。例如法国在 1919 年颁布《城市规划法》，美国在 1916 年由纽约市最先颁布《区划条例》(Zoning Regulation)，日本在 1919 年制定《都市计划法》，新加坡在 1927 年颁发《新加坡改善条例》等。这些法规在随后的年代中处于不断修编过程之中。作为现代城市规划体系的核心，每一部新城市规划法的诞生，都是为了解决城市发展中面临的新问题，都标志着一个国家和城市规划体系又进入一个新的历史阶段。主要表现在：规划的行政管理、规划的编制和规划的实施等方面的重大变革，需要由相应的规划法规提供法定依据和法定程序，以适应政治、经济、文化、环境和技术等方面的背景变化。

纵观各国城市规划法体系的内容构成和特点，可分为三个基本类型：

一是以英国为代表的中央政府高度集权的规划法规体系。国家集中了城市规划法律的立法权和执法权，城市规划法的核心法[1]及核心法系由国家立法机构及中央政府制定，城市规划法规基本上由国家行政机构及执法机构执行。长期以来，英国中央政府主管城市规划事务的是环境运输与区域部(对首相办公室负责)，仅负责城市规划的公务员就有 150 多名。其主要职责：制定有关法规，确保《城市规划法》的实施；受理规划上诉；编制实施国土规划，审批郡政府编制的结构规划，指导协调

[1] 核心法：是相对于专项法、从属法规和技术规范而言的。核心法是这些法规所组成的体系中处在主干核心地位，有更高的权威性和相对稳定性

并负责一部分地方政府的规划管理工作；重点地区和项目的规划管理等。同时，设有一个专门的规划监察委员会，配备规划与住房监察员、规划与发展规划监察员、规划与环境保护监察员等，共200多人，负责城市规划、建设的监察和管理工作。地方政府按照国家统一的城市规划法律法规编制各自的城市规划，最终由中央政府主管部门审批通过。尽管地方政府在执行国家的城市规划法律、实施城市规划时，拥有一定的解释权，但国家城市规划主管部门可以否决任何方式的开发和建设项目。为此，1991年实施的英国《城市规划(发展规划)条例》中还有专门的部分条款来阐述主管部长的干预方式及深度[1]。

二是国家立法与地方执法相结合的规划法规体系。国家拥有统一的城市规划法和其他城市规划法系中的辅助法律法规，国家主要负责立法工作，地方政府主要负责城市规划的编制与实施，以及规划管理行政工作。

这种类型以德国为代表，1949年的《联邦基本法》并没有土地利用规划的立法内容，各州都有各自的规划立法和相应的规划体系。直到1960年才制定了《联邦建设法》，随后又制定了有关条例，以规范各州的发展规划和协调控制。各州的规划立法须与联邦法相符合。

日本基本上属于这种类型。在单个法律法规的制定中更多地借鉴英国的经验，而在城市规划法系的总体框架方面，更多的是参考德国中央立法和地方执法相结合的体系。法国过去的规划法与英国相近，1983年改革以后，将立法权留在国家，对城市土地利用规划的编制和国家城市法律执法权进行地方化，下放到市镇一级，即从第一种类型转向第二种类型。

三是以美国为代表的分散式地方城市法规体系。国家没有统一的城市规划法，由地方政府按各自的情况制定城市规划法律法规，并由全美规划师协会(APA)负责对全美城市发展规划进行技术协调；华盛顿特别区设有首都规划委员会，代表联邦政府对华盛顿市的发展建设进行综合协调管理，除此之外几乎没有其他全国性规划管理机构。因此，城市规划的行政和职能体系在各个州差别很大，甚至在一个州内的法律法规也各不相同。州级的法律内容一般包括地方规划机构的职责及其构成，规划和区划条例的编制、审批和执行过程。在州的立法基础上，各城市制

[1] 参见：唐子来. 英国规划核心法的历史演进过程. 国外城市规划，2000年第1期第12页

定各自的城市规划、建设和管理法规。在城市中，立法机构对城市发展和建设规划作最终裁决，综合规划和分区规划通过后具有法律效力。其中，分区规划(Zoning)是最重要、最直接的城市规划建设控制法规。

必须要指出的是，在美国，联邦、州和地方各级都采用了立法、行政、司法“三权分立”的模式，各级政府的城市规划立法与执法都深深地扎根于这一政治体系之中。这使得规划活动在州与地方每个层面内，都能进行自我修正和调整，从上而下的强制性干预较少，从而导致低密度城市蔓延的发生。

2. 职能与权限

各国城市规划机构的权限和体制因与其政治经济体制密切相关，显示出一定的差异性，但成功的经验往往是相似的。作为市场经济条件下和现代规划管理体制先行者的西方发达国家或地区的经验教训，无疑对我国的城市规划法规体系的重建及规划管理体制的变革有着重要的启示作用。

一是中央政府城市规划主管部门担负着较强的管理、协调和监督职能。

在英国，1990 年的城市规划法明确规定了环境事务大臣立法权，特别强调环境事务大臣有制订城市规划专项开发规划的权力。这样，凡属于国家级的大型开发项目(如国家大型电站的投建)，环境事务大臣都可以自行决定并制订相关的专项开发规划使其合法化。甚至如果一项开发项目，环境事务大臣与议会两院或下议院产生分歧时，法律规定以环境事务大臣的意见为主。虽然从 1990 年以来，英国第一部城市规划法开始就规定各城市规划局全面负责本城市日常的规划管理工作，但环境事务大臣有合法的监督权力来确保地方规划管理工作与中央政府规划政策的一致性。而且，环境事务大臣的司法权可以在以下四个方面充分地行使❶。

首先是法律允许环境事务大臣中止地方规划局签发的规划许可证(Planning Permission)。

---

❶ 注释：英国司法机构不负责城市规划起诉案件，国家司法机构仅仅对城市规划起诉案件做出法律性解释，最终的判决权属于环境事务大臣，这就是所谓的“准司法性权力”(A Quasi Judicial Capacity)

其次是法律允许环境事务大臣直接签发规划许可证而不考虑地方规划局的意见。

再次是法律允许环境事务大臣对所有规划起诉案件做出最后裁决。

最后是法律允许环境事务大臣中止地方规划局签发的强制执行通告(Enforcement Notice)❶。

法国于1919年颁布《城市规划法》后，1943年首次进行修订的就是进一步明确中央政府的职责。如今，法国在国家一级设有多个规划协调机构。同时在国家的公共工程、交通与住房部或在大区和省都设有分支机构来指导和协调市镇的城市规划工作。国家规划主管部门经常参加市镇的规划编制和实施工作，一些有重要影响的许可权仍在中央政府，如有必要对某些涉及国家利益的规划建设活动进行干预，中央政府通过完全决定权或共同决定权，可随时重新获得管辖权。在这些方面，日本等国也有类似的情况。

二是省级规划管理部门职能和权限明确，机构完备。

西方各国(地区)都比较重视省级规划机构的建设，并赋予其较大的管理权限和协调管理职能。如美国州一级的规划管理权限较为集中，州级政府通过州级法律法规来规定地方城市规划机构的职责及其构成，规定综合规划和区划条例的编制、审批和执行。

在法国，省长由中央政府直接任命。省长全面负责省一级的城市规划工作，监督副省长、市长、市议会议员的工作，制订财政预算，监督法律和规章的执行情况。1982年以来，以权力下放为主要内容的改革结束后，省长的权力有所削弱，但作为“共和国特派员”(Commissioner of Republic)，他同样拥有广泛的权力，在省级行政管理事务中，有权参与市镇的两个层次规划(SDAV和POS的制定)。特别是在那些小城市，城市规划方面的工作，省长可以直接地而不是间接地代替市长行使权力。尤其在1966年后，法国中央政府又在各省级政府中直接任命各省专项负责规划的官员(Direction of Departmental Equipment，简称DDE)，DDE全权负责省级规划制订工作。在省属范围内，凡是设置独立的规划局的地区(指专区、县、市镇等各级行政区)，DDE全权负责该地区的开发控制工作。DDE有多重职责，既可作为中央政府的代表行使规划权力，又

❶ 参见：郝娟. 西欧城市规划理论与实践. 天津大学出版社，1997年第一版第12页

可作为地方当局的公务员(Servant)负责某些规划方面的领导工作，同时又兼任地方规划部门的顾问。中央政府负责城市规划的部门通过各省的DDE来获得地方政府一级有关规划和开发控制的信息，特别是在那些中等规模的城市、小城镇或乡村地区，进行全面监督各省的规划和开发控制工作。

其他如英国的郡级、日本的都道府县级、德国的州级规划管理机构，都有较强的管理协调职能。尤其在德国11个州中，有6个州分别在州和县(县级或县级市)之间设立一级管理机构，称之为专区(Administration Districts)。专区的首长由各州的总理直接任命，其主要工作就是协调联邦、州和地方机构在土地利用规划方面的矛盾，制订和监督地方政府执行综合区域规划，帮助区域规划委员会和地方政府建立相互联系协调的关系，监督县、市级规划部门执行土地利用规划，并直接负责制订地区性开发规划(Regional Development Plan)，以进一步衔接州与县、市的规划。一般来说，郡州一级政府规划机构人员编制约为总人口的万分之一到万分之二，市及地区一级政府规划编制人员约为万分之三到万分之五[1]。

三是注重规划与财政等多种调控手段的结合，有相对健全的管理机制。

市场经济国家(地区)普遍重视将城市规划作为经济与社会发展重要的调控手段，城市规划管理多与国家的财税政策和投资管理等手段密切结合，城市规划部门(特别是中央和省级政府)一般都有足够的资金使用权限作为调节手段，以引导地方城镇建设，保证中央政府规划主管部门的意图得以贯彻实施。

在美国，由于联邦——州——城市在城市规划方面的关系相对松散，带来不少区域发展的问题。因此联邦政府常常依赖财政的手段来调动州和城市一级政府的积极性，促进规划的制定和建设的协调。

在德国，州级规划主管部门一般都拥有一定的资金管理权限，可以通过拨款来对城市发展进行调节和引导。德国的大区和省经常为市镇的规划实施拨发财政援助款。

四是规划部门的职能趋向综合，规划管理具有权威性。

---

[1] 参见：建设部内部资料．中外城市规划管理体制对比分析．第11页

西方相当多国家和州省一级的规划管理机构是与计划管理、经济发展、政策制定等政府职能合并设置在一起的(如美国芝加哥的规划发展局、英国环境事务部和诺丁汉市的城市规划与发展局、新加坡的国家发展部等)。

比利时具体负责城市规划工作的是综合性很强的公共工程部(The Ministry of Public Works),其工作职能除了区域规划、城市规划建设之外,还负责全国道路交通、水路运输的规划建设,并负责分配城市建设资金。

希腊是由国家经济部(前协调部,即 Ministry of Coordination)负主要责任。该部不仅负责区域规划和城市规划,而且还担负环境保护、经济统计、公共投资和地区政策等方面的职责。

五是各级政府部门事权划分明确,上级规划部门对下级规划部门有较强的监察和监督职能。

如法国,除国家规划主管部门在大区和省设有分支机构外,省级规划主管部门在下属市镇也设有一些分支机构,市镇当局制定的城市规划必须征求上述分支机构的意见,并综合到规划的文件中去。

日本在城市规划的决策过程中,各级政府部门的管理权限有细密的划分:

——各个市、町、村的规划,原则上由各级政府决定。城市规划决定的具体内容由市、町、村设立的城市规划审议会讨论审议,一般还要举行听证会和说明会;

——当规划超过某个市、町、村的行政范围时,则由都、道府县的知事在统筹考虑并进行协调后决定。若与地方决定的规划不一致时,知事具有优先决定权;

——地跨两个或两个以上县的大范围规划,由建设大臣决定;

——有关涉及国家利益的一些规划问题,在任何必要的时候,建设大臣有权责成县知事或地方政府,对规划区域城市规划方案采取必要的修正。

由此可见,从中央政府到地方政府,在规划管理上有较高的集权制和统一性,体现出上级政府对下级政府的督察和审验特征。

3. 经验与启示

(1) 不论是在怎样的政体下,也不论在怎样的行政管理体系下,各个层次的规划行政主管部门之间用不同的手段，保持行动的协调，以保证宏观政策的顺利实施。我国是社会主义国家，不可能在政体上照搬美国三权鼎立、相互制约的治理方式，必须坚持从上到下政府调控与市场机制为基础相结合的城市规划管理体制。比较之下，英国的集中与分散相结合的模式更适合我国国情。在这种模式下，采用干部下管一级或派出专门的规划监察员队伍以加强上级政府对下级政府的监督作用，保证中央政府对全国城乡空间资源管理和耕地保护的意图得到落实。地方立法不能与中央政府对各省、各大城市和重点风景区规划管理权限相冲突。

(2) 凡发达国家无不将对土地使用和空间的管理，视为一种管理经济的重要手段，它的意义并非仅限于“保护农田”。国家经济发展计划的决策与空间发展战略的决策两者之间的协同为各国高度重视。信守这种原则几乎成为一般的常识。也就是说，规划部门和计划部门一样，同属于综合经济部门。在经济发达的上海，已经从体制上体现出这一概念，这种改进代表了一种重要的发展方向。在监督实施方面应结合法律、行政、计划和干部管理等各种手段综合进行调控，以保证城乡规划在资源配置方面的有效性，从而弥补市场机制的不足，保证我国城市发展的健康有序。

(3) 城市规划的编制很大程度上已不是一项单纯的工程技术工作，而是一个政府表述空间发展政策的过程手段。因此，从各国情况看，无论在城市一级如何划分规划的层次，国家都要事先提供一个有效的指导性文件。重要城市发展的战略性内容是由中央政府直接过问的，尽管在是否审批的问题上有政体的影响，但诸国皆尽力从宏观上对城市发展的战略有所把握，有所指导。尤其是城市总体规划应区分强制性内容和非强制性内容，前者对于城市的历史文化遗址、生态绿化、城市形态、重大基础设施项目选址、技术标准、用地规模等都应有刚性要求，但对一般性指导意见则力求简明扼要。所以，要改革现有城市规划的审批办法，对规划大纲和战略性规划加强审批指导，而对技术性较强的专业规划如给排水、电力电讯、环保、一般道路等规划，可委托中介机构评审。

(4) 城市规划要得到切实的执行，必须把规划的实施管理这种社会管理调整行为提高到法律调整的高度，也就是要使规划法制化，使其备有国家强制力作保障。在直接作为建设管理依据的制定方面有三种方式：

一是采取将该规划文件地方法律化，像德国的 B—plan 和美国的区划法规。这样，规划管理成为依法执行法律的过程；二是英国的方式，地方规划作为管理依据，由地方政府批准，但不是法律文件，地方政府的规划部门对于开发申请具有自由裁量的权力；三是法国的方式，地方性土地使用规划(POS)只有经过上级政府的批准，才能成为规划管理的依据。从我国的实际情况来看，为适应当前市场化、国际化、信息化时代背景下城市化高速发展的需要，城市规划编制应该分为基本系列与非基本系列；图则制定可以分为法定图则和工作图则；规划编制是图则制定的依据和技术条件，法定图则是规划的法律表现形式。

（5）总结发达国家和地区的经验和深圳的实践，法定图则作为控制性详规的法律表现形式，应作为城市规划进行依法管理最基本的形式。它与控规之间的关系可表述为，后者是制订法定图则的基础和技术支撑说明文本。随着《城市规划法》的修改，法定图则应明确其有相应的法律地位，并由地方立法来进一步落实编制、审批、修改等程序，赋予其“明确、肯定、有国家强制力作保障”的法定规划地位。

（6）城市规划管理看似是地方的事务，但它却是落实中央政府认同的城市发展战略和计划的关键环节。因此，即使主要由地方政府对开发申请做出审批决策，许多国家的中央政府仍然通过法律规定，保留一定的否决权力，或调审的权力，或者规定一些有重要影响地区的规划许可由中央政府直接做出决策。其中英、法、意等国下派规划督察员的制度尤其值得我国借鉴。我国《城市规划法》的修改，必须进一步明确各级政府的权限与责任，明确上级对下级、同级人大对政府监督相结合的约束体制。

（7）城市规划管理作为行政管理的一个组成部分，依照一系列行政法，建立上诉、复议等法律渠道，保证规划管理公开和公正。同时在规划的实施方面，明确地方行政首长和规划局长的责任制，切实建立起有法可依、执法必严、违法必究的法律体系，进一步明确各级政府拆除违法建筑的责任和技术行政违法违规责任追究制度，确保城市规划方面的法治质量和进程。

（8）城市规划的编制是一个动态的、连续的、研究性的，也可认为是无止境的过程，需要根据国内外的形势、机遇和挑战的变化，按法定的程序不断地进行完善、调整、修订。这与我们将总体规划和其他层次的规划通过招投标交由国内外设计院所去编制的传统操作办法，显然是难以达成内容和适应性方面的积累性和连续性，因而需要有专门化的机构负责进行持续的研究，并充分利用概念性规划的招投标制来吸收国内外优秀设计院所的思路，结合历史积累的资料对基本系列规划和法定系列图则进行编制和修改完善。

专题一：

杭州市城市发展概念规划综述

杭州市原来的总体规划只包括683平方公里的小市区，行政区划调整后，市区面积成倍扩大，外部环境也发生了变化，再加上现在所处的时代背景和我国加入WTO对我们的挑战，考虑这些因素，先制定概念规划，然后对总体规划进行反思、补充和调整修改，这样得出的总体规划比较科学，更符合理性，能为下一步的分区规划、控制性规划的编制奠定基础。

同时聘请中国城市规划设计院、南京大学城市规划设计院、上海城市规划设计院三家国内高水平的院所来制订杭州城市发展概念性规划，开展一次“西湖论战”，展示三个单位对杭州未来发展思路的判断。通过对这三个方案的比较和讨论，又使我们获取了更多参会代表的智慧。因为有三个互相竞争的蓝本，专家们对这三个方案进行比较鉴别，提出了许多有关杭州城市发展的精彩理念和观点，这是比方案更为宝贵的资源。总之，本次规划竞赛达到了原定的规划目标，超过了原来的“理性预期”，取得了以下几点成效：

第一，找准了杭州城市发展存在的问题

各方案和专家们都从纵向的历史比较，横向的同类城市比较，跳出了杭州人自己研究自己的理性限制，不受既定框框和提法的左右，而且从多因素、多学科、多角度来对杭州未来进行思考。提出的意见尖锐但中肯，理性又不失激情。具体来说，中规院对杭州七个方面的批评：区域位置重要，作用不强；城市产业大而不特，全而不强；城乡空间急剧扩张，结构失调；旅游发展市场萎缩；景观风貌，千城一面；生态环境，山河虽好环境堪忧；管理体制一市三城貌合神离。这些意见都是一针见血的，有的缺点是我们自己长期以来一叶障目所看不到的。

南大方案从文化本源着手，提出任何历史文化、文化积淀都有双刃剑的效应，一方面是发展基础，制度启蒙；另一方面它又积累了一些问题。所以从文化本源出发，指出杭州的发展长期以来稳健有余而缺少活力，这是有闪光点的观点。说明杭州缺乏捕获机遇的能力，这是影响城市发展最大的一个弊端。

第二，突出了整体发展的理念

三个方案都从国际背景、时代背景、全球竞争、长江三角洲的发展、上海的发展，直到区域的发展；从大到小，从虚到实，最后落实到具体的城市空间形态上，视野比较宽广。

上海方案把杭州与上海的错位发展作为一个很重要的课题研究。杭州以前城市建设的问题就是没有融入上海经济区，方案提出了融入的思路和步骤。杭州的未来发展要避开重化工阶段，因为重化工阶段竞争不过上海和其他老工业基地城市，但作为工业化阶段也可以超越。杭州的竞争目标就是要落实到服务业和高科技产业上，才能融入整个上海经济区与之形成一体性发展。于是提出了组合式多中心格局的空间结构(图 1)。

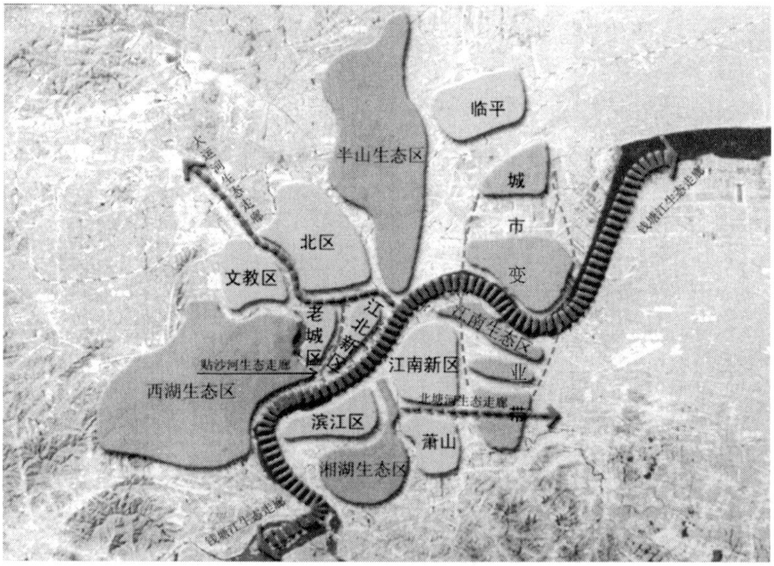

图 1　上海城市规划设计院方案

南大提出城市要超越(城市)简单的拼盘，要大胆东进南下，提出“双核拥江”的理念(图 2)。虽然这一提法有争论，但从长远发展来看，这个理念是很有远见的。

中规院通过三个层次：长江三角洲、杭州湾、新市区的研究，最后落实到“跨江沿江、双心双轴”的空间结构(图 3)。除此以外提到了竞

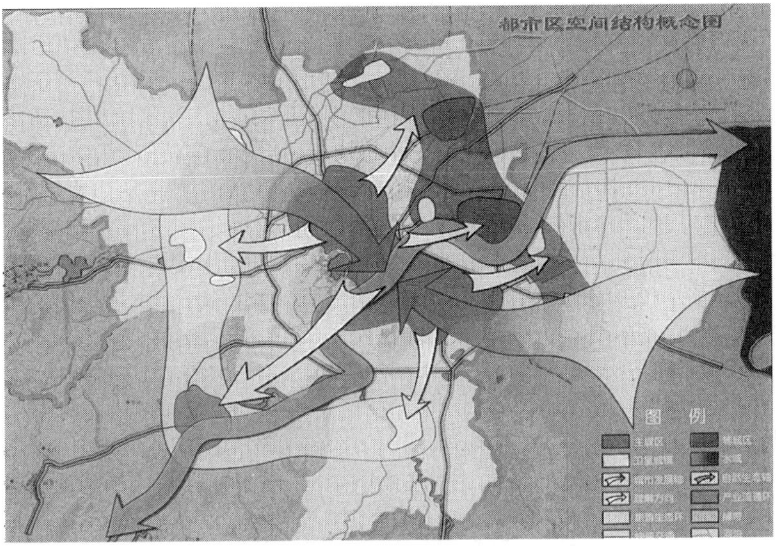

图 2　南京大学规划设计院方案

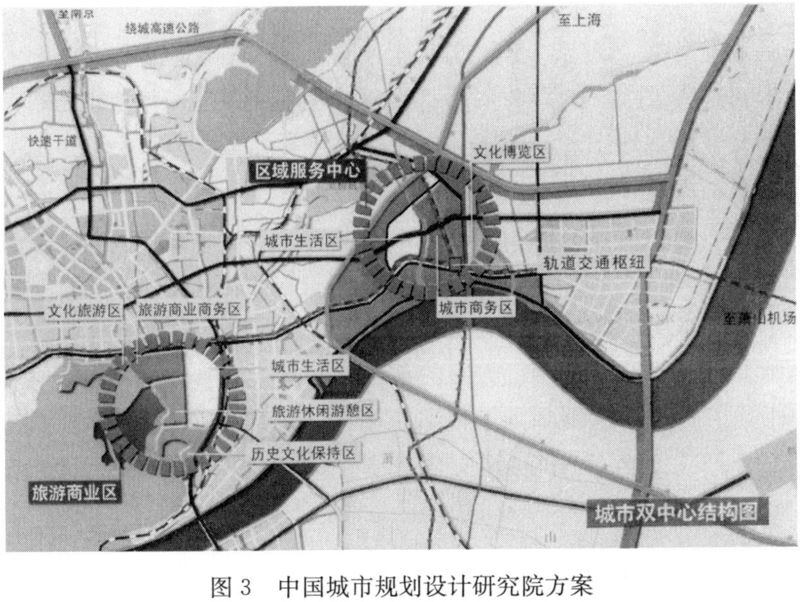

图 3　中国城市规划设计研究院方案

争与合作的关系，这个非常重要。但不同的是，南大提出苏州注重国际产业的垂直分工。在这方面，苏州利用乡镇企业原有的基础先走了一步，大规模、福特式的生产，相对廉价的劳动力群体和便捷的零部件配送体系等已初具竞争优势，装配线式的工业与国外大公司需求容易对接，而杭州很难再凑这个热闹，因此它提出杭州应该集聚浙江雄厚的民间资本发展高科技产业，而不应盲目跟学苏南。

第三，强调了文化理念的塑造和体制创新对城市发展的促进作用

在城市规划建设上，传统往往注重两段式，着重于物质与空间规划，是环境决定论，现在做概念规划就是要“拨乱反正”，从更长远的效应和更深层次去把握城市发展的内在规律。未来经济是人创造的，就要考虑人力资本的因素。尤其是提到文化是城市的最高竞争力，因为它的背后是观念，观念构成制度的基础又决定了城市发展的动力，动力又构筑了对未来不确定机遇的捕获能力。

中规院方案提出处理好文化的多样性和认同感、归属感。一个城市要国际化，首先是对文化的吸纳和落差的调解，才能走向国际化。所以它指出杭州存在的一个城市三城貌合神离的问题，是因为各自分灶的财政体制所带来的。同时，钱塘江两岸的文化理念也不同，历史上萧山属越国，杭州是吴国，是两种文化传统，萧山人善于创新，杭州人是比较稳健的。

上海方案把“虚”“实”这两张皮各自做了描述，考虑把文化、产业、体制这些“虚”的东西怎么样在城市物质空间进行准确投影，它们之间是怎样相互作用的，做了深层次的研究。

第四，肯定了生态、文态优先发展原则

众所周知，生态是杭州城市发展的根本，破坏生态环境无疑就是对历史、对子孙后代的犯罪，尤其是像杭州这样的城市。三个方案都划分了几个生态敏感的区域，确定了保护区，确定了几条生态轴线。旧城区的文脉要重新构造，是三个方案的共性。

中规院方案在这个基础上提出三大世界遗产的申报，也就是杭州在世界上要打三大金名片(西湖文化景观、良渚文化和清河坊历史街区)，再加上三片生态涵养区，有钱江生态轴、西溪生态湿地，保护城市的“肺”和“肾”，从而提出城市建设要贯彻“后继性”原则。

上海方案把城市分为魅力区、主体区、动力区，对魅力区做了大篇幅研究，系统规划了六大文脉区、四个生态区和三大生态走廊。

南大方案更具体，首先是把几大生态区、生态走廊与文脉的保护联系起来。认为生态文脉发展原则的一个很重要因素就是人口容量问题，上海院提出 500 万，南大反推出 700 万，极限 1000 万，中规院推出极限为 580 万。这为保护杭州的生态提供了基础数据。其次是必须明确在城市未来建设开发过程中最脆弱的领域和区位并予以严格保护。

第五，强化了对战略措施的研究

战略规划、概念规划是高层次的，应该有战略措施，最后演变成总体规划中可操作性的内容。对这一点，各方案处理得还比较好。南大方案11个专题的对策研究都比较深入，提出了城市经营的问题，提出AOD理性预期，也提出萧山沿江100多平方公里战略后备用地，这些（研究）都比较深入。南大提出的未来新八区的调整方案，这是目前政府不敢提的。专家们的真知灼见，超越了地方财政收入利益的限制。

上海方案从产业发展方面怎样与上海协调，空间布局怎样有机化，道路交通怎样效率化，城市文化在意境上怎样进一步提高与回归，并在建设时序上提出了设想。

中规院对景观创造、旅游策略做了比较细的研究，并提出依托老城区建设旅游商业区的设想，以期将目前正在修复性开发的河坊街、中山路和湖滨商业区连成一体，既保留杭州历史文化名城的特色，又为国际风景旅游城市的发展注入新的动力。

第六，提出了对发展机遇的把握

规划就是试图减少不确定性，但不能消除，所以就要求规划有足够的灵活性。

中规院提出产业化、高级化、外向化来构筑参与区域发展和分工合理的位置和制高点，增强城市服务能力，整合原有的服务优势和创造优势。

南大提出产业体系从垂直分工到水平分工；产业功能从生产中心转到资源配置中心；产业组织碎石型到规模集群型；示范性地提出金融中心、物流中心、技术中介基地，三大未来可能的城市新功能。

上海方案提出杭州主要从上海快速发展的阴影中走出，而且把上海崛起看成是杭州加快发展的机遇，并主动融入这个区域发展中。杭州是区域科技研发中心，再加上自己特色产业市场和上海与宁波港口接轨，谋求优势互补。

同济大学唐子来教授讲到城市综合竞争力的概念。但更为重要的是核心竞争力，这对城市的发展尤为重要。什么为核心竞争力？我考虑它应该有如下几个特性：一是长期性，它始终影响城市的发展。二是市场的需求性，应符合城市发展长期所需要的。三是比较优势性，优势是与竞争对手比较中存在的。四是很强的带动性、渗透性、延伸性。五是别的城市不可模仿性。从这些方面来看，杭州首先是旅游资源，它的生态、文态资源方面的优势。其二是住宅业。其三是求知在杭州。未来城市是学习型城市，是智慧城市，这是广义概念，是众多服务行业里脱颖而出的资源。当然这类资源必然面临激烈竞争，所以杭州为什么迫不及待发展几个大学园区，就是希望未来五年内在校大学生数量翻一番，赶上南京，这将决定城市的未来竞争力。其四是创业在杭州。城市最大竞争力就是获取未来发展机遇的能力。城市未来发展决定于该市的智慧产业，将来决定胜负的生产要素不是资金、设备，而是人力资本。游在杭州，住在杭州，求知在杭州，综合到创业在杭州。再加上浙江省有一大批企业家的优势，创业文化优势，加上杭州区位优势和与上海互补的优势，合起来就奠定了杭州的核心竞争力。

需要深入研究讨论的几个问题：

一是南拓与东扩关系。这个关系正确处理应是本方案的核心问题，需进行开发时序、强度、功能、门槛、支撑因素、成本等方面的深入分析。

二是江南片区的城市形态与生态环境。应结合湘湖风景区、钱江两岸景观带、杭州湾海岸线风景走廊等项目的规划建设，使其生活环境超越老市区。绝不可搞成另外一个大饼。江南肯定是个生态人文环境优良，力求体现中国城市建设最高水平的区域。

三是综合交通体系的重构。着重要考虑铁路、轨道交通、磁悬浮、高速公路的规划与城市主次干道的换乘交接系统，以及如何将全球供应链与杭州物流中心发展联系起来，合理布局，加快发展。这些都应在概念规划完成之后，再继续深入下去。

四是上海与杭州的协同动作、互补发展。这是一个很好的课题。将来这方面发展的不确定因素更多，区域经济一体化已成不可抗拒的发展格局，主仆相融、共生互补已成趋势，主动融入要比被动融入好得多。

五是对 CBD 的认识。到底是集中的一、二个 CBD 还是分散的、综合性的甚至虚拟化的 CBD，或是在原有的基础上叠加发展，面临抉择。

六是充分利用省级机关资源的优势，主要是其人力资源、财力、政策资源来强化省会城市集聚的服务功能。

因杭州功能定位中有些老功能，如国际旅游城市很早就提出来了。在全球化和科技革命加速的今天，城市定位既是很重要的，又是捉襟见肘的东西，未来发展不是两三句话就说清楚的。杭州的定位公认为国际风景旅游城市，但在实际发展过程中又背离了这个方向，早被不提国际化的城市超越了过去，所以不能寄全部希望于“准确”定位。在高度竞争的社会中，定位战略是在很狭窄的定位空间中寻找机遇，“以不变应万变”；核心竞争力战略是在若干个有自己优势的领域里去捕捉机遇，结果是不一样的。这里的关键问题就是要进一步巩固和发挥省域或区域性的经济服务中心的作用，这是我们必须面对挑战的。这方面的争夺，要借助省级经济实体的力量。没有这股力量我们可能会一败涂地。没有西湖，杭州将是败落的城市；没有省级机关这一占主城 1/4 的外来人口，杭州连稳健发展都不可能。这 1/4 的省级机关、直属单位企业人口是高素质的，有创新理念的，他(她)们手中有权，操作能力较强。要研究怎么充分利用这 1/4 的人力资源，如何进一步放大其服务功能，形成合力来争夺区域中心城市的地位。

七是市域规划要通过这次规划重新反思、修订。进一步整合周边城市的资源，实现在更大范围内的资源共享、基础共建、生态共保和产业共树。尤其是如何发挥富阳市、临安市包括安吉县和绍兴市现有资源的作用都应加以考虑。

八是萧山机场南部作为非常重要的战略后备产业用地。应尽快确定为战略性产业园地，战略性产业园地比单纯工业用地要灵活得多，加之那里生态特别好，将来有利于建设。商务公园(business park)，放在那里就很好。business park 是生态优秀型的，占地面积大，容积率不高，符合国际大公司、亚太总部和研究机构的需要。现在就要研究它，应该有多种机遇的准备，它的功能、性质、交通联结等都要有准备，才能捕获更大的发展机遇。

九是城乡一体化过程中的农村问题。农村问题是决定杭州能否进一步优化生态环境的关键。要善于把不利因素变为有利因素，既解决城中村的问题，城市边缘区的问题，又能在解决过程中增强发展能力。要下决心推行公寓式农居，改善城市面貌，使丑陋的“埃菲尔铁塔群”改成有江南特色的民居，重构杭州风貌的基本面。因为民居是基础景观，城市基本肌理是由它们构成的。

十是城市西优北调。这点不能一笔带过。优什么，调什么，减什么，增什么，都要深入研究，提出切实可行的方案。

这以上的十个方面是下一步我们要深化研究的。

专题二：

运河滨河区规划设计要处理好五个方面的关系

京杭大运河是一条世界上开凿最早、里程最长、工程量最大的人工河，它具有人文、历史、经济与社会资源等集一身的国际级的人文遗产的特征。它北起涿郡(北京)，南至余杭(杭州)，延伸长度达 2500 多公里，成功地将海河、黄河、淮河、长江、钱塘江五大水系联结在一起。

自隋朝起，1300 多年以来，大运河承载着漫长、悠久的历史文化，哺育着像扬州、苏州、无锡、杭州等著名的历史文化名城和众多的城镇，促进了南北经济文化的交流与繁荣。其对中华民族的情感与生命的延续而言，具有无法替代的寓意。它已经成为一个真实的生命体，它的过去、现在和未来都必须绵恒久远、持续发展。

大运河杭州段处于最南段，从杭州市区逶迤流过。而地处杭州市城北部的拱墅区，由于运河航运的日益发展与货物集散所带来的繁荣，自宋代以来即以“十里湖墅”成为江南各镇之称谓。经过上千年的历史积累，“运河文化”已成为杭州市区北部的余杭、拱墅、江干三区丰富多彩的重要水岸景观意象之一。

尽管历经了千百年来的巨大变化，但湖墅一带的部分街道还保存得相当完整，一些地名的来历颇有寓意。如卖鱼桥，是当年渔船聚集之处；米市巷附近在南宋时米商云集，遂有米市之称；锦绣坊，据传清代此地以刺绣作坊而出名；伞坛巷，相传是清朝时制伞之地；宗坛巷是清末工匠制作棕绷的地方……这些沿用至今的地名，如今成了体现古运河文化最直接的载体。

但历史的沧桑与近些年不适当的开发改造，给这根杭州的“金腰带”蒙上了严重的污垢：

1. 形象环境差，违法建筑蔓延，再加上开发商的急功近利，蚕食了许多珍贵的文物古建筑，独特的历史文化难以再现。

2. 街道功能不完善，基础设施陈旧，生活环境质量低下。

3. 缺乏与其盛名相称的商业和旅游活动，无法形成城区的集聚能力。

4. 现有的近代建筑外形破旧，质量低下，密度过高。

5. 交通、绿化系统均不完善、不配套，不仅已造成居民生活不便，而且也难以吸引旅客。

运河拱墅区段的整体整治规划改造，应以复兴京杭大运河的特色文化；创造可持续的城市历史性空间环境；构造生态型的居住旅游商业景观为指导思想，以达到经济、环境、社会三者效益的协调统一。图 4 为某设计院设计的京杭运河杭州区段城市设计方案——卖鱼桥地段霞湾公园总平面图。运河城市设计方案如何进一步完善，我认为要处理好五方面的关系。

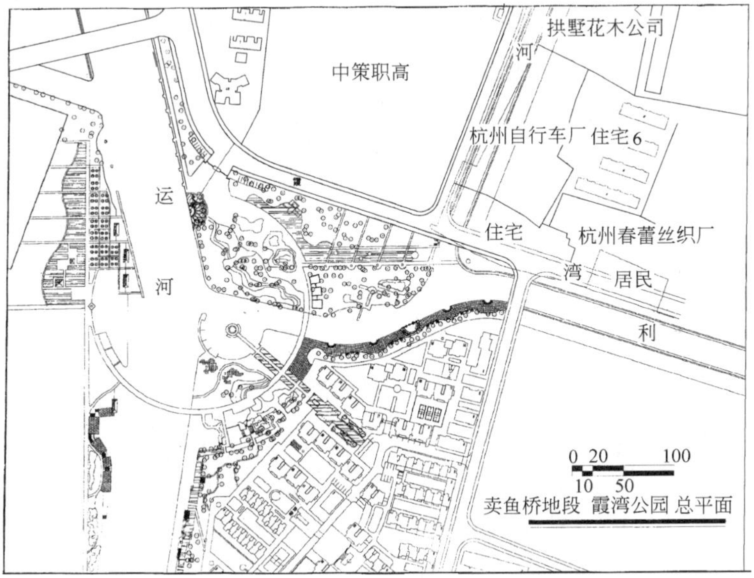

图 4 京杭运河卖鱼桥地段霞湾公园总平面图

一、整体功能风格与方案的可操作性、开发效益之间的关系

人文资源的开发与保护，通过努力是可以做到不矛盾的，但为什么会产生许多现实的矛盾呢？就是因为在实际工作中，搞开发的人往往不注重文化遗产保护，搞保护的人不关注方案的可操作性，结果保护与开发形成了两张皮，两头脱节，以至于既不能开发又不能保护，有许多好东西就这样丧失掉了。注重方案的可操作性，科学地进行保护性利用，也是一种比较好的保护方法，这两方面的矛盾是可以调和的。

对重要地段的城市设计，始终要注意整体功能风格与方案可操作性、开发效益之间的关系。如河坊街清河坊传统历史街区的保护整修，杭州市邀请阮仪三教授做设计时，他说：怎么能叫我在三个月之内搞出方案来呢？河坊街的保护整修起码要花一至两年的研究后，才可以把方案拿出来。经过这样长时间研究后搞出来的方案是理性的，但现实中却是难以操作的。因为当时杭州市已决定对河坊街地区实施道路拓宽改造，两侧的树已砍掉，老百姓都拆迁搬走了，房地产公司也已准备进场。停止对河坊街地区实施道路拓宽改造，而是作为传统历史街区进行保护整修，政府面临着老百姓上访、以前决策者和房地产公司三方面的压力。如花三个月时间搞保护整修方案然后付诸实施，那还行；如要等一年，政府就顶不住这巨大的压力而前功尽弃。最后，河坊街还是按照花三个月时间搞出的保护整修方案进行了整修开发，并获得了成功。

在运河沿岸地带城市设计的整体功能风格与可操作性关系的处理上，我们要注意把握以下几点：

一是运河拱墅段是杭州水文化的整体体现。杭州市最显著的地域特点，就是水文化。西湖体现的是自然山水与传统文化相融合的景观；运河拱墅段体现的是传统文化与现代功能相适应的景观；钱塘江体现的是现代文明与自然景观、大地景观的和谐相处；而下沙新城(即杭州经济技术开发区)体现的则是面向未来的建筑风格与更大尺度的广阔水面相协调的现代景观。所以，杭州四个方面的水景是各有侧重、各具特色的。

二是整体功能中景观与商业密度、居住舒适性之间的关系。要通过科学的保护开发，使运河拱墅段沿岸地区有着宜人的居住环境，非常吸引人，成为杭州城市的副中心，而且有很强的反磁力。从目前杭州城区的发展现状看，城北地区没有大的山体和水面，也没有大的公建设施，城市发展缺乏特色。就要依托运河文化创造出特色，要通过文化景观与商业文化的多样性来获得非常舒适的居住环境，使居住在这里的人们觉得生活丰富多彩，在购物、居住、休闲、工作、教育、就医诸方面都有多种选择，较其他区域有更好的便利性，从而产生强大的吸引力。

三是组团的特色。有特色，才有吸引力。这个特色就是运河文化的集中体现。运河是杭州第二个文化特色的载体。西湖是以自然为主的，而运河是人工开凿而成的，是纯文化的载体，是先人经过1000多年的人工创造琢磨而成的。京杭大运河贯穿市区20公里，通过再创造并把它作为文化载体的恰恰只有拱墅这一段，其他区段已经丧失再改造开发的机会了，有的甚至连一点可恢复创造的空间也没有，因它完全已是现代的东西了。运河只有拱墅段还留存着一些传统文化的痕迹，保留着一些可描写、可恢复的遗产，如历史上著名的“湖墅八景”即：夹城夜月、陡门春涨、半道春红、西山晚翠、花圃啼莺、皋亭积雪、江桥暮雨、白荡烟村等人文自然胜景。只有运河拱墅段还值得重新去谱写优秀的传统文化的乐章。

二、处理好传统文化的继承、发扬与创新之间的关系

运河文化有着丰富的内涵，如何去发掘、创造、体现？就要通过改造把它表达出来。从时间上讲，运河文化不是局限于一个朝代、一段历史，不像岳庙那样很明确地反映南宋时期，随着岳飞这个人物而展开的一段历史，或者像雷峰塔是吴越时代的。运河文化是千年文化的积累，它的起点是隋朝，终点是今天，是若干个朝代积累而成的。所以运河文化形象在时间上是模糊的。从地理上讲，运河文化反映的不是一条线，而是一个面。不是仅仅局限于运河本身，而是包含了运河周边的文化习俗、民间故事、发生的历史事件以及文化遗迹等。从区域上讲，运河不仅仅是杭州的，更不是拱墅的，而是世界性的遗产。这段运河可以谱写最美的乐章，它所代表的不仅是杭州的，最重要的是代表着东方文明。所以，要立足点于从运河是中国人民的、是东方民族的运河这个角度去理解。京杭运河的开凿沟通，宋朝国都从汴梁南迁杭州，促进了南北文化的交流，也使得杭州成为一个繁华的移民城市。运河文化是历史上各种优势的、中华地域文化的杂交叠加而成的。所以，运河文化内涵在时间、地理和区域这三点上是模糊的，不能把它勾画得太精细，不然体现的就不是全信息。如何完整地表达运河文化的内涵，还要进行深入地研究。

一是对运河历史上著名景点的挖掘利用。如鼎盛时期“湖墅八景”的发掘利用，就要处理好继承、发扬与创新之间的关系，而不是一味地照搬照抄。其实“湖墅八景”的吸引力并不强，特别是其中的一些景点已不复存在，如白荡烟村的景观。所以，对历史上的一些景点，名称可以沿用，其最辉煌的一部分内容也可以借鉴和恢复，但并不一定要在原地、原风格地进行重建。单纯地模仿恢复这些景点意义不大，而应该从时间、地理、区域三个模糊性上来保留、发掘运河文化的全信息，

然后进行再创造。

二是传统文化与现代文化、区域文化与东方文化之间的关系。杭州，是中国的杭州。运河文化所体现的不仅仅是一个城市的文化，而且也体现了东方文化。文化需要积聚。只要是与运河文化不相冲突的一些内容，都可以通过搬迁、集聚、整理的方式，使之在运河带上积累体现，当然不是单纯地搞一个文化主题公园。体现运河文化，一项重要的工作是要对传统文化进行保护、发掘和再创造(图 5)。首先是要对运河一带的文物古迹做进一步调查。第二是宋、明时期杭州具有代表性的，且在其他地方已湮灭的文化景点，如与运河文化相适应的，也可以做些空间上的转移。第三是移植一些具有传统民族风情的建筑。当然这个建筑是广义的，不仅仅是指民居建筑。为了增加绿化带的文化氛围，应在方案设计中考虑安排一些中小的休闲空间，但必须避免西方化的风格。这应该在下一步的方案中予以修改完善，以体现东方园林文化的特色。

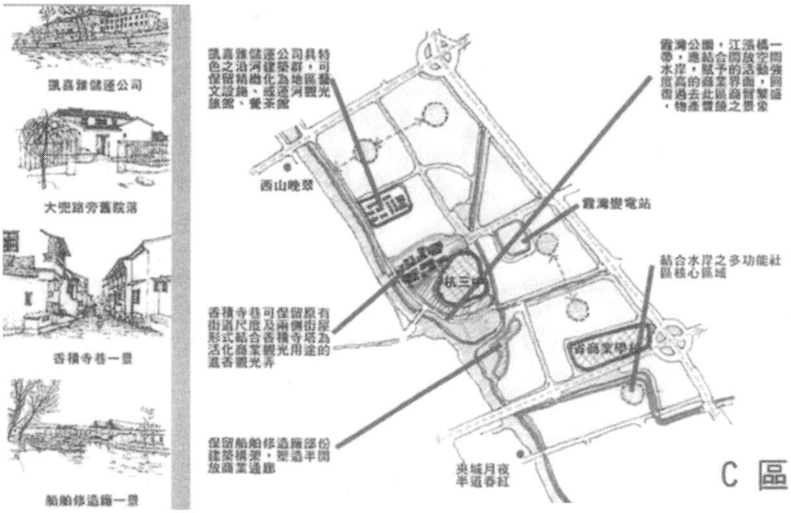

图 5　运河沿河地带 C 区段空间发展现状与构想

三、道路交通、水利设施与滨河绿化带、文化带之间的关系

滨河设计存在的一个最大缺陷，就是搞一般景观规划的人不注意水利，搞水利的人不管景观，搞园林水景的人不管文化，在实际工作中形成了四张皮，相互脱节。较为典型的就是原来的杭州城市防洪规划中，

有几个方案居然要在城区修2米高的城市防洪堤坝，把城区分割成了13个“土围子”，认为只有这样，才能体现出城市防洪立竿见影的效果。但杭州将会是什么样子？尤其是在运河两岸都按百年一遇的标准筑成2米高的堤坝，这就成为文化遗产和自然景观毁灭性工程了。通常所说的百年一遇，指的是洪水非常大，但并不多见，百年之中即使偶尔被洪水淹了一次，所造成的损失平摊在每一年上也是很小的。如果按原来的城市防洪规划实施，杭州市民将要天天受土坝的折磨，这笔账总还算得过来吧？再说这个堤坝筑了以后，市区的排水、排污该怎么处理？所以在城市防洪这个问题上，不能只考虑某一局部区域的排水，而应该考虑杭州市区整体系统的排水，要把城市的整体景观特色凸现出来，从而增强城市综合功能。为此，要处理好以下几个问题。

一是道路交通与滨河绿化带、文化带、景观带的关系。交通方案要结合现有主次干道规划，对原有的路网作相应调整，以达到既方便居民和游客出行，又减少交通对水景观的影响。因为，水景是软化视觉空间的重要元素，透过河岸景观的设计及该区段亲水环境的改善，可展现出运河边城区特有的风貌和生活情调。故河岸的视觉不应受到建筑的阻挡或干扰，同时更要呈现多样化的景观效果，发挥出运河作为杭州在西湖之外的第二记忆之特征。这样处理也避免了北京市在河道治理上存在的不足。北京市对河道的治理是一刀切，几十公里河岸是一个模式，道路都设在河旁边，人如在船上只能看到道路护栏，根本看不到岸上其他景色。杭州作为江南的水乡，对河道的治理应该体现小桥流水、枕水人家，唤起民众追随历史文人墨客对运河的艺术体念，展现一种诗意般的美景。

二是河道的亲水性和多样性关系。滨河设计只考虑亲水性，而没有多样性是不够的。北京市在河道整治设计中，所有的河岸都设有台阶，人都可以走下去，手可以碰到水，但它恰恰没有注意到多样性，还是循着计划经济的老思路，搞一律化，以至于河岸设计模式一律化，景观上很单调。而古运河原有的河埠头，它本身就是一种使人容易亲水的工具、载体，可看成是一种文化符号，再加上不同的河岸设计，强调了视觉的亲近性、使用的可及性、景观的多样性。河岸的多样化再生是复兴拱墅区运河文化的重要起点，应通过小区的精心规划来重构“运河”、“人”与“河岸”三者之间的合理界面关系，也就是说，重新将河岸恢复成为市民们共享的空间。另外，运河两岸的绿化也要强调多样性。只有多样性，才有景观的协调和丰富。但我们以往搞园林绿化时，往往是单一地搞些大尺度的几何图案。这样的景观，人们只有在飞机上俯视观赏，有人评论说这是给鸟看的，而不是给人看的。

三是运河的防汛、运输与景观包括噪声防治之间的关系。杭州正在着手规划建设运河第二条大通道，等到运河拱墅段全部改造建成以后，第二条运河大通道早就开通了。原来在运河上通行的所有运输船只都转入第二条运河大通道航行，穿越市区的这段运河将纯粹是一条景观河道。运河作为城市的公共空间，可结合旅游业的开发，在适当的河段添置古典式的游轮或酒吧式船上食廊，并配以灯光装饰和焰火活动，形成夜间靓丽多彩的流动景观，从而与西湖的幽静典雅形成趣味盎然的鲜明对比。

四是运河与其支流的生态景观以及多样性的关系。应对运河进行分段设计，每个节点有不同的景观高潮，而且在每一条支流都应有不同的景观。像小桥流水这样的特色景观，只能在运河的支流上体现(图 6)，不可能在运河主河道上进行表达(因为宽达 300 米以上的主河道不能算小河)。造就景观的多样性，最好的办法，首先是通过保护来体现，这是尊重历史的积累，尊重城市的文脉。其次是恢复，就是通过对运河周边原有一些古建筑的恢复来体现多样性。再是聚集，引入代表杭州文化、江南文化的一些古建筑，这些古建筑当然是广义的古建筑，如古凉亭、古雕塑和牌坊等在运河边集聚。第四是衬托，通过环境来衬托文物古迹，而不是隐没，也能造就景观的多样性。只有从这四个方面来造就文化和

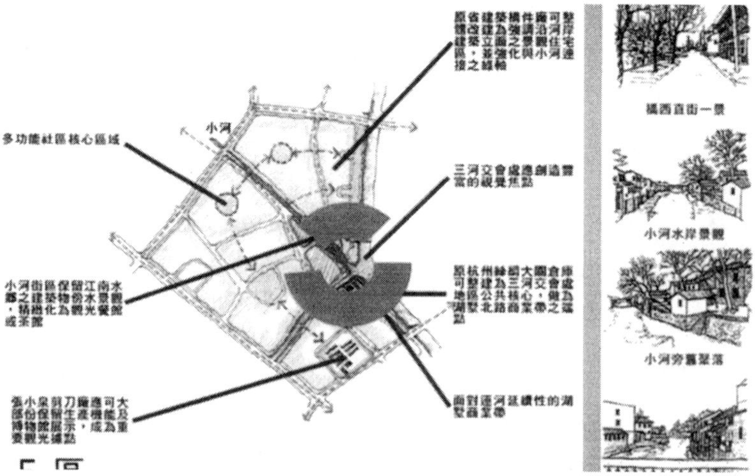

图 6　运河沿河地带 E 区段空间发展现状与构想

景观的多样性，才能充分展现运河的魅力。

五是桥梁的问题。桥梁不仅是交通设施，而且也是一种文化符号和标志性景观。可以在运河拱墅段再架设几座桥梁，但这些桥梁必须体现中国传统风格，使运河成为中国传统风格的桥梁博物馆。因为运河的岸线不管怎么处理，只是一个平面的线条，而古代的桥梁非常注重曲线美，曲与直形成互补，在大的尺度上展现出和谐的结构美感，就能造就新的景观高潮。

四、滨河地带公共空间的景观与旅游服务功能之间的关系

运河拱墅段两岸要形成对市中心的反磁力，必须强调旅游与居住的协调。现在，旅游趋势已从观光旅游转向休闲旅游，游人不再是到景点走一走就算，而是要停下来，甚至住几天，通过休闲旅游来修身养性。如果把运河两岸建设的目标定位在五年、十年以后的休闲旅游，那该地段的反磁力就容易形成。

首先，要在运河沿岸考虑安排一些茶馆、博物馆、娱乐观赏、多样化的商业、宗教文化等设施。传统的城市设计方案只注重公建设施，笼统而贫乏。

其次，要在绿地设计、文化公园、雕塑建设方面考虑到社会效益、旅游价值，考虑到可看、可听、可居、可享受。如南京的秦淮河，当时曾国藩率军攻打太平天国夺回南京后，为了恢复南京的经济，首先把秦淮河搞成休闲娱乐一条河，造成歌舞升平的景象，也就是从发展第三产业入手，把它的经济潜能发掘出来了。运河拱墅段要成为杭州一个副中心，必须考虑其经济价值和旅游价值。从运河景观上来讲，也必须要有这样一个过程。

第三，可以考虑在浙江省范围甚至可以在邻省安徽等地搬迁一部分古代的民居、牌坊、园林建筑、亭子，通过恢复、整修原有的一些古建筑，使得现代建筑与古建筑之间的好看与耐看、外表与内涵统一起来。原先遍布杭城的72座资福庙，是杭州百姓供奉抗金名将张宪而修建的，因有这么一个历史故事，就非同凡响。杭州修建雷峰塔时出土的宝物虽然好，但更重要的是它的文化。要是没有白蛇传这个传说，世界上那么多报刊会对此予以热评和转载吗？正因为它传承着精彩的历史典故，有

文化内涵，才会有“千报争刊”的轰动效应。所以，滨河地带公共空间的景观，既要体现运河的特色，体现滨河地区的特色，也要体现杭州城市的特色，还要体现历史文化的特色。

五、运河景观与沿岸建筑物之间的关系

一要防止运河沿岸建筑在空间布局上的平面化。因为平面化的设计，使得沿岸两边的建筑成为两道墙，一样的高度，同样的风格，这就没有景观可言。有多样化的空间，才有景观。而且沿岸建筑在平面布局上应该凸凹有致，让更多居住在此的人能看到绿色和河景。通过宽敞的空间来引水入城，引绿入城，形成丰富的空间形象。

二是要注意建筑物重要节点的竖向设计，形成丰富的天际线。要使更多的人能观赏运河，在运河中的游人也可以看到更多的景观，这是相互作用的。所以，运河的景观，既要体现美国城市规划设计师凯文·林奇所提出的景观五大要素，也要体现东方文化的特色，运河的边缘、节点都要以东方符号来体现。

三是注重沿岸建筑的传统文化。沿岸建筑应是东方特色的，不能搞许多欧式建筑。街道立面设计应遵循原有的街道空间尺度，同时满足新的商业文化活动的需求。具体的设计方法，可以通过对传统店铺建筑的分析中得出不同的“杭州运河派”建筑“原型”，以这些原型为依据，结合不同建筑功能及街道空间设计，成组成片组织起沿岸景观建筑。

四是建筑的景观化。北京菊儿胡同的设计是一种创造，但是为什么菊儿胡同这个好的设计方案在北京推不开呢？这是个很奇怪的问题。杭州的石库门建筑，体现着传统建筑与现代建筑的调和，当然在功能与形态上还可以做些再创造。在运河沿岸建筑中，应该有些小高层，而且这些小高层应具有东方风格，这样就形成丰富的天际线。新加坡在建筑设计上，始终把居民小区作为一种旅游景点来设计，虽然新加坡没有多少历史文化遗产，但它除了自然景观、园林景观外，还精心打造了许多新的现代城市景观，包括居民的居住点。在沿岸景观设计时，要全面考虑建筑的形态与空间的尺度、天际轮廓线，包括河岸造型、桥梁设计等。运河边现存的某些民居建筑风格非常好，就是临水而建筑的。如按照一般性园林设计的话，这些临水建筑都将拆除，沿岸一律搞成 30 米的绿化

带，这样的沿岸景观就非常呆板。西湖边的湖畔居建筑，就体现了多样性。现在，杭州正在进行西湖环湖南线拆迁，为什么不能搞大规模地拆除呢？就是因为南线本身的文化是丰富的，如果把沿湖历史与建筑全部拆除打通，将使西湖的自然景观失去历史文化建筑的衬托，街道景观的多样性和独特性遭受严重破坏。对沿湖这些历史性建筑不能搞一刀切，而应按照修旧如旧的模式进行整修；被单位占用为住宅或办公场所的，要根据这些建筑所具有的文化内涵，进行使用功能的转移。如这一住宅曾经是那位名人居住的、历史上曾发生过什么事件都进行发掘利用，这样就会大大丰富城市的文化内涵。

专题三：

杭州湖滨商贸旅游步行街区城市设计问题

作为“三面云山一面城”环境风貌聚焦点的杭州湖滨街区，是由延安路、庆春路、解放路、湖滨路分别包围的区块，其独特的自然条件与悠久的历史，孕育了杭州湖滨丰富的人文景观，历史文化遗存与现代都市建筑在这里交相辉映，构成了杭州作为湖滨城市的独特魅力与风貌特征。

这一街区不仅因空间环境与人文环境事实上已融为一体，成为杭州市区最为宝贵的视觉资源，而且也是城市主要传统商业服务街区和市区南北交通的汇集点。

存在的问题如下：

1. 环境整体规划不够，文脉不显。湖滨地区原有几处历史古迹，如古钱塘门、相园井，还有不少具特色的近代建筑包括湖滨村和东城路两侧的部分古建筑，但由于它们分布零散、缺乏联系，又没能与公共绿地相结合，因此没有形成独特的视觉体验冲击，使悠久的文脉和丰富的文化内涵得到体现。

2. 空间景观层次不明，无明确主题，未形成规划布局明晰、景观秩序分明的视觉高潮。特别是西湖景区与湖滨街区景观缺乏相互呼应的关系。

3. 尚未进行专业城市设计。在街景、橱窗、店门招牌、广告标志、绿化小品等方面，表现手法陈旧，不仅地方化特质反映不足，而且景观无序，协调性差。灯光设置与建筑相容性弱。

4. 缺乏令人愉悦的环境空间，仅有几块绿地，可进入性、宜人性不足。道路、休闲道地面铺装缺乏艺术性，建筑立面装饰杂乱，部分屋顶破败不堪。停车场地缺乏，制约了商业及服务功能的展开。

5. 过境车流与境内车流不分。特别是平海路横贯东西，大量过境车辆由城区流向湖滨路，使该区的旅游、商业、休闲活动受到交通的干扰。随着交通流量的剧增，将进一步凸显城市与西湖的隔离性。

湖滨地区整治动力，概括起来有三方面：一是国内外学术界的专家；二是本地文人、历史学家；三是房地产开发商。在这其中，房地产开发商的力量最为强大，他们能通过种种关系和手段，使原来对这一地区开发持不同意见者改变态度，可能产生的破坏力也最大。依据“将城市最美的景观留给最广大的市民”这一规划原则，必须制约后者的野心。

湖滨地区是杭州的门面，不能大拆大建，必须认真仔细地做好湖滨商贸旅游步行街区的城市设计方案，在设计的深度、考虑问题的全面性、科学性等方面下功夫。如何进一步修改完善湖滨商贸旅游步行街区城市设计方案(图 7)，我认为要处理好以下几个方面的关系。

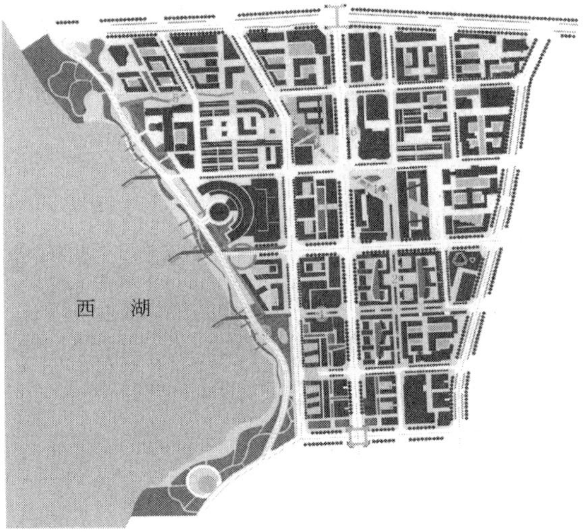

图 7　湖滨地区整治规划街市意象

①地下步行商业街　②吴山路旅游小商品步行街　③湖滨旅游观光区

④仁和路丝绸服装步行街　⑤长生路传统文化步行街　⑥延安路综合商业街

一、确定性与不确定性的关系

按传统的开发思路，要先进行功能分区，希望功能区确定得非常清楚。这一观点是不对的。因为湖滨地区许多区块的功能，是要根据资金的平衡、未来项目、市场需求、整治过程和历史文化保护需要来确定的，它完全是个动态的过程。此外，该地区是杭州的山水文化、人文景观、园林小品、商业购物、观光旅游、休闲饮食、高档住宅相伴生的“共生区”。所以，区域功能是混合模糊的。但有一条可以明确，就是在这一地区不安排经济类的住房。如果在这里搞几幢经济类住房以关照拆迁户的回迁安置，商贸旅游步行街区的改造就会因回迁量过大而无法启动。但经济类的住房不能在此建，并不等于说要把这里建成纯商业区，一点住宅也没有了。应该通过合理的城市设计，将商业店铺与雅致小巧的湖畔公寓巧妙地交织混合在一起，形成繁华的闹市与诗意居住相互辉映的奇妙场景。因这反映了历史的西湖。所以，我们不能以固有的模式去套湖滨商贸旅游步行街区的建设。

但是，如果不对街区的功能进行确定，整个街区的规划就难以制订。所以在规划中应该确定的一些基本原则：一是为有利于街区的改造，适当建设一批高级住宅、景观房产，但不作为被拆迁住户的回迁安置用房；二是明确需要保留的景点，特别是一些古建筑、里弄等历史遗迹；三是从长远的角度来看，应将湖滨路改为公园，原来的道路交通功能转至地下。但实施地下隧道交通的方案，需从整个市区交通系统进行全盘考虑后确定；四是东坡路包括平海路一段改成商业区；五是逐个恢复湖滨地区的六个公园；六是新建的建筑必须是小体量、东方古典式的，与西湖景观相协调，尽可能弥补原来的建筑败笔留下的缺憾。根据这些基本原则，制订完善的湖滨商贸旅游步行街区城市设计方案。

在以上 6 条基本原则中，很重要的一条，就是湖滨路是采取地面交通，还是走地下隧道，所涉及的不仅是交通问题，而且还有景观、安全、配套疏导等问题。

交通问题，是一个系统问题，不能因为这里交通拥堵，就在这里挖一条隧道或建一段高架，这些都需要认真论证的。广州市包括美国的波士顿市都遇到了交通问题，也曾采取架天桥、挖隧道的办法，但现在广州已将过去就事论事建的高架桥拆掉了，波士顿计划把高架桥全拆除。为什么呢？因为高架桥只解决了中间一段的交通问题，而没有考虑上、下出入的交通，结果车辆上不去、下不来，高架桥成了空中停车场。地下隧道如两头堵塞也变成了停车场，其后果比高架桥更为严重，汽车尾气的排放，再加上通风不畅，可能会出人命。所以，湖滨路的地下隧道问题，必须从更大的范围系统地进行设计后，再施工建设。

而从景观的角度讲，实行湖滨商贸旅游步行街区与西湖的沟通，恢复一至六公园传统风貌，湖滨路的交通必须转至地下，至于怎么走，什么时候走，目前只能是大概的远景规划，或许是 5 年、10 年后，也可能是20年后的事。我们即将步入汽车时代，湖滨地区正好是杭州市交通的卡脖子地段。如没有经过充分论证，进行系统地考虑，就将湖滨路封闭，开挖的地下通道将影响到整个杭州的交通。从长远来看，湖滨路的交通应实施地下隧道通行的方案，但在近期的改造建设中是不可能做到的。况且，现在连地下隧道的走向是从西湖底下走，还是从湖滨路地下走，隧道出口是设在西湖大道还是在解放路，与平海路交通接点的处理等这些简单的问题都没有考虑，更不要说与整个交通系统的磨合了。既要从长远的眼光来看问题，更要系统地把握，应把能确定的、可预见结果的项目先确定下来。

二、历史与现代的关系

杭州的历史文化光辉夺目，非常璀璨，对中外游客有着强大的吸引力。而湖滨是海内外游客必到之处，这里任何历史文化古迹的保护和修复，从功能和效果上讲远胜过别的地方。如果其他景点每年接待游客50万人次的话，到湖滨的游客至少在10倍以上，因为这里是西湖各景点的交汇处。街区整治要理顺传统与现代、城市功能与城市文化、自然环境与社会环境三个层面的关系。商业街区板块着重突出城市文化和功能(图8)；传统街区板块强调传统与现代的有机结合(图9)；西湖与湖滨街区过渡带则要注重将自然环境引入城市，为城市提供贯穿过去和现代的休闲娱乐之空间。所以，要对湖滨地区现存的历史遗迹，能传承历史文脉的古建筑、里弄、名人故居等，进行认真的普查，能够予以整修恢复的，就要进行整修恢复，

图8 延安路商业综合街

在整个整治过程中应是利用、衬托它，而不是湮没它。

图 9 吴山路旅游小商品步行街

但是，湖滨地区作为商贸旅游步行街，必须要有现代气息，要有许多开敞的空间(图 10)。这必然与传统的里弄、石库门建筑封闭的空间产生矛盾。这些矛盾必须调和。这就要求在方案设计时，要注重历史建筑与现代建筑的过渡与协调，要从整体上考虑古老的石库门建筑与现代玻璃橱窗、连廊、隔墙等的和谐，注意建筑形态与古迹的保护、细节的设计与材质的选择、建筑色彩与绿地配置，从而创造出既传承历史文脉，体现城市历史特色，又非常舒适宜人、充满人本主义关怀的商业区，把历史与现代融合在一起(图 11)。

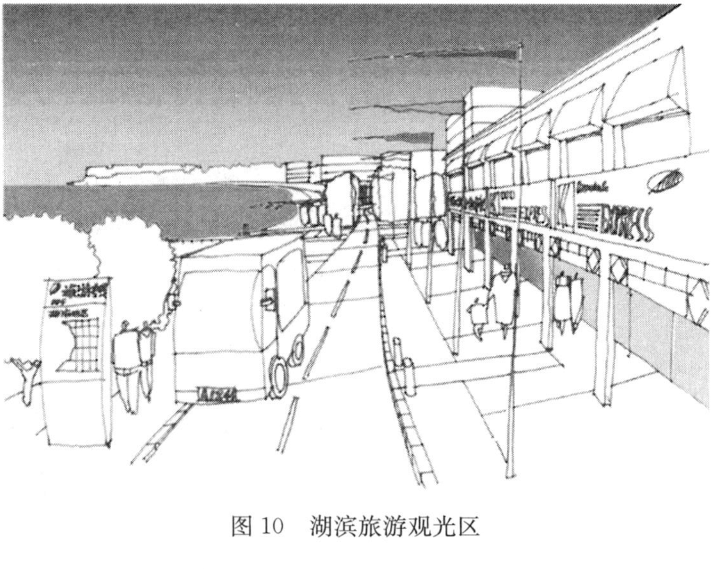

图 10 湖滨旅游观光区

图 11　长生路传统文化步行街

一个值得深入研究的建议是，在贯穿 6 个公园的休闲便道上，留下国内甚至亚太地区大牌影视明星的手印，并以此命名为“星光大道”。这与西湖的浪漫情调是十分相符的。总之，在整治湖滨街区的过程中，既要继承历史文化的传统精华，又要创造性地移植现代文化的精粹，并力求将两者有机地结合在一起，形成具有深刻文化内涵、吸引国内外旅客的景观高潮。

三、整体景观与微观景点的关系

湖滨周边建筑物的天际线，由于观察者所处的位置与视角的不同，如站在湖滨的一至六公园和站在苏堤上观看，其效果是完全不同的。前者是近距离的、微观的、小尺度的；后者是远距离的、宏观的、大尺度的。对于湖滨商贸旅游步行街区的设计，要从小尺度空间来处理建筑物的天际线。就整个城市景观而言，不仅要控制湖滨周边的建筑物，还有控制钱塘江边的建筑物，不能破坏远距离的景观天际线。而要优化近距离的建筑物天际线，必须控制湖滨地区的建筑体量，所有的现代建筑不能是大尺度的，只能是小体量、坡顶的建筑，适当搞几座低于 30 米控制线的塔楼式的建筑，以完善近距离建筑物的轮廓线。平海路北侧的小尺度建筑，如骑楼，解放前造的骑楼比较有特色，但经解放后的几次整修，已经把原有的风貌彻底改变了，看上去有点像“大跃进”时期的兵营。真正体现本地特色文化的骑楼应进行创造性设计。实际上，继承与再创造是对孪生兄弟，应该在这个基础上进行再创造，可以做得更好一些。典型的江南水乡骑楼或仿“巴洛克”式中西合璧带拱门的连廊，效果也许比较好。因为附近已有西湖这么大水面做平面衬托，若没有曲线来弥补，从湖上看景观就不协调了。

有些里弄的建筑也可以继承以前的建筑模式，但在修整的过程中，必须多加一些创造。如房屋的坡顶是很有讲究的，不一定都是大屋顶，但是要有一些尖顶建筑，就是通过建筑的变化来弥补这些平顶的建筑。像元华大厦旁边柳莺路口的裘吉生故居，这座民国时期的建筑，将它保留下来非常好。它既是历史的，又是尖顶结构的，弥补了元华大厦三个平台的设计外形留下的缺憾。元华大厦在开始设计时，旁边有一座塔，设计的原意也是弥补，结果在市规划局请本地规划建筑学家讨论时取消了。少年宫旁边的京华影院，第一次设计的方案非常漂亮，很有特色，结果经过所谓的“专家们”的几次讨论后，将它有特色的东西统统砍掉，不知不觉地消灭这些建筑的特色，最后拿出来的方案不伦不类。原因在于我们用自己的心态、自己的眼光、自己的能力层次来看建筑方案，结果“磨平”了精彩的部分，导致京华影院最后的方案反而大大逊于原始的创作。所以，本地化、小尺度、艺术化相融合是很值得考虑的。

总之，要根据城市环境格局和街道建筑风格特点，在本次整治过程中创建两道丰富多彩的天际线。即白天以建筑起伏变化、绿化、整洁与美观的艺术小品构成第一道轮廓线景观；夜晚以灯光夜景构成第二道轮廓线景观，为城市的夜晚增添新的魅力。

四、投入与产出的关系

湖滨地区整治改造的投资很大，创造一个城市的精品，要有非常大的代价。这个代价主要包括路网结构的调整、地下停车场的建设以及东坡路的延伸。我主张，第一是东坡路延伸的代价要算经济账。第二是地下空间的利用。应尽可能开辟地下停车空间以减少对地面景观的影响。凡是能创造市场价值的，要在体现整体风貌的基础上，给予考虑恢复与保留。应以经营城市的理念贯穿于整治的全过程，盘活该地块的土地、广告、店面及其他资源，以筹集更多的资金用于整治建设。整个区域的环境保护问题，都应该以整治单位为主体，代表国有资产管理部门统一进行管理。如果不是整体，各自为政来考虑这些问题，代价就会很大。要在统一整治开发的情况下，仔细地制订控制性详规和进行城市设计，可以先把小尺度房子的模型做出来，连同模型进行拍卖，实现景观控制和财政收入双赢。

湖滨商贸旅游步行街的改造，在方法、手段、整个操作过程上都要考虑投入与产出的关系。这方面有很多工作要做，如恢复一至六公园，平海路至解放路这一段的房产就会增值，而从平海路到庆春路这一段，政府几乎收不到钱。再加上东坡路和湖滨路这前后两条交通道路进行大改建，都需要大量投入。如果不进行整体收购，再拍卖待建模型，就很难收回公共环境的投资。从现在开始，凡是国有的资产都不能按协议转让或以改制的方式改变所有权，所有的设施全部要收回国有。现在恢复房子，然后连同房子的母体进行再转让，这是可以的。要处理好湖滨商贸旅游步行街改造的投入产出关系，在严格规划的前提下，进行市场化操作。

五、近期规划与远期规划的关系

现在远期规划考虑的是地铁接口、延安路地下通道、湖滨路地下通道，以及这些地下通道互相之间的衔接和换乘问题，东坡路的延伸要考虑到每个环节的协调。在整个改造过程中，要保持这一作为杭州旅游城市的门面，功能的继续发挥。这是个长期的规划实施过程。在这种情况下，需要组织招聘一批专家研磨这些问题，将研磨的结果付诸实施后，要在中心广场立一座碑，刻上这些专家的名字。如果整个湖滨地区整治改造后受世人称赞，这些专家就流芳千古；如果搞不好，就遗臭万年。要敲响这个警钟，要有一个机构延续的、研究它几年的、边整边研究的过程。在这样的情况下，再把规划做深做细做透，全盘考虑各种因素和城市形态关系。如果没有一些高层次的、确定性的、十年、二十年都不能变的管制型法规条文，将来在开发商的利益推动下，大众的景观资源就有可能被蚕食。要将该确定的几条原则确定下来，实施方案、近远期规划、投入产出内容、项目实施时间、拆迁安置等可确定性事项由政府批复后，并公之于众，由社会各界进行监督，确保工程建设的实施。

第三章　无法回避的竞争

——对城市竞争力的认识

著名城市史学家刘易斯·芒福德认为："从历史上看，城市是社区权力和文化的最集中点。生活散射的各种光芒在这里全面聚焦，并取得更大的社会效益和意义。城市是社会整体关系的形式和标志。……城市的生命过程在本质上不同于一般高级生物体。城市可以局部成长、部分消亡、自我更新。城市文化可以从遥远或长久的孕育中突然新生；它们可以借助于多种文化的寿命来延续它们的物质组织；它们可以通过移植其他地区的健康社区或健康文化的组织而显现出新的生命。"本章正是从我国城市之间的竞争历史和现状分析入手，来论述基于城市未来的竞争力与现实经济实力之间的三大区别，然后再研究当前流行的五种城市竞争力研究的理论来源和不同的竞争力测评模型所得出的不同结论，具体分析为什么试图建立规范、精确的城市竞争力测度模型会是如此困难，进而认为应放弃这方面的尝试而从实测的角度，提出本章的核心观点：城市核心竞争力。在第五节中，通过对传统的城市定位理论三方面缺陷分析之后，较完整地解释了城市核心竞争力的基本概念，并将其与目前盛行的城市综合竞争力的观点进行相互比较。本章最后还结合最近的实践，给出了基于特定的城市——杭州市所作的核心竞争力分析的专题研究报告。

一、城市间竞争的历史与现状

在自然经济时代漫长的岁月里，城市间的竞争存亡，基本上取决于国家政治中心的转移、交通方式的改变以及战争局势的变化。

以杭州为例：

在唐朝时期，杭州因是大运河的起讫点，从而奠定了杭州航运中心与贸易中心的地位，成为全国知名的商业城市和重要贸易港口，当时的税金占全国财政收入的1/24。诗人白居易曾道："江南列郡，余杭为大"。到唐末的五代，虽然干戈扰攘，四方鼎沸，但以杭州为首都的吴越国"顿首请命，干烦不扰"，安然无事近90年，杭州遂成为东南乃至全国的大都会。

到了北宋，杭州"邑屋华丽，盖十余万家"，已有"东南第一州"之称。据《宋会要》记载，当时全国的商税、酒曲税额度以杭州居第一，首都汴梁则次之。有着发达农业、丝绸业和商业的杭州已经当之无愧地成为全国工商业中心之一。

南宋王朝1138年定都杭州，"辇毂驻跸，衣冠纷集，民物阜藩，尤非昔比"。杭州自吴越以来的"东南第一州"，一跃而成为全国的政治、经济、教育、文化的综合中心。而12世纪的世界各国，以南宋最为繁荣富裕，故"东南第一州"实际上也是全世界的第一大都会。

元灭南宋时，蒙古军队并未进入杭州城，而且继续沿袭汉俗，为杭州的发展保持了一个安定的社会环境。元朝定都北京，杭州虽然在政治上又回复为"东南第一州"，但在经济上仍为全国乃至世界的第一大都市。由于蒙古大帝国横跨欧亚大陆，中国海陆交通一时大为畅通，杭州是全国水、陆驿站交通的枢纽，京杭大运河、钱塘江、浙东运河、海道航线以及驿道的交汇点，也是通往中亚、东欧各地的东西陆上交通线的起讫点。意大利旅行家马可·波罗在闻名于世的《马可·波罗游记》里，把杭州称为"天堂之城"、"世界上最美丽华贵之城!"；另一位大旅行家意大利的鄂多立克在《东游录》中称杭州"是全世界最大的城市"。

元朝末年，社会动荡。杭州屡遭兵火之灾，外有倭寇的不断骚扰，对以商业贸易见长的杭州产生了巨大的影响，杭州开始逐渐衰落。到明朝，由于政府防倭寇，禁断了海上贸易，杭州的城市地位不仅失去了全国首级城市的地位，连"东南第一州"的地位也不能保持，与南京、扬州等城市相比，经济发展已相形见绌了。清代光绪22年(1896年)，根据《马关条约》，杭州又成为对外通商口岸，促进了进出口贸易和商业的发展。但是在上海开埠后，"东南第一大通商口岸"的机会就再也不复回到杭州了。相比于长江三角洲地区其他城市兴起的同时，杭州却渐趋衰退。太平天国两次攻打杭州，对杭州带来了严重的破坏，更加剧了这一过程。

另一个与杭州有着惊人一致性的城市就是扬州。在历史上，扬州经历了两次繁荣。第一次于唐朝，是因为其所处的地理位置，正处于京杭大运河与长江的交汇处，在古代社会交通落后的情况下，因水运便利而迅速成为当时全国最大的商业中心、对外贸易交往中心，所谓“江淮之间，广陵大镇，富甲天下”。时有唐代大诗人王建在《夜看扬州》一诗中云：“夜市千灯照碧云、高楼红袖客纷纷”的盛况，以及“腰缠十万贯”才敢“骑鹤下扬州”的传说。但随后就被地理位置更为优越的苏州、杭州所取代。扬州的第二次繁荣是在清朝，因为盐业的发达，使之成为中部沿海及长江流域各省的食盐供应基地和南北货物的集散中心。后也因盐业地位的衰落及上海的崛起，扬州从此走向相对衰落。

在计划经济年代，城市规模的大小、产业结构布局、人口的多寡，都是由“有形之手”中央政府计划的结果。城市的竞争力突出表现为城市首脑“跑部钱进”的意志与能力，以及中央政府根据国内外形势所制订的计划。在这长达数十年的竞争中，地处沿海的许多城市纷纷败给内地城市。

竞争无疑为市场经济的最高权威。改革开放20多年来，许多城市无可奈何的败落及更多的城市“莫名其妙”地兴起，已经为这个最高权威的作用做了很好的注解。随着市场机制日益成为配置资源的主要手段，昔日决定城市繁荣的“有形之手”——计划及“硬通货”——矿山、工业基地等，都已经被看不见、更难以捉摸的多种市场因素和无形的人力和文化资源所替代。

随着人类步入科学技术迅猛发展的知识经济时代和中国加入WTO，国家、地区、城市、企业甚至个人都迎来了全球竞争的新时期。也正是由于我国已进入城市化快速增长期❶，我国与世界上其他国家的竞争或者国内地区之间的竞争成败，都将取决于城市的竞争能力。换句话说，以

❶ 中国1950年城市化水平为10.6%，由于政治原因经历了起伏曲折的历程，直到1978年改革开放之后，经济得到快速增长，城市化才从14%起步，到1998年达到30.4%，城市数量也从216座增加到668座。据世界经验，城市化水平超过30%将意味着进入城市化快速增长期。参见：陈秉钊．中国城市规划面临的问题和发展趋势，刊于《第29期市长研究班参考资料》

城市为代表的多维空间载体，正以多种复杂的方式进行着全球资源、市场、生存空间和发展机会的争夺和较量。

今天的竞争力就是明天的经济实力。这两者存在着因果关系，但有着明显的区别：

城市竞争力是以城市发展的质量、效率和潜力来衡量城市获得外界发展机遇和加快自身发展的能力；而经济实力则是以规模、经济总量来衡量城市在经济、文化和社会发展方面的综合水平。

城市竞争力强调的是与其他城市的横向比较，是一个相对的概念；城市综合实力则主要着眼于城市本身，城市自身的纵向比较。城市竞争力的排序是动态的，是相比较而起伏的；而城市综合实力则是一组静态数据。

城市竞争力主要着眼于未来的发展，表达的是城市发展的后劲，往往是以相对指标来表达的；而城市综合实力主要描述的则是城市的现实状态，如当前具有的生产力水平和社会发展状况。

二、城市竞争力研究溯源

由于城市竞争力是一个很难准确界定但又是现实存在的概念，近几年来国内外众多的专家学者从未停止过对其进行认真的探索研究。虽然由于研究者的学术背景、所要解决的现实问题等方面的差异，所采用的方法工具和得出的结论可能是大相径庭的，但也可以按理论根源的不同而归纳为以下几个方面：

（一）基于资源禀赋——成本优势理论的城市竞争力理论

在该理论分析中，以城市间的竞争主要是各城市产业和企业产品的竞争为依据，提出产品成本是竞争占优的决定性因素。因为，源于亚当·斯密和李嘉图的成本优势，主要是基于资源禀赋，因此可导出城市的竞争力强弱，取决于该城市是否占有和控制国际或一国内部主要的资源，是否具有生产上的高效率技术和组织方式等。也就是说，某个城市的竞争力是由它所能提供的所有产品及服务的竞争力所决定的。但因为不同类型的产品和服务在城市竞争力体系中的重要性是不同的，不同产品在不同地区所获取的比较优势的程度也不同，所以，如果将城市竞争力问题简单地归结于资源禀赋——成本优势或它们的结果——市场占有率，显然是不够全面的。

（二）基于集聚优势理论的城市竞争力理论

城市被描述为各种资源和企业组织的集聚体，并由此产生竞争力的学说最早源于马歇尔的集聚经济。马歇尔认为：当企业集聚时，由于大量生产要素集中于有限的地理空间所产生的相互间积极影响，可以大大促进专业化分工与合作，从而导致生产效率的提高，进而可推导出城市竞争力。

尽管近一个世纪以来，许多学者充分肯定了马歇尔对于企业集聚所致“外部性”的论述，但仍然认为城市竞争力是复杂的多元函数，而不能将其归结于简单的集聚现象及其能力。否则的话，我们就会引发这样的悖论：一个城市在发展初期，必然是高速集聚其周围空间的生产力要素。当这种集聚达到一定的密度时，就会出现反向的运动，即一部分生产要素“扩散”脱离这座城市。但到达“扩散”阶段并不能说明该城市的竞争力不如前者，正如大量到我国大陆投资的新加坡的竞争力不可能低于大量吸收新加坡投资的苏州市(因建有苏州工业园区)一样。

（三）基于创新学说的城市竞争力理论

熊彼德在1934年所著的《经济发展理论》一书中提出了经济创新的概念，他认为：创新是“企业家实行对生产要素的新的结合”，它包括以下五种情况：(1)引入一种新的产品或提供一种产品的新质量；(2)采用一种新的生产方式；(3)开辟一个新的市场；(4)获得一种原料或半成品的新供给来源；(5)实行一种新的企业组织形式。而且他还认为这些“创新”不是孤立的，而是在某地理或产业空间“成簇”地发生[1]。哈佛大学管理学院波特教授在此基础上发展出了决定竞争力的六个方面的创新，即生产要素、需求状况、相关和支持产业、企业战略结构及同业竞争、机会变数和政府的作用。这六大要素构成著名的“钻石模型”，并由此提出了国家竞争力模型。因为波特的模型来源于对影响产业竞争力的六大因素的研究，所以，其结论与方法同样也适应于某个区域和城市。由于城市经济是由各个具体的产业构成的，产业结构的合理程度、效率的优劣、技术水平的高低等直接关系到区域或城市的整体发展，因此产业竞争力必然是城市竞争力的核心之一。但是，城市竞争力显然要比产业竞

---

[1] 参阅：J. Schumpeter：Business Cycle. New York：Mc Graw-Hill，1939. P100-101

争力更为复杂多变。除了产业单一的城市之外，简单地套用该模型势必会丢失其他一些对城市竞争力有重要影响的因素。

（四）基于制度性因素的城市竞争力学说

以道格拉斯·诺思为代表的制度创新竞争力优势理论认为：竞争力在于通过制度创新营造促进技术进步和经济潜能发挥的环境，强调地区或城市的竞争力优势是制度安排的产物。历史已经证明：社会经济的发展一定表明该社会的产权制度越来越能有效地调动个人的积极性，从而把有限的资源和精力用到对经济发展最有益的活动中去，而不是相反。如果这种制度安排得十分有利的话，还可以克服资源的不足。

尤其在我国这样正处于转轨时期的国家，首当其冲的问题是要使企业成为真正的企业，使市场成为真正的市场。因为技术可以超越，制度无法超越，而在西方正常运作的市场经济体制下，人们不会意识到，绝大多数交易的完成是需要一系列法律或制度的力量来保障和实施的。而对于体制转轨的国家，任何人都不能假设这些隐含的制度自然存在。所谓“转轨”就是要创造这些使价值规律能顺利发生作用的制度。所谓体制改革，无非就是对原有旧体制和制度创造性地破坏。城市的竞争力是不同城市竞争者之间生产、争夺、占有相同资源的能力。而这种能力自然取决于该城市所具有的市场化配置、利用生产要素和资源的能力。市场化程度越高，城市竞争力自然也就越大。这已被我国改革开放以来，北方许多善于“跑部钱进”的城市被南方“市场化程度高”的城市超越的事实所证明。但制度的形成与使用机制是非常复杂的。为什么在全国统一的改革步骤之下不同城市的市场化程度会相差那么大？这显然不是城市某届政府所能左右的。制度因素是不可取代的，但绝不是惟一的。

（五）IMD[1]模型所表达的竞争力内涵

IMD强调竞争力是一国在先天资源与后天生产活动配合下，所能创造国家财富的能力。这一模型仍然认为：国家竞争力的核心是企业竞争力，即该国的企业创造财富增加值的能力，而企业竞争力的大小又体现在国家环境对于企业营运有利或不利的影响程度，二者相互作用，相互补充，共同以持续发展作为取向。IMD根据这一定义，将各国所构建竞

---

[1] 注：IMD为瑞士洛桑国际管理发展院，是与WEE(瑞士日内瓦世界经济论坛)并列的世界两大著名国家竞争力评比机构和理论研究组织

争力要素的运行环境归结为四对，即国内经济与全球经济；引进吸收能力与输出扩张能力；国家资产与国家经济过程；个人风险与社会凝聚力。

由于IMD模型研究的重点是国家竞争力，因此套用到城市竞争力模型中显然是有失公允的。但是该模型所主张的国家竞争力与企业竞争力的高度相关性，却为城市竞争力的建立提供了有力的依据。

(六)“弓弦”模型对城市竞争力的解读

中国社科院倪鹏飞博士将城市竞争力模型作了扩张，他认为城市竞争力是一个复杂的混沌系统，其众多的要素和环境系统以不同的方式存在，又处在不同的维度和层次上，它们共同集成，构成城市竞争力。并因其表现形式的不同可概括为两类：即硬力系统——“弓”与软力系统——“弦”。而其中硬力与软力又由一些具体的分力构成。当然这些分力又是兼容和交叉的。

城市竞争力(UC)＝f［硬力(‘Hard’competitiveness)，软力(‘Soft’competitiveness)］

其中：硬力(HC)＝劳动力＋资本力＋科技力＋环境力＋区位力＋设施力＋结构力＋聚集力

软力(SC)＝文化力＋制度力＋管理力＋开放力＋秩序力[1]

该模型由于包括了80多个具体的指标(分显示性和解释性)，显然要比其他模型的综合化水平更高。同时又运用了模糊曲线分析方法(Fuzzy Curve)提出影响城市竞争力最重要的分力，即对城市竞争力贡献最大的前5个分力，依次为资本力、文化力、设施力、聚集力、管理力。

但显而易见的是，既然城市竞争力被定义为一个城市在竞争和发展过程中与其他城市相比较所具有的吸引、争夺、拥有控制转化资源与争夺、占领、控制市场，以创造价值，为其居民提供福利的能力[2]。那么，对步入知识经济和全球经济的现代城市而言，各类人才已成为最重要的生产要素，因此对人才的争夺就成为这一发展阶段中城市竞争力最重要的内容。这一经验的判断与“弓弦模型”所给出的“最重要分力”显然是有一定矛盾的。

---

[1] 参见：倪鹏飞．中国城市竞争力理论与实证分析．中国经济出版社，2001年6月第1版第43页、第34页

[2] 同上

三、不同城市竞争力测评模型所得出的结论

1. 南开大学模型❶的结论

表 3-1

位　次	1	2	3	4	5	6	7
城　市	深圳	广州	上海	北京	苏州	天津	无锡
综合得分	6.3550	4.2170	3.2139	2.0973	0.3151	−0.3808	−0.6533
位　次	8	9	10	11	12	13	14
城　市	大连	宁波	杭州	武汉	沈阳	成都	重庆
综合得分	−0.6907	−1.0893	−1.2495	−1.9677	−2.4061	−3.2750	−4.4879

注：此表所列数据均采用 1999 年指标，表中负值得分并不代表被评城市竞争力的真切含义，只是说明该城市在被评城市中的相对地位处在平均水平之下。

2. 上海社会科学院城市综合竞争力比较研究中心模型❷的结论

表 3-2

排　序	1	2	3	4	5
城　市	上海	深圳	北京	广州	重庆
分　值	176.01	175.26	171.64	135.51	119.63
排　序	6	7	8	9	10
城　市	苏州	武汉	天津	西安	哈尔滨
分　值	93.49	85.66	76.80	59.55	56.00

注：表中各城市的数据均采用 1999 年指标。

3. “弓弦”模型❸的结论

表 3-3

位次	1	2	3	4	5	6	7	8
城市	上海	深圳	广州	北京	厦门	无锡	天津	大连
分值	1.47	1.17	0.6	0.5	0.37	0.36	0.3	0.15
位次	9	10	11	12	13	14	15	16
城市	杭州	南京	珠海	东莞	青岛	武汉	温州	福州
分值	0.1	0.01	0	0	−0.01	−0.02	−0.23	−0.23

❶ 参见：中国城市竞争力研究．经济科学，1998 年第 3 期

❷ 参见：上海研究，2001 年第 1 期第 14 页

❸ 参见：倪鹏飞．中国城市竞争力理论与实证分析．中国经济出版社，2001 年 6 月第 1 版第 342 页

续表

位次	17	18	19	20	21	22	23	24
城市	重庆	苏州	成都	宁波	石家庄	西安	哈尔滨	南昌
分值	−0.38	−0.38	−0.40	−0.41	−0.58	−0.65	−0.78	−0.93

注：表中数据采用了1997～1999年度的数据。

4. 东南大学经济管理学院模型❶的结论

表 3-4

排名	1	2	3	4	5	6	7	8	9	10
城市	上海	北京	深圳	广州	大连	天津	青岛	南京	武汉	厦门

从这四个不同的模型得出的中国各城市竞争力排名的结论来看，它们之间显然有着明显的差异，就连前四位城市在四个模型中的排名也呈现出不一致性。这也说明城市竞争力测度的困难程度及各种模型的粗糙性。所以，东南大学经济管理学院课题组只好坦言：构成城市竞争优势的一些不可舍弃的重要因素，如城市知名度、城市影响力、城市创新能力等，对于这些非显性指标，无法用数学模型“规范”的数据体系来测定。故只能用专家系统，采用经验型的调查、打分的办法予以确定❷。但这样一来，结论的公正性、客观性就大大打折扣了。

研究客观存在的城市竞争力的目的，在于通过对城市间竞争力的比较分析，能够梳理出促进城市竞争力提高的主要因素，支撑城市竞争力的主要框架结构，目前我国城市竞争力的状况、水平与特点，以及在参与国际间竞争的优劣势。显然，如果我们能找到一套通用的竞争力模型，通过比较就能够发现各城市在竞争力方面的优势与缺陷，有助于发挥优势，弥补缺陷，增强竞争力；也有利于各城市间取长补短，相互学习，共同提高，形成合作竞争的关系，从而从整体上提高我国城市的整体竞争力，更好地参与国际间的竞争。

但现实的情况远未达到我们的期望，不仅是对城市竞争力的描述，而且其理论的本源——一般竞争力或企业竞争的理论模型也是非常粗糙的。因为，早期的经典理论仅仅是为我们提供了探讨竞争力问题的一个切入点，并不足以解释问题的全部。后来学者们的贡献只在一定程度上

❶❷　参见：中国城市：谁竞争力最强？谁经济发展环境最优？经济日报，2001年10月18日第9版

拓宽了我们对竞争力问题进行研究的视野。所以，有人断言：到目前为止，还没有一个系统而成熟的理论框架，指导人们从经济学的角度探讨竞争力的深层次问题，这不能不说是一个缺憾[1]。

四、城市竞争力研究的困难所在及若干启示

其中的困难大致来自以下几个方面：

首先，是对城市经济社会运行系统的一个准确的动态行为进行抽象地描述有相当大的难度。城市是一个典型的复杂系统，其中包含了成千上万个变量和参数，它们之间相互联系，相互作用，构成非线性的高维自进化系统。要对这么多的变量和参数进行分析与计算，不仅在实际上行不通，而且连计算的结果也很难检验。一般来说，一个好的理论模型通常是将实际的影响因素投影到一个恰当的子空间去，这个子空间具有较低的维度，但能反映所讨论问题的本质特征。例如，经济学一般均衡理论之所以较为成功，就是找到了一个恰当的投影子空间。在这里，各个经济行为的主体都可以达到一种均衡状态。而且这个均衡状态是子空间中的一个点，其背景是不动点定理。但成功的静态分析理论直接推广到像城市竞争力这样的动态系统中去是不行的。能不能在城市竞争力那样的动态演化行为中，也能找到一个恰当的抽象，这的确是对城市规划理论的挑战。

其次，难度的另一方面来自城市体系的层次结构。城市实际上是可看成这样一个多层次的系统，每一个层次都有其自身的结构。就城市体系而论(任何一个城市都不是孤立存在的)，大城市、中小城市、卫星镇、村庄构成一幅这一体系的场景。而城市(或城镇)中每一个社会单元，不论是整体的、局部的或是小到一个企业、居民区，也可以分为不同的层次。它们都按其社会结构的性质实现它自身的功能。但对于一个多层次的经济社会结构来说，各个层次的利益取向和价值观通常并不是一致的，这种不同层次之间利益的协调、目标的协同，就成为城市竞争力系统复杂性的根源之一。在一般均衡理论的框架下，通常对这类协调作了很理想化的近似。但是对动态竞争力模型来说，所考虑的情况要复杂得多。组成城市竞争力的各层次、各子系统的增长能力及对整体竞争力的贡献

---

[1] 参阅：林本初，冯莹. 有关竞争力问题的理论综述. 经济学动态，2001年第3期第56页

是不一样的，并且每个子系统的变化将引发各子系统之间资源的重新分配，从而使整个城市系统达到一种新的状态。这样一幅复杂图像是一般城市规划理论所不能描述的。

再次，准确阐述城市竞争力的困难还来自信息的不完备与不确定性。城市竞争力系统由于其复杂性以及时刻与外界大量的资源交换(这也是城市的本质之一，它的存在就是因为交易的需要)，城市系统时刻存在各种随机的和不确定的因素。正如我们在第一章中所指出的那样，完全掌握城市的全部信息不仅由于系统的复杂而变得不可能，同时，也因为获得充足的信息需要高昂成本而变得不可行。于是在不完备信息和不确定性的条件下，寻找城市竞争力的内在规律便成为特殊的理论难题。这种情况在经济学均衡理论分析中也已存在，但对城市竞争力的动态分析，要求数据有一个时间的序列，对经济数据的质与量的要求更高。此外，城市竞争力的分析还需要考虑各种政策因素及大量的隐性因素，包括政府的政策措施、各级经济当事人按“理性预期”或“非理性预期”心理对这些政策采取的对策等。

在分析了试图建立“规范科学”的城市竞争力测度模型几乎不可逾越的困难之后，我认为应该换一个角度来“实用性”地研究该问题。这是因为，我们研究城市竞争力的主要目的，是为了有效地找出某个特定城市竞争力的不足之处及稳定提高的途径。故我们可以借用复杂系统科学的某些方法来绕过障碍。

从霍林(C. S. Holling)探索生物界复杂系统(如动植物)如何在它对生存环境的无知(Ignorance)、环境本身的未知(Unknow)和不可预知(Unexpected)的条件下，适应生存的复杂系统中导出人类管理生态系统的若干原则，这将为我们提供某些有益的启示❶：

1. 假如我们对城市竞争力系统和它周围环境都有了全部认识，正确的战略是把系统放到它“稳定领域”的正中心❷，这才是最安全的位置。

❶ 参见：梁鹤年. 规划战略——来自生态学的启示. 城市规划，2000 年第 5 期第 52 页

❷ 注释：这里指的“稳定”是时间和空间上的平衡状态，其中又分为“全面性稳定”和“局部性稳定”。“全面性稳定”是指一个系统通过其内部与其周围的环境的交互作用所产生的独特平衡态。“局部平衡”概念的关键在“稳定领域”(Stability Region or Domain)。局部的意思是指一个系统一定要在它的“稳定领域”之内，或者是在这领域的牵引力能达到的范围之内，才可以找到稳定。如果一个系统是在它的“稳定领域”之外，它会旋转到其他领域去

2. 假如我们对城市竞争力系统的各参变量只有部分的认识，我们不可能知道哪里才是这个系统的“稳定领域”的正中心。那么，为了安全起见(也可以说为我们的无知买保险)，应当假定“稳定领域”只会缩小，不会扩大。正确的战略是把系统维持在原位不动，即维持这个系统的平衡状态变数小于原状。

3. 假如我们对系统和周围环境知之很少或一无所知(例如在一个动荡或急速发展的社会，其社会、经济和政治环境不停地改变，受这些因素的影响，城市竞争力比常态更难以测算)，惟一的定数是“变”。正确的战略是保持和培植城市内部各系统的应变能力和警觉性。因为按逻辑，在半知或无知的情况下，任何政策措施都会带来不可预见的后果，失败的机会永远不会降至零，最明智的做法是把减弱城市竞争力的可能和影响减到最低。

城市竞争力的研究本质是面向未来的，目的是为了加快城市经济与社会的协调发展。因此，城市竞争力的研究方法是开拓城市生活与生产活动的“稳定领域”，着眼于加强城市空间布局、规划调控模式和提高政府、社会、组织、企业及个人的应变能力。

在漫长的农业经济时代，城市是由剩余产品(主要是农产品)交换的集市和防御性需要而产生的。随着生产力的提高，剩余产品的数量种类扩大，交换活动的范围因而扩大，集市也由小到大，由定期到经常性交易，由不固定到固定的场所，需要加强防御设施的建设以保护越来越多的财产。手工业艺人的专业化分工与集中在城镇的趋势也越来越增强，对周边农村的影响也逐渐扩大，城市也就随之产生发展起来了。此时的城市竞争力，主要表现在剩余产品交易范围及数量的大小(这也与是否占有交通便利及周边土地肥沃与否有关)，以及对外敌入侵的抗御能力等方面。其主要起作用的显性指标为剩余产品交易范围内土地的数量与性质、人口的多寡、自然气候甚至城墙的紧固程度等。

进入工业经济时代，城市是由能源和动力革命促成的。有了人工开采的化石能源，使人们摆脱了依赖自然能源的局面并使生产活动集中于城市，从而导致纺织业等加工业在城市迅速发展。小规模的分散劳动为社会化大规模的集中劳动所替代，封闭式的经济活动空间由分工协作联结成的经济网络所覆盖，并随之带动了商业和贸易的扩张，城市人口急剧膨胀。此时对城市竞争力贡献最大的因素为资本、劳动力、工业原料的集聚，加工和交换的能力，交通便利的程度等。

如果按照美国经济学家丹尼尔贝·多尔在其1973年发表的《后工业社会来临》一书的分类，可将人类社会发展分为“三阶段”即：前工业社会、工业社会、后工业社会。在后工业社会发展阶段，城市的发展呈现出新的特点：一方面经济的增长推动了城市化的步伐。1950年，世界上只有28.4%的人住在城市里，到1990年，则有50%以上的人已是城市中的一员，发达国家这一比率更是高达70%～90%[1]。另一方面，是城市由工业社会的工业生产中心逐步转变为服务业的中心。商业、贸易、金融、证券、教育卫生、房地产业、咨询和旅游业等行业的蓬勃兴起，已使工业在城市中的地位日渐式微。1993年，香港的服务业占国内生产总值的81.8%。1987年，纽约市全部就业者中，只有10%的人在制造业，其余90%均在服务部门就职。

城市的服务功能也可分为三层次：即市区性功能，维持城市的正常运转、发展和满足市民的日常生活、活动需求；区域性功能，主要体现在与城市卫星镇和腹地垂直与水平的产业分工联系、区域性交通枢纽、商业批发中心、企业总部、行政管理机构、教育、医疗卫生等行业对腹地的辐射服务功能；跨区域功能，其服务范围是全国性甚至是全球性。主要表现在全球化的加工业服务网络、会展商贸服务功能、交通运输、旅游、高等教育等功能。这时的城市竞争力突出体现在城市对外的服务功能完善程度上，人力资本及与此相关的制度安排已逐渐超越资本和其他自然资源的地位。

在知识经济时代，知识的作用将首次得到充分体现——知识在经济增长中的角色已不再是“外在变量”，而成为内在的核心因素。这将使经济的增长方式发生根本性的变革，使人类对物质资源的依赖逐渐减弱；而知识作为一种独特的生产要素将在城市竞争力中发挥越来越重要的作用。以知识为主导的知识经济，其核心是以高科技智慧产业为代表的现代生产体系，以高速信息公路和海量信息处理中心为代表的信息服务业，更重要的是以高智能人才为代表的人力资本。此时的城市竞争力可表述为：一个城市在竞争和发展过程中，与其他城市相比较所具有的吸引、争夺、拥有控制转化人才资源以创造价值和占领市场的能力。

---

[1] 参见：谢小蕙等著. 城市经济学. 清华大学出版社，1996年9月第1版第19页

综上所述，在不同的社会经济发展阶段，影响城市竞争力的主导因素的确是不同的，离开了这些主导因素或将其以其他从属的因素进行综合平衡的结果，都只能是缘木求鱼而不得要领。所以，我认为可以借鉴企业核心竞争力[1]的概念，以突出不同城市独具的竞争力要素以及抓住解决城市发展问题的主要矛盾。

五、城市定位理论与城市竞争力

长期以来，“城市的准确定位”被认为是城市总体规划要研究的头等大事。我国大部分规划教科书上都有这样的表述：从客观层面上把握城市发展的定位、定性、定向，这是作为城市宏观决策人首先要关注的问题。如果在定位、定性、定向的问题上不花大力气去深入研究，那么总体规划做得再细、再具体都将因目标和结构不合理，给城市发展带来全局性的问题，而犯历史性的错误。这已经成为毋庸置疑的经典结论。为城市寻找准确定位的战略行为也可称之为定位理论。

但无论从城市定位与城市竞争力关系的经验分析，还是从上节所阐述的观念来看，城市定位理论在当今这个时代都有一定的局限性。

因为城市定位理论假设城市内外环境的变化及不确定性很低，城市自身的产业结构及组织结构都处于稳定的状态。在一个可以持久地有吸引力和发展前景的环境中有利可图地准确定位，这就是定位理论追求的均衡状态。但这种因“准确定位”所获得的城市竞争力优势持续的时间，取决于所选择的市场定位多大程度上是稳定不变的。显然，其缺陷之一，就在于由于城市定位的理论注重研究与城市原有主导产业、自然资源相关的外部环境因素，而对城市内部的因素分析仅局限于针对“定位”而展开的协调安排(这不能充分体现城市在后工业时代或知识经济时代本质意义上的竞争能力)。因此，定位理论虽然能够明确什么样的城市定位是

---

[1] 注释：核心竞争力战略理论基础是基于资源(知识)的理论和企业能力理论，基于资源的理论是对美国多元化的大企业纷纷收缩战线的现象反思的结果。美国多元化经营的大企业对各种产品市场无孔不入，但是各种产品之间往往没有内在联系，产品生产范围过大曾经使得欧美的大企业在日本企业的攻势面前节节败退。与定位战略研究内部因素时以涉及产品的各种活动为主不同，核心竞争力理论试图深入到企业内部活动背后的逻辑性，从各种企业能力中寻找凝聚竞争力的药方

有利的，但由于现代城市外部环境、科学技术及产品(尤其是对以自然资源为原材料的替代用品)更新变化快得让人眼花缭乱，围绕既定的产品进行市场分析往往不得要领。消费者的口味变化，朝阳行业的转移，都会使定位理论苦心经营的城市竞争力失去目标。我们可以设想，如果英国曼彻斯特仍然按照纺织业来定位，美国的圣何塞仍然追求杏子栽培与加工，犹他市、华盛顿市顽固地坚持原来的城市定位，人类社会将会减少出色的经贸中心、硅谷和仿生学集聚的高科技领地。这样的话，这些地区要么仍然是田园风光，要么早已因贫困潦倒而衰落。尤其值得一提的是，传统“定位理论”假设制订和实施城市规划的专家和官员们能把握未来变化的全部信息，从而准确地让城市“定位”在未来变化有利的位置上。这在“信息爆炸”、竞争环境迅速变化的时代是不可能的，这里列举的成功变化城市并不是以出色的规划定位而成功的。

城市定位理论缺陷之二，是由于大部分城市都在采用类似的分析方法追求几乎相同的目标定位。其结果不但造成各个城市产业严重同构、重复建设盛行、大量企业产能过剩、区域城市之间恶性竞争、城市建设千城一面。详细情况可参见表 3-5。

“九五”期间中国部分大城市的功能定位和支柱产业选择❶　表 3-5

城　市	定位	作为支柱产业的第二产业
深　圳	现代化国际性城市	计算机及软件、通信、电子及基础元器件、机电一体化、视听、轻工、能源
广　州	现代化国际大城市	汽车、摩托车、电子通信、家电、石化、医药、食品、冶金
哈尔滨	国际经贸城	机械(含汽车)、电子、仪器、医药、化工
长　春	国际化大都市	汽车、食品、医药、建筑建材、光机电一体化、生物工程、新材料
沈　阳	现代化国际性城市	机械、汽车、制药、石化、电子信息业
大　连	社会主义北方香港	机械、电子、石化、医药、汽车及零部件、冶金、建材
济　南	现代化国际性城市经济强市	机电仪一体化的机械制造、重型汽车、摩托车为龙头的运输机械、家电、化工
青　岛	现代化国际城市	机械电子、化工橡胶、饮料食品、纺织服装、海洋业、医药、新型建材、家电

❶　参见：开放导报，1997 年第 5 期第 14 页

续表

城市	定位	作为支柱产业的第二产业
杭 州	现代化国际风景旅游城市	大型设备及成套制造、汽车及零部件、家电、电子通信设备、精细化工和医药、化纤
宁 波	现代化国际港口城市	石化、机械、电子、轻纺、建筑建材
南 京	现代化国际性城市	计算机及通信设备、家电、汽车摩托车、石化及精细化工、建筑建材
武 汉	现代化国际性城市 长江中游、华中地区经济中心	钢铁、汽车机械及汽车制造、冶金、食品、医药、化工、建筑
成 都	现代化国际大都市	电子及通信设备制造、机械及汽车制造、冶金、食品、医药、化工、建筑
重 庆	长江上游经济中心	汽车摩托车、重大机械设备、冶金、化工建筑建材
西 安	我国北方西部中心城市国际旅游城市	汽车、电子、轻工、电力机械制造业、制冷设备制造业
厦 门	现代化国际风景旅游城市	机械、电子、化工、电力、建材
北 京	现代化国际性城市	汽车、电子、机械装备；电子信息、生物工程、新医药、光机电一体化、新材料；冶金、轻工、建材
天 津	现代化国际港口大都市	机械(汽车、机械装备)，电子(通信设备计算机)，化工(石化、海洋化工、精细化工)、冶金
上 海	国际经济中心城市	汽车、通信设备制造业、电站成套设备及大型机电设备制造业、家电、石化及精细化工、钢铁、集成电路与计算机、现代生物技术及新医药、新材料

定位理论缺陷之三，是定位理论往往以邻近的竞争对手城市为参照构思的战略，可能导致方向性错误。在迅速变化的环境中，对现有的城市竞争力的主要威胁，并不仅仅来自已经存在的竞争对手，而是来自于拥有崭新思维的“创业型城市”。以竞争对手为参照，忽略现代科技创新的特性，其结果是与原来的竞争对手一起被“创业型城市”的迅速崛起而取代。

与定位理论不同的是城市核心竞争力理论。首先，它认为城市的环境变化较快，相对稳定均衡状态存在的时间始终有明显的限制。环境不仅正在经历着明显的变化，而且还不时会被剧烈的质变所突破。因此，核心竞争力理论认为，应通过培养城市的核心竞争力使城市在变化的环境中立于不败之地。

其次，与定位理论不同的是，核心竞争力理论的重心在于研究城市内部的因素，力求合理地组织城市内部的各种资源，以形成别的城市不易模仿的独特的竞争能力。解决竞争力问题的中心策略是“应该培养什么样的城市竞争力?”进一步的探讨，将研究重心置于城市和外部环境之间的界面上，兼顾城市内外各种主要因素，使抓住转瞬即逝的机会成为可能，成为一个对发展机遇时刻有准备的城市。

最后，核心竞争力理论讲求的是努力超越自己过去成功的经验和发展历程。这对于我国正在经历体制转轨的大多数内地城市来说是尤为重要的。因为在传统计划经济下，城市职能被扭曲了，其基本经济活动主要是为城市自身的正常运转和满足市民的日常需求，而不是为周边甚至更广阔的地理空间提供商品交易服务的平台，城市更多地表述为“生活型”和“生产配套型”的职能。对这样一些因国家定点而形成的大型生产基地相伴而生的城市，如果不从战略上超越自身成功的“跑部钱进”项目定位的经历，无疑会因无法适应市场经济和全球化的竞争而急剧衰落。

城市定位理论与核心竞争力理论的比较可见表 3-6：

城市定位理论与核心竞争力理论的比较　　表 3-6

	城市定位理论	城市核心竞争力理论
理论来源	城市组织经济学	基于资源(知识)的竞争力理论
理论假设	城市内外环境不确定性低，组成环境和城市的单元之间差异性小。单元的变化节奏基本相似、同步	城市内外环境变化快，偶尔还有质变；不同的单元是异质的，这种异质性可持续较长时间
中心战略问题	定位在什么发展目标	应该培养什么样的城市组织应变能力
战略目标	明确定位	形成独特的竞争力
战略参照物	自身(过去成功模式)	竞争力城市
战略步骤	识别一个有吸引力的目标；选择一个有利的定位；采用相应的保护性策略	确立一个战略意愿或蓝图，积累战略资源和培养核心能力；在不同的环境和机遇情况下，运用独特的战略资源和核心能力进行争夺
竞争优势来源	独特而准确的目标定位	独特、不易模仿的战略资源和竞争能力
内在风险	很难随环境的变化迅速改变目标定位	培养战略资源和竞争力对环境变化应有的适应性

当前比较流行的称谓是城市综合竞争力的提法，与核心竞争力相比较，有以下区别：

1. 综合竞争力作为一种概念的提出，体现了新的发展观：发展不是简单的经济增长，它同时应该包括社会的全面进步、人类自身的解放与完善和可持续性。城市的政治、生态环境、社会、文化的发展包括精神文明、信息、道德、价值观等，都应是发展的应有之义。这些观念应该说都是正确合理的，但如果我们将城市竞争力的探讨与关于“发展”这样的大课题混同起来，其结果只能使城市竞争力成为“什么都可以往里装的大箩筐”。内涵过于复杂，体系十分庞杂，自然就难以抓住城市竞争力的主要矛盾。城市核心竞争力的概念并不否定社会、政治、人文等范畴对竞争力的影响，而是将它们的作用抽象归纳到那些对城市未来发展起到决定性作用以及对城市捕捉发展机遇有直接影响的“人才资源”这样的子系统之中了。

2. 城市综合竞争力概念，提出文化的发展不仅为城市竞争力的提升提供精神动力和智力支持，而且也因创造经济价值、增强城市服务功能和改善城市环境而成为城市竞争力的重要组成部分。此外，文化还能为塑造城市形象，成为体现城市竞争力的外在标志❶。这些提法无疑是正确的。但文化自身也是一个十分宽泛的概念。如果将其单独列出来成为对城市竞争力独立贡献的分工或单一作用因子，则会造成重复计算。因为，就一个城市而论，其企业的组织方式、产权结构、市民的创新热情、制度安排以及对人才的吸引能力等，都无疑已经包含了文化的因素。就像蛋白质是构成人类食品的基本要素那样，如果我们在点菜时既点了鱼肉，又点了蛋白质只会造成双重付费而并不能增加营养。

3. 综合竞争力的概念无疑能够更广泛地调动社会各界建设城市的积极性，使每个人都感到为增强竞争力做出了有益的贡献，被认为是有利于形成“合力”。但也难免在实际上造成“竞争力平均主义”的倾向。既然各行各业、各层次的社会团体对城市竞争力的贡献是“均等的”，就像城市定位理论所设想的“城市是由均质的因子”所组成，内外环境也是固定不变的，这一推论可以使得构成城市的每个子系统都认为自己是对竞争力贡献的“核心”，当然更难以形成合力了。这恐怕也与计划经济的“大锅饭”有着天然的联系。而城市核心竞争力的概念则可以避免这一困境，各行各业围绕几项本城市独具优势又能适应外部竞争的核心能力团结协作，这样既增强自身城市的竞争力，又能与其他城市合作形成新的竞争能力。如日本政府反思前几轮“国土整治计划”的得失之后提出，

❶ 参见：蒯大富. 一流文化塑一流城市. 文汇报，2001年11月12日第5版

日本各城市应在加强原有特色的基础上，扬长避短，强化地域职能分工与合作。像“大阪圈”的三个城市则以“商业的大阪、港口的神户、文化的京都”有机结合起来，使这三个城市充分认识自身的区位、资源、人文、历史等因素，并考虑到与周边城市的协同关系，在此基础上形成自己独特的核心竞争力。显然，在城市分布较密集的地区，具有独特服务功能和集聚能力的城市是最具“综合”竞争力的。

综上所述，城市定位理论在当今快速变化的时代显然存在某些不适应性，无疑需要城市核心竞争力理论进行补充和完善，而城市综合竞争力与核心竞争力都是不可偏废的概念，两者不仅是互补的，而且各有其独特的用途。大城市往往因为其功能的多元化，前者更适用；而对量大面广的中小城市而言，后者更易被接纳应用。

专题一：

影响杭州城市竞争力的四大核心品牌及其培育

当代城市间对人才的争夺已经赋予人才充分的自由选择权利。这批对自由“悟性”最高的高素质生产要素的携带者，不仅在国内不同城市间频繁流动，而且已经引发全球范围的争夺战。人才总是流向能实现自己抱负、体现自身价值的城市。现代城市经济繁荣的首要问题，就是如何造就比别的城市更好的投资环境和生活居住环境，这两者又可归纳为创业环境。从本章第一节的讨论中，我们已经领悟到，能与国际接轨的优良的旅游环境、全国甚至全球范围最佳的人居环境、国内一流的求知环境和像硅谷那样可供人才自由创业快速致富的创业环境，是杭州城市核心竞争力的集中体现。为了更好地展示这四个方面的动态特性，我们可以将其通俗地表达为“游在杭州”、“住在杭州”、“学在杭州”和“创业在杭州”四大核心品牌。虽然这四个方面都是高度概括性、综合性的，但又是相互密切联系、缺一不可的。其理想的状态，就像四块等高的木板构成杭州这个特定城市有效争夺人才资源的“核心竞争力容器”。

一、打响“游在杭州”城市品牌

发展旅游业，尤其是城市景区的系统建设，是直接为争夺人力资源服务的，是能体现杭州核心竞争力的四大品牌之一。其主要的功能体现在：(1)景观吸引功能。(2)综合服务功能：旅游业是促进商贸业、优化服务的利器。(3)文化效应：传统中国文化的“天人合一”，成为西方创业者、旅游者学习借鉴东方智慧的桥梁。(4)休闲娱乐功能。(5)生态优化效应。(6)增加收入、就业功能：2000 年杭州市旅游总收入 200 多亿元，约占 GDP 的 15%，就业人数占 20%。(7)推进国际化功能。总之，旅游业的发展是基于对人文关怀、人格尊重、人性的呵护、人性的容忍和相融、人们创造力好奇心的培养以及对人类身心健康的关怀，这是影响城市竞争力的重要方面。

另外从资源方面看，杭州是全国重点风景旅游城市和历史文化名城，围绕建设现代化国际风景旅游城市的目标，打响“游在杭州”品牌，要着重做好以下几方面工作：

1. 打响西湖博览会品牌，大力发展会展旅游，培育旅游业的新增点和新亮点。抓住杭州的特点、优势，提炼西湖博览会主题，做好四个融合，即会展与观光的融合、会展与传统特色展示的融合、会展与传统文化的融合和会展与主导产品推介的融合。西湖博览会要本着博而不泛的原则，突出主题，争取经过5年左右时间，使西湖博览会真正成为国内外著名、国际有影响的会展活动。西湖博览会是杭州市决心推出的品牌，以后每年都将举行，必须组建西湖博览会的常设机构，确保对会展的策划、招揽、招商和宣传，保持工作的连续性。

2. 合力完成西湖、良渚申报世界遗产。世界遗产作为一种稀缺自然文化资源的标签，谁占有越多，谁就有国际最高权威机构认定的历史地位。在申报中，要突出西湖具有的全球性价值，重点展示西湖的水文化、园林文化、宗教文化和人类社会经济文化活动与自然环境之间的和谐关系，突出西湖景观设计和美学理念对中国造园艺术的影响，更重要的是“申报”过程以及将来的接受国际社会监管能极大地促进资源保护。当前要加大对西湖景区的整治力度。在西湖风景区内，凡与风景游览无关的建设项目；在外围保护地带，对影响资源价值的建设项目，都要停止审批，违法建筑一律拆除。同时，西湖环湖南线的绿地动迁工程要充分保护历史建筑。除西湖之外，良渚文化遗址、京杭大运河、胡雪岩故居、胡庆余堂、清河坊等，通过努力都可以申报世界文化遗产。

3. 实施开放引进政策，建立旅游投资多元化机制。要将加大政府投入与吸引外来投资结合起来，调动各方面因素发展旅游业。政府主要对城市功能建设、环境建设、旅游配套设施建设、旅游交通建设等加大投入，优化杭州的旅游环境。在具体项目开发上，要多渠道筹措资金，吸引集体、个人、社会和外商多方力量参与。实行旅游资源所有权与开发权的分离，按照市场运作方式，实行有限定条件的开发权有偿出让。建立政策引导机制，以不同档次的优惠政策吸引不同风格、不同水平的旅游开发项目。

4. 扩大外延，实施旅游“西进战略”，推进大杭州旅游格局的形成。一是抓好小西进，拓展大西进，形成网络化。小西进重点开发建设之江国家旅游度假区、龙坞风景区、灵山风景区、西溪文化旅游区和转塘旅游专业镇等；大西进是以“两江一湖”为轴线，开发以富春江、新安江、千岛湖、天目山为主体的生态旅游项目，开辟“两江两湖”与东、西天目山脉的环形旅游线；网络化就是将整个华东地区的旅游资源连线成网，最大限度地利用别人的资源来弥补自身的不足，把江浙沪旅游资源和黄山旅游资源整合在一起，取长补短，实现杭州旅游景点的独特性、共生性和网络化。二是“旅游西进”要以生态旅游为主题，重点开发龙坞以及与西湖齐名的、别具一格、不可多得的西溪景区。西溪景区开发要突出原有的原始质朴、野逸自在的泽国风格，保留其湿地风貌；龙坞的开发以保护性开发为主，突出生态旅游主题。三是要把开发与保护有机结合起来，实现生态与景观、经济效益与社会效益的统一。景点建设要坚持高起点、创特色、打品牌的原则，突出自然景观之间、自然景观与人文景观之间的互补性。严格控制污染，对污染严重、影响生态环境的养殖场、水泥厂、砖瓦厂、采石厂等，必须坚决予以整治；西溪等风景区内要严格控制建筑，保持良好的生态环境。

5. 加快旅游电子商务建设，推进“大杭州”格局的形成。大力发展电子商务，是推进国民经济信息化的重要内容。随着假日旅游给各地带来食宿紧张、交通紧张、景点容量紧张等问题，旅游信息化建设已迫在眉睫。作为国际风景旅游城市，杭州应为全国旅游电子商务做出表率。一是尽快开展电子支付业务；二是扩大发展旅游电子商务的社会空间；三是扩充信息存量和业务范围；四是加强技术创新与推广应用。目前，杭州旅游商务公司作为全国首家专业的旅游电子商务公司，已开通了“杭州旅游网”、“中国酒店预订热线”两个网站，“相约江南”网站也即将开通。同时已开通“96123”全国首家旅游呼叫中心。杭州科希盟公司也开通了“西湖博览会”专业网站。政府要积极做好引导与协调，支持和鼓励更多的中国著名的旅游电子商务公司为杭州服务。

6. 加强旅游文化设施建设，提高城市的文化活动品位。西湖是杭州旅游的主要形象，但西湖山水如果没有典型的中国江南文化作为灵魂，西湖就不会有多少吸引力。加强旅游文化建设对推动杭州旅游业向更高层次的发展是非常必要的。要进一步整理、挖掘当地历史文化，包括西湖文化、运河文化、钱塘江文化，修复一批历史街区、文物古迹，抓紧雷峰塔重建和南宋皇城重建，加快对钱王阁、胡雪岩故居修建、清河坊整修和南山路“东方文化一条街”等重大旅游文化项目建设等。坚持高雅文化与通俗文化相结合、现代与传统文化相结合，开发家喻户晓的旅游拳头项目，提高游人的参与程度。突出文化意识，加大文化设施建设投入，推出形象项目，提高城市建设的艺术水平。一是要规划一批标志性文化工程如大剧院等；二是倡导多种形式办剧院、办博物馆；三是规划建设园林式文化广场；四是设计和收集反映杭州传统文化和现代气息的雕塑；五是开辟形式多样的文化艺术“沙龙”。

7. 加大旅游品引进、经营和研制、开发工作。要定期举行优秀旅游商品征集活动，进一步广为宣传和发动，让全市、全省乃至全国更多的有识之士来关心和参与杭州的旅游事业发展以及旅游商品的开发经营。杭州绝不能再关起门来开发旅游商品，不能再让旅游商品总是那些老面孔、几大件。要树立天外有天、楼外有楼的开放竞争意识，坚持敞开城门搞开发，广为借鉴全国各旅游大省大市的成功经验，借助各地的专门人才、技术力量和创意，努力开发能够体现杭州风土人情、文化特色、适应不同游客需求的旅游商品，并在价格上要拉开高、中、低档次，为打响“游在杭州”品牌提供优秀旅游商品，以此整体推进杭州第三产业的发展。

8. 申办世界休闲博览会。休闲是现代旅游的最高境界，也是体现人类自身生命和健康细心呵护的人文关怀的重要组成部分。古往今来，杭州优越的山水环境和恬静的生活氛围，使得许多人陶醉在“画里移舟、梅边吹笛、墙头唤酒、枕边看湖”的休闲情调之中(徐帷昆)。也曾有过“暖风吹得游人醉，直把杭州作汴州”的揶揄。但这种山环水绕的优越环境和深厚的历史文化积淀，也为打造“中国休闲之都”奠定了基础。世界休闲博览会是与1999年昆明举办的世界园艺博览会同等级别的国际博览会，但参与国和内容更多更丰富。如果杭州能争取到这样的盛会，将会吸引全球3000多家大型景区、旅行社相关企业参加，无疑会进一步打响“游在杭州”的品牌。

9. 开拓商业、旅游区，使老城区的功能向专门为旅游者服务适度转移。拱墅区的运河文化商业旅游区、下城区的丝绸一条街、上城区的湖滨商贸旅游步行街区改造、西湖区北山街商业文化区整治等，这些地区众多的历史文化遗迹、良好的自然景观和密集的服务设施，可以为旅游者和城市居民提供购物、观赏、娱乐、休闲、求知、体验等多种功能。

二、打响"学在杭州"城市品牌

在我国已经加入世贸组织、知识经济初露端倪之际，信息不断爆炸，科技快速更新，环境急速变迁。要增强城市的竞争力，大批引进各类人才，城市的每个市民都要成为学习者，企业要成为学习型企业，城市社会也应成为学习型社会。良好的求知环境不仅仅是创造力和竞争力的源泉，更已经成为对"学习"的精妙之处理解最为深刻的高级人才们向往的圣地。同时，教育特别是高等教育与经济、科技的紧密结合，是提高市民素质、提升城市品位、发展高新技术、促进经济快速发展的重要途径。

1. 全面实施"大学城"计划。在浙江省政府的支持、指导下，制定并实施"大学城"建设方案，"不求所有，但求所在"、"不求所留，但求所用"，大力推进下沙、小和山、滨江三个高教园区的开发和建设。三个高教园区建设预计投资在200亿元以上。同时，开辟萧山高教园区，把杭州建设成为一座学习型城市、科技型城市、文化型城市和生态型城市。积极引进国内外办学机构来杭州举办或参与举办各类高校，为省部属高校在杭的建设与发展提供良好条件。要超常规发展高等教育，力争到2005年，全市高等教育毛入学率达到25%，高校在校生达到30万人，使杭州市成为全国大学生最多的城市之一。

2. 大力实施名校、名师、名校长工程。采取切实措施，吸引国内外著名院校和研究机构来杭设立分校、分院。通过公开招聘、实行导师制、开办高级研修班、进行专题科研、赴国内外学习考察等多种形式，加快名师名校长队伍的建设，培养和引进一批省内外甚至国外的知名校长。

3. 加快示范学校建设。在普及高中教育的基础上，建成10所体现杭州教育现代化最高水平的标志性示范高中(含职校)和1所国际学校。

4. 鼓励、支持有条件的院校上规模、上档次。以杭师院、杭医专、杭教院、杭州师范学校、法律学校、工艺美术等学校为基础，组建新的"杭州大学"，使其成为一所学科门类齐全、在校生达15000人的高质量综合性大学；在第二文教区规划建设浙江大学城市学院，至2005年使其成为在校生达万人的新型综合性本科高校；加快杭州职业技术学院下沙新校区第一期工程建设；杭州电大成为独立设置的广播电视大学，并以此为基础，建成杭州市远程教育网络。利用国内外著名高校的教育资源，充分利用宽带网的资源条件，创建中国最优网络教育城市。

5. 全力支持浙江大学、中国美术学院等名牌大学的扩建工作。通过拓展新校区、分建基础部、强化市校合作、兴办科技园等形式，使这两所名校迅速成长为我国在综合类和艺术类大学中的一号种子选手，以吸引更多的人才和优秀学子来杭学习创业。

6. 充分发挥市场机制的导向作用，大力支持社会力量以多种形式参与或独立创办民办高校。充分调动全社会办教育的积极性，采取积极的优惠政策，引导外地资金来杭州兴办民办高校。

但更重要的是要按照学习型组织的五项特征，激励更多的市民进行自我超越、改善心智模式、建立共同愿景、倡导团体学习和进行系统思考，使杭州重塑适应创业之都的学习文化，使学习内化为企业、团体和市民的日常行为。以主动学习、自觉学习取代被动学习，制度性学习、系统化学习取代零星式学习，以“学习、求知在杭州”的卓越品牌奠定中国最佳“创业型城市”的地位。

三、打响“住在杭州”城市品牌

我们对“住在杭州”品牌的理解不能停留在数量、面积等方面的硬件式满足上，而要立足于迎合人的本性、体现人的尊严、维护人的权利、展现人的自身价值、关注人的全面发展和促进人的创造才能的发挥这样一种高度去理解。另一方面，“住”的文明又包括了人们最平凡最普通的日常生活(Everyday Life)，它包括了一个时代人们衣食住行的各个方面的细节，是广义的，而又具体的、诗意般居住的需求。满足这些要求不仅仅只是马斯洛所说的基本生理要求，而且也因与高级需求的互动作用，直接体现和影响着人类对自我实现和全面发展的追求。不仅是功能上的满足，而且也是艺术美感方面的体验。另外从发展经济的角度看，房地产业是关联性、带动性极强的行业，它与高新技术产业、其他第三产业的互相促进协同作用很紧密。

具体来说，要在以下几个方面下功夫：

1. 搞好城市环境整治。加快城市基础设施建设，重点建设绕城公路、城市轨道交通、旧城区集中成片改造等；继续大规模整治道路，力争每年整治15条以上的街道，并对9个入城口进行大面积园林化整治，使每个入城口形成一个具有主题文化的公园。继续拆除违法建筑，并从市区向近郊区、农村延伸，对城乡结合部的整治、农贸市场退路入室、道路交通、城市卫生保洁等要实行长效管理。

2. 做好水环境文章。水环境是杭州城市特色的主线，是城市得以发展的命脉，是杭州城市的灵魂。进行水环境整治，是杭州城市实现处处是景，实现引山入城、引水入城、引景入城的重要渠道。重点是对南山路、北山街和西湖风景区进行整治；对市区20公里运河进行截污、调水冲刷、清淤、改道，实施沿岸生态化整修和大面积绿化，建设两岸文化公园；结合城市东进，利用钱江潮、凤凰山、玉皇山的景观，在钱塘江两岸建设新的商务中心和住宅区；充分发挥和利用西溪天然池塘等自然景观优势、文化优势和生态优势。

3. 大规模实施城市绿化。严格按照“四个一”，即一区一广场、一街一景、一镇一公园、一村一绿带的要求，扎扎实实地搞好绿化工作，不断提高城市绿化的数量与质量。一是要搞好沿路、沿河、沿绕城公路、沿铁路的绿化工作。以运河绿化带、绕城公路绿化带为枢纽，建设市区园林绿色走廊，保护和恢复城市的生态景观多样性、生物多样性，营造人与自然较为和谐的生态环境。二是绿化建设一定要突破国有绿地的单一模式，除应有的国有绿地外，更多的是单位集体绿地、农村绿地。沿街两侧的每个单位都要打开围墙，破墙透绿。三是结合城市拆违复绿，增加公共绿地，提高人均绿地水平。

4. 努力创建环保生态城市。以建国家环境保护模范城市为基础，争创生态园林城市，进一步改善环境质量，加强生态环境保护。调整优化城乡生态环境功能，向城市污染宣战，对空气污染、水环境污染、固体废弃物污染、噪声污染进行全面整治。大力推行清洁生产、环境管理体系国际标准(ISO 14000)，加强生态工程建设，使环境质量得到大幅度改善和提高。继续实施“蓝天、碧水、绿色、清静”工程，以保护城市水源为重点，进一步保护好全市江、河、湖水体；以治理空气污染源为重点，调整能源结构，提高城镇气化率，改善空气质量；保护森林资源、湿地资源和自然保护区，实施生态公益林建设，建设生态城镇，使区域环境质量得到改善，生态环境服务功能得到调整，经济建设、城乡建设和环境建设协调发展，使生态环境趋向良性循环。

详细内容可见第八章附录的《创造“住在杭州”优势的基本策略》一文。

四、打响“创业在杭州”城市品牌

创业在杭州，关键在于人才和环境。政府部门的工作重点应放在环境建设和制度方面，围绕人才、技术、资金三要素的优化配置和集群化组织的扶持，努力营造优良的创业环境，使整个城市实现转型——由传统城市向创业城市转变。

1. 加快科技园区建设。建设好杭州高新软件园、留学人员创业园、国际跨国公司科技园，吸引更多国内外精英来杭创业，更好地发挥市科技创业服务中心和市软件专业孵化器作用，积极筹建市生物专业孵化器，积极鼓励县、区各级政府、企业、院校各类科技企业孵化器，组建孵化器协作网，为科技人员的创业提供功能更全、服务更好的创业服务体系，以达到信息共享、资源共享，在总体上形成科技企业孵化的整体功能。

2. 加快国民经济和社会服务信息化进程。加快杭州国民经济信息化，就是要把杭州建成信息化、数字化城市，优化对创业的扶持功能，有效地降低交易和交往成本。为此，要从以下五个方面着手：

一是要加强信息基础设施建设。采用先进技术，建成能够支持多种接入方式、适用各种网络互联、覆盖全市的宽带骨干交换网；实现“三网”融合，使电信网、广电网和计算机通信网互相渗透、兼并，基本实现技术融合、业务融合和终端融合，防止垄断；推广智能化小区，跟踪现代移动通信技术的发展，适时建立新一代移动通信网，实现数据高速无线接入。

二是推动企业进行信息化改造。企业是信息化、数字化的主体，政府要积极做好引导、服务。要提供优惠政策，树立企业组织结构与网络业务相适应的样板，充分调动企业进行信息化建设的积极性和主动性。全面普及 CAD、CAM 和 CIMS 等现代信息技术在制造业生产经营各个环节上的作用，实现传统业务与网络业务的融合。加强企业管理人员培训，提高他们对知识流、信息流和人力资源的管理能力。

三是加快集聚 IT 企业和人才。像 IT 产业那样的智慧型产业，作为一种新型企业、新知识的储存器，需要在一个地区以集聚态存在。在数字化时代，传统经济有可能走向分散，而人力资本密集型的经济则需要集聚。要继续加大吸引IT企业、企业家和专业人才的力度；加快建设信息产业专业化孵化器和软件科技园区；在浙江大学、浙江工业大学、杭州电子工学院创办软件学院和信息学院；实施大学生个人创业计划，加快高新技术产业的专业人才培育速度；建立和健全创业联合投资网络；培养一批智慧型产业的名牌产品和优势企业。

四是完善政府上网工程。重点是实行机关办公自动化、服务窗口电子化、行政审批网络化，使政府的服务平台从传统的办公室、窗口、柜台转向便捷的网络平台。建立开放的城市综合规划、建设和管理信息系统和便捷的城市社会治安、应急救援系统。逐步扩大应用电子民意调查、电子邮件、电子选举、网络会议等形式，扩大市民参政议政的范围，培养数字化时代市民应有的民主意识。

五是加快社会公共领域信息化。建立安全可靠的支付清算体系为主的综合性服务系统，倡导智能一卡通服务。办好网络大学、网络图书馆，方便市民终身学习。在社会保险、水电气服务和税务等领域，实现广泛的网上作业，广泛推行网络银行、网络技术交易市场和网络人才市场等，使市民和创业者足不出户就能得到便捷周到的服务。建立区域化网上医疗咨询诊断系统，与社区医疗机构协同，优化市民的医疗保健服务。总之，应利用现代化的网络技术，充分调动各类人才参与政府决策、监督垄断部门的积极性，使外来人才尽快产生归属感，并融入创新创业的社会网络之中。

3. 加强政策引导，积极优化创业环境。制度创新优于技术创新。良好的创业环境，是发展的先决条件。吸取国内外发展科技的先进经验和措施，人无我有，人有我优，不断制订和完善对国内外人才、高校科研院所和企业集团有足够吸引力的政策，吸引优秀人才及单位来杭落户，为杭州发展作贡献。强化政府部门服务功能，简化办事手续，提高办事效率，树立优质服务的观念，为创业者提供主动、热情、周到的一站式服务和上门承包式办理服务审批手续，真正落实鼓励和倡导创业的各项政策措施。营造尊重知识、尊重人才、鼓励创新、容忍失败的宽松氛围，保持城市聚集优秀人才的持久效应，造就创新创业的一流环境。

4. 建立多元化的投入主体，探索风险资本运作机制。努力建立以政府为引导、企业为主体、金融为支撑、外资为补充的多元化科技投入体系，探索政府、企业、金融、民间共同参与的风险投资运作机制，建立科学的投入和撤出机制，使有限的资金发挥较大的投资效益。继续扩大创业联合投资协作网，加强对协作网的指导。鼓励企业和投资机构参股组建风险投资公司，组成多元化的风险投资体系。依法保证各级政府财政对科技投入的稳定增长。优化科技资源配置，优先用于加强技术创新的源头建设和增强高新技术产业发展后劲，提高财政资金的使用效率和效益。多方位突破中小型科技企业“融资”担保和风险投资的瓶颈。

5. 加快企业技术改造，促进产业优化升级。一是要加快对经营性国有资产有偿出让的步伐。继续抓好国有经济的战略调整，借鉴国有企业资产拍卖的成功经验，加快推出更多国有资产进行产权出让，培育企业进行技术创新的动力与能力。二是大力引进多种经济成分的高新技术企业和创新团队。要吸引省内外民营企业将其总部或研技中心、销售中心设到杭州。尤其是对跨国公司的研发中心、地区性总部应提供有效的激励优惠政策，促使它们落户杭州。三是积极支持企业技术改造。要加大技术改造力度，优化产品与产业结构，培育新的经济增长点，建设更多的企业博士后工作站及国家级技术研究中心，通过以高新技术改造传统产业，全面提升杭州市传统企业在市场经济中的核心竞争力，逐步实现从传统经济向现代经济、网络经济的转变(更详细的内容可参阅本章第四节)。

第四章 繁荣城市经济的钥匙

——创业型城市与集群组织

既然在后工业化时期和知识经济时代，城市的竞争力集中表现为对人才资源的争夺和吸引的能力上。同时，在上一章第五节中分析了传统的城市定位理论与泛化的城市综合竞争力理论的缺陷，在于在快速变化的时代并不能有效地表述如何对城市竞争力起决定作用的人才资源进行利用和争夺。所以，应该换一种思路，从人才资源的特点出发，进一步研讨城市在促使人才发挥作用，吸引外地人才及有效培育人才的主要功能，从而形成城市核心竞争力的基本内容，进而来解读在新时期繁荣城市经济的秘密。本章就是从马斯洛的行为理论分析入手，揭示人力资源集聚的基本规律——即人力资源的集聚需要社会网络尤其是企业集群作业栖息地，进行从理论和实践两个方面对企业集群的定义、性质、作用等作深入的分析，进而导出建立创业型城市的关键——城市企业组织的集群化及它对创业方面的促进作用，最后得出政府合理扶持的七大要素。本章附录还给出了有关推进建立集群化组织与创业型城市的实例。

一、马斯洛的行为理论与城市核心竞争力

今天，我国越来越多沿海城市经济发展的资源依赖正在逐渐发生质的变化：从以前自然资源消耗为主转向以劳动者的智力（人才资源）消耗为主。正如美国著名发展经济学家所指出的："人类的未来并不完全取决于空间、能源和耕地，而是取决于人类智慧的开发"[1]。而基于人才资源

---

[1] 参见：确立人才资源是第一资源的思维．光明日报，2001年11月13日第1版

的城市竞争力也正是人的本性的创造能力。这样，我们可以从行为科学的先驱那儿来获取影响人才进取心的主要因素，并根据这些因素，有目的地研究庞杂的城市竞争力体系，然后再从中挑选出对人才资源最具影响的几大因素，这样我们才能形成对某一特定城市的核心竞争力框架。二战时期，美国心理学家马斯洛(Abrabam Maslow)把人类需要划分为五个层次，提出了“需求层次理论”(Hierarchy of Human Needs)，见表4-1。他认为：只有当低层次的生理需求得到充分满足以后，其他更高层次的需求就会出现，并继而主宰人的肌体。

马斯洛的需求层次　　　　**表 4-1**

	5. 自我实现需要 如胜任感、成就感……
	4. 心理需要 如自尊、尊重、权威、地位……
	3. 社交需要 如友谊、情感、归属……
	2. 安全需要 如人身安全、职业安全、环境卫生、生态良好、医疗保障……
	1. 生理需要 如衣、食、住、行、休息、运动……

马斯洛理论的深刻之处就在于：它不仅在于以心理学实证研究为论据，把人的需要看成一个由低到高的等级序列，更在于把这个由需求构成的人性之塔看成了活的、上下互动的结构。基本需求的满足是人的价值生活的基础，而当人的生活进入价值层次之后，又会反过来作用于基本需求的实现过程，并对其提出更高的要求。符合人性的创造才能正是在这种双向建构中成长升华的。

随后，阿德佛(Alderfer)提出了需要理论(Alderfers Needs Theory)，认为人的需求可以分为三种：生存、相互关系和成长。

紧接着，哈佛大学心理学家戴维·马克莱兰(David Mcclelland)，针对知识分子又提出了成就需要理论，把人的需要分成对权力的需要、对社交的需要，以及对成就的需要三个阶梯。他认为：权力的需要源自这样的一种想法，即一个目标所能取得的实际成就是由个人对权力的实际支配程度决定的；关系需要是指处于一定群体中的个人，为取得归属感或消除危险时对拥有社会关系和处理社会关系的需要；成就需要是人们最终要达到的目标，它被看作是对个人高一级的激励，金钱和贵重物品的获得被视为一种对成就看得见的度量。

随后的道格拉斯·麦克雷也对需求理论作了进一步的解释：不同类型的人如X理论的经济人和Y理论的社会人需要不同的激励措施。

这些理论的不断涌现为我们深入了解人的行为方式和心理动机开拓了新的视野。但是，后几种理论并没有超越马斯洛理论的框架及影响力。

显而易见：从一般的行为科学理念出发，人才(当今城市核心竞争力所要争夺的对象)与城市环境的相互作用可作以下的阐述：

1. 人才的高级需求——社交、心理尤其是自我实现的需求，是由于对低层次需求满足之后的产物。如果一个城市不能满足其直观的生理与安全需求，人才就会选择他认为能满足其初始需求的其他城市。这不一定要求人才具有实际的体验过程。正因为如此，随着深圳、杭州等城市绿化、交通、街景、商业、环保等影响环境的因素得到改善，就自然成为研究生们择业首选的四大城市之一了❶。

2. 人才的高级需求更难以满足，并要求更多的前提条件。因低级需求往往带有躯体感，所以它的满足更可触知，更可观察，因而也更有限度。而人才的高级需求，如受到尊重、创造的满足、求知的满足等几乎是无限的。正如马斯洛所强调的那样：越是高级的需求，越要求涉及更多的人，需要更大的舞台，更长的过程，更多的手段和分阶段的目标，以及更多的从属步骤和预备步骤❷。可见，人才的高级需求的满足需要对城市环境作较长时间的体验，尤其对“目标城市”的人文观念环境、多样化自然生态环境、产权制度安排、创业支撑系统、零部件供应商网络、辅助人才的量与质等。应该承认，人才对这些条件是很“挑剔”的，满足人才的这些要求就能塑造城市的竞争力。

3.“高级需求的追求与满足具有有益于公众和社会的效果”❸。这正是因为人才高级需求的产品——知识作为城市经济发展的首要资源具有传统物质资源无法比拟的优势：

首先，知识具有非消耗性。它在使用过程中不仅不会被消耗，而且

---

❶ 据国家教育部的调查，2001年度全国研究生择业优先选择的四个最佳城市为北京、上海、深圳、杭州

❷❸ 参见：马斯洛. 动机与人格. 华夏出版社，1987年版第115页、第116页

还会增值。正因为这一特性，人类有望逐步摆脱种种自然资源条件的限制。也正是因为有了知识资源的可持续增长，才有了城市持续增长的可能性。

其次，知识不具有排他性。知识可供许多人同时共享，并且这种共享较少受时空的限制。所以，人才本身是一种正向外部性极强的资源。一个人才的引进会可能引发整个研究创新梯队的跟随，从而给当地带来明显的利益，而这种外部利益共享机制又会引发更多的人才集聚，为城市的繁荣带来良性循环效应。

最后，知识具有无限扩张性。人们对物质资源的需求是有限的，但对知识却有着无限的需求。所以，人才的高级需求的满足过程，往往是对城市社会做出贡献的过程。

4. 人才追求高级需求的同时会引发低级需求的联动。一方面，从短期来看，追求更高自身价值的人才，主观上怀有更深刻的幸福感，从而可能会淡化低级需求，即便是“粗茶淡饭”也不能改变其在自我实现过程中所获得的充实感和丰富感；另一方面，从长期来看，人才在追求高级需求时创造的成果转化为个人财富之后，对低级需求的要求会更苛刻，尤其对影响身心健康的城市生态环境和生活质量将提出更高的要求。这也是为什么人才密集的美国硅谷、台湾地区的新竹科技工业园和法国的索菲亚科技园区等都处在风景秀丽、生态良好、气候温和的地方的原因。再一方面，我们还可从城市核心竞争力的具体阐述出发，来进一步分析能满足人才栖息的城市环境的基本条件。

从上一章的论述中可以推导出，能被列入城市核心竞争力的基本因素为：

1. 对影响城市经济和社会发展的主要资源——人才的争夺作用具有长期的影响。也就是说其作用力将贯穿于城市发展的全过程，并随着时间的推移不仅不会弱化反而会更强化。

2. 能满足各类人才的需求。从行为理论出发，人才的高级需求是多方位的、与环境是互动的，尤其是其自我实现的需要更为复杂多变。

3. 具有比较优势。所谓竞争力只是相对的，是与其他城市比较中体现其优势的。

4. 渗透性、延展性强。能带动其他方面的竞争力因素，有助于创造出一系列引发创新的新源泉。

5. 难以模仿性。城市竞争力的特性是公开、开放的，对每个人都有着平等的竞争起跑线。正因为如此，如果其很容易被另一个城市模仿复制，就会迅速地丧失自身的竞争地位。所以，只有那些难以被对手模仿的竞争力因素才能列入核心竞争力行列。

6. 起全局、主导作用。人才具有无限种类的需求，全面满足这些需求，不仅是不合算、不可能的，而且也是没有必要的。只有那些对城市间争夺人才资源起决定性作用的因素，才能被列入核心竞争力。

希腊学者道萨迪亚斯(C. A. Doxiadis)曾对人类对其聚居地的基本需要，做过扼要的概括[1]：

除了安全与选择多样性之外，需求的满足还包括以下五个方面，需要予以最大、最低或最佳限度地满足。

1. 最大限度地接触。与自然、社会、人造设施、信息……有最大限度地接触，即与他的外部世界有最大限度地接触，最后归结为其活动上的自由度。这种自由度随着科学技术的发展正在扩大。

2. 以最省力、最省时间、最少花费的方式满足自己的需要。

3. 任何时刻、任何地点，都要有一个能受到保护的空间(Protective space)。

4. 人与其生活体系中的各种要素之间有最佳的联系，包括大自然与道路，基础设施与通讯网络。

5. 根据具体的时间、地点以及物质的、社会的、文化的、经济的、政治的种种条件，取得与大自然、市镇网络、建筑、社会四个方面的最佳综合、最佳平衡。在小尺度范围的人为环境要适应人的需要，在大尺度范围的人造物要适应自然条件。

显然，根据以上几方面的要求，我们可以方便地列出影响城市竞争力的因素。诸如优美的自然环境、温暖适宜的气候条件、良好的生态条件(满足多样性的需求和自身健康)、健全便利的城市基础设施、良好的社会治安及司法制度、舒适的住宅、密切的人际和社会网络、方便的购物环境、能引发归属感和满足高度选择性的历史文化……，这些我们可以用马斯洛的生理需要、安全需要、社交需要来概括包容。但对人类的高级需求的影响因素就很难进行全面精确地罗列(因涉及的因素过多)。

---

[1] 参见：C. A. Doxiadis. Anthropopolis city for Human Development. Greece，Athens：Athens Publishing center 24 Stratiotikou syndesmou，1975

正是因为我们对人才的自我实现需要及复杂的心理需要知之甚少，所以我们应将注意力集中在问题的核心——知识的创造，也就是人才作用的本源问题上来。人才的全部价值在于其创造力，但是如创造力得不到应有的回应，不但不可能持续而且会消失。如果得到回应、受到挑战或激励，就会引发创造力与反应对象之间的正向反馈，而使创造力进一步爆发。这种交互作用，是人类社会以群居的形式存在和人具有社会属性的主要根源之一。也就是说，人类(当然包括人才)是以集群的形式存在的，而且直观地来分析，这种集合的规模越大、性能越优，越容易引发知识创造过程频繁的正反馈。

正因为如此，我们可将需解答的问题简化为对“集群”现象的分析研究，从而求解如何来增强城市对人才资源的争夺能力——核心竞争力。

二、集群的概念、现象和定义

1. 生物学的启示

美国管理学家詹姆斯·马丁(James Martin)认为其他学科向生物学模仿是很有意义的，他说：“我们对自然界生物了解得越多，就越会被其精妙的设计所打动”[1]。在生物系统中，我们常见的蜜蜂、白蚁、灵长类动物等，都存在集群的现象。小到细菌，它有群落，如果是单个细菌，就难以繁殖；大到动物包括人类，都是以集群的现象生存、发展的。

生物系统包括经济系统都存在有中心模式和无中心模式两种集群(如表4-2)。有中心模式，如蜜蜂，有一只蜂王；白蚁，有一只蚁王；灵长类动物，有兽领。无中心模式，如南美的圭亚那蜘蛛，一个群体内有五万多只蜘蛛，这些蜘蛛群落并没有蜘蛛王，所有的蜘蛛都是平等的，每一个蜘蛛都是繁殖的主体，都是劳动的主体，但是它们却有着十分协调的集体行为。如蜘蛛网因一场暴雨而摧毁了，这些蜘蛛可以在一个小时内重新构筑。如果风暴后还剩下两根蜘蛛丝，它们就会利用这两根蛛丝进行构筑，而不会越出这两根蜘蛛丝以外，它们走的是成本最低、材料最省的路径。从这一生物现象中我们可以看出，一个群体的蜘蛛有群体

---

[1] 参阅：[美] 詹姆斯·马丁(James Martin). 生存之路——计算机引发的全新经营革命. 清华大学出版社，1997年版第13页

的行为，也就是说有群体的“灵魂”。这给了我们一个启示，任何生物，不仅是单体有自己的大脑，有一定思维、协调能力，而且作为一个群体来讲还具有协同性，这种协同性是生物生存、发展、竞争取胜的方法。

无处不在的集群现象　　表 4-2

	有中心模式	无中心模式
生物系统	蜜　蜂 白　蚁 灵长类动物 ……	圭亚那蜘蛛 大部分鱼类 微生物类 ……
经济系统	以母公司为中心的集群 以商标或销售为中心的集群 以大学为中心的集群	市 场 型 网 络 型
计算机网络系统(Grid)	整合连接在的 internet 上的 PC、存储器、数据库等	

生物集群有中心模式，不等于说由一个“帝王”在控制。像蜜蜂就不是这样的。蜂王与工蜂之间的关系，实际上蜂王是工蜂培养出来的。同样的蜜蜂幼虫，工蜂只要喂它蜂王浆，它成长后就是蜂王，而如果喂它的是一般的花粉，它就成为一般的工蜂。所以，蜂王与工蜂之间实际上存在着一种取代的关系。这一种中心模式，不像其他的机械系统、人为系统，需要一个中心来主宰一切。灵长类动物的中心，也是在残酷的竞争中形成的，是不稳定、短暂的。生物学界还把集群现象扩展到两种以上生物之间的共生组合(Symbiotic association)，并形成狭义共生的概念：多种生物之间稳定、持久、亲密的组合关系。而广义的共生则是包括了现代生态学和生物圈的内容。

在经济系统的有中心模式中，有以“母公司”为中心的集群。“母公司”可以是虚拟的，可以是一个协会、一个松散的组织、一个联盟，也可以是一种产品。也有以商标或销售或者大学作为一个中心的集群。经济系统的无中心模式中，有市场式、网络式、甚至虚拟式，都作为集群现象存在。现在的问题是：企业为什么会形成集群？为什么集群中的企业会形成像工蜂一样的严密的分工与合作组织？人是自私的，而在集群中为什么又是合作的？为什么集群内部是企业与企业之间的关系，而在整个集群对外时又像是一个独立的企业？为什么集群能够自我繁衍、自我成长、自我发展，也有可能自我衰退，就像生物周期一样？

到了计算机网络时代，出现了网格(Grid)概念，就是把 internet 网上的 PC、存储器、数据库等运用一个网格系统进行集成，使得这个集成系统的运行速度比世界上运算能力最强的计算机还快几十倍、几百倍。现在美国一个很简单的网格系统已经达到每秒 13.6 亿次的运算速度。

经济系统和计算机网络系统都存在集群的现象，都由众多数量的单个生命体组合成一种很复杂的类似于复合生物现象。这种现实存在是与人类或者动物的进化、创新有着密切的关系。迈克尔·E·波特(Michael E. Porter)甚至还断言：集群是每个国家国民经济、区域经济、州内经济甚至都市经济的一个显著特征，在经济发达的国家尤其如此❶。所以，集群这一现象与城市的核心竞争力是有密切关系的。

2. 解读“浙江模式”

浙江省在全国来说是一个人口多、资源少的省份，但 GDP 却从 1978 年前的全国各省市第 12 位上升到目前的第 4 位❷，列广东、江苏和山东之后；人均 GDP 达到 11247 元，居全国第 4 位，超过广东和江苏，仅次于上海、北京、天津。这一被称之为“浙江模式”的发展道路，至今还有人在怀疑“浙江模式”到底行不行。如果用传统的思路去看，“浙江模式”的发展是非常令人担忧的。因为：浙江没有强大的工业基础；引进外资的数量只及广东省、江苏省的 1/4，还不及福建省；企业平均规模比全国水平小 1/4 以上，与江苏比还小 1/3❸；企业装备技术水平也落后于相邻省市，与江苏省的企业技术装备平均相差 5 年时间；没有相邻香港、澳门的地理优势及国家特区的优惠政策支持；缺乏中央政府在投入方面的倾斜扶持。但是实际情况是，浙江省在这些人的担忧和疑惑中不断地发展。十几年前就有人提出，应改变浙江省“小、集、轻、散”的经济结构，培育规模大、水平高的大企业集团，使主导企业更加明显。但浙江省坚持走自己的路，经济总量不断赶超其他省份。1999 年浙江省乡镇企业的经济总量超过了江苏省。江苏省有 7400 多万人口，浙江省是 4300 万人口，浙江不仅在乡镇企业总量上超过了江苏省，而且经济效益比江苏省高一倍，发展速度快一倍❹。

浙江的乡镇企业的发展为什么会超过以“苏南模式”著称的江苏省呢？

---

❶❷❸ 参见：浙江经济发展五十年. 浙江人民出版社，2000 年 2 月第 1 版第 5 页

❹ 参见：何荣飞. 浙江省与江苏省乡镇企业比较分析. 浙江省乡镇企业局资料，1999 年

这里有各种各样原因，从经济组织的角度来讲，主要有两大原因：一是浙江省产权明晰的个体私营和股份制企业达200多万家；二是有400多个产值超亿元的企业集群，大大小小集群的总产值已占浙江省全省工业产值的60%以上，其中有56种产品在全国市场占有率最高。全省工业的绝大部分产值是由企业集群产生的。集体经济的概念出自于江苏省，而浙江省所形成的企业集群，则是一群有“灵性”的集体。表4-3是浙江省部分打中国品牌的、知名度比较高的企业集群汇总。

浙江省部分企业集群情况汇总表(1999年)　　**表4-3**

集群所处地方	所属县市	生产品种	企业总数（个）	雇员（万）	营业额（亿）	
柳　市（中国电器城）	乐清市	低压电器	1500	10	120	生产总值占全国2/3
柯　桥（中国轻纺城）	绍兴县	纺织品	1200		196	生产总值占全国15%，无梭织机5万台
永　康（中国小五金城）	永康市	五金机械	6500	17	200	
义　乌（中国小商品城）	义乌市	日用商品	20000	30	300	
嵊　州（中国领带城）	嵊州市	领　带	600		25	占全国品牌领带84.18%
海　宁（中国皮革城）	海宁市	皮革皮件	2030		80	
温　州（中国鞋都）	温州市	皮　鞋	4000	40	185	年产6亿双皮鞋，占全国总量15%
杭州市区	杭州市	计算机软件	700		40	全国十大基地之一，年增长50%
萧山区	杭州市	网　架	36 配套厂300		50	占全国30%以上
温州市	温州市	打火机	1000	20	56	占全球50%

3. 企业集群的经济学定义

集群是由一群彼此独立自主、相互之间又有特定关系的企业所组成的。它的特定关系，就是形成信息、资金、产品、人员、信用等资源之间的交换。在这一特定关系中，隐含着专业分工与协作的现象。经济学大师马歇尔在其名著《经济学原理》中第一次讲到外部经济，他说“这种经济往往能因许多性质相似的小型企业集中在指定的地方——即通常所说的工业地区分布而获得”。这种协作关系即为集群企业间的互动行为

(interaction)。不同产品的企业互相之间提供利益的输出机制与共享利益，就是外部经济。外部经济造就了集群中大家都能享用的创业平台。

集群企业间的互动行为包括小企业之间的交换与适应。为什么在集群中的小企业与独立的企业在适应性方面有明显的区别？集群中企业生产结构的开放程度远比一般的独立企业要高，因为任何创业和创新过程都要走向市场，这就必须把不同企业的半成品或者模块进行拼装，他们之间具有互动关系。如果某一模块经营者不断地创新，经常地提高质量、降低成本、考虑迎合消费的需要，由这一模块所组装整合成的产品竞争力就会得到增强。集群中的企业互相之间存在交换和自我适应的功能。如打火机需有 50 多个零部件组装而成，这 50 多个零部件至少有 1000 多个厂家分别在生产。其中生产外壳的厂家有 50 个，从制造外壳的原材料到外壳表面的金属涂层，包括制作的工艺、式样，都要求精益求精，这 50 家外壳制造企业就存在竞争；60 家弹簧生产企业同样存在着竞争，生产的弹簧质量一提再提，而价格一压再压。在这一过程中，不同的模块就存在着互相交换与适应。这种交换行为就是为了有效地获取外部资源、销售产品和劳务、促进知识和技术的尽快积累。比如打火机外壳的制造，通过互动的关系，就可以了解现在市场上最流行的是什么式样的外壳。通过互动的关系，使得相互之间能够提供信息和获得信息。而适应则是为了谋求企业间的关系能长期维持而及时解决成员之间的不一致性和环境的不确定性问题。任何一个创业者都有获得长期合约的冲动。如生产打火机弹簧的企业，希望与最大的打火机组装商建立长期的协作关系，企求对方一心不二用，与其一家建立长期的契约关系。这是人的本性。如要获得高额的垄断利润，创业者就必须巩固自己的地位，就要比人家付出更多的精力去创新、创业，才能获得熊彼特所说的暂时的“技术性垄断”。所以，在互动的关系中，必须经常解决合作伙伴的不确定性问题。这也就意味着集群组织结构具有一定的可塑性，即有动态化的特点。因为这种互动关系，单个企业为生存发展来适应外部环境的变化，就导致了整个集群自身组织结构的调整，以迎合外部市场的变化。亚当·斯密写《国富论》时，回答了一个其他人百思不得其解的问题：那么多的人都是为了自己的利益奔走，怎么会增加人类的共同财富呢？放大了是整个社会，缩小了就是一个集群，原理是相似的。

集群之间存在着企业间的互补与竞争关系。如在打火机生产集群中，如果只有一家企业生产外壳，而且是政府授权的，其他企业不能制造，那这个打火机的集群将会很快衰退。因为这家企业既然获得了垄断，就可以把外壳的价格提得很高，整个打火机的成本就上升了。有人要求政府颁发许可证，只要拿到许可证，就可踢开竞争对手，用公用资源来保护自己的私人资源，这样的集群是不可能打败国外对手的。如果不处于垄断地位，就存在着竞争，其他生产企业就随时可以替代，这是一个并列的关系。在一个大企业里，所有的生产车间是串联关系的，一个零部件加工完成后转到下一个车间。但在集群中，既存在串联，但更多的是并联关系。如一个外壳有 50 个厂家，一个弹簧有 60 个厂家同时在竞争供货。

小企业之间所形成的长期关系往往无需用文字契约来维持，而是以信任和承诺等人文关系来维持集群的运行，并使其在面对外来竞争时，拥有独特的竞争优势。集群中的商品交换，由于厂家业主彼此都认识，只需一个电话就可解决，信任度是非常高的，所以承诺的兑现是十分重要的。在这一圈子里绝对不能有欺骗行为，谁要是欺诈一次，所有的人都认为这人缺乏信任，以后就没有企业会与其进行生产、销售合作。20 世纪 30 年代，费孝通在剑桥大学攻读博士学位时，就认识到：在中国，人与人之间的关系是血缘关系，而不是平等的，最核心的就是父子兄弟姐妹，其次是亲戚、朋友，再是同学、同事、同乡，整个结构犹如一块石头丢在湖里所形成的层层向外扩展的同心圆，越接近圆心，互相之间信任度就越高。而西方人讲究的是自然法则前面的平等。有些人或许在集群外不太老实，但在集群中的信誉程度却非常高，因为他知道，如果不守信用，就会丧失一切。而守信，就意味着相互之间商品交换不需要签订合同，不需要公证，不需要讨价还价，交换成本大大下降，因克服不确定性所需的成本大大下降。我国在取得相互之间信任判断方面的损失，约占 GDP 的 15%以上，而在集群里，这样的损失可以忽略不计。

企业集群源于提高竞争力的“结盟”。根据制度经济学派大师科斯的交易成本论：内部化成本——企业将加工工序或交易环节置于企业内部所需要的成本，包括管理成本、协调成本、组织成本等。外部化成本——企业将部分加工工序或交易环节置于企业外部所需的成本。当外部化成本小于内部化成本时，生产环节就分化出去，车间就变成独立的企业，集群就开始形成。由此可见，集群诞生的必要条件：

一是外部化的成本要低于内部化的成本。显而易见，外部化的交易成本越低，企业生存所需的规模就越小，集群也越容易形成。

二是企业有追求竞争力的强烈动机，只有产权明晰的企业才能产生这种意愿。如我国东北地区的企业，规模都很大，化工类、冶金类企业汇集在一起，但老死不相往来，生产环节根本不能互相连接。其原因就是企业根本没有追求竞争力的动机。旧体制下企业为什么要搞大而全？因为大而全，可以多安排劳动力，多安排亲戚朋友，多招工，把企业规模搞大，希望到一定等级以后成为中央管企业，从而享受国家优惠政策，但由于没有追求竞争力、外部化的动机，也就不可能形成集群机制。

三是追求较大的外部性收益，必须在地理上集聚相关的企业。

以上三个条件是互相促进，互相融合的。在“备战备荒为人民”的年代，我们把大量的企业迁往内地，尽管是在地理位置上已经集聚了，但就是没有形成集群。为什么？按照生物学的观点来解释，就如把包头鱼放到青海湖里一样。包头鱼是吃蜉蝣动物的，青海湖尽管水面很广阔，但没有蜉蝣动物，包头鱼的食物链就中断了，就只有饿死。内迁企业也由于“生态上的缺位”，难以生存和发展。所以一俟改革开放，许多内迁企业又回到了沿海城市。

4. 系统科学对集群的解释

集群是一种“自组织”（Self Organization）的范例。“协同学”创始人哈肯（H. Haken）认为：如果一个系统在获得空间的、时间的或功能的结构过程中，没有外界特定干涉，我们说该系统是“自组织”的。反之就被称为“被组织”（Organized）。有外部力量的干预，单个企业或集团特别是我们中国的企业，实际上是“被组织”的，而集群是“自组织”的典型。如杭州萧山区的网架生产，一开始只有“东南网架”一家企业，后来这家企业不断地分裂，现在发展到36家企业。杭州的计算机软件产业，最早的是“新利电子”，恒生电子、信雅达等公司就是从新利电子公司分离出来的，目前新利电子公司已在香港创业板上市了，它不断地繁衍、裂变再加上集聚，逐渐地形成了计算机软件企业集群。

自组织系统是自然界和社会长期演化选择形成的一种进化方式。自然界各个子系统演化过程中已经形成的一套有效利用自然资源、物质和能量的循环方式。现在有一门学科叫仿生学，一些科学界人士认为，要创新、创业，就要了解生物。因为生物的结构是经过几千万年甚至几亿年的优胜劣汰进化而来的，几乎没有任何多余的结构。生物中至今有许多谜无法解释。如跳蚤为什么能跳得那么高？奥妙就在于腿部的一块蛋白，它可以在瞬间释放巨大的能量。如果能把跳蚤的本领附于人身上，人类就可以跳过二十四层楼的高度。但目前任何机械都没能达到这个水平。现在蝎子已成为餐桌上的食物。蝎子在与另外一只蝎子搏斗的过程中，所消耗的能量是非常巨大的，但奇怪的是它有一套超乎于其他动物的能量消耗方式，它更节约。这是单个的生物现象。如果把这个生物看成一个集群，为什么这个集群能连绵不断地发展壮大？许多生物的存在竞争优势主要体现在群体方面，而这一点经常被科技界所忽视。对此，我把它称之为宏观仿生学，或者集群仿生学。

自组织的市场经济优于被组织的计划经济。计划经济为什么劣于市场经济？计划经济是一片乌托邦的“沃土”，其理想状态可以满足各方面的需要。它有一个庞大的指挥中心，但是在分配、调度、组织的过程中，大量的信息、个人的创业动机被埋没了，每一个人都是机械地、被动地接受，所以它属被组织的系统。但自组织的市场经济调动了每一个人的积极性，就像亚当·斯密说的那样，是一只无形的手在起作用，每个人都在追求自己的利益，结果促进了全体的利益。以集群为主的“浙江模式”优于以集团为主的“北方模式”。尽管北方地区的企业装备技术水平比浙江高，人才比浙江多，但最后浙江省的经济发展超过了他们，因为浙江人遵循了宏观仿生学的规律。

对任何一个系统来讲，一旦形成自组织后，就会具有对外部环境或内部的变化做出自适应的自我调整。这就是遍布中国各大城市和欧洲的“浙江村”具有顽强的生命力和适应性的原因。意大利有一个小镇，40％的居民是浙江人。意大利人是一个讲求享受的民族，他们对这么多浙江人来这里干活可以很少睡觉，生产车间里住人吃饭感到不可思议，又因晚上干活机器隆隆影响他们睡觉而提出抗议，要求当地政府把这帮人迁走，可是又舍不得，因为他们提供了税收。后来通过谈判制定了几条规则，如晚上干活不能超过九点钟，第二天早上开工不能早于七点钟等；货物不能堆在场外，不能有气味。大家都遵守了，也就相安无事了。这些浙江人生产大量的衣服都卖给外国游客，意大利政府为了帮助销售，还派两个税务官员直接在商场里就地办理免税手续，这说明这个集群具整合政府资源的自我适应能力。

自组织系统的进化有其内在的规律，一般从组织程度低向组织程度高的形式演进；在相同的层次上由简单到复杂、从无序到有序的过程演进。反之就是衰退或死亡。这可用熵的减或增来表述。个人创业必须认识这些规律，才能有效地进行“有机地融入”。政府也要了解这些规律，才能有效地培育这些企业群体。

自组织与被组织的系统，可以相互转化，可以并存互补。集群(蜂群)是一个自组织的系统，但是组成的个体——企业(蜜蜂)是被组织系统。企业是被组织系统，因为企业的关停、规模的大小决定于人的意志，是层级制的。从控制因素来看，蜜蜂可以看成是被组织系统。蜜蜂为什么不会变成蜘蛛呢？这是因为DNA在起作用，是遗传物质DNA所控制的一个小系统。但是蜂群的结构是变化的、动态的，是自适应的。气温在10℃以上，蜜蜂可以采蜜，但气温低于10℃，蜜蜂不会一下子变得特别耐低温，必须经过漫长时间淘汰以后，才能适应低温。单从个体来讲，可能是被组织系统，而从群体来讲，则又可能是自组织系统，这就是被组织与自组织系统的混处。自组织系统与被组织系统又可以互相转化。如我国原来实行的是计划经济，计划经济是被组织系统，但是可以通过改革转化成自组织系统，即转向市场经济。社会生态学意义上的被组织系统转化为自组织系统需要一段进化过程，不是瞬间就可以完成的。谁要以“休克疗法”完成，其结局注定会像前苏联那样失败。因为，这要求被组织系统的各个成员发挥高度的自我适应、自我交换、自我调节能力，有大量的信息流在交叉起作用。企业之间互相的信任和承诺关系的建立，并予以强化，还必须要有国家的法律、行业规章和地方性法规来规定，然后构成整个交换系统，使物质、信息、人等各种内参量在这一大系统内以和谐的状态存在。此外，被组织系统变成自组织系统，转化的方向必须符合竞争的规律，改串联元件为并联元件并符合“大数定理”才能形成竞争的机制。有竞争才有合作，有合作才能互相协调，才能自适应地、有序渐进地演进。

产生自组织的结构，更重要的是要构筑自组织结构的条件和环境。耗散结构理论认为：系统受外来变量的影响，系统的其他参数就会出现涨落，达到一定程度后，系统会产生突变而形成分岔。系统演化的这一分岔点取决定于初始条件。而混沌理论(Chaos theory)则把混沌的本质看作是对初始条件的极端敏感性。一个系统从被组织到自组织，必然要进入混沌状态。混沌是高级的有序，这种有序的组织结构必然对初始条件非常敏感，这就是所谓的“蝴蝶效应”[1]。

温州为什么会产生温州模式？首先是改革开放的大背景，其次是温州“天高皇帝远”的地理位置及当地政府的“无为而治”，触发了“温州模式”这一自组织系统的形成。“温州模式”起始于改革开放初期物资的倒卖，当时许多属国家禁止买卖、国有企业独享的物资，温州人想反正这个地方没有人来管，就从外面运到温州来倒卖，几番倒腾之后，觉得这些商品自己也能制造，就在当地制造产品再卖到外地去。这一来一往的过程，就产生了“温州模式”。而那时苏南由于坚持集体经济就只能产生“苏南模式”。现在，随着被组织系统向自组织系统转化，“苏南模式”与“温州模式”正在逐步趋同化。经济学家把“苏南模式”与“温州模式”进行了分析对比，得出“苏南模式”在转型过程中的代价特别大，而“温州模式”的代价很小，它具有平稳的自我演进的能力。

自组织理论把集群内部的个体间的相互作用看作是推动集群演进的根本动力。即把个体的小智慧汇集成集体的大智慧，而且把这种非线性相互作用细分为竞争、协同两种相辅相成的互补对立机制，把演化中的子系统的相互作用与演化形成的模式，再构成更高层面的超循环；而超循环本身就是相互作用的更高级形式，集群因而会演化出各种结构和功能。如浙江省永康的五金企业集群，市场上有什么好产品，就能马上组织生产。一种减肥器材刚面市，三天之后永康就已生产出来了，而且畅销。还有一种踏板车，欧美电视上出现仅一周，永康就已大批生产了。在这个系统内，无需由一个独裁者来下命令，就会自动组织生产。集群(蜂群)的命运决定于创业者(蜜蜂)相互作用的行为、动机和能力。当个体追求自己利益，把眼光瞄准外面的世界寻求商机时，整个集群就有活力、有自适应的能力。

三、集群化对创业的促进作用

1. 分散创新风险，降低创业成本

美联储主席经济学家格林斯潘认为：信息技术更迅速革新的结果之

[1] 注解：所谓“蝴蝶效应”是指某个系统处在临界状态，初始条件稍有变化，就会导致系统的整体改变。如南美洲的某只蝴蝶扇一扇翅膀，北半球就会因系统突变而形成一次风暴

一，是经济学家熊彼特多年前提出“创造性破坏”（即新技术取代旧技术的不断变革）过程的明显加快。这种加快实际上就提出了创业的本质是什么的问题。创业的本质——是创造性和破坏性的矛盾体。创造性是不确定的对立物，创新与创业不是试图减少不确定性，而是试图通过调整自身的适应性，来提高与不确定性共存共生的能力。整个世界由于技术革命的破坏性越来越强大，使得整个系统必须对所有的破坏性、不确定性做出适应，都要以创新来适应，与之共存而不能扼制、取消。因为破坏性也就是信息的不确定性随着科学技术的进步越来越大，越来越具突发性，我们如果不能把握及适应，就将面临衰退。

集群化可以为创业者提供可见度更高的机会。如果说一个企业规模很大，生产能力非常强，几百亿元的产值由一个企业完成，那实际上眼睛向外、了解国际动向的高层决策者，最多是董事会的 9 个人和经理班子数位精英的决策。而永康的企业集群是 18 万人完成 200 亿元的产值，如果也是像一个企业一样以十几个人作为决策中心，仅靠这十几颗脑袋在不停地运转，就不会有今天的成就。永康五金企业集群是个自组织的体系，它是千百个脑袋同时瞄准市场，同时捕捉外面的商机，内部的信息物质交换频率非常高。

人们对“温州模式”与“苏南模式”进行了比较，认为“苏南模式”是一种“火车模式”，厂长、经理开火车，后面车厢里坐着企业员工，火车方向开得不对，后面的员工就跟着倒霉。而“温州模式”是每个人都开一辆小汽车在公路上跑，如果前面翻车堵塞，他马上调头，创业者的自适应能力很强。每一个创业者开始进入集群，就拥有这种机制，有充分的自主性和独立性，不仅是自己要捕捉信息，而且要及时准确把信息告诉周边相关的企业，使大家共享信息，结果是个体的生存能力与集群的生存能力互相促进，实现共同繁荣。

加入集群使企业能够方便地寻找到他们所需要的生产要素，促进创业动机的实现。为什么会有那么多的温州人在欧洲成功创业？正是因为 30 多万温州人在外国形成了创业网络，所有的信息、物资、资金、人才、销售渠道等全部可在这个网络内共享。

风险投资有两个最基本的要素，一是要了解所投资的技术，了解这个技术有没有市场前景；二是了解所投资的对象，了解技术创新的人、梯队有没有持续创新的能力和组织调控、生产的能力。外地的风险投资家必须要与当地的企业家结合在一起，在人文网络里互相了解，互相渗透，逐步地本地化。台湾的新竹工业园区，当地的风险投资公司占70%，外来的只占30%。由此可见，真正的"硅谷"不是一个晚上引进一批风险投资家来就能诞生的。

集群内的企业能够以较低的成本进行技术创新活动。其原因在于：

一是因专业化分工网络的存在，创新者可将其注意力和资金放在它们可以做得最好的事情上，而不必套住大量资本。集群内的企业是高度专业化分工的，一个企业往往只做一个部件，只需要在一个方面进行创新，不需要全面地投资。

二是可以按照日本"丰田模式"分摊创新成本。丰田公司准备生产一种新车时，往往先做一辆概念车来试探市场的反映，如有销路，就把生产这辆概念车所需要的创新成本进行分摊。如发动机由原来的水冷式改为高温风冷式，那制造气缸的材料必须采用陶瓷，这项创新任务就由发动机厂来完成。发动机厂则把这一创新任务分到专门制造气缸头的协作厂去研制，成本分摊，发动机厂给予少量补贴。推出一种新车型，大约有30%的零部件需要进行技术创新。如果由丰田公司自己一家来研制的话，成本是非常高的，但通过这样层层分摊，创新的成本就非常低了。

集群内部存在着"从下而上"的创新。任何"基层企业"的局部性的技术创新都会"触发"集群的整体创新。如温州的打火机集群中，原来生产的都是一次性打火机，就是因为一个核心部件压电陶瓷的生产技术没法解决，后来有一家企业花了30万元引进了两位技术专家攻克了这一关键技术。一粒米一样大小的陶瓷体，在压力之下会瞬间产生一万多伏的电压，从而实现高压点火。自主创新的成功，使整个温州打火机企业集群从此走向兴旺。

2. 获得互补结构，增强竞争能力

哈佛大学管理学家迈克尔·E·波特(Michael E. Porter)认为：因集群内部成员之间的广泛联结将导致的总体力量大于其各部分之和。与熊彼特式的企业家不同，创新要求互补性公司联合行动。创新是一个互补行动，不是天马行空。创意往往是从相互联系作用的群体内部看似混沌无序的自我组织的交互过程(Self organizing interaction)中交流碰撞而产生并得到实施的。例如，台湾计算机零部件制造位居世界第一，从芯片开始一直到计算机的配件包括壳子、鼠标、键盘，80%是由台湾生产的。

这一格局是怎么形成的呢？在台湾，计算机是集群化生产的，对市场需求有着很高的敏感性。例如他们去参加纽约的计算机产品展览会，就会带上样品到那里摆摊，来了几个计算机客商，对准备订购的零部件提出了具体要求，如芯片的功能上要有什么变化，键盘能分成两个可以折叠等。以大公司的运作方式，按客商要求开发这样几种新型计算机部件需要一年时间。但台湾的商人可以马上通过 Email 将客商的要求告诉集群，群体中相关的几个企业就会主动协商去协同攻克，结果三天后就把样品空运到展览会馆。客商在展览会的第一天提出的要求，在展览会还没有闭幕时就看到了样品。台湾的计算机之所以会从无到有、从小到大，成为世界上最强大的计算机零部件生产基地，原因就在于以集群优势对抗大企业个体。群体内的企业虽然看起来是无序的，但实际上是高度相关协同的，昨天也许为了竞争还在打架，但今天为了一个新产品的开发又走在一起，大家一起攻关。

创业的机会出现是集群内外机会相关的个体(客户、原材料供应商、政府监管机构等)在一些问题上出现短暂的互补性的结果，当然这种机会窗口(Opportunity window)很快就会关上。机会的变化是非常快捷的，在集群内部各个成员间的互补合作，更容易使他们感知到构成创业过程中技术或服务方面的差异性，并由此引发集群内部同类成员之间的竞争，一旦哪一个个体在竞争中落伍，其他的个体就会很快进行替补。但更重要的是通过竞争合作过程的同步协作现象，能在集群内部产生一系列正反馈效应。正像其他物质或生命系统那样，这种“同步共振”会激发出巨大的“能量”并导致某些创新企业或整个集群迅速崛起壮大。如台湾的新竹工业园区，它的迅速壮大，就因存在集群的理念和结构。一旦初创者在新竹工业园区掘到了第一桶金，大量的留学生就会逐渐回流，使集群的创新力更强，自适应能力更强，就更能吸收外面的力量。克隆美国硅谷最成功的典范，是新竹工业园区。因为新竹工业园区是由集群的自组织机制起作用的，而其他许多开发区都是人为的。杭州市的友好城市——法国尼斯市，位于地中海的南岸，风景非常秀丽，拥有高山、森林、海洋、沙滩，气候温暖，欧洲的索菲亚科技工业园区就建在这里，它比新竹工业园区搞得更早，投资更大，环境更优美；但是 GDP 年增长率也只有 8%，比我国一般的城市发展速度还慢。关键是该园区内企业还没有形成集群概念，企业之间老死不相往来，没有相互联系的共振现象。

形成同步共振的临界条件，如按照混沌学的条件来讲非常复杂，简单地讲，就是集群内一系列互补单元的发育，需要有6个方面的参与者：具有竞争力的活跃的买方；能够创造新技术或者调整已有技术的创新者；能够识别具有市场潜力的创新机会并率先启动创业过程的创业者；能够为创意准确定价的经验丰富的风险投资家；方便各种所有权转移的产权市场和金融市场；将创新企业形成产业规模经济的实业家或职业经理。这六种参与者都是比较主动的，有较高的水平和很强的进取能力，从而构成一条推动创业成功的“创业链”，这个集群就会接近临界状态，产生链式反应而迅速膨胀。我们把互补创业的过程看成是将单个企业的核心竞争力组合成集群整体核心竞争力的过程。所谓集群核心竞争力，就是别人不能模仿的，有持续发展的，而且是整个学习能力上的创新。波特曾指出：这种结构虽也属碳元素，但由于原子排列组合不一样，相互之间高度融合，互相关联，形成一个钻石结构，强度就完全不一样。

3. 减少交易成本，降低进入门槛

有的企业家认为大企业与集群没有关系。这种观点是错误的。因为不论企业规模多大，或多或少是某一集群中的一员。集群作为一种现象存在，或强或弱，都影响这一企业的经营理念，是无法摆脱的。就人类本身而言，不论是生活在城市，还是在农村，必然要发生社会关系。企业也同样如此，不可能像罗宾逊那样孤立存在。同时，实践已经证明，引进小企业集群的概念改造自身，是许许多多大企业避免衰退的法宝。不论是层级制结构的单个大企业，还是母子式结构的企业集团，都需要向集群自组织特性获取灵感。

集群化能够降低交易成本。美国经济学家威廉姆斯(Williamson D. E)认为，体现交易特征有三个基本方面：(1)不确定性；(2)交易重复的频率；(3)耐用交易专用性投资发生的程度——资产专用性(asset specificity)❶。而企业集群化则可以通过这三个方面的作用来影响交易成本。

产权制度对于一个社会的主要作用，是通过人与财产的相互作用的稳定结构来减少不确定性。这也就是为什么硅谷或者其他成功的小企业集群内部，大部分创新的小企业都会选择私营企业、合伙制或者有限责

---

❶ 参见：[美] 威廉姆斯. 交易费用经济学. 见陈郁：企业制度与市场组织. 上海生活·读书·新知三联书店，1996年版，第30页

任公司形式的原因。因为，这样的企业组织形式，利益是非常直接的。合伙制是企业最原始的形式，300 年前企业刚出现时就是合伙制的形式。地主与雇工的关系就是合伙制，是劳力与土地的合伙。300 年后的今天，合伙制仍有生命力。最近，杭州市政府推出合伙制企业注册登记条例。虽然合伙制是最原始的，但却是最直接、有效的。因为，科技创新的小企业需要一个非常稳定的利润分配方式，来界定各自的责任与收益，这是一个简单有效的产权关系。

集群的交易费用的优势还在于，较低的运输费用，较低的市场搜索费用，较高的交易频率。同时，原来许多产品在一个企业里生产，现在分化了变成几十家企业生产，企业与企业之间的交换频率就非常高，就有了更多的社会关系和彼此了解。为什么企业集团内外部专业化生产的成本降低到了一定程度就会饱和呢？一方面是体制上的原因，没有动力。另一方面是交换频率达到一定程度后损耗很大，一旦外部化成本高于内部化成本时，这种交换就退化了。而在一个集群里，人与人之间都非常了解，不仅有法律上的约束，还有人文关系上的约定，这种双重约定大家都非常熟悉。在一个集群里，内部人一个电话就可以解决所有问题。但如果出现一次违约，就会被“开除”出集群。这样一来，更细出的专业化才能形成。

因此，对单个的创业者来讲，要了解人文网络的存在，这可以使他从网络中获得生存发展所需的各种资源，从而有效地降低进入市场的门槛。如温州人到了西欧、兰州、哈尔滨等地去，必须要讲温州话。当地温州人一听，就知道你是属于哪个县哪个镇的，就可以帮你找到志同道合、信誉程度较高的同乡。他们即使不了解你本人，也可因了解你父母或亲属老乡而允许你融入这一群体。

集群内部专业分工会促进企业专业化，高度的专业化能使创业者的初始投资额和实际资金需求降低，从而增加了创业机会。如在杭州、温州、北京办同样一个小企业，成本是不一样的。在温州，如做打火机的生意，不需要建一个生产打火机的工厂，只需生产弹簧或外壳就可以生存，只要有产品销售的渠道和本领就可组建一家企业。而在北方就不一样了，从原材料到半成品全部都要独立操作，才能组建一家企业，创业成本就要高得多。所以，创业的机会也就减少了。在温州，创业的成本非常低，曾经一度无人炒股。不炒股票是因为有发财机会，是自己创业方便，且收益又高，干嘛要冒股市风险呢？如果什么时候出现炒股票的温州人大幅度上升，就说明温州创业环境已经恶化了。这可算是该地经济发展的晴雨表。

当许多相关的企业集中在某一地理空间之内时，创业者就可放心添置昂贵但生产效率很高的专业设备或人力资本。也就是说在集群里创业者具有添置技术高、投资量大的设备和引进专家级人物的“创业机会”。衬衫之乡——浙江省义乌市大陈镇，镇里家家户户都做衬衫，从裁料、钉纽扣一直到烫洗出来，都有专用设备。有一种专门锁扣眼的进口机器，连一般的大企业都很少。这种机器生产能力很高，一天24小时运转可以锁好多纽扣眼。全镇年产衬衫达2亿件。这样的设备在别的地方或许会被闲置，可能开工不足，但在大陈镇，购买了五、六台，开足马力生产还不够。专用性的设备和其他配套设备在地理空间上一集中以后，专用性程度下降了，但集群的创新能力、生产效率大大提高了。所以，集群化能够提高企业的技术装备水平，促进生产力的发展。

4. 利用知识的外部性，加速学习的过程

研究创新规律、科学技术发展规律的专家科曼认为：知识具有不可替代性、不可相加性、不可逆性、非磨损性、不可分性、可共享性和可无限增值性等特点[1]。一句话，它是外部性很强的资源。没有任何资源比知识的外部性更强，可以供更多的人分享，对社会进步起到更大的作用，对生产力发展的推动作用明显高于其他任何生产要素。

联合国教科文组织把知识分为两类，一类是隐性知识(sticky knowledge)，一类是显性知识。显性知识可以编码，可以变成书、报告、文字输出。当一种技术内涵的知识大部分“外显”时，这种技术就可以通过市场的供求关系直接转让，它可以变成商品，也可以赠予。当一种技术知识“内隐性”程度较高时，其转移和传播无法通过市场来进行，只能通过相应的技术人员的流动和他们之间的交流来实现。那隐性知识与显性知识的关系如何呢？显性知识在一个人的知识结构中只占10%，90%是隐性知识。某个科学家创造发明的信息量，只占其整个知识的10%，犹如冰山上的一角，90%是潜伏在他的大脑中，可以源源不断地开发。任何显性知识都基于几十倍、甚至几百倍隐性知识基础之上。隐性知识存在于大脑中，不可能表达得很完整。如把某个科学家从这个企业拉

---

[1] 参见：王德禄等著. 知识管理——竞争力之源. 江苏人民出版社，1999年5月第1版第48页

到别的企业里去，那他的隐性知识、创新也就带到了另外企业里去了。为什么第二次世界大战结束时，美国到德国去抢了一大批科学家，而前苏联却去抢了些代表显性化知识的设备，最终导致科技竞争的结果就不一样。

当今世界有个奇特现象，就是低技术、传统工业在地理空间上扩散，大企业越办越远。但是高技术的企业需要创新，相关企业却是高度密集，在地理空间上集中。有一城市规划学家曾提出城市消亡论，他说，随着高速公路、因特网发展，人与人之间信息传输的成本大大降低，世界成为地球村，任何东西交换的成本大大下降，城市存在就没必要了。如果城市没必要存在，那企业集群还要存在吗？但是，他几十年前所作的假设并没有成为现实，高技术企业反而呈集群化存在。在美国硅谷，租一套 70 平方米的房子年租金需要花 30 万美元，这么高的房价，仍有那么多人奔赴那里创业。为什么？因为创业者可以在众多高科技企业集聚的集群中获得更多的隐性知识，虽然付出了高昂的房租，但是集聚所产生的效益大大高于付出。隐性知识资产专用性、先前的经验技巧、复杂的社会关系、合作伙伴的“自己人”倾向、文化意识等都使创新知识无法进行远距离输送和交换。

集群内部创业者学习的过程或者说创业的过程，也就是把隐性知识转化为显性知识的过程，运用到实践中变成产品的过程。作为集群，能够迅速实现这两大转化。

曼斯菲尔德(Mansfield, E.)提出“传染模型”，就是技术创新的传播像传染病一样，在人群中迅速扩散、蔓延。但必须是高度集聚，才能迅速传染。如从美国西海岸传到东海岸就需要经过漫长的时间。但聚在硅谷，任何一个创新都会迅速蔓延。正因为有这种“传染性”，有许多人希望去接受传染。已经回国创业的留学生，一年中有几个月要回到硅谷去，就是为了去感染这种“病毒”。硅谷的创新“病毒”是不断地变化的，必须融入到创新的集群，才能感染“病毒”，从而带回新知识。

当一种技术知识越容易形成一种专利，收益的排他性(appropriability)就越高，技术开发就越容易通过技术转让来获得收益，而不必自己建立企业。反之，就必须自己创业。新技术、创新技术受保护的程度实际是很低的，因为越是新的技术，通常处在显性知识与隐性知识的交换点上。一项新技术之所以新，就在于这一技术还不能完完整整地显性化，还有一些绝妙之处别人一下子无法掌握，也就无法按专利法进行保护，这时只有自己创业。所以说工业经济时代是资本创业的时代，21 世纪是知识创业的时代。30 多年前，未来学家托夫勒就提出：21 世纪是个人创业的爆炸性时代，从资本创业时代走向知识创业的时代。恰恰是由于知识所包含的信息量变化越来越快，越不可能形成专利，法律对知识就越不能实施保护，不能形成收益排他性，就必须个人创业。

优化知识的效用三原则在集群内部是普遍适用的。(1)积累原则。积累的知识越多，竞争能力就越强。(2)共享原则。比尔·盖茨认为，19 世纪培根提出的“知识就是力量”的名言，指的是共享的知识。只有共享的知识才有力量。必须在一个学习梯队、团队、企业里进行知识的高度共享，才能把隐性知识的作用发挥到极点，才能把知识尽快转化为产品。(3)交流原则。技术或知识的创新往往是在交流碰撞时发生的。当技术越是隐性，越需要非正式的交流渠道。如新的知识需要新的理念，这个理念必然是隐性的，而且隐性的成分很高。管理经验也是隐性的，100 家企业就有 100 种管理模式，企业家不可能把自己的管理经验完全输出，输出 20%或 30%已经很了不起了，还有更多的管理经验连他自己都没有整理出来。一种应对管理环境变化的动态反应能力是无法完整地用文字表达出来的。所以，要培养一个成熟的企业家，要么自己学习研究琢磨，要么像师傅带徒弟一样，这种关系只能是通过集群内部非正式的交流渠道来完成，而不可能通过现代教育大批量复制企业家。

大学作为知识源和传播知识的场所，与小企业、集群有着天生的亲和力，在企业集群发展、个人创业和技术创新过程中的作用非常明显。现在，发达国家已形成了大学区集群的概念，就是在一所名牌理工科大学周围，必然有许许多多的小企业，像“包饺子”一样把大学围在中间。硅谷房价最高的地方，就是斯坦福大学旁的一些小街小路旁不起眼的楼宇。和浙江大学一样，斯坦福大学校门前面也有一条街，但在这条街上却集中了全球 40%的风险投资家，每家风险投资公司平均人数为 8 人，他们就像猴子盯着果子那样盯着大学里的创业者，一旦有的科技“果实”成熟了，他们就会拥上前去分一杯羹。大学作为知识的传播场所，对知识的共享与交流更为便利。20 世纪淘金，淘的是矿产资源，需要到荒山野岭，而现在的淘金是淘知识资源，就得到大学里去。

四、如何构筑基于集群创业的支持系统

综上所述，我们已经了解到，集群是一种普遍现象，个人创业离不开集群，与集群有千丝万缕的关系。集群化能够大大降低技术创新成本和交换成本，有效地促进个人创业。根据集群理念，如何构筑集群创业的支持系统？概括起来讲，就是建立“广义孵化器”。实际上，具有企业集群机制的城市就是个人创业最好的孵化器，因为它最完备，是经过自然淘汰而形成的。如果说“企业集群”式的孵化器是自组织系统的话，那么政府办的孵化器就是被组织系统。后者往往只是提供一个创业的场所，如果把这个场所设在集群中，因共生的外部经济性，其孵化能力可以放大许多倍。造就新的企业集群或者保持原有集群的繁荣，就是培育地区经济发展的发动机。而培育企业集群，首先要了解导致集群衰落的原因。

1. 集群衰落的几种主要原因

一是技术上的断裂，抵消集群原有的许多优势。美国新英格兰地区经过几十年繁育，已经形成生产木制和钢制的高尔夫球和运动器材的集群，产量占全球的 40%多，当时世界各地都到新英格兰去购买运动器材。但当新技术兴起时，加利福尼亚州的企业采用先进的合成材料(碳纤维、工程塑料)生产这些运动器材。如羽毛球拍、高尔夫球杆，以前是用钢或木头做的，现在采用碳纤维做，重量很轻但强度很高。而新英格兰地区有丰富的森林资源，有很好的木材，仍旧以木头来制造运动器材。技术上的断裂，使该地区原有的各种优势几乎全部丧失，运动器材的生产基地就移到了西海岸了，东海岸的集群就衰落了。出现这样的现象不是偶然的，一旦技术上出现了突变，而集群内的创业者还是固守原有的技术，那这一集群肯定走向衰落。虽然新英格兰地区盛产世界上最好的木材，又有传统的制造木质运动器材的技术、品牌和劳动力，但由于技术上的断裂，却无法面对加利福尼亚州的竞争。

二是消费者需求的转换。在日本的东京都，曾经集中了 8000 多家机械零部件加工企业集群。不管零部件加工的技术怎么精细，只要客户提出要求，就可以满足。在 20 世纪 80 年代初期，这个集群区被日本经济

学家称为“日本技术的基石”[1]。日本的产品质量之所以好且精巧，部分原因就是由于有这个集群的存在。但后来由于信息技术的发展和数控机床出现，零部件采用了柔性制造技术，而不需要大批熟练的工匠来制造，所以这个集群就衰退了。就如晶体管代替电子管一样，哪怕电子管做得比晶体管还小，耗电量还是很大，所以电子管就退出历史舞台了。

三是僵化的体制。国有企业垄断经营、原材料过分管制及对科技人员创业的限制，这些都会引发集群的衰退。为什么硅谷没有出现在波士顿地区？波士顿市有60多所大学、50多万在校大学生，著名的哈佛大学、麻省理工学院都在这里。而且波士顿是美国发源地，300年前的欧式建筑只有在波士顿才能看到。为什么波士顿集中了那么多的科技力量，那么强大的研究机构，而硅谷不在那里出现呢？斯坦福大学有位研究城市规划的专家萨克斯尼安(Anna Lee Saxenian)，写了一本著名专著《地区优势——硅谷和128公路地区的文化与竞争》，文中提出了一个非常关键的概念，即任何新的体制只能在旧体制势力薄弱的地方扎根发芽。技术创新的根源是体制创新。技术创新是人的创造性、主动性、积极性高度发挥的产物。也就是说，给一个人以充分自由度的时候，他的智慧才能迸发出来。这就是体制创新的目的。在旧体制重叠的地方，人的积极性、主动性、创造性是不可能有效地发挥的。在技术创新方面，过去的国有企业是无法与国外企业竞争的。论资排辈，熬年头论工资福利，而不是依技术创新成果按劳取酬。这样的体制束缚了科技人员的心智和创造性。所以，僵化的体制会窒息集群。

四是政府的过度干预。如某地一企业集群原本发展得非常好，生产成本很低、竞争力很强。当地政府有人做“好事”，在离这一集群很远的地方，建设了一个工业区，一道行政命令，要求这一集群内的企业全部迁入这一工业区。这些小企业只好服从。集群内的这些小企业，本来采取的前店后厂作坊式的生产，生产一颗螺丝钉成本只要一厘。迁到工业区，既要买厂房，又要交水电、配套费等，这样加起来，生产一颗螺丝钉成本就变成了一分钱。零部件生产成本上升了，这个集群也就失去生命力了。有人提出，像硅谷地价那么高，为什么还有那么多高技术小企

---

[1] 参见：[日] 关满博. 东亚新时代的日本经济——超越“全套型”产业结构. 上海译文出版社，1997年第1版第58页

业存在并没有出现衰退呢？这是因为硅谷的企业是自然演化而成的。如UT斯达康公司是由三个中国留学生创办的，产值已达30亿元，它在西雅图和硅谷都设有技术研发中心，在硅谷的技术研发中心只有1500平方米，而主要生产车间和主要的研发中心设在杭州。虽然硅谷房价很高，为什么还要在硅谷保留小规模的技术研发中心？这是因为保留合算。把生产车间转移到杭州来也是合算的，因为没有政府的干预，是自然的转移，付出这个成本与其创新的便利性能够平衡。而政府一旦干预，就会把这一平衡打破。所以，在许多事情上，企业要比政府聪明得多。

2. 政府合理扶持的要点

一是推行自由企业制度。给创业者最大的自由度，一地的经济就会繁荣。如是限制创业者的自由度，那就会衰退。鼓励个人创业，政府应该提供8个方面的自由度，即自由进入、自由经营、自由交易、自由融资、自由择业、自由转产、自由用工、自由扩张。政府要做的事情，就是扫平创业障碍。这些障碍是由谁造成的呢？大都是由政府自己造成的，这也是一个自我认识、自我革命的过程。只有把创业的自由度扩展了，才可以激发集群内部的变革，从而提高集群对外部变化的适应性，保持和促进集群的繁荣。

二是引进和培育技术源。在快速成长的企业集群这类自组织系统中，或多或少拥有更多组织选择性的行为主体的大小集群，那些具有高度选择性的行为主体，在某种程度上则表现为主要“组织者”角色，如同化学反应过程中的催化剂、生物学中的酶一样，集群创新网络中的“建群企业”技术源(类似于生物学中的“建群种”)也具有这样的特征。这样一来，地方政府应着眼于：(1)扩展现有技术领域中的技术群体(如技术拓展功能、大学城)。杭州要在五年内投资200亿元，兴办中国最大的大学城。大学城占地30平方公里，共分三个大学园区，在校大学生要从现在12万人增加到35万人。大学本身就与创业有着天然的亲和力，而且大学思想活跃而不保守。35万大学生相当于现在北京在校大学生的总数。(2)积累已有技术群体的数量，加速知识积累的过程。每个企业、团体、组织都要成为学习型的企业、团体和组织，我们的城市要成为学习型的城市。(3)重新整合已有的技术群体，实行技术重组和体制创新。原来的科研院所、国有企业都要进行产权制度变革。我们的大企业、大学为什么与风险投资格格不入？主要原因是我们固守学校这一层关系，认为

“校办企业”就归学校所有，风险投资介入学校办的企业，就只能与学校发生关系，信息的传递经历了从学校校长到院系主任、系主任到教研组、再到教授这么一个漫长的过程已经所剩无几，而且企业获得的收益，通过这么多层次瓜分，最后到实际参与创业的教授，已是沧海一粟了。在美国，大学去办企业绝对是天方夜谭。只有学校的教授、研究生个人办企业。企业也不会与大学签订合同，而是直接与教授签订合同。大企业有了一个创造发明，如何引进风险投资？风险投资要与创新的个人结成伙伴，或者把创新团队独立出来，成为一个单独的企业，然后引入风险投资进行包装。不然一个大企业有几亿元资产，而风险投资只有几十万美元，两者怎么组合？风险投资的介入就是要主宰、控制新成立的企业，凭其知识、经验与企业的创造发明结合在一起，形成互补结构的新企业。风险投资家一旦发现技术原创者是僵化的，就会把他更换。只有把原创技术的预期收益落实到个人，独立出来，成为一个单体，才能与风险公司组合。否则就是捐献而不是投资。

三是扩展社会组织的维度。创业支持系统涉及市场化和非市场化的交流。为什么我国的科技成果转化率很低，只有5%。主要是因为市场化程度低，但更重要的是非市场化的交流渠道太少。科技成果的交流一般通过三种网络：(1)购买者和供应者之间的供求网络。(2)解决技术创新难题的网络，如萧山网架占全国同类产品36%的市场份额。深圳的高科技展览会馆建设就是由萧山的东南网架公司承建的。萧山网架企业与浙大机械系的教授有着密切的关系。浙大教授为公司提供网架结构设计，并在公司中有个人的股份。(3)非正式的交流网络，包括职业协会、学术会议、论文著作出版、咖啡馆、茶馆等。在硅谷，有许多技术创新者在咖啡馆、茶馆、学会里乱侃，他们在相互交流中获取创新的灵感。有时，会在无意识的谈话中萌发出创新的火花，发生突变，解决了自己在创新过程中遇到的难题。人的大脑的信息传递系统也是混沌结构，外面进入一个新的理念，会在大脑里面形成风暴，新的创意就有可能出现。实践证明，某项技术创新越具基础性、隐性、综合性，集群的技术创新所需信息量就越大，非正式网络作为支持系统的作用就越重要。杭州城里的茶馆也非常多。著名网络门户企业——阿里巴巴的创办人马云经常将公司董事会、技术创新会选择在茶馆举行。通过互相交流，形成头脑风暴，萌发出许多有创意的东西。现在，阿里巴巴网站已经成为世界上最佳的

B to B网站，会员扩展到1700万。在纳斯达克市场走低，许多网站关门的情况下，马云把公司的总部从北京迁往杭州。他认为，杭州具有硅谷这样的交流渠道。

四是培育中间产品市场，优化零部件供给与研发，促进专业化分工与合作。“浙江模式”中一个很重要的内容，就是具有独特的中间产品市场。比如生产打火机，从原材料到成品，中间生产过程是无序的。螺丝钉、弹簧、压电陶瓷等零部件，由许多家企业生产，并在中间品市场进行交换，组装厂就在这一市场上择优选购零部件，进行组装。温州的低压电器零部件工厂，以前在厂房前都有很大一块空地摆放零部件，生产同样的零部件有很多厂家，大家互相比较。但后来这一零部件的有形市场慢慢衰退了，大家认识到通过上网、广告这种途径就能进入这个市场。市场不一定是有形的，只要能找到供货商，找到合作者就行了，并以较低的成本进行交易才是最重要的。

五是产业政策应是催化剂或粘合剂。政府在制订产业政策时，容易犯的最大错误，就是自以为比企业聪明。其实市场最聪明，企业次之，政府最“笨”。市场需求是不断变化的，企业瞄准需求变化不断地跟进，政府想到的是如何增加税收。但是，政府中有的同志，特别是权大位重的，总觉得自己比企业聪明，到企业瞎指挥，说你这家企业应生产这个产品，而不应该生产那个产品，吃苦的往往是“听政府话”的企业。

现在已不是计划经济时代，企业要坚持走自己的路，要与同类型的企业组合在一起。台湾的新竹工业园区与我们的高新技术开发区有很大区别。首先，在台湾的新竹工业园区，同类企业高度集聚，电子、计算机零部件企业达到99%，而且许多企业是由原来的企业裂变、孵化出来的。而我国的高新技术开发区，产业是五花八门，有化工、医药、电子等，只要认定是高科技产业，不论其是否具有专业关联性，人为地拼凑在一起。其次，新竹工业园区内企业与企业之间是互相开放的，企业共用技术平台，虽然产品不一样，但设计的软件接口是通用的。杭州发展软件产业是大有希望的。为什么？因为当地许多软件公司都有与他人协同发展的理念，即使一家有惊天动地的发明，也会考虑到怎样与别人共存亡，怎么样利用人家的单元系统并组合在我公司的产品中，要么提供一个主件，要么提供一个平台，这就是“集群强大我发展”的理念。但我们许多开发区里没有这个概念，特别是国有企业多的地方，企业之间老死不相往来，都想自己做大，自成体系，不开放。

六是变革城市规划的理念。1933年，世界上许多城市规划专家、建筑专家会集雅典，提出了《雅典宪章》。它强调城市功能分区，工业区就是工业区，居住区就是居住区，空间截然分开。《雅典宪章》提出的背景，是基于二次世界大战后，全球经济进入萧条期，工业区污染日益严重，为了改善、优化城市的环境，提出要把城市工业区与生活区分开，实现功能分区。从此以后，城市规划理念中，人为地、被组织的概念大大增强了。人类把自己当成神去设计城市。这就导致两类城市的分化：一类是城市功能区混杂，但能与企业集群、自组织演进相协调。这类城市虽然看上去有点混乱，但经济繁荣。另一类城市是理性的、高雅的、有秩序的、机械循环的，特别是鸟瞰非常漂亮的、等级制非常分明的，这类城市经济发展往往是比较萧条的。如杭州市的友好城市——澳大利亚首都堪培拉，城市的总体规划是由美国著名的规划师格里芬中标设计的，他设计的城市有一种非常壮观的美，实行明确的功能分区，城市非常漂亮。堪培拉市中心还有个以他名字命名的人工湖，但这个城市很萧条。堪培拉市市长到杭州访问，竟然羡慕杭州公共汽车上有许多人。他们那里的公共汽车上往往只坐了1/5的人，4/5的座位是空的，城市缺乏人气。功能分区很鲜明的布局，把企业集群作为有机体割裂开来了，使得企业的创新成本极为昂贵。硅谷地区虽然看上去杂乱无章，住所和研发机构往往混在一起，却显示出了强大的生命力，成为创新企业集群成长的沃土。

七是优化高新技术园区创业环境。(1)人才培育的爱尔兰模式。爱尔兰是世界上最大软件出口国，它的人才培养模式就是专才培养。从初中生开始就能编写计算机软件，形成了高、中、低三种软件人才合理分布的金字塔结构。(2)创业资金的扶持与奖励。我们现在已设立了四大基金：种子资金、担保资金、风险资金和奖励资金，对科技人才创业前推后拉进行支持。(3)提供专业化和多元化的孵化器，而且孵化器就设在集群中间。如杭州市新设的IT产业孵化器都在文教区内的文二街、文三街和浙江大学附近。(4)营造好的生活环境。生活环境非常重要，只有好的生活环境才能吸引人才。(5)提供创业场所。必须为初次创业者提供比较廉价的创业场所。诺基亚研发中心即将到杭州来设立机构，由市政府提供场所，免费使用两年；对北京华大基因，则采取了让其免费使用场所

5 年的政策，所以集中了一批国内外高水平的科学家。(6)承包式服务。创业者，技术上可能是专家，但对诸如装个水龙头、申请安装电话、装修房子等可能一窍不通，高新技术产业开发区管委会就要为他们提供承包式的服务。

总之，城市政府应遵循集群的演进规律，为创业者提供有效服务和选择有利的制度安排，并成为集群中的一个功能单元，在与创业者平等交流、联系过程中不断自我完善。政府要有自我反省意识，虽然自己是一个在市场需求或者技术创新方面的低能儿，但是能有效地弥补市场的不足，做企业一家做不了、做起来不合算的事情。只有这样，才能正确把握繁荣城市经济的钥匙，促进城市竞争力的提升。

专题一：

发展县市域经济必须正确处理的若干问题

县(市)级行政建制是我国基层建制中最古老也是最稳定的行政建制，其经济社会各项管理职能是在诸层次区域经济中最完备的，当然也是最有作为的一级政权组织。

当前，我们正面临技术进步和国际化加速以及区域间竞争加剧的挑战。如何在这种形势下，按照“有所为、有所不为，抓住重点”的工作方针，加快县(市)域工业化的步伐来带动经济的快速发展，是每一位县(市)委书记、县(市)长面临的挑战。本文正是从这一点出发，以正确处理规模经济与范围经济[1]、全球化与集群化、基本生产要素与高等生产要素、引进新兴产业与改造传统产业、政府财政扶植与企业体制创新、增长极作用与孵化器效应、均衡发展战略与不均衡发展战略七方面的关系入手，阐述加快县(市)域工业化的一些基本策略。

一、规模经济与范围经济

过去，我们一直强调规模经济。因为规模经济与计划经济体制有相当大的亲和力，是与工业化初级阶段相呼应的。相对于范围经济，它在某些方面已落后于新技术发展的需求和我们目前面临的形势。规模经济往往是以单一生产单位的固定资产大小、职工人数多少、产量、生产能力等来衡量的。而范围经济则不同，它反映的是生产系统在地理空间、产业组织流程上的离散程度，是产品制造、工艺流程、零部件配套以及技术支持、销售网络在城市或区域空间、产业区进行分散布局的新系统。这个新系统必须建立在社会分工高度发达的基础上。而社会分工的高度发达又必须建立在市场经济充分发育的基础上。所以，在计划经济时期

[1] 范围经济有内部范围经济和外部范围经济两种。内部范围经济指的是企业采用“多元化经营策略”，充分利用企业内部生产要素。本文强调的是外部范围经济，下同

没有外部范围经济这个概念，现在进入市场经济，市场机制正在起着主导作用，也就产生了外部范围经济。

我们所说的块状经济、集群经济，实际上就是范围经济的效应在起作用。特别是当前产品生产的“不明确性”大大增加，如有些企业只是生产不同品牌的同一类部件或某种零件，这样的半成品生产方式已越来越普遍。同时，企业生产经营所面临的市场风险越来越大。几年前，谁都不会想到600元就可以买一台彩电，一只手机也不过几百元。这完全是价格竞争循环的结果。生产规模的扩大，导致产品生产成本、质量控制成本非常高昂和复杂，所以有许多新的范围经济应运而生。如萧山大农场的模式已被萧山区的新街镇的生产模式所取代，现在农场经济正逐步地在衰退。新街镇模式，是带动千家万户的模式，没有一个中心或巨头在领导指挥，但却使千家万户致富了。新街镇6000亩土地的产值、效益高出传统大农场同等面积土地的好几倍。另外，家庭承包模式取代人民公社模式；小企业分离式生产取代福特式集中的流水线生产模式。许多工厂变成了组装厂，大量的零部件采用转包方式，扩散到周边的小企业去生产，这一模式已成为一个发展趋势越来越迅猛的模式。哪个地区如果回避这种模式，那里的工业就发展不起来，推进工业化也就成了一句空话。这也就是我们为什么要推行“一村一品”、“一乡一业”、“一镇一优势”的原因所在。

由于科学技术、信息技术的发展和工业市场化程度的提高，传统的工业生产流程被分解为许多小企业分散式、专业化生产模式，通过外面零部件交易，形成一个地区的生产网络。这已经成为一种新的工业化的潮流。当然，大钢铁厂、大化工厂除外，因为这些企业必须连续生产而不能分解。但科学技术进步正在导致过去不能分解的产品生产流程，现在也能分解生产了。例如在过去，制药是一种化学工业生产系统，原来的生产系统由于需要在高温高压容器中进行化学反应而非常庞大，现在因采用高效催化剂可变成很小的分立式常温常压生产过程了。基因制药和一般制药完全不一样，在一个比热水瓶大一点的反应锅里生产出来的东西，可以满足整个国家的药品需求。一瓶药品原料加上其他配剂，可以分送到分装厂制造为成品。分装厂与原料制造厂、核心厂完全是各自分离的。

市场需求多元化、国内市场国际化、开放度的大大提高和技术变动频繁，使集群式生产代替单个企业生产成为必然趋势。所以，当前工业化的主导思路应该是发展范围经济，而不是过去那种纯粹地追求单个企业的生产规模。单个企业规模经济也应该扶植，但这类企业的成功往往是偶然因素起作用的。如萧山的恒逸集团，如果没有经营者卓越的头脑和能力，没有国家的政策缺口，那就一事无成。它有许多偶然因素和机遇在起作用。范围经济就像土地里长蘑菇一样是突然冒出来，而不是地方领导刻意追求的；是老百姓的创造，而不是超人的杰作。大企业是智力超群的能人的代表作，而小企业集群是老百姓的集体智慧的成果，这两类企业成长的机制土壤不一样，前者是能人经济，而后者是民本经济。

我们要反思，为什么有时政府在推进工业化的进程中会失灵呢?

首先是政府起了拉郎配的作用，而忽视了企业是市场的主体。例如政府采取行政手段，把几个汽车配件厂拼成一个配件总厂，把数个家电生产企业合并成一个家电集团，结果导致各自的经营积极性、品牌、成本控制和销售系统全部失效，实践证明是失败的。

其次是忽视了范围经济是培育大企业的温床。计划经济时期的企业大小是国家框定的，由计委来批准企业的生产规模，所以被称之为“批准型大企业”。而新型大企业是从小到大成长起来的。凡是由小到大逐步成长起来的大企业，具有与市场变化相适应的旺盛生命力。如萧山的胜达包装厂，就是逐步壮大的，它与国家计委下指令要求某家企业生产要达到多少规模是不一样的。这是两种不同的企业发展模式。前一种是活的，从下而上的；后一种是僵的，从上而下的。温州的德力西、正泰为什么生命力很强，因为它们是从小企业成长起来的，非常有活力，是扎根于千家万户民本经济中的巨人。

第三是大企业都存在管理成本高昂的问题。企业规模的大小，实际上取决于经营者的管理能力。像深圳华为公司，是一家年销售额达200亿元的大企业，它们正在进行生产流程的改造。只有通过流程改造，才能有效地控制整个企业，才能把管理成本降低50%以上，最高目标将近70%。华为公司总裁任正非认为，这是一场华为的命运之战，要么灭亡，要么就是继续长大。为此，他们投入60亿元引进国外先进流程再造的信息系统，用企业内部信息化来重新调整企业布局。但是，目前有多少人认识到大企业所存在的危机？没有认识到这一点，本身就是一种危机。

所以，推进工业化，要采取扶植改造企业大集团与培育发展小企业集群两者并重的策略。小企业集群和块状经济的好处很多。一是有利于千家万户的老百姓。二是工业增加值比大企业多。如浙江省桐庐县分水镇，2006 年的圆珠笔销售产值是 20 多亿元，有 1 万多人就业。实现 20 亿元产值所需的原材料进价很便宜，弹簧等零部件都是当地生产的。反过来讲，有一家企业搞装配业，所有零部件都是外购，然后装配为成品销售，也达到 20 亿元的销售额，但增加值可能只有几千万元，因为外购的零部件成本实际上已接近 20 亿元。而在分水这一圆珠笔块状经济中，增加值可达 7 亿元，并且解决这么多人的就业，还集聚了许多相关的第三产业。所以这一企业集群对 GDP 的总体贡献比销售额达到 20 亿元的单个企业还强。三是有利于解决就业问题。四是直接对老百姓支付工资和加工款，有效地增加他们的收入。五是对整个城市化的促进作用，比单个企业要大得多。所以说，小企业集群有利于促进结构调整和社会进步。

如何把城市化和工业化有机地结合起来，这是一个非常值得研究的问题。判断一个块状经济是否具有生命力和发展前景，应该反传统思路进行。过去，我们讲到一个地方的工业化，往往以形成了什么支柱产业来衡量。支柱产业是计划经济的产物，我们现在要讲的是优势产业。如果要讲支柱产业，那这个产业必须在整个县域经济总量中占有较大的比重。但有些产业占经济总量的份额并不大，如温州打火机年产值达 50 亿元，在温州整个经济中根本算不上是支柱产业，但它的确是优势产业，在全球的占有率达到 50%。一是一个产业在全球、在全国占到 20%、30%或 50%，就具有明显的范围经济效应。二是技术创新的能力。在全国同类行业中，某一企业集群的技术创新、自主知识产权产品占到了 30%，超过了产品的市场占有率，那这一集群就生机勃勃，能持续产生并涌现式地创新发展。三是相关产业的聚合程度，包括科技教育支持、三产和配套零部件的聚合能力，比其他地方强。要根据这三条来衡量块状经济是否有生命力、现在的地位和发展前途。

二、全球化与集群化

加入 WTO，将加速我国经济全球化的进程。经济全球化面临着三种情况：一是产业之间的全球化。各地区按照各自的比较优势来兴办不同产业。二是产业内部的全球分工。各地区根据生产不同档次产品进行零部件生产的分工。如日本把一些较低档次的零部件扩散到我国来生产。三是企业内部的全球化分工。公司将最终产品分成许多生产环节，在全球进行布局生产，并通过因特网进行实时控制。所以企业内部全球化分工已是越来越明显了。特别是跨国公司，现在已经占到全球生产总量的40%、贸易总量的60%，国际间技术转让的85%、研发投资的90%。如劳动力成本高的东亚(日本、韩国)和美国、欧洲都相继将信息产品生产基地转移到我国，这个转移的投资数量就可达数千亿美元以上。不少世界五百强公司相关产品的生产基地或研发总部已转移到我国，这种趋势还将随着我国消费市场的扩大而强化，所以，跨国公司产业的全球转移是一个非常明显的趋势。

在全球化生产布局重新调整，生产体系全球化的今天，还要在县市域大力发展集群化、块状经济，这两者之间并没有矛盾。首先，企业的竞争力不仅取决于国际环境、生产技能、技术水平，更重要的是取决于所在区域的地方环境(各种各样的优惠政策、支撑条件、人文环境)。其次，只有将零部件厂靠近某一个优势生产区域，才能获得最高质量、最低成本的零部件。这已经是被实践所证明了的。如浙江余姚是中国的塑料城，凡是投资塑料制品业的台商，塑料件全都是到余姚去购买的；诸暨的大唐镇专门生产袜子，投资制袜业的，大都到大唐去，因为只有在那里才可以制造出最便宜的袜子，而不会到其他地方去。物以类聚，共聚才有利益。第三，把企业、零部件供应商和市场需求三者在地理上捆在一起，现在已成为比较明显的趋势。这有利于信息反馈、生产技能提高、科研开发、生产成本降低等。第四，跨国公司要进入新的市场必须找一块跳板。企业集群就是这样一块跳板。第五，企业在管理、分工协作和高新技术的研发过程中，非编码类知识、经验类的知识必须通过非正式的接触、交流，才能产生出新的创新理念。第六，新的柔性生产体系需要在空间布局上集中。柔性生产体系把每个生产厂家的零部件，按照预先设定的时间、品种、数量、质量准时地送达组装厂流水线的相应部位，所以零部件的库存很少。日本丰田公司的零部件库存就非常少，它整个流水线旁边的库存只有传统企业的库存量的1/5，生产现场只需3个小时的库存。为丰田公司配套的零部件厂大多数分布在总装厂的5小时交通圈范围之内。

综上我们可以得出一个结论，全球化与集群化实际上是一致的。在促进地方工业经济的发展过程中，要学会抓住这一机遇。首先，要认识到全球化与集群化这两者是相互联系、相互强化的。只要成功培育发展企业集群，外资和优势民族企业就会找上门来，向本地靠拢，这等于是选择性地高效率地引进外资。其次，在这一相互联系过程中，县域经济可以培育出新的优势产业，同时也培育出区域性的核心竞争力。第三，可以有效地防止产品同构，形成一镇一个优势产业、一县一类优势产业，成为某一行业的全国“单打冠军”。第四，有利于原有集群的发展壮大。原有的集群需要通过外面力量的加盟，有针对性地输入新的血液，使得国内外优势企业向集群靠拢，从而加快发展。

三、利用基本生产要素与开发高等生产要素

生产要素可以分成两类：一类是基本生产要素。如自然资源、地理位置、气候条件、劳工基础、人口、土地面积等。一类是高等生产要素，如高技术人才及其创造力、科研高等教育机构、领先学科、通讯以及法治程度。基本生产要素是历史形成的、天生的，而高等生产要素是人造的，需要长期的投资开发，并以明确的思路持之以恒地努力。

为什么我们现在要把注意力放在开发高等生产要素上呢？

首先，因为全球化的到来，交通通信技术的发展，可替代原料、可再生能源应用的大大增加，一不留心，人家一个人造替代品就发明出来了，而本地没有高等生产要素作支撑，只靠原来的基本生产要素，那就是会被淘汰出局。许多集群的毁灭和区域经济的衰落就是这个原因。因为在新技术迅猛发展的时代，基本生产要素的重要性在下降，而高等生产要素的重要性在上升，这是一个基本趋势。

其次，高等生产要素难以通过市场交易而获得。如以前杭州少煤，要到山西省去建立一个联络处，通过货币交换就可以获得煤这一初级生产要素。现在还有谁会为煤来动脑筋？所争取的全部是高等生产要素。而以人才为核心的智慧产品，是不能靠在硅谷派设一个联络处花钱能购得的。

第三，高等生产要素需要通过大量长期的投入。萧山经济快速发展的奥秘，是有一批能干的企业家。这批企业家是由于企业推行产权制度

改革较早，在长期的跌打滚爬中成长起来的。一个成功的企业家的产生，是长期失败的积累，是干中学的结果，而不仅仅是学校培育的结果。

第四，培育高等生产要素需要社会、经济、政法、服务体系等一系列的环境，缺一不可。高等生产要素对环境的要求是非常严格的。杭州为什么要提出“住在杭州、游在杭州、学在杭州、创业在杭州”四大品牌？因为这四大品牌就如同四块木板构成的一个木桶，无论哪一块木板短缺，都会对高等生产要素的获取和培育产生致命的影响。所以，在发展县域经济时，应该把工业化、经济发展的基础建立在高等生产要素的基础之上，从而更好地利用初级生产要素的作用。高级生产要素一旦与企业家资源等相结合就能使生产力充分涌流。如果现在还陶醉于发展石头经济、高山蔬菜经济、黄砂经济，过多地掠夺性地开发初级资源的话，实际上正好与高等资源的引进培育背道而驰。我们现在需要掠夺性地进行引进、开发的恰恰是高等生产要素，而对自然资源、初级资源应该采取保护性的可持续利用，把它纳入到培育引进高等生产要素的整个系统中去，从而有效地发展县域经济。

四、引进新兴产业与改造传统产业

在加快县域经济的发展过程中，人们都希望尽快树立优势产业、新兴产业来代替传统产业，但是实际情况时常是美梦破灭。因为在于县域经济与大城市经济有着质的区别。第一，县域经济往往以传统产业为基础，是依托当地的资源、人文历史、加工技术的优势逐步形成的。第二，县域经济与地方政府关系非常密切，社会资源的利用度很高。这与大城市不一样，之所以能形成“一镇一品”、“一镇一业”，是由于当地政府的支持，动用社会资源为其服务，从而逐渐形成地区品牌。第三，县域经济的产品特征往往是基础性产品、消费品或配套型产品。第四，县域经济与外界大学、科研院所不是无目的的联系，而是对口的联系。如萧山的网架就是与浙大机械学院紧密联系的。第五，成功的县域经济往往形成网络化、群体化的生产体系。龙头带动千家万户，加工成本很低。

但是，县域经济这种传统模式存在两个缺点：一是如果外界技术发生变化，出现技术替代产品，那么基于原来的生产模式就可能崩溃。这是一个非常严重的问题，浙江省一些集群的衰退就是这个原因。二是内部技术锁定、模式锁定形成发展的陷阱。许多历史上的品牌，如金华火腿在国内的销量较低。金华火腿味很咸，而国外的洋火腿则根据消费者的口味作了改进，进入了早餐。随着我国对外开放，结果国外的洋火腿大量进入，市场就被它所占有了。西湖龙井茶，如果不在外观、色、香、味上作进一步改善的话，命运也是令人担忧的。建德的莲子过去是赫赫有名，但现在莲子的新品种是“风起云涌”。日本的草莓可以像皮球一样在地上拍打。建德草莓如果自己锁定不创新的话，那就会在竞争中败北。

新兴产业可以分为三类：第一类是无中生有，就像“飞来峰”一样。如日本有一反光材料制造企业落户萧山，这一材料与当地生产体系的前向后向都没产业联系。日本企业就是利用低价位的土地、优惠政策、廉价劳动力。这类产业是我们需要的，毕竟为当地的就业、税收、GDP 做出贡献。第二类引进后可能产生跳跃性发展的产业。新兴产业，经济学上称其为需求弹性比较大的产业，一旦有需求，发展突飞猛进；一旦没有需求，它就突然熄灭了。这种产业能为当地提供一个直接的机遇，抓住了这一机遇，经济发展就会上一个台阶。如东莞就是抓住了电子配套件的机遇，经济快速发展，一个县相当于内地一个省的产值，县级市变成了地级市。第三类是引进的新兴产业有可能与当地传统产业发生互补效应，为当地传统产业带来新的发展机遇，克服传统产业的锁定效益。恒逸集团虽然属于一种能人经济，但抓住了直纺技术这一亮点，使得它的生产成本比同类企业生产的成本低许多，这不仅带动了整个萧山地区纺织业的发展，而且为这个地区注入了新的活力。

所以，要实行引进新兴产业与改造传统产业两者并举的策略，尤其要把精力花在改造传统产业上。引进新兴产业有时是可遇而不可求的，而改造传统产业是扎扎实实的工作。引进新兴产业是人家看中你，改造传统产业的主动权则掌握在自己手里。在市场变动过程中，传统产业可以稳步增长。前些年经济低潮期杭州市高新技术产业、IT 产业实际上只增长 3%，上海是负增长，而纺织、食品、机械等传统产业却是突飞猛进。这些快速增长都是建立在改造提高的基础上的。如丝绸行业，杭州丝绸的精纺完全与世界同步，西湖达利的丝绸印染水平很高，电脑喷印技术达到世界先进水平。再如萧山包装产业中像胜达这样的包装公司有很多家。如果再能抓住机遇刻意地引进包装业中新兴产业，实现包装技术、销售、设计、展览和新材料研发等名牌产业等专业高等要素的集聚，就可能会形成一个非常强势的产业集群。这是一个难得的历史机遇。

五、政府财政扶植与企业体制创新

有许多落后的县市为什么能发挥后发优势，后来居上？而原来经济发达、位居前列的兰溪、建德反而后退呢？有一个经验教训：县域的创新系统失灵。为什么会失灵？

第一，企业没有真正成为技术创新的主体，缺乏创新能力与动力。如许多传统的棉纺企业相继破产。像杭二棉从国外引进最先进的设备搁在露天，直到变废铁为止。由于经营者没有“跳楼机制”，引进的设备本身就是不配套的，对杭二棉来说就是废品一堆。这样进行技术改造，与萧山的恒逸、胜达怎么能比较？还有杭州第二化纤厂引进的设备是一流的，价格极其昂贵，但设备互相不配套，实际上是不适用的，说得通俗一点是“引进导弹来打苍蝇”，决策失误带来企业严重亏损。这都是因为原国有企业委托代理成本过高造成的。所谓“不搞技改等死，搞技改找死”正是这类企业的生动写照。

第二，政府直接介入过多。企业的技术创新往往以项目审批来推动，财政资金予以扶植，实行政企挂钩、计划定点等，这一系列都是政府直接操作、包办代替，误认为政府比市场聪明。而恒逸、胜达等民营企业的技术改造项目，并没有经过萧山市常委会讨论，完全是自主进行改造。也有些地方，有许多技术改造项目都是经过政府常务会议讨论的，结果越讨论越“傻”。这样的研究讨论，看起来很隆重，其实存在信息严重不对称，也许我们将要研究开发的技术早就过时了，引进的设备国外早就淘汰了。因为政府是不可能有效能研究这一技术变化动态的。

第三，科研机构游离于市场之外，大学与企业之间互动机制没有形成。有些科研机构，拿了财政资金搞科研，实际上是闭门造车。人家早就淘汰了的技术，教授们还在埋头研究，还争取什么全国第一，填补浙江空白等。

第四，市场机制对创新资源的配置作用没有充分发挥。信息、技术、人才等高等生产要素在当地的交易成本居高不下，科研成果转化率、引进消化率较低，市场机制的作用没有充分发挥。

事实证明，哪个地方这四个方面的问题解决得好，哪个地方的技术创新步伐就快，经济发展就迅猛。

为什么凡是有企业集群的地方，必然有种特定的标志——个体私营经济与股份制企业占主体？因为如果是国有经济占主体，那这地方就不可能形成集群，即使工业基础再好也不可能。如兰溪、建德工业基础过去很强大，但是一个工业集群都没有。只有个体私营经济发展较快、股份制经济改造较早的地方，才有可能形成高效率的企业集群。由此可见，当前要认真做好以下几方面的工作：

一是要把企业的产权制度改革认真进行下去。因为，产权制度改革是技术创新、区域经济发展的前提条件。没有产权制度改革、没有个体私营经济的发展，就没有技术创新的动力及与这种动力相约束的“跳楼机制”，工业化就会一蹶不振，所谓的改革也是空改、白改、瞎改。

二是政府财政要发挥四两拨千斤的作用。在台湾地区的经济发展过程中，时任“财政部长”的经济学家李国鼎曾讲到，财政是一个地区政府力量的代表，财政所起的作用，就是在市场还没有形成的时候取代它，在市场形成的过程中帮助发育，在市场形成后就退出。我们现在有些做法，是市场已经形成了，却一定要去取代它，这是非常糟糕的。从实践结果上看，政府财政资金的扶持方式是投资不如补贴，补贴不如借钱，借钱不如担保，担保不如奖励。如萧山最近为 10 位先进代表颁发了价值 1 万元的金质奖章，1 万元钱一枚，一共只需 10 万元，而这 10 万元所起的作用，相当于采用财政投资 2 亿元。政府就要创造一个强大的正向激励作用。深圳市政府在关键时刻也只是为华为公司担保了 2 亿元贷款，从而导致华为公司今天 200 亿元的产值。所以，不要迷信政府向企业直接投资会产生创新动力。

三是创新集群化。技术创新要充分地利用社会资源，充分地与民本经济结合起来。杭州提出“一区多园多点”的高新技术产业发展的模式，实际上就是集群化的发展模式。如果发展高新技术产业仅仅是考虑建立一个工业区，解决土地出让便宜的问题，那是远远不够的。我国有许多高新区与美国的硅谷、台湾地区的新竹工业园区完全不一样。硅谷完全是许多活跃的集群所在地，高科技小企业自我繁殖，自我进化，内部交流兼并非常频繁。而在我国的高新区里，企业之间是老死不相往来。

四是扩展科技人员个人创新、创业的自由度，取消过去政府部门设置的种种障碍。

五是引进相关的技术源。为推进“新药港”建设，杭州市引进了华大基因。如萧山要大力发展网架产业，就要引进相关的技术源。富阳的“光谷”建设，就要引进类似于上海光机所、长春光机所那样的院所来设立分支机构。所以，政府的财政扶植应该是促进企业的创新，政府财政补助发展民本经济，应走创新效益最大化的路子。

六、增长极作用与孵化器的效应

在20世纪50年代，法国人帕鲁提出了增长极理论。当时的苏联就马上应用了这一理论。增长极理论与计划经济是非常融合的，即从上而下地推动和进行产业布点。该理论认为：一个地方如果引进一个增长极，布点几个相关联的项目，就可以产生乘数效应、倍增效应，带动其他行业的发展，形成区域经济发展的动态机制。所以，增长极理论与计划经济是一脉相承的。但是增长极理论在市场化国家的实施结果，往往是政府的一厢情愿。如许多失败的项目、工业区和科技园区，就是因为没有与当地资源优势结合起来，没有形成相关的联动效应的缘故，成了孤立的项目，未形成集群式的地区增长中心。

而孵化器理论正好与增长极理论相反，是从下而上的。孵化器理论强调，任何一个区域、县域或者一个镇、一个城市或任何一个人类的集聚点，都存在孵化器的效应。因为集聚，就有可能实现优势互补，产生裂变效应、繁殖效应，就会具有经济增长的促进功能、协同功能和集聚功能，产生市场的配置效应。如刚开始时，萧山只有东南网架一家企业，后随着网架产业的进一步发展，该厂的人才逐步分离出去，派生出其他许多网架企业，至今这类网架企业大概有30多家，产量已占全国的30%左右。萧山城厢镇就成为网架企业的孵化器。这些网架企业如到余杭去就不可能生存，但在萧山就很适应，并能不由自主地产生孵化器效应。

孵化器效应一旦产生，企业就从单个变成群体，由弱变强，市场占有率由少变多，快速成长。孵化器效应是由哪几种因素激发的呢？一是企业家的创业自由度。如果当时萧山市政府只允许东南网架一家公司生产网架，而限制其他企业发展网架，不准技术转移，不准搞同类产业与东南公司竞争，那萧山的网架产业就不可能有目前的局面。二是区内供应商、制造商、销售商和开发机构互相促进、互相协同。三是新企业分裂衍生出来后，它的技术支撑系统和对社会高等资源的筹集利用都非常方便，交易费用较低。四是宽容失败、激励勇于开拓进取的创业文化。五是大中小企业的协同，形成了森林效应，互相之间的生态位都是并存互利共生的。

增长极作用与孵化器效应，是县市域经济发展非常重要的两个观念。哈佛大学经济学教授波特认为：生产要素条件、市场需求条件、相关支撑产业、企业自身的结构、战略与竞争，这四个要素不仅决定一个地区的发展，还决定了一个国家的发展。这显然都与正确应用这两个效应密切关联的。

七、均衡发展战略与不均衡发展战略

区域经济发展战略一般有两种：

一是均衡发展战略。就是在某个区域范围内，各部分各个产业均衡布局生产力，追求各部分经济均衡增长。这是一种理想状态，只有到了高级发达阶段才采用。它的优点：能保持社会稳定、维护社会公正；能使各方面协调发展，整个社会比较和谐。缺点是：没有重点突破，民间投资、社会投资撒胡椒面，导致整体增长水平、发展机遇、产业结构转换效应下降。目前，不少地方都制定了现代化发展目标，首先要求县、镇的每个地方都应该有一定比例的第二、第三产业。如以这些指标来衡量硅谷的话，恐怕硅谷、新竹都不够格，因为它们没有足够比率的第三产业。我们有时往往会犯以一个国家协调发展的指标来套用一个小区域的错误。

二是不均衡发展战略。就是在某一个局部、产业上集中生产要素来求得突破，以带动整体经济的高速增长。不均衡发展战略必然是一种倾斜式发展战略，生产力不是均衡布置，首先在几个生产率高的平原集镇实现突破，产生示范效应、带动效应和扩散效应；不均衡发展战略是一种城乡优势互补的战略，农村提供劳动力、便宜的生产要素、原材料，城市提供工业、第三产业，进行资源互补，实行城乡一体化协同发展，区域内分工合作；不均衡发展战略是动态的、开放的发展战略，有重点地推进生产力布局，一旦形成块状经济，外面的优势企业就会进来，与之产生互补，就会进一步产生极化效应、扩散效应，从而形成整个县域或镇的优势产业，产生地区的核心竞争力。

当前要强调的工作方针，就是要从非均衡发展的理论出发，以“有所为、有所不为”的理念，把城市化与工业化结合得更好。

首先，要认真实施县城优先发展的战略。理顺县城体制，建立街道技术创新管理机制，把种子企业作为促进创新的孵化器来培育和管理。

第二，在空间布局上要确定点、线、网逐步扩张的方针，首先在几个点上进行突破。如余杭区就应在临平镇、余杭镇两个点上突破，然后产生若干个产业带，最后成网状发展。这就是不均衡发展的逐步演变过程。

第三，明确以工业化来带动第三产业，以某个优势产业为突破口，而不是第三产业来带动工业化。以第三产业带动工业化过去有过成功的例子，如义乌、温州等，这是当时市场没有发育成熟、信息严重不对称情况下产生的特例。现在市场已经充分发育了，商品需求信息的不对称已大大降低，专业市场的功能已经衰退了。若还是采用这种方式来推进工业化，往往难以奏效。

第四，县域边缘、高山地区基础设施改造成本很高的地方，要采取保存收缩的战略。可采用农家乐、山区游的办法发展适合的经济。切不能盲目工业化，否则容易造成生产要素的分散。要通过利益机制的诱导再辅之行政措施，为极端贫困地方的农民寻找来脱贫新路子。

第五，以效率优先来兼顾公平，防止陷入福利陷阱。现在我们有些政策，不是体现不均衡发展的政策。如农民的社会保障主要建立在土地30年承包权不变的基础上，如果要搞一套与城市企业一样复杂的社会保障系统，把农民也纳入这一系统。这样，社会支付的成本就非常高。这项工作将来要做，但要适时推行，不要走过头。否则就会陷入福利陷阱。在生产力没有发展到一定程度，如果一定要体现公平，就是均衡发展，这将导致效率的损失。在社会主义初级阶段，首要的任务是追求效率，以效率来带动公平尽快实现，以发展来解决面临的种种问题。在整个县、市域，要着眼于未来长期发展，必须要考虑均衡发展和社会公平的一些问题，特别是对将来均衡发展有重大影响的抢救性项目，如生态资源的保护、污染的防治，要尽早予以解决。不然，以后处理的成本将会更高。

第五章　科技创新与政府管治模式变革

——优化体制环境的意义与政策要点

城市的技术创新是一种以企业为主体，科技人员唱主角的创造性活动，而城市政府作为这一活动的配套实施者，其工作效能和工作思路的明确性、目标的正确性，直接关系到科技创新的进度和质量。要解决好这个问题，首先要从城市政府工作自身职能的角度，来研究影响技术创新深层次的因素，然后本着“有所为、有所不为”的方针，提出加快技术创新的若干对策。本章正是从技术创新的双重体制障碍、忽视个人创业作用、孵化器模式单一和城市投资环境等四个方面入手，分析影响我国城市科技创新的障碍，从而得出变革城市政府管治模式来推进技术创新的五个重点。

一、影响技术创新的主要因素

（一）技术创新过程中的双重体制障碍

所谓体制，就是为了调动人才积极性的制度设计。在这方面，我国许多城市都存在着缺陷。

一方面是传统的计划经济体制影响了新经济时代的技术创新。现在，有不少企业产权不明晰，国有股一股独大，自有资本缺乏，权责不明确，不仅窒息了技术创新的动力，而且也消耗了技术创新的能量。企业界流传的“搞技改找死，不搞技改等死”就是明证。许多技改项目判断失误，从国外引进的设备露天堆放，野草丛生，一开箱设备也就报废了；少数企业的厂长经理不负责任，乱花钱、乱投资，乱为私人关系户担保；政企不分，审批环节过多，企业成为地方政府的附属或形成父子关系。企业亏损了，由财政兜底；赚了，创新者、企业家没有任何好处。这些问题都是技术创新的致命伤。同时，作为技术创新主体的企业，无法取得技术创新所必需的资本，不能成为自主融资、自负盈亏的细胞，以至企业生得不顺利，死得也不痛快，即企业倒闭后资产转让重组困难，存量资产不能盘活，资金、设备、人员大量流失。这是传统体制影响技术创新的弊端。

另一方面，高新技术产业所特有的体制障碍也影响了技术创新。无形资产参与分配，知识产权受到尊重，科技人员和经营骨干持大股，坚决克服平均主义，科技人员收入应该以他的贡献作为惟一的衡量标准等等，这些制度都远远没有建立。体制和受体的好差，在技术创新过程中的表现是完全不一样的。技术创新的主体是企业，但好的企业制度就像海绵，它可以吸收人力、物力、财力，吸收人家的知识、成果为企业所用。一个地区若能集聚这么一群企业的话，该地区的技术创新就可以加快、加速。而坏的受体、坏的体制，不仅不能吸收，而且还会发散，造成自己原先拥有人财物的流失，就像肥皂一泡到水里就慢慢地软化一样。例如，某市不少小学教师，是从以高技术著称的国有企业中的技术人员转业过来的。因为这些企业的管理体制不但不能吸收科技人员，留住人，反而使这些人纷纷出走，名牌的理工大学毕业生跳槽去当小学教师。为什么某名牌大学每年几百项科研成果只有 20 项在当地转化？近水楼台不能先得月？就是因为学校所在的城市缺少合格的企业受体。很难想像连一般技术、传统产业的成长都会遇到各种障碍的企业体制，会适应高新技术产业的成长。加州大学伯克利分校教授安娜李·萨克森尼安在他的名著《地区优势：硅谷和 128 公路地区的文化与竞争》一书中，曾对美国 128 公路周围科技公司的大而全、自成体系、配件互不通用、封闭的生产方式作了分析，认为其无法与硅谷的专业化、小型化、部件相容性高、开放、分散、竞争合作的生产体系竞争。显然，萨克森尼安描述的波士顿地区的体制问题在我国许多老工业基地城市也同样存在。

双重体制障碍，是当前技术创新过程中遇到的一个特殊问题，而且这个问题在许多老工业基地城市表现得尤为严重，因为历史上曾经有过的辉煌成就使决策者难以超越“过去的成功模式”而被锁定在僵化的框框之内，且以产业“轻薄”而受到过非议。浙江省经济总量却从 15 年前全国排位第 12 位上升到第 4 位，靠的是体制上的领先。浙江省有巨大的个人创业和民间资本潜力，但不等于省内所有城市也有这个潜力，因为民间资本和创业精神与科技成果的结合必须靠新的体制。这种体制既要排斥计划经济带来的僵化，又要创立知识经济时代以人为本、以知识为本的新体制。

（二）忽视科技人员个人创业在技术创新中的作用

个人创业的重要性，从来没有像今天这么受到普遍重视，也从来没有像今天那样成为世界性的潮流。多名未来学家和经济学家早在几年前就预见到：21世纪是科技人员个人创业的爆炸性的时期。科学院院长路甬祥曾评论道，美国的新经济发端靠什么？就是靠一大批科技人员如我们当年农民办乡镇企业一样率先办私人企业、老婆父子工厂。获得诺贝尔奖的美国经济学家卢卡斯认为：经济增长决定于人力资本的积累和其使用效率。科技人员的个人创业是人力资本使用效率的关键问题。但这在我国许多城市领导人的思维模式中常常被忽视。在当今时代，个人创业为什么变得如此重要？这是因为：

一是知识的资本化已经成为生产力的第一要素。在传统经济中物质资本作为第一要素与今天新经济时代人力资本作为第一要素，有明显的分界线。在物质资本成为第一要素时，需要的是大工厂，烟囱林立，机器隆隆，大规模的、福特式的生产，就像卓别林电影所描绘的那个所谓的“摩登时代”。但是，个人创业时代则要通过体制激励，承认个人价值的最大化，使个人积极性充分调动。这是经济增长的主要动力。

二是知识不仅成为第一推动力，而且知识是私有化的，它与肉体是分不开的。为什么许多城市不约而同地提出要引进院士、引进人才？这是因为知识引进不仅仅是买一本书或一项专利。科研人才出一本书、完成一个课题可能只用了他知识宝库中的1%、2%，仍有庞大的沉默知识未被利用，在专家学者本人及其学术梯队的集体和个体的大脑中还将不断涌现出新的知识，这才是真正的创新之源。所以，要引进人才，就是要把这个创新源引进来，还要引进整个创新梯队。人类历史上第一次出现生产力第一要素与人的肉体分不开，第一次出现了最大的生产资本是可以流动的、集聚的、转化的，成为活的资本。

三是科技产品的市场需求越来越小批量化、个性化和快速变化。今年推出的新产品，明年就可能过时，有的甚至只能独领风骚几个月，谁滞后谁就可能马上倒闭。“小鱼吃大鱼”“快鱼吃慢鱼”“赢者通吃”等。

例子可谓比比皆是。这都为个人创业创造了宽广的天地。一些国有大企业也曾开发出不少新产品，如杭州市中磁公司历史上也有过辉煌，出了几十项科技成果，如果通过良好的制度去创造，占有较大市场，就可能产生几十亿、几百亿的产值。但现在这些科技成果加在一起每年也只产生了几千万元的产值，成果已成了昨日黄花。为什么？因为没有抓住市场机遇，没有强调科技人员个人创新的意识、个人创业的意识，没有把科技成果独立出来作为科技人员个人贡献的认可，丧失了与社会和市场资本组合在一起形成进军市场的强大动力。许多大学、企业中也有好的科研开发成果，但如果要引进风险投资进行合作生产的话，投资者是无论如何都不会进入的，因为成果产权边界不明晰，而人家的资本产权是明晰的。只有明晰的知识产权才能吸引明晰的资本产权。知识产权如是不明晰的一笔糊涂账，物质资本就无法与之结合。科技人员个人做出的贡献，却被单位“充公”、“归大堆”，这种新层次的“大锅饭”扼杀了进一步创新的激情，也就无法调动创新者促进科技成果转化的积极性和主动性，企业也就不能适应市场的快速变化。

四是信息和网络技术的推广为个人创业和小企业的快速成长提供了机会。任何一家小企业，只要通过因特网，就可以搜索到10年前只有大企业才可能了解掌握的信息。个体私营企业为什么热衷于上网，温州为什么会成为上网最多的地方？因为借助因特网，个体户可以了解自己生产的产品应该卖到什么地方去，知道全世界哪个地方需要自己生产的商品、有什么同类的商品正在涌现等等。过去只有大企业、大外贸公司才能做的事，现在个体户也能做了。科技人员创业也是一样，现在利用人类所发明的信息技术手段可以了解本行业的全球动态，从虚拟销售到虚拟设计再到虚拟制造，整个过程都可以在网上运作，这就相当于把人的“手”与“脑”大大“延伸”了。扩大企业规模，目前有两种思路：一种是把无关的资产拼在一起，而不管这些资产质量如何。就像拼船板来造大船，不论船板的材质是钢铁还是木头或是肥皂，全部拼在一起，先把“船”推下水再说。一般来说，这样归并的企业难逃“冰海沉船”的命运；另一种思路是为小企业的成长提供一种机制的土壤，鼓励大家创业，然后使竞争的优胜者自然成长，就像森林中的参天大树，有扎实的生态环境基础。这样的企业是完整的有机体，这样的“船”进入市场竞争的大海中就能乘风破浪，不断地成长，无坚不摧。这是两种完全不同的思路。

反观美国最近几年出现的一些大公司，如微软公司，其几年的成长史相当于洛克菲勒集团几十年、上百年的成长史，这说明我们所处的时代不一样了。总部设在北京的UT斯达康公司是几个从美国贝尔实验室回来的留学生借了50万元资金起家的，现在已迅速成长为市值46亿美元的上市公司。这在传统经济时代是不可想像的。不是通过个人创业和知识经济的内在规律，能成长为这么大的"航空母舰"吗？再如杭州士兰电子公司是7个大学生几年前跳槽出来，由一个台商投资50万美元组成的一个公司，现在已经成为年产值4亿多元的大企业，反过来要购并原来跳槽出来的、中国四大集成电路制造企业之一的华越公司，这在以前能想得到吗？不用这种新的思路来看个人创业，就会犯常识性的错误。现在世界上成长最快的大企业都是从小企业沃土里脱颖而出的。没有小企业，就没有现代的大企业。这些小企业都基于个人的创业。所以，没有个人创业，就没有现在的IT时代，也就没有网络时代的大企业。

当杭州九源基因公司还在老体制中拼死拼活运转的时候，从该公司出走的一个名叫胡放的博士，自己在上海开办了一家企业，他的做法是把一个药用基因进行转化，到临床试验阶段前，就以几千万美元的价格将这一药用基因项目转让，再买入另外一个半成品，经过中试浮化技术创新再转让出去，又获得了几千万美元的转让收入，后收购了几家企业，一个小企业就这样快速成长为一个大企业。我们不能以传统的思维去理解个人创业，抹杀个人创业的积极性，或以守旧的思路忽视个人创业成果爆炸式的反应规律。忽视个人创业就是忽视技术创新。

经济学家吴敬琏教授说：中国的硅谷最有可能在江浙一带出现。因为硅谷所代表的新体制不可能在重重叠叠的旧体制中萌发，美国硅谷不可能产生在华盛顿，也不可能产生在波士顿、纽约，它只能产生在旧体制最薄弱、新机制最容易萌发的地方。按此思路，中国的硅谷不会产生在北京、上海，而有可能产生在民营经济最活跃的浙江省。但是浙江省的民营经济活跃不等于该省大城市的民营经济活跃，有些大城市的民营经济现在大大滞后于浙江省民营经济发展，很难想像作为一般的农民企业家个人创业都非常艰难的地方能让科技人员个人顺利创业。

(三) 孵化器[1]投资与风险投资渠道单一

一般的资本投资总是嫌贫爱富，哪儿保险往哪儿投，既要抵押又要担保，手续非常繁杂，审批时间长，有的甚至长达一年半载。一般的房产主总会将房产租给那些收入稳定可靠、长期租用、租金不断上涨、有很强支付能力的大公司，而不太愿意租给个人创业者。一般城市的土地，即使地价再便宜，“势单力薄”的个人创业者也很难通过立项、征地、与农民打交道后建设新厂房，再经过各种各样审批手续盖成厂房。经过这样一个漫长的过程，个人创业者早已是筋疲力尽，不仅创业没有成功，而且还丧失了市场机遇。这条“常规”之路对个人创业者来说是很难走通的。

以杭州市为例，一方面是创业资本不足；另一方面又是全国所有城市中商业银行最齐全的地方。2001 年，该市金融机构存款达 2600 亿元，但是科技人员在杭州个人创业，要想融资却非常困难，科技企业自有资本严重不足的问题非常突出。而在浙江省温台地区，私人入股办企业已经成为一种风尚。温州炒股票的人不多，大量的资金随时可以通过社会网络来筹集，私人借钱办企业也已经成为一种风尚，只要个人有信用，在温州几天内借到两三千万、五年期的长期资本是不成问题的。这在杭州是办不到的。由于温州的投资主体早就已经是民间化的风险资本了，它们的存在大大推动了技术创新，支持了个人创业。浙江省虽有许多成熟的民营企业家，但是这些民营企业家与科技人员如何在杭州这样的大城市结合、开花结果，则又会遭遇另外一类问题。

王选院士对技术创新曾经作过这样的解释：技术创新分国家和地方两个层次，国家技术创新体系就是着眼于基础学科，着眼于领先别国揭示自然和人体的奥秘，或抢先发展尖端空间技术和军事技术，并不追求商业价值。而地方技术创新体系的建设原则，就是老老实实地从后往前推，首先从市场销售开始，反过来决定采用什么工艺、技术，如何获得这些技术，技术创新的最终成果是形成市场认可的生产能力，从而使产品占领市场，而不是为了发现什么规律或领取什么奖。资本、管理、技术、人才，尤其是市场营销，它们都是技术创新的重要因素，缺一不可，

[1] 孵化器(Business Incubator)是通过提供一系列新创企业发展所需的管理支持和资源网络，帮助和促进新创企业成长和发展的经济发展手段或企业运作形式，它于 1956 年发源于美国

而不能单独地理解惟技术创新而技术创新，后者是国家创新体系而不是地方的技术创新体系所要解决的问题。在地方科技创新过程中，既能提供资金又能提供“管理”的稀缺资源即风险资本和孵化器，现在在我国许多大城市中只能由政府提供，民间的渠道少而又少。而政府提供的风险资本和孵化器又缺“管理”要素，这已经成为影响我国科技创新的一个致命缺陷。许多大专院校之所以不明白他们的一些科研成果项目到个体私营经济繁荣的地区大受欢迎，而在老工业基地的大城市却受冷遇，原因就在于此。

（四）投资环境方面存在许多问题也窒息了技术创新快速发展的进程

斯坦福大学研究硅谷创业环境的专家罗文认为，硅谷具有8个方面的特殊优势：一是有利的游戏规则，非常适宜于技术创新；二是很高的知识密集度；三是员工的高素质和高流动性；四是鼓励创新、宽容失败的文化氛围；五是开放的经营环境，任何企业、任何文化、任何人都可以进入，来表现自己的创业能力；六是有与企业界密切结合的研究性大学；七是高质量的生活环境；八是专业化和便利的商业基础设施，需要什么零部件就地可以马上采购得到，或者可以通过各种窗口采购得到。

我国许多城市与之相比，在以上8个方面都存在问题，除此之外，还存在其他的“一般性劣势”：一是政府机关的办事效率已经成为企业间最大的怨言。在沿海开放城市与在内地大城市，企业办同样一件事，所需的时间完全不一样，所受到的待遇也有明显的差别。二是创业空间不足，获得创业场所和工业用地的便利程度较低；三是优惠政策及其稳定性差异大；四是融资渠道不宽，融资成本较高；五是知识产权的确认、保护和交易成本各地差异大；六是公开、公正的产权保护司法环境尚显不足。许多老工业基地城市的司法保护成本过高。现在，有的城市学习香港推出了快速审判程序，小额官司快速审判，但在国内的技术创新者为维护自己的劳动成果常常有可能是赢了官司，却赔了时间和金钱，所以就会寻求法律以外的途径去解决，这就妨碍了法治环境的形成。

当今时代是人才跟着环境走的时代。很难想像连一般企业也难以逾越的道道投资项目审批关、经营扩张都存在障碍的地方，高新技术企业能够顺理成章地成长。因为高科技企业的经营者大都是企业家与科技专家结合的“两栖型”人才，高新技术市场变化非常快，需要科技人员在第一线操作，直接进入市场，而他们根本就不懂得怎么样与政府的审批机关打交道，他们可能连这方面基本的知识都没有。到底是要让他们适应环境，还是让环境适应这些科技人才？前者只是死路，而后者则意味着通过政府的自身变革为技术创新开拓出繁荣的大道。这是摆在地方政府面前的一大课题。

二、推进技术创新的体制与场所

企业是技术创新的主体，但也离不开政府部门的组织引导和体制环境创造。作为地方政府，要按照“有所为、有所不为”的原则，以提高科技人员和企业技术创新积极性和有效性为中心，着力营造有利于企业和个人创新、创业的环境。这方面的任务可以归纳为以下五个方面：

（一）坚持以体制创新促进技术创新

首先，要改革国有企业现有不合理的产权制度。按照中央提出的产权多元化、国有资产能进能退、实施战略性重组的要求，改革科研院所的产权结构。因为明晰的产权是知识资本产生的前提，也是知识成本与实物资本结合的前提。任何物质资本都是不愿意与不清晰的产权结合的。所以一定要加快以产权制度改革为中心的国有企业改革。全球化给我国城市这方面改革的时间已非常有限。随着我国进入WTO后外来资本的大量进入，民族企业将被迫真正与“狼”共舞了。现在要尽快在极为有限的过渡期中，消除竞争的阻力，以公平、开放的国内竞争环境去迎接全球化的挑战。通过竞争和开放让企业对所有的世贸组织规则都要研究透，如何利用好现有暂时的海关保护壁垒，如何利用好世贸组织给发展中国家民族工业暂时的保护措施，如何在过渡期内以我们的市场来换得更多的技术，如何使城市技术创新的体制与国际惯例全面接轨，只有这样，才能最终全面开放，才能吸收更多的人力资本和资金流入我国各个城市。这是一场时间的争夺战，是速度的争夺战。

其次，要大力推行按知分配。按知分配可以有多种模式，都要在现有分配体系中加以孵化，加以落实。

一是知识报酬激励。也就是科技人员持股计划，按照过去的技术贡献量进行分配持股。联想集团、春兰集团、四通集团、华为集团都推出了个人持股计划。没有个人持股，就不可能形成一种内部的个人创业与合作共事的氛围，在“大船”的迅速膨胀中自己也不可能直接得到好处，更不能在创新过程中把自己的知识拿来与别人共享，从而发挥出团队精神和构成学习型组织。这种激励制度和组织形式却是形成企业核心竞争力的关键。

二是给科技人员以期权，即以成果的未来收益分配资产。现在新进入联想集团的每个人才都有期权。

三是承认智力劳动，提高分红量。因为智力劳动是高强度、稀缺的劳动，这种劳动应该优先得到资本的承认。这就要求企业在税后利润中切出一块分配给这些高智力的、稀缺的劳动者，进行二次分配。除了企业的二次分配，还可以在社会上建立类似制度。上海为了促进二次分配，率先提出科技人员如购买上海的商品房，上缴的个人所得税可以返还。

四是要建立科技人员基薪加风险收入制度，形成一种综合收入。这样既突出了个人的贡献，又利用基本薪水作为招聘岗位的条件，竞争上岗，在内部产生竞争机制。还可以通过倒算，如果个人创造出来的财富以 100 分作为标准，高于 100 分的，多一分增加 5％的个人财富，而且要把风险收入留下 30％～40％建立抵押金，使科研人员承担对本企业技术秘密保密的义务，最后离开企业时进行审计，有过失的扣分。

五是要在人才高度流动的前提下，建立企业“自助餐式”的福利政策。有的人已经有了社会养老保险，企业就可不再为他提供养老保险，这时企业可以采取多种福利评分制的办法，个人有多少福利分，就可以选择多少其他保险种类，如养老保险、工伤保险和医疗保险，也可以选择其他的各种财产保险，这样个人的保险系数很高。这种自由选择式的保险体系就适应了人才高度流动体制。

六是推出个人生涯设计。著名的网络企业阿里巴巴公司为什么能吸引人才？就是因为它保证员工进入公司 5 年之后，可以具备个人创业所需的一切才能和社会网络资源。所以，其创办者马云说，在阿里巴巴公司工作的人，工作时间不会超过 5 年。就是要在 5 年内培养出一个成熟的企业家，其实就是贯注了个人生涯设计的理念。人才总是会朝着能实现自身价值最大化的地方流动。从物质需求上来说，就是朝能尽快地拥有奔驰车的地方去。美国硅谷为什么吸引那么多人？因为那儿每天都可以产生近百个百万富翁，当然失败的人更多。金钱对他们来讲是实现自身价值的一种尺度符号，他们当然要朝这个地方集聚。中国古代有句话说得很对，“财聚人散，财散人聚”。就是说如果业主是以守财奴、地主式的经营方式，把钱死死控在自己手里，对有功者特别是创新者不提供共享的机会，人才就会流走，这样的企业就不会发展，这就是“财聚人散”；如果采取期权分享制，采取人人持股计划，按照技术创新功劳分享股份，这样人人都成为老板。微软公司为什么能够集聚超一流的人才？任何一个企业拥有一个超一流人才，公司就会站住脚；有两个、三个超一流人才，公司就会顺利成长；有一大群，则这个公司就能独一无二。比尔·盖茨成为亿万富翁的时候，他下面的这些跟随他的创业者个个都是几千万级的富翁，他靠的就是人才共聚的机制，这就是“财散人聚”的含义。

第三，企业内部管理要从传统的物流管理、现金流管理为主转向信息流、知识流、人力资本管理为主的模式。企业内部管理也是创新的一个环节。在某种意义上说，对个人创业成果的认可就是为对这一成果的共享提供了初始条件，从而能激发出更多的新成果。要通过管理创新，使企业成为学习型的企业，科研院所和大专院校成为学习型的科研院所和大专院校，从而造就信息共享平台。有的企业把一项专利看成是自己的核心技术，这样的企业可能今年成功，但明年就可能失败。有的企业把知识共享、建立新型的学习型团队作为自己的核心资源，这样的企业就可以随机应变，就可以联合其他协作者的力量迎任何风浪，不断前进，不断壮大。这就是以信息流、知识流管理为主的模式的优势，也是构造有竞争能力的大企业集团的关键所在。

第四，以 IT 产业、生物制药两大产业为主，高度凝聚专业化人才，高度凝聚专业化资源，形成支柱产业的优势。一个地方没有产业上的优势是非常可悲的。浙江省许多地方经济发展很快，一个特征就是有块状经济。在一个块状经济中凝聚着一批独特的人才，这些人才把销售、技术、原材料加工和配套统统包罗在某个空间范围内，在其内部单个企业可以迅速成长出一艘“航空母舰”，这是浙江省在微观制度创新上的一个特点，也是我们在前一章重点介绍的内容。正是因为这些地方都有几千家工厂聚在一起，实现了信息共享、技术共享、原材料共享、资源共享，别的地方就无法与之竞争。所有此类专业化的技术创新成果都会在集群中涌现。浙江省绍兴县提出要建设“纺织硅谷”，其道理也就是人、财、物聚在一起。任何人才聚在一个地方，而且与产业相匹配，从经济学角度讲，这个人才就具有了外部性。一个人就像种子一样，纺织学专家如果在“纺织硅谷”就可以发射出十倍、百倍的能量，放在别的地方，因为没有足够的“社会资本”，就一点用处也没有，就是废才。

我国东北许多老工业基地城市就没有这样一种产业上明显的集聚优势，这很可惜。如果一个地区什么产业都有，样样齐全，但每个产业在全国都没有优势，其实就是表明该地任何一个产业都不具备人才的集聚优势，这就是城市的劣势。在这些城市中现有的大学资源优势，也会被远在千里之外的企业集群所享受了，这就是为什么深圳市没有一所名牌大学，但技术创新成果却通过“割稻头工程”而大量涌现。所以微观机制创新是非常重要的。要形成某一行业企业群在地理空间上的集聚，必须有好的机制。只有建立了好的机制，才能形成人才群体，才有企业群体、经济的群体，使创新人才与企业的简单组合变成有机的共生关系。因为在整个创新环节中，制度重于技术，人才高于资本。

(二) 为科技人员提供最大程度的创业自由度来造就人才高地

人才总是朝着能够实现其价值最大化的地方流动的，根本含意是朝创新、创业自由度最大的地方流动。例如，在我国著名大学浙大引进一个教授只需花很少的钱，因为在浙大，学术氛围、研究生质量和创业自由度要比三流大学好得多，所以即使不提供资金，人才也愿意来。如果其他二三流大学提供 200 万元资金从浙江大学引进一位博导、学科带头人，浙大的教授可能还不愿去，因为自由创业环境和生活质量不是资金能够买来的。我们一些城市政府经常思考的是为什么引不进人才、留不住人才，而没有思考为人才提供了多少创业和创新的自由度，就是没有这样去反思。

科技人员可以类比为私营企业家，但也有区别。地方政府应为科技人员个人创业提供哪些自由度?

第一，要提供自由创办企业的自由度。我国许多沿海城市政府都降低了企业注册资金标准，在有的城市，企业注册资金可以很低，甚至可以零资金注册，这就大大降低了创业成本。以前工商部门认为这样的公司是没有信用的，实际上高新技术企业的信用不是以物质资本而是以知识资本来衡量的，可能是零资本，但有丰富的知识资本，根本不需要政府部门来把关审核。

第二，要有自由的经营决策环境。因为政府部门无法，也无需为科研人员的投资创业具体细节把关，这与财政投资的项目是不一样的。以往许多企业申报项目，计委或经委、科委要召集许多部门进行可行性论证，这能论证出什么结果呢？论证后能对企业的发展状况负责吗？企业没有用财政资金要论证什么呢？实际上只要发表格填一下就行了。

第三，要提供自由扩张发展的空间。企业的扩张要有足够的自由度，不能受到任何限制或者说发展障碍要很少。现在，企业扩张发展受到的限制很多，企业要在郊区征用一块地，从创办之时起就要与农民打交道，而且要有很硬的靠山，必要时要有“武林高手般的武艺”，这样才能与这些人打交道，就会使许多人才望而却步。

第四，要有自由合并、自由流动的自由度。高新技术企业资产运转非常快，包括人员、现有的设备都在不断地兼并、流动。科技人员创业与农民创业不同，农民创业是做长期主业，一辈子就做这件事；而有市场经济意识的留学生创业，今天搞这个项目，巴不得一个月之内就把它转让，然后再搞另外一个项目。一个课题还没有研究开发成为完全的商品，就进行一番“加工”而变成该商品增值链上某环节的一项知识产权，把这道工序的“产权”包装后转让变现，再进行另外一个项目的研究开发、加工，不断地变现。而现有的政策是限制这样的变化，还是按照农民办厂的模式来管理，妨碍了企业资本的流动与兼并。

第五，要有转让退出的自由。个人创业，有成功的创业，但不成功的企业更多。不成功的企业，就要赶快“死”，“死”得痛快，“死”后这些资产才能盘活，成为新的技术创新资源。如果按照以往复杂的程序进行审批，那企业退出就存在层层障碍。所以，在实际工作中，作为政府部门既要冲破小富即安、吃大锅饭、铁饭碗、个人不愿承担风险、政府介入过多、大包大揽的计划经济的老套套，又要冲破传统经济偏爱资本量大、有形资产大、大规模福特式生产、大车间生产的传统思路。有的创意企业或软件小公司只有一层楼面和几台电脑，但却比传统机器隆隆的大工厂具有更大的生产能力。如杭州新利电子公司一层楼面就产生了几亿元的销售产值和几千万元的税收，而这几亿元的销售产值不需要什么装备，也不产生什么污染。而某传统的加工企业，年购买原材料 9000 万元，经加工后销售产值为 1 亿元，增加值为 1000 万元。但企业占了大片的土地，机器隆隆，黑烟阵阵。企业规模虽然很大，但对 GDP 的贡献只及一层楼面的软件企业的 1/10。但许多城市的领导不懂新经济的规律，就是偏爱那种大规模的机器生产，这就窒息了许多创新成果的应用和发展。

高新技术的软件企业与大流水线的传统企业相比，就一般的参观者而言，确实没有什么值得一看的，但就是这些不值一看的地方，却是创新成果涌现的场所，恰恰就是个人创业企业成长率最高的温床，是对城市 GDP 贡献最大的企业，是人才和知识密集度最高的地方。因此，城市政府要尊重知识经济时代技术创新的内在规律，尊重知识产权。只有尊重知识产权，才能包容和吸引人才。要容忍各种各样人才的怪脾气，允许他们张扬个性，鼓励他们承担风险，容忍创业失败。失败也是财富。这些新的文化理念，在我国许多城市还需要很好地培养。

（三）以政府为主导、企业为主体，加快风险投资资本市场的形成

风险资本是技术创新的助推器，这已被实践反复证明。国内外经验表明，投资、技术、人才的来源越广泛、越开放、吸收交换范围越大，经济发展就越快。如果人才来自世界各地，就能形成世界级的硅谷。如在美国硅谷，中国和印度的人才占了 40%。世界范围集聚的人才为硅谷带去了不同的创新文化。事实证明人才交换范围越大，越能凝聚高级人才。

但作为风险资本，还是要以本地化战略为主。因为只有本地化的风险资本，才能融入本地社会网络。它不仅仅是提供资本，还组合社会其他资源为所投资的企业所用，企业缺服务，风险投资公司就提供服务；企业缺管理就提供管理；企业缺市场销路就帮助找销路；企业缺厂房就帮助找生产厂家进行对接。如果风险资本不是本地化的，就不能发挥这些服务功能。风险资本只有本地化，才能使投资者知己知彼，才能形成鱼水交融的关系，才能最大限度地利用社会资源、政府资源和科研院所、大学的资源为科技创新服务。台湾新竹工业园区被称为世界第二个成功的硅谷，1998 年统计有 124 家风险投资基金，总量 200 亿元，平均每家 3.5 亿元，其中 60%来自本地产业界，19%是个人投资，6%是国外投资家，2%来自国外银行，本地化趋势十分明显。因此，发展风险资本市场应以本地化战略为主，并辅之于优惠政策，大力引进外地成熟的风险投资公司进行嫁接组合。

政府在风险投资中的作用，是在资本市场还未形成时，责无旁贷地筹措一笔资金去替代它、强化它、扶持它，但不控股；风险资本市场形成了以后，政府资金应逐步退出，并制定规范，而不是继续扩大投资范围，应学会逐步地以市场机制替代政府功能。风险投资家分为两类：一类是一般投资者(GP)，另一类是有限投资者(LP)。前者懂技术、懂管理、懂销售，是真正的风险投资家，可以把技术创新各要素组合在一起，它是个领头羊；后者是跟进者[1]。这两者的报酬应是完全不一样的。如由政府投资变成政府控股，政府又要派不懂行的人像以前管理国有企业那样去乱干预了，投资体制就会僵化。政府只能做跟进者，因为在这样一个千变万化的市场里，政府是“无知”的，要在领头羊后面跟进。

风险投资要形成网络，使它的功能和作用威力放大。因为风险资本的核心就是把科技人员、管理者和社会资本组合在一起，它是诸要素的粘合剂，这个粘合剂的灵魂是企业家的作用。我们经常遇到这样的情况：二流科技成果，在一流企业家手里就能变成占领市场的利器，迅速地成长和扩张，而一流的科技成果在三流的企业家手里就被耽搁，成了废品，这样的例子比比皆是。单纯按照技术创新成果来讲，杭州中磁公司是很强的，而另一家著名企业娃哈哈集团不可能排在第一流的，但企业家发挥了充分的作用，把二流成果变成了全国最大的饮料企业。当然也有人把最好的成果变成了废品，只能变成奖杯陈列在荣誉室里，这就是体制的问题。政府组织的创业风险投资网络就是着眼于把有知识产权的人、有钱的人、有管理能力的人、有推销能力的人、有生产能力的人进行对接，通过协作网络组合在一起，形成一种创新创业的协同网络。

在科技创新中，政府部门要脚踏实地做市场和企业不可替代的工作。从工作效能上可将政府部门分成三类：一类是只会统计的部门，它替代了统计局的作用，把人家的成绩统计为自己的成绩，然后提出一个庞大的目标。实际上没有这些部门的存在，这目标也能实现；还有一类是统计加一点服务，这比前一类好一点；第三类部门是做市场做不了、企业做不了的事，在现阶段它们的功能是不可替代的，就要坚定不移地抓住这个龙头为企业服务，服务是其惟一宗旨，这样的部门就会获得企业的好评。政府功能是靠部门来体现的，而且执法主体的惟一性就是某一个部门“垄断服务”而其他部门不可替代，所以只能通过上级权力来促进下级权力的优化服务而不能仅靠市场机制。

风险投资要有便捷的退出机制。一是二板市场，这与A股、B股市

[1] 参见：仇保兴．人才·体制·环境——区域经济转型与对策选择．浙江人民出版社，2000年第1版第408、411页

场完全不一样，二板市场的准入档次较低，不需要企业有三年盈利成绩，香港二板市场甚至规定不需要当年盈利，而且它不是政府审批准入的市场，而是由证券商来推荐的。这样，企业就要与大证券商联姻，这正是政府部门牵头要做的事；二是建立内部的产权交易市场。因为60%的产权是通过内部产权交易退出的，进入二板市场交易的只能是一少部分企业，美国也只有2%的企业才进入纳斯达克市场；三是要鼓励企业之间的并购。我们要求的是产权明晰的企业互相并购，而不是过去的行政策划归大堆；四是简化企业清盘破产程序。

促进个人创业，地方政府要提供几类资金：

一是种子资金，也可称为“天使”风险资金。创业者只要有了一个好的创意，经过有关部门专家论证以后就可以给予资金支持，多的是20万元，少的5万元、8万元，以鼓励创业。如果创业失败，也无需偿还。美国的HP公司就是当年由斯坦福大学的电子工程教授弗雷德里克·特曼个人拿出538美元，借给他的两个研究生创立的，现在成了世界一流的大公司。

二是政府发挥启动作用的风险投资基金。重要的是政府牵头，组织企业来投资运作，因为只有企业投资组建的风险投资公司，才是真正领头羊的风险投资公司，由政府来管理风险投资公司是很难的。风险投资要专业化。例如投资IT产业与投资生物制药就不一样，即使是投资制药业也分成很多门类，有中药提纯的、针对哪种疾病、哪种基因表达类别的，都要有不同的风险投资公司来投资，这样风险投资才能发挥效益。

三是要提供担保资金和技改贴息资金。有些企业需要担保，就由政府组建担保公司提供。担保资金不一定全部由财政承担，可利用政府的剩余资产来提供担保，1∶4、1∶5地进行担保。

四是申请专利的资助资金。像生物制药的科研成果主要体现在专利权上，如果没有专利制度，即使研究出来，也得不到保护，因为有别人率先将成果申报专利，该科技人员的技术创新成果就一分钱不值。专利不仅是个人的财富，也是本地区的财富。所以，政府要帮助科研人员申请专利。现在不少地方政府规定，个人申请国外专利可以资助70%的费用。

五是奖励基金。以奖励个人为主，因为无论是集体还是个人创业，个人的作用是绝不可忽视的，因此要直接对个人进行奖励，而且要重奖。

前几类资金起推动作用，奖励基金是拉动功能，充分体现了物质激励和精神激励的双重作用。政府要把有限的资金用在刀口上，而不能乱花钱、乱干预。在现阶段，还必须十分重视将风险投资和以上几类政府资金引向传统产业的技术升级上，这是城市工业经济从量的扩张转向质的提高的捷径之一。

（四）多管齐下，办好各类孵化器和科技园区

孵化器的本质，就是在把好项目转化为成熟企业的过程中，最大限度地吸收和组合外来资源，使其顺利成长。企业就是在这里度过“婴儿期”，然后跳下“摇篮”跑步前进。

第一，孵化器一定要有多层次。一个创业中心、创业大楼可以提供孵化器的功能，对进入的企业给予两年的优惠房租，这是一种模式；某一个行业在一个地区集聚形成了一定的规模，也有很强的孵化作用。如要孵化领带生产企业，到浙江嵊州去肯定会成功；要孵化五金企业，到浙江永康去肯定也会成功。这个“专业区”就是一个很大的孵化器。没有产业的孵化、集聚的孵化，孵化成本就很高，如果某个区域形成了孵化的效应，就能促进地方经济的快速发展和人才的集聚。如高新开发区就是一个区域孵化器，高新开发区“一点多园”，就是要在不同地方形成不同区域的孵化器。文教区也要形成孵化器效应。一个开发区就是一个区域性的孵化器。大学校园周边都可培育成孵化器，因为大学教师习惯三点成一线，实验室、宿舍、图书馆和创业的地方最好在 15 分钟之内。为什么世界上 500 强企业都把研发中心都建在大学附近，因为只有在这里，孵化成本才会最低；一个城市也是孵化器，因为它拥有孵化一家成功企业的一切资源条件。硅谷不仅是一个城市，还是一群城市的组合；更大范围就是虚拟的孵化器，在一个局域网上进行孵化。如上海的主干网与杭州的主干网连通起来，在上海与杭州这个大区域就形成了一个虚拟的孵化器，在这个孵化器上许多资源可以共享。所以，不要固守围墙，既要培育有界的孵化器，也可促进各类无界的孵化器诞生。

第二，孵化器要向专业化方向发展。孵化器要针对某一个专业来设置，这才比较有效。不同的行业有不同的特征，例如 IT 企业、网络企业变化很快、成长很快、培育很快、孵化很快，需要的资金量少，但需要的知识资本很大。而生物制药行业因为孵化周期长，从一个新的基因蛋白到制成药品，没有五年时间和大量投资是难以成功的，这期间就需要很大的可持续的资金投入，这个孵化器就要靠资金，而且还要紧靠操作平台。只有不同的专业孵化器，才能发挥不同的作用，就像不能把婴儿放到孵化鸡的孵化器里去保育一样，因为温度条件不同。只有根据不同的行业特征、不同的企业、不同的人才提供特定的孵化环境，才能有效地促进技术创新。

第三，需要多元化的投资机制。现在，风险投资还是政府投资一条腿走路。政府投资在启动时期是需要的，但确实需要尽快形成多元化的投资机制。以政府投入为主导还可以是存量转化型，如政府部门的招待所、旧厂房“就地卧倒”改成孵化器；也可以是由政府先期投入，筑巢引凤，然后由企业来接手兴办科技园区；由企业来组建孵化器。如某困难企业所处地段很好，可由别的优势企业去接管，就地按“数码港”的形式来建设，这样企业介入程度很高，转化效率、服务功能也会比政府办的要好；由大学、科研院所联合来办孵化器，充分利用科研院所和大学的设备、知识、人才和研究生队伍为孵化器服务，这是很成功的做法。这就要求大学、科研院所充分发挥孵化功能，而不是自己直接投资去办高科技校办公司。

第四，孵化器的空间布局一定要非常合理。孵化器应靠近大学、科研院所，自然环境、生态人居环境和卫生环境各方面都要比较优越，要一切围绕人才的需求来筹办和运转。

第五，要高度注重企业家的作用，高度注重机制的作用和政府牵线的作用。成功的孵化器都是一头连着企业，一头连着科技人才。现在有的城市采取“一园多点”的模式，每个区都设立科技园区，就是政府牵头，针对某一个学院、某一个学科带头人和特定的科研院所而采取的对策。如发展生物制药，就要利用孵化器和科技园区，把生物制药的学科带头人“一网打尽”。建设孵化器要有针对性，地理位置选择也要有针对性，必须要有明确的带动当地产业化的目标。

地方政府还可利用与著名理工类、综合类大学的联姻关系，互派专家挂职。挂职的科技副县长、副市长的作用就要发挥在孵化器上，要一头连着大学，一头连着孵化器和科技企业，把沟通渠道拓宽，通过这个联姻者和中介体，把某个学科、行业的带头人成建制融入创业网络中去。科技园区和孵化器建设，在地理空间规划上就要把大学像“包饺子”一样包围起来，就地转换科技成果，实现双赢。

（五）要为技术创新提供良好的投资创业环境

一是坚定不移地创造有利于人才集聚的居住、工作和学习环境，而且将来要与世界接轨。当前许多城市大力实施环境整治，就是首先要在环境上与国际接轨。试想：连一般学生、一般教师都反感的地方能引进一流人才吗?

二是要不断地推出吸引人才、便利创业的优惠政策。内地城市政府更要做到人无我有，人有我优，人优我快。优惠政策是不断变化的，而且存在着事实上的竞争关系。

三是要扎扎实实地扩充工业、科技和大学用地。要降低科技用地、大专院校用地和工业用地的门槛，对真正具有一流科技含量的产品、带动性强的项目，要下决心贴地贴钱引进。美国犹他州之所以成为美国发展最快的州，靠的就是这个政策。十几年前，犹他州就到处拉美国的许多大公司，他们听说 IBM 公司要设立个研发中心，就马上去拉，许诺提供 600 万美金的无偿资助，结果成功了，最后这个研发中心就带动了犹他州的一大批企业。

四是要建立个人信用体制，拓展科技人员的融资渠道。现在上海已经建立了个人信用体制，某个科研人员的信用值一旦被确认，他向银行申请贷款，就可以不需要任何抵押手续，从银行取得相应的贷款。个人信用体制是社会上创业者的摇篮，城市政府必须下决心建立起来，这将会进一步拓宽科技人员的融资渠道。

五是要建设网络城市和数字城市。即要加快主干网、接入网和现在的“三网合一”建设，把主干网的信息容量做大。据论证，在未来信息社会，每个人的信息分配量应该有 2.5G，大城市的主干网就要按照适当超前的标准来进行建设。

六是要强化知识产权保护力度。知识产权在哪里能够得到保护，而且所受到的保护最完整，那里带着知识产权来的人的积极性就越高，在该地方也就越容易凝聚。

七是要强化集中办事中心的建设。现在国内许多城市，投资者申办一个企业，需要跑很多个部门去办理相关手续，即使是本地人也会被搞得眼花缭乱，头昏脑胀，弄不清楚要到哪里办，那外来的人才就更难办了。所以，城市政府要善于从“体制外”去开拓服务场所，例如把投资项目集中办理中心建设好，方便人才创业。

八是要办好科技成果和知识产权交易市场。要从有形的交易市场向网上交易市场即虚拟市场转化，从定期市场逐步办成经常性的市场，从本地市场办成全国性、国际性的市场，有效降低这方面的交易成本。

三、促进城市创新文化的培育

(一) 问题的提出

“创新是民族的灵魂”，更是现代城市最重要的人文精神之一。城市是被创新、改革的对象，也是人类创造力勃发的温床。人类很大部分的知识和科技创新都来自城市化所致的规模经济、专业化分工与合作等集聚效应。

城市的生命力就在于创新。当我们看到楼兰古城等湮灭的遗址时，就会想起这些先辈们曾经做出的巨大的努力，但是当时先民们的创新能力不足，遵循了某些守旧的思想。正是因为忽视了创新，当时城市的生态系统不具足够的多样性。作为一种自组织系统，不具备应对外界环境变化挑战的能力，所以它们才被历史淘汰了。

进入工业文明之后，人类绝大部分自身的科技优势，都来自城市化所致的规模经济、专业化分工等积聚效应。当信息化和全球化迅猛推进的今日，决定城市竞争力的主要人力资源是科学家、发明家、企业家、技术工程师，尤其是与IT、生物基因产业密切相关的综合性创意产业人才，后者已经日益成为城市产业结构转型的催化剂。而且，这类人才的聚集地为城市创新思想和新产业的诞生奠定了基础。

解决日趋严重的城市问题需要创新。只要坚持弘扬创新文化、更新观念，城市有可能不仅不是问题，而且还可能成为解决当前一系列难题的途径。创新是任一现代城市文化的精髓，而不是“标新立异”的形象工程和城市建设“贪大求洋”的借口。

全球化意味着将对财富和资源的重新分配。任一城市的竞争力和发展机遇取决于其在全球城市网络中的地位。进入网络“节点”的城市将会获得新的财富。发展中国家的城市如不注意创新文化的培育，将会因边缘化而失去原有的地位。

现代产业的“微笑曲线”结构将导致城市间贫富的鸿沟进一步明确(图12)，主动抢占创意、研发和文化等新产业领地的城市将获得更多的发展机会。在 20 世纪 60 年代所谓工业化时代，研发和创意制造环节所创造的附加值较低，但是进入信息化时期，人们可以清晰地看到，研发和售后服务这些所谓与文化产业相一致的新产业，所带来的附加值大大高于一般的产业。

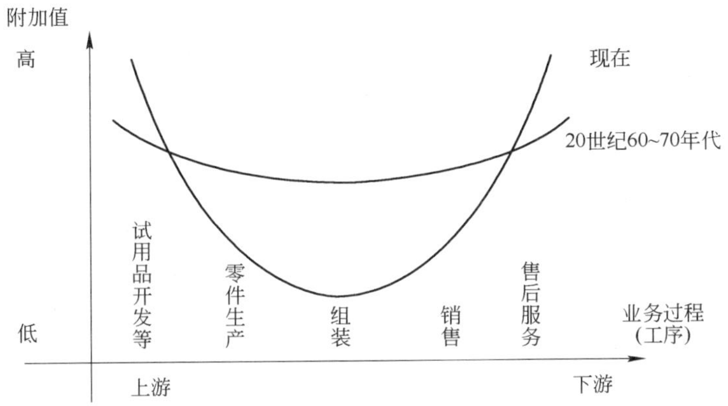

图 12　现代产业的微笑曲线

物质财富的日益丰富也促使了城市休闲、食利阶层的兴起，削弱了部分市民创新、创业的动力。克服“二世祖”的游手好闲、追求物质享受，打破“小富即安、固步自封”的观念已成为当务之急。纵观人类文明史，大凡达到峰顶期并开始衰落的民族都会沉湎于精致的艺术文化、休闲文化，而使初创期那种充满活力和包容力的创新文化消亡。三年前我们在广东进行珠三角城镇群规划调研时，就真切地发现，在路上走得最慢、早上起来最晚、喝早茶时间最长的，都是那些当地因城镇化卖地致富的农民，他们迷失了进取前途，丧失了原先创业奋斗的动力。正因为如此，广东省新一届党代会就提出要把创业和创新文化作为整个珠三角再次腾飞的文化基础。

现代城市的各类创意产业包括文化产业、高新技术产业、电子娱乐、软件等，在地理空间上呈现日趋明显的集聚、集群创业现象，“艺术与科技相结合，是当前我国创意产业的一大特点”[1]。其深层含义所展现的是：原本分属于不同专业与学科的知识谱系，在创意产业的框架下实现了新的、有机的整合，显现出对城市发展空前的推动力。而现有的城市

---

[1] 参见：文化创意产业离不开 IT 技术. 光明日报，2006 年 11 月 16 日

规划方法基本上无视这一规律。哈佛大学教授迈克尔·波特在40年前就提出：一个国家、一个地区的竞争，不是决定于所谓利率、汇率、货币地位等宏观数据，而是决定于那些地理上成群分布而又毫不起眼的“马赛克”——产业集群。这已经是被半个世纪的实践所证明了的真理。

（二）成功的范例

如“数字广州”“创业在杭州”等战略目标在2010年的发展战略是形成包括应用软件、嵌入式软件、动漫产业、软件外包服务、集成电路设计等产业体系，目标是实现IT创意产业集群化、品牌化、国际化，力争此类企业总数达到2000家，培育一批年服务收入或产值超10亿元的骨干企业，聚集20～30万以上的专业人才，确保此类新产业的年产值增长保持在35%以上。软件、动漫产品年出口值达1000亿元，成为全国此类产业发展的龙头城市并具有与印度著名的IT之都班加罗尔相竞争的能力。正是基于这一长期战略的需要，广州、杭州两城市率先实施了若干项行业转型。

一是高等院校专业转型：地处杭州的中国美术学院设立了动漫学院；浙江大学、浙江工业大学、浙江科技大学等院校都拓展了创意产业的专业、分校，引进国外师资培育急需人才；广州天河软件园、华南理工大学、欧特克软件(中国)公司最近联合成立数字创意中心，该中心计划在3年内，培养2500名高校创意设计专业人才和3000名社会各类数字创意人才[1]。

二是科技园区转型：两城市的各类科技园、大学城、经济技术开发区正在联合相关院校和著名研究机构设立专业创新服务中心，并主动招商引智，吸引国内外著名IT产业、设计创意企业和研究教育机构加盟杭州。如芬兰诺基亚、日本东芝、美国联合技术以及印度、韩国等国的著名企业都在杭州设立了研发中心。阿里巴巴、中南卡通、盛大网通、中国创网等知名企业也正在茁壮成长。

三是实施展览业转型：杭州借助一年一度的西湖博览会和动漫节，开展国内外创意产业的新技术、新产品和新创意展示交流活动，从文化氛围方面打造“动漫之都”的印象，促进城市传统产业的改造、升级和转型，实现从“杭州制造”到“杭州创造”的跨越。

---

[1] 参见：张景华. 广州：加快数字创意产业设计人才培养. 光明日报，2006年11月10日

到目前为止杭州已有一万多家各类创意产业，其中99%属于科技人员自主创业的民营小企业，而且在地理空间上依托浙江大学、浙江理工大学、中国美术学院、浙江工业大学等创意文化浓郁的区域空间，形成了日益壮大的企业集群，呈现了良好的发展势头。

(三) 相应的变革

首先，要大力倡导创新文化，复兴艰苦创业、自主创新的风尚。鼓励勇于尝试，宽容失败，强调创新创业是发展之源、富民之本、和谐之基。我在欧盟出版的一本著作，用的副标题就是“和谐与创新”[1]，只有创新才能达到和谐的目的。

其次，要推行“灵活创业场所计划”。只要没有污染、噪声的排放和邻居投诉，允许市民改变房屋使用功能，以降低创业成本。美国如果没有其南部的“车库创业”，就不可能诞生硅谷。作为地少人多的新加坡，也颁布了可以在任何住宅区进行创业的法规。

第三，充分保护和利用城市“工业遗产”，将大批工业厂房“退二进创”，改造为创意产业和艺术工作者集聚的场所。

第四，顺应“集群”发展趋势进行科技园区的选址和规划设计，尽可能以创业大楼和孵化创新中心来替代低建筑密度的“园区”。

第五，实践证明，通信方式的变革与技术创新、创意产业的发展存在正相关的效应。加快通信网络与因特网的升级换代、推广无限宽带接入技术以及降低收费等措施，都能促进城市的创新水平和创业成本的降低。总之，此类设施已经成为现代城市最重要的基础设施之一，应在城市规划管理中占有应有的地位并给予实际的支持。

第六，“倡导创业型就业”是解决当前大学毕业生就业难的主要途径。绿色建筑、循环经济、节能减排、生态城市等新兴行业都为“创业型就业”提供了丰富的机遇。城市规划要适应这种发展新机遇和创业的新高潮。城市规划应成为促进公民平等、机会平等、资源开放、公开竞争、产权保护等方面的公共政策。

总之，在技术创新方面一定要从制度创新、环境创新和管理创新入手。对政府而言，管理创新是第一位的，因为只有通过管理创新来适应

---

[1] 参见：Qiu Baoxing. Harmony and Innovation：Problems，Dangers and Solutions in Dealing with Rapid Urbanization in China. I’Arca Edizioni，2007

技术创新的内在规律、适应新经济和经济全球化的运行规律，才能既不“错位”也不“越位”地为科技人员造就良好的制度和环境。制度创新主要包括以投融资体制创新为特征的风险投资体制，以创业板为主要特征的资本市场流动制度，以各种无形资产参与分配的期权制度，以知识产权为重要特征的产权制度，以科技园区、孵化器、大学为载体的产学研一体化的结合机制，以政府有效扶持为主要特征的有效干预制度。在整个干预管理过程中，政府部门一定要牢记“技术可以超越，制度无法超越”；“人才可以流动，环境无法移动”。

专题一：

杭州大学城的规划目标、特色及功能

“国运兴衰，系于教育”。城市的兴衰同样系于教育，决定于人才的数量和素质。而人才培养的关键在于实现高等教育的大众化，降低大学入学门槛，使中学教育到高等教育成为一种平稳的过渡，而不是“鲤鱼跳龙门”，从而适应知识经济时代的到来，满足城市现代化建设对人才的需求，增强城市竞争力。建设大学城是实现这一目标的重要途径。

一、大学城规划的目标模式

建设大学城，对今后城市的发展是个极大的机遇。对杭州而言，则意味着：

1. 建设大学城就是奠定“天堂硅谷”的基础。学生经历了长时间的学习教育，十年磨一剑，才得以进入大学。通过四年大学学习毕业后的学生，就有可能具备创业的基础和一定的科技知识、创新精神。在网络经济时代，许多新的创意就是金钱，就是生产力。杭州要成为“天堂硅谷”，没有大学城作为依托就难以成功。从与美国硅谷的比照分析中可以看出：(1)杭州所在的浙江省有深厚的民营经济基础，有个人创业的传统，崇尚个人创业。这与美国西部有相似之处；(2)杭州有以浙江大学为首的许多著名大学，但理工科类的综合研究能力显然与硅谷的斯坦福、伯克利等世界名校不能相提并论；(3)新机制运行比较顺利。世界上办得成功的“硅谷”，没有一个是在传统体制重重叠叠的基础上萌发出来的。硅谷为什么没有在美国传统的科技学术之都波士顿或商业中心纽约萌发，而是在相对偏远的圣何塞出现？原因就在于在西部拓荒地对新思想、新观念萌发和流行的阻力最小。这些对杭州来讲都是具备的，关键是我们能提供多大的技术源？在网络经济时代，人们只要有创意就可以创业。作为一种新型经济模式，网络经济的发展本质上是由最少保守思想的青年人才推动的。因此，拥有大学城，就使杭州可以高起点、高水平、快速度地建设“天堂硅谷。”没有大学城，就不可能拥有充满创新思想的青年人才，建“天堂硅谷”就成为一句空话。

2. 建设大学城就是创文化名城。“建经济强市，创文化名城”是杭州城市发展的总体目标。文化名城有两个方面含义：一方面是对传统文化的发掘、保护和利用；另一方面是创造现代的新文化。不能以为杭州是中国的七大古都之一，只要把古都的风貌妥善加以保护就可以沾沾自喜了。实际上，这样的历史文化名城是没有可持续发展能力的。在古老传统文化的基础上真正有所创新，在新时代再创与知识经济相适应的城市新文化，而且使这些新文化在中国的文化圈内甚至亚太文化区里具有一定的地位，并能促进创意产业的成长，恰是杭州创文化名城的应有之义。党的十五大提出，文化是综合国力的重要标志。重视文化，就是要着力培养有文化、有教养、有道德、有创新激情、有创业能力、有社会责任感的一大批人才，从而形成独特的现代文明。这种文明不仅可以促进经济的发展，而且也是精神文明建设的主要组成部分。

大学就是传播文化的场所，更是产生文化新理念的殿堂，离开了大学城的建设，创建文化名城就难以实现。虽然杭州已经拥有了很多所学校，但大学的数量远远不及西安和南京，根据时代的发展要求和周边地区的竞争形势，杭州稍有不慎就会成为落伍者。落伍者的文化名城就可能会成为文化竞争力、综合城市增长能力的败北者。

3. 建设大学城就是建设生态城。杭州市区虽然已不存在未受人类活动破坏的天然环境，但城乡聚落与周围自然环境的对比仍然比较明显，不少山体、河流、湖泊、植被、淡水生物等资源还处在可恢复的状态。要创造“游在杭州、住在杭州、学在杭州、创业在杭州”的四大品牌，必须以良好的生态环境、人地和谐的山水城市为基础，而且市区的大部分自然资源的保护，都是与历史文化风貌的保护紧密联系在一起的。从另一方面来看，市区在长期发展中所形成的单核心的城市空间已日益显露其弊端，必须尽快采取人口与产业疏解的办法，从主城区转移部分城市服务功能，在更大的空间范围内寻求科学合理的城市空间布局。否则就难以扭转环境持续恶化的趋势。所以，在市区边缘合理布局建设几个高教园区，对环境的污染是最少的，而社会效益是最好的。这与创建生态可持续城市的目标是一致的。还没有一种产业能像办大学城那样与杭州城市未来的城市性质那么高度一致，与增强杭州的可持续发展能力那么协同。

4. 建设大学城就是创造城市第三产业发展的新优势。现代经济中，一、二、三产业是高度相关的，只有通过第三产业振兴才能有效地带动第一、第二产业发展，只有第三产业才能使人高度聚集在城市里。有市才有城，这个“市”就是第三产业。杭州是国际著名的风景旅游城市，旅游城市有一个特点，就是游客来得很多，但时间分布不均匀，而且走得快。1999 年全市接待国内外游客达到 2200 多万人次，而大连市只有 1000 多万人次。就人数而言杭州可以在全国列前十位，但这么多人来去匆匆，而且来的时间非常集中，大多数都是在旅游旺季来。但办了大学城，使全市在校的大学生达到 30 万人，就可以把短期的、来去匆匆的游客与长期在这里工作学习的人相互平衡。这样的城市才是完美的，布局上才能趋于合理。所以建大学城与建旅游城是互补的。如果把这两类人都看成是消费者，那旅游者就是短期的高强度消费者，而大学生是长期的、中等程度的消费者，他们对城市的服务业发展都有着很大的促进作用。

5. 建设大学城代表了杭州产业结构的调整方向。从杭州的城市性质来讲，经济的发展只能走人力资本密集型的路子，不可能走第二条路。既然选择了人力密集型的发展路子，那就要超常规、大容量、高速度地培养、引进和造就人才，人力资本就是这座城市的首要资本；从经济发展的总趋势来看，在新经济的结构中，人力资本是所有资本中生产力最强的资本。发展教育事业是符合时代趋势的，是将智慧产业作为城市首位产业来发展的必由之路。所以，选择建设大学城作为杭州发展的重头戏，借助于高等教育大众化，大大提高城市的核心竞争力，使市区成为学习型组织和人才密集的“学习型”城市，这代表着城市的发展趋势，强化了杭州的区位优势，也凸显了城市的综合优势。

二、大学城的规划特色

新建的杭州大学城主要由下沙、滨江、小和山三大高教园区和浙江大学新校区四部分所组成，总占地面积 2.7 万余亩，总建筑面积 830 多万平方米，总投资近 200 亿元，安排 37 所高校(校区)，在校学生规模近 30 万人。其中下沙高教园区分东、西两个区块，总占地面积 1.5 万亩，总建筑面积 480 万平方米，总投资 77 亿元，进入园区学校 14 所，在校大学生 13 万人。

下沙高教园区位于杭州经济技术开发区的北边，钱塘江的西北岸，现状用地地势平坦，基本为围垦地，北部有大量鱼塘，地理位置与条件较为优越，可以依托目前已初具规模的经济技术开发区完善的基础设施，加快启动建设。

下沙高教园区作为莘莘学子求学的场所，在规划设计的理念上，应体现以下几个原则：

一是"简洁、宽松"的原则。"简洁"是科学美的体现，也是科学精神的灵魂。科学结论追求高度概括的表述，从牛顿的三大定律到爱因斯坦的 $E=MC^2$，复杂的客观世界遵循着一条简洁而深刻的规律；"宽松"是人才辈出的温床，也是激发灵感的殿堂。从文艺复兴到知识经济，人类文化的最大财富是思想的不断积累，思想解放来源于宽松而自由的天堂。同时，简洁的空间结构也有利于外来学生、教师和游客的识别。如日本群马县立女子大学明显地划分为两组空间：一组为市民和师生共同利用的空间(包括讲堂、学生会馆、体育馆等)；另一组为田字形内院组成的较为封闭的空间，既提供了安静的学习环境，丰富了周围的文化生活，又不影响教学。

二是集中与分散相结合的原则。中国传统建筑形式中对称、庄严的广场、体现秩序等级感的建筑、闭合厚重的围墙、压抑的大屋顶建筑以及以皇权为中心的向心环状道路布局等，都与突破常规、自由、开放、民主等现代理念相冲突的。应让中华民族的未来主人在包容兼蓄、简洁流畅的空间环境中，任意驰骋自己的想像力和创造力。鉴于整个高教园区(西区及东区)用地形态狭长的特点，在规划布局上，园区的服务设施、休闲与绿化景观主轴应贯穿整个区块，使得每个校区最便捷地与其联系；整个西区区块以东西向的服务配套区为中心，在南北两侧分别布置院校，从而形成相对独立的校园环境，减少不必要的干扰(图 13)；教工住宅区宜采用相对集中的方式，便于规模配套和物业管理；园区内的道路采用方格网的形式，既可与现有建成区的路网相吻合，又利于校区的完整性和建筑物的布局。

三是收放、开合有度的原则。在园区的绿化及景观规划上，应结合路网与水系，设置防护绿带、滨河绿带、广场绿化、道路绿化与校园绿化。注重对道路两侧建筑轮廓线和校园内部建筑轮廓线的控制，从空间

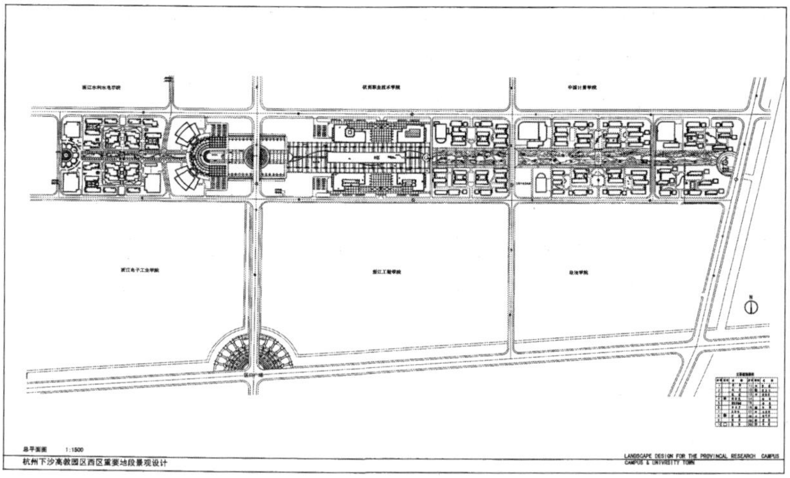

图 13　下沙高教园区西区公建设施服务区景观设计总平面图

的围合与开放着手，做到有收有放，收放结合。通过控制建筑的进退、绿地的大小及要素的重复与变化，使空间产生节奏感。在校园规划中，通过主要建筑物引导道路、组织人流。在人流必经之处或易达到的聚集之地布置交往空间(如广场、水池、草坪等)，以便师生们休息、自学、集会讨论等。同时还要引进现代环境设计观念，把服务空间引入教学区，把活动空间引入生活区，以创造更加活泼生动的空间形象(图 14)。除了整体形象以外，还应注重近人尺度的小空间(如建筑庭园等)以及雕塑小品、灯具、公交站、栏杆、垃圾果壳箱等“城市室外家具”的设计，做到

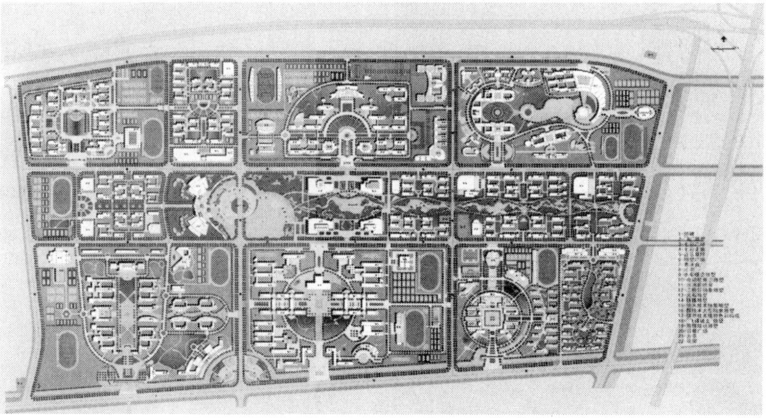

图 14　下沙高教园区西区景观设计总平面图

功能与景观两者兼顾。校园和其他单位一般不用传统的围墙，而采用河道、带刺的灌木丛，配上一定宽度的鲜花草地作为阻隔，既能绿化美化空间，又尽可能地提供宽敞的开放视野。

四是动静分区但又相融合的原则。一方面，大学是修身养性、求知解惑的圣殿；另一方面，青年人活泼好动，又处于长身体、磨炼意志的最佳时段。我国由于受传统教育观念的束缚，运动娱乐场所在高校中还是相当缺乏的。考察一些教育先进的国家和地区，文娱体育建筑几乎占整个大学园区建筑面积的一半以上，充分反映“文武之道，一张一弛”的心理与生理成长规律。在校园规划时，应为他们提供丰富多彩的运动场所和动静相均衡的空间布局结构。保留所有的河道堤坝、水塘等“自然斑痕”，扩大水面形成一连串平静开敞的湖面和曲径通幽、富有江南特色的河流，与时而波涛汹涌且宽阔的钱塘江形成一静一动的鲜明对比。在运动馆、体育场、游泳馆建筑造型与环境小品的设计中，都应突出鲜明活泼的动感氛围，与宁静的校园、绿树环绕的住宿区形成明显的视觉落差，并通过空间网络与之对话，这样才能使大学城的空间层次更加丰富精彩。

五是弹性规划与模块化结构相结合的原则。下沙高教园区东、西两区块，可统一设计，分期实施。学校的服务区在不同的建设阶段都可以成为有完整使用功能的子系统，拥有独立而又系统集成的步行系统、后勤服务系统、教学系统及完善的内外交通网络等。根据资料表明，目前我国高校平均每生建筑面积大多在 40 平方米以上，而日本高校平均每生只有 16 平方米。导致我国校园设施使用效率较低的主要原因，是同类服务实验设施各院系分设。这种“小而全”的布局，既造成了人财物的浪费，又阻碍了各学科的交流。新时期的校园环境，需要合并同类建筑，按功能模块建立综合功能中心——教学中心、科研中心、实验中心等等，以促进各学科的学生教师在综合功能中心中频繁交往学习。此外，园区规划应具有一定的弹性度，以适应国内外名校加盟或扩大的需要，也有利于与经济技术开发区内的高科技企业实行产学研一体化。

三、大学城的公共服务功能

下沙高教园区的后勤生活公建设施是整个园区的灵魂，它主要有三个方面的功能：即提供公共空间、公共设施和商业服务。

（一）公共空间

下沙高教园区首先应该有一个宜人的公共环境，使进入园区及在园区内学习、生活、工作的人们感到舒适和振奋。要将绿色渗透到整个公共环境之中，造就景观效应。虽然这样做的投资比较大，但惟有这样做，才能在整个园区内造就生态景观效应，使下沙高教园区成为我国第一个生态校园。校区之间要通过水、绿地、植物来进行隔离，园区内的绿地系统要网络化，追求点、线、片的结合，既要有成片的绿地，同时又有点线状的绿地。园区绿地建设，可以从外地直接迁移种植高大乔木，形成绿带林。现在上海市就已采取从安徽、浙江等地购买大树苗移植的办法，进行市区中心的绿化。这样做，不仅绿化见效快，而且成本也较低。如是从种植极小苗木开始，即使是成长较快的悬铃木，至少也要5年以上才能成林形成绿化景观。园区内的河道驳坎要充分考虑到水中鱼虾的生存和人类亲水的天性，使水中鱼类与岸上植物相和谐，形成动静相宜的生态美。要引入“引水入城、引绿入城”的概念，通过合理调整布局，提高水环境、绿地系统在公共空间中的比例，使整个园区成为一个旅游景点，外地游客到杭州，除了领略秀丽的西湖山水之外，还可以参观游览大学校区，使下沙高教园区充分体现社会、经济、科技生态、教育人文、景观效益的统一。

园区内公共空间的建筑密度不能太高，绿地面积还要适当增加。每个校区建筑物的风格不能是单一的，要提倡建筑和公共空间的多样化，有不同的建筑风格，可以搞多层建筑，形成高低错落的景致，千万不能搞成工业区标准厂房或20世纪70年代的住宅小区那样兵营式整齐划一呆板。每个校区都应处处是景观，处处见美景。美国的斯坦福大学之所以美，就体现在校园建筑风格的多样化上，既有校门口哥特式的建筑，又有各式各样的现代派建筑，形成丰富多彩的校园建筑群落。

（二）公共设施

从经济学上来说，公共设施就是公共品。就大学园区而言，就是单个学校不能或无需提供的为教学配套的服务设施。对下沙高教园区内的公共设施建设项目要作进一步的筛选，布局要作适当的调整，特别是对大型公共图书馆和体育馆的建设，因为投资额巨大，要慎之又慎，力求一馆多用，扩展公共属性。

就拿公共图书馆来说，一方面，高教园区内的每个学校都将建设各自的图书馆。另一方面，随着信息时代的到来，人们更热衷于通过互联网来查询资料和获得信息，不仅资料全，而且快捷。如一套大不列颠百科全书，变成电子信息就可以贮存在一张小小的光盘上。因此，在园区内再建设一个占地面积很大的传统公共图书馆，已不适应信息社会发展的需要。面对信息时代的来临，我们对传统图书馆的观念必须改变，大型图书馆的建设应当与社区服务合并，扩大服务面。那如何来解决在校学生查询获取公共信息资料的问题呢？可以在园区设立一个文化中心，并在文化中心内专辟一定面积的场所，配置计算机，接入互联网，或建立无线接入网络，建立一个虚拟的网上图书馆，使学生包括园区外的人们都可以通过上网来解决公共信息资料的查询问题，同时也为学生上网提供了便利的条件。

大学城的规划建设，应适应园区内各院校之间的硬件设备(图书馆、实验室、文化中心等)实现共享，以及与经济技术开发区的科技型企业建立开放互助的共享关系，使校外科技园区的科研人员也能利用学校的各种资源。

对于大型体育馆等服务设施建设，园区内有 2 所万人以上的大学，这两所学校建有的体育馆，有责任也有义务向社区开放，为社区提供体育活动场所。要把节省下来的土地用于建设学生公寓，增加园区内的绿地面积，多建自行车道、步行道，沿路不仅绿树成荫、鸟语花香，而且多设立一些园林小品、雕塑、小桥流水和社区广场，改善学生公寓的居住条件和居住环境。

对公共设施项目要作进一步的论证。园区内应当有 1 所以上较为完整的医院，为学生和教师就近提供医疗服务。要留出几块地，通过招标建设小型高尔夫球场、游泳馆、文化中心、书店、咖啡馆、茶馆、电影院、星级的宾馆等一系列公建服务设施，丰富学生的业余文化生活。同时还需要建设一个小型会展中心，提供常年不断的展览。因为大学生本身就是一群新时代的创业者，他们需要足够的信息交流场所，有把萌发的创意付诸于创业实践的环境。这有助于在校内外建立起开放的合作机制，既能为学校的教学科研提供对口的产业支撑和资金来源，也保证了学校的教学研究方向不与社会及开发区的发展需要相脱离。

公共设施也要市场化运作。对公共设施的布局，应当先确定功能，再来定具体的建设项目。对目前方案中已确定的设施建设项目应作调整，不能一开始就把整个公建设施用地上的项目定死。要根据未来的发展需要，富有弹性地提供适用的公共设施。

（三）公共商业设施

要体现“以人为本”的原则，搞好公共商业服务设施的布局。学生公寓应有几种不同的档次，使学生可根据自身的经济条件自由选择。经济条件好的学生，可以住 4 个人或 2 个人一间的公寓；经济条件差的，就住 6 个人或 8 个人一间，这样使家庭收入较低的学生也上得起大学。学生公寓都要接入热水管网，这样就没有必要建公共浴室。要借鉴新加坡住宅小区建设的成功经验，在每个学校的学生公寓区内建设一个邻里中心，中心内设小型超市、小饭馆、理发室等服务设施，使学生大部分的日常生活所需不出公寓区就可以解决。邻里中心强调学生的自我服务，即利于学生之间的相互交流，又可为学生提供勤工助学的场所。邻里中心完全按市场化运作，以连锁经营的方式，引进宾馆、超市等商业服务设施，以适应商业形态的变化和学生教员生活质量日益提高的需求。

总之，下沙高教园区的生活后勤公建设施项目，要在编制控制性详规的基础上，充分利用土地资源，充分利用市场机制，有效安排适应未来科技教育城所需的服务设施。

第六章　城市个性和特色的沦丧与复兴

——如何重继城市的历史文脉

当前，我国正处于经济建设和城市化的高速发展期，城市建设欠账太多，再加上城市行政官员急功近利、盲目攀比的思想，历史文化名城和城市特色正在遭受新一轮的破坏。与建国后前几轮破坏浪潮(即建国初期城市工业化大发展，拆旧古城墙，1958 年大跃进时期全面拆除古建筑和文革时期文物古迹的灭顶之灾)不同的是，这一轮的破坏是行政手段、市场机制双重作用的结果，在某些城市更表现为官、商、民一起上的局面，其持续的时间更长，破坏的力量比前几次更大。而且城市个性、历史和特色的丧失往往是在各种貌似正确的口号和政策下推进的。当然与过去不同的是社会各界对历史文化名城和城市特色的保护呼声也正在空前地高涨。本章从列举若干个著名历史文化名城遭受的命运入手，剖析产生这类问题的根源，然后提出初步的对策。在附录中还给出了 3 个关于名城保护的专题实例。

一、历史文化名城的命运

我国地域辽阔，文化历史悠久，各地的自然地理和文化渊源有很大的差异性，形成了风格迥异、各具特色的历史文化名城。经国务院审批的国家级历史文化名城就有 101 座。少数几座保护较好的古城，如云南的丽江和山西的平遥已被列为世界文化遗产，它们向世人宣布：中国的历史文化名城以其独特的建筑结构、艺术造型、文化传统以及绚丽多彩的景色独步于世界名城之列。但从总体上来说，情况并不乐观，“一个世纪以来，充满魅力的中国建筑和城市逐步消失了”[1]。

江南：1982年国务院首批公布的第一批24座历史文化名城之一的杭州市，是一座西湖自然景观文化特质与吴越、南宋历史文化特质相交融的名城。20多年前历史文化区内的街巷有着宜人的尺度，散发出江南独特的地域魅力，也骄傲地记录着作为中国水景之冠——西湖的历史。由于受到行政区划和用地规模的限制，城市建设被迫采取“见缝插针”的办法。再加上许多新建的建筑和改造后的街区盲目追求现代化，使得市区内许多建筑、空间与其他城市并无区别，丧失了历史底蕴和缺乏文化内涵。与中国其他城市一样，陷入城市景观趋同、千城一貌的尴尬境地。城市逐渐失去可识别性和独特性。钢筋水泥丛林贬损了西湖美景，“城”和“湖”的关系由“共生”变为“对峙”。可以说，如果没有西湖，杭州只是众多平庸无奇的城市之一。但在西湖美景的反衬下，曾有过“东南形胜，三吴都会，钱塘自古繁华。烟柳画桥，风帘翠幕，参差十万人家。”“占尽湖山秀，最宜烟雨开”美誉的“天堂之城”杭州城市空间，更显得自惭形秽[2]。

西南：因成功举办“世博会”而闻名于世的昆明市，在市郊不远处有滇池，滇池边有大观楼，楼中挂着清代古今第一长联“看看想想”，说的是此地如何有历史、有风物。自古以来，昆明城池由南诏凤伽异、大理国段素兴、元代赛典赤、明朝沐英先后修建，以明城最为著名，以灵龟形状来建，城内还有街道区划分，建成规模大、功能完备的省会城市，堪舆家汪湛海题字“五百年前后，云南胜江南”。1898年法国人方芳雅到昆明设法国领事署，在昆明呆了8年，拍摄了100年前昆明城廓风貌和城池内的地形，有东西寺塔、五百罗汉、圆通寺、海源寺、存金殿、小镇民居等。今天，方芳雅的老照犹存，昆明古城已所剩无几了。昆明人这时才感受到：如何在城市建设中保护好残剩的古建筑和古文物[3]。

中原：安阳市政府的网站仍然在骄傲地告诉人们：安阳是一部迷人而充满神奇的书，在安阳殷墟曾经出土了十多万片刻有古老文字的甲骨，

---

[1] 参见：法国商报，1995年4月11日

[2] 参见：中国城市规划设计研究院．杭州城市发展战略规划总报告，2001年11月第21页

[3] 参见：文一何、树青．看不见的城市．新周刊，2000年，第6期，第29页

上万件青铜器。朝代更迭、盘庚迁殷、妇好请缨、文王演易、西门豹治邺、建安风骨、瓦岗寨义军、岳飞精忠报国等典故千古相传，安阳有的是这些典故的源始。中华文明在安阳留下过浓墨重彩的史笔，使这座城池历千年而弥新，她亦为中国七大古都之一。

但不少人去了安阳之后，发现这部“书”已重新出版，和别的城市大同小异，是用不锈钢现代雕塑和混凝土森林写成的。与之相比，这座古城数千年的历史只是书中极平淡、极枝蔓化的情节，虽然有些只言片语仍保留着，但不再被视为书中贯穿始终的线索。在工业化急剧前进的历程中，我们已经很难找到那个作为中华民族发祥地之一的安阳[1]。

北京：50多年前，林语堂在《迷人的北平》中写道：“北平是清静的。这是一座适于住家的城市，在那里每一所房屋有一个院子，每一个院子里有一个金鱼缸和一棵石榴树，那里的蔬果是新鲜的，要生梨有生梨，要柿子也有柿子。这是一个理想的城市，那里有空旷的地方使每个人得到新鲜的空气，那里虽是城市却调和着乡村的清静，街道、狭胡同、运河，这样适当地配合着。”而现在，这个被诗意的笔调赞颂过的地方，代之以胡同、四合院的是大量没有个性的新建筑，其实际效果，吴良镛先生总结为“好的拆了，滥的更滥，古城毁损，新建凌乱”。而且，对于旧城的蚕食依然在继续。50年前，北京拆掉城墙，著名建筑学专家梁思成曾经为之恸哭。这段往事在今天被作为当年犯下的一个重要错误被屡屡提起。被称之为“第二座城墙”的旧城是在元朝大都城规划的基础上，历经元、明、清三朝近800余年的都城建设而成，它本身就是北京历史文化的巨大结晶。作家冯骥才在游历巴黎旧街区时感叹：“那浩大而深厚的文化，正是沉淀在这老街老巷——这一片片昔日的空间里；而且它们不像博物馆的陈列品那样确凿而冰冷，在这里一切都是有血有肉，活生生的，生动而又真实，而且永远也甭想真正弄清楚它的底细。如果这些老街老巷、老楼老屋拆了，活生生的历史必然会散失、飘落，无迹可寻，损失也就无法弥补！”再过些年，北京除了故宫还有资本可让后人留下这样的感叹吗[2]？

华南：广州古称“番禺城”，又称“任嚣城”，是秦代大将军任嚣于

[1] 参见：文一何、树青. 看不见的城市. 新周刊，2000年，第6期，第29页

[2] 杨非：伤心的四合院. 南方周末，2000年9月14日，第21版

公元前踞古番山、禺山面海而筑。到明、清时，广州城从番、禺二山小尺度的山水格局发展到中尺度的“云山珠水”，以白云山系的越秀山为制高点，面向珠江，形成历史上典型的“六脉皆通海，青山半入城”的山水城市格局。进入 20 世纪 80 年代之后，广州的社会、经济迅速发展，尽管有了 1984 年国务院批复的第 14 轮总体规划，但由于认识的局限性，没有痛下决心将城市中心迁出旧城区，行政、商业、居住等依然在旧城区沿用“摊大饼”的发展方式，人口和功能日益密集。1996 年更是错误地将城市中心移回“云山珠水”约束中的旧城，更加剧了旧城房地产开发的强度，外科手术式的旧城改造和见缝插针式的高层、高密度现代摩天大楼群，破坏了千年古城形成的历史文化物质基础。历史文化名城的保护防线已经退到“文物保护单位”这样一种单体建筑的层次[1]。

西北：喀什——古称琉勒，位于新疆维吾尔自治区西南角，是祖国西部边陲一座已有 2100 多年历史的古老城市，也是新疆境内惟一的一座国家级历史文化名城。在这座名城中，开凿于东汉时期的佛教洞窟“三仙洞”，洞内珍贵佛像早已荡然无存，洞内汉代壁画日趋脱落。莫尔佛塔是建于公元 640 年前后的“大云寺”遗址，是研究佛教在西域流传的珍贵文物，目前仅存两座土堆。九龙泉，又名耿公泉，是东汉永平十八年(公元 75 年)西域戊校尉耿恭扼守琉城，掘泉退匈奴的遗址。历来九泉水茂，历史上在泉边一直建有佛寺、茶馆、旅店等古建筑，与自然风光交相辉映。但近年来，由于乱占乱建和人为破坏，已有 4 个干涸，其余的也已成为污水坑。徕宁城始建于 1726 年，是清廷平定“大小霍加之乱”后设置的南疆八大城参赞衙署，现遗址除仅存一段古城墙之外，全为现代建筑所覆盖。

以上列举的几个城市的情况，仅是众多的历史文化名城丧失自己文脉之源的少数典型而已。虽然，近些年来对历史文化名城保护的呼声日益高涨，也有不少城市政府在名城保护与当地经济、社会、文化的结合方面探索出了有实效的新路子。例如，苏州的古街坊保护、丽江古城地震后的修复、浙江临海长城、杭州的清河坊、胡雪岩故居重修和北京的国子监保护性整治等等。但我国著名建筑学家、原建设部部长叶如棠和

---

[1] 参见：广州市城市规划勘测设计研究院项目组. 从“云山珠水”走向“山城田海”——生态优先的广州“山水城市”建设初探. 城市规划，2001 年第 3 期第 28 页

名城保护专家阮仪三教授认为：这些情况看来，仅仅在局部发挥作用，全国整体的保护态势仍非常严峻，部分历史文化名城甚至还在被“建设”所蚕食[1]。事实也证明了这一点，仅1999年见诸报端的就有：北京明代民居拆迁引发诉讼、湖南长沙白沙古井事件、浙江定海“保城之战”、湖北宜昌古佛寺事件、四川彭州葛仙山冰川漂砾遭人为破坏、沈阳原奉天纺织厂被炸、内蒙古包头修路毁了我国最古老的长城……总之，在城市现代化高速推进的今天，承载着历史文化的建筑遗产正面临着更大范围毁坏的危机。

二、我国城市丧失自身文脉的主要原因

世界著名的城市规划学家沙里宁(Eero Saarinen)曾说过：“城市是一本打开的书，从中可以看到它的抱负。”他还认为：“让我看看你的城市，我就能说出这个城市居民在文化上追求什么。”大批的文物古迹被“建设性”地破坏，众多的文化名城在“经济开发”的浪潮中失去特色而变得千城一面，这正表明了居住在历史文化名城中的人们尤其是主宰城市命运的官员们的追求发生了偏差。其原因何在?

首先在于对城市发展的理解。相当多的政府官员，将城市中的历史古迹看成是加快城市发展的障碍，是市政工程建设的“钉子户”，是城市现代化不协和的音符，是追求自己“政绩”的拦路虎……。

他们并没有想到，历史文化名城中古迹和风貌是城市发展在各个历史时期留下来的实物，是研究、借鉴该城市经济社会发展、文化艺术发展的重要例证和源泉，是发展旅游业的重要物质条件。旅游资源开发讲求独特性、差异性。人类由于民族特征、文化传统、民俗礼仪的不同，在相互开放的交往过程中会产生一定的障碍，但不同的民族在欣赏对方的历史建筑、独有的街区风貌时反而会因差异性的存在而产生巨大的兴趣。历史越悠久，风格越多样，越能引发观赏性的共鸣，人们总是期望透过这凝固的音乐、物化的诗篇来汲取对方传统的智慧。

一个典型的成功范例，就是地处云南的丽江古城。坐落于云南丽江盆地中部的丽江古城，面积约为3.8平方公里，始建于宋末元初，到明

---

[1] 参见：叶如棠．历史与现实的碰撞——建筑遗产保护的回顾与思考

初已具相当的规模，曾经是西南丝绸之路和滇藏茶马古道上的重要商品集散地。经长期的发展，古城形成了以四方街为中心、三条河流为形象血脉、四条古街道为骨架的独特的城市结构，城市建筑和民居皆保留白墙黛瓦、木架轻厦的特色。典型的民居是四合五天井、三坊一照壁。其天井和街道路面铺设的五花彩石，雨天不积水，晴天不起灰，庭院里花香鸟语，古朴之风扑面而来。古街傍河，小巷临渠，潺潺的流水伴随着古镇居民的琴音歌声。河面上造型迥异的小桥和河边上小巧玲珑的茶楼酒肆，构成了高原姑苏的独特神韵。更为奇特的是至今存活着的以图画象形文字为载体的神秘的东巴文化，有将道教法事音乐、儒教典礼音乐，甚至唐、宋、元朝的辞、曲、牌音乐奇迹般地融会在一起的纳西民间古乐……。

正因为丽江古城修复中所体现的名城历史真实性、风貌完整性和生活的延续性，展示了它自身独特的魅力，使旅游业成为丽江发展最大的动力源。仅 1999 年，来该城的游客总数就高达 215 万人次，总收入达 10.9 亿元，占其国民收入的 80%左右。

2001 年 5 月 25 日～27 日，联合国大学高等研究所(Institute of Advanced Studies. United Nation University)负责人 S. J. B. RANA 在韩国清州召开的“文化与城市可持续发展国际会议”第三届会议上指出：“文化可以帮助产生社会及文化资本，它越来越被看做是可持续发展的一个相当有力的推动者。”“可持续发展的本质和精髓就在于：没有人有权滥用本已有限的自然资源。”“可持续使用的权力意味着尊重后代同样从这些资源中受益的权力。”“城市的可持续发展潜力在于自身有特色的文化。它是无比宝贵的资源”❶。珍惜和保护每个城市历史文化这份先祖传承给我们的独特风貌和遗物，就是保护不可再生的发展资源。尤为重要的是如果我们保护得法，城市文化遗产所具有的信息资源特征将是永不枯竭的。在这个意义上说，保护历史文化古城的风貌与内涵就是保护生产力发展的高等资源。

其次是对改善城市居住环境的误解。不少人的确是出于对居住在旧城区的居民不能享受现代城市居民应有的生活居住条件而担心，他们习惯于将人均居住面积、绿化面积作为衡量人居环境的简单尺度，总认为

❶ 参见：陈望衡. 关于参加“文化与城市可持续发展国际会议”的汇报

"旧城"就是过去岁月留下的烂摊子，不少是属于亟待拆除的"危房"。要旧貌变新颜、出政绩，就要"破旧立新"，就要"快刀斩乱麻"，于是将旧城区的老宅旧居全部拆除。再加上房地产开发商对寸土寸金的旧城中心土地资源的垂涎，大规模的"旧城改造"计划在这两股力量的合击下，不约而同地在各城市蓬勃启动起来了。但正是因为城市的旧城部分构成城市特色的基本肌理，历史悠久的街区、被拆除的老房子，大多数都有数十年甚至上百年的历史，在这些石头和木头的"史书"中记录着古城丰富的历史文化信息，一旦被拆除，历史文化名城的风貌将荡然无存。即使保留了少数已列入各级文物保护名录的老房舍和院落，也会因为被现代风格的高楼大厦的层层包围而显得孤立突兀。实际上，这些被剥夺了整体历史文化环境的"文物保护点"已失去了绝大多数历史文化信息。

历史的经验告诉我们，世界上许多发达国家在经济起飞的阶段，在不同程度上犯过同样的错误。这一时期，城市领导和民众往往急于改变物质生活条件，极容易忽视城市历史文化遗产的保护，而待到经济发展到一定的水平，重新追求丰富的精神生活、重视城市的文化渊源时，大批的历史街区和文化遗产已遭受彻底的破坏而无法挽回。

国际上诸如伦敦、巴黎、慕尼黑、莫斯科等历史悠久的大城市，当时都曾在市中心拆除大批被战争毁坏或者"式样陈旧"的老建筑，进行"城市更新"，取而代之为各种被标榜为"现代派"的国际化楼宇。然而，焕然一新的建筑和城市空间带给城市居民的却是一种单调乏味、与别的城市雷同的感觉。例如，莫斯科的"新阿尔巴特街"，被斥之为"莫斯科的假牙"。二战被称之为对城市的第一次破坏，而"城市更新"运动后来被许多学者称之为对城市的"第二次破坏"。人类具有思想和感情，他们需要在环境中体味自己过去的历史、寻找生活的记忆、抚摸过去的痕迹。而失去了历史和传统"记忆"的城市肯定会使有感情的人不能忍受。

20 世纪 60 年代以后，许多西方学者对旧城改造的浪潮进行反思并批评，简·雅各布斯(Jane Jacobs)[1]认为，旧城大规模的改造计划是一种"天生的浪费的方式"。她通过对 20 个美国城市的调查，一针见血地指

---

[1] Jheane Jacobs：The Death and Life of Great American Cities

出："大规模旧城改造计划只能使建筑师们热血澎湃，使政客、地产商们热血澎湃(因设计、建筑而增加收入)，而广大民众则总是成为牺牲者。""这种用于城市建设资金的使用方式已经成为城市衰败的有力工具。"

然而，这样一种被西方建筑界于几十年前就已经摒弃的改造计划，在今天的中国依然大行其道，这不能不说是我国历史文化名城的悲哀。

最后是错误的"开发性保护"。正如西方古代哲人所说的那样，"越过正确一步就是谬误"。保护好历史街区、文物古迹所构成的城市文脉，无疑肯定会给当地带来丰厚的旅游收益。这是以能完整地读取历史信息实现可持续发展为前提的。但如果仅仅以满足某一历史阶段一般游客的猎奇心理，进行过度的"迎合性"开发，则会同样对历史古迹造成严重的破坏。

例如以保护性开发旅游为名拆旧建新，从北京琉璃厂拆除原有传统建筑，重建仿古建筑开始，全国陆续出现了承德的清代一条街、开封的"宋街"、沛县的"汉街"❶，使许多有价值的历史街区沦为"假古董"。随着各地的争相仿效，假古董不再成为人们热衷的对象，从而导致当地政府既浪费了投资，又破坏了文物古迹。

此外，有些地方政府贪图方便或者是不能排除房地产商干扰的缘故，将历史街区的修复整治作为一般性的房地产开发项目，交给房地产公司进行"保护性开发"，其结果难免是"与虎谋皮"，鸡飞蛋打一场空。例如，杭州市曾在10年前委托某房产公司对著名的历史街区"元宝巷"进行保护性开发，现在看来开发的结果仅仅在建筑的风格上略显古色，但建筑的高度、功能、风貌完全超越了原定的详细规划的约束，不仅破坏了原有的历史街区风貌，而且还妨碍了后期对胡雪岩故居的修复。站在花了5000万元代价修复的胡宅红木楼上，无法看到墙外娇娆的凤凰山景观。也有的历史街区整修项目，单纯委托某一家设计公司对每一幢单体古建筑进行设计，由于设计单位的良莠不齐或以单一的设计风格来"统一"历史街区所有的建筑整修工作，其结果是抹杀了整条街区几百年积累的历史信息，使"保护性开发"出来的街区建筑整齐划一、风格雷同，失去了古建筑的艺术韵味。

---

❶ 参见：阮仪三，孙萌．我国历史街区保护与规划的若干问题研究．城市规划，2001年第10期第28页

三、复兴城市历史文化特色的基本策略

任一个城市的形成都是长期的、众多的有意识或无意识建设和建设行为积淀的结果。今天的城市特色是历史特色蜕变转换发展而成的，未来的特色又可从今天的基调向前演进变化。因此，要创造或复兴城市特色，要对历史遗存、现状环境进行调查分析，还应对公众心理、建筑肌理、居民集体记忆、认知地图、行为习惯等进行分析研究，以找到复兴创作的依据，并着重在以下三方面着手规划：

（一）必须编制好三个层次的保护整治规划

实际上，有条件实行全面保护传统风貌的历史文化名城只是少数。例如平遥、丽江等城市可采用此办法。绝大多数城市应采用文物保护单位、历史文化保护区和历史文化名城三个层次分别编制规划，区分重点与一般区域进行分级别制订保护措施。其中最为严格的是文物保护单位，要严格按照文物法的有关规定："在进行修缮、保养、迁移的时候，必须遵守不改变文物原状的原则……不得损毁、改建、添建或者拆除"[1]。即应按照"抢救第一、保护为主"的方针和"修旧如旧"、"延年益寿"的原则，对文物建筑及遗址进行维修保养。

而最为困难的是历史文化保护区的确定及其保护整治方式的选择。在1964年"国际古迹遗址理事会"通过的《威尼斯宪章》指出："保护一座文物建筑，意味着要适当地保护一个环境。"这里所指的要保护的"环境"，就是要保护"历史地段"。但后者的内容更为广泛，因为有时"历史地段"有其自身的保护价值和目标。如历史街区、历史风貌控制区等等。1987年10月该组织颁布的《华盛顿宪章》更是详细地列举了"历史地段"中应该保护的五项内容：(1)地段和街道的格局和空间形式；(2)建筑物和绿化、旷地的空间关系；(3)历史性建筑的内外面貌，包括体量、形式、建筑风格、材料、色彩、建筑装饰等；(4)地段与周围环境的关系，包括与自然和人工环境的关系；(5)地段的历史功能与作用。

1986年国务院在公布第二批国家级历史文化名城时正式提出：对文物古迹比较集中，或者较完整地体现出某一历史时期传统风貌和民族地

---

[1] 参见：《中华人民共和国文物法》第十四条、第十五条

方特色的街区、建筑群、小镇、村落等也应予以保护，可根据它们的历史、科学、艺术价值，核定公布为地方各级政府的“历史文化保护区。”这是与《华盛顿宪章》所说的“历史地段”相对应的。

历史保护区规划是有其特殊性的，它与一般的城市规划的区别在于：

(1) 规划的目的与作用不同。历史保护区规划的主要目的，在于划定合理的保护范围，确定保护区的功能定位，明确区分保护区原物保护、原貌保护、环境风貌特征保护的界限和确定保护整治的方向和目标。

(2) 规划的重点内容不同。历史保护区规划主要着眼于保护区内重点文物及风貌特征的保护、整治和修复，其专项规划如交通、给排水、通讯、供电、防火、绿化等都要服务和服从于这一主要内容。同时，一般还要兼顾合理发展旅游业，保持和提高区域经济活力，扩大当地居民参与保护的程度等等。

(3) 调查研究的方式途径不同。除了一般性规划的调查内容以外，还要重点调查文物古迹的现状和历史分布、建构筑物的详细资料(包括建筑的墙面、屋顶、门窗、古井、桥、牌坊、铺地工艺、河道驳岸及整体风貌、年代、特征等等)、区域的历史情况(包括该区域形成的时期、兴衰的过程及原因等)、名人轶事(包括历史上在该区域活动过的名人以及具体活动情况)、当地的民俗文化(包括区域文化、民间风俗、传统服饰、饮食文化等等)。而且这些调查涉及相关的学科，需要多学科工程技术人员的作用。

(4) 规划实施的方式手段不同。与一般城市规划明显不同之处，保护区规划实施手段一般为对文物的修复加固使其“延年益寿”，而不是大拆大建；对历史上被毁的古建筑尽可能进行复建；对后续建造的构筑物进行分类、分级、分别实施修理、整饬[1]、内部改造重建(如增加符合现代居住要求的设备等)、整体改建等等；对区域内历史风貌有明显冲突的新建筑实行拆除；对空地、绿地、景观用地和空间轴线进行控制等等。

(5) 后继管理内容与体制不同。为了保证规划的有效性，防止因管理不善造成新的破坏(因保护区规划实施的过程比一般的城市小区规划要

[1] 整饬，带有强制性改正的含义，即根据保护区的风貌和要求，对建筑立面和形体上不符合历史风貌的部分进行强制性整饬，通过整治恢复建筑原有风貌或减少它们与保护区整体风貌的冲突

长得多，有的要长达几十年才能结束），必须制定相应的规划建设保护管理规定，而且要列出分期实施的计划、公众参与的方式和修复保护的责任、过失追究制度等等，其目的是保持规划实施方式和技术的持续性。

最后一个层次的规划为历史文化名城保护规划，一般是作为城市总体规划体系中的一项专项规划来制订的，其主要内容为：

① 分析名城保护的具体内容。对重要的历史街区、重点文物、风貌控制范围及文化景观敏感控制区等等，都要具体标明并落实保护措施；对其丰富的历史文化遗存而具有独特城市景观特色进行分析并提出全面系统的整修控制方案；对古城的天际轮廓线、与新建城区的风貌过渡协调要求等等。

② 建立完善的保护体系。因文化名城的保护是一个复杂的系统，只有宏观与微观、整体与局部、一般与重点、当前与将来相结合，才能有效进行保护。一般可以从确定区域范围、城市总体布局、古城整体保护方案、历史街区或历史文化保护区、文物古迹及其周围环境的保护与整治等方面来着手建立。

③ 对历史文化名城保护与城市建设、经济发展关系的协调，重点在于古城内部旅游产业的选择与协同，处理好名城保护与旧城改造、环境整治绿化系统建设与名城文脉复兴的关系。

（二）贯彻保护历史文化遗产四项准则

历史文化遗产是历史文化名城中的精髓。联合国教科文组织专门设立了世界文化遗产的评定标准与程序。目前，我国已有 27 项单体建筑、城市、景区获得了此项殊荣，确立了中华民族传统文化在世界文化之林的地位。但是对于文化遗产或文物，不论其是否能申报世界文化遗产，都是不可再生的，都应加以保护。这里尤为重要的是必须贯彻正确的保护办法。不良的“保护方式”不仅不能使文物“延年益寿”，而且还会使其加速毁坏，更严重的是整体上破坏了文化遗产和历史文化名城的风貌特色，造成不可挽回的巨大损失。借鉴国际上公认的保护标准，有四项准则是非常值得我们关注的：

首先是“原真性”准则。因为保护文物要坚持历史真实性标准，就要保护它所遗存的全部历史信息。所以，对文化遗产或文物的维修保护一定要坚持梁思成先生所提出的“延年益寿”，而不能是“返老还童”，也就是要“整旧如故，以存其真”的原则。维护修补要坚持原来的材料、原来的工艺、原式原样。当前尤为重要的是要防止对文物古迹进行大修大整，油漆粉刷一新，甚至推倒重造，其结果是“拆了真宝贝，造了假古董”。

其次是“整体性”准则。因许多历史古迹、文化遗产是与它的环境同时存在的。从文化信息来说，保护历史街区本质上是保护历史文化名城的历史信息。单体文物建筑所传承的历史信息是有限的，许多信息则承载于古迹周围的环境、区域的街区形态和结构，甚至包括在城市的景观风貌之中。所以，我们必须分层次、分门别类地对其进行保护、维修和整治。

再次是“可读性”准则。凡是历史文化遗物，就会留下沧桑岁月的印痕，我们可以从这些痕迹上读取“历史事件”和逐步演变的规律。对于不同时代的变故，如战争的破坏、历代维修的痕迹、文化变迁的演绎、突发性事件的留痕，还有岁月气候的蚀刻，都构成了可读的历史信息。所以，我们在整治维修时，决不能以现代人的审美标准、旅游观光的要求恣意修改，抹杀历史。如前些年有人提出要在原址上“修复”北京圆明园，幸好遭到了专家学者们的一致反对而作罢。否则的话，就会因抹煞了八国联军破坏圆明园的历史信息而毁坏这一宝贵的历史遗迹。“原真性”和“可读性”所体现的“残缺美”往往在西方文物古迹的保护维护中得到了很好的表达，并成为旅游业发展的主要景观资源。例如埃及人就不去修复一个世纪前被拿破仑大炮轰坏的斯芬克斯的鼻子，以说明这是拿破仑在历史上的“雕刻”。但东方的文化遗址(包括日本)往往是木构件建造的，习惯上容易出现“大团圆”式的整体翻修，然后再用油漆将其粉刷一新。这极易造成对“可读性”的破坏，应积极学习日本等国的成功经验以减少失误与损失。

最后是“可持续性”准则。对历史文化遗产的保护是一项非常复杂艰难的工作，有时连当今最昂贵的、最现代化的科技尚不能有效地进行保护以使其“延年益寿”，必须采用掩埋性保护的办法，以利后人采用更好、更先进的技术进行维修保养。不能以现有的有限技术、不当的维护方式使文化遗址受到破坏。即使要维修也要体现“可逆性”的标准，也就是说现有维护的材料和方式是可以方便识别和清除的，今天的保护不能为将来后人更好的保护留下不可恢复的损坏。文物古迹尤其是历史街区的形成往往历经了几百年甚至几千年时间的积累和历代文人艺匠的雕琢，绝不是现代人一朝一夕精工打造能恢复的。也就是说文化遗产保护是一项长期的、可持续性的工作，决不能急于求成。

（三）“存古”、“复古”、“创古”三管齐下重继城市文脉

众所周知，一个城市各个历史时期的建筑，构成了这个城市的历史文脉。惟有完整地保留那些标志着当时文化和技艺水准、铭刻着历史印痕和具有特殊人文意义的建筑物，才会使这个城市的历史绵延不绝，并使她永远焕发着文化之魂的灵气和魅力。

但在中国的历史上，每当改朝换代，统治者大多会将前朝所建设的建筑和城市加以毁灭性地破坏。这种被称之为“革故鼎新”的行为，表明统治者担心凝结着前朝文化和以往统治者意志的建筑物会成为叛乱谋反者的精神和文化象征。再加上解放后大炼钢铁、文化大革命及改革开放之后的大规模旧城改造，城市特色的丧失，千城一面的出现就难以避免了。在这样一种特殊的时期，我们必须按照三层次的保护规划和四项国际社会认可的修复维护准则，对历史文化遗址、历史街区进行坚持不懈地保护修整，但要重继城市文脉、复兴城市文化特色仍是“杯水车薪”，是远远不足的。应该在“存古”、“复古”和“创古”三方面同时持之以恒地下功夫。

其中“存古”是最重要的。除了要贯彻上几节谈到一些基本原则之外，还必须强调两个方面：一是对建国以来尤其是文革期间有代表性的建筑作为特定时期的遗物切实予以保护。如与北京十大建筑同时代的全国各大城市的纪念性或公众建筑、文革中建造的“红太阳展览馆”等，同样凝结着那个时代的特征，也体现着当地的特色，决不能一拆了之。在意大利首都罗马这座举世闻名的历史名城的中心，居然还完整地保留着二战之前法西斯统治者墨索里尼亲自选择建造的“民族宫”等好大喜功、大而无当的纪念性建筑，罗马人将其作为这个城市悠久历史脉络的一个有机组成部分，共同构成罗马这座无与伦比的城市特色，也成为全世界游客指点往日江山的凭吊物。

另一方面，要收集、研究、整理和恢复当地的民间文化艺术活动。因为作为空间艺术的建筑物与城市环境，离开了内部的人文活动，就意味着丧失了许多最重要的历史信息，正如丽江古城没有纳西族象形文字和纳西古乐，决不会成为世界文化遗产一样。只有在体现传统文化的艺术活动和与之相适应的城市空间有机融合的前提下，才能形成充满独特

魅力的城市特质。

其次才是“复古”。这其实是对无法“存古”的已毁古建筑一种无奈的补救措施。一般应采用在原地复建，尤其对那些在国内外流传广泛、影响深远的传统建筑，应在精心设计、充分传承文脉的基础上进行复建。这一类的“复古”应重在找回该建筑的“文化灵魂”。因为，在这些古建筑中有许多历史事件发生过，有许多中国百姓深切怀念的历史文化名人在这里生活过。如果只注意结构的合理或外表的壮观是难以达到这一目的的。如武汉东湖磨山重建楚天台，单就建筑来说它们可能是非常优秀的，但因其不能恰当地传承历史、重现历史信息，而且与周边的文化环境不能共同构成包括历史场景的整体环境，所以就没有特定的历史文化韵味(或许有其他方面的韵味)，等于未安上“灵魂”。这也是全国各地尽管复建的古建筑很多，但真正成功者不多的根本原因。

对于屡经浩劫的我国许多历史文化名城来说，抢救性的“存古”与“复古”只是少数建筑或历史街区，有效复兴城市文化特色，大量普遍地重构城市历史风貌的责任，应落在“创古”上。世界上根本不存在永恒不变的东西，可贵的是在继承大量历史文化“基因”基础上的创新式修整复兴。正如吴良镛教授提出城市城区“有机更新”❶ 的主张那样，要“按照城市内在的发展规律，顺应城市之肌理，在可持续发展的基础上，探索城市的更新与发展”。这一理论在北京市的菊儿胡同、苏州市“十全街”改造中得到成功实践，建立了新四合院体系和城市风貌保护区“微循环创古模式”。菊儿胡同和苏州“十全街”的改造与目前许多城市旧城区大规模改造不同之处，在于并非采取“三光”方针(树砍光、房拆光、人搬光)，而是在深入调查的基础上，具体情况具体分析，采取不同的措施，将当地的房屋按照质量分为三类：质量较好的 20 世纪 70 年代以后建的房屋在外貌整改之后予以保留；现存较好的四合院经修缮后加以利用；确属无文化价值的破旧危房及近几十年来乱搭乱建的违法建筑予以拆除重建。重新修建的菊儿胡同按照“类四合院”的模式进行创新设计，高度基本上为 3 层左右，适当提高了容积率，维持了原有的胡同——院

---

❶ 解释：这里的“有机”是仿生物学和哲学层面上的意义，是指基于自适应运动中的生长，运动中的自我调节，建设中的新陈代谢，是尊重传统文化、尊重居民心理变迁的逐步调整过程和创造过程

落体系，同时兼收了单元楼和四合院的优点，既合理安排了每一户的室内空间，保障居民对现代生活和心理上的“私密性”，又通过院落形成相对独立的邻里结构，为居民提供互相交往的公共空间。菊儿胡同的成功改造受到各方面的关注与赞同，迄今已经荣获国内建筑界的六项大奖，还获得了亚洲建协的优质建筑金奖和联合国世界人居奖。

北京菊儿胡同、苏州的旧城保护改造、杭州的清河坊历史街区整治、上海“新天地”传统石库门里弄改造和上节提到的丽江古城在地震后的重建之所以获得成功，除了在指导方针上坚定不移地坚持传承历史文脉，创造历史文化特色以外，最重要的是深入研究当地“乡土建筑”构造风格的内在合理性及古城区“有机”成长的基本规律，进行科学的“创古”活动，将传统文化特色与现代生活的舒适性完美地统一起来。这是在全球化、信息化现代风格迅速普及、新型建筑材料快速更新的大潮下，城市保持区域特色、传统文化特色和自身魅力的重要途径。

除此之外，协同地方政府、企业、建筑师和当地居民的行动，调动各方面的积极性尤为重要。当前影响“有机更新”式进行“创古性”旧城改造的因素主要有：

① 政府一刀切的改造计划，追求政绩的轰动效应和整片推倒的“现代化”改造的传统思路。

② 旧城区房屋的私人归属权不明晰，以致在产权上缺乏保障。除了搭建一些十分简陋的违法建筑之外，居民们不敢将大量资金投入到房屋修缮中去，居住过密的居民也无法利用市场交换机制进行自行置换疏散。

③ 缺乏微循环式的“创古性”改造规划的技术规范和标准。

④ 部分低收入阶层的居民居住保障计划实施与旧城保护整治疏散人口过密城区的计划尚不能协同。

⑤ 政企未脱钩的官办房地产公司垄断式进行旧城改造的现状，及唯利是图、片面提高容积率的追求，尚未能受到政府基于居民根本长远利益而采取的强有力的规划控制约束。

总之，城市无论作为人类精神慰藉的家园，还是经济发展的不竭源泉，都需要对长期自然演化过程中保留积淀的历史文化特征加以保护、修复和利用。当前，我国已经进入城市化发展的高速时期，城市的自然演化进程不可避免地受到极大的冲击。与之相对应的，就应该吸取西方城市化的教训，对体现城市特质的历史文化进行有效地保护。从实践的结果上来看，除了贯彻保护历史文化遗产的四项准则和采取“存古”、“复古”、“创古”三项策略之外，我国许多历史文化名城还必须采取“拓新区，保旧城”的整体保护策略，防止新旧城市功能重叠、文化冲突对城市特色造成破坏(详见本章附列的专题一：钱江新域规划建设要点)。

要解决此类问题，在国外有两个成功的范例值得我们借鉴[1]。

1. 日本金泽

金泽是日本的历史文化名城，保存的历史文化遗产较多，最重要的是日本古典园林，整个城市就是一座园林。另外，工艺品也很精美。金泽代表在“文化与城市可持续发展国际会议”上介绍说：“金泽曾经是而且现在也还是一个在艺术上名闻遐迩的城市，戏剧、插花、漆器、诗歌、金叶、茶道、古筝、烹饪、教育……”“许多日本人将金泽选为最适合居住的城市。”

金泽的主要经验是：①立法。他们颁布了许多保护文化名胜的法令。如《金泽传统环境保护和区域划分条例》、《关于维护武士封侯区的泥城、大门公告》、《风景法令》、《金泽绿化带保护条例》。1982 年，政府立法保护歌妓。1984 年政府立法保护茶道。②政府补助。有 14 条武士街和 27 个手工作坊受惠于政府的补助。在现代化的背景下，市民不愿住在市内，这不利于城市的发展。金泽市颁布政策：市民返回市中心居住，可享受政府补贴。政府还颁布《传统建筑恢复支持系统》，市民在市区盖房，如采用日本传统样式，政府为其偿还贷款的 10%～15%。③绿化。政府颁布绿化条例，购买土地来植树。空地及可拆的建筑均用来绿化。④设立金泽市民文化奖。⑤鼓励市民参与城市建设。2000 年颁布《关于市民参与以促进城市规划的条例》，市政府的规划需得到不少于 80%的市民同意才能实施。⑥金泽市认为，仅仅保护过去是不够的，还要创造新的文化。从现代化需要出发，金泽建了一些新的文化设施。这样使得金泽既具有浓郁的传统气息，又有现代化的气势。

2. 韩国清州

清州是韩国的文化古都。清州的经验主要在珍惜历史文化传统上。清州保存有世界上最早的金属活字印刷品——《直指》。为此，清州特建

---

[1] 参阅：陈望衡. 关于参加“文化与城市可持续发展国际会议”的汇报

设一座博物馆，并建有宏伟的纪念物。显然，清州以此为骄傲。清州保存有上党山城、法住寺等许多重要历史名胜，现成为重要的旅游景点。清州的城市建筑追求传统风格与现代化的完美结合。清州的艺术中心、印刷博物馆等新建筑堪为代表。清州市的街道绿化及雕塑很有特色。雕塑多为小型，极具文化内涵。韩国的农舍多采用传统风格，为大屋顶的两层楼房，屋顶的颜色或为蓝，或为绿，或为红，色彩绚丽，里面的设施则与现代化接轨。清州重视教育，大学较多。清州还有文化研究院，专门研究清州文化。清州的艺术演出具有浓郁的民族风格。清州市市民对城市建设参与意识很强，在清州召开的“文化与城市可持续发展国际会议”上就有市民旁听。清州文化建设强调地方特色、传统特色、平民特色(正在推行“平民计划”)，提出从两种视角看清州：从全球来看，她是国际上有特色的大都市。从地域来看，她是国内传承传统文化的历史名城。

这些基于东方文化的成功范例是非常值得我们学习的。正如我国建筑大师齐康教授所说的那样：“我们迫切需要保护我们的优秀传统文化，在世界文化背景中发展我们自身的地域文化。我们要探索建筑文化的创新，形成区域的、现代的新风格，以证明时代的进步。然而那种混沌、世俗观念所造成的建筑文化上的‘沙漠’，似乎阻碍了我们的视线，这是可悲的，是‘业绩’背后的沮丧，是时代的沧桑，它将在我们这代人的心理打上愧疚和耻辱的烙印。为此，提高全民族的文化素质和建筑文化水平是一项历史性的任务，我们要为之努力”❶。

总之，城市是一种体量巨大、结构复杂的环境艺术作品，正如1977年12月在秘鲁通过的《马丘比丘宪章》对城市特色的概括：“一个城市的个性与特色是其形态结构和社会发展特点的结果。”要创造与复兴城市文化特色，必须了解和把握这一特殊艺术品的历史创作过程和结构特点。复兴和创作的过程至少有四方面的特征：

1. 复兴创作构思的出发点是城市的物质形态和环境，而决不能是任何长官的主观意向。必须以历史、自然遗存和现状环境作为依托和复兴的归宿，在此基础上再决定复兴什么、取舍什么。

2. 复兴构思的程序是由规划编制分析，整治修复工程实践推演，再

❶ 参见：齐康．关于城市建筑学的思考——整体．城市研究，2000年第3期第21页

到规划修改重构的反复过程。

3. 文化特色复兴是一门公众参与的艺术，需要多方面、多学科的协同与参与，其中专家学者的责任一方面是研究城市历史演变的轨道和规律，另一方面是吸取和尊重民意民智。

4. 任一城市文化特色复兴工程是一项长期的任务，应始终处于“未完成状态”和不断修改之中，始终存在“留白”供后人发挥和创造。能不断地吸收智者与民众的参与，不断地吸取国内外经验教训。千万不能搞成××献礼工程和官员任期倒逼进度的项目，否则就会建成半拉子的新废品。

专题一：

钱江新城规划建设要点

“未曾抛得杭州去，一半勾留是西湖”。一直以来，西湖是杭州的城市品牌，受历史发展条件和自然环境特征的影响，城市建设也面向西湖而展开，形成了“三面云山一面城”的传统格局和南北向狭长的发展形态。正是由于长期以来城市用地沿西湖风景名胜区边缘发展，导致了城市中心土地利用强度大，职能过度集聚，不仅加剧了城区交通的压力、人居环境的恶化和古都风貌的破坏，而且对西湖风景名胜区的自然环境产生了负面影响。要保护好西湖这一悠久而珍贵的自然与文化遗产，减轻城市发展给西湖带来的日益沉重的压力，同时也为杭州跨世纪的发展拓展新的空间，把城市发展的中心转移到钱塘江两岸来势在必行。随着萧山、余杭并入杭州市区，城市东扩、沿江跨江发展战略的确立和钱江新城的规划建设，使得杭州长期形成的以西湖为核心的团块状空间形态转变为以钱塘江为轴心的分散组团式形态，城市建设也由西湖时代全面步入了钱塘江时代。

规划中的钱江新城，东临钱塘江，西靠秋涛路，北依钱江二桥、艮山西路，南至姚江路，占地总面积约15平方公里。功能布局上将具有行政办公、贸易、金融、旅游服务、文化娱乐、会议展示等多项功能。钱江新城分二期实施建设，其中一期工程即新城核心区(图15)，位于钱江三桥至三堡船闸之间，占地面积约3.41平方公里。钱江新城计划在15年内全面竣工，它将成为杭州城市的新中心，进而形成“一个主城，二个副城”的沿江多核组团布局结构体系。

一、钱江新城规划设计建设总的指导思想

对钱江新城的规划设计必须着眼于未来，从城市发展的整体上考虑，强调高效、节约、人与自然的共生，体现科学发展观延续历史文脉，展示山水城市的景观，真正构筑有时代特征、杭州特色的现代化城市新中心。

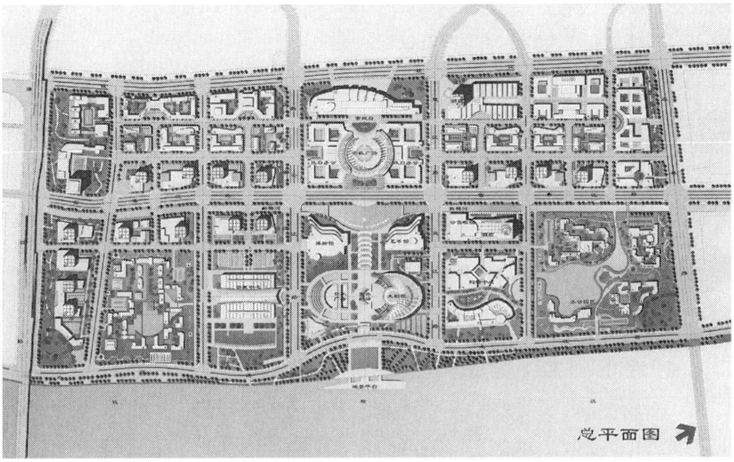

图 15　钱江新城一期总平面图

一是钱江新城作为城市新中心，是杭州未来城市发展的重中之重，在规划设计建设的思路上必须“从大到小，从远到近”来考虑。“从大到小”，就是要立足于已有的城市总体规划，从全局的角度来考虑新城的总体规划，明确新中心的功能定位，寻求与未来城市整体结构相适应的交通及市政基础设施网络组合模式；“从远到近”，就是从长远发展的角度，对城市新中心进行规划设计。确定合理的开发强度并提供相应的开发模式，处理好新中心与老城区的衔接。通过城市设计创造新中心区符合时代特征、富有杭州特色的城市空间结构景观构架。同时，城市新中心规划还要与下沙新城的规划相衔接，与东部的运河两岸的景观相协调，形成人工与自然、河水与江水交汇的新景观。

二是钱江新城要按照从历史文化名城向现代化大都市过渡的要求，充分体现以下 6 个特征：①新杭州的特色。城市新中心既要传承历史，又要面向未来，既是杭州历史文脉的延续，又是现代化的，能够体现新杭州的特色。②新的商务中心。杭州的中央商务中心逐步实现从湖滨向钱塘江滨的转移，金融、行政、商务等功能在城市新中心内相对集中。③新的行政管理中心。城市新中心行政管理功能既是现代化、高效率的，又体现以人为本，是亲民的。④新的景观中心。杭州作为风景旅游城市，城市新中心应该成为杭州明显的新的景观带，形成山、水、城交汇的景观高潮。⑤新的开发模式。变以往一条道路建设资金自求平衡、两侧同步开发为 TOD、区域成片开发，以利于提高整体景观效果。⑥新的规划控制方式。在城市新中心实施法定图则，区域内实行不同等级的规划控制办法，体现规定性与灵活性的统一。

三是钱江新城的规划建设要充分利用自然资源优势，突出山水人的主题。“仁者乐山，智者乐水”。人类有着近山、亲水的本能需求，山水是生态环境中不可或缺的重要元素，同时也是最富吸引力的景观要素之一。杭州是以秀丽的自然山水而闻名于世的城市。而钱江新城背依凤凰山、玉皇山及太华山，东临钱塘江，北接京杭大运河，新塘河、江干渠穿越而过，同时还有大量的低洼地和池塘，有着丰富的自然山水景观资源。因此，在新城规划设计时，应将山水作为重要的景观元素，创造富于魅力、个性独特的景观。要充分利用和发挥这些自然资源优势，按照后工业时代的景观设计理念，遵从自然，遵从文化，强调天地—人—神的和谐，即自然、生物、现代人的生活和历史文化的和谐，将山水地形、大地景观格局与新城的整体布局相结合，将自然生态系统及多种生物引入整个新城，将现代人的生活方式与地方的历史文化传统有机结合，强调亲人、宜人性、人的尺度、人的体验，从而达到中国传统风水理论中所描述的人工艺术与自然景观“共生、共荣、共存、共乐、共雅”的境界。

二、钱江新城规划设计中要把握的几个问题

1. 交通组织

城市新中心的交通组织要从杭州城市整体道路交通网络出发，进行系统的设计和论证，注重城市总体交通组织的连续性、与新中心以外包括钱塘江南岸交通连接的可达性和便利性。由于历史和自然条件的限制，老城区在向东南方向发展的过程中，目前较为成型的城市街区仅限于秋涛路以西，因此秋涛路承担了新中心区边缘过境通道的角色，尤其是秋涛路与清泰街这一节点，是新中心区目前对外和联系其他组团的主要出口之一，因而道路网也呈不规则的放射状。要将老城区的正南北路网走向及空间形态与新中心区沿江的斜向路网和空间形态有机地协调，必须重点考虑中心区向西、向北及向东南跨江三个方向的交通联系及空间形态的转折。因此，道路走向和空间形态整合的重点在于新中心区与老城区之间的过渡地带。

要根据不同区位的交通可达性优劣的分析研究，来确定新中心区各区块的功能布局。通过新中心区的交通定量分析，确定符合以人为本、注重生态及历史的现代城市设计理念的长远交通发展战略。城市街道是重要的公共开放空间，除了满足现代交通的功能外，也因作为行人活动的场所，是人们感受城市的重要载体。所以，街道景观的设计，成为城市空间环境品质的重要环节。新中心区内的主干道设计要有独特性，要形成杭州特有的、充满浓郁的江南风味和杭州文化气息的景观道路。

新中心要考虑以规划建设大型的地下公共停车场所为主，同时各大型公建设施的地下空间应相互贯通，以便相互调配，从而有效地解决未来的停车问题。

要避免工业化国家已走过的老路，吸取郊区化和汽车化城市的教训，引入新都市主义的规划思想，强调以方便、高效节约和舒适为特点的社区化城市有机结构，发展自行车道、步行及公交系统。在新中心区内道路两侧，除满足能行人需要的人行道外，可结合主要的开敞空间和景观轴线，形成完整连续的步行活动和自行车道系统。在主要公共建筑和城市广场之间，注重地下空间的开发和贯通，以及与交通换乘枢纽之间的联系，形成完整的地下人行系统，从而保证市民在核心区穿越城市干道的安全便捷，以及公共活动的连续性。

2. 土地开发利用

新中心区内土地的开发利用要按照合理、功能混合和可转换的要求，根据市场的变化来确定其用途功能，同时要考虑到网络经济发展所带来的商业交易网络化的趋势，在功能布局上充分体现对人的关怀。钱江新城总体布局是南低、北高、中空，面向钱塘江。土地开发时序应该是由外向内，使土地开发与城市增长相适应，充分地利用土地价值。由于未来的发展在很大程度上是不可知的，同时目前的市场需求也是有限的。所以，现在就对整个新区的功能进行明确的定位分区，让不可分解的大型建筑布满整个新区，形成一个不可调整的定格，这是不可取的。应该采取用小型单元组合成满足目前市场需求的建筑群，而将一定的决策余地留给未来，从而留出衍生的空间。在新城建设初期，除永久性绿地外，中心一些区域可形成大面积的临时性绿地，以后根据市场的需求和形势的发展赋予新的功能，临时性绿地也为建筑所取代，地价也向心增长，开发商的利益也可以最大限度地得到保障。对新区规划中特别重要的区域，要进行多方案的比较。要科学、合理、准确地测算新中心基础设施等建设成本，确保开发建设的顺利实施。

3. 功能布局与建筑形态

新中心区除安排行政办公、旅馆酒店、商业会展等设施外，要建设一些可以进行国际交流的大型文化娱乐设施。这既可以增加中心区的活力，丰富建筑空间，又可以提高城市的旅游容量，让中外游客不仅感受到杭州自然山水的秀美、人文景观的悠久，而且可以感受到城市文化的浓厚，满足高层次的文化活动需求，同时又可以促进本地创意产业的发展。为充分体现杭州的自然环境优势，实现对上海CBD职能的补充，在新中心区应该建设一些高质量的、高标准、低密度、低容量的办公园区，为国内外大公司提供合适的办公场所。从杭州对外开放程度、经济水平和民营经济发展的现实情况看，办公园区可以考虑分为两个区域，一个是为国内外的大公司、大集团服务，另一个是为民营企业服务的。为避免新中心区昼夜人口反差过大而可能带来的缺乏人性空间和环境恶化，甚至出现安全等社会问题，需要建设一定比例的高品位、高档次的公寓住宅和商业服务设施。

在城市空间中，建筑物是形成公共空间的主要元素。建筑物的布局排列方式构成了城市空间的建筑肌理，不同的建筑肌理形成了风格迥异的城市景观。新中心区内的建筑风格既是现代化的，又是与杭州历史文化名城相衔接的，要实现古老与现代的协调。因此，在新中心区的空间规划布局上，一方面要从大范围、大尺度、高视点的角度，设计符合本地区地理、历史、文化特征的独特的建筑实体布局和建筑天际线。哈佛大学建筑设计学院卡尔教授认为：钱江新城作为现代化的城市中心区，应该有几座现代化的高层建筑。这些高层建筑不仅是进入新中心的标志，而且是区内景观视线的焦点。另一方面，要吸取形式主义“城市美化”运动的教训，避免空洞的城市形式美化设计，强调场所精神的挖掘，从人的运动感受角度，依人体的尺度和低视点，设计形成能体现本地区独特的都市意象空间。区内的单体建筑不能是孤立地作为城市景观，而且要担当起“砌块”的配角，通过与其他建筑物的组合，成为围合街道和街区广场的景观元素。如新中心内的行政中心建筑与建筑之间要注重兼容性，倡导开放性、亲民性和建筑风格的特异性。景观大道两侧的建筑及建筑与建筑之间要留有一定的视觉空间，使之既有灵气又有人气。新中心内音乐广场至江滨一带，要规划建设成为新中心的景观高潮。新中心区内的办公园区，要按照从历史文化名城向现代化大都市的过渡、从高层建筑向江滨景观的过渡和功能转换的要求进行景观设计，建筑应体现简洁、现代的整体风格，多个小规模的建筑组团松散地分布在以自然景观为基调的旷地中，通过水体、绿化和步行路径予以分隔和串联，形成错落有致、疏密结合、与建筑有机组合的自然环境。

4. 水体与绿化景观

现代城市空间已越来越都市化，人们在这样高度人工化的空间中高效率、快节奏地工作生活，需要调节和放松，有着强烈的回归自然的愿望。而滨水城市可以其优越的亲水性和舒适性、较多的绿地和空间，满足现代人的这一需求。20 世纪 50 年代后，面对逆城市化现象的出现和城市环境的恶化，美国、英国等西方一些发达国家的城市就提出了“让城市重返滨水”的口号。因此，新中心的总体规划设计，要充分体现杭州山水资源丰富这一特色，突出做好水景观的文章。

中心区的水体景观设计可以从观水和亲水两个层面来考虑。钱塘江江面开阔，其流淌跌宕的气势，是极具观赏的水体资源，江岸的设计应满足人们“观水”及休闲游憩的需要。但是，钱塘江因潮水作用，水质混浊，虽有大江大河之势，又有潮来潮往之动感，却令人难以亲近，可望而不可及。因此，要充分利用地形、水系，将新中心区内的河道、人工湖与钱塘江、大运河及市区其他河道沟通成网，并通过水体净化成为潺潺流水。河岸的设计应模拟自然，驳岸护坡采用天然石材，最大限度地促使人们接近水面，利用草木、灌木和乔木稳固土壤，让人亲水，营造静谧宜人、鸟语花香的生态环境。通过观水和亲水两个层面的景观设计，使中心区内中观尺度和微观尺度上的水景，与钱塘江宏观尺度上的水景构成一动一静、一浊一清、一大一小的对比，使人们远可观赏钱江之动势，多了一份大自然的壮阔；近可体验秀水之丽质，增添一份城市水系的优美和宜人，从而形成具有江南水乡特色的城市新中心，充满着人性和文化内涵。

加强绿化是提高中心区生态环境水平有效而直接的手段。中心区的绿化规划设计应坚持以人为本、以活动为中心的原则，结合区内水系的布局，强调绿化的系统性和网络性，注重商业旅游等功能与绿化功能的复合，力求创造空间层次丰富、提供多样化活动的绿化空间。

道路绿化除了满足分隔不同车辆运动空间、遮阳等功能外，还应充分体现其美学功能，使道路成为游览观光资源的一个组成部分。位于道路两侧的休闲景观绿化带，是人们休闲、游憩、交往的重要场所，也是构成都市景观的主要元素，绿地的设置要讲究自然的风格，绿化种植应结合地形、自然水体及人行道等进行统一设计，形成地形起伏、空间层次丰富、趣味盎然的自然景观。滨江绿地是新中心重要的景观区域，设计应力求体现其观赏功能。滨江绿地景观应开敞舒展，依据现状土地的高差创造平缓起伏的地形，形成开敞的观赏草坡。中心广场绿化则应以创造舒适宜人的公共活动场所及良好的都市景观为主要目的，树种选择要注意季节色彩的搭配，结合其他环境要素如座椅、喷泉、雕塑、矮墙等，形成视野开阔、动静分区、各具特色的城市景观。办公园区的绿化，则要结合自然水岸和形态自由的人工湖，引进多种植物，最大限度地模拟自然，形成层次丰富、物种多样的自然生态环境。

通过水体和绿化景观的系统化和网络化，使中心区内处处是景，呈现“城在景中，景在城中”的意境。

专题二：

河坊街[1]保护修复规划与实施

一、保护修复河坊街的五点理由

（一）保护修复河坊街是为了延续杭州历史的文脉

如果说承载着巴黎圣母院的塞纳河小岛是巴黎的子城，那河坊街也就是古老杭城仅存的源头。一个能够表达自己悠久历史的城市，是能够让人肃然起敬和流连忘返的。因为这是一部物化了的杭州人民的生存史、奋斗史和发展史，它铭刻着我们祖先的光荣与耻辱、梦想与实践。一个忘记了过去的城市很难以想像会正确地面对未来。

（二）保护修复河坊街是维护杭州城市特色的实际行动

任何一个城市的特色，都体现在自然山水和历史文化之中。而只遵循价值规律的市场机制和突飞猛进的建筑新材料、新工艺，正在造就千城一面的城市景观。保护历史街区正是为了维护古老杭城的特色。正如鲁迅先生所说的，“是民族的，才是世界的；有特色的，才是美的”。让世界认识杭州，就要让我市历史街区独具东方古典美的特色景观使世人过目难忘；杭州要走向世界，就要恢复和张扬自己的特色，向世界递交自己的金名片。

（三）保护修复河坊街是为杭州城市的可持续发展尽一份力量

任何一个城市的可持续发展，一方面体现在持久的生态的良性循环之内，另一方面体现在对历史文化的继承、复兴和发展创新之中。而贯穿我们城市历史的人文精神，正是杭州可持续发展的原动力。正如古建

---

[1] 河坊街简介：河坊街地处杭州上城区，南迎吴山，北靠闹市，是杭州旧城中最繁华的古街坊，有“前朝后市”之称。“前朝”指“南有朝廷”，即南宋皇城，河坊街为“皇城根儿”；“后市”指“北有市肆”，即河坊街一带，这里“珍异所聚，商贾辐辏”，杭城最著名的古老商铺胡庆余堂、朱养心、张小泉、王星记、孔凤春、边福茂、张允升等均开设于此，构成了历史文化、商业文化、民俗文化丰厚的传统街坊

筑是凝固的音乐那样，河坊街也凝结着杭城历代的文化和艺术。它们不仅可以作为历史的见证，而且也体现了杭城传统文化的价值。修复这条小街，只是希望留住城市之根的一项举措。因为，实践已经证明，城市文化之根扎得越深，吸取的历史养料越丰富，文化名城和经济强市的枝叶、花果将更为茂盛、丰硕。

（四）保护修复河坊街是为了市民的高兴与舒适

现代化的建筑因充分利用了城市土地和空间资源，阐述的是理性主义和使用功能，丧失的正是古建筑所特有的“人性尺度”。河坊街的修复，不仅可以使老杭州们恢复一些对历史年华的记忆，满足他们对过去的留恋和感叹，也让青年人多了一份选择的自由，使得他们对过去的体念与对未来的憧憬具有同样的快感。正如我们所有的工作都是为了让市民高兴、让百姓愉快那样，“住在杭州”也不能失去这些富有人情味的建筑。

（五）保护修复河坊街是发展杭州旅游业的重要举措

清河坊历史街区，由于能与美丽的西湖、精致的吴山等山水景观共生互补，珠联璧合，因而具有景观互补性；正是由于它与现代文化、建筑风格、街道景观、生活习俗存在着巨大的差异性，能满足中外游客的好奇心（图 16）；由于河坊街的修复采用“修旧如旧”的原则，保存了历史的大部分信息，几百年来无数中外文人艺匠创造的积累沉淀将得到再现。

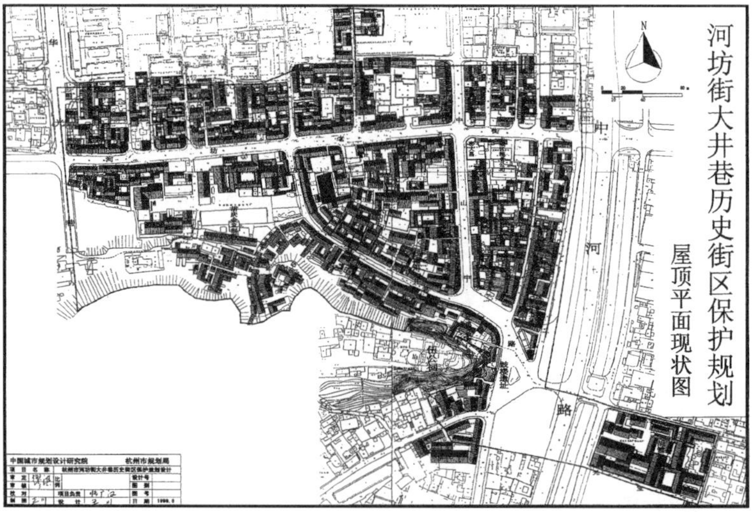

图 16　河坊街历史街区传统建筑屋顶平面现状图

这一种因文化积累性所产生的独特意境，完全不同于用一种风格、一个设计师在一段时间内修建而成的仿古街道。正因为存在着这“三性”，因而将对中外游客产生很强的吸引力。

二、修复开发业主、范围和功能的确定

（一）修复业主的确定

修复业主的确定应根据四大原则：

（1）应有一定的行政权威以协调社会各界的意见和力量。

（2）应有较长远的眼光，以防止纯商业化的炒作而损害历史街区。

（3）能调动基层特别是街道、居委会的积极性，共同做好文物保护工作。

（4）能贯彻“修旧如旧、整体保护、产权转让、滚动开发”的方针。

这样看来，整修建设的业主，显然以上城区政府为宜，排除了以市园文局和企业化整修开发的模式。目前上城区正在进行吴山广场建设，河坊街、大井巷保护区这个景区是与吴山广场连成一片的。为什么有人对吴山广场的建筑风格提出批评？这里有一个客观的原因，当时确定吴山广场建设方案时，只是把河坊街作为一个交通要道来考虑的，而目前的吴山广场景观与当时的设计方案是一致的。现在把河坊街重新按照历史文化名城的保护要求确定为保护区以后，由于吴山广场的建筑风格没有随河坊街功能性质的变化作相应的改变，所以就产生了这个矛盾。在建设过程中，已对吴山广场的局部地方作了一些调整，现状比过去有些好转。随着河坊街的保护整修，就要考虑通过牌楼和民族风格的建筑加以过渡，使吴山广场与河坊街的建筑风格逐步地协调起来。

确定上城区政府为整修建设的业主单位，并不是说市政府规划部门就撒手不管。这里有三个重要问题需要进一步明确：

一是上城区政府作为业主，要对整个河坊街、大井巷地区保护整修开发的进度和质量、建筑风貌与吴山广场、周边环境的协调等问题实行总负责。

二是市政府确定一个专家组。专家组每天要有人在现场指导施工，并与方案的设计单位一起把关。要赋予专家组的协调权力。因为在整修方案的实施过程中，随时都要对方案进行修整、调整。整修不像建新的

建筑，比如建一所学校，一旦确定建设方案，就可连续施工建设，而保护整修工程需要不断摸索，要花很长的时间。整修是一个再创作的过程，就像给人理发一样，从头至尾理发师都要在旁，而不是像机器去芋艿皮一样，按照固定的一个操作模式；河坊街房屋的整修，也就像给人理发一样，每幢房子都应有自己的“发型”和风格，这都需要“理发师”现场精心操作。所以，河坊街整修工程完成后，要在那里立一个碑，刻上这些专家的名字，让世人评说，使他们的功过是非与这一整修工程的风貌一起留芳或共同遗臭，促使他们以对历史负责的态度开展工作。

三是要有一批不同的建设单位来承担整修工程。建筑风貌多样化的基础在于业主的多样化，设计、整修单位的多样化。对于一条街，一个片，或者某一个重要建筑的整修，业主提出要求，由几个建设单位分片承包整修，开展友谊竞赛和相互学习；对一些次要的建筑，如某一片中某一座房子的整修，可以由小的建设单位承担；对一些不是沿街的，又不是很重要的建筑，可由房主自己请几个木工师傅，在专家的指导下，按照确定的外形要求自主整修。业主也可以分成多种类型，从而调动一切积极性，造成景观的多样性。所以，整个河坊街、大井巷地区的保护整修，在上城区政府这一大的业主下面，还有许许多多的小业主。上城区政府要统一指挥协调，而不能包办代替和互相错位。

（二）河坊街保护区利用和开发范围的确定

河坊街、大井巷地区保护、利用和开发的范围，可以从以下六个方面来确定：

（1）风貌保护。要考虑到河坊街、大井巷地区整个风貌的协调保护，不仅仅是吴山风貌的设定，还包括高银巷与中河高架桥这一带风貌的设定，与整个风貌保护区如何协调。

（2）重点保护。就是那些需要原汁原味保护的建筑，旧的就让它旧，只要能用就行了。甚至有些旧建筑缝隙里长了一棵树，只要不至于把建筑弄塌，留在那里也没关系，以显示该建筑的古老以及与生命物体的和谐相处。如一定要把这棵树拔掉，把整幢建筑重新油漆成为崭新的，那就煞风景了。重点保护就是要讲究原汁原味。

（3）一般保护。允许小业主对这些建筑作局部调整，但是建筑的基本原貌不能破坏。也就是建筑里边可以做些改动，设置卫生间、浴室等等，而建筑外貌不可以改动。

（4）重点恢复。重建杭州历史上的最具代表性的建筑。实际上是将近几年建的与保护区风貌冲突的建筑推倒重来，退到它原来最漂亮最辉煌的建筑上去，像鼓楼这样的建筑就需要重点恢复。

（5）一般性的建筑。只要按照风貌上协调、建筑风格多样性的要求，进行修旧如初就行。

（6）新建。新建的建筑必须与整个街区风格相和谐。

河坊街、大井巷地区建筑的保护修复按照以上六个档次，对号入座，以体现整个街区建筑风格的多样性、文化的多样性(图 17)。不能老是抱着市井文化，搞一刀切。后来规划建设的一些古建筑群为什么被斥之为粗糙的假古董？就在于缺乏多样性。历史上的建筑为什么好，好就好在有多样性，这是精雕细琢和历史文化积累积淀形成的。

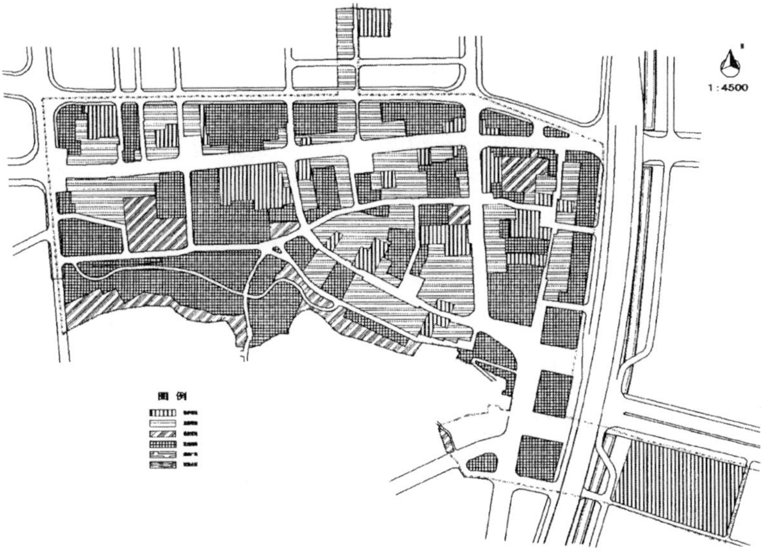

图 17　河坊街历史街区传统建筑保护与更新模式图

（三）河坊街保护区整修开发的功能定位

河坊街、大井巷地区的功能，到底是以居住为主、旅游为主，还是以商业为主？根据我们目前基本选定的设计方案包括苏州的方案，开发的功能实际上也已明确，就是商业、旅游、居住、历史文化展示四结合。把一个街区全部搞成商业，或者居住，这都是违反多样性原则的。河坊街包括沿街两侧向里延伸的小巷，不管现在是否是居住用房，基本上都应考虑到商业与历史文化。有了商业，必然就带来旅游业。旅游业无非是商业的另一种形态而已。因此在政策上，就要允许一些老店留在这里继续开店经营。外省市著名传统老店也可以在这里开设分店。不仅是本市的老店，像东阳木雕、黄山石砚、景德镇瓷器和青田石雕等外地的老店都可以来此开设分店。这样，这里的店铺就丰富了。如果局限于非杭州的老店，其他地方的一律不许进来，这岂不是成了武大郎开店啦？我们要尽可能多地吸收全国的一些生产著名工艺品、旅游品、有民族特色的商店进入河坊街，除现代的以外，只要是传统的艺术品和服务业就可以。

沿街房后面的许多房子，如何整修呢？如原产权住户有一定经济条件的，可以在理顺产权关系的基础上自己整修；没有经济条件的，由区政府把这些房子买下来，再拍卖给别人，在保护整修合同的约束下由户主自行请专家整修。如果是那些像黄杨木雕、青田石刻等有手艺的人来买的话，在价格上可以给予一定的优惠。因为这些人，一是有钱，二是有手艺，三是就近可以建店。这样，不仅可以把房子的整修活动有条不紊地展开，而且还可以烘托河坊街传统历史文化的氛围。所以，政府要在政策上加以引导。

三、河坊街保护整修开发过程中三对关系的处理

（一）文物保护与商业利用

处理好这一对关系，一个正确的指导思想，就是商业利用要服从于文物保护，文物保护要服务于商业利用。所以，这对关系实际上是互惠共生的关系，不是水火不相容的。商业利用服从于文物保护，说明文物保护是第一位。但是文物保护要服务于商业利用，才能体现经济效益和社会效益的统一。在整个河坊街、大井巷地区的保护整修开发过程中，都要体现这一指导思想。

第一，本地专家要与外地专家的技能结合起来。一些外地设计院有实力，例如苏州设计的方案很有特色，但是为什么我们选了本地专家方案呢？因为他们对杭州的情况比较熟悉，可以连续地作业，可以深入进行研究；苏州设计的方案，它是把苏州这么多年来古城保护的经验浓缩在里面，考虑到了保护与开发之间的关系，而且空间关系也处理得比较好。在这一点上，他们比杭州专家高明。由于没有经验，杭州专家在古

城的保护开发上容易走两个极端，要么是全部拆掉重新来；要么就是什么都不能动。实际上这两个极端都是走不出来的死胡同。有时，单一性的保护办法反而成为破坏的帮凶。因为小偷早就把建筑中有文物价值的物件偷光了，还轮到你保护？一般老百姓自己住在那里，也会逐步使风貌丧失。如古代的刻花窗子，文物贩子开价五百元收购，住户一想这个东西也值五百元钱，你拿去好啦，结果就会导致文物的流失和风貌的破坏。有的措施看似保护，实际的结果却是任其破坏和风化损坏。

第二，采取有效的措施，使吴山广场与保护整修后的河坊街的风格相协调。许多专家学者都反对在吴山广场与河坊街之间建一个大型的地面停车场，即使要建，也应移到地下去。不然的话，环境景观上就不协调了，南边是吴山广场，东边是传统的古色古香的建筑，而中间是一个现代的大型停车场，停着一排排车，就会造成风貌的冲突。两者之间应该有一个合理过渡。

第三，高银巷作为单向通行的道路，其路幅以地下管道能够铺设为原则，并不是要开腔破肚在这里要建一条交通要道。交通也要服从于风貌。为什么城市有些地段不能建高架路、不能搞立交桥，道理就在这儿，交通不能破坏风貌协调性。但由于整个河坊街及其周边区域的地下设施建设的需要，所以这条路可以拓宽，但宽度只能拓到能铺下管道为止，绝不能破坏历史街区的宜人的空间尺度。

第四，河坊街的功能定位。以商贸旅游和文化展示为主，居住为辅，而且要使居住的对象也由一般的居民转为外来的艺人、文化人，将一般居民逐步逐步地置换出来。随着方案的延伸，如果采取本地园林设计院方案与苏州的方案相结合，对该方案做一些调整，使得有一些小巷通过旧青石板铺路能够便利游人进出，这样的话，商铺的数量自然有所增加。有些商铺其实是文人、闲商的商铺，店开在这里，他们实际上不想每天接待五六百人，熙熙攘攘的，而希望当一个有闲情逸志、以文会友的闲商。这些人一般年纪大了，钞票也有，而且又有文化素养，在店里挂几幅字画，放几件古董，然后泡一杯茶，很悠闲地坐在这里，有熟客来就聊聊天，有客人来也接待谈谈生意。实际上是变成一种很悠闲的文化商业。相当一部分人之所以要住到杭州来，他们并不是想住到高楼大厦，闲时可以在西湖边逛逛。他们要的就是通过这类文化商铺的经营，过一种悠闲自得的生活，来提高自己的生活品位。河坊街的修复规划就要与之相适应。

（二）建筑的代表性与多样性

在修复过程中，一些建筑怎么整修，怎么复建？杭州市历史上这方面的工作中有些败笔。有一些街道修得非常精致，但一看就不像是古街道，为什么不像古街道呢？因为它的街景完全一律化，而且都是一种建筑设计格调，明显出自于一个设计师。哪怕这个设计师再聪明，也是愚笨的，因为未能展示历史街区应有的景观多样性。像黄山地区有条传统街道是由一位很有名望的专家设计的，但整修后统一风格的新建筑太多，施工者不能领会设计师的意图，将许多传统街道中的历史文脉信息给抹掉了。因为一个传统街道的形成往往是几百年，在这几百年过程形成的街道建筑风格是积累性的。有旧的，有新的，有欧式的，有中式的，有民国的，也有清初的，而且随着不同地方人的居住，有徽派的，也有浙南的，带来了五花八门的建筑文化，这样逐渐形成的街道就很有韵味，很有趣味（图 18）。如果我们在传统街道的整治过程中，把多样性抹掉了，等于将其作为一条历史的街道、作为一种历史的创作过程给抹掉了，文脉就没有了。像上海的老街，建筑都是新的，完全是一些新古董，而且是一种风格大跃进式的新古董，就会因“不耐看”而使游人败兴。

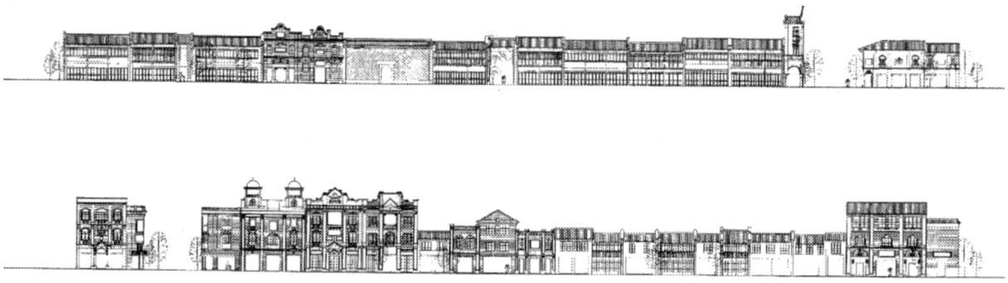

图 18　河坊街历史街区中山中路西侧、东侧立面图

所谓建筑代表性，就是通过修旧如旧、修旧如古式的研究，找出这个建筑最有杭州味的时代式样，而且是经典式样的民居、商铺建筑最具代表性的阶段、最辉煌的阶段，建筑的典范按照这些建筑式样进行整修，这就是修旧如古的真实含义。而多样性，就是要求每个建筑都要有不同的风格，它是有不同的历史背景，而且有不同阶段，体现了不同的文化流派的审美情趣。保持历史风貌，就是保持这个街区在漫长的历史过程中间所沉淀的所有建筑文化符号。这样的保护整修方法，才能使各街区风貌不会单调。在日本，有些古街道修复处理得比我们的好。日本专家尽量按照原来的样子，尽量利用原来的材料，原来的瓦片，原来的砖头，

只要牢固就行。这样修复起来的建筑逐步积累，这个街道就能呈现多样性，达到流连忘返的境界。河坊街的保护整修，我最担心的就是把旧的也粉刷一新，风格上也一律化，然后由一个设计师，从东面一直设计到西面，树立自己个人的牌坊，结果损失的是历史的遗产，留下来大不了就是上海老街式的败笔，这是应该极力避免的。

规划方案修改中要注意预先空出一些空地，用于迁移仿造外地的优秀古建筑。有些地方某些古宅建筑，包括乡村的一些优秀古建筑，明末清初的一些老店铺，可整座迁到这里，进行保护性的集中搬迁安置。河坊街历史街区最可贵的就是受多种文化冲击沉淀下来的这些建筑符号都不能去掉，包括一些欧式的建筑，这样就体现不同种文化的交融沉淀过程。不仅仅只是保留一张皮。在有代表性的历史建筑保护方面，能保留的应尽量保留。一般性的古建筑还是以局部改善修饰为主，把房子里边的下水道、上水道，内部的设施加以现代化是可以的，但外观文化形式一定要保留原味。有一些整个院落，要体现明末清初的韵味，或者民国初期民居的特色，要体现杭州味，它不是完完全全的文物古董。

值得一提的是，河坊街大部分建筑还是徽派建筑。其中最典型的当推胡庆余堂。徽派建筑一般有以下几个特点：

首先是秩序与安宁的统一。一般以内聚天井式的结构模式，除街面之外其余墙体均以高墙小窗为特色。这不仅反映了孔孟之道所提倡的严格社会礼序与伦理道德，也反映了中国传统文化的内向性、封闭性与商业文化要求的开放性冲突的调和。

其次是用材和色彩上的朴实素雅。以粉墙黛瓦为基调，但也有所变化，反映出民国初年，由尊卑有序、内外有别的传统商人向自由、平等、独立、自尊的新文化人格过渡转换时期的矛盾心态。

最后是装饰上的细腻轻巧。传统的飞檐、斗拱、坡顶被实用地安排着，但精巧细致的砖刻木雕表现出江南人的细腻气质。

由此可见，在河坊街古建筑的修复过程中，要将研究性与实践性结合起来，对精美的徽派建筑要做深入地研究学习，再加以细致地修复保护，整个过程不能急燥，可分几个阶段来实施。

（三）当前修建与今后管理

当前的修建工作应明确几个重点：第一，就是高银巷的拓宽、给排水的施工、管道的施工，这些工程要立即开始启动，先要把整个框架打下来。第二，四拐角欧式建筑和胡庆余堂也可以先行整修，以确立两种不同风格的典范，开多样性复原之先河。第三，此类修复工程，加班加点做好方案的完善，关键建筑还要做多方案比较。第四，公开邀请一批专家，经过选择以后，组织一个专家组。这个专家组要相对地固定化，相对地专业化，最好要住到现场去。历史证明：通过专家的一次性研究、连续性研究和积累性研究结果并不一样。有些时候的研究往往是一次性批发，深度不够。当有人把自己的声望、成败与否、自己的未来到底遗臭还是留香，都押在这个项目上的时候，那么他的研究修复工作才会做深做透。如果随便选一行政首长担任专家组组长，出现错误时是很少能纠正的，而一般专家任组长的话，还有人可以对错误进行纠正。不要以为负责人官衔档次越高就越能办事，在这个问题上，往往是级别越低、责任越清晰越能办事，而且能办好事。第五，在重点的几个地方，要重点地修缮，重点地保护。有几个亮点出来，整个街区的商业价值就上去了。正像修了一个吴山广场，周围的土地就升值了，这有异曲同工之处。对重要建筑要提前进行设计方案竞标。第六，就是要研究政策，调动各类业主的积极性。第七，要考虑到修建工作的连续性和过程性。要把修建分成几个阶段，有条不紊地推进。切不可盲目仿旧城改造推倒重建的办法。有许多建筑可以让它以旧残的外部形象放在那里，体现其古迹的残缺美，假如过两年还有损坏，再修就是了。要考虑在这个过程中，有些文物保护的难点，有些保护与利用的难点，随着具体操作人经验和智商的不断提高，会有办法的。旧城复兴，不能让我们这一代人匆匆忙忙把它完结，这是不好的作风。要留空，要善于留白，不要老想一鼓作气，旧貌变新颜，大拆大建，这些观点都是错误的，要给后人留下进一步研究、进一步修缮的余地。

当前的整修要为今后的日常管理奠定基础。上城区政府可以整修班子为基础成立管理委员会，明确责任，统一协调保护区范围内的各项管理事宜，而且还要将居委会、物业管理也统一起来，这样几张皮合成一起更利于历史街区的保护、整修与利用。

第七章 现代城市对美化、维护和整治的要求

——城市美化运动的利与弊

现代城市需要经常、持续地维修、保养、整修甚至局部更新，这是不容置疑的常识。但正如“超过真理一步就会变成谬误”一样，在我国城市化加速时期，要十分警惕西方发达国家在城市发展历程中的惨痛教训——“逆城市化”和“巴洛克风格”❶。有趣的是这两者有时是矛盾的。要追求城市的“集约化”，防止“城市化”所带来的土地浪费、城市经济效率下降和环境污染恶化的后果，就必须对城市进行有效的整修更新。但是这种由城市当权者推行的“挽救活动”，又常常会因为其个人的偏好和急功近利所导致的过分显耀和浪费，结果使城市显现“忘了整体、忘了主题、忘了主人、忘了时代”的灾难性后果。

哲学家萨卢塔蒂认为：历史是人的教育者和塑造者，历史是比所有哲学和神学的精深造诣更为具体的知识。……世界的审判者是历史，她是惟一神圣和不朽的法官。本章正是试图遵循历史的足迹，反思西方发达国家城市化过程中存在的问题——“逆城市化”或称之为城市中心退化及其纠正治理的利弊分析入手，依次论述我国大城市初露端倪的逆城

❶ 巴洛克风格的城市布局起源于17世纪的罗马，宽阔整齐的大道、宏伟的广场、富丽堂皇的高大建筑群、庄严的纪念碑、昂贵和艺术化的大理石雕塑、浪费和夸张的喷泉和大片规整的草地化园林相互结合，充分炫耀了教皇国的权威、富有和神秘。这种风格非常适合各国帝王和权贵的心理，因而在17～18世纪，欧洲以至美洲国争相效仿，直到19世纪中叶奥斯曼主持的巴黎改造规划，使这种风格达到了顶峰。而本世纪初起源于美国为抗拒城市中心退化而兴起的“城市美化运动”，又使“巴洛克风格”的幽灵重现，造成了巨大的浪费。这段历史是非常值得我国引以为鉴的

市化趋势、城市美化风潮兴起的原因、城市过分“美化”等一系列城市整治维修过程的动因和弊端。然后根据理论分析和具体城市整治的实践结果，提出在现阶段如何正确把握城市美化“质”与“量”的八个要素，进而导出正确有效的城市整治规划所具有的五个特征，最后形成拆除违法建筑、再造城市水景、综合治理城市交通等几方面的具体策略。在附录中还给出了以特定城市为背景的城市街道整治、入城口整治和城市绿化等三个专题。

一、城市化加速时期要汲取的经验教训

20 世纪 70 年代末，随着我国沿海经济体制改革和对外开放政策的实施，全国进入了一个经济快速增长、城市化加速发展的新时期，城市人口比例从 1977 年的 17.34％迅速提高到 1999 年的 30.9％，而且正处在加速发展阶段[1]。尤其是我国沿海各省份，随着中西部人口的大量转移，这些地区的城市化速度更是快得惊人，而且因其“隐性城市化”[2]的存在，这些地区实际的城市化率远远超过仅在户口上统计的城市化。

但是正像发展中国家的城市化那样，伴随我国的城市化加速阶段的常是城市基础设施的严重短缺和城市环境的急剧恶化。从国际经验来看，城市环境问题还由于下列原因而更加严重：

① 私人拥有小汽车的数量急剧增加，人类会在充分拥有自由度的刺激与财富的激励下，期望人人拥有汽车，空间距离已不成为难以逾越的障碍。

② 城市中心的环境因汽车与能源消耗过量而污染严重，相比之下人们因富有、休闲时间的增加和对自身健康的关心，对这种污染日益加剧的情况已不像过去那样可以容忍。

③ 城市高楼林立，恰如钢筋混凝土所捣制的森林，建筑街景千城一面，人类对历史、自然的美好愿望被无情地毁灭。

---

[1] 参见：蒋来文，考斯顿．中国区域城市化水平差异原因探析．中国人口科学，2001 年，第 1 期，第 45 页

[2] 隐性城市化——由于我国的城市人口统计是基于拥有户口的常住人口居民，但实际上在沿海发达地区，绝大部分已经从土地中转移出来的农民早已过上了居民生活，但由于未将户口转为居民，所以并没有被统计在城市人口之中

④ 城市中外来移民增加，大量农民拥入现代都市寻求就业机会，再加上居民收入差距日益悬殊引发社会道德败坏、暴力凶杀、抢劫吸毒等社会问题呈急性膨胀，城市的治安环境持续恶化。

⑤ Inter 网的快速扩展使得人们足不出户可以享受诸如教育、购物、娱乐等乐趣，甚至工作也可以在线。

这一切既刺激着人们，使他们对城市生活产生前所未有的厌恶感。另一方面又激励着他们(尤其是中上收入阶层)纷纷举家逃离城市迁居城市郊区或乡村。20 世纪 70 年代美国人口从大都市区向郊区和小城市迁移了 2338 万人，全国大城市的郊区增加人口达 8055 万人；非大城市人口增加 3635 万人[1]。如果这一迁移以同等强度发生在中国，就意味着约 5 亿人涌向大城市的郊区(其中仅从大都市中心迁出的人口就将高达 1.5 亿人)，这是一场前所未有的、引发深刻的社会危机的大迁移运动，它将无情地加快城市的经济衰退和环境恶化，在城市中心区造就大量贫民窟、治安恶化的区域。

笔者曾经在 20 世纪 90 年代初访问过美国数个大城市，并在当地华侨的陪同下，在晚上“巡视”了市中心区，的确除了像酗酒者、吸毒、卖淫者之外，看不到其他行人，一片狼藉、荒凉，像堆垃圾场。但在郊区就像另外一个世界。对于富裕的家庭来说，在那里可以充分享受到新鲜的空气、明媚的阳光、清澈的溪流、鲜花绿草、宁静和安全。在欧洲和美国，这种迁移早在 20 世纪初就已达高潮。他们把郊区当作避难所，结果逐渐地造成了城市“精神分裂症”，富人聚集在郊区，穷人仍留在市区，形成了截然不同的两个世界，给社会造成了极大的不公平，继而引发越来越严重的社会动荡。

正当这一危险的趋势日益严重地威胁到西方社会顺利发展甚至生存时，一场拯救城市的运动——“城市美化运动”(City Beautiful Movement)悄悄开始了。自从 1893 年美国芝加哥世博会的成功对城市形象的巨大纠正作用，这一运动日益高涨起来。

“城市美化运动”强调规划、几何、古典和唯美主义，尤其强调把这种城市的规格化和形象设计作为改善城市物质环境和提高社会秩序、市民道

[1] 参见：吴德基. 西方国家“逆城市化倾向”的启示. 重庆建筑大学建筑城规学院 45 周年院庆学术丛书：教师学术论文集. 中国建筑工业出版社，1997 年 9 月第一版，第 41 页

德水平的主要途径❶。在 20 世纪初的几十年中，这个美化活动不同程度地影响了几乎所有的美国和加拿大的主要城市。从倡导者的愿望来说，这一运动至少应包括以下几个方面的内容❷：

一是“城市艺术”(Civic Art)：即通过增加公共艺术品，包括建筑、灯光、壁画、街道的装饰来美化城市。

二是“城市设计”(Civic Design)：即将城市作为一个整体，为社会公共目标而不是个体的利益进行统一的设计。城市设计强调纪念性、整体形象及商业和社会的功能，因此特别强调户外公共空间的设计，把空间当作建筑实体来塑造，并试图通过户外空间的设计来烘托建筑及整体城市形象的堂皇和雄伟。

三是“城市改革”(Civic Reform)：社会改革与政治改革相结合。城市的腐败极大地动摇了人们对城市的信赖。同样令人担忧的严重问题是城市的贫民窟，随着城市工业化的发展，这里成为各种犯罪、疾病和劳工动乱的发源地，这些都使城市变得不适宜居住。因此，城市改革包括对城市腐败的制止，解决城市社会贫民的就业和住房，以维护社会的安定。

四是“城市修整”(Civic Improvement)：强调通过清洁、粉刷、修补来制造城市之美。尽管这往往被人们所忽略，它却是城市美化运动对城市居住质量改进最有贡献的方面。包括步行道的修缮、铺地的改进、广场的修建等等，都极大地改善了城市面貌。

从理论上讲，以上四个方面都或多或少地服从于城市美化运动的十个目标：

① 通过集中服务功能及其他相关的土地利用的设计，旨在形成一个有序的土地利用格局。

② 形成方便高效的商业和市政核心区。

③ 创建一个卫生的城市环境，尤其在市中心居住区。

④ 通过景观资源的利用，创造城镇风貌和个性。

⑤ 将建筑的群体作为比建筑单体更为重要的美学因素来对待。

⑥ 在街道景观设计中创造聚焦点来统一城市的形象。

---

❶ 参见：俞孔坚. 城市规划建设慎蹈覆辙——从国际城市美化运动看中国之城市化妆. 首届世界规划教育大会上的发言稿，2001 年 7 月

❷ 参见：Pregill，Philip and Volkman，Nancy，1993. Landscape in History. Van Nostrand Reinhold，New York

⑦ 将区域交通组成一个清晰的等级系统。

⑧ 将城市的开放空间作为城市的关键组成部分。

⑨ 保护一些历史文化城市的历史遗址。

⑩ 保护一种统一的系统，将现代城市形态如工业设施和摩天大楼结合在现有的城市之中。

总之，城市美化运动的最终目的是在于通过创造一种城市物质空间的形象和秩序，来创造城市社会秩序，恢复城市中由于工业化而失去的视觉美和生活的和谐❶。

毫无疑问，城市美化运动对改善城市中心区人居环境、缓解西方逆城市化趋势发挥了重要的作用。但也曾被人简单化地认为，通过这一活动就可以轻易解决所有的问题。我国留美博士俞孔坚教授认为，这场席卷西方的城市美化运动存在着以下几个方面的问题❷：

（1）“修补”一个规划很糟的城市是非常困难的：美国多年的城市更新和美化实践证明，真正实施城市整治方案要比仅仅提出这种理想化的方案困难得多。尽管华盛顿、芝加哥和克里佛兰等城市对“城市美化规划”贯彻得比较完善，但实施美化计划也是十分不全面的，而且即使实施了，其对已存在的社会格局会造成一定的破坏。与其说对旧城费尽心思地进行改造，不如对新建的城市或新区投入更多的财力和关注。同时，美化运动只限于政府或公共用地的市政中心、公共广场和公园，而对城市的其他广大地区，美化运动却很少顾及。因此，这种环境整治更新是不平衡的。人口分布格局的改变，从芝加哥、克里佛兰及旧金山等几个城市的整治规划的实践结果来看，城市美化运动基本上是城市中心主义，即基于单一的中心商业核心，而不充分考虑将商业服务设施分散到城市的其他地区。这实质上是一个“商人君主的贵族式城市”。这是在美国历史上没有过的城市，导致城市中心的过度开发和交通拥挤。因此，城市美化运动的最大问题之一，是它利用大片城市中心土地用于公共目的的开发，而这里正是大量人口集居的地方，尤其在本世纪初的美国，大量农业人口和移民集中在城市中心或工厂附近。在中心城区的美化过程中，

---

❶ Newton，Norman T. Design on The Land：The Development of Landscape Architecture. The Belknap Press of Harvard University. Cambridge. MA. U. S. A.

❷ 参见：俞孔坚．城市规划建设慎蹈覆辙——从国际城市美化运动看中国之城市化妆．首届世界规划教育大会上的发言稿，2001 年 7 月 13 日，第 7 页

热衷于贫民窟的清除，并将其他同样需要占据城市中心的功能建筑拆除，这反而会进一步加剧人口向贫困区域集中。

(2) 只迎合休闲的中产阶级的视觉和审美趣味：尽管城市美化的倡导者们没有对公共空间的形成和风格作特别的强调，但运动本身都倾向于新古典风格。这往往被认为是一种上流社会的风格，这会进一步损害公平和机会均等的风尚；缺乏文化根基，是基于视觉模仿的城市改造活动，是欧洲文化的移植。美国和欧洲在政治上的差异性，实际上是城市美化发展的一个障碍。

(3) 昂贵的社会造价：因过分"化妆"而投资巨大，城市美化运动最终不能赢得大多数美国人的青睐。还因为其采用昂贵的欧式古典风格，有违美国普通市民的口味。

早在 1922 年，当芝加哥计划以 30 亿美元的代价部分付诸实施时，Lewis Mumford 就提出尖锐的批评，将其视同极权主义的城市规划。

(4) 过分强调视觉美化在解决社会问题中的作用：在城市美化运动的模式中，规划被视同"图案"而非"未来的设想"，它强调的是外观；给人以一种视觉的印象，而产生这种印象的最强有力的工具，便是以整体对称为特征的古典 Beaux—Arts 建筑；忽视其他本质问题的解决，包括居住卫生、文化教育。正如 Newton 所指出的那样，在当时广大市民要求社会改革、要求政府拥有更多的公共设施、要求妇女权利、反对政府腐败、声讨社会不公等四面楚歌之中，Beaux—Arts 的高雅，最多不过是一种化妆和粉饰而已。

总之，城市美化运动应着眼于普通市民的感受和实际生活，防止单纯将"美观的图案"装饰城市成为其惟一的目标，否则将会起到"事与愿违"的结果。

二、我国城市美化风潮兴起的原因及问题

20 世纪 80 年代末，一场起源于大连等地的城市美化活动正在我国各地步入高潮，无论是特区城市深圳、珠海，还是东北老工业基地城市哈尔滨、沈阳，甚至是地处边陲的包头等城市也都在这场史无前例的美化运动中变得亮丽整洁，城市面貌焕然一新。在这些城市中，曾一度令人不安的拥挤、脏乱、污水腐臭、空气污染等顽症都逐步得到了有效地

整治。这场几乎席卷全国的“运动”并没有从上而下地强制“号召”，可见其产生的动力是十分强大的，初步分析可概括为以下几个方面：

(1) 人们对城市环境不断恶化的抱怨。改革开放以来，尤其是近几年城市人口急剧膨胀，昔日清澈的河水变得混浊肮脏，臭气四溢，过去城市郊区鸟语花香的田园风光已成为遥远的记忆。再加上违法建筑蔓延，城市空间、公共设施的不足，客观上呼唤着城市整治与美化。

(2) 对外开放所发现的差距，以及消除这种差距的要求。随着国门的开放，电视、录像、VCD 和因特网等媒体的迅速普及，以及外出旅游、参观考察人员的大量增加，西方发达国家城市整齐的公共建筑、纪念性设施、大片的绿地、中心广场和景观大道等都给人们以非常强烈的视觉冲击，引发了空前的模仿热潮，许多城市领导热心地将国外城市的景观拍摄下来，并命令规划建设部门加以仿制。这样一来，一个 COPY 国外城市形象的运动就逐步推行了。

(3) 希望给外来投资者以良好形象的愿望。城市形象的塑造和城市环境的改善有利于招商引资，这已为越来越多的城市管理者所认识。“20 世纪 80 年代靠优惠政策，90 年代靠改造环境”已成为整治城市环境的新动力。在资金十分有限的情况下，其可选择的结果往往是以一两项“形象工程”作为宣传之用逐渐风行，城市美化本身便成了城市领导人所追求的目标。按投资者的需求“打造”新城市形象也就理所当然了。

(4) 缺乏解决社会现实问题的眼光和经验。当前，我国正处于社会与经济体制的转型期，在分散决策、自负盈亏的市场机制的作用下，社会正呈现出前所未有的活力，但也出现了城市管理者从未经历过的混乱不安的状况。如贫富悬殊、秩序混乱和就业问题突出等等。再加上改革开放之后城市政府的收入有所增加，有了一定的财力来进行城市建设。此时，我国的许多城市管理者也会像当年的美国同行一样，急于向世界展示其建设成就，并将谋求社会稳定、秩序好转作为首要任务。而“城市美化”被认为是一剂“灵丹妙药”，个别城市甚至不惜丢弃急需改善的地下管线工程而急于进行“步行街”的建设。

(5) 城市规划师们的软弱无力。大部分城市的规划工作人员，在城市领导人急于通过改变城市形象来显示自己政绩的巨大压力下，显得十分软弱，不少人甚至还推波助澜，投领导们所好。一方面是因为规划设计部门在城市管理者的直接领导下，许多情况是都迫于压力，而只能成为书记、市长们宏伟整治计划的绘图工具；另一方面，由于长期缺乏国际交流，专业人员自身的理论与专业修养也有很大的局限性[1]，很少有人在这场正确与谬误交织、适当与过分模糊的时代作出正确的判断，并坚持自己正确的立场。

三、城市过分“美化”的几种表现

一是毫无特色的“景观大道”。某些城市管理者看到巴黎的香榭里舍大道心存羡慕之心，就不惜劳民伤财，盲目修建与城市特色毫不相关的所谓“景观大道”，急切为自己树碑立传。如南方某城市，人口不足30万，竟修造了100米宽的纯景观用大道。更为恶劣的是，个别城市甚至不惜拆除历史文化名城旧城风貌过渡带上的建国前后的历史建筑，将老城古街拓宽改造为不伦不类的仿洋“景观大道”，花大本钱破坏自己原有的特色与城市文脉。这样的轴线性大道，粗暴地划破了城市原有的有机联系网络和纤细的节理，从而使城市结构、区域特征发生巨大的改变，造成功能性混乱。殊不知，一方面，某一城市的景观大道必须与这一城市的“身份形象”相吻合。如杭州作为全国著名的风景旅游城市和园林城市，贯穿于“九里松涛”的灵隐路就被誉为独特的景观大道。这与繁华的商业城上海南京路“景观”意义是一致的。另一方面，城市景观大道是众多建筑师持续创造、历史文化长期积累和城市管理者精心维护的结果，不是盘雕艺术镂刻就能完成。那种突击设计、施工、急功近利或“献礼性”的“景观大道”，往往只能成为留给后人昂贵的反面教材。

二是华而不实的大广场。近年来，许多“先富起来”的城市和不少经济发展缓慢的北方城市，一窝蜂地在城市中心区开辟巨型广场，而且互相攀比，广场面积越来越大，有的已达到近乎天安门广场。这些盲目求大的广场，从市中心高密度和较繁华地带拆迁出来，代价特大。城市中心区绿化以草坪为主，并以花岗岩铺装地面，建造大型音乐喷泉及豪华的纪念碑、不锈钢雕塑，极尽奢华排场之能事，但既无树荫供人庇护，又无安静场所供人休闲。在广场建设上，如果能适度建设，这本是利市

---

[1] 参见：吴良镛．关于物质规划的讨论——兼论中国城市规划体系构成．吴良镛城市规划研究论文集，1996年版第50页

利民的大好事。城市规划建设部门可将投资与规模适当分散到城市的几个不同区域，让市民能日常性地就近休憩、交往、锻炼，并将广场格调与附近的历史性建筑保护相结合、相协调，将它们从违法建筑的包围中“解放”出来并为其重造场景，则可起到既创造优美的城市空间，又能恢复城市特色的效果。但那种“为广场而广场”，追求形式上的气魄和豪华，而将城市文脉、市民生活排斥在外的大广场，只能是无知浪费的耻辱碑。

三是粗糙而不协调的街头雕塑。从政府作为投资方的偏好到建筑师的喜爱，往往会侧重于城市建设活动的技术性、美观性和经济性，而对其点睛之作的街头和公园雕塑的艺术创作过程不够重视与熟悉。再加上因被誉为“物质文明与精神文明”的象征而过分热心，全国上下几乎千篇一律，比率失调，以闪闪发亮的不锈钢制作的粗糙雕塑到处占据着城市空间醒目的位置。由政府官员来选择城雕的结果之一，会导致对艺术美理解的图解化、模式化。例如某盛产荔枝的城市，其城雕就被图解为一只上冲的大鸟衔着一颗硕大的荔枝起飞。内地一座城市的入城口蹲着两只“虎视眈眈”的白猫黑猫。虽然不少单件雕塑作品本身并不难看，有的还可算得上是艺术精品，但因摆设地点、方位的不适宜而显得十分冗室刺目。就连在杭州这样著名的历史文化名城的西湖边也竖立着一座“张牙舞爪”的“美人”巨像，在该市1999年评选的最佳、最差建筑中，这尊雕塑被众多百姓投票选为最差“建筑”。街头艺术品的创作，不能“独立自主地自我张扬”，应与周边的环境形成协调和谐的整体场景，让雕塑与周边的环境“浑然天成”。正确的创作过程不仅要对艺术品本身进行竞争性的艺术创作，以便择优录用，而且还应在拟建的地段用玻璃钢等简易材料进行预设置，让市民和专家进行充分的现场评论，经足够时间的讨论之后才能以永久性的材料进行最终修造。

四是泛滥成灾的“假古董”。近年来，全国弥漫着一股人造仿古景观热，过多过滥重复建造的“民族园”、“三国城”、“水浒城”等，能容纳千人以上的仿古景点就达上千处，仅“西游记迷宫”就建了40余座[1]，热闹一阵之后，却几乎个个“门前冷落车马稀”，成为一摊摊大型建筑垃圾。此外，“××宫”、“鬼城”、古石窟造像等之类的假古董也成了无所

[1] 参见：何树青，窦建．中国城市十大败笔．新周刊，2000年第6期第15页

不在的景观，其命运最终都与“西游记迷宫”无异。许多历史文化名城的真文物——历史街区被大片拆除，取而代之的是俗不可耐的新建“仿古建筑一条街”。正如吴良镛先生所说的那样：“……这些号称古都风情街的道路与建筑的比例失当，建筑单体的形体比例也欠推敲。这种以拆掉真正的古老聚居建筑为代价建成的新古都风情街又有多大的发展前景呢?”当然，如果没有对文物建筑和历史街区科学的复原重修，我们今天就不可能看到完整的北京明十三陵的昭陵、颐和园、居庸关的城墙、河北的赵州桥、杭州的胡雪岩故居、金华太平天国侍王府等等古迹。但是，各地争相仿建的古建筑，则不少是以破坏“城市文态”为代价的，是一种“假古董”盛行的恶习。过多过滥的“三国城”、“稻香村”、“水浒城”……这类的东西是既造就不了历史文化，又不能继承城市的文脉。在现代的高层建筑上简单地加几个古典凉亭，在不伦不类的大拱券高楼上加个城门楼，也是无法“夺回古都风貌”的。

五是仓促建造的“标志性”建筑。以最新、最大、最现代化的建筑作为城市的标志性建筑，是目前我国城市建设和景观热中的又一大热潮。标志性建筑是向外界表示城市独特存在价值的“商标”，可以历经数百上千年而不改。在这方面，许多历史性建筑是当之无愧的。如北京的天安门、杭州的保俶塔等等。可惜绝大多数城市正在兴建的“标志性”建筑并不能成为历史文化的载体，或者它只是把城市固有的文脉中断，甚至消灭之后以新建筑取而代之。每位城市管理者都热切地想成为杭州的钱镠❶或苏东坡❷等古都的帝王式人物。这种争相建造“标志性建筑”为自己留芳的急功近利行为，恰恰忘却了真正的城市眼睛——标志性建筑所必须具有的城市特质的承载者和环境的协调性。正如东南大学客座教授顾孟朝先生所认为的那样：衡量一个城市建筑环境质量的优劣，最重要的是看你与他生活在其中的环境的关系处在什么状态。两者最理想的关系是“天人合一”的状态。我国明代学者文震亨提出过，好的建筑环境能让人

❶ 钱镠(852—932)，字具美，浙江临安人。为吴越国开国之君，建都杭州。在位期间(907—932)拓展杭城，兴修水利，引西湖水入城内运河，修建钱塘江海塘，又在太湖流域普造堰闸，以时蓄洪，不畏旱涝，置“撩兵”千人疏浚以保护西湖，使西湖不被葑草淤塞

❷ 苏轼(1037—1101)，字子瞻，号东坡，四川眉山人。他生平两仕杭城，浚西湖，筑长堤，咏湖山，自称前世“本杭人”。他关于西湖的大量诗文著述已成为西湖历史文化宝库不可或缺的一部分

进入“三忘”的境界，即“令居之者忘老，离之者忘归，游之者忘倦”。这种境界，可以说是达到了主客体之间的高度和谐，这正是标志性建筑的灵魂之所在。但对现代许多城市急匆匆抢建的所谓“标志建筑”，顾先生只得用“四忘”来概括，即“忘了整体、忘了主题、忘了主人、忘了时代”。

六是铺天盖地的玻璃幕墙、马赛克和户外广告。曾几何时，一股以马赛克和玻璃幕墙、灯光工程和户外广告等为特征的美化技术席卷全国大小城市。大到公共建筑，小到城郊农居，千篇一律地被这些“新装饰材料”所包覆，就连西安古城墙边，以仿“唐风”而闻名的张锦秋院士设计的仿古建筑也被玻璃幕墙和户外广告从头到脚严严地包裹着，已根本看不出建筑的庐山真面目，完全失去了大师作品的风采。有的城市繁荣区上至建筑顶部天际线，下至路牌、路灯，全部由广告占据，整个城市中心区已完全沦为广告商们的拼图游戏场所。众多广告牌根本无视城市空间景观的协调和谐、建筑的风貌、街区的文化特征和市民的实际需求。在“求洋、求新、求变”等浮躁心理的策动下，“一年一个样、三年大变样”的要求，以广告、玻璃幕墙来完成也许在某些城市管理者的眼里正是“多快好省”的捷径。这样一来，广告牌在比大、比高、比多、比谁更扎眼的恶性膨胀过程中，像皮肤癌那样迅速侵蚀了城市健康的肌肤。被曲解的“注意力经济”野蛮地取代了城市文明形象，许多户外广告粗俗不堪，它们在醒目的位置上霸占着人们的视觉空间。某市科技大楼屋顶矗立着一个巨大的酒瓶，整幢建筑活像一个愚蠢的醉汉。威严的执法大楼旁边就是“花花公子”(Play boy)品牌服装的巨幅广告，两者形成了极具嘲讽意义的对比。巨幅××火腿霓虹灯广告，因缺胳膊断腿长期没有维修，变成了触目惊心的“××人腿”。这一切对于拥有悠久历史的文化名城来说无疑是一种亵渎而不是“美化”。其原因，一方面是管理者的无知和粗俗的审美观。从城市形象来看城市管理者的文化品位无疑是最妥切的。另一方面，利益的驱动更是藐视一切的力量源泉。对某个管理部门来说，一块广告牌就是一个永不枯竭的小金库。正是因为巨大的利益诱惑，城市的广告管理也往往被众多的政府职能部门所肢解。例如道路两旁和中央的广告牌分属不同部门管辖，连接城市门户入城口道路又因主管单位不同，广告管理风格与市内道路有明显的差异。就连没有城市空间权的政府部门和企事业单位，为了要占据自己临街的有利阵地而决不放弃这块“黄金宝地”。所以，各方面争相发展“眼球经济”，城市就无可奈何地被“美化”成奇丑无比的大花脸。

比广告更难处置(即无法整改)、对城市景观带来永久性影响的装饰就是自20世纪70年代以来席卷全国大江南北的玻璃幕墙和马赛克热了，大量的玻璃幕墙反射出令人烦躁的光线。物极必反，人们不由自主地提出了污染的新科目——光污染。美化的初衷成了污染的结果，这是许多始作俑者所始料不及的。原被专用于卫生间除污的马赛克瓷砖，在这个讲究美化的年代也被用在城市建筑的外墙上，许多城市满大街都是马赛克，尤其在经济发达的沿海省份，贴满了以白色为基调的马赛克瓷砖的火柴盒式建筑，呆头呆脑地矗立在大路两旁，已成为这一类“速生农民城”的典型标志。可怕的是许多历史悠久的大城市管理者，在扩张征地时，因错误地理解“决不允许西方资本主义原始积累时期的‘圈地运动’让农民流离失所”，按所征用地的一定比例(一般是10%～20%)留足给当地农民，由村干部来领导建设“城中村”。这样一来，各种奇丑无比的、以马赛克和玻璃墙组合装饰建筑为主的城中村，就在众多的大城市蔓延了，成为现代中国城市中的奇特景观。官员们这种在文革中达到顶峰的“非此即彼”的简单思维，正在让城市郊区看上去像“厕所群”。这为将来的“新城改造”留下了艰巨的任务。

四、正确把握城市美化的“质”与“量”

1. 对“城市美”的正确理解

人类对“美”的认识是逐步演进的。过去人们将“美”的追求欲望称之为一种“冲动”或者“本能”，而“美”则是独立于个人而存在的一种客观现象。这种现象曾长期被广为接受。但是，随着人类学、社会学以及各种科学的迅速发展，人们对具体文化结构和各种文化现象的研究逐步深入，对美的本质的认识和探索日趋多样化，人们已越来越难于找到能够为绝大多数人共同接受的“美”的标准，对城市环境批评已经日益从过去简单的“好”或“坏”、“美”或“丑”、“肯定”或“否定”的描述方法和取舍判断转而着眼于环境的综合关系和人与环境的相互关系。正如吴良镛教授认为的那样[1]，城市美要从两个基本方面进行探索。一

[1] 参见：吴良镛. 城市美的创造. 全国市长研究班上的讲课材料

是从城市环境的生态健全、景观优美和谐、生活方便舒适三者综合起来考虑。二是城市美不仅要着眼于单幢建筑和建筑群组的结合，而更重要的要着眼于人。因为人是自己赖以生活的物质环境的创造者，又是环境所服务的对象。我们的环境建设应以缔造为广大人民服务的美好环境为根本目标。这种环境要素的综合关系和人与环境的对象，是了解城市美的两个前提。由此，我们可以得出美好城市的一般特征：

（1）舒适宜人。包括生理和心理上的舒适。对人居环境来说，安静、无压抑感、尺度宜人、有私密感、邻里感、归属感、充满人情味和亲密感，就会感到舒适。与之相反的是某些规划师和城市管理者所热衷的超人性尺度的建筑、超现代化的钢铁和玻璃幕墙构成的机器丛林。在这些城市空间中，人的心理感受要么被压抑使自己感到十分渺小、无足轻重；要么使人感到被宰割——那里就像是对人性进行外科手术的表演场❶，这只能使人感到迷惑和混乱。

（2）合理清晰。要求城市布局合理、结构井井有条，街道脉络清晰，分区适当，标志丰富显著，界限分明，城市的肌理——住宅功能合理、空间环境优美。历史感——时间轴线条理清晰，文脉连续。穿越这样的城市，常常使人有“情理之中，意料之外”的感受。一切建筑、设施出现在应该出现的地方，它们是那么符合人性的情理预测；而空间景观、文化习俗又使人感到峰回路转，给人以启迪、惊喜、感叹和共鸣。

（3）可达性良好。好的城市首先应符合“可达、可游、可居”三要素之前提，易于通达、接近，不仅交通结构完善，便利通畅，还要便于居民参与各种活动，易于发挥其自身优势。常听到有人讲，他愿意住在某城、某地，理由是“图其方便”，这是很值得深入分析的。从精神感受方面来说，可达性还包括人们达到自己理想的、有归属感的社区。在那里，居住者有良好的邻里关系，互相之间提供帮助，能融入当地的社区生活。

（4）多样性。它的反面是单调、单一、贫乏，不符合人性的自由选择，为人们所厌恶。例如，一些新建的工业城市环境景观单一，文化生活不丰富，缺乏多种多样的娱乐旅游设施。建筑物更单调，除了公寓就是工厂仓库，突出使用功能的满足而不符合人性的需求。商店也是作为

❶ 参见：Aprodicio A，Laqnian for Cities in the 21st Century：Opportunities and challenges

工厂服务的附属物而建，结构立面形式显得呆板。另外，某些旅游城市、商业中心，如广州、上海、杭州等城市，尽管较为拥挤，人们仍愿意在那里居住。在那里先富起来的移民们可以享受音乐、话剧等高雅的文化生活，他们的孩子可以进入优秀的学校接受良好的教育，能在提供价廉物美食品的饭店菜馆中享受丰富的菜肴等等。总之，多样化是人们选择居住地的很重要标准。

(5) 自由度。多样化的结果就使人们有了选择的自由度。无论是住房的选择，还是就业安排、教育求知、妇女购物、娱乐游戏、择友交往等等，都有丰富的可选择性，有低价便宜的，也有豪华昂贵的。一个好的城市，应使居民生活工作的一切都有层次丰富的可选择性，而且服务业发达，例如“只要一个电话就可以为你办妥一切”的便利服务。这样才能使居住在该城市的居民的选择自由度得到充分满足，这是“尊严地栖息”的基本条件，是人性解放的前提。正如西方先哲亚里士多德所说的那样：“城市的空气使人自由”。这种自由感正是当代规划师和城市管理者面临的挑战。

(6) 灵活性。也就是组织城市大系统的各个层次都具有对市民需求、外部环境变化的适应性。例如，合理的混合区布局(与《雅典宪章》的严格功能分区有所区别和进化)、小区的开放性和归属感，以利于城市的有机成长。这样的城市充满活力，有充分的发展弹性空间，易于适应环境条件的变化而进行自组织、自适应的成长变化。单体建筑甚至住宅室内空间也要有一定的适应性，几种不同的室内空间组合，具有很好的灵活性、伸缩性和应变性。

(7) 整洁卫生。城市是废弃物生产的巨大场所，自洁净的能力几乎为零。如果没有便捷有效的垃圾收集运输处理系统，几天之内，城市就会变得到处充满垃圾弃物，河沟溢臭。整洁是一种符合人性的美，如香港深入人心地宣传环境卫生的标语那样，“整洁香港、人见人爱”道出了市民的愿望。正因为如此，环境卫生既反映了城市政府的管理水平，也表现了市民的公共道德水平。没有人会热爱自然环境优美但到处充斥着污秽之物的城市。

(8) 亲近自然。城市建设必须以自然为依托，山水、林木、雨雪等各种自然要素是构成城市景观美的很重要因素。对自然形胜的利用，反映在城市的总体布局、建设方位(发展轴线、确定主路网)、建筑群的组织与推敲，以及地形特征的利用与发挥上。历史上，杭州是由包绕西湖的群山所构成的，“三面云山一面城”；福州城以于山、乌石山为南面双阙、玉屏山作为中轴线对景，城外与西湖相依等就是一些很杰出的例子。这说明城市美化和建设过程中一定要借景、生景，不能掩山屏水，使城市失去自然景观的依托；在城市布局方面，一定要珍惜大自然的一切馈赠，依山就势，以“紧凑的城市、开放的空间”来与自然山水构成有机的组合。

2. 制订合适的整治规划

与一般的城市规划或城市设计相比，城市整治规划有以下一些特点：

一是综合性。也就是上面所提到的“城市美”的诸多方面，都应成为整治规划的重点。整治规划所涉及到的领域很多，不仅在物质性规划中有所表达，例如小区、街道、入城口等具体地段、对象的整治规划，更重要的是非物质性规划，即某个方面的管理方案。这有突击性与长期性之分，如环境卫生整治规划等等，不仅提出整治的“标”，而且还必须兼治“本”——关系到政府对环境卫生管理体制改革等等。

二是参与性。与编制城市规划以少数规划师为核心的设计不同，城市整治对解决城市问题的针对性更强，目的性更为明确，对市民社会生活的影响更为直接，所以民众更有发言权和评判权。如果城市整治得不到市民的支持，无疑会事倍功半甚至是缘木求鱼。应充分吸取西方发达国家和美化运动中那种脱离一般市民感受、片面追求奢华浪费的教训。正因为这样，在整治之前和之后都应发动市民对整治方案和结果进行“最佳”、“最差”的投票评价，一方面可唤起民众参与的积极性，另一方面也能提高参与的有效性。

三是细节性、整体性。例如单体建筑的风格、建筑之间的协同、建筑色彩的选用、行道树的种类、绿地的分布、建筑小品的风格、路灯的形状、建筑物的多重立面的装饰、小区的环境、各种道路的协调配合等等，各种细节要素都必须进行仔细的单体设计和协调配合、交叉配合、融会贯通，也就是说要注重树立整合的思想。正如建筑师齐康所说的那样：“更重要的是一种高屋建瓴的，使物质要素及其环境达到良好优美境界的‘艺术创造’，它既考虑具体，又纵观全局。”“整体综合设计的关键，重在要素之间的组合，并以其形象和空间来达到功能使用和美感，即所谓的愉悦、神秘、宏伟、壮观等等感受，它们均以空间的组合及其形象来获得。空间组合的核心即体型之间、空间层次之间的诸关系，如界面之间的关系、人的活动与建筑、园林花草之间的关系等等，要强调'有机'（Organic），这种有机是要素之间的'和谐'、'平衡'的有机，是相互补充、'互动'的有机"❶。

四是层次性。城市整治涉及到诸多方面，必须划分若干个层次。例如整体形象设计、城市色调研究、区域风格整治恢复、小区综合治理、街道整治、河道整治……直至具体的某个门面、某片街道绿地的设计。当然，下层次的设计要服从协调于高层次的规划，而高层次的设计要为下层次"留白"，留足"再创造"的空间。

五是经济性。总结美国上世纪上半叶城市美化运动最重要的教训，就是不顾社会财力实际的承受能力，铺张浪费的长官意志，专注于建立"纪念性"工程的特权嗜好，着迷于激奋人们血液魔力的大动作❷，将城市空间作为权力的符号，全然不考虑整治规划所应达到的更广泛的社会目标等弊端。整治规划应针对特定的城市、特定的发展阶段，量力而行，力求集中精力、财力，解决影响城市环境和发展最急需要解决的问题。当前更要切忌打着扩大内需的旗号，为追求政绩而不惜举债，"寅吃卯粮"，投入大量资金搞那些形式主义、没有实效的"标志性"建筑。

3. 知难而进拆除违法建筑

当前，严重影响城市市容市貌的因素之一是违法建筑的泛滥。据不完全统计，1990 年以来，仅全国设市城市查出的违法建筑总量就超过 2.5 亿平方米。这些违法建筑占据了大量的城市绿地、公共空间、人行便道、建筑顶部、城市河道……不仅严重毁坏了城市景观、公共资源，造成国有土地资产的大量流失，而且还因公开地违反法律而败坏了文明守法的社会风尚。

究其原因，不外乎以下几点：

一是城市膨胀过快、管理工作滞后。在我国城市化快速推进的时期，大量的民工涌入沿海城市，有的城市外来民工甚至占到总人口的 40%，而原有的城市设施与住房等都是根据城市居民的需求而设计建造的，大

❶ 参见：齐康. 关于建筑学的思考——整体. 城市研究，2000 年第 3 期，第 19 页

❷ 参见：Pregill，Philip and Volkman，Nancy，1993. Landscape in History. Van Nostrand Reinhold New York

多数城市政府并没有切实的工作计划来解决外来民工及其家庭的住房、子女教育等问题。所以，他们在郊区随意搭建简单住宅，或郊区农民搭建违法建筑租给外来民工住宿来获利。这样就会造成越来越多的“脏乱差”集中的“棚屋区”。

二是利益机制的作用，促使许多人铤而走险，公开修建违法建筑。由于经济发达的省份其地价、房价上涨较快，出租房需求旺盛。事实上，只要违法建筑建成之后一年之内不被拆除，建造成本就可以收回，而且由于城郊农村的“集体违法”行为，使“有法必依、违法必究”显得十分困难。

三是《城市规划法》和《土地管理法》本身的强制程度不足。一方面，地方政府不能直接对违法建筑进行强制拆除而陷入旷日持久的法律诉讼。另一方面，少数基层干部及其亲属带头搭建违法建筑而大大削弱了惩处违法建筑的执法力量。同时，“以罚代拆”能增加基层政权收入的错误行为，又进一步起到“教唆”违法建筑扩大化的趋势。

四是城市规划与乡村规划的两张皮导致规划本身缺位。因传统的城市规划等编制始终受到陈旧观念和条例的约束，城市规划区之外的城市近郊和远郊区在规划图上几乎处于空白，而农村村镇规划又往往由土地管理部门编制与管理，这就造成了管理上的两张皮，规划部门管“城区”，土地部门管“郊区”。这两者的结合部正是管理上的“两不管区域”，也就是违法建筑最为活跃的城市边缘区。

五是居民区和企业单位“破墙开店”、乱搭乱建，以出租违章房收入来增加部门福利和居委会干部收入。这种“榜样”的作用，也诱使更多的人投身于违法建筑的行列。事实证明，政府部门自己违法，法人违法、违建是当前最为严重的问题。

六是许多临时建筑逾期不拆，出让牟取收入，导致许多建筑工地原批准为民工工棚的临时建筑，改头换面为临街店面，用以出租牟取巨额租金。这不仅在当街矗立了违法的“纪念碑”，也使得街景市容变得破旧拥挤不堪。

总之，城市美化整治规划，不仅要积极建设有利于健全城市功能的各种公共设施，如道路、绿地、排水、防洪、污水处理系统、垃圾收集场所等等，更重要的是必须进行“减法建筑”，坚决依法拆除违法建筑。当然，要进行这场“拨乱反正”的整治活动，必须认真落实为外来民工提供郊区“廉租房”和其他必需的服务设施。必须以党纪政纪严肃处理违法乱纪带头建房或不能在规定期限内自行拆除违法建筑的党员干部，否则就不能发动群众，拆除违法建筑也会因“无可用之兵”而无疾而终。拆除违法建筑的过程必须是将法规政策、违法建筑的事实真相、拆除纠正的情况和处罚标准等完全交给市民群众，让他们去监督实施的全过程，充分信任他们，才能依靠他们并借助民众的力量来完成民众自己的目标——建立一个公正执法的城市，一个在规划法面前人人平等的城市。

4. 保护城市水系，注重水景再造

以城市河道为主体的城市水系，是城市与自然生态的共轭系统具有多重的功能作用。

一是运输作用。城市河道以大容量、低噪声、高效率仍然在发挥着运输的重要作用。这也是历史上为什么城市总是沿河道而筑的根本原因。随着汽车运输的日益发展，虽然对河道运输的需求有所减少，但旅游的功能正在迅速填补这一空缺。当前在西方发达国家，正在利用原有的河道水渠开辟乘船沿河旅游项目，让人民重温昔日的田园牧歌式的乡村生活场景。

二是防洪排水。在城市建设密度提高，道路硬化面积迅速增加之后，城市地表对雨水的渗透贮藏功能已严重退化，拓宽、疏浚和恢复城市河道就显得十分重要。尤其对于沿海暴雨集中的城市而言，城市河道是蓄洪排涝的主要通道。

三是防火消灾的功能。不仅在古代，即使在科技发达的今日，城市河道仍发挥着防火消灾的重要功能。凡是临近河道的地方，火灾就非常容易得到控制，许多城市政府也将河道周边区域指定为燃放烟花爆竹的安全场所。而且当地震等灾害来临时，河道堤岸往往会成为市民疏散避灾的重要场所。河道贮水也是战争时期惟一的备用水源。

四是改善城市中心区小气候。城市河道水体以其很高的贮热量、开敞的空间发挥着比同等面积绿地更为有效的调节小气候的作用，能显著地降低城市中心的“热岛效应”。

五是城市生态系统的重要组成部分。城市河道对于生物的多样化、维护城市生态系统具有不可替代的作用。当地鱼类、水生植物和多种鸟类都依靠河道生存繁殖。

六是净化水质的作用。有良好的生态循环结构的河流具有很强的自净化功能。通过种植特定的水生植物，还可以大大地增强这种功能，能以很低的成本消除一定数量的城市污水污染。

七是当地历史文化之载体。先民沿河筑城，河道正是城市的发源地，城市最重要的古迹也往往构筑在河道两旁。有的河道本身就是举世著名的文化古迹，如贯穿杭州城市的大运河、钱塘江、与西施美名相联系的浣纱河等等，都是历史文化名城的最佳见证物。

八是城市景观的重要组成部分。流动的河水、沿河的绿地和垂柳、造型各异的桥梁和沿河的建筑物等等，共同构成多姿多彩的城市公共空间。正因为如此，在南方，河道已经成为城市风韵和灵气的载体，江南秀色和气质的依托。所以，河道整治是城市恢复特色的重要手段，是城市美化的主要内容之一。但就前些阶段的实践来看，要防止下列几种错误的做法：

（1）填埋河道。将其作为道路、花园或用来建造建筑。表面上看来，填埋臭气四溢的污水河道，固然可以使街道变得整洁、卫生，又增加了城市用地，然而在填去河道的同时，也填去了城市中最接近自然的景观和生态场所，也使得街道失去记忆，无情地埋没了城市的文脉。这种简单粗暴的错误正在西方许多发达国家城市得到纠正，他们已经认识到，完整的水系是实现可持续发展的生态城市所不可缺少的。

（2）截弯取直。许多城市河道的整治是请水利部门的设计院所进行设计的，这些长期从事于防洪抗洪的专家们，会单纯地以“××年一遇”的泄洪要求作为惟一的目标，将河道截弯取直，使其面目全非，完全失去了在城市中逶迤延伸所形成的和谐景观，宝贵的城市空间景观资源受到严重的破坏。

（3）明河改为暗渠。现代化城市需要大量的地下空间埋设各种管道，许多工程技术人员会简单地利用原有河道直接埋设管道，并在河道上架设盖板，或将河水引入一大型管道，使其变成为暗渠。虽然水系仍然相通，作为泄洪的单一功能基本可以满足，但其余几种宝贵的功能如美化、生态、调节小气候和文化遗产、旅游产业载体的功能就完全消失了。

（4）任意改道和中断。城市的水系是人类文明史的积累或在自然遗迹基础上逐步形成的，往往与溪流、湿地、湖泊、江河形成一完整的循环系统。它不仅是城市生态系统的重要载体，也是城市居民常去的休闲场所和环境认知空间。如果随意将其改道和中断，会使环境失去“记忆”，活水变成死水一潭。

(5) 单调划一的河岸驳坎和衬砌。一些城市河道整治，是以一种“征服者”的姿态，将河岸用水泥石块或混凝土预制板进行衬砌，美其名曰是为了更整齐、更好地排涝。殊不知，河道水体与自然的河岸草丛、树根、土壤、石块洞穴等形成一完整的生态场所，是许多乡土生物生存、育种、捕食和栖息的场所，也是水体具有自净化能力的前提。水泥衬底和护衬无情地割断了生态循环的环路，造成了原有生物种类的灭绝，其结果不仅加剧了水污染的程度，而且由于“整齐划一”的水泥衬砌破坏了原有多样复杂、和谐自然的景观。正如北京市水利部门花很高的代价改造了城市水系，其结果只能成为单调简陋的输水渠道，毫无“亲水”性可言，人们只能远远地隔着河堤和栏杆遥望河水或在船中伸长脖子看着景观雷同、枯燥的河岸。

总之，城市水系的整治，应遵循还其自然本色，发挥其八种功能、创造街区和城市特色景观的综合要求，精心设计，将其与城市污水处理系统相分离，截污纳管，广种树草，维护生态环境，突出其作为城市中最具灵气的空间景观功能。只有这样才能达到整治城市的目标。

5. 综合治理城市交通

我国经济比较发达的大中城市交通问题日益突出，交通堵塞，空气污染严重，市民出行变得越来越困难，交通事故频发，停车问题突出，公共汽车交通运行速度在部分城市中心区降到几乎与步行相同。这些问题的出现，一方面是因为城市道路建设滞后。尽管从1980年到1995年全国城市道路长度年均增长率为10.4%，比过去有了较大的改善，为建国以来增长最快的阶段，但与城市车辆的快速增长相比仍是明显滞后，全国同期机动车辆数每年平均的增长率为22%，大中城市的增长率则更高。随着我国加入WTO，私人轿车将会以更快的速度增加，届时这一矛盾将更尖锐。另一方面是由于自行车与机动车混行的情况一时难以解决，交通管理手段落后、管理体制不顺等也加剧了城市交通问题。不少大城市的管理者简单地把解决这一问题的赌注押在轨道交通的建设上，但轨道交通建设周期长、投资大，远水难解近渴，使许多城市望而却步。而城市道路建设又因投资渠道难有稳定保障(无法进行有偿使用)和拆迁费用急剧上升而不得不放慢脚步。尤其在大城市，绝大多数新建的城市道路处于城市外围，城市中心区的道路面积增加很少，大量的车流由城外道路引入城中心使交通压力加大。在这种情况下，应该通过综合整治城市交通来挖掘城市交通的潜力。其主要措施如下：

(1) 应以复杂系统理论指导城市交通综合整治工作。城市交通系统实际上是涉及到城市人口和范围分布、道路网络、各种车辆互相衔接换乘、人们的出行习惯、交通管理的理念和方式等等，是涉及到多因素、多层次、多目标、多信息源、多信道、多控制点、多关联性的复杂巨系统。不能将该系统人为地肢解为不同部分的简单叠加。解决城市交通的任何问题或制定交通政策，都必须从复杂系统的规律和特点出发而非就事论事，必须以交通系统理论、经验知识和专家判断力与创造精神相结合，形成“从定性到定量的综合集成方法(Metassyn—thesis)”❶。

一个能说明问题的例子，就是从当斯定律(Downs Law)出发来进行城市交通需求管理。描述交通拥挤的当斯定律可表述为：新建的道路设施会诱发新的交通量，而交通需求总是倾向于超过交通供给。当斯本人对诱发的原因进行了进一步研究，提出他称之为“三头齐发原则”，即如果在高峰时间特别拥挤的地段一旦大有改善，就会导致三种情况，而使改善的成效全被抵消。①汽车驾驶员原来走别的路，现在都集中在这里；②汽车驾驶员本来在其他时间行车，现在同时集中在一起；③汽车驾驶员本身乘坐公共交通，现在驾车通过此一改善的地段❷。正是因为城市交通系统是一个具有自组织特性的复杂系统，所以不能单方面从改善道路状态(既增加交通供给)入手来改善交通，必须同时从交通需求管理入手，诱导出行车自主选择综合效率高的代步工具(也有可能是步行)。正因为如此，要改善交通拥挤状况，首先要基于城市用地布局与城市交通规划保持协调一致，使整个城市的交通需求总量趋于最小，然后才是综合设施建设和恰当的交通政策等一系列措施。

(2) 发展智能交通系统。20 世纪以来，西方发达国家逐渐由偏重于修建新的交通设施转向注重管理，以智能交通系统(Intelligent Transportation Systems)来充分发挥城市交通设施的作用，缓解城市交通问题。ITS 依靠计算机强大的信息采集、处理能力和网络实时传输的实现，把

❶ 该理论是钱学森院士 20 世纪 80 年代为解决复杂系统而提出的，这个方法的实质是将专家体系、数据和信息处理系统与计算机有机结合起来，构成一个高度智能化的人机结合系统

❷ 参见：苏珊·E·布罗迪. 土地使用与城市交通规划. 国外城市规划，1996 年第 2 期

握当前交通运行状况和预测短期时间差之后的交通状况，以信息服务引导交通管理者和交通行为者。ITS 利用情报站、交通信息台、电子地图等，使出行者成为相关交通信息的拥有者，这使得城市交通这一复杂系统的自适应、自协调能力大大提高，道路交通网络均衡用户的理想状态成为可能。ITS 一般由六个部分组成[1]，但目前应用最为成熟的是先进的交通管理系统 ATMS(Advanced Traffic Management System)、先进的出行者信息系统 ATIS(Advanced Traveler Information System)及其 ATIS 中的出行路径诱导技术。其核心是使汽车驾驶员(即未能选择放弃小汽车出行的人们)根据智能系统所提供的详细出行信息，自主选择交通流量最小的道路行进，以最快的速度到达目的地。

(3) 优先发展公共交通。城市道路建设跟不上车辆数量的增加将成为长期的困境。城市政府应将注意力集中在优先发展公共交通上。这方面最为成功的是巴西的库里蒂巴市。该市到 1980 年末期，人口总数已超 200 万人，人均收入也超过 2000 美元，按常规完全具备建造地铁的必要性和可能性。但该市充分利用现有基础设施的优势，发展具有自己特色的“特快公共汽车”和“路面地铁”系统。后者实际上是由两个接头衔接而成的拖车，亦称双接头公共汽车(biarticulated bus)，设计乘客量最高为 270 人次。因其行驶在特别设置的公交专用线上，并有便捷的购票设施和上下车服务系统予以配套，所以平均运客量达到 16000 人次/小时，几乎接近地铁的运载量，而其造价仅为地铁的 1/10。库里蒂巴市私人小汽车拥有量也达到 50 万辆之多，但由于实行了公共交通优先发展的策略和与之配套的交通管理措施，所以吸引了大批小汽车拥有者尤其是通勤者改乘公交车上班，小汽车一般只在旅游度假时才用。事实证明，认真实施公共交通优先策略，让每一辆车多载客，最大限度地利用路面和能源，就能达到人均交通占道路面积小、效率高、环境污染低的目的。我国一般大中城市应克服政出多门的弊端，科学安排，加快发展以公交专用线、公共汽车、小公共巴士、出租车等多方面组成的统一协调、互补配套的公交系统。

---

[1] 注释：另外四个部分为：车辆控制系统(AVCS：Advanced Vehicle Control System)、新型货运系统(NFTS：New Freight Transportation)、自动道路系统(AHS：Automated Highway System)和智能公共交通(IT：Intelligent Transit)

(4) 实行体制创新。城市交通资源实际上是城市资源的重要组成部分。对这种十分有限的资源的使用，要以效率优先、兼顾公平的原则，一方面要利用市场的机制来对交通车辆总量进行需求管理，用价格机制代替行政命令的硬性限制。另一方面，要积极改革公交线路和公交营运企业的产权制度。这就要树立相应的“路权”观念，通过竞标确认购买的交通线路权如同私有财产权一样是不可侵犯的。其主要由通行权(包括停车权)、时间(专用期限)、速度、票价、环境(如在某一地段、某区域、路段，只允许持有路权者使用，其他人无权使用)等权力所组成。而公交营运企业的产权制度改革更是打破低效率、劣质服务、巨额补贴、车况陈旧等弊端的良方。这无论在库里蒂巴市，还是在我国的香港、南京都已取得了良好的成效。如库里蒂巴市的全部公交线路由 10 家私人公司操作经营，并由一家公私合营的机构——库里蒂巴都市署(The Urbanization Agency of Curitiba)对其进行统一协调，避免各自为营的局面，优化竞争机制，提高服务质量。

(5) 整治城市道路。城市道路管理不善、设施不全已成为城市交通的瓶颈。应通过坚决拆除乱占道路的违法建筑、增添和维修交通指挥设施、加强路政管理、规范和增加交通标识、推行“畅通工程”等综合整治策略，既要多管齐下，又要协调动作；既要突击整治，集中力量力求解决一二个影响交通秩序最严重的问题，又要实行经常化、法制化的科学管理，持之以恒持续地改进。西方发达国家的实践证明，城市政府无法限制人们购买小轿车，但可以在不同的地区控制其使用，不仅应在道路拥挤的中心城区积极发展大运量的轨道交通和公共交通，而且还要学习新加坡的经验，对城市中心区实行高峰期私人小汽车限制进入或收费进入以及控制该区域停车泊位数量等措施(后者需要自动收费装置配合)，从需求方面对中心区交通流量进行科学调节，使小汽车自觉在城市外围和郊区行驶。

(6) 以人为本，科学安排。在我国城市交通建设方面，存在“重车轻人”的现象，重视车行道建设，忽视人行道和自行车道的修建，轻视行人横穿道路的设施建设。许多城市的人行便道往往被摆摊、违法建筑、广告灯柱、通讯电杆及其拉线等占用，盲目拓宽机动车道，占用原自行车道的空间，不仅使行人行路骑车很不方便，而且导致了交通能耗和空气污染物的迅速增加，这已成为越来越严重的都市病。由于城市交通系统作为复杂系统具有自适应的机制，如果组成城市道路网系统的快速干道、一般主干道、次干道、支路和人行便道之间，按照合理比例及衔接关系组成一个整体网络时，其整体协同效应便可以得到充分发挥。反之，各个功能组成部分在数量上比例失调，衔接关系上不能畅通，即使道路面积总和增加，但由于协同效应的丧失，路网总体容纳能力必然相应衰减。值得一提的是，英国在20世纪50年代后期，也曾犯过同样的病症，修建了大量的高速公路和交通干线，但城市内部综合交通并没有能得到有效解决。20世纪60年代初，英国运输部部长委托对道路工程、建筑和城市规划都富有经验的专家布恰南(Colin Buchanan)对其进行研究。以布恰南为首的研究小组于1963年正式提出了名为《城市交通》的报告，报告预见到汽车时代对城市环境的影响，第一次提出大规模的道路建设可能会对城市结构带来影响，首次将城市环境与小汽车的可达性相结合，吸纳了曲普的“功能街区”概念并发展为“环境功能区”。功能区的外部由交通通道闭合，内部是一个连续的空间环境，交通设施建设应视不同功能而定(居住、商业或工业等)，而且任何街道网均要规定一系列环境标准(噪声、废气、不安全程度和不方便性程度等等)，以解决提高道路通行能力与保持城市环境品质之间的矛盾。布恰南认为，人车分离是对步行者的解放。他写道：“步行者在城市中应享有充分的自由，能够随意地漫步、休息、购物和交流，沉浸于场景、建筑和历史所营造的气氛中，他们应该得到最大限度的尊重。”受其影响，德国、新加坡等国十分注重人行道的修建，这些国家城市人行道平坦整洁，路边种满绿树鲜花，还有行人休息用的椅子等。行人行走在这样的道路上，如同漫步在公园的林荫道上，不仅心情舒畅，而且不会走到其他车道上，有效地减少了交通事故的发生。

专题一：

城市街道整治十策

实施街道环境综合整治，对建筑立面进行粉刷，有利于改变城市面貌，优化投资环境。这不只是一件“穿靴、戴帽、扎腰、修面”的“力气活”，而是事关城市形象、城市品位的需要精心设计、施工的“艺术活”。要采取坚决拆除违法建筑、美化整治城市出入口、每年推出十几条街道实施整治、加快河道整治疏浚、每年扩绿100万平方米以上这“五管齐下”的办法，通过2～3年的努力，使杭州城市公共空间环境得到较大改善。街道综合整治要精心策划，在实际工作中要注意把握好以下几点：

一、街道的整治要以确立基调为目标

要根据街道所处的地段、环境和具体性质，确定街道两侧建筑立面的色彩基调，但不能追求单一基色，以体现整条街道建筑风格和特定的文化氛围。街道色彩的基调一般是由组成街道的人行道地面、建筑立面、小品等色彩所组成。一般来说，人行道地面的色彩一般宜较低的明度和彩度，色相不宜过多，给人以沉稳、踏实的感觉，对其他组成要素起衬托的作用；而建筑物应比前者的色彩要淡雅。街道小品则要与地面的颜色形成鲜明的对比，同时又因其体积小，色彩的明度和纯度要高。如果只是单一的基色，各组件之间色彩过于相似时，就会显得单调乏味。一些沿河的透视点也要设计好，整治好。如环城西路东侧古新河两岸的建筑就要进行简单的粉刷整修，以保持环城西路的整体美感。

二、单体建筑的色彩要精心设计，讲究风格

在确定街道色彩基调的前提下，单体建筑的色彩、风格要多样化，在变化中追求协调。但每一建筑立面的大面积色彩不能超过三种(包括窗

户玻璃的颜色在内），只有这样才能做到有对比而不杂乱，使建筑色彩的构成既生动又和谐。对一般的多层住宅而言，可把阳台、雨篷等处理成暖色调，以强调其凸出而使建筑物显得生动，具有立体感；雕塑往往施以淡色调并与前景和背景形成对比，较小的空间采用浅色调以显得开敞、空旷；较大的空间如采用深色调，就会显得充实；立面单调的高层住宅和办公楼会因有规律地使用高彩度的色块而变得富有生气。总之，采用色彩对建筑进行合理装饰可化平庸为神奇，也可弥补建筑外观的设计缺陷。对街道两侧建筑立面来说，走在街上的人，看到的只是建筑立面或小品的细部或者局部，而且审观时间较长，整修应体现文化精致主义，以使人感到“处处是景”而滞留和再访。日本旅游城市以“精致”闻名于世，街路边一草一木，一砖一瓦，无不令人赏心悦目，扶手、座椅、路面、街灯处处体现对人的关怀，值得我们借鉴。而对于坐车行进的人而言，视线停留在建筑上的时间极短，故只能看到建筑的轮廓和醒目的色彩，由于街道一组不同建筑物立面颜色变化得具有节奏感，建筑色彩的多样化，会使坐车行进的人看到动画般的景观效果。一些已经整治的建筑立面色彩之所以比较单一，其主要原因：一是在方案设计时就过于强调色彩协调性而忽视对比度；二是涂料本身的单一化，涂料本身还会褪色，需等半年以后才能稳定下来；三是整条街道整治方案的设计往往是由一个单位承担的，造成了设计上的单一性，穷其设计能力也只能搞到目前这个水平。要改变这种状况，要将每条街道建筑整治根据实际情况分为三类：一是重要建筑要重点把关，请规划设计部门专门设计；二是一般性建筑，可由使用者自己聘请设计单位提出方案，经市有关部门批准后实施；三是具历史意义的建筑，一般来说古建筑应采用不同质感的材料以达到修旧如初或修旧如旧的目的，并有不同的立面设计要求，保持一些建筑立面特有的历史时代感。如外墙是砖结构的历史建筑，其立面应是清洗，而不是涂料粉刷，否则的话，就像 80 多岁的老太太理了一个现代时髦的发型一样，不伦不类。对有爬墙虎的建筑立面都要予以保留。建筑立面的装饰整治，要“引狼入室”，通过招投标竞争，提高我们的整治水平。涂料质量的好坏影响到建筑立面的整治效果，但涂料的质量问题要过很长一段时间才能发现。解决这一问题的办法就是一开始就要求涂料供应商与保险公司签订质量担保协议，如果使用以后，因质量问题引起外墙涂料剥落，业主可要求保险公司予以理赔。

三、街道小品要从竞标中产生

环城北路整治方案里已有小品设计，这说明我们有进步。建筑风格要追求多样性，但一条街道的小品则要讲究一致性，要与街道的文化基调相协调。杭州市的街道、建筑的基调往往以自然淡雅、秀丽舒展为主，而邮筒、电话亭、候车亭、路牌、垃圾筒等小品应以较鲜艳的色彩来引人注目；栏杆、橱窗、路灯、座椅和艺术小品等则要典雅庄重，使整体环境显得既温文尔雅又亲切生动，并在工艺上贯彻文化精致主义，使其因细部的精致而得到行人的喜爱。湖滨地区的不锈钢栏杆既单调又夺目，结果因阻隔性太强，使人有被隔离之感，而有的地方又将垃圾筒漆成绿色，不仅与花草不协调，也因难以寻找而失去其使用功能。每一条主要街道的整治都要进行小品设计，要通过设计竞赛来优选小品方案，但不要急于搞街头雕塑。当前要抓紧搞好街头的绿化工作。雕塑要按照杭州的文化特色和每处的文化意境，聘请国内外的艺术家来进行设计招投标，并要反复推敲评审，甚至可以先搞实物模型，让大众充分评议和适应，力求创作出一些经典之作来。

四、街头绿地要出精品

在街道整治过程中，要对街头绿地进行精心设计，而不是仅仅停留在对拆除违法建筑后地块的临时性绿地上。这一方面，新加坡可堪称是杰出的代表，其多姿多彩的临街花园——而不是仅称之为街头绿地为新加坡造就“处处是景”的一流国际旅游城市的形象添上了神奇的点睛之笔。街道绿地的设计要求为：

1. 绿地内的景观都是供行人短时间停留休息或游客瞬间一瞥的，因此要富于视觉上的吸引力，所选用的灌木应采用多彩的观叶植物，再配以四季盛开的花卉，从而形成缤纷绚灿的视觉焦点，这就要求彻底改变一些街头绿地千篇一律种草加冬青树的旧习。精心进行色彩、花期、荣枯、疏密和空间层次的搭配，以绿化造景、衬景。

2. 绿地不仅要符合整条街道的基调和文态，更要富有创意，不拘泥于形式，以能与环境街景协调，能产生美感，符合游客的审美需要和吸引行人停留观赏为原则。花草灌木加山石、雕塑小品或水景的组合都是可供选择的方案。有时在一片翠绿的草地中置几块不加修饰的顽石，就能引发都市行人回归自然的憧憬。

3. 功能与装饰两者的比率要以能否供人停留欣赏休息为准，不便停留的街头绿地要有较高的整体形象和装饰效果以引人注目，而能供行人休息的绿地则更要注重细部的精细和耐看，花卉、灌木和水景的布景不仅要层次丰富，曲折多变，而且还要造就休息者的“私密空间”。

4. 停车场地和自行车停放处要与绿地分开，不能混杂，这二者之间应以绿篱隔开，停车处上方可由伞状绿树遮盖，地面应铺以透空、透绿的多孔彩色透水地砖，以达到生态环境与街景整体协调的目的。

五、注意第五立面——屋顶的处理

从远处看建筑屋顶，要有丰富的轮廓线和众多建筑组成的天际线，不能剃平头，要有高低起伏。目前，杭州市区大部分多层住宅的屋顶，千篇一律是平顶式的，上面都有隔热板，用了几年就坏，破破烂烂的，有些业主私自搭建广告牌用以牟利。要加强建筑屋顶的整治，采取加四面或六面彩瓦坡顶的方式对屋顶进行处理。如环城西路广播电台的住宅楼就可以加盖一个四面坡顶之类的屋顶。威海市分管城建的副市长原来是镇长出身，但在抓威海城市建设中，有思路更有魄力，强制要求威海市的建筑都应一幢一型式，不能完全雷同，屋顶都为红瓦坡顶。他虽然学术造诣不是很高，但所采取的有效行政强制措施，确实使威海的城市建设逐步达到碧海蓝天，红瓦粉墙，错落有致的风格特色，被誉为中国城市景观设计建设的典范。可见在城市建设中，光有学问没有手段进行有效管理也不行。杭州许多建筑屋顶之所以如此乱糟糟的，其原因：一是建筑本身的设计没有追求与城市形象相和谐的原则；二是对屋顶上搭建违法建筑管理不严；三是屋顶上堆放垃圾。像杭州解百大楼就是一个例子，其屋顶在设计上较为杂乱，与建筑本身及解放路的基调不甚符合。城市的建筑屋顶必须进行逐步整治，应该多搞一些彩瓦坡顶。多层住宅的水箱无论从景观还是从供水卫生上来说，都应改为水泵加压供水。

六、道路两侧的广告要有艺术性和相关性

道路两侧的广告一定要有艺术性、相关性，设计造型要与建筑物的性质和街道基调相协调。如在科协大楼屋顶上设置一个啤酒的广告牌，这一广告就没有与建筑物性质相关，吃醉了酒的人如何搞科研？我们从广告的设置就可以看出这一城市的管理水平和城市品位。日本东京银座的广告管理很有特色，步行街较窄，房屋也不高，银座的广告往往采用竖向贴墙来布置，不仅使街道景观有序整洁，而且使建筑在视觉上被窄长的广告牌所“拔高”。再在整幢楼面配以电子控制的灯光照明，造就了国际商业之都的独特景观。要按照已有的户外广告管理条例，对广告设置权采用公开拍卖、招标的办法，这不仅可以减少腐败，同时也可以增加政府收入。

七、道路拓宽要与路网加密相结合

城市道路拓宽成本高，代价大，不仅可能会破坏现有道路的商业氛围，而且往往要以毁坏培育几十年的行道树为代价。要从成本效益比较及杭州的实际情况出发，科学合理地制定街道拓宽整治方案，使现有街道发挥最大的效益。从目前的实际情况看，城区街道采用再拓宽，还是采取加大路网密度的办法，要进行系统科学地比较研究。老城区街道难以随意拓宽。按常规，40 米宽的道路两侧一定要有 60 米高的建筑物来匹配，但杭州老城区近西湖地段的建筑高度又严格控制，有这样的条件限制，将使得拓宽后的街道像延安路南段与街道两边的建筑不甚协调那样，街道不像街道、广场不像广场。而由市区通往下沙的德胜路延伸段则要宽些，超过 100 米也为尚不可，配以大片的花园绿地和现代化的轻轨列车，突出城市组团间快速通道的现代化气息。对于市区某些道路由于路幅过窄，不得已使自行车道占用人行道的，也应在尽量保留行道树的前提下，适度拓宽路幅或另辟人行道以方便游客和行人。在街道整治中还要注意几个问题，就是目前完成的整治方案设计中，有些纯粹是为改善景观而整治，没有考虑到道路交叉口的交通通行能力问题。交叉口附近的道路要拓宽，应将双向 4 车道的街道在临近交叉口时改为 5 车道

以上，这样不仅可以大大提高交叉口交通通行能力，而且投资也比较少。作为风景旅游城市的街道，要以路网加密局部拓宽，公交优先和智能化管理为主要手段，切忌乱上立交桥和高架路，后者只是无奈的选择而不是生态园林城市的优先安排。在有条件的城市边缘地区，以精心设计的街心花园加智能交通指挥系统往往能创造出优美的城市门户形象。

八、强制管线入地，减少视觉污染

在街道整治方案设计中，必须将除无轨电车电缆之外的电力、电信、广播电视、燃气管等管线入地，否则林立的水泥杆和蛛网般的线缆不仅造成视觉污染，而且限制了行道树的成长，使行道树不断地被砍头截枝，破坏了树木的自然美感和降尘遮阳能力。管线入地应有科学设计方案、统一的行政政策和市场化建设机制。作为风景旅游城市的杭州，管线入地应比其他城市有更严格的要求，凡路型在 5 年之内基本不变的道路，路上所有的管线都应入地。政府成立道路开挖审批委员会，就是为了协调各有关部门统一制订管线入地方案和加强施工协调，防止重复开挖和地下空间资源浪费。对新开拓的路段和有条件的旧路改造，可采用市场机制的办法，先由某市政公司按管线入地设计方案统一筹资建造公共管道，再由电力、通信、燃气、自来水、电视等部门分别提供管道占用费来偿还，这样做可大大减少街道开膛破肚的次数，节省投资和高效利用地下空间资源。

九、保留历史建筑，延续城市文脉

作为我国七大古都之一的杭州，有许多能让人浮想联翩和流连忘返的历史建筑。有人说“城市历史由故事构成”，正如佛罗伦萨街头的街景和建筑叙述着欧洲文艺复兴时期以来的一个个故事一样，杭州市大街小巷内的许多轻巧淡雅的古建筑、石库门和四合院，无不凝聚着杭州千百年以来的历史和文化的精华。尤其是尚未列入文物保护范围的清末民国时期地方传统的店铺和民居建筑，在街道整治中要尽量保留整修和内部更新，决不能一拆了之。否则就会造成城市建筑文脉的中断。每个时代的典范性建筑都烙刻着城市演变成长的轨迹，都应该值得保留，并加以修旧如旧，以保护街道原有的空间序列和景观集合。从旅游业的角度来说，年轻的上海近日新造了一条“上海老街”，成为该市旅游业的亮点。古都杭州难道还要毁去真古董吗？

十、唤起民众美感，扩大市民参与度

城市街道整治要与“最佳门面”与“最差门面”、“最佳形象建筑”与“最差形象建筑”的评选结合起来，要大张旗鼓地进行宣传，做到家喻户晓，不能是发了文件就算了。否则的话，我们花了那么多精力讨论修改评选方案，结果老百姓都不知道这回事。要通过广泛地宣传，使群众了解这样做的目的是促进城市街道景观上水平、上档次，唤起市民的美感。只有让每个市民主动参与评选，并从自己住宅做起，将最美的一面奉献给大众(而不是将垃圾堆上屋顶、抛向路面或挂在楼面)。正如上海人民广场的公益广告所提出的那样：让房屋披上新衣，让阳台布满鲜花，让围墙透出芬芳，让街道展现风貌。如果我们能动员全体市民参与街道整治，而且坚持几年不动摇，那么，一个更美丽、更整洁的杭州将会呈现在世人面前。

(原刊于《城市发展研究》，1999 年第 6 期)

专题二：

城市入城口整治要注意的几个问题

一、景观的高潮点与景观的连续性相结合

在进行城市入城口整治方案设计时，要注意以下原则：

——因为入城口体现的是城市的门户，在景观设计上一定要有高潮点，从而给人以豁然开朗的感觉，较为准确地展现一个城市的形象，反映这个地区、城市的文化内涵。例如杭州市余杭区的一个入城口，采用了良渚文化祀祠物品——玉琮的抽象雕塑作为入城口城标，就成功地反映了余杭的历史文化性质。

——入城口地处城乡结合部，一般情况下这些地段违法建筑较多，建筑功能混杂，需要整治与建设相结合。

——由于入城口建筑密度较低，容易体现地域自然生态的景观特征。在设计时应充分发挥自然生态遗存资源的优势，尊重和利用地域、自然、地理的特征。

——因入城口地处交通要道甚至是立交桥位置，在景观设计时，既要挖掘环境的潜力，体现自然对人类活动更大的包容性和承载力，又要实现现代交通技术与自然景观资源的有机结合。

——景观设计应注意连续性，要考虑到向纵深发展。入城口的整治既要考虑到景观布局，又要处理好交通组织。这两者是相呼应的。从地理空间上的交通交叉的“点”，一直延伸到目前真正的城乡结合部的“点”，实际上具有一致性。所以在设计整治方案中，应把景观高潮点与景观的连续性结合起来，形成景观走廊。

二、入城口的整治方案要进行竞争性设计

重要入城口景观要进行竞争性设计。每个入城口都要有 2 个以上

设计单位参加竞争的方案。这样两个不同规划院设计的方案之间就有了比较，方案设计就有了竞争性。除了景观美学方面的竞争比较之外，还要进行经济性比较。从过去对入城口整治方案的实践来看，有些方案在考虑整治的经济性方面就比较粗糙。如广告牌的设置可以公开拍卖，不是政府去投资设立，而应计算成为收入。不少从事搞规划设计的专家，还是计划经济的思路，没有一种经营景观资源、注意力资源的概念和投资主体多元化的观念，导致整治方案投资浪费较为明显。

三、入城口整治方案要突出四种美

一是整体美，二是广义美，三是特色美，四是动态美。从外围到入城口，人们首先看到是一个整体，其次是看到广义的协调景观，也就是一个区域而不是细部，因为他们是坐在行驶的车上看的。人们在车上看到的是一个区域中的景，而不是某一点上的景，是远景而不是近景。入城口整治与城市街道整治是不一样的，不能按同一标准来要求。同时，每个入城口要体现所在区域的特色。如从西南方向进入杭州，入城口就是之江旅游度假区，那就要把度假区的特色展示出来，自然地把人引入度假景区中，达到车没有入景而人已在景中的意境。如果把进入度假区的门搞成工业区的概念，把进入城市中心商务区（CBD）的门搞成度假区的门户，那就不能达到“触景生情”的效果。

每个入城口要有一种基调，但绿化限于某一种基本树种这是绝对错误的。其实人们从外围入城，看到的是宏观美、广义美，看到是由绿化构成的整体美，谁还会来区分这是樟树还是桂花树，还来得及区分吗？坐车进城的旅客们需要一种广义美，需要大尺度的景观。同时，还要通过一定的生态庞杂度，实现入城口森林绿地的自我维护和低度管理。所以不必讲究市树、市花问题，而是要讲究整体协调，同时是动态景观。人们在这些路段就以行车的速度来观景，我们就要投其所好。柏林地铁两旁的壁画就是根据地铁的行驶速度来设置的，如地铁的速度是 20 公里/小时，旁边的壁画就按 20 公里/小时的速度变化来组景，结果车上的人看过去，好像在观看电影，那就呈现动态美了。

四、城市入城口的雕塑要统一安排

雕塑在入城口的景观中起着画龙点睛的作用。不仅要求雕塑方案设计优秀，而且要经过实地用泡沫塑料做实体试验，放上一年半载，观察其与周边环境能否和谐相处，再用永久性材料精心制作。这样就可以减少许多失误。当前雕塑作品上的败笔是很多的。报纸上曾刊登，某城市搞了一个济公雕塑，前面在喝酒，背面在撒尿，大煞风景，这很容易引起非议。某市在会展中心广场矗立了两个华表，结果有许多专家学者提出反对意见。华表在古代的含义是什么呢？一是皇帝出巡后，华表顶上的兽在盼着皇帝早日归来；二是皇帝老待在宫里不走，华表上的兽头向内意味着召唤他出来，去维护司法，了解民情。但在广场矗立两个华表，令人纳闷。

五、实施入城口整治的具体工作计划

1. 突出重点，分批实施。既要突出重点，又要有一定的批量，把整治任务落实到不同单位去组织实施，相互之间形成竞争，相互模仿，相互借鉴。这样政府调控起来相对容易些，拆迁成本、绿化成本等也容易控制，而且进展快。同时整治结束后要进行最佳、最差入城口的评选。

2. 谁家工程谁整治。要条块结合，落实到基层单位。城市的整体形象是由大大小小的区域形象构成的。市里要抓各个区的形象，区要抓每个镇的形象，镇要抓村的形象，村要抓家庭的形象，一级抓一级，才能持续改进城市整体之形象。

3. 要推行“租地绿化”。除了非征不可的，一般都应采用“一镇一村一绿带”租地绿化的办法来解决。村里可以拿出机动田调整给农户，调整出来后就可以搞绿地。道路两侧的整体绿化要由花木专业户来承包，还可以促进当地的农业经济发展。如搞征地绿化每亩则要花巨资，而且今后的养护成本十分昂贵。

4. 要与拆违、新安排农居点相结合。通过拆除违法建筑来带动入城口的整治美化，不仅可以降低入城口整治成本，而且也可有效地推动城乡结合部违法建筑的拆除工作。

5. 要与“戴帽穿靴，涂脂抹粉”相协调。在实施入城口整治时，对某些合法的需赔偿的建筑要区别对待。有些房子在分阶段实施时可暂保留，不一定全部搬迁，粉刷一下，加一个顶，形成丰富的天际线，就可以与入城口自然景观相协调。

专题三：

实现六个突破　奠基生态城市

现阶段城市为什么需要持续的创建活动？关键是基于这样的认识：

一是恢复山水城市景观的需要。山水城市，其实是一个相对的概念。最主要的山水景点呈三个层次：一是盆景、窗景。将人工山水、花卉、树林、竹枝、叠石在住宅庭院中创造出"师法自然"的景色，在墙垣、走廊和厅堂粉壁上开筑出窗洞，从而构成纯朴、素雅、移步换景的框景。二是公园。古代杭州的士大夫、文人墨客和达官贵人沿湖建私园十分兴盛，挖土成池，堆土筑山，修建厅堂、居室、长廊、轩、榭，栽植榆、槐、梧桐、芭蕉，点缀牡丹、玉兰、海棠、桂花，构成优美的宅园环境，文人墨客在园中咏诗作画、娱乐消遣，如著名的"汪庄""郭庄"等等，都具有代表性。解放以来，这些庄园经精心修缮之后逐步向游人开放，让游人充分享受融文化、艺术、历史和生活于一体，充满山水画意的园林场景；三是城市人工构筑物与山水构成的"山水园林城市"场景。浩瀚开阔的西湖水面穿插桃柳相间的苏堤、白堤，衬托了郁郁葱葱的外围环抱的群山，连接了各具特色的十大景点。从更高的层次来看波涛汹涌的钱塘江，蜿蜒曲折、穿城而过的京杭大运河和三百条大小不一的河流，西湖风景区八十座翠绿的山峰簇拥着历史文化名城，使得人们居城市而有山林湖海、田园牧歌之乐。总之，杭州的地形奇特，三面环山，四面绕水，山、河、湖、海、江、荡景观兼具。但城内高楼大厦过多过密，已造成对山水景观的阻隔，必须通过绿化广场的开拓、道路整治拓宽，以绿树借景，引山水之景入城。

二是改善城市环境质量的需要。现代城市对环境质量的要求越来越高，有一些指标要求，如大气环境必须认真治理。一方面，要减少和治理大气污染源，实现汽车废气达标排放，限期关停转迁小水泥厂、小石矿等，对这些工厂要"就地卧倒"，花大本钱进行改造。但是更重要的一方面，是要种植高大的乔木，构成城市立体空气过滤网，把灰尘等有害物质吸附走，这样整个大气中 SO_2、CO_2 含量都会减少。另外，市区内还有高速公路、铁路，将来还有高速铁路，噪声都比较大。只能通过沿线植树成林，才能把噪声吸收、隔离。所以，大气环境的改善和城市噪声的控制等问题，只能通过治本——减少噪声源，治标——植树来解决。近年来，国内许多城市大量种植草坪，但由于未能与乔木搭配，形成与国外城市似曾相识的景观。作为已取得国家园林城市称号的杭州，一定要注意乔灌花草的合理配置，造就生态园林城市花园锦绣、绿树成荫的秀美景象。

三是创“游在杭州、住在杭州、学在杭州、创业在杭州”的城市品牌的需要。就“住在杭州”而言，要吸引外地人到杭州来居住，首先是这里的景色和环境要非常美。这种环境美靠什么来体现？如光靠城市建筑会造成景观单调、视觉疲劳。关键是要通过由乔灌花草所构成的立体绿化系统，这不仅对美观的建筑是一种衬托，对难看的建筑则是一种遮盖，从而大大地美化城市景观，而且还可以调节气候。创城市的“四个品牌”，绿化是关键。“游在杭州”指的就是多层次的“山水景观”和丰富的人文景点。“学在杭州”，如果这里没有公园树林，莘莘学子连个散步的地方都没有，空气质量很差，何来“求知学习的天堂”？再说“住在杭州”，第一位的就是环境。所以，联合国人居中心在杭州召开的伊斯坦布尔+5会议，主题就是“建筑与环境”。决定人居环境好坏因素的重要性来说，第一是环境，第二是建筑，第三是室内。环境是第一位，可环境的改善关键是绿化。“住在杭州”进而“创业在杭州”，人才是决定性的因素。谁能够吸引人才？如果这里绿化很好，绿树成荫，空气清鲜，景色怡人，那当然人家就愿意来。越是人才，越是有钱的人，对生态环境质量的要求就越高。如美国硅谷、印度班加鲁尔、台湾地区新竹、法国尼斯索菲亚等科技园区，生态环境都是非常优美，所以吸引了世界各地的一大批高科技人才。没有好的环境，根本聚不到财，现在的财就是人才。

四是有利于增加各区的财政收入。良好的绿化可以转化为财源，按既定的原则意见：就是道路两侧土地、沿街土地公开拍卖出让净收益的10%归各区政府。如果先把道路两侧地块违法建筑控制住，并进行绿化，那两边的土地就会迅速增值，市里拍卖转让收入一提高，各区的收入也就水涨船高。大家都有好处，利益共享。而如果到处都是垃圾、污水、违法建筑，一排露天粪坑，一到冬天蔬菜地上是一片白色塑料大棚，地价自然就上不去；如旁边是一片树林花木，绿树成荫，那地块当然就涨价了，区财政也会水涨船高增加收入，这就是利益共享机制。

如何大幅度地扩大城区绿地面积呢？我们力求在六个方面要有突破：

一、突破往年绿化只有点，没有线、面的局面

过去，杭州每年扩绿在100万平方米左右，在某几个点上的绿化确实搞得不错，可算是精品亮点。人家说，杭州绿化，只有小盆景而没有大园林。几棵树旁边放个几石凳子、石桌子，构成了一个盆景，但是不能连点成线、成网。没有成片的园林，就形不成整体生态的效应。所以，要从现在开始，要沿着铁路、高速公路、道路、河道、绕城公路两侧及入城口全面进行绿化，使之全部连线而且逐步成网块状，也就是说连点成线，连线成面，这样就会构成一个立体的绿化生态系统。同时绿化面积要从往年的100万平方米扩大到每年500万平方米，而且是连续多年，这就是意味着市区的每个市民今后5年，每年每人增加2.5平方米的绿地面积。

二、突破往年绿化计划实施滞后于植树季节的旧习

往年的植树，通常都是“反季节”的，为什么？绿化部门在年底才做好方案，然后搞预算，等3月份人代会开了以后预算兑现，等把资金拨下去已是5月份了，错过了绿化季节，所以也才有7月份种市民林的情况发生。这样做种植成本也高，但却经常有“反季节”违背大自然绿化与规律的行为。上海反季节移植树木，树上还可以打吊针、“挂盐水”哩。从技术上说大热天也能种树了，但这样做成本极其高昂，没有特殊情况不宜推行。冬春季是植树的最好季节。一定要倒排时间，要在今冬明春这段时间内基本上完成植树任务。此外，要抓住绿化设计、政策处理、施工招投标、村民动员、培育验收等几个环节。实际上能提前尽量提前，所有的设计、招投标、动员、政策处理都在这之前完成。因为移植树木在未萌芽时种植成活率很高，一旦萌芽以后，成活率就大幅度下降。植树节的日子是全国统一的，但南方与北方的气候不一样。所以，在植树的时间上只能提前。总之，一定要紧扣最适宜种树的季节，抢时间，保证树的成活率最高、成林时间早，以较少的财政投入，造就出更多的园林绿化生态效益来。

三、突破以往植树之前需大量填埋土方、平整土地的做法

过去许多地方进行植树，都有要求填埋新土、驳坎以及对土地进行大面积地调整。其实在实际操作过程中，完全可以采取因势利导、因地制宜的办法，与农田交界处可开辟 0.5～1 米宽的边沟以利雨水排泄，并根据当地水位和排水情况，选择不同的优势树种。例如一般旱地，可种竹子、杉树、樟树，低洼地带可以种水杉、紫杉、湿地松。即使当时该地积水严重，可以稍填点土，把树种上去再说，成活率都很高的。原有的水塘、泽地，千万不要把它填掉，岸坡作自然式处理，在水塘边上种

图 19 园林中的生态绿洲

上柳树或其他耐涝树种，这些水塘就成了园林中的湖泊，形成了生态绿洲(图 19)。对旁边环绕林木的水面，按国家有关规定可以算作绿地面积，而且这一水面对周边环境起调节作用，雨季时蓄水，干旱时渗透调节。但按过去的施工办法是将水塘一刀切填平，这是花钱破坏景观。种树不是造房子，造房子的地基一定要填平，而种树的地面可以自然起伏，有利于生态和景观多样化。

原先园林工人们一提到绿化种树，就想到把土地平整平整，但保留自然地形地貌、自然斑痕的原生态绿地更具生态和观赏价值。也不要强求在一片形成同一树种的林地，一定要是多树种的，这样也不容易造成病虫害。原来自然生长着的树、灌木要全部保留，绝不能是全部砍掉了以后重新种植。栽种方式也不能采用以前的行列式，应多用自然群落式。实践证明，有些种类的杨树和紫杉，一年之中有好几个月被水淹着照样存活，低洼地带种上这些树更没问题。北京园林专家到我们这里来看，说北方是种什么都长不起来，南方你不想它长什么都困难，道理都是一样的。园林绿化植树不要搞得那么“仔细”，让乔灌树林充满自然野趣则更好成才。树种选择要考虑宜土性和景观要求。河塘、洼地不要填掉，这有利于生态的优化，有利于生物的多样化。所以，要突破往年植树造林大面积地平整土方的做法。不少乡村干部确实很喜欢填土方，因为一填土方，就意味着工程发包，土方村里都抢着做，少数不廉洁的干部还可乘机拿回扣，美其名曰增加农民收入，实际上是抬高工程造价，瓜分国有资产。这是一种亟须纠正的现象。

四、要突破违法建筑与绿化用地抢地盘的格局

国务院［2000］31 号文件规定，城市规划内的公路、铁道两侧景观防护林的宽度，每侧按 30～50 米控制，有条件的地区可以加宽到 50 米。在这些问题上，一定要有所突破，已查明属违法建筑的，在建绿过程中要拆除，包括违法的围墙也要拆掉。绿树丛中合法的建筑暂时保存，以后再逐步征收拆除。

五、要突破往年植树绿化只有一个主体的局面

以前因为所植的树木都归国家所有，所以绿化种树就是园林部门一个积极性。现在则是要求有多个积极性。根据国务院文件，按照谁种树谁收益的原则，形成绿化种树的多个利益主体。可以采取郊区农村种植业结构调整，或者借地绿化、或者自行绿化等办法，调动所有单位和个人植树的积极性。园文局绿化办要从种树的主体退到了绿化方案设计、进度检查、质量监督这个角色上去，承担起部署、指挥、裁判、奖罚的政府责任。以前单一模式的绿化种植费用高得很，现在采取这么一变通，成本就大大下降。所以一个积极性与多个积极性，一个单位与全民参与，效果和成本相差都是很大的。同时，绿化的过程也是一个教育人的过程。

实现这个突破有没有难度？难度最大的是市郊菜地。经过几十年，甚至上百年的精耕细作，这些菜地土质很好，是高产菜地。要把这些菜地逐步地调整为林地，难度是较大的，因为菜地是高投入高产出的，同时也还有种植习惯问题。但现在调整的时机已逐步成熟，因为郊区大量的菜地是包给外地人来种植。既然他们已把菜地包租给外来农民，我们现在也可以推行菜地结构调整，例如种雷竹或毛竹。竹类植物生长快，四季长青，绿化效果好，而且雷竹一亩地产值达 1 万多元。还有一种叫“香椿”树的嫩叶可以作菜，现在不仅北方人、上海人也开始喜欢吃了，因为可以在南方种植，全国哪个地方也可以品尝到此“树上蔬菜”。通过这样大面积地进行植树造林、菜地结构调整，逐步将市郊的白色污染、露天粪坑、单一的菜园转变成观光农业、生态农业，可以大大提高城市品位和生态环境。

六、突破过去绿化工作奖罚不分明、平均主义的倾向

要坚持两项政策：一是以奖代拨，采取以奖代拨办法，谁树种得越好，政府给你奖得越多。二是增设一个生态奖，对有突出成绩的领导干部、个人给予奖励。

当前，需要积极动员农民、教育群众从眼前的利益、短期的利益摆脱出来，使他们看到长远利益，大面积地栽种树木，建设更加美好的家园。生态利益全部属于老百姓自己的，寿命长，长在老百姓自身；环境好，

得益的是老百姓。但另一方面，更要把优良传统习惯通过创新进一步弘扬，比如说城区住宅的垂直绿化、高架路的绿化、开墙透绿、小片绿地，每个城区要在300米范围内见绿等。5年以后，上海到杭州的磁悬浮列车线将建成。上海徐匡迪市长认为磁悬浮列车线建好后，上海到杭州只需25分钟，届时杭州人要住在上海，到杭州上班了，或者是外地人住在上海，到杭州旅游了，杭州的饭店、服务业、房地产业会衰败。但我们就要抢在5年时间内，用2500万平方米的绿地构成一个生态良好的园林城市，再加上旅游景观和“游在杭州、住在杭州、学在杭州、创业在杭州”的策略，使杭州成为全国最好的花园般环境优美的城市，将来磁悬浮线建好后，某些上海人可能也会住在杭州，到上海去上班。这实际上是一场城市环境赶超的友谊赛。

第八章　追求舒适、便利与和谐

——构筑符合人性的人居场所

1981 年国际建筑师联合会第 14 届世界会议通过的《华沙宣言》提出："人类聚居地的各项政策的建设纲要，必须为可以接受的生活质量规定一个最低标准，并力争实施……"它改变了《雅典宪章》以功能分区纯化为规划主要手段所带来的元素分析法评价居住环境的缺陷。1992 年在巴西里约热内卢召开的世界环境与发展大会通过的《21 世纪议程》提出："人人都应享有以与自然和谐的方式过健康而有生产成果的生活的权利。"并由此形成了"促进稳定的人类居住区的发展"的八个方面的内容：

1. 为所有人提供足够的住房；

2. 改善人类居住区的管理，尤其是城市管理。应通过种种手段，采取有创新的城市规划来解决环境和社会问题；

3. 可持续地使用、规划和管理土地资源；

4. 城市开发的可持续性通常由供水和空气质量，并由下水道和废物管理等环境基础设状况等参数界定，应统一建设城市环境基础设施；

5. 在人类居住环境中推广可循环能源和运输系统；

6. 加强多灾地区的人类居住区规划和管理；

7. 确立可持久的建筑工业活动行动的依据；

8. 开发人力资源，增强人类居住区开发能力。

显然以上各项内容也是本书其他章节论述的重点。本章力求以最简洁明了的思路，从道萨迪亚斯在《人类聚居学》中提出的三个方面的属性入手，用复杂科学的理论加深对其理解，从而导出影响人类居住质量的一对矛盾是"聚集"与"分散"。前者是为了提高生产率、强化交往、创造归属感和慰藉孤独的心灵；后者是为了维护个人隐私、休闲、抗拒污染和接近大自然。而这两者可以统一到道萨迪亚斯提出的“密度”上。

无独有偶，雅各布斯也认为居住质量的核心是与“密度”有关的“城市多样性”。本章的第二节运用了经济学的一些基本原理来进一步阐述“城市多样性”对提高居住质量和经济效率的普遍意义，从而进一步论证“新都市主义”的若干合理性，最后导出改善我国城市人居环境的四个重要启示。在本章的附录中，还从实践的角度列出了两个专题。

一、道萨迪亚斯的“人类聚居学”与人居环境

人类聚居学(Ekistics)是由希腊规划学家道萨迪亚斯(C. A. Doxiadis)在 20 世纪 50 年代创立的。根据吴良镛教授的研究，这一学科产生的时代背景是二战之后，当时世界范围内尤其是西方殖民主义国家出现不断加速的城市化形象，大量人口向城市集聚，城市急剧膨胀，一系列问题接踵而来：如农田日益减少、自然生态系统遭到破坏、城市的基础设施无法适应快速发展和变化、城市居住条件下降以及严重的环境污染问题、交通堵塞和各种社会问题等等。城市的高速发展和高节奏生活方式，给人们的心理产生很大的压力，致使许多人精神崩溃。道萨迪亚斯由此得出结论：包括城市和乡村在内的所有人类聚居已经出现了危机，“人类聚居已经不再能使居民们得到满足了。……从经济角度来看，许多居民无法在聚居中获得他们的基本需求，他们或是无家可归(如在加尔各答这一类城市)，或是住在质量极其低劣的房子里，全球的许多城市和所有乡村都是如此。从社会学的观点来看，‘人’在城市中已经被遗忘了，许多小镇和乡村中的居民也逐步产生了被遗忘之感。从政治上看，新的社会形态和新的人群尚未找到与之相适应的政治机构。从技术观点来看，尽管当今技术发展突飞猛进，但大多数聚居仍然是维持正常功能所必需的设施。最后从美学的观点来看，也是如此，只要我们看看周围现在的聚居的丑陋，就会同意这个判断了”[1]。

道萨迪亚斯的这段描述，显然也符合我国目前的情况。由于我国正

---

[1] 参见：吴良镛. 人居环境科学导论. 中国建筑工业出版社，2001 年 10 月，第一版第 223 页

面临从传统的计划经济转向市场经济，从自然、区域经济走向国际化和工业经济向知识经济迈进，这三方面的转变所造成的竞争的精神压力、贫富悬殊加剧、就业问题严峻、社会腐败所引发的不满和人们所熟悉的历史街区场景的消失等等，正在给我国人居环境提出前所未有的问题却是道萨迪亚斯所未能料想得到的。

改革开放20年多来，我国城市化进程明显加快，房地产业迅猛发展，尤其是国家推行住房制度改革10多年来，全国商品住宅投资总额更是以年均26%的增长率高速持续增长，2001年达到4200多亿元。据2000年统计，全国(除港、澳、台之外31个省、区和直辖市)城市人均住房建筑面积为20.5平方米，市民的居住条件、环境质量有了根本的改善。

但是，人们对人居环境的满意度的评价往往是动态的、相对的和无止境的。据陈浮等人对南京市民所做的调查问卷统计显示，现阶段市民对人居环境的要求❶：

一是对居住景观的重要程度最高。反映居民对住房认识的根本改变，不再是住房短缺时期“有房就行”的传统消费观。这也反映出人们从“居”到“聚”的功能认知过程。人们已从单纯满足室内面积、功能、装潢等要求转向开敞的空间环境的活动聚集质量。对建筑质量的要求已退居第二位，与1993年江苏省建委调查的结果相比，下降了10个百分点。目前居民购房主要比较各物业的软硬环境，如周边生态绿化、公共配套、物业管理等等。

二是居民对环境安全意识日益提高，环境安全对居民购房的影响也越来越大。在此基础上，大部分居民对饮用水水质、阳光充足与否、园林绿地、空气质量、水体污染和噪声污染相当敏感，要求也正在日益提高。只有这些环境因素改善到一定程度，才能形成有效的购买力。

三是住宅已经从只讲究面积、地段和传统“解困型”向追求周边环境、户型、环境安全、人文景观、功能配套的“环境品质型”转变。供需双方在市场机制和房屋产权交易成本不断下降等促进下，供给和消费观念正逐步成熟。在欧陆风、错层风等之后，人们逐步转向注重环境品质、物业管理水准、功能与价格比，不再对某一流行的单个特征显示出过分的偏爱，如追求欧式建筑、阁楼等等。

❶ 参见：陈浮．城市人居环境与满意度评价研究．城市规划，2000年第7期第25页

四是普通居民对是否有公共停车场、紧临亲朋好友、住区荣誉从并不十分关注到日益重视。尽管这方面满意程度很低，但并不影响居民购买欲望。这与面向高收入阶层或涉外物业有着很大的区别，后者已与发达国家的特征相类似。停车场和住区荣誉(是否同质性——即有否与其他阶层居民混杂居住)是购买住宅并影响本地段房价升值的前提条件。另一方面，也说明目前我国城市居民自有私车的比率还处于较低的水平(北京系全国最高，也仅达到人口的10%左右)及对物质性的感受刚刚起步。

五是不同年龄段居民对公共服务要求相差很大：60岁以上者对医疗保健、商业网点、蔬菜市场、市民广场(免费健身场所)等要求极高；45岁以下者对各类学校、文化娱乐设施要求极高，主要原因是子女入学受教育和关注文化消费质量的趋向。此外，住宅区位选择趋向城市中心区域是现阶段所有居民的共同偏好，许多居民会以减少住宅面积为代价向城市中心区域的高价位住宅迁移。但调查显示这种迁移是十分有限的，经济收入状况已经成为住户分异的最主要原因。同时，绝大多数居民认为，住地与工作地点之间最适宜距离在骑自行车30分钟能到达的范围内，大约为4～6公里。

人们对居住环境的要求及其影响领域日益扩大，恰恰证实了道萨迪亚斯在20世纪初所提出的人类聚居条件的5种基本要素，它们是：

自然：指整体自然环境，是聚居产生并发挥其功能的基础；

人类：指作为个体的聚居者；

社会：指人类相互交往的体系；

建筑：指为人类及其功能和活动提供庇护的所有构筑物；

支撑网络：指所有人工或自然的联系系统，其服务于聚落并将聚落联为整体，如道路、供水和排水系统、发电和输电设施、通讯设备以及经济、法律、教育和行政体系等。

这五种要素之间的相互关系形成了人类聚居，这是人类聚居学的主要内容❶。

道萨迪亚斯还认为：虽然人类聚居由五种要素组成，但其发展还受到其他因素的影响，所以应通过经济的、社会的、政治的或行政的、技术的、文化的这五种方式来认识人类聚居，并以此检验研究每一个可能

❶ C. A. Doxiadis. Ekistics：An Introduction to the Science of Human Settlement. 1964. P188

的方面，……作为地球上最复杂的系统之一，道萨迪亚斯主张将它的属性从三个方面进行概括：

首先，“人类聚居是一些独特的、复杂的生物个体。它与自然生物体之间最大的区别在于人类聚居是自然的力量与自觉的力量共同作用的产物，它的进化过程可以在人类的引导下不断调整改变。而自然生物体仅仅是自然之力作用的结果，它的进化过程是不可变更的”❶。在这里，道萨迪亚斯第一次将人类聚居体(它可以是一个国家和民族、一个城市群、单个城市或一个居民区、村落)看做是某种复杂的生物体，正如我们已经在第四章中所论及的那样，小至细菌，大至人类，甚至任何经济政治体系，都是以集群(Cluster)——聚居体生存发展的。在这一聚居体的内部可区分人与人个体之间的关系，但作为集群——聚居体的整体性质又像是一个独立而又独特的生物体，它能够自我繁衍、自我成长、自我交往和发展，当然也有可能自我衰退直至死亡并呈现一定的生物周期现象。

其次，“人类聚居是动态发展的有机体。人类聚居是不断变化的过程，是不断地对人口增长、技术发展、自然环境的变化以及相应的社会、政治、文化机构等的变化所产生的巨大影响作出反应的系统。……由于无法把人类聚居从其居民的生活中分离出来，对人类聚居的分析也就不可能脱离时间因素”❷。也就是说，道萨迪亚斯将人类聚居体看做是一种“自组织”(Self Organization)的范例。系统科学认为，自组织系统是自然界和社会长期演化淘汰选择形成的非常优秀的进化方式。人类聚居有机体作为自组织系统在演化的过程中，已经形成一套有效利用自然资源、物质和能量的循环方式。正如那些没有“刻意规划”的古镇、古村落，无论从对自然地理、能源节约、当地建筑材料的适应、土地的节约，甚至是人类的美学观念等方面都是卓越的典范。另外，在人类历史中，也有大量的聚居体是通过被组织(刻意规划——至少在局部或一定阶段)方式建设起来的，大量的这种被组织的聚居点(尤其是那些体现着帝王威严的皇城、京都)在其运行过程中被证明其效率、组织适应性等重要的组织特性都是比较差的，有的甚至与社会演化的总规律背道而驰，最终被淘汰出局。这也是前者比后者长寿得多的根本原因。我们将这两种范例作

❶❷ 参见：吴良镛. 人居环境科学导论. 中国建筑工业出版社，2001 年 10 月第一版第 230、223 页

为人类文化遗产加以保护，就是要供后人研究它们作为人类聚居体的自组织系统如何在漫长的历史长河中适应发展的内在规律和正反两方面的经验教训。我们可以这样断言：人类自身并没有真正掌握和解读自身聚居的奥秘。

再次，“人类聚居是协同现象”（Synergetic Phenomena）。一方面，人类聚居是动态的、不断变化的实体，仅通过对其组成部分的孤立分析是不可能完整地理解它的；另一方面，对其任何组织要素的单一分析，都不能推断或预测出整个系统的特点❶。郝尔曼・哈肯（Hermann Haken)是创立协同学的先驱者，他的协同学概念起源于复杂系统中各部分相互作用(交互)的协作特征(Syn—energies)，这些特征不能被还原为复杂系统的各元素。任何系统“自组织”的本质正是交互作用，其过程可以论述为：交互作用会从原先对等的相互作用发展为不对称的相互作用，演化成为循环的、超循环的相互作用；小的相互作用逐渐被放大，或大的相互作用被缩小；于是事物自组织起来，发展起来，复杂起来，组织起来，这正是任何人类聚居体的成长过程。人类自身的相互交往正是推动聚居体自组织成长的根本动力，并且可把这种非线性相互作用细分为竞争和协作两种相辅相成的互补对立性机制，把演化中的某一层次聚居体的相互作用与演化形成的模式再次构成更高层面的相互作用，于是相互作用之上又有相互作用，相互作用也进一步构成超循环。而超循环本身就是相互作用的更高级形式，相互作用通过超循环形式更加紧密地结合并且演化出多种形式，于是人类聚居体的种类也就更加丰富多彩了。

正是基于人类之间的相互作用，道萨迪亚斯进而提出他的“人类聚居模型”。在该模型中，他把社区的整体效果分成三个部分来评价，第一部分是社区的现状，占 60 分(其中又分成密度 35 分、形态 20 分、内聚性 5 分三项)；第二部分是社区的功能，占 30 分(其中有意义的总体规划 10 分、中心社区功能重要性 4 分、社区中心形态 4 分、通达程度 2 分、主要干线方向 4 分、次级中心 3 分、居住街道和广场设计 3 分)；第三部分是与其他社区的关系，占 10 分(其中与高一级社区的距离 2 分、与高

---

❶ 参见：吴良镛. 人居环境科学导论. 中国建筑工业出版社，2001 年 10 月，第一版第 234、246 页

一级社区的通达程度 2 分、与其他同一级社区之中心的关系 1 分、来自其他社区中心的消极影响 5 分）。值得一提的是，道萨迪亚斯给“密度”一项的分值最高（占总分 100 分的 35%，如再加上与密度相关联的“形态”、“内聚性”、“通达程度”、“距离”等等，则占总体评价分值的 70% 以上），因为他认为，不管在社区中心的人们如何富裕，服务设施如何健全，如果没有一个正常的居住密度，社区就不能成其为社区。密度太低，社区气氛就无法形成；如太高，则社区内会产生很多的矛盾与冲突[1]。可见道萨迪亚斯正是抓住了交互关系这一人类聚居的原动力来展开他的模型。其实从现代复杂性科学理论来看，无论是耗散结构，还是分形理论和混沌学，它们都对初始条件、过程条件在演化过程中的重要性给予极端的重视。道萨迪亚斯所强调的“密度”正是人类聚居体演化的基本条件。对任何一个生物集群来说，没有组织结构或许没有关系，而没有发生自组织结构的条件（对于人类聚居体来说就是缺少应有的交互密度）才是致命的。任何级别的人类聚居体，无论是村庄还是超级大城市，它们的起源和演进都决定于“密度”。

当然，我理解道萨迪亚斯在这里强调的“密度”，也应包括因电讯、现代配送系统、因特网、大容量快速交通工具的兴起所带来的“虚拟密度”和信息密度。因为人类自身的交往方式已经发生了一定程度的变革，对“密度”的理解也应与时俱进。

二、简·雅各布斯的“城市多样性”

20 世纪 50～60 年代，正值美国城市化高速发展时期。伴随着汽车时代的到来和郊区化的迅速蔓延，美国大城市普遍出现了城市中心区衰败的现象。针对这一令人困惑的现象，美国《建筑论坛》（Architecture Forum）助理编辑简·雅各布斯（Jane Jacobs）以其敏锐的观察力和经常在各大城市街头步行的便利，对大城市衰退的原因及其对策进行深入地调查研究，于 1961 出版了她的名著《美国大城市的生与死》（The Death and Life of Great American Cities）。在书中，雅各布斯认为“多样性”

---

[1] 参见：吴良镛．人居环境科学导论．中国建筑工业出版社，2001 年 10 月，第一版第 234、246 页

是城市的天性。在城市的发展过程中，城市功能的多样性是一个普遍存在的重要原则。为了阐明这一观点，雅各布斯以其生动活泼的笔触勾画了人们之间的各种复杂的交互活动：孩子们在公共空间嬉娱玩耍，邻居们在街边店铺前散步聊天，街坊们在上班途中点头问候……。她将这些活动称之为“街道芭蕾”（Street ballet）。她认为城市之所以需要多样性，在于城市是人类聚居的产物，成千上万的人聚集在城市里，而这些人的兴趣、能力、需求、财富甚至口味又都千差万别。因此，无论从经济角度，还是从社会角度来看，城市都需要尽可能错综复杂并且相互支持的功能多样性，来满足人们的生活需求。她考察了美国许多城市特别是大城市，得出的结论是：充满活力的街道和居住区都拥有丰富的多样性，而失败的城市地区多样性都明显匮乏[1]。依据“多样性”作为武器，雅各布斯对几乎所有近代城市规划理论进行了无情地批判。后来的事实证明，她的批判是有充分说服力的。这也正是雅各布斯的《生与死》能在长达近半个世纪的时间里广受欢迎的原因。甚至被美国一些著名院校如麻省理工学院、哈佛大学等的建筑系、城市规划系列为学生的必读书。

日本规划理论家渡边俊一曾经对近代城市规划理论进行系统的总结，他认为，面对工业革命以后所出现的充满煤烟、噪声以及贫困和拥挤的大城市，早期规划者为建立“理想城市”所采取的主要规划策略可以归结为三种基本的规划理念：①小规模化；②低密度开发；③用途纯化[2]。正是将这三大理念集大成的《雅典宪章》所导致的大规模城市改造计划贬低了高密度、传统街坊和开放空间的混合使用，从而破坏了城市的多样性。而所谓功能纯化的地区(即按《雅典宪章》的要求将生活、工作、休憩、交通四种功能分设)如中心商业区、工业开发区、市郊住宅区和文化密集区，实际上都是机能不良的地区，也是造成大城市中心空洞化的主要原因。

雅各布斯还敏锐地观察到一个常被人们忽视的现象：城市越大，小企业的数量及其所占的比率也越高。他认为，小型企业比大型企业更需要城市。大企业由于自身的部门很多，自给自足的能力相对较强，也有

---

[1] 参见：方可．简·雅各布斯关于城市多样性的思想及其对旧城改造的启示．国外城市规划，1998年第1期

[2] 参见：渡边俊一著，曹信受译．欧美近代城市规划的反思．国外城市规划，1989年第4期

能力补贴那些不经济的功用部门，因此不需要呆在城市。而小企业则正好相反，它们必须依靠许多来自它们自身之外的支持，它们的服务面很窄，它们必须对市场的变化非常敏感。没有城市，这些小企业将无法生存。实际上城市也需要小企业，因为它们提供了丰富和灵活的变化。可以这么说：小企业在依靠城市其他企业提供多样性的同时，也在加强城市的多样性❶。

从经济学的角度来看，雅各布斯的结论也是正确的。正是因为大城市在有限的空间上高密度地聚集了大量的人力资源、物质及货币资本，有效降低了交易成本，从而促进了专业化分工。专业分工越是细密，个人所需学习的知识面越窄，就个人和企业而言，知识积累的速度也就越快。这也就是为什么大城市促进专业化分工之后会带来知识的增长、专家群体的崛起和科技进步的原因。与此同时，专业化分工又导致了单个企业规模的缩小，专业化程度的提高，同时引发城市形成社会网络——也就是小企业间(也包括大企业)相互作用和依赖的合作竞争机制。当然，专业化分工不可能无限细分，因为专业分工所导致的企业间交易频率和交易成本的上升最终会抵消专业化分工所带来的益处，而趋向于某种均衡状态，这受城市内部结构所决定。如果城市规划严格按照功能纯化的要求进行分区，或推行低密度的城市聚居空间结构，那么专业化分工就会停留在一个低水平上。这就会带来社会整体知识积累速度下降，从而引发城市经济和社会的衰退。与雅各布斯的认识不同的是，以上专业化分工的过程是由"无形之手"自动自发创造的。既然专业化分工是城市自动产生的现象，那么"虽然城市是多样化的天生制造者、小企业天生的孵化器，但是城市本身并不会自动产生多样性"❷的观点就站不住脚了。但无论如何，她针对衰败的大城市中心所提出的挽救措施被实践证明是有先见之明的。她所主张的 4 点补救办法仍在世界各国大城市的更新中被采纳❸：

(1) 保留老房子，从而为传统的中小企业提供场所，而且由于历史建筑的多样性，造就了城市景象的丰富多彩；

(2) 保持较高的居住密度，从而产生复杂的需求；

(3) 增加沿街的小店铺，从而丰富街道的活动。一个有活力的城市，

---

❶❷❸ 参阅：Jane Jacobs. The Death and Life of Great American Cities. New York：Rondom House，1961，P149～157

必然来自于小元素的活跃；

(4) 缩小街区的面积以增加街道的数量，从而增加人们相互接触交往的机会。

我们可以反推论：正是因为人类盲目的“理性”、片面强调功能主义，在城市规划建设方面肢解了生物体各部分之间的有机联系，才扼制了城市作为人类聚居体“自动自发”地进行专业化分工。

此外，雅各布斯还观察到，传统街坊有一种“自我防卫”的机制，邻居(包括孩子)之间可以通过相互的经常照面来区分熟人和陌生人从而获得安全感，潜在“要做坏事的人”则会感到来自邻里中居民们的目光监督而增加犯罪的成本，从而降低发案率。她据此发展出的所谓“街道眼”(Street eye)，引发了不少城市规划师和房地产开发商进行“可防卫空间”的实践，以增加社区居民的安全感和舒适度。

雅各布斯对城市多样化另一个精妙的论述就在于将其分为两个层次：基本功用(Primary uses)与从属功用(Secondary uses)。她认为：基本功用是指那些自身吸引人们到某个特定地点来的城市设施。例如办公大楼、工厂、居住区、旅游、娱乐和教育，以及大多数博物馆、图书馆和画廊等等。从属功用是指响应基本功用而出现的，是为那些被基本功用所吸引(集聚)来的人提供某种服务的城市功能。例如那些需要顾客光临的零售商店、餐馆等服务行业以及其他的各种小型企业。雅各布斯认为，一个单独的基本功用，对多样性的产生没有影响，因为它对人们出行时间的影响是单一的。只有超过一个以上的基本功用混合起来，才可能对人们的出行时间和出行目的产生不同的影响，从而带来社会和经济方面的有益影响。而从属功用有赖于基本功用的存在，如果它们只为某个单一的基本功用服务，它们在经济上将是无效的；如果它们为混合的基本功用服务，那么它们将会丰富城市的多样性。当从属功用足够丰盛并且拥有足够的特性，以至于能吸引许多人专门为之而来时，它也可以被看做某种基本功用[1]。

我认为，虽然雅各布斯只是从反对《雅典宪章》的功能分区提出了基本功用混合的概念，但它的实用性是不言而喻的：如果我们将某一单

---

[1] 参见：方可. 简·雅各布斯关于城市多样性的思想及其对旧城改造的启示. 国外城市规划，1998年第1期第51页

一功能的城市设施看做是专业性很强的单元的话，一旦在某一地理空间集聚一定数量的这种"单元"，它们之间就会因为"功能互补"而导致整体通用性增强，从而直接实现城市的多样化而并不需要从属功用的配套。这也是为什么大城市总是多功能重合的中心，而只有小城市特别是那种资源型的小城市才是单一功能、不呈现多样化特性的原因。如果我们在城市规划和建设过程中，合理布局基本功用，并对从属功用持宽容、迎合的态度，允许它们在基本功用设施周边"有机"生长，或顺其自然让它们集聚在一起，形成高密度的簇状集群，城市的多样性和活力就会源源而至，我们所追求的舒适、便利与和谐的人居环境也就能不期而遇。

三、"新都市主义"及其启示

无论是道萨迪亚斯的"合理密度"，还是雅各布斯的"多样性"的呼吁，都未能阻挡西方发达国家的郊区化进程。进入 20 世纪 70 年代之后，又由于以因特网为主干信息技术的迅猛发展，地理空间因素对人类活动的限制进一步弱化，传统的聚居模式受到第二次冲击(第一次冲击是在 20 世纪中叶由于汽车和高速公路时代的到来所导致的郊区化)，反传统的 Home office，Home Work 正在为进一步助长人类居住郊区化，甚至远郊化提供种种可能性。虽然，郊区化、逆都市主义具有很多优点，例如：

(1) 郊区的住宅小区居住空间比较宽敞；

(2) 周围环境优美、安静、空气清新；

(3) 由于远离城市，一般比较安全，私密性好。

但是，几十年来的郊区化蔓延也带来了一系列致命的弊端：

(1) 大量占用土地，使人类对生态环境的干扰急剧扩张，破坏了许多地方的生物多样性和生态平衡；

(2) 过长的通勤距离耗费了人们大量的时间与精力，从另一方面严重影响了人们预期要达到的生活质量；

(3) 公路建造费用急剧上升，环境污染加剧，经济效益和社会效益持续恶化；

(4) 对小汽车的严重依赖，使许多不能开车的人(如老人、小孩、残疾人等)寸步难行，陷入孤立无助的境地，引发了一系列社会问题；

(5) 郊区化导致许多富有特色的乡村传统景观的消亡，而新建的社区或住宅由于缺乏具有识别特征的空间明确界定，多样化被单调所取代，使人们失去了传统上对聚居体的归属感和安全感；

(6) 无所不达的通讯网络虽然为人们之间的联系提供了某种方便，但单一的通讯联络方式，无法慰藉人们孤独的心灵和对面对面“全信息交往”的渴求。

总之，逆都市化的结果最终使人们醒悟：人类改造外部世界能力的增长，最终使自身延续了几百万年的聚居式生活方式受到过分地挑战，把原来完整的城市结构、城市文脉、人际关系、邻里和社区等都打乱了，人们的居住地脱离了亲戚朋友、离开了社区，使得都市概念和由此而派生的密度感、多样性所给我们带来的舒适、便利与和谐等美感都消失了。

由此人们深刻地感到，二战后占主流地位的郊区化模式必须进行变革，只有寻找新的人居聚居模式，才能适应人类自身对人性化居住场所的渴求。这方面的尝试从未中断过，但直到 1992 年，由建筑家彼德·康兹(Peter Katz)组织汇集一批具有创新精神的规划师和建筑师的实践经验和作品，出版了第一本论述这种尝试的专著《新都市主义》(New Urbanism)，才使新都市主义正式步入规划界的殿堂。新都市主义呈现出以下的鲜明特点：

(1) 城市和它的郊区及其自然环境被视作一个经济、社会和生态的整体，而在规划设计上将其统一考虑。例如将部分开发土地留出来，保留完全的自然生态，不加开发或者造地为林、平衡生态；对区内原有的水流、高坡、沼泽等自然遗痕，尽量不扰动它们，保持原始面貌，为整个社区提供自然生态多样性和市民休闲的资源。

这样做的意义是明显的。因为，城市生态系统是一个自组织系统，其演替的目标是整体功能的完善，而不是局部组分结构的留存。住区设计应该尊重城市或社区作为有机生态体一样控制部分元素不适当的增长，以求得和谐共存的目的。从另一方面来看，人类聚居需要扩大化的“多样性”。现代化意味着在城市化的浪潮下取得与生态多样性平衡的结果，也为人类聚居体的可持续发展增加了安全性和空间。生活在城市里的人需要不断得到来自大自然、社会和经济环境的各种不同刺激，最愉快、舒适、和谐的感受应是住宅与森林、湖泊、湿地、农作物和动物的和谐相处以及景观上的丰富多彩。

(2) 提倡合理密度，推行组群开发(Cluster development)，反对超低密度开发，追求紧凑的建筑群、开敞的空间。组群开发的依据和动机来自环境和经济两个方面，同样大小的一块土地，如果将土地均匀地分划给每个家庭建住宅，虽然每户住宅有比较大的面积，但是整个环境受到破坏，从而影响了社区的自然景观和生态效果，进而妨碍生活质量的提高。因此，把住宅集中起来，甚至采用公寓形式的住宅设计，每户虽然减少了“独自”的用地，但使整个社区公共空间大大拓展了。这样一来既保护了自然景观和生态环境，又降低了开发的费用。

这对于我国这样人多地少的国家来说尤为重要。在我国沿海富裕的省份，城市郊区农民单幢独园建筑占据了大量稀缺的土地，一些“良好规划”的村庄，每亩地只盖两幢农民住宅。某些开发商更是出自获取暴利的动机，在风景优美的城市边缘、风景区和森林地带大面积圈地造豪华别墅。面对地广人少的发达国家新都市主义的崛起，我们更应感受到保护生态、防止浪费土地的责任与压力。从生物多样性的角度来看，在南方，单块绿地森林宽度少于 50 米已无法供许多种类的植物昆虫种群繁殖成长，在北方，更需数倍于此宽度。在新都市主义的感召下，美国许多住宅区和地方政府纷纷订立法规，禁止开发新区内部的自然空间，而且还规定这些自然空间和土地不得分割，不得改变用途，不得破坏原生植物和自然痕迹。组群开发模式理念的推广，对我国大部分地区来说显然是非常有意义的。

(3) 无论在郊区建立具有传统城镇式的新住宅区，或者在市中心荒废的旧区重新进行开发，都强调贯彻邻里单位、社区归属感的设计原则。

20 世纪 30 年代，由佩里(Clarence Perry)提出的“邻里单位”(neighborhood unit)理论，被新都市主义规划师们继承和发扬并在实践中有所创新：每一个邻里单位都应该被公共空间所界定，并利用地方性市政或商业设施来带动，内部各种功能达到某种均衡的混合；在设计上突出特定的风格，造就社区归属感，通过建筑设计、空间布局、户型、材料、标志、色彩、入口景观和环境艺术小品等因素强烈地反复强调风格主题，提升人们所期望的品位感，使社区的整体形象得以突出地表达；推行“可以步行性”社区(Walkable neighborhood)，在道路设计、布局结构、建筑设计、商业区域规划等各个方面，突出关注行人的便利与舒适。这种设计思想不仅解决了区内交通问题，还可以增进邻里之间的社会交流，促进社区居民之间、社区与社区之间的互动关系。在内部车行道路设计上，多采用弯曲的道路，并设置“终端路”（cul-de-sacs），保证社区居住的私密性和安静。小区在步行距离的计算上，是以 10 分钟步行距离作为设计的标准，或者采用半英里(约 0.8km)为半径的尺度进行设计，来布局住宅和社区中心、商业网点、人行道和公共空间，街道也尽量窄小一些，公共停车和私家车都停放建筑后面的空地上，甚至推行“行人口袋”式住宅(Pedestrian pockets)。所有这些努力都是为减少汽车在物理上、心理上和视觉上存在的压力❶。

显然，这些思路对我国的新建住宅小区无疑是有借鉴意义的。借助于新加坡“邻里中心”的概念，我国许多城市小区建设以居住人群为中心，围绕居民提高生活质量、增加文化品味和方便居民交往的需要，来构筑一整套家庭住宅服务功能的延伸体系：菜场、超市是厨房的延伸；浴室、洗衣店是卫生间的延伸；影院、茶座、歌舞厅是客厅的延伸；图书馆、阅览室是书房的延伸；虚拟社区、小区宽带局域网是家庭计算机的延伸；庭园花圃、小桥流水是大自然的延伸……这些体现东方哲学与智慧，又与西方人文精神相融合的设计思想，缩短了公共服务设施与社区居民间的距离，既满足了人们的多样性公共需求，又提高了居民的生活质量和城市的环境质量，引发了社区住户的归属感和荣誉感。此外，在我国类似的社区建设中，还应吸收新都市主义的“以人为本”的精神，修建与周边环境能够有机联系的自行车道、关注和满足中低收入阶层的出行。在社区设计建设和管理诸方面强调公众参与的原则，充分激发住户对进一步改善居住品质的积极性和能动性。

(4) 倡导混合空间。与以往居住区规划(仅仅是围绕住宅设计)所不同的是，新都市主义把生活、工作、购物、娱乐、休闲集中起来考虑，提供多种类型的居住、就业、休憩等条件，创造丰富多彩的社区生活，因而减轻了交通阻塞、空气污染和治安等问题。显然，由于社区内部具

---

❶ 参见：王受之．当前商业住宅区的规划与设计——新都市主义论．中国建筑工业出版社，2001 年 7 月第 1 版第 76 页

另注：所谓“行人口袋式住宅”，是指两个或两个以上住宅区之间留出一个 1 英里(1.6km)间距的空间，在其间以步行穿越为主，而由于这个空间、社区具有可以向外扩展的余地，这段步行空间为“行人口袋”，或者称之为“交通衔接点”(transit mode)

有相应的居住、工作、娱乐、休闲和购物等部分功能，成为相对独立的"自给自足"社区，使居民享受独特的便利性。据称，目前美国几个发展得最好的新区，大约40%～50%的居民是在社区内部的企业上班的，使人们花费在通勤交通方面的时间和金钱减少到最低程度。这正是"新都市主义"得以顺利推行的重要因素之一。

后工业化阶段的实践和知识经济的迅猛发展，已经宣判《雅典宪章》功能分区纯化的死刑。在众多"零污染"产业兴起的时候，死守过去的陈旧观念显然会妨碍城市多样性所带来的繁荣和舒适。我国不少规划工作者口头上也承认1977年《马丘比丘宪章》的宣判：对分区清晰化和纯粹化的追求损害了城市的有机结构，在今天，不应该再把城市看做一系列可以拆拼的组成部分，而必须创造一种有机的、综合的城市环境。但他们长期以来所接受的特定教育，对分类、分期、分区、单纯性、大规模、隔离、对称、秩序和规整等概念已深入人心，而适应新技术革命和人本主义浪潮的多样性、有机性、综合、混合、非线性、渗透、自组织、参与、复杂系统、集群和混沌等概念仍然有巨大的心理代沟。对取消单纯功能区限制，适度混合多种产业，成功激发社区活力的实践视而不见。对改革开放早期街道工业、乡镇企业崛起带来的严重污染所导致的"一朝被蛇咬，十年怕井绳"的思维定势也难以改变。由此看来，我们必须在雅各布斯的"多样性"和"新都市主义"的实践中继续洗脑并勇于创新。

总之，从对经历了半个世纪郊区化浪潮的反思中诞生出来的"新都市主义"，不仅其尊重环境、保护生态、体现"人本主义"思想内核，对城市化进程正突飞猛进的我国避免走西方发达国家的弯路有着明显的借鉴意义，而且其对知识经济时代生产、生活、学习方式的高度适应性，也给我们带来某些有益的启示。当然，"新都市主义"在其发起国美国也只是近代规划界的一小股"充满杂音"的思潮，其许多翻版也具有众多的弊端[1]，但这并不妨碍我们以此为鉴来"正衣冠、知荣辱"。

综观五千年城市的发展史，前后经历了防御性城市——安全为本；商业、工业城市——经济为本；宜居生态城市——以人与自然和谐为本

[1] 参见：邹兵."新都市主义"与美国社区设计的新动向.国外城市规划，2000年第2期第38页

三个主要阶段。从总体水平上来看，我国尚处于第二阶段，少数城市正在向第三阶段跨越。适合我国现阶段“舒适”要求的城市人居环境进程要求，可以粗略概括为易居、康居、安居、逸居四个层次。

易居，是指人们在城市里能够住得下、住得起，城市能够为人们提供人人有其居的条件，并且使人们获得有尊严、符合基本卫生要求的生活居住权和享受到应有的生活居住条件。城市的生活居住空间资源和环境资源是全社会的，人人有份，不能嫌贫爱富和人为扩大不平等权益，尤其是应当关注弱势群体，使其都能够通过“住房保障体系”在城市里“有其居”和能够享受应有的生活居住条件。

康居，是指人们在城市里不仅“有其居”，而且应当住得健康、住得舒适，是安乐之居，能安居乐业。即具有一定面积的适当生活居住空间和良好的生活居住环境条件，就近就业机会，居室有较充足的阳光、洁净的供水和清新的空气。生活环境健康、方便，有必要的商业、教育、文化娱乐设施，充足健全的污水垃圾处理设施和社区卫生防疫体系，能够抵御传染病的流行。

安居，是指人们在城市里不仅住得好、住得健康，还必须住得安全和舒服，长居久安。城市社会安定、社会文明，人们能够无忧无虑、自由自在地生活。城市的社会公共安全、卫生安全有保障，防灾、减灾、救灾设施齐全，城市具有抵御自然灾害的能力，并具有发生突发事件的应急措施。让城市成为人们安居乐业的场所，成为国泰民安、社会稳定、生活长久平安的地方。

逸居，是指人们在城市里不仅住得健康安全、住得舒适方便，而且又能与自然环境“共生”，城市历史文化特色浓郁，能“出门见绿”、“抬头见景”，环境优美，使居者幸福自在，有强烈的社区归属感和自豪感。实现人与自然和谐，让人们生活居住在城市里，心旷神怡，有利于身体健康、精神健康和经济社会可持续健康发展。实现人与社会和谐，充满丰富多彩的文化生活，人与人之间洋溢着关切之心和崇高的道德水平，达到“诗意般”栖息的境界。

专题一：

创造“住在杭州”优势的基本策略

一、“住在杭州”战略的特点

“住在杭州”的战略，既是影响杭州当前发展的一项主体战略，同时又是一项长期战略，更是一项系统战略。

说它是主体战略，是因为杭州确实是一个非常适宜人居住的地方。随着现代经济、科技的发展，居住与创业、旅游等其他行业的发展，实际上是相互协同强化的。按现在的网络技术，人们住在某一个地方，也可以了解世界上任何一个地方的信息。但是，即使虚拟世界很精彩，但必须回到现实世界。网络技术的发展使人的头脑、手脚在空间上无限地延伸了，但他要找一个虚拟世界与现实世界都非常精彩的地方来歇脚、定位，然后把自己的手脚、眼睛、耳朵扩展到全世界去。这不仅对房地产开发商来说是个获利的长期机遇，而且对杭州来讲也是个决定发展路径和可持续性的历史性契机。

在传统经济时代，杭州在产业发展上没有多少优势。因为在传统经济时代，或者是大规模的生产，或者是以高能耗、污染环境为代价，这对杭州来说都是不现实的。但在新经济时代，优势却属于杭州。为什么呢？因为新经济与居住的概念自然地组合在一起。也不仅仅说房地产业可以带动什么下游的建筑业和建材工业，更重要的是房地产业在杭州完全可以超越这个概念，发展的意义更加深远。它有其历史背景，杭州独特的环境，在传统经济时代因不能引进高能耗、高污染的大工业体系来说是弱点，而在新经济时代却是优点。

说它是一项长期战略，是因为任何一项战略都具有长期的特性，特别是“住在杭州”，确实需要一代人、两代人、甚至几代人持续地去研究和实施。过去，我们实际上也是坚持了“住在杭州”的策略。20 世纪 50 年代制定的城市总体规划，按苏联模式将城市性质定为疗养基地。20 世纪 80 年代批准的城市总体规划，把城市性质确定为旅游城市。可以说，现在我们提出“住在杭州”，这是多少年来从历史到历代前任不断地努力所留下来的一个优势。前人的功劳是奠基式的。之所以今人有可能获得更大的成功，是因为我们现在站在巨人的肩膀上。

再说得远一点，杭州的历史发展中一个重要转折，就是吴越国的钱镠定都杭州。据史书记载，当时有一位道士对他说：吴越处在一个风水宝地上，但有不足之处，就是西湖对王位不利，若将西湖填了，那么吴越国可以延续 1000 年，否则只有 100 年的历史。但是钱镠说，我若将西湖填了，虽然吴越国可以延续千年，但在历史却会留下骂名。所以，钱镠非但没有填西湖，反而对西湖进行疏浚。从此之后，每一代的杭州太守如苏东坡等都对西湖进行了疏浚，且没有人说是为了什么利益而这么做的。相反，许多人疏浚了西湖以后都被调离甚至流放，因为触及了当地土豪的利益。但最终人们都是记着他们的。从钱镠开始，许多开明的政治家，对家族的基业、官位也可以退让，而是将西湖先保下来再说。所以，我们现在提出“住在杭州”，可以说是传承由前人一代一代传承下来的功绩，当代人完全有责任去进一步锦上添花。既有历史优势，又可展望未来，但不应有急功近利的行为，尤其要杜绝那些对风景名胜有所伤害的事。“住在杭州”的优势是长期的，又是紧迫的，因为有许多资源破坏了就不可能再生。

说它是系统发展战略，是因为在新时期，房地产业即“住在杭州”这个品牌及其延伸本身采取的是一个“聚、留、创”的策略。首先是像海绵一样将各方面人才(有知识的、有资本的、有投资能力、有消费能力的人)吸收过来，聚在杭州。然后将他们留下来，让他们在这里诗意般地栖息居住。这里也有一个“以商引商”的过程。如果信息时代的能人志士们觉得这里居住环境好，生活非常便利，就会在这里创业，而且通过网络经济的手段可以指挥、拓展他的全球事业，然后成功者又会召唤更多的能人集聚加盟。所以说它是一个长期积累、循环演进的战略。

与此同时，“游在杭州、住在杭州、学在杭州、创业在杭州”的战略，是一体化的战略，相互之间是不能分割的。再加上杭州的自然优势、文化优势、人才优势、资本的优势和区域优势，在省域范围内，对浙江先富起来向往大都市上海的老百姓来说，杭州是拦水坝、蓄水池，是聚人才、钱财的聚宝盆。

二、创造“住在杭州”品牌的主体

创造“住在杭州”品牌的主体，应该是全体市民包括各房地产开发企业，这点是明确的。因为现代经济是市场经济，市场经济的主体始终就是产权明晰、能够独立承担民事、经济责任的个人和企业。

政府在房地产业的发展过程中，要摆准自己的位置，真正创造一个公平竞争的环境。与其他行业相比，政府在这方面做得远远不够，干预过多和应承担的责任缺失并存。所以，政府在房地产业上应做哪些必须要做的事，是很值得研究的一个课题。通过规划来控制城市的交通、供地、生态保护、重大基础设施的建造次序；通过加大政府投入使基础设施适度超前；确保经济适用房、廉租房、商品房之间的合理比例。保证低收入群体也能够体面尊严地生活在杭州。作为杭州来讲，经济适用房、廉租房、商品房的比例要收放有度，严格调控，深圳的模式值得学习借鉴，因为杭州低收入的老居民数量较大。但是住房开发量还是要按需调节，市场化的量要逐步扩大，这就是市场经济时代政府所要做的。所以政府与企业的关系，从市场经济的角度来说，政府是提供一个场地，当好公正的裁判员、评判员、服务员和园艺工，而不是作为一个运动员与房地产公司一起竞争。

政府要创造一个宏观的城市整体景观，而房地产公司要创造良好的微观场景，这两者要互相结合。在杭州城西的蒋村住宅区，房地产商是做得不错的，而政府的责任从未到位，也就是说基础设施不好，微观环境不错，住宅小区里外成了两层皮。当然，这也不能全怪政府的一些职能部门，因为这里有一个行政区划调整转换的特殊过程。目前，政府正在研究将一些政府部门下属的房地产公司实行逐步脱钩。照理讲，从事房地产业的门槛是比较高的。因为它既是资金密集型的产业，又是人才、技术密集型的产业，经营者需要有高度的远瞻性和社会责任感。但现实情况却是房地产业是最容易做的，政府每个部门都有一家房地产开发公司，从事工业的控股公司也都有房地产公司，有的还不止一家。无非是分地皮滥造房子分钱而已。所以大家都要求公平竞争。但到底如何公平竞争并不明白，许多问题就出在这里。之所以有那么多人涌向房地产开发，是因为政府有许多规矩没有制订好，其中最重要的一个规矩就是土地供应。经营性用地应通过公开竞价，做到完全市场化操作。对此，中央有明确的要求。现在，深圳、上海、北京都在推行这一做法，不过北京搞得比较慢，但这是一个肯定的方向，必须这样做的。这个规范从长远的角度来讲，对民营企业是最有利的。而最不利的就是政府部门办的那些开发公司，他们没有别的什么本领，而是靠行政权力取得一块便宜的地，造一些比较差的房子进行倒卖，而不是很用心地去规划设计、精心管理和研究如何满足现代人的居住舒适性，其结果损害最大的是城市环境。所以，那些政企不分的房地产公司扰乱和削弱了政府的公正性和应有的调控能力。

在房地产开发的过程中，政府不仅考虑土地价格的问题，而且也在考虑对一些开发质量和水平比较高的房地产商予以鼓励。如何鼓励？就是在公平竞争的地价基础上，给予一个公开的土地价格优惠率。目前我们考虑的是进行后置鼓励，就是某房地产开发企业买了这块地，开发项目如获得国家级奖的，地价优惠 6%。一般来讲，房地产商如给购房者 1%～2%的优惠，幅度已经很大，现在政府给以 6%的优惠，这个幅度足以激励他们精心设计。政府为何选后置奖励而不是前置奖励？是因为担心有的人以优惠价格取得地块后，有了利润空间，反而放松建筑的设计施工，造成房产质量下降。对一些开发质量和水平比较高的房地产企业，地价优惠款也可进行预抵，如在 6%中先预抵 4%，建好以后或评审以后再倒算账。总的目标就是在平等竞争的基础上，给开发质量和水平比较高的房地产企业一个公平公开的折扣奖励。这一政策对每个房地产开发企业都有鼓励作用，激励人们不断朝此方向前进。现在，请一些专家为一建筑工程打分、评审，漏洞很多。因为任何复杂的东西操作起来，都容易变形，一变形就会将好的政策抹煞了。所以要从最简单的事情做起，去创造一个公平竞争的环境，同时又有一种很强的环境质量方面的激励。对此，当前既要突出市民是城市主人的地位和企业是市场竞争的主体，又要突出政府是弥补市场失效的调控者和公平竞争环境的缔造者。

三、加强政府对城市的管治

城市需要政府的管治。按照新加坡资政李光耀的说法，政府就是一个“保姆”，使住在城市里的人们都受到政府的关照。政府的主要责任就是为民创造一个良好的环境。李光耀的意思，是要让新加坡的年轻人都到世界各地去赚钱，赚了钱再返回新加坡。而新加坡政府则负责创造一个美好的环境，使大家舍不得离开新加坡。目前来看，他的这个战略的确成功了。而要做到这一点，就要对城市像私家车一样，不停地进行保养。所以，现在提出了一个城市的管治理论：一座城市不仅需要管理，而且还需要动员全体市民，并依据他们的利益和愿望对城市进行整治。

当前，杭州市已清楚地提出了三线、三区、三点的整治。

三线：就是街道、河道、铁道沿线的整治。街道整治，每年排出10多条街道，落实责任单位进行整治；河道的整治，2000年要完成64条河道的整治，对大河如何整治，小河如何美化净化，以及日后管理维护责任的落实、配套奖励及河道生态驳坎、亲水性等都有明确的要求。如果城区300多条河道都得到整治，河里不是污水，而是流动的清水，两岸绿树成荫，鸟语花香，那么城市面貌就大大改善了；铁道的整治，城区纵横交叉的铁道周边都是藏污纳垢的地方，要把它整治成为漂亮的带状绿地公园。

三区：住宅区、旅游区、文化教育区，构成城市基本面貌。目前对这方面的整治还欠缺决心和办法。除了由上档次的物业公司管理的几个小区外，铁笼子在住宅小区到处蔓延。凡是有文化品位的人都反对住宅窗户外装铁笼子，这真是城市的“牛皮癣”，破坏了公共空间而且也增加了不安全性。由此可见，百姓素质的提高有个双向过程，即管理到位、不断整治和实践教育。自开展最佳、最差住宅小区评选活动以后，一些被评上最差小区的居民到了绿城、南都等优秀的住宅小区去参观，看看人家生活在怎样一个环境里，自己所住的小区是怎样一个环境，有比较才有鉴别，才有整治的动力，回来以后，他们自己马上集资对小区环境进行整治，政府也给予一定的补贴，小区面貌焕然一新，为城市的美化、绿化、整洁化、秩序化做出了贡献。

三点：入城口、公园、广场包括大的商场。这几点如同人的鼻子、眼睛，是城市的客厅。通过对三线三区三点的整治，使城市的管治进入良性循环，就如同对汽车不断打蜡维护，城市就会变得整洁漂亮。在对城市管治的过程中，要将市场、民众、道德力量全部动员起来，形成合力。

四、展现杭州城市的特色

一个城市最引人注目、让游客流连忘返的就是城市特色。虽然杭州有不少城市规划研究机构，但何为杭州特色，却没有定论？由于知识经验储备确实不够，研究不深，实施当然更无力。现在首当其冲要做的就是抢救性地显山、入水、扩绿。杭州城市今后要向东、南、西、北四面扩展，建设卫星城镇，有机疏散主城，必须打破原有的僵化观念，在总体规划的指导下做好有关工作。现实情况是城市建设没有西进，而是农民的房子、违法建筑已在西进，结果城西这一区块景观杂乱、污水垃圾遍地。必须制定规划先将该地区的建设予以控制，并有规划地加以引导、发展。

首先应着眼于扩绿，由于通过更新观念、解放思想，已经走出了一条新路，就是租地绿化。自2000年起，今后每年都要建500万平方米的绿地，且基本上都为树林。过去是每年100万平方米，现在是500万平方米，这个目标是可以达到的。以前建设绿地速度缓慢，一是因为以前绿化用地是国家征用，是国有绿地，代价很高。现在采取农民将自己的农用地调整种植业结构的办法，如粮地改成果园、树林，原来是菜地的，“就地调整”栽竹植树，把城郊菜地移到别处去，把露天的粪坑埋掉，平地建园林。二是原来征了地后，绿地建设都要由园文局来实施，一年只能建100万平方米绿地，速度慢，成本高。现在可以让农民自己建，谁投资、谁收益，树种可以不受限制，甚至种毛竹都可以，充分调动了各方面的积极性。三是在城市中心绿化，往往是通过旧城改造，拆除一批房子，然后再种上一些草木，这样成本自然高。像上海花了十几亿元才在城市中心区拓出一块绿地，这是弥补过去失败的规划，缓解热岛效应的补救性措施。现在，我们不仅要在城市中心区拆违建绿，而且要在城市外围大片大片地植树绿化，用园林绿地将城市包围起来，再在中间穿插一些绿色房产项目。城市规划不是先建房子，而是先建绿地，道路骨架一经确定，就把园林绿地建设好，这样绿地旁的地价、房子自然就升值了。

其次，结合绿化净化要突出水景的再造，展示水的魅力。除了对西湖、运河采取调水配水、截污清淤、上游支流疏导之外，市区所有河道都要进行拓宽、疏浚，对河道进行截直取弯，而不是截弯取直，使河道变得绿树环绕、曲径通幽，成为生态河岸，沟通市区所有的河道，历史上有的河道也要尽可能予以恢复。再次是做好山的文章。紧临山体的所有街道，都要给山景留出空间来，引山景入城。与此同时进行封山育林、补种景观树种，以丰富树叶的色调和生物多样性，重现山水城市的瑰丽景色。

五、消除城市农村管理的盲点

消除城中村管理的盲点也是城市规划的难点，也是迫在眉睫的任务。自 1999 年 6 月以来，我们为什么下那么大的决心去拆除违法建筑？就是因为城郊农村每月冒出来的违法建筑都在 10 万平方米以上。为什么会出现这种情况呢？因为政府要对城郊农村实行撤村建居，农民认为这是最后一次享受土地的权益了，所以几天之内就将房子乱造上去。如果推迟一年开展拆除违法建筑，那就将增加 100 万平方米的违法建筑。所以政府下定决心，全力以赴先将违法建筑控制住。但是，现在最大的难点还在于教育和引导农民，下一步应采取拆疏结合的办法。公开征集新农居设计方案，结构上要以适应农民居住的多层建筑为主，少量的搞一些背靠背的排式建筑，一亩地起码安排 4 户以上的人家，以节省土地。但是任何美好的事情，若没有强有力的行政措施就无法抵御市场价值规律的作用。价值规律展示了如此诱人的场景：如果以三分息借款去搭建一个棚出租，一年就能收回本钱，二年就赚钱，三年就能赚大钱。那么政府必须花 10 倍的力气才能与这种高利诱惑力相抗衡。如果任由这种乱搭乱建的违法建筑泛滥，那么，公平竞争的市场也就无法建立，大量可用于城市基础设施建设的土地增值资产被少数人所掠夺。

一个城市特色美的创造，靠的是量多面广的居民住宅。特别是农居，因为农居反映了城市基础性的肌肤。正如一个人的肤色决定了一个人的人种特色那样，农民和居民建造怎样的房子就构成了这个城市最主要的特色。民居是最主要的，民居中农民的房子量大面广，能否把民居改成有杭州特色的建筑，体现城市的特色，在很大程度上就决定了杭州城市的美与丑。影响到城市特色的败笔就在城中村，现在已到了“死人抬不出、新人进不去，污水横流”的地步了。同时，这种乱搭乱建的违法建筑严重破坏了公平竞争的市场环境。由此可见，没有强有力的政府严格执行法律法规，任何美好的设想、科学的规划都无法实现。现在我们采取的办法就是将所有的农居测量好，规定每户只能建一处，大户 260 平方米面积，小户 200 平方米面积，然后在规划的新农居点建设几种农民喜欢的富有地方特色的节地型农户。只有这样坚持下去，城市才会不断漂亮起来。民居的结构和外形可以有多种，如徽派建筑变型、现代的江南民居等形式，这可由设计部门与农民自己去创造。

六、注重对房地产业发展的科学研究

房地产的开发量是多元函数，精确的测算难度大，至少受十几个因素影响。例如，完善的配套额度、现代交通与城市之间的关系、城市空间的扩展方向、城市生态等，都是很值得去研究的。目前这方面的研究做得还不够，学习积累又太慢，就应借助国内外专家的力量，所以每年都举办一届西湖博览会。西湖博览会其中一个主题就是“住在杭州”，将世界上最佳居住城市的市长、专家邀请到杭州来进行研讨。树立不同国家、不同文化和自然背景的城市的参考样板。这种样板能为杭州市的房地产健康发展提供经验与教训，城市之间在学习比较中获得教育和启迪。房地产开发公司每年也要有一次“华山论剑”，集中讨论怎样持续改进人居环境和保持房地产市场的健康发展，并邀请专家、政府官员、外地优秀的房地产公司进行研讨，加强房地产开发研究的科学性。

七、培育与规范物业管理市场

尽管全市的物业管理已取得长足的进展，且创办的物业管理企业达300余家，委托管理的物业面积达1800万平方米，近20个小区荣获全国城市物业管理优秀示范小区（大厦）最高荣誉称号。但相当部分物业管理企业是从房地产公司派生出来的，依然存在着诸如：建管不分、急功近利等现象；业主委员会、居委会、房地产开发公司、物业管理企业等相关主体法律责任不清、相互扯皮；相当一部分由基层房管站和街道居委会兴办的物业管理公司垄断经营，服务质量低下；物业管理的招投标市场远未形成，竞争机制未能发挥作用，整体物业管理水平提高不快；房屋共用部位、共用设备维修基金管理仍较混乱等等问题。

围绕创立“住在杭州”的品牌，关键在于以下几个方面的工作：

首先是要以扩大物业管理招投标为手段，主动引进外地优秀物业管理企业参与杭城的物业管理工作，促进公平竞争机制的建立，加快企业品牌化、管理高效化的形成。

其次是建立适应新旧小区及不同家庭支付能力的物业管理服务供应

体系，让老百姓有较充分的选择自由度。对享受最低生活保障线及低收入家庭应有相应的补贴制度或互助机制。

再次是理顺物业管理企业与房地产开发商、居委会和公安、环卫等部门之间的关系，建立起街道、区政府、市房产管理局三级调控体系，依法及时调解在推行和扩大物业管理过程中产生的问题。

最后是要进一步明确业主对小区的自治管理地位，不断提高业主委员会的自治管理能力，并成立物业管理协会接受业主的投诉，了解他们的呼声，监督物业管理企业的运行，强制披露有关业务信息，公开公正地评比年度物业管理最佳、最差企业，为创造公平竞争的市场环境提供基础条件。

八、提高政府的办事效率与工作透明度

政府应在提高管理和审批的效率上下功夫。一是要通过集中办事来简化办事程序，缩短办事的时间。二是不断减少审批项目和收费项目。三是对取得优秀品牌的房地产公司规划设计的方案实行免审制度。当然，若做得不好，第一次发现，给予批评；第二次将免审牌收回。四是优化服务质量。

城市总体规划特别是重大基础设施项目的布局，对房地产的开发有着密切的关系。未来 10 年期间，杭州市初步确定的超百亿元以上的项目主要有以下几项：

一是城市轨道交通。未来 10 年将要规划建设 4 条地铁系统，届时余杭、萧山和各城区的交通将大大改善。

二是加大力度实施沿江、跨江发展。逐步实现城市建设的重心从包绕西湖转向钱塘江两岸。

三是实施旅游西进战略，对城郊转塘一带进行大规模的开发，目标是建成一个生态城区，并成为一个综合性的旅游新城。这个组团规模比较大，达 100 多平方公里，江边旅游区域统一规划，人口密度可以比老城稍低。

四是完善整个城市的路网。绕城公路全线建设完成，与此同时，对接绕城公路加密整个城区路网，并精心设计道路系统，逐步形成几条景观轴。将杭州市区周边丰富的山水景观元素与城市内部的河道、湖泊、

山丘、沼泽和公园绿地等进行对接，构成山水园林城市的基本网络。有人认为现在最好的景观道路是灵隐路九里松这一段，这是杭州历史上留下来的一条景观线。上海现在已经意识到了，把浦东新区的世纪大道建成了引人入胜的景观轴。

五是高教城建设。杭州高教城一共由 5 个区块所组成，即下沙、小和山、滨江、萧山高教园区和杭州第二文教区。第二文教区就是现在的浙江大学城市学院、树人大学周边这一块，面积大约是 10 平方公里，应采取全面整治绿化和精心的规划建设。

六是科技园区建设。对位于老城区内的 4 平方公里高新区进行全面的整治，几条街道都要做出整治规划，然后向蒋村方向延伸，包括现在的西溪风景区一块，一共是 9 平方公里。位于浙大本部与即将建设的基础部之间的科技园区，要全面地进行规划。每个城区里都要建设一个占地 1 平方公里左右的科技园区。

七是近郊区园林公园计划。准备在 5 年之内逐步地将城区菜地、铁路、道路、环城公路两侧 300～500 米的范围内，市区河道两侧全部建成带、块状的高质量的生态园林，建成后的城市林绿地面积将促使杭州成为宜人的"绿色之城"。实施这一计划力争不征一亩地，全部是向农民租用，这样可以大大降低绿化成本，增加农民收入。

八是能源结构调整。总投资 100 多亿元。2003 年之前，东海天然气和"西气东输"的天然气同时在杭州交汇，届时城市整个能源结构将全部改成使用天然气，公交巴士和出租车油改气工程要全面地实施，届时城市空气质量将会大为改善。整个城市的能源结构要在未来 10 年期间调整到位。

九是全面整治水环境。未来 5 年将投资 200 多亿元。杭州城市的特色首先是水，其次是山。市内有 300 多条河道必须全部截泥清淤进行生态化改造。扩建四堡、七格两个污水处理厂，使日污水处理能力由 41 万吨提高到 100 万吨。在旧城区逐步推行雨污分流管网改造。经过污水厂处理过的污水达到总量的 90％以上。污水处理的办法要向澳大利亚学习，使经污水处理后达到三级标准的水，马上可以引入河道配水。再加上河道水质改善后，通过河道、湖泊、沼泽等水生态系统的进一步处理后回用，使水资源得以循环利用。京杭运河市区段有 20 公里，通过截污扩容和运河二通道建设，将市区运河两岸建成文化公园。西溪风景区原来是南宋的御花园，近 10 平方公里是城市沼泽地，当然要全面进行整治开发利用，恢复其城市之肾和旅游的功能；钱江两岸建成为绿带和文化带，并在下沙建设一个类似海滨的城市。西湖要争取列入世界文化遗产。由此可见，只要把河滨、水滨、江滨、海滨的文章围绕可持续发展生态园林城市做足做好，“住在杭州”的优势就能持久地展现。

专题二：

构建宜人的居住环境，打响“住在杭州”的城市品牌

自1999年杭州市提出“住在杭州”这一口号后，社会上对此有三种观点：

第一种观点认为，杭州有什么了不起，只有一个祖宗留下来的西湖。如果用芭蕉扇在地图上把西湖一盖，杭州什么优势也没有，怎么能把杭州的定位提得这么高？存在一种自卑感。

第二种观点认为，现在的工作是以经济建设为中心，提“住在杭州”的口号有什么必要？使杭州经济实力超过深圳、广州才是根本。许多人对打响“住在杭州”的品牌，心存余悸，认为这是不是与经济建设为中心相冲突？

第三种观点认为，“上有天堂，下有苏杭”。杭州具有五千年的文明史、二千年的建城史，西湖的自然景色与文化内涵更是“独步天下”。这样好的环境，在我国还找不出第二家，存在着小富即安、小进则满、自我满足的思想。

以上三种观点，我认为都是错误的，都有碍于杭州市实现“建经济强市、创文化名城”的总体目标。

对于第一种观点，这是无所作为的思想，是对杭州缺乏全面的认识。杭州无论是从自然环境、历史文化、区位条件，还是经济基础和未来发展前景等，都具有诸多的优势。

对于第三种观点，那些仍然抱着“上有天堂，下有苏杭”独步天下想法的人，我认为是对外面的世界了解得很不够。如果真的跨出杭州，跨出国门到欧洲、加拿大等地去看看，就可以感受到这些地方城市面貌秩序、人居生态环境与杭州相比有“楼外楼、天外天”之别，就会感受到杭州的居住环境和城市管理的水平存在着极大的差距。国内许多城市也提出，历史上苏杭是天堂，但是风水轮流转，现在要轮到他们了。这些都对杭州历史上老祖宗创造的优势提出了严峻的挑战。要认真地扪心

自问，老祖宗留下来的优势会不会在我们这一代人手里丧失？每一个杭州人都应该树立强烈的紧迫感和忧患意识，坚决摒弃“夜郎自大”的思想。

对于第二种观点，还有一定的市场。有的人认为，目前杭州下岗工人那么多，又面临着进入WTO，国有企业改革任务又很重、困难很多，还搞什么“住在杭州”？持这种观点的同志，首先是曲解了发展的内涵。城市的发展包括了繁荣与舒适的多重内涵，发展应是全面的、系统的，并不只是一个GDP的指标，而是包含着社会的全面进步和人自身素质的全面提高，包含着老百姓生活质量的全面提高和生态环境的持续改善。其次是发展靠什么？按以往的思维，经济发展就要办大工业。但现在北京却是要关闭钢铁厂、化肥厂、造纸厂等一大批污染的工厂，而且有专家呼吁把首钢也迁走，因为它污染了北京的空气，从而阻碍了首都经济的良性发展。

一个城市的发展，特别是作为国际风景旅游城市的杭州，其发展的重点要放在以下两个方面：

一是要在第三产业上有长足的发展。金融、旅游业、商业、创意产业、房地产业和高等教育事业是第三产业的重要内容。如果市区第三产业增加值占GDP的比重从现在的50%提高到70%，那么不仅城市的经济质量就可以大大提高，而且就业和环境容量的压力就可大大地缓解。所有城市的发展历史都是有“市”才有城，不能把城市看成单纯的工业区。若论工业区，杭州怎么能比得上东北的沈阳、长春等这些老工业基地？我们所有的固定资产投资总和还不及人家一个大型钢铁公司。但是，一个充满活力、兴旺发达的城市，正因为有了“市”，有了丰富多彩的商品交换，有了各种各样繁荣的第三产业，才有了活力和魅力，才会凝聚各种生产要素，并迸发出更大的生产潜力。有“市”才有“城”，离开了“市”哪会还有“城”？如有，也只能是一座空城，只是一个污染严重的工业基地而已，最终难免会逐渐走向衰败。历史上一些老工业基地都先后衰弱了，但也有些城市却因及时进行增长方式的转变而复兴。如英国的曼彻斯特，过去是座纺织城，后来发现纺织业无法与第三世界国家相竞争时，就大力发展旅游业、体育事业、创意产业、医疗卫生以及大专院校等等，使城市重新勃发了生机。对杭州来说，除了发展旅游业、商业、房地产业外，还要建立大学城，使得在校大学生人数从现在不到10

万人，在8年时间内增加到30万人，甚至更多，这将使城市经济结构转型升级的能力大大提高。世界上任何一个城市都是因为走这一条路而繁荣的，也都是因为背离这一条路而走向衰落的，这是客观规律。

二是未来的城市发展要靠高新技术产业。高新技术产业与传统产业的区别在于，传统产业是以设备的大量投入，往往是污染环境的，是资本密集型；而高新技术产业是人力的大量投入，是智力的大量投入，是智力密集型。发展智力密集型经济靠什么？就要依靠能够凝聚大量人才的优良环境和包容性文化。哪个城市拥有世界一流的人才，它就是一流的发展潜力城市；哪个城市只有二流的人才，那它只能算是二流的城市。

有专家学者曾对海南和深圳作过比较，为什么海南发展缓慢，而深圳却是兴旺发达？因为海南是一个相对封闭的岛屿，许多人都是本土本乡的，排斥外人，传统的思维、自然经济的思想尚有较大的市场。海南的投资环境阻碍了外地人才在当地落户创业。所以几次人才潮流向海南，全部倒转回来。但是深圳完全是座开放的移民城市，没有上述弊端，所以它吸引了一批又一批人才。教育部曾作过一项统计，大学生毕业的工作意向，最多的是到深圳去，其次是去上海，再是北京。哪个地方最适宜于人才创业，哪个地方就能聚集人才。人才总是朝着能发挥他最大效用的地方流动。现在最大的资本是人力资本而不是货币资本。生产力最重要的要素是科学技术，而科学技术是凝聚在人的脑子里的，所以人特别是人才，就成为任何一个城市最吸引、最重要的生产力要素。

从另一个方面来说，网络经济的发展，使得人可以通过传输网络，进行远距离的控制、监测和调控。10年前，国外就有人提出SOHO的工作模式，即Small Office. Home Office，意思就是人可以在家里上班。任何一个小企业都可以建在家里，职员可以在家里为大公司服务。这样一来，家庭不仅是一个消费的细胞，而且成为一个生产的细胞，人的居住环境就成了一个工作的场所。在这样的环境下，上海人住在杭州，可以通过网络在上海或深圳上班，住在杭州可以在世界上任何一个地方上班。微软公司的总裁比尔·盖茨在深圳演示了一套小装置，把这一装置接入互联网，人在深圳也可以随时监控他在美国家中每一个房间的温度、电器的运行以及了解微软公司遍布世界各地的子公司的运行情况。

在网络经济时代，任何一个人可以在任何地点了解世界各地信息。在这样的情况下，空间距离的隔离已经明显淡化，而环境变得尤为重要。

一个人可以在世界上任何一个环境优美的地方居住，而他的公司可以办在世界任何一个地方。居住环境已经成为任何一个城市争夺人才的重要因素。所以，现在提出来的“住在杭州”的观念与“吃在广州”是完全不一样的。“吃”仅仅是人类众多享受中的一项而已，而“住”不仅是为了生活，而且还是工作；不仅是娱乐，而且是创业，它几乎囊括了人类所有的经济活动和物质文化享受。

现在“安居”与“乐业”之间的联系，比历史上任何时期都紧密。提出“住在杭州”的口号，不是排斥了经济发展，而是包括了经济发展，是促进经济发展的最有力的手段。

打响“住在杭州”的品牌，需要全体市民、政府部门和房产公司、物业管理公司多方面的合作，才能使杭州的城市面貌有一个翻天覆地的变化。政府要着重做好以下几件事：

第一，在总体上进行规划和布局。进一步修编完善新一轮城市总体规划。在这一总体规划中，蕴含着一些城市发展的新理念，要把杭州建设成为一个在全球化背景下具有强大综合竞争力、形象特色鲜明、人居生态优美的城市。这个特色，就是充分以水环境为主线，根据山水地形，创建出几块有特色的城区：

一是湖滨城市。临湖“三面云山一面城”的和谐雅致的景观，是历史上形成的。要通过对南山路、北山街和风景区的整治，建设湖滨城市。通过西湖申报世界文化遗产，引世人再度瞩目。

二是河滨城市。穿过市区的 20 公里的大运河，沉淀了 1000 多年的人文历史，沿河散布着众多的优秀历史建筑。要通过对运河的截污、改道，运河沿岸房子的整修和大面积绿化、雨污分流治理、调水冲刷、清淤驳坎，提高运河水质，造就鱼类回归、鸟类乐不思蜀的良好生态环境，建设两岸公园，大大提高文化情趣、文化品位，形成引人入胜的河滨城市(图 20)。

三是城市东进，在钱塘江两岸形成新的商务中心和新的住宅区，利用钱江潮、凤凰山、玉皇山交相辉映的景观，错落有致的临江建筑轮廓线，百里长堤的绿化长廊，形成独特的江滨城市。

四是利用西溪的百年柿树群落，千年的文化古迹，万年的天然池塘湿地等自然景观优势、文化优势和生态优势，造就回归自然的新型都市，形成塘滨城市(图 21)。

图 20　河滨城市意象图

图 21　人与自然共生的塘滨城市意象图

五是在下沙，钱塘江下沙段江面宽度达 4 公里，地形相当于三面环水的半岛。在下沙新城的规划方案中，包容了一个占地 12 平方公里的大学城，现正邀请世界上几个著名设计所前来参加投标设计。要在下沙形成一个类似于日本筑波城那样的现代化科学城和准海滨景观。

第二，每年整治 15 条以上的街道，对 9 个入城口进行大面积的整治，每个入城口形成一个具有与城市性质相融合的主题文化公园。

第三，要在已拆违 120 万平方米违法建筑的基础上，坚持数年，每年再拆除 100 万平方米的违法建筑，使得市区的拆违向农村、近郊区延伸。要在拆违的基础上造绿 500 万平方米，而且连续几年坚持不懈。

第四，重新构筑繁荣的商业业态。在城市的周围设立大型超市，其中国外著名超市 4 个以上，每家超市的营业面积都在 2 万平方米左右。再建造

5条专业街，重新夺回杭州购物天堂的地位。同时规划建设东西南北中五所高级中学，使中学教育水平有一个质的提高，为大学城奠定基础。还要进一步开放城市规划和建筑市场，引进世界上一流的规划师和建筑师来建造美丽的家园。这一切都在宏观上为“住在杭州”品牌的打响奠定了基础。

形成“住在杭州”的优势，还要落实在我们居住环境的实际改进上，这种改进最终还要通过市民自身素质的提高和一流的物业管理来创造出诗意般的实际生活感受和文化品位。要做到这一点，需着重要处理好以下四个关系：

一、政府推动与群众参与的关系

物业管理不是政府一家的事情，它涉及千家万户，本质上是老百姓自己的事情。政府推动物业管理是为了启动群众广泛参与。如果政府的推动不符合市民的意愿，不能启动群众的行动的自主性，那就是“瞎”推动；如果使群众的参与意识变了形，挫伤了他们的积极性，就是“乱”推动；如果花了大量的钱不能使群众看到变化、树立信心，就是“白”推动。衡量物业管理是否进入了正常发展轨道的标志，就看群众是否启动起来，积极参与使他们得益的物业管理。不少人尚有政府包揽一切的计划经济遗留思想，有企业办社会的大锅饭的严重倾向，也有杭州人“小富即安”,“小进即满”的自我满足心理。这三大障碍必须认真加以改正。

启动群众积极参与物业管理，首先要强化业主管理委员会的业主自治思想。业主管理委员会代表业主参与管理，这种参与是有法律地位的。曾经有个别业主图自己方便，想把自己屋前的绿地毁掉作为停车场，业主委员会马上出来制止，指出这样做违背了全体业主的利益，违背了当初签订的协议，甚至可以说是一种违法行为。再不改正，业主委员会就可以依法起诉。若按照老的思路，出现这种情况，就是请居民委员会来解决，居委会解决不了，就请街道甚至区政府来调解。解决问题的模式发生了质的变化，应立足于群众依法自己管理自己。

其次是要健全房产修理资金的个人账户系统。单位直管房包括经济适用房、安居房，在全市占有相当大的比例。转制后，这批房子的修理基金到底数量有多少，每户应该摊到多少，用在什么地方，用的效率怎么样，过去从来没有人知道。所以必须像公费医疗一样建立个人账户系统，同时公开运作。这笔钱本属业主所有，应该取之于民，用之于民。房产管理部门只是代业主保管和监督使用好这笔钱，本质上只是账房先生和出纳，要认真接受主人的监督。只有这样做，才是真正对群众负责，也是物归原主。

三是公开小区管理的财务收支和重大决策。不管是新体制还是老体制，不论采取的是企业化管理还是政府的延伸管理，全部要严格实行财务公开和重大决策的公开。杭州确有几个模范居委会的样板，但是这些居委会的运作，一靠行政措施，二靠居委会干部的个人奉献。为什么个人的奉献、智慧和行政措施长期停留在这几个小区，而不能在面上推开？因为雷锋式英雄人物毕竟是有限的，行政干预在市场化体制下的作用也是有限的。这两个有限，就使得盆景永远是盆景，永远成不了森林。所以必须要采取市场化的手段来推进，这就涉及体制转变。其中很重要的一点就是财务公开。有的小区虽已实行财务公开，但群众无法监督。因为他们的财务公开，仅仅是公开了全年小区收入、支出的几个大项。财务公开要按照规范的模式，公开到连一顿招待记者的用餐费用都在财务上反映出来。只有这样，才能使群众可以监督，才能有效地调动他们参加物业管理的积极性。

四是要设立优秀建议奖，推进小区的物业管理工作。对群众好的建议一是采纳，二是鼓励，三是给予物质和精神奖励。在绿城的丹桂公寓，每一单元电子门旁的墙上，设有一盏感应灯，一个小钩子，为居民的进出提供了方便。别看这一不起眼的小玩意儿，它体现了对人的一种尊重和关怀。这样的主意，只有群众的积极参与才能想得出来。通过群众的积极参与，及时改进完善小区的服务管理，成为一个充满人情味的小区。此外，要处理好政府推动与群众参与的关系，很重要的是要发挥街道居委会、街道党委和政府的作用，充分利用他们贴近群众、贴近基层的优势，通过他们把群众积极性调动起来，美化小区的居住环境，改善生活质量，打响“住在杭州”的品牌。

对政府来说，除了创造宏观条件外，在物业管理方面，首先要通过制定一系列具体政策，激励物业公司的成长和创新。同时要支持物业管理公司的工作，协调物业管理公司与环卫、公安等部门的关系，有效地杜绝这些行政执法部门对企业的“吃拿卡要”；在税收和其他各个方面对物业公司予以优惠；其次，政府要维护业主委员会、物业管理公司以及开发商的合法权益，让大家在一个公平的环境中相互监督，相互配合；第三，政府要推出一系列奖优罚劣的措施，如最佳小区和最差小区评选等，鼓励先进，鞭策落后。对评上最差的小区，要拿出实际的整治措施。在小区管理中，政府只做市场做不了的事情，不能代替市场；只做市场做起来不合算的事情，而且上一级要为下一级铺垫而不是取代。市政府要做区政府做不了的事情，做起来不合算的事情；区政府要做街道做不了，做起来不合算的事情；街道要做居委会做不了，做起来不合算的事情；居委会要做物业公司做不了，做起来不合算的事情，不能去包办代替。只有按照这个思路走，才会给市场机制发挥作用以最大的空间。居委会的工作职责，主要是要搞好小区的精神文明建设、计划生育、就业安置、邻里关系矛盾的处理，包括退休金和最低生活保障金的发放等。

为了城市未来的发展，政府还要组织专家对以下这些方面进行长期的研究和改进：

一是综合交通系统。杭州应该采取什么样的主导交通，轨道交通、地铁怎么布局，与其他的交通怎么连接，高架路、立交桥、公交专用路线流量的合理与分配，自行车道如何延伸，步行道合理修复拓展，交通换乘中心的选址等等。只有把城市作为一个立体交通网络来考虑，才能有合理的空间、生态景观，良好的交通可达性，才能成为一个多组团的现代化都市。这些问题不是几个专家认可就行的，必须不断反馈研究，不断地吸收国内外其他先进城市的成功经验和失败教训，这样才会集中民智使自己“聪明”起来。

二是综合能源系统。一个城市要根据它的地质地理、区位条件，根据最新科技发展、周边能源的变化等，来决定合适的综合能源供应方式。热水的供应，可以通过电、煤气或天燃气、热电厂热力管道输送这三种方式。哪一种方式对城市景观影响最大？什么方式对城市的污染最严重？建设成本最高？居民消费的代价最昂贵？如何充分应用太阳能、风能、地热能和生物质能等可再生能源？对这些问题，必须进行全面的分析、系统的研究才能得出科学结论。

三是综合给排水。如何防洪、截污、雨污分流排放，引钱塘江水循环流动清污以及如何实现生物多样化、充分利用雨水、实现水资源的循环利用、优化城市生态环境、丰富城市景观等，都要结合运河、钱塘江水系进行综合研究和系统治理。

四是综合信息传输网络。把城区所有的有线电视同轴电缆变成宽带的信息传输网。以此连接互联网，带宽就可在比一般的电话线提高成百上千倍，同时推广无线接入系统，使整个城市建在一个宽带的信息平台上，造就一个信息化的城市。居住在这一城市中的任何居民，就可在家中点播电影，也可在网上方便地与世界上所有的大学直接联系，读网上大学。

五是城市综合景观设计。城市要达到什么样的形象？要从大至江河、道路、山水的治理，小至交通工具包括垃圾箱外形色彩选择，上上下下全方位地考虑和精心设计，使杭州成为一座具有典型东方文化特征的城市，这一风貌在世界上是独一无二、独树一帜的，具有令人流连忘返的景观和非常宜人居住的环境，代表着东方古老文明而又是现代化的新型城市。这五个方面，需要我们投入大量的人力、物力、财力去不断地实践，需要一大批专家持之以恒地去研究。

二、老区整治与新区提高的关系

城市的物业管理水平要上等级，使得“住在杭州”的品牌在全国乃至全世界打响，难点和重点就在旧城老区。老区受老体制的影响，又有老房子、老面貌，还有老的工作习惯，这“四老”是妨碍老区整治、提高生活质量的主要障碍。要克服这“四老”，整治老区，使老区物业管理要上等级。

首先，要借助拆除违法建筑的东风，切实地抓好老区整治工作。这里涉及居委会的一些用房问题。居委会用房，未经审批的不能超过 230 平方米。230 平方米以外的，全部要拆除。因为出租这些多余房子的收入，是以损害居民的生活空间，损害绿地面积为代价的，与为人民服务的宗旨相冲突的。所以，拆除违法建筑是促进旧小区整治的有力武器。特别是评上最差小区的，要大面积整治，领导要落实到人，实行区长负责制，分管副区长整治不了的，由区长负责。各级领导在这方面都要有所作为。

其次，落实三家抬的方针，有效地筹集整治资金。现在老区每平方米的整治经费，是政府出 3 元，街道居委会出 3 元，被整治小区的居民出3元。这笔资金用得好，是可以把小区整治好的，包括小区的绿化、道路的硬化和雨污分流等。关键是应由居民出的3元资金没有落实。对此，应认真做到三点：一是让他们知道这是为了居民自身的利益；二是每一分钱都用得其所；三是账目全部公开。只要做了这三条，钱就容易收了。

第三，扎实认真地开展好最佳和最差住宅小区评比活动。通过这一活动推动整治工作和物业管理工作，调动市民的积极性，大幅度地提高小区物业管理的覆盖率。

第四，着手进行楼面、房顶的整修。推行立面绿化和屋顶花园。新的住宅小区一律不得安装外突式保笼，已装的要全部拆除或改平；老区不得新装外突式保笼，原有的要尽量争取拆除，并以此作为物业管理公司和小区整治达标的一个考核条件。

第五，理顺管理体制，尽可能地利用新机制。新小区一定要创品牌、做示范、更上一层楼，同时还要一帮一，一带一，以好带差。目前，在小区的管理水平、环境质量上，好的与差的小区之间存在很大的差距。街道、居委会或区政府要组织居民去好的小区参观学习，看看优秀小区的生活环境，以激发居民改造小区的欲望。不出去看，就不可能感受到先进小区诗意般的生活，以为自己居住的小区是最先进的了，夜郎自大。古时，苏东坡问一种田的妇人：你知道皇帝过的是什么样的生活？妇人想了半天答道：像这么大热的天，皇帝的生活就是坐在树荫底下，一手拿着柿饼，一手拿着蒲扇。妇人以自己的辛劳、自己所渴望的生活来想像皇帝的生活。同样，一些比较差的小区，也往往以自己小区略有改进的状况来理解优秀小区的水平，起点较低。出去看了以后，就会受启发，从而破除“小进即满”的思想。

三、处理好物业管理老体制过渡与新体制创立的关系

物业管理的新体制不可能在一夜之间建立，其运行的方式有着自己的特色。新体制建立的程序是怎么样的呢？就是某一房地产开发商在出售期房时就与购买者共同组成业主委员会，公开招聘物业管理公司，使得物业管理公司提前介入，在建设时就对住宅小区进行人性化的改造，把物业管理公司的经验融合到小区建设中，使小区在建成之时就具有较高的档次和水平，处处使人感到亲切，从而树立品牌效应。物业管理公

司和开发商最终都是为业主服务的，在某种意义上说，业主就是上帝。但这个上帝也要遵守入住小区的章程。人类是最具社区性群居的动物，小区内的每一个人都不能妨碍他人的自由，这是执行社区章程的应有之义。在这里，核心的内容就是物业管理公司要经过市场的竞争来接受业主的选择。只有通过市场化，通过自由的竞争，业主才能享受更好的服务，物业管理才能上水平、上等级。这就是市场化的优势。没有市场化，盆景再好也不可能成为森林。市场化的本质，就是让业主有自由选择物业管理公司服务的权力。

是什么原因阻止了物业管理市场化的正常运行呢？就是目前还有许多老体制留下来的痕迹未完全消除。主要存在以下四个方面：

一是直管公房，常常只能由房管站直属的物业公司来管，肥水不流外人田。且把吃“皇粮”的所有弊端都带到了物业公司，不是着眼于满足小区居民的需求，而是企业能提供多少服务，业主只能得到多少服务。与市场化运作的物业管理公司正好相反。作为市场化运作的物业管理公司，只要业主存在着服务需求，就尽力予以满足。有人甚至还提出：只有业主想不到的服务，没有物业管理公司提供不了的服务。

二是单位改制后的产权房，组织单位的下岗工人成立物业公司来管理，别的物业公司不能插手，造成市场化运作的障碍。实际上真正解决就业问题，应该从宏观上来考虑。目前存在的就业困难，30％是由摩擦性的就业障碍所造成的。所谓摩擦性的就业障碍，就是物业公司部门所有化，不容别人进入，这就造成了劳动力资源自由流动的障碍。这类物业管理公司只用自己部门的下岗工人，而不招别的下岗工人，自行限止了优秀员工的进入，也不利于整体就业环境的改善和企业素质的提高。

三是街道要求居委会组建物业公司管理小区。过去居委会也有充分的理由，因为小区有这么多的下岗工人需要安置。但这些组织也窒息了物业公司采用市场化运作的机会。

四是房地产开发商把楼盘交给自己的物业公司管理。这一做法，在物业管理刚刚起步时是合理的，因为当时本地还没有一家上档次的物业管理公司。房地产开发商建成小区后，也很有成就感，期望通过自己的物业管理公司提高小区的形象，促使房价的升值。但到了现在，这一做法已显得不合理了。

以上四类旧体制模式都是过渡性的物业管理措施，过渡时间最长不能超过5年。在3～5年之内，这些物业管理的方式要进行转轨，要由业主来重新确定物业管理公司，并过渡到市场化的运作方式，从而扩大小区物业管理的覆盖面，提高小区管理水平。香港的物业管理方式也曾存在这样的过渡期，对政府直管的廉租房，开始时由政府指定一家物业管理公司代表政府进行管理，3年以后，由居民来评判这一物业管理公司的服务质量到底如何，是采取重新选择别家公司，还是让这家物业公司继续经营管理。

进行物业管理体制的变革。首先，市、区房管部门所属的物业管理公司，必须进行产权制度改革，经营者入股，实行产权的多元化，国有资产成为小股东或全部退出。改制后的物业管理公司必须与房管部门脱钩。其次，所有居委会都要在街道党委领导下，通过居民投票选举居委会领导。有条件的地方，要认真处理好居委会与业主委员会的关系，多种模式不妨都可以试一试，哪一种方式成本最低、效率最高、管理最好、体制最顺、最能体现居民们的意愿，就采取哪一种方式。再次，成立业主委员会并通过招投标来公开选择物业管理公司。这一模式要大力提倡、推广，以加快市场化进程。

通过物业管理新体制的运作，具体地要达到五个目标：

建立居委会、业主委员会、物业管理公司三位一体的管理模式，并进一步深化。三者之间包括与开发商及其他专业服务商都要相互支持、相互监督、相互协同，共同做好服务。

建立物业管理公司的管理和作业分开的机制。以小区内多少住户来核定物业管理人员的数量，这一貌似合理的比例是很难确定的。物业管理公司本身就是一个专业化的管理机构，主要进行安全、绿化、房屋整治、交通管治等管理工作，具体的业务作业如保安、草地的养护、小区保洁等，则由专业化的队伍来承担。物业管理公司无非是一个二包单位，将物业管理的具体作业发包给专业性的公司，自己只承担管理职能。这种专业化的分工，能大大提高运作的效率。

建立业主积极参与物业管理的机制。物业管理公司要充分调动每一位业主的积极性，投其所好，使业主积极主动地参与小区的物业管理工作，共同维护自己的家园。

建立小区管理资金的合理投入机制。业主要定期、足额地交纳物业管理费。物业管理费收不上来怎么办？这说明管理服务不到家，居民还不满意。另一方面，在新老体制转轨时期，确实总有人妄图贪小便宜，搭便车。这就要求物业管理公司的财务收支要公开，把小区内所有住户有没有交纳物业管理费，交了多少等内容全部公开，张榜公布，这样不交费的住户都会感到脸上无光。居委会的物业管理公司，如目前还是以老机制运作的，必须实行财务公开。政府、街道、居委会对小区整治的投入，一定要采取几家抬的办法，完善小区管理资金合理投入的机制。

政府对一流的房地产开发商和一流的物业管理公司，将给予优惠的政策，并建立奖罚分明的淘汰机制。对业绩优良的物业管理公司，除了给予税收等优惠政策以外，还给予物业管理收费定价政策自主权，收费可以自主地在一定幅度内浮动。按照市场化运作方式进行物业管理的小区数量，每年要递增10%以上。

四、优化实体性环境与非实体性环境的关系

物业管理就是要给人以一个安宁、优美、舒适的环境。但目前的物业管理工作还仅仅停留在优化让人看得见、摸得着的实体性环境阶段，而人的需求是无止境的，所以要处理好人的需求从实体性环境向非实体性环境转变的关系。物业管理的实体性功能，表现为房屋维修、小区保洁、安全保卫、绿化美化、家政服务，这五大服务功能首先要予以满足。除此以外，要创出“住在杭州”的品牌，住宅小区就要朝更高的层次发展，朝着三个方向前进。

一是朝着生态化的方向前进。所谓生态化，就是要使园林、绿化更亲近于人，追求人与自然的和谐相处。物业管理内容可扩展到节能生态管理等方面。美国自然主义学派建筑师赖特曾说：要让所有的建筑能够成为地面上基本的和谐要素。就是要求人工的建筑物从属于大自然，类同于中国文化的天人合一。有人举例说如果野鸭子飞入住宅小区能够孵出小鸭子来，小区的环境质量就真正提高了。小区建设就要朝这一目标前进，力求生物的多样化，使小区的庭园、绿化与大自然融为一体，让入住的业主享受到回归自然的田园风光。

二是朝着人本主义的方向前进。新加坡政府提出，要将城市的每一个住宅小区、每一幢建筑都成为景点对外开放。新加坡住宅小区的规划

设计、物业管理包括建在小区内的邻里中心，既保障居民的私密性，又有方便的公共交换性，使得两者和谐地统一起来。除了满足实体性环境以外，还要追求充满温馨、和睦、友善、宁静的氛围，在小区内营造一种大家庭的归属感。深圳万科是我国物业管理的第一品牌，它提出“无人管理”的概念，就是要让业主虽看不到物业管理公司的人员在为他做事，却无处不感受到它的优质服务。这样的物业管理水平，充分体现了人本主义。

三是朝着文化精致主义方向前进。在日本的住宅小区内，其建筑、小桥、盆景、雕塑都是精雕细作，从细微处都体现出对人类精神文化需求的响应，在方便于人的同时，具有非常高的审美情趣和文化品位。我们讲的精神文明建设，实际上也就包含了人与环境的共同作用，人可以改造环境，好的环境也可以陶冶人的情操，提高人的文化品位。在这样一种环境下，人的文明程度可以得到提高。我们要把小区、建筑都看成似凝固的音乐，把每一个作品都看成优美旋律中的一个音符，然后从整体上把它组合成一首华丽的乐曲。在这诗意般的环境中生活，人的情感、心灵就可以得到提升，这就是“住在杭州”的文化境界。

（原刊于《上海城市发展》，2000 年第 6 期）

第九章　经营城市的基本矛盾及对策

——城市政府面临的挑战与变革

所谓经营城市，就是用市场经济的观念重新认识城市的规划、建设和管理，运用市场机制运作城市公共资产，区别对待城市基础设施的公共性与排他性部分，把能够推向市场的排他性项目尽量推向市场，走社会化、产业化发展、市场化运作、企业化经营的路子。通过对城市各项公共资源和资本的科学运营，最大限度地盘活存量，打破垄断，引入竞争机制，力求在整个城市甚至在城市经济辐射范围内实行资源配置的最优化和效益的最大化。

虽然许多城市政府都在积极探索与实践城市资源的经营，但由于该课题涉及的范围较广，难以将经验性的数据归纳上升到理论的高度，以至于经营城市的方针政策并不具规范性和系统性。本章力求从多视角对当前经营城市的趋势进行分析把握，并将各地实践中遇到的现实问题总结为六方面的矛盾和初步对策。

就城市政府而论，现已不是要不要经营城市，而是需要深入研究如何有效经营。应该对各地经营城市的一些初步的经验进行归纳总结，上升到“形而上”的层次，去寻找内在的客观规律。而经营城市是基于区域经济转型的一种政府行为方式变革，所采用的模式往往是与城市政府自身职能转变和市场经济的成熟程度相关联的。

从经营城市的方式来看，城市政府要从计划经济时期的行政指令性分配方式转向以法律法规为基础的经营管理模式。与农村相比，城市中计划经济的指令性分配模式的影响更为深刻和广泛，再加上近年来“财政分灶吃饭”所形成的地方保护主义，以行政权力管制资源的思想观念颇为厚重。而市场经济本质是法治经济，是基于对产权的平等尊重为前提的公平交易的经济行为。但在“地方主义”的利益构架下，经营城市所需要的平等交易原则就很容易被非经济、非效率的因素给扭曲了，这样城市资源配置的效率就会有损失。这正是城市政府需要克服的困难之一。

从经营城市的对象来看，要从过去政府对企事业单位的微观管理转向城市整体资源的发掘、利用、经营，转向对城市生活、生态环境的整体优化；政府和国有企业要从传统的“父子式”的约束中摆脱出来，实行政企分开，着眼于城市整体资源经营利用和可持续发展。

从经营城市的目标来看，要从单纯的生产、生活便利性、经济性转向降低交易成本、广泛地吸纳生产要素、完善市场主体、提高人文环境质量，以城市发展带动区域经济整体的发展，促进社会进步，使城市成为整个区域经济的发展极。

从经营城市的维度来看，要从资金、实物要素的单维度经营转向物质资本与知识、信息、人才、文化、生态相结合的多维度经营方式。现在，生产力要素的种类已日益广泛，而人力资本、知识信息对生产力的促进作用，已经逐步超越传统的实物资本和货币资本，所以经营模式也要随之改变，经营维度也发生了变化，城市政府要从单维度的物质资本经营转向人力资本与物质资本经营并重。

从经营城市的范围来看，要从局限于城市内部为主转向在全球范围内寻求生产要素的组合。在全球化经济时代，城市的竞争力以及经营城市的范围，都要着眼于在全球范围内找准竞争对象，在竞争中求得合作，从区域内城市群的“宝塔型”相互依赖的结构转向建立国际性的城市协作网络。城市定位的范围发生了变化，将迫使城市政府成为“全球经纪人”。这也是我国加入世贸组织后各地城市政府应采取的重要对策。

显然，目前我们在经营城市中正面临诸多的矛盾，必须从理论上进行深入分析和实践上进行总结提高。不然的话，就会导致我们在具体经营模式、经营决策方面发生摇摆。我把现实经营中的诸多矛盾和初步对策归纳总结为以下六个方面：

一、城市政府自身变革与现有管理模式、观念、法规框架

如果把政府比做企业，两者从事于不同的经营领域，企业经营的是

实物资本、货币、信息、人力资源，而政府经营的是整个城市的公共资源。与企业经营效率相比，政府可以说是最无效的组织之一。所以，世界各国都提出要改造政府，以提高自己的经营能力和经营效益。那如何改造呢？尤其，中国的城市政府，已不是计划经济时代的那种虚幻的“全能政府”。政府职能转变的滞后与当前城市化不断提速、提高城市品位的要求和经营城市范围的日益扩大，构成了一对尖锐的矛盾。当前，城市政府变革的内容主要有以下几个方面：

一是政府应该从企业能够经营的所有领域中逐步地退出，实现政企分开。包括一些原来由政府直接经营的资源，也要通过市场化、企业化来运作。同时，还要区分自然垄断经营业务和非自然垄断经营业务。应将前一类业务分离出来，竞争性地授予特许经营权由一家或极少数几家企业进行垄断性经营，并由政府进行适度管制；而后一类业务则应由许多家企业竞争性经营，以充分发挥市场竞争机制的作用。除此之外，还必须以规模经营与竞争活力相兼容的有效竞争作为政府经营这类资源的政策依据。

二是在政府内部引入竞争机制，开展有效的内部竞争。只有内部的竞争，才能提高城市政府对外的整体经营能力。就像杭州市政府已采取的集中办事大厅、并联式审批。所谓并联式审批，就是将政府各部门并联行使审批权，而且各部门之间处于竞争的状态。如甲部门每月审批了100项，而乙部门却审批了300项，那甲部门的工作效率就存在问题。这就是并联式审批的互相竞争作用。干部为什么要采取竞争上岗？为什么要建立政府部门的目标责任制？这些措施就是为了引进内部的竞争方式。只有通过公平竞争，才能找到最合理的资源配置办法和最合适的人才，逐步形成政府部门之间正向的竞争激励机制。

三是组织的扁平化和权力下放。政府组织也要像企业组织一样，适应外部环境迅速变化的时代特征，推进组织的扁平化，实行权力下放，减少层级，以增强城市政府组织的“现场经营能力”。例如，浙江省提出在加快城市化的框架上，改变目前县(市)政府下设城关镇、城关镇下设片、片再管理村的体制，因为这种经营模式层次过多。要逐步撤销城关镇的建制，由县(市)政府直接经营城关镇的资源。这一方面可以进一步发挥县域范围内中心城市的辐射服务功能，另一方面也可以大大减少因层级过多所导致的委托代理成本过高的弊病。

四是对政府进行信息化改造。政府原来是以资金流、人头编制来作为管理依据，现在要改为知识流、信息流来管理，从封闭型转向公开化。电子化的政府，实际上是通过因特网与服务对象(市民)建立对话的窗口，使政府的运作围绕市民的要求来进行调整适应，并通过因特网这一信息载体进行实时反馈，来改进自己的缺陷。

五是提高主要资源的集中度。现在城市资源存在的一种状况是，该集中的没有集中，该分散的没有分散。市场经济时代，企业经营决策应该下放和分散以降低风险，但是主要的城市资源应该集中经营才能提高配置效率。现在，地方政府的预算外资金基本分散在每一个部门，特别是有权收费的部门，获取的预算外资金数量巨大，发放的奖金和各种福利补贴也较多，结果造成了同是公务员，但每个部门的实际收入大不一样。这实际上不仅是资源的极大浪费，而且也导致了政府内部的不公正现象(在一个内部存在严重不公平现象的政府是很难有效处理社会不公平问题的)。所以，要通过“四统一”(即收费统一管理、财务统一核算、会计统一派遣、分配统一标准)的办法，再加上规范的政府采购，使政府能够把预算外资金的资源以最高效率调控经营起来。其他资源也同样如此。

六是城市规划的自身变革。政府是通过以规划为轨道来实行经营城市的。土地资源经营的市场化，使得原有规划模式很难与之相适应。规划部门乐于编制的“详细规划”，实际上是设计人员对城市局部地区进行“摆房子”，这往往会成为个人主观意识的体现。虽然有形象化便于宣传的优点，但反而常常忽视了土地使用控制的要点，因而无法适应土地资源经营的市场化和项目的不确定性。现在，深圳、杭州等城市在分区规划以下的层次，引入“控制性详细规划”和“法定图则”，为土地市场化出让和编制地修建性详细规划提供整体控制依据。如主要道路定位，确定用地的性质，建筑密度、高度、容积率、停车场、公共绿地等规划指令性指标，以及建筑尺度、色彩、屋顶形式等环境协调要素引导性指标(在老城区还必须导入文化遗迹保护和建筑风貌特点要求等参数)，充分地增加规划的弹性度和规范性。基础设施建设的规划、政府公共品生产规划，都要考虑到供需之间的要求。

二、基础设施建设的投资强度与可利用资源的不确定性

加快城市化进程，基础设施建设要先行，就必须加大对基础设施的

投入。也就是说城市不但要经营，而且是负债经营。这就要解决资金从哪里来的问题？按传统的思维，建设资金来之于税收，或者从土地资源中筹措。而实际情况是我们不能确定到底有多少城市资源可以用来偿还债务，以至于没有搞清一个城市的负债极限是多少。就以杭州为例，城市建设的投资强度是逐年增大的，近几年达到了高峰，负债总额近60亿元。按照一个国家负债的模式即财政收入、负债总额占GDP的比例来测算，杭州财政最高的负债额可以达到80亿元。但是以国家的负债模式来套用一个城市的负债是完全失败的。因为国家有关税收入，可以发行货币，而一个地方城市政府则没有这样的权力。所以，按照一般的公共财政学的模式来计算城市负债，会夸大了地方政府实际负债能力。

对可经营的城市公共资源的种类及其容量，目前还没有一种理论工具能够进行刻划。就举土地资源这一最简单的例子，土地资源到底能够为政府提供多少可用的财政收入？这也是经济学至今仍未解的谜。按照古典经济学的观点，城市土地资源的价格决定于土地供求关系，但是按照供求关系来分析，就无法解释近20年来香港土地的总价格上涨了如此高的倍数，这根本不是该理论可以预测的。实践证明，原有的古典经济学无法解释这一现象。后来，杨小凯用新兴古典经济学和超边际分析，提出了城市的土地资源升值，是因为其网络效应所致。他认为：一个城市地价最重要的决定因素便是分工网络的大小❶。任何经济必然会产生分工与合作的网络效应，这种网络效应由于城市的存在而集中在某一非常有限的地理空间内，网络效应所产生的交易成本的下降与经济总量的乘数也许就是土地价值的总容量。当然这还只是一种新的理论分析工具，需要实践进一步验证。总之，我们要用新的观点和理论方法，来研究寻求城市负债能力的边界在哪里。如果这个问题没有搞清楚，对如何负债经营城市，负多少债去经营城市，都将是盲目的。

从另一个方面来说，按中国现有的城市化模式，基础设施投资强度与GDP的比例多少是合理的？联合国推荐发展中国家基础设施投入占GDP的3%～5%的比例是合理的❷。但以这个模式来对照上海，则是已经完全被超越了。从1984年开始，上海的基础设施投入占GDP的比例从

❶ 参见：杨小凯、张永生著．新兴古典经济学和超边际分析．第125页

❷ 参见：世界银行《关于发展中国家城市基础设施投资的报告》

不足2.5%上升到1994年的12.08%，而且在这之后又连续7年保持两位数，大大超过了联合国推荐的3%～5%的标准，而且我国几乎所有的沿海城市都已超过了这个标准。一个国家或地区的基础设施投资应与该地城市化速率相配套，否则就不可能实现基础设施适度超前、协调发展。

在经营城市的过程中，有哪些资源可以利用？从实践来看，经营城市的过程，也就是“摸着石头过河”的过程。一般是分三步：一是寻找新资源；二是把原来沉淀的资源盘活转化；三是通过竞争定价来实现资源置换的收益最大化。能够找到新资源，作为经营城市者的政府来讲，当然是梦寐以求的。就如十多年前的温州市政府，发现出租车是一种很好的资源，就把每辆出租车的永久性经营权进行拍卖，结果拍卖价格达到了每辆车60万元，政府收入相当可观。后来又发现出租车经营收益也受供求规律的约束，如不断地推出出租车进行拍卖，一旦供过于求，出租车运营收益就不断地下降。所以，只好被迫宣布保持现有车辆总数不变，其结果是失去了政府在这方面的未来收益。

除了实物资源之外，无形资源的开发也越来越引起了各级政府的重视。最近，欧盟把新一代拟进网络的移动电话(CDMA)入网证的资源分为三部分进行招标拍卖，通过拍卖，总的资源价值达100亿美元。这是一笔巨大资产，如按照实物资本的经营模式是不可能产生的。这就是信息时代的一种新资源。但我国还没有利用这种资源，如电信产业的准入完全是审批制而不是拍卖制，这实际上是资源的浪费。

一些城市政府正在盘活的国有企业存量资产，城市文化资源，在许多领域内还可不断发掘新的资源，特别是城市空间内，还有风景景观资源。如西湖边上的房产，尤其是可以看见湖的景观房，每平方米售价达4400美元，因为这类房产数量是有限的，但在杭州城区范围内每平方米售价在2000元左右的商品房也有。4400美元/平方米与2000元/平方米之间的差距非常之大。但政府在以前很难来把握这一由于人们富裕起来后，审美观的变化所带来的景观资源。所以，一个城市可利用资源的发掘和对容量的准确判断，对经营城市是至关重要的。这就好比我们要开采经营一座矿山，但不知道这座矿山总的储藏量和矿的品位，找不到一种成熟的理论工具去核算评估。

三、增加经营城市收益与提高城市居住舒适度

当前，许多城市资源由政府的直接运作，通过公开招投标而逐步转向业主、市场主体的运作。这一转换过程是增加经营城市收益的过程，但也往往会产生以下几个问题：

一是开发商千方百计地降低经营成本，或以“透支未来”经营项目极易发生减信危及。我国南方许多房地产商在楼盘规划预售时，常常以“名校入驻”、“穿梭巴士”、“自然水景”、“生态公园”以及“豪华会所”等耀眼的配套设施赢得了购房入住者，但这些小区开发前期“配套”的卖点，成了开发商后期物业管理、运营中的陷阱，已经将一大批房地产商拖进了债台高筑的泥潭。据报道，广州90%的楼盘会所都是亏损运转的，原设计越豪华的会所，经营亏损越大。一些开发商背弃原先的承诺，将为住户服务的公共会所、邻里中心分割成小商铺、美容院，对外出租以弥补巨额亏损，从而引发了许多法律纠纷。所谓的“名校入驻”更是危机重重，因开发商原先打“教育牌”的目的在于售楼，而开发商自身并不熟悉教育业务，办学一般都会出现重大失误，再加上政府对民办教育的政策调整，防止高收费制造“教育泡沫”危及社会稳定，也迫使部分开发商违背初衷，使名校“变味”。这对城市景观的协调性和居住舒适度直接带来了负面影响。

二是经营项目时间上的差异性引发开发商投机取巧。如由政府来经营配套项目，各个项目之间是相互配套的，项目完成时间是相协调的。但如由企业来经营，则将按照企业自己对风险的判断，许多项目的完工期不可能同步，以至于现在许多居住小区公建设施不配套。房子造好了，排水设施、区内道路没有造好，或者小学、幼儿园没有建成。因为这些设施，对于房地产开发公司来讲，都是非盈利的，所以工程进度往往是向后推。甚至有的开发商一待项目完工就关门走人，公司解散，使购房者找不到应该对这些小区公建设施配套负责的人。总之，由于时间上、盈利上的不确定性，开发商未能按原定的计划来操作，许多项目拖延了工期，使得小区城市基础设施相互之间不平衡、不配套。如按计划要求应于某年某月桥梁建成，同步完成道路建设与其配套，但结果是路造好了，桥没有建成；或者是煤气管道应该铺设到某地，但由于市场的不确定性，停止了铺设。这就使得政府原有的实施计划，在企业和业

主需求之间形成了进度落差，矛盾也就随之产生，造成了居住质量的下降。

三是经营业主追求经济效益的偏好，使得项目与项目之间的协同性大大下降。就居住的舒适度而言，古人对某一地方的舒适度分为“可看、可进、可游、可住”四个等级。如一个地方值得一看，可以观察；可进，可以深入，说明这地方可达性比较好；可游，说明这个地方令人流连忘返；可住，就是可以把自己的一辈子及下代都托付在这个地方。现在，杭州提出要打响“游在杭州、住在杭州、学在杭州、创业在杭州”的四大品牌，这四大品牌是相互联系，互为促进的。在现代经济诸要素中，惟有投资环境是不可流动的，其他资本，例如实物、货币、人才都是可以流动的，它们是用“脚”来投票选择城市的，这一趋势随着户口放开和机动化的提高将越演越烈。所以，人们对城市环境的要求越来越高了，“环境”已成为影响城市竞争力的决定性因素。

从城市规划的角度看，现代居住生活质量与许多传统规划建筑理论存在着一些差距。居住的生活质量往往取决于三方面的密集度：(1)商店和文化娱乐设施的密集度。一个地方如果这些服务设施越密集，人们的选择余地越大，这个地方的舒适度就越高；(2)景观的密集度。要造就处处是景的美感，能满足不同文化层次、审美爱好人群的需求；(3)人流、物流、信息密集度。随着现代信息技术的发展，有专家提出，最终信息资源的分配是人均2.5G，而目前使用的市话线传输速度只有64K，上网速度非常之慢。城市的主体光缆容量应该达到多少才能满足人们对信息的需求，现在谁也说不准。如果按照交通骨架网以每户拥有一辆自备车的标准来修建高速公路的话，现代城市就要按照居住人口每人2.5G的信息量来修建信息主干线。信息通达性已成为城市居住质量非常重要的标志。总之，商业和文化娱乐设施的密集度、景观密集度以及信息密集度，最终体现在居住在城市中人们的自由选择度，它是城市居住舒适性的一组质量标准，而这些问题在城市规划学中并没有进行深入地阐述和研究。

城市的美大致可以分为两类，一类是像华盛顿、堪培拉等城市，有整齐的马路、大片的绿地、标志性的建筑物，呈现出的是一种非常壮观的景观。这种美完全是技术性的，是理性的美，但从人的尺度上来观赏，会产生不同的评价。另一类是巴黎、罗马、威尼斯等城市，在这些城市核心区的小街小巷，每一转弯，就会遇到文化古迹，传承着历史文化信息，漫步在这些街弄里间，令人趣味无穷，给人以美的享受，这是另一种美。上述两种美虽然不是互相对抗、不可协调的，但它们相互之间的取舍却是有"机会成本"的。后一种美是人的尺度上的、恒久性的；而前一种美是理性的，是在"鸟瞰"的角度上的美。就如巴西利亚市，整个城市结构犹如一只大鹏，但这在人的尺度上是观察不到的，而在规划的本子上却是非常漂亮的。城市决策者在城市规划建设时往往会不由自主地追求这种东西。

从降低经营成本的结果来看，要降低经营成本，必须实行规模开发。这种开发行为不可能产生文化的积累性，不会去追求文化精致主义，难以在细节、小尺度上进行精心描绘，也不可能引入多元化的开发模式，以至于整个城市的开发出现一种被称之为"时代病"的文化异化现象。如何解决这一矛盾？杭州有一个实例，就是河坊街的保护整修。河坊街是杭州城市发展的历史缩影，这一条古街经历了几百年建设过程，两边的建筑最早的可以追溯到清朝早期。最近又考证发现了白娘子开设的药铺仍在原址。但在 1999 年初，政府计划引进多家房地产开发公司对河坊街实施大规模开发改造，对两侧的房屋全部推倒重来。后由于各方面的专家呼吁，政府决定予以保留。据当时测算，保留河坊街约需赔偿 5 亿元。但我们采取了新的开发模式，就是对河坊街进行整体规划，采用延年益寿、修旧如旧的模式，贯彻《威民斯宪章》所提出的原真性、整体性、可读性等原则，整修每一幢房子，要求每一件可用的原材料全部复用，力求保存其原有的风貌和建筑风格。采取这样的方式所修复的古旧建筑，选择其中一部分，逐批向市场推出公开拍卖，而且要求业主在购买经营中保持其原貌。按这一模式整修后的商铺，平均拍卖成交价格达每平方米 2.3 万元，实现了河坊街风貌保护与经济效益的统一。被专家称之为城市旧城修复中的"河坊街模式"。这一模式的成功，也说明经营城市方略的多样性。

但是，我国仍有不少历史名城老街古迹的整体风貌已经荡然无存。许多城市的一些重点文物，所划定的保护范围非常小，完全湮没在林立的现代化的高楼大厦之间，根本无法体现文物古迹的整体风貌。从美学的角度来讲，就是没有景观可言。因为美是一种环境的体现，只有建筑本身而没有环境，就好比把一件摆设放在不应该摆放的地方，因为它不可能呈现协调美。

四、知识类资源集聚与实物资源扩散

城市往往被定义为资源的聚集体，通过资源的聚集来降低交换的成本，所以才繁育出了城市。城市的经济学起源是降低交换成本而产生的。在农业社会有农业集贸型的城市，在工业社会有工业型的城市，在消费社会有消费类的城市。所以，城市也将随着生产力的发展不断地转换自己所集聚的资源种类。

现代科技的发展和知识经济的到来，出现了一种新的城市发展模式——硅谷模式。这一模式把人力资本与知识资本在城市中高度密集，而把实物资本、实物的制造过程在地理空间上进行扩散。所以有人就提出，未来不可能出现大城市了，大城市正在逐渐消亡，认为“小的就是美好的”观点可移植到城市规模形态上。其实并不然，信息高速传输网络和高速公路这两种物质技术的发展，使得跨越时空范围的物资、信息传输成本大大下降，其结果使实物制造企业不依赖城市的聚集，而能在更广宽的空间地域里扩散。也就是说，工业型的城市不再会有聚集效应了，反而是因制造企业的扩散而衰落或转型了。这表现为经营城市方略上的“退二进三”，把第二产业转移出去，可以转移到劳动力更为廉价的地方，或转移到资源、市场的所在地。而企业的核心部分——知识、人力资本的经营，或者新技术的开发、市场营销则留在城市，成为一个哑铃型的企业，两头在城市，而批量制造业在外地。

在城市演变过程中，企业管理者又根据变化了的情况，推出了OEM的生产方式(即原厂定牌制造)，也就是由总部确定品牌、技术标准，而把所有的制造环节全部甩给世界各地的分包商来承担。在经营方式上曾经出现这样一种模式，就是著名的Dell电脑公司，目前位居世界电脑业的第一把交椅，但是Dell电脑公司总部的工作人员在整个电脑的制造过程中，从未碰过电脑一根指头。Dell电脑的设计、制造、销售等所有环节都采取了委托的方式，仅保留了品牌经营和源技术的开发。所以Dell电脑公司虽然从销售额上来说是一家超级大公司，但总部的工作人员较少，所有的销售均在网上进行，而且是世界上最早推出网上销售的[1]。这样的模式，使得作为实物资本的地域性分布可以在全球范围进行扩散。在这种情况下，有人就呼吁说大城市扩张的新动力将不再出现，城市的资源正在面临枯竭。但是实际上却相反，全世界硅谷类的城市在蓬勃发展，而且一个名牌大学附近往往聚集了成千上万家小企业，形成了新的城镇。如牛津、剑桥大学附近都有企业密集区。

这一现象的出现，给了人们一个启示：就是实物资本与知识资本的交换增值的方式是不一样的。作为实物生产过程，往往只考虑实物与实物之间的运输交换成本。而知识资本交换途径与成本则有明显的区别，按照联合国教科文组织的分类，知识可以分为显性知识和沉默知识。显性知识是可以讲授出来的，可以编辑成书，可在网上传输，所以又被称之为可编码知识。沉默知识，是非编码知识，是储藏在人的大脑之中，随时可以"闪烁"出来，部分可以显性化。显性知识可以在网络中传输，而沉默的知识只能通过相互之间无拘束的交流或者形体语言的互相启发，在脑力互相冲撞之中才能萌发、整合和转型。所以，有人认为创新灵感是靠"悟"出来的。显性知识与沉默知识相比，则只是冰山露出水面之尖，沉默知识是显性知识之源泉。沉默知识的增值转化需要人才的聚集，需要便捷自由的知识交换平台，才能互相激发融合，实际上是由相互学习的过程催生的。所以，现代企业要成为学习型的企业，城市也要成为学习型的城市。硅谷本身就是一个相互学习、相互分享创新理念的场所。而我国的城市、高新区为什么没有"硅谷效应"，关键就在于沉默知识相互之间的交换碰撞成本非常高，因为不同类型的企业科技人员之间相互老死不相往来。

城市的经济发展，完全是各种经济要素聚集的过程。在美国的各个大学附近均聚集了大批科技人才和工业园区，有的新城市甚至完全是因为新的大学的设立，使该地在短时期内迅速集聚起几十万人口，这是知识经济规律引导所形成的聚集体，是当前时代的发展潮流。如果用传统的经济模式或是经济地理学的模式来解释，就显得非常苍白。当前的这种现象，不仅对建立在古典经济学无差异空间的传统区域经济地理学是一种挑战，而且对引入了运输成本、外部性、规模经济等所谓的新经济

---

[1] 参见：美国《商业周刊》，1996 年 7 月第 3 期

地理学，也构成难题。某一种理论以前可以管用几十年，但在新时代的快速变化面前很快就显得捉襟见肘了。

五、经营城市方式与结果的趋同性与城市文化、景观的独特性

目前，在经营城市的方式上，通常是大规模地进行，由多个市场主体同时进行经营，以求短时间内改变城市的面貌，称之为“一年一变样，三年大变样”。而西方发达国家的城市与我们恰恰相反，追求的是城市几十年保持不变。“三年大变样”的结果，使得许多城市都形成同一种风格，各类建筑属于同一时代产物，就不可能造就城市风格的多样性和文化的积累性，也必然带来了景观的趋同性。而且经营开发单位的驱利性，又使得开发模式的趋同化，从而导致了城市形象的“千城一面”。所以经营城市方式与结果的趋同性，带来了对城市文化、景观独特性的破坏。充分利用城市的资源空间来经营城市，就如一把双刃剑，既可以造就城市的现代景观，又可以破坏传统的美，甚至是大面积地毁灭。许多美仑美奂的旧城，以前可能因为困于资金无力改造更新而得以保存，但现在也可能因已经找到一条可以负债经营城市的路子，大大增强了开发能力，而使之迅速消失殆尽。

正如我国建筑大师、两院院士吴良镛教授所担忧的那样：进入 20 世纪 90 年代，大规模商业房地产开发迅速兴起，北京的历史文化名城正处于存亡之中。关于拆北京旧城取得土地的使用权，我有个比方，就像把故宫的铜鼎熔化掉，用它的铜；就像用古代的字画作纸浆造纸❶。鲜明的城市个性特色是经营城市追求的目标之一，失去特色的城市是难以参与全球竞争的。诚如吴良镛教授担忧的自杀性“经营行为”正在伴随城市化高潮的到来而成为扼杀中国城市特色的刽子手。纠正此类错误的行为，应当从正确的城市特色观入手。当前，城市缺乏特色是不能只从多造现代化的建筑或追求某些时髦的风格去寻找出路，而是应回到城市的本源：维护自然山水、保护仅存的历史遗迹和维持弘扬城市优良的人文特色等方面入手，在更宽广的领域、更深远的历史背景下，负责地将城市形象经营好。实际上，在这三个方面，没有一个城市是雷同的，而且

❶ 参见：吴良镛. 北京别再遗憾了. 中国建设报，2002 年 3 月 6 日

也是所在的城市能在历史长河中顺利漂流生存下来的“优势基因”，在城市规划、建设过程中注意保护凸现这三大要素，城市开放、走向世界的名片就在其中了。

六、城市之间的集聚及相互作用性与地方政府认识能力及经营范围的有限性

任何一个大城市，不仅成为本区域经济发展的增长极，而且其商品和资源的交换范围，也会因城市规模的扩大而大幅度地扩张。实际上，“理想的”城市形态与经济增长之间有时会呈现相悖的现象：某些规划管理和景观上呈现“混乱”的城市，经济上却是繁荣的；而那些规划得非常“好”的城市，如巴西利亚、堪培拉等，经济都是相对萧条些。为什么会出现这种情况呢？因为前一类城市完全是自然聚集、演进的，是自适应的成长过程；而后类城市，是人为事先“理性”地进行规划，按照技术美来框定后建设起来的城市。正如提出现代城市规划人文主义精神的 Teamlo 学者们的评价那样：“这些城市是一种高尚的、文雅的、诗意的、有纪律的、机械循环的机械社会，或者说，是具有严格等级的技术社会的优美城市”❶。某些规划布局显然“肢解”了这些城市资源集聚的网络。这两类城市的知识流、物质流的交换成本是不同的，聚集能力乃至竞争力也是有差别的。

随着知识经济时代、信息化、高速公路、汽车时代的到来，城市之间相互依赖作用比以往大大增强，这就使得城市之间要实行支柱产业共树、基础设施共建、区域资源共享、生态环境共保，只有在更大范围内整合利用开发经营资源，才会带来区域经济的整体繁荣。就如上海与杭州，按规划要求，上海与杭州之间要开通磁悬浮列车，运行时间只需 25 分钟，这意味着上海人到杭州旅游无需住宿，杭州的旅馆饭店将有可能会成为“空城”。而杭州市政府为此已制订了应对计划，在 5 年之内市区每年的绿化速度要比往年提高几倍，遵循打造“四大品牌”的思路，尽快把杭州建设成为生态园林之城。同时加强对人文资源的开发利用，使杭州在磁悬浮列车通车之际成为环保模范城市、生态城市、人文景观非

❶ 参见：程里尧. Teamlo 的城市设计思想. 世界建筑，1987 年第 3 期

常丰富的城市，以吸引上海人住在杭州而在上海购物上班。这种协调性的对策，对这两个城市乃至整个长江三角洲来说都是有利的。

任何城市的经营，都必须考虑周边城市的行为。城市与城市之间的竞争，实际上是城市政府间的相互博弈与合作的过程。在这样的情况下，经营城市的范围一定要超越城市自身，这就带来了城市政府经营的能力和经营的边界与应该经营范围之间的矛盾。

总之，要最终求解以上这几个方面的矛盾，需要进行多学科、多视角的研究。只有把这些问题解决了，经营城市才可以上一个新的台阶，这样一来，更符合人的审美观、符合现代知识经济时代的要求和经济全球化的中国新城市将会涌现在世人的面前。

专题一：

市政公用事业改革的理论和实践进展综述

市政公用事业中供水、污水处理、供气、供热、公交等行业总体上具有自然垄断的性质。理论上说，如果政府不对这些行业实施有效监管，其均衡的产品(服务)供给量会小于社会最优水平，均衡价格高于平均水平，并获得超额经济利润从而损害公众的利益。正因为这一认识，对该领域改革和监管的理论研究国外起步较早，取得的成果繁多。本文从该项改革的理论与实践的一般性出发，分六个方面进行综述，然后分别分析我国这方面实践的特殊性问题。

一、市政公用事业可竞争性的市场理论与实践

理论和实践已经证明，在传统的市政公用事业引入竞争机制，部分或者全部的市场化取向式的改革都能够产生明显的效益。即使是进入与退出受到严格限制的自然垄断性行业，也能通过改革产生竞争性的市场效应。它一方面能够节约政府的行政成本，提高政府的服务能力、质量和效益；另一方面，也能够改善市政公共服务产品的质量、态度、效益，增加服务的品种，甚至进一步可以改善生态环境。

据温斯顿(Winston，1993)的估算❶，在美国，通过市政公用事业改革获得的福利是巨大的。通过进入和退出限制的消除及定价的放宽，一年的总福利增加是350～460亿美元(1990年价)，其中消费者因低价和更优质的服务得到的收益是320～430亿美元，生产者因提高效率和降低成本获得了30亿美元的收益。若排除现仍存在的市场扭曲，每年还可获得200亿美元的收益。这其中还不包括改革对推动技术和管理创新的积极影响。这种创新可以使各产业运行成本降低25%～30%。

❶ 显然，此处的公用事业不仅包括一般的市政公用事业，而且还包括了铁路、航空、电讯与电力等行业

日本学者通过研究也得出了日本自然垄断行业进行改革后的成果：一是收费降低，消费者受益；二是服务水平和服务质量有了明显改善；三是经营合理化，效率有所提高；四是对经济增长作出了贡献❶。另从英国和一些先行的发展中国家的此项改革评估中，也可以看出效能明显提高的结果❷。

我国在这方面现存的问题是在引入市场机制、促进公平竞争的过程中，市场竞争的主体还不是很成熟，支撑体系尚不健全。所以说，在我国市政公用事业可竞争性的市场理论研究与实践进程中，要同步建立市场制度、企业的产权制度、政府的监管制度，这是一系列巨大的挑战。目前，这方面的前沿研究成果无一例外的都与这三方面有关。例如，在我国城市层次的此项改革，应将市政公用事业区分为自然垄断业务领域和竞争性业务领域，前者应先维持国有企业掌控的局面，然后逐步采用特许经营引入竞争机制；后者可直接进行市场化改革，甚至采取政府监管下的更彻底的民营化政策。但在现实的改革进程中，各地出现了谁代表国有资产管理方进行具体的运作和日后的资产监管的问题。撇开行政部门权力之争的旧框框，从改革有效性往往取决于信息对称程度的角度来看，无疑让原有的城建部门独立组建市政公用事业国有资产经营公司来直接行使资产监管最为有效。这一方面可以盘活市政公用事业的存量资产，有利于增加城市基础设施的投入，也有利于原有的市政企业“脱壳”转变为资产经营公司，这样就可以减少改革阻力。此外，也可将此类经营管理的绩效评估、监管统一起来，使市政公用事业的竞争部分与垄断部分相衔接。

二、政府监管与规制过程中被俘获的理论与实践

经济学界普遍认为，政府对市政公用事业的监管，是为抑制市场失灵和维护公众利益，即在该行业存在公共物品、外部性、自然垄断、不完全竞争性、不确定性、信息不对称等市场失灵的现实因素。为纠正市

❶ 参见：Baily，E E，and Baumol，W. J. Deregulation and the Theory of contestable Market，Yale Journal on Regulation：1984

❷ 参见：王俊豪. 英国政府管制体制改革研究. 上海三联书店，1998 年 5 月第一版；仇保兴. 市政公用事业的改革与监管. 城乡建设，2006 年第 3 期

场失灵和维护公众利益，政府必须从价格、市场准入与退出、产品（服务）质量和经营风险等方面进行监管。但在市政公用事业改革进程中，无疑会涉及政府监管与规制的设计和实施过程中受到俘获或者建立利益同盟的巨大风险。对这一领域的研究和实践已取得了很大的进展。在国际先行国家的经验教训和我国的初步实践中都可以发现这样一些事实：在整体的经济或者法治制度尚未健全的时期，管制者与被规制者往往会结成同盟，或制定规划规制政策的机构和人员往往被企业或某些利益集团所俘获。在此时期，作为管制者的政府代表极易被收买，而且在实际的改革过程中成了被规制者的代言人，结果造成国有资产的流失和公众利益的损害。这就是为什么几乎所有进入市政公用行业的跨国大公司或民营企业都建立了公关部门，并选配了优秀人才来进行高效运作。企业公关背后的真实企图是什么呢？实际上就是为了俘获作为监管者的地方政府，然后力求与政府结成同盟，这已经成为一种惯例。从理论上看，要保证政府管制的有效性，至少要有管制规则的制订者、管制实施者、被管制对象和代表民众的管制效能评价者等四个相互独立而且成熟的主体。所以，从西方国家市政公用事业改革的实践来看，在改革过程中，必须健全公众和舆论监管程序、公开进行招投标择优选用合作者、推行标准化特许经营合同范本。要建立相应的法规，尽可能防止此类妨碍公平竞争的俘获和结盟的行为。这些都是先行国家成功的经验和教训。

我国的实际情况是，一方面是市政公用事业改革供需双方的信息不对称的情况严重存在，政府往往是处在公用品技术创新、成本影响、质量控制等方面的信息劣势地位，消费者的权益更易受到剥夺，再加上监管的法规和体系不健全。在这样的情况下，监管者受俘获的机会和与被监管者结成利益同盟的机会比其他国家要高。因此，在公用事业改革领域建立商业贿赂预防机制尤其重要。另一方面，我国现有的较有实力的市场主体都或多或少带有官方的色彩。例如，某个境外的煤气公司，他选择的代理者是退休的原国家机关有影响力的重要领导，在谈判中表现出来的是明显的中央政府退休官员的影响力，其他类似的情况还有很多。此外，我国市政公用事业管制方面不可避免地存在政出多门、职责交叉的现象，各个政府部门相互博弈的现象也给了被管制者“各个击破”的巨大机遇，其可能的后果就是行政官员执法的行为也由此而偏离了捍卫公共利益的目标。因此，带有某种官方色彩的利益集团影响力的蔓延，实际上会导致市政公用事业市场“游戏规则”的扭曲。如果这种趋势得不到有效的制衡的话，市政公用事业改革的方向、标准、目标和效果都会发生畸形，也有可能导致改革流产。

三、市场规制的均衡理论与实践

这方面理论研究现在已经很丰富，而且比较成熟。假如，社会法治较完善或是在规制实施环境、条件很完备的情况下，任何一个地方政府、中央政府出台的政策规制，或特许经营合同，往往都是规制者、被规制者和消费者三方相互博弈产生均衡的结果，从而使市政公用事业改革达到经济、社会和生产三效益的统一。对市政公用事业改革来说，理想的状况是在较完善的法治构架下进行改革，并实行立法、改革实施和监管三分立、相制约。其中监管机构的设立要遵循三原则：一是相对独立性，超脱于一般地方行政部门，不受行业领导变动和个人观点的影响；二是职责专业性，监管者必须是精通本行业业务的专家，并富有实际的监管能力和长期工作的稳定性；三是监管内容综合性，监管机构应拥有市场准入、价格、服务质量、标准等方面的监管权力，从而有效地进行综合监管。这也是保证监管独立性的重要内容，也是提高行政效能的前提。

但是，在目前我国完善的法治结构和公民社会还未建立，消费者捍卫自身利益的声音还非常薄弱的情况下，实际上对市政公用事业国有资产收益的监管，每项生态、社会效益的捍卫能力也往往是很薄弱的。因此，当前需要各级市政管理部门作为行业主管来介入市场，以全体市民代言人的身份监督改革的进程，确保公平竞争和消费者的利益。这对作为缺乏成熟中介机构的发展中国家来讲是司空见惯的。这也解释了为什么当前我国相当多的城市污水管网相对于处理厂容量出现了严重的建设滞后，呈现出厂网不配套、处理能力放空等问题。当然，这里面有政策目标的问题，也有该行业投资体制和规制政策设计管理缺陷的问题。

此外，我国公用事业投资体制正处于政府全包式的计划经济向市场经济过渡时期，原材料、能源、水资源等价格的市场形成机制尚未成熟，公用事业产品(服务)的真实成本正在形成过程中。所以，我国市政公用事业改革正呈现“边提价、边市场化”的“中国特色”。这与从未接受过计划经济洗礼的西方国家是完全不同的，后者的“民营化改革”往往能直接降低公用品供给价格而受到消费者的欢迎。所以，我国的此类改革要取得民众的理解支持尤为重要。另外，我国市政公用事业改革过程中，国有资本与外资、民营资本之间的转换速率、资本构成模式与数量的均衡都是值得研究的问题，以防改革进程和结果的失控，以及应对突发事件的能力被过度削弱❶。

四、激励型规制理论的设计

激励型规制机制的建立，其实也就是为了能以最小的行政成本来达到最好的规制效应。这方面的研究在国外至少已有 20 年的时间，我国才于近几年开始。运用这套理论成果，可以用市场价格、社会和生态目标诱导、引导、利益共享、风险共担的机制来取代或辅助行政管理，大大降低规制者、被规制者、相关利益者和消费者四方信息的不对称性和行政规制的成本，达到投资者、消费者和相关利益者都满意的结果❷。

从我国的实践来看，在规制的基础性标准、基础性手段、基础性单位(谁监管)都未明确的情况下，再加上地方政府改革目标的多元化和短期化，所以目标导向的激励型规制的建立就显得十分重要。但是，在我国由于成熟的民资资本和外资企业进入的某些公用事业领域一度长期受到限制，政府尚未积累起赖以监管该行业绩效的有效参照信息，从而为这些行业的现有企业提供了软预算约束的便利，妨碍了激励型规制的建立。所以，当务之急是要分区域合理评估各种市政公用事业的实际业绩和尽快积累数据，并制订出优化这类业绩的分阶段目标以及进行业绩评估的标准化、规范化的办法，逐步引导基层政府完善激励型规制办法，尽快提高我国市政公用事业的运行效能。

---

❶ 计划经济年代形成的市政公用事业，虽然存在效率不高、创新动力不足、人浮于事等弊端，但其“动员式”的行动能力是十分突出的。这可以从我国“SARS”爆发期间，医院中“市场化”的物业公司几乎全部“消亡”，由国营市政环卫队伍取而代之，以及全国范围的国营公共交通公司职工全体坚守岗位保证交通运行的突出事例来证明。它说明，我国市政公用事业的改革决不能简单地模仿一般竞争性行业的国营工商企业改革而进行所谓的“国退民进、一买了之”

❷ 参见：仇保兴. 西方市政公用行业管制模式演变历程及启示. 城市发展研究，2004 年第 2 期

五、网络经济效应与规模经济效应

一般来说，可将市政公用事业经济效应区分为两种。一种是网络经济效应；一种是规模经济效应。以前传统的研究往往只注重规模经济效应而忽视了网络经济效应。网络经济效应是近15年研究的一个热点，像网络经济中的梅卡斯定律(Metcalfe Law)就十分有用。这一定律显示：任何一个网络，它的参与者、接入者或者结点越多，它的效益就越好，网络的效能几乎与结点数的平方成正比。这就明显区别于规模效应。也就是说，对一个水厂或电厂来讲，它主要是规模经济效应。但是对于公共网络或某项公用事业整体而言，它遵循的是梅卡斯定律更甚于规模效应。这样一来，我们就可以得出：在网络经济和自然垄断性质很强的市政公用服务网络部分，应实行政府规制下的自然垄断。而在虽然存在规模经济和范围经济，但网络经济和自然垄断性质较弱的运营部分，应实行竞争。所以，为什么市政公用事业改革一般在结构上需采取纵向分离或水平分离的两种方式。纵向分离也就是把厂网分离；就水平分离来说，是各个区单独建立核算单位，开展相互之间的公平竞争并用标杆竞争来进行分区管制。

我国是发展中国家，正处于快速城市化阶段。长期以来，在资产定价评估中一般采取资产重置法，这意味着资产转让过程中溢价很少。当前阶段，梅卡斯定理在网络型公用设施效益形成中发挥着很大的作用，不仅规模经济明显，而且网络经济的效用也日益增长，预期的收益在改革中得到体现。如上海某水厂，按资产重置法来评估，价值为3亿，可是其出让价格可溢价到7亿。为什么？它实际上是把预期的网络和规模带来的效益包括进来了。这类溢价不是简单地把成本转嫁到消费者身上，而是快速发展的城市和网络型公用设施所带来的预期效益体现。

尤其值得注意的是，我国尚未建立足够的市政基础设施网络体系为城市和乡镇(城市郊区)提供服务，所以，市政网络的扩张和“延伸服务”是我国“城市反哺农村”的重要发展策略。目前，江苏、浙江、广东、山东等地城市供水、污水处理、公交、供气向村镇延伸服务的试点已经取得明显的社会和生态效益。事实上，许多大城市周边的村镇农民愿意以市场价来享受城市高质量的公用事业服务，但由于网络覆盖不足，他们最终得不到服务。从这个意义上讲，在我国快速城镇化的进程中，政府管制应将更多的精力放在如何为市政公用事业网络延伸投资的激励上，而不应该以死板的价格管制来扭曲市场机制的功能而妨碍延伸服务的积极性。

六、特许经营合同契约理论和实践

因为特许经营合同是一种预测出问题并根据预测预先设计解决方案的总和，也就是把将来有可能出现的各种各样的风险和问题都进行了预先的评估和解决方案设定，然后预先进行权益、风险与责任的分配。一方面，特许经营合同作为排他经营和有限竞争期限的授予，能将竞争机制从“空间”因素转变为“时间”因素，引入被替代淘汰的压力，从而能增强公用事业运营的效率，降低投资者的风险，以吸引更多的企业参与市政公用事业的共建、改造、拓展、管理和维护，同时激励在位运营者实现服务拓展、质量改进、平衡资费等目标。这样一来，理论上认为特许经营合同完全可以做到比较完美。但是，另一方面，预测的办法也就是所采用模型结构不可能尽善尽美。模型从本质上说只是实际情况的简化，必须辅之于成熟的外部监管系统，实时监督才能奏效。

我国作为快速城镇化、机动化、工业化、信息化、市场化和法治化同步推进的国家，在当前发展过程中，客观上有许多不确定的因素难以预测把握，更不用说明晰的应对之道了。例如，我国原有的国有企业职工的利益往往在改革过程中被忽视，从而使某些城市公用事业改革进程显现滞后或失控的局面。在改革方案设计和实施过程中应保证原国有企业职工的“三权”，即知情权、参与咨询权、监督权，也就是监督改革的决策权。但因为市政公用事业往往是自然垄断性质的，不应该像一般的国有商业企业那样将改革的决策权完全交给企业职工。此外，政府作为监管者也是“游戏”的操控者，它与消费者、经营者和投资者三方应该是平等的。而政府往往同时是“游戏规则”的制定者和参与者，既是变革者、建设者和监管方，又可能是特许经营合同条款的破坏者。这里关键的问题，就是要尽快坚定地推行法治化，制约政府权力的滥用，也制约政府意愿和行为的多变，这对于改革的成效具有决定性的影响。市政公用事业改革的国际统一名称为 PPP(Private-Public-Partner)，指的就是企业、公众、政府三者应该是平等协作的。此外，中国的消费者应该有强有力的声音来对此项改革的进程进行反馈，并在社会、生态效率公开的前提下，对改革的效果进行评价，因为消费者的长远利益是任何改革是否成功的最终仲裁者。

以上六个方面的理论创新已取得重大进展，实践方面在国外也获得了丰硕的成果，但是在我国由于市政公用事业的改革同步伴随着法治化、市场化、城镇化、价格机制理顺等多方面的因素，需要我们特别注意市政公用事业改革的复杂性、渐进性、系统性、影响的广泛性和民众的承受能力，在广泛地吸取先行国家的经验和教训的前提下，尽量注意我国不同地区的特殊性，及时归纳和提炼地方的创新经验和教训，谨慎采取对策，确保此项改革的健康发展。

专题二：

科学安排适度超前加快城市基础设施建设

重点工程建设，对促进整个国民经济的发展和社会进步，增强城市的综合竞争力，具有基础性、先导性和关键性的作用。离开了重点工程的奠基作用，任何城市都无法在未来的竞争中取胜。如何把重点工程建设规划得更好？我认为要着重做好五个方面的工作：

一、科学安排项目，适度超前建设

重点工程建设的关键，是项目的前期准备和后期建设。在市场经济条件下，重点工程的前期准备是一个很重要的环节，这与计划经济时期是不一样的。在计划经济时期，建设项目是由国家决定的，上面下达什么项目，地方就建什么项目。而在市场经济时代，工程项目是接受市场的调节，并根据市场需求来建设的。所以，工程项目的前期工作尤为重要。工程项目过于超前，就会犯珠海机场式浪费的错误。但是，如果工程项目建设滞后，则又会出现能源、交通、污水治理、供水等卡脖子的问题，将严重影响投资环境的优化和人民群众日常生活的改善。所以，科学安排、适度超前建设重点工程项目是非常重要的。为此，在当前的工作中，要切实注意以下几点：

一是既要抓紧安排关键性项目，又要合理确定适度超前项目。对关键性项目即承前启后的、对投资环境影响巨大的项目，必须抓紧规划论证，加快建设，同时又要合理确定适度超前的项目，这两者的关系要处理好。首先，对影响国计民生的重大项目抓紧安排，这是不能拖延的。但是对一些先导性项目，则要适度超前安排，分步启动实施。其次，面对机动化时代的到来，道路规划建设要有超前性。过去城市在道路规划设计时，路幅按当时的交通容量计算，30 年内不落后的要求，觉得三个板块、四条车道就足够了，城市道路用地一般为人均 8～10m^2，但现实的结果是不到几年就落后了，这是一个深刻的教训。上海在浦东新区的规划建设中，瞄准21世纪是汽车时代这一趋势进行道路规划设计，新区道路面积占到了整个新区面积的20%，绿化、建筑也各占新区面积的1/3以上，而杭州市的道路面积(包括非机动车道)占整个市区面积的比例还不到1/5，两地的差距是非常之大的。在近几年内，要努力把这一指标提高到15%，这是个关键。

二是既要加强基础设施建设，又要兼顾重大技改项目。基础设施建设体现更多的是社会和生态效益，而技改项目追求的主要是经济效益，后者建设周期相对比较短，投入产出非常明显。在抓重点工程建设时，不能撇开技改项目不管。虽然实施技改项目的主体是企业，责任主体和风险主体也是企业，但政府要为它创造良好的条件。尤为重要的是许多大型的基础设施可以带动城市新产业的发展，甚至可成为城市主导产业。例如城市轨道交通，几百亿的投资对产业的拉动作用十分明显，如果能将企业技改与重点工程建设有机结合将会发挥双重的效应。

三是既要加快城市重点项目建设，又要加强欠发达地区基础设施的补缺。在现代经济发展过程中，城市农村互补发展的趋势已越来越明显。没有生态良好的农村，城市的发展是不健康的。所以，在加快城市重点工程项目建设的同时，要兼顾欠发达地区，特别是城市周边郊区和不发达地区、贫困地区的基础设施建设，只有这样，才能实现城乡协调发展，才能加速整个地区城市化的进程。城市是一个体系，大、中、小城市以及村镇都有存在的合理性。村镇直接服务于农业、旅游业，小城市是周边乡村商品的交易场所，大城市是中等城市和小城市商品的交易场所，而杭州作为一个特大城市，是国际化商品的交易平台。因此，它们的经济功能和社会功能是互补共生性的，必须使其同步、健康、协调地发展。

四是既要重视项目的经济效益，又要关注项目的社会效益。作为政府要抓的重点建设项目，尤其要注意项目的社会效益。假如前几年杭州市没有建设西区水厂、游泳馆、四堡污水处理厂等一大批重点基础设施项目，杭州的经济社会发展就会受到制约。同样，假如铁路新客站的建设能与铁路部门处理协调好关系，合理选址，并早在两个五年计划前启动建设的话，杭州城市面貌可能就不是现在这个样了。当时如果能把铁路客运站选址在东站，把城站保存下来作为杭州博物馆，废弃穿越市区的铁路南线，那么现在的望江门立交桥等这些工程就可以大大减少。同时，实施城市东扩，沿江发展战略的瓶颈、门槛将会大大改善。这充分说明科学安排项目是非常重要的。

虽然已经确定了“十五”期间的重点工程项目，但准备的项目还不完备。要打响“游在杭州、住在杭州、学在杭州、创业在杭州”的四个品牌，在全国争创四个方面的一流，需要许许多多的项目支持。

从“游在杭州”来讲：

首先，是我们正在申办国际休闲博览会。国际休闲博览会的规模将超过云南昆明的世博会，总投资估计需200多亿元。其次，是实施“旅游西进”战略，这包括“大西进”和“小西进”。“大西进”指的是大杭州西部旅游资源的开发，“三江两湖一山”的基础设施建设以及重大风景区、旅游区建设。这些项目都分布在各个县(市)，目前规模不大。“小西进”就是西湖西进，包括西溪的开发和市区西部转塘旅游基地的建设，在这100多平方公里的范围内，要建设若干个大型主题文化公园，总投资量上百亿元。第三，良渚、西湖、胡庆余堂与胡雪岩故居等三处自然、历史文化遗产地将通过整改申报世界文化遗产。第四，在未来几年内，要建设西湖文化广场、杭州大剧院，还有若干个国家级博物馆，财政部投资的中国财政博物馆已经开工建设，中国海关博物馆也将有可能定址杭州，再辅之于大批的民间博物馆。第五，要大力发展会展业。所以，“游在杭州”可谓方兴未艾，杭州的旅游业将会得到跳跃式的发展。

从“住在杭州”来讲：

“住在杭州”对基础设施建设的挑战更大，需要在五个方面进行重大的结构调整。

一是住宅结构的调整。一方面，要按照市场规律大力发展商品房，另一方面，每年推出不少于100万平方米的经济适用房和廉租房，使得市区的青年知识分子和较低收入的居民能住上这些房子。这是政府应该做的事，而且要通过经济适用房的建设，吸引更多的人才到杭州来。现在，市区每10套商品房中，5～6套房子是外地人购买的，为杭州带来了大量资金，政府可以从开发建设商品房的收益中，拿出一块长期固定的比例来建设经济适用房和廉租房，从而取得社会供求上的平衡。可以说，没有商品房的开发建设，就没有经济适用房和廉租房。在住宅结构的调整中，还要注意节地、节能、节水和节材，大力发展绿色建筑，使大规模的住宅产业发展与环境保护、产业发展相结合。这样就将把城市的就业、经济、文化全面带动起来，利用“住在杭州”的优势，促使城市品位升级。

二是能源结构的调整。要从燃煤转入到全部使用天然气，而且杭州又是西气东输、东海气田天然气输送管道的交汇口，只要充分利用好这两个气源，同时大力发展地热能、生物质能、风能、太阳能等可再生能源，就可以彻底根治困扰多年的大气污染。

三是城市空间布局调整。建设钱江新城、下沙副城和滨江科技城，还有余杭、萧山中心城，市区五个副中心组团是杭州地区结构的特色，而且五个组团各具特色，都有自己的亮点。

四是城市环境整治。特别是水环境的整治。杭州的美，美在山水。要沿水而筑，发展滨水城市，如围绕西湖整治和美化湖滨城市，围绕运河建设河滨城市，围绕钱塘江建设江滨城市，围绕杭州湾宽阔的江面建设准海滨城市。把水的文章做好了，整个城市的特色就体现出来了。所以，要把污水治理、河道整治、西湖疏浚作为重大项目来抓。同时城区每年建设绿地 500 万平方米，如果包括萧山、余杭区，每年扩绿要在 1000 万平方米。目前，我们已请哈佛大学设计学院来进行钱江新城景观规划设计，要在钱塘江两岸形成世界一流的生态景观和城市建筑景观。

五是重大交通结构调整。城市交通将从地面转入地下地面并重，规划建设城市地铁或轨道交通。全面启动建设沟通钱江两岸的四桥、五桥、六桥和过江隧道。加快建设杭州与温州、黄山等外界沟通的高速公路，以及杭州到上海及华东地区其他重要城市的高速铁路网，迅速提高城市市民出行的便利性。

从“学在杭州”来讲：

首先，要加快高等教育的发展。我们正在建设的下沙、小和山高教园区、滨江高教园区。这三座大学城的全面建成，将使杭州市在校大学生从现在的 12 万人增加到 30 万人，这是一个巨大的跳跃。高等教育的快速发展，必将大大增强城市的竞争力。其次，加快高中段教育的发展，建设一批中学名校和国际学校，以适应市民和对外开放的需要。同时还要引进国内著名的大学包括国外的大学来杭设立分校。第三，要引进省内外民办机构在杭州设立多类教育机构。总之，要充分发挥体制创新的优势、省会城市的优势和大学集聚人才密集的优势，创造一流的大学城、教育城、学习城的品牌。

从“创业在杭州”来讲：

第一，要大大加快科技园区的建设。采取“一区多园”的模式，每个城区都有一个科技经济园区，再加上国家级的浙大科技园，全市的科技园区建设规模不小。要加快各园区的基础设施建设，使其尽快发挥作用。第二，大规模地发展孵化器，包括软件、生物基因和纳米技术等专业孵化器。第三，要在未来几年建成城市信息传输骨干网，充分发挥发展中国家在信息时代的后发优势，创造“数字杭州”的品牌，为投资创业者提供优良的创业环境。第四，重大的技术改造项目。每年的技改投入在 100 亿元左右。抓好重大技术源的引进。目前，如华大基因、诺基亚、华为、默克公司和西安交大等都已经或将在杭州设立研发中心。第五，重大引进项目。这些项目都是与打响“创业在杭州”这一品牌紧密相关的。我市提出“投资在杭州，就是投资未来经济中心”的理念，并将这一理念印入到每一个投资者的脑海。上海是中国未来经济发展的龙头，随着杭州到上海磁悬浮列车的开通，两市之间的行车时间只需 25 分钟，从时空观念上讲，投资在杭州等于是投资在上海，但杭州有比上海更好的生态环境，是联合国人居奖的获奖城市，通过进一步的努力我市有可能进入世界居住环境最佳城市的行列，以强化这一优势。

但要实现这些目标，离不开基础设施的建设，离不开重点项目的支撑。所以，要切实做好这些项目的前期工作。对重点工程建设，应该分清轻重缓急，做到续建一批，启动一批，储备一批，论证一批。尤其是要对项目进行科学合理的论证，有些项目论证几十年都有可能。如英法海底隧道的建设，就论证了将近 100 年，法国方面拿出的第一个方案，提出要在海底隧道的中央建一个 100 多米高的通风管道。20 年后，英国方面提出了一个新方案，就是把隧道分成两个，火车一进入隧道，风就被拉进来，出来以后就把风推出来，通风的问题就自然解决了，整个建设费用就减少了许多。所以，对一些重大建设项目，要吸收世界范围的专家来帮助论证。在城市基础设施建设方面，国外的水平确实比我们要高，这一点要承认。如大连、青岛的基础设施为什么好？因为这些基础设施都是德国、俄国等国侵占这些城市时建起来的，许多 100 年前建造的地下管线现在还管用。像罗马城，在 2000 年前就把基础设施建得非常完善，公用设施的概念在公元前 1000 年就已基本形成，而我国还是近几十年的事。因此，一定要认真吸收人类创造的科学知识财富，把它们运用到我市的重点工程建设中来。

二、推行体制创新，提高投资效率

总结前几年重点工程建设的经验教训，杭州市的投融资体制还不完善，政府负债很重，项目法人自主融资的能力很弱，社会投资参与度不高，国有股一股独大，管理漏洞百出。像四堡污水处理厂，就工程建设而言是相当优秀的，但是后续管理就不敢恭维了。厂区道路路灯的整流器全被偷光，在污水处理控制室的值班人员，只知道设备的开开关关，可以称为“开关师傅”，英文标识看不懂，只能写中文贴上去。工作期间一边嗑瓜子，一边在那里拨弄开关。一流的设施，三流的管理。

目前，政府负债进行基础设施建设已经到了极限。财政部专门研究了地方政府负债问题，再三要求地方政府不能过度负债。波兰在整个体制转换过程中，也曾出现地方政府大量举债，并由中央政府来偿还的情况，后来中央政府制订了世界上第一个《地方政府破产法》，明确规定中央政府不承担地方政府负债的偿还责任。据不完全统计，目前全国仅乡一级政府就有 2500 多亿元的负债。虽然地方政府将来可以通过发行地方债券来进行融资，但有一条标准，就是要审核地方政府的信用度。如果负债率超过一定的程度，地方政府的信誉度就大大下降，进而导致地方政府融资进行重点工程建设的能力下降，这也是衡量其投资环境好坏的一个重要因素。所以，在重点工程建设中，迫切需要解决好工程投资效益、地方政府负债和工程建设科学管理水平等三个问题。

一是对重点工程项目从经济上进行分类。首先是区分纯公益性项目与准公益性项目。如城市道路、路灯不能收费，它们本身不会产生经济效益，这类项目就是纯公益性的。而像桥梁、管网则是准公益性的；其次是区分自然垄断与市场经营项目。如城市自来水管网是自然垄断的，一个城市不可能有二、三个自来水供水管网，市民对管网没有选择的余地。自来水管网有稳定的效益，有自然垄断的规模效应，随着规模的增大，效益不断地倍增。而自来水厂则不同，根据取水口分布情况，每个城市都建有多个自来水厂。因此，输水管网和制水厂是可以分离的，而输水管网可以垄断。再次是分清地方必建项目与省市共享项目。有些项目是地方必须建设的。如小学、中学实行九年制义务教育，这是法定要求地方政府甚至是县以下政府必须投资建设的。对这一类项目，就要扎扎实实地建设好。但对大学、公共图书馆、体育馆之类的项目，如省里计划建设就由省里来建，也可以减少我市财政投资。这类项目公用性很强，省市可以共享。所以，对一些部里、省级部门能建的项目，可以采取让地、让利、让名"三让"的方式予以支持。

二是贯彻谁投资，谁收益，谁承担风险的原则。政府不能包揽重点工程建设的风险。工程建设的责任、风险和收益转由企业来承担，最著名的就是BOT的操作方式，即由企业投资完成整个工程的建设，并由企业负责运营，运营一定时期后，由政府收回项目的所有权与经营权。基础设施既可以由企业来建，也可以由政府来建。一些涉及征地拆迁量大的项目，由政府来建的成本比较低。所以，对一些基础设施建设项目，可以采取先由政府完成工程建设，然后对项目经营权进行公开招标转让，并根据项目的不同，确定不同的经营期限，30年或20年、15年甚至更短，经营期满后，政府收回经营权，再进行第二次公开招标转让。这就是新的BOT运转方式。

三是改变政府对重点工程的投资方式。政府既可以直接投资纯公益性项目，也可以委托资产经营公司去投资。例如运用资本经营的方式，政府出1亿元作为资本金，再吸收引入其他50%的资本，使资本金变为2亿元，再以2亿元的资本金向银行贷款，可以贷到5亿元，并由项目公司承担还贷任务，这样可用资金就达到了7亿元，也就是说我们用1亿元的资金可做7亿元的事，资金被放大了。基础设施建设中的许多项目，都可以采取"四两拨千斤"的办法来筹措资金，加快建设。对一般的纯公益性项目建设，政府可以采用补贴的方法。实践证明，补贴比政府入股投资好，股份化投资比政府直接投资效果好。

四是降低门槛，打破所有制界限，放开让民营经济进入基础设施建设领域。浙江省的民营经济规模很大，民间资本超过了2000多亿元，关键是资金流的闸门谁来"管"，如果杭州城门紧闭，则资金就全流到上海去了。上海市每年从浙江省引进的资金高达500多亿元。而杭州作为浙江省的省会城市，本应是近水楼台先得月。所以，一方面杭州要及时筑起一条"拦水坝"，截留流向上海的民间资金；另一方面，大开城门，降低门槛，放手引进民营经济进入基础设施建设领域。同时，要充分利用外地大企业特别是外资参与城市建设和重点工程建设，不求所有，但求所在，但求所用。

五是学会超前经营，综合平衡，土地竞价出让。杭州城市区划面积刚扩大，有些乡镇急躁的情绪就来了，一些房地产开发公司也闻风而动，一拥而上，盯着近郊这些乡镇签约圈地。这种行为不仅对城市发展不利，而且对当地老百姓的长远利益也不利。在未来的城市基础设施建设规划中，城市地铁将向萧山区、余杭区延伸，萧山、余杭区段的地铁建设资金需自己解决。那如何来解决建设资金呢？就是要根据地铁建设规划的布局走向，对相应地块预先进行严格控制。随着地铁的开通，地铁起点站、终点站和沿线停靠站周围的地价都将成倍地上涨，政府就是要利用这些地块公开招标拍卖出让的收益来弥补地铁建设资金的不足，这就是西方推崇的“TOD”开发模式。而现在一些乡镇眼睛老是盯着地铁的走向，看到地铁经过这里，就赶快把这个地块卖掉，那到了真正建设地铁时，只能是“砸锅卖铁”了，这绝对是个笨办法。所谓超前经营，综合平衡，就是充分利用和变现由重大基础设施、绿地所产生的价值渗透效应，增加政府收入。如在城市的周边，通过向农民租地的方式建设一些生态公园，形成近乎自然的生态绿地，然后公布这一区域的规划设计方案是用于景观房产的开发，并对开发地块进行公开招标拍卖出让。原来破破烂烂的地块，通过以这样的理念运作后，其出让价格将是翻几番地上升。愚蠢的办法就是先建房子，然后再将区域中心的房子拆除后改建为绿地，这样的绿地建设成本相差几十倍。两种办法所取得的社会、生态和经济效果是完全不一样的。

六是项目法人要真正实现自负盈亏、自担风险、自主融资。目前，重点建设工程建设的项目法人不是真正的法人，因为“这类法人”借钱还是由政府财政担保的。这一问题要在政府机构改革中予以解决。不能搞一些既不是自负盈亏的企业，又不是依法办事的政府机构，既不是市场经济又不是计划经济，更不能与国际接轨的“四不像”。要学会利用资本市场，充分发挥市场机制、国际资本市场机制的作用，按市场规律、法律条款来办事。只有这样，才能把投融资体制的改革搞好。

三、规范项目管理，确保工程质量

重点工程建设是百年大计，甚至是千年大计。但在实际工作中，重项目轻管理的问题还是比较严重的。工程项目一到手就大功告成，建设单位把工程交给施工单位建设就不管了，施工单位再转包，一包再包，重点工程最后变成了胡子工程，工程质量粗制滥造，事故频发，建设工期一拖再拖。这不仅砸了政府的牌子，坏了杭州的名声，而且亏了财政的本钱，也砸了施工单位的饭碗。这样的工程建设行为，必须彻底改变，失职者必然严厉追究。

一是严格建立项目法人责任制。项目法人要对项目的论证、投资、建设、管理、还贷、产权置换的全过程负责，真正承担项目风险。只有严格落实项目法人责任制和产权结构多元化的改革，才不会出现像四堡污水处理厂那样管理混乱的局面。

二是不断完善无标底招投标制度。以无标底招投标的方式确定工程建设项目的施工单位，可以节省建设成本的 20％～30％。地方要向上级争取一点资金是何等的困难，而采用无标底招投标的方式，一个项目就可节省几千万。完善无标底招投标制度，一方面要更加注重工程质量的控制，另一方面要向项目设计、工程监理、工程总承包、配套子项目如内部技术设施装备等领域全方位延伸，实行工程项目无标底招投标的全覆盖。当前，尤为重要的是要抓紧完善无标底投标的评标办法，不能简单地搞“去掉一个最高分、一个最低分”，应规范对恶意低标的处置标准。

三是严格工程监理制。工程监理制就是要使工程设计、施工和监理相互制约。当前，要扩大引进外地优质监理机构，放开监理市场，而且注重从项目设计时就提前介入进行监理，实行工程项目的全程监理，直到工程完工验收为止。宁波元宝山大桥事故，就是因为设计中存在问题而造成的，如果工程监理提前介入，对设计时的计算公式、数据进行校核，就可以避免这一事故的发生。要吸取这一教训，从工程项目建设的源头就进行监理。

四是严格合同管理。工程建设的每一个阶段、每一项业务都要有据可查，规范管理，这样才能把整个工程的质量、效率、成本控制好。近几年来，杭州市建设了许多优质工程，但也有一些工程不尽如人意，如迫于缓解交通压力而建设的高架桥。交通问题是一个系统工程，必须从整个系统上去考虑，如果只是抱着“头痛医头”的想法在拥堵处建座高架桥，难免会出现车辆上不去、下不来的结局。一个好的领导，一个好的城市管理者，对上级领导即兴提出的问题，工作中早就有预见，思想上要有所准备，有上中下三个方案，各有详细的利弊分析。如果规划师心中无数，领导就有可能拍错板、闹笑话。这也说明这方面的规划论证工作严重滞后。

四、加快项目征地和审批，优化投资环境

当前，重点工程建设碰到的最大难题是，前期论证工作完成后，项目征地难和审批难。对这些问题，应采取以下几项措施来解决。

一是做好重点工程项目的宣传教育。重点工程事关城市的可持续发展，事关老百姓生活质量的提高。要引导群众正确地对待重点工程，使他们做到眼前利益服从长远利益，个人利益服从城市整体利益，局部利益服从全局利益。只要把建设项目的社会效益及对当地老百姓的长期利益反复讲清楚了，老百姓也就会支持重点工程的建设。

二是公开项目规划，接受群众监督。通过项目的公开，让群众了解这一重点工程的建设，对他们将带来什么好处，为当地长远的发展和子孙后代带来什么效益。道理说得不深不透，就容易受别有用心人的挑拨。这对城市道路这类预先规划定址的项目，显得尤为重要。而对竞争性项目，则要采取公开投标择址的办法，如浙江大学城市学院既可以建在拱墅区，也可以建在下城区或西湖区，采取公开招投标的办法，哪个区提供的土地价格便宜、服务好、承诺交地的时间短，就把学院建在哪里。而绕城公路就只能按预先规划确定的方案建设，不能因为这里地价高就不从这儿过，而绕到其他地方去。像学校、图书馆、大型医院等项目在合理布局可以多点选择的情况下，就要进行竞争性招标，尤其是对一些无污染的外资项目定点更应这样做。吉林省有家叫“德大饲料”的外资项目，先在五个县进行竞争投标，最后，某个县以提供土地最便宜、交通条件配套最好、组织能力最强而中标，如今这家外资企业已成为全国最大的饲料企业。对竞争性项目采取公开投标择址的办法，通过引入竞争机制，从而激活干部的活力，加快城市建设。

三是妥善处理好群众利益与重点工程效益之间的关系。要公平、公开、公正地处理好国家建设与老百姓利益的关系。当前，一方面要大力推行公寓式农居建设，既安置重点工程拆迁农户，又节约土地；另一方面要坚决拆除违法建筑。这两手都要硬。

四是简化政府部门的审批环节。有一些工程项目可以“一堂一审”，不需要搞“多堂会审”。但实际上，有许多工程项目都是“多堂会审”，而且有的部门派人参加项目会审后，确定的意见还不算数，需要部门领导再审过。参加会审的人员既然不能代表领导，那来干什么？这不是浪费时间嘛！还有的部门认为光集中会审不行，还需本部门单独会审，这不是重复劳动吗？再就是参加会审的少数干部，在会审会上讲一些不着边际的话，比如卫生防疫部门讲城市景观、色彩应怎样怎样。这与卫生防疫有什么关系！卫生防疫部门参加项目会审，就应讲与项目有关的卫生防疫的事，这是必答题，必答题答得漂亮，再讲点别的内容，锦上添花也可以。

五是依法坚决打击捣乱破坏重点工程建设的违法犯罪行为。目前社会上存在着一种非常不好的风气，政府的重点工程一经确定，准备开工，当地的乡村就提出基础工程要由他们来建，土石方工程由他们承包，有的甚至非常恶劣，与地痞流氓勾结起来，向重点工程提出非分要求。所以，一定要及时集中力量严厉打击流氓地痞，特别是那些结党营私、霸占一方的社会黑势力。

五、严格责任制度，确保安全施工

重点工程是流芳百世的工程，是每一个政治家施展自己抱负，在地球上留下痕迹的工程。谁不想在人生道路上搏一回，在地球上留下烙印。人们说，政治家的政绩是刻在地球上的，每一个稍有一官半职的人都想在有生之年搞出一点名堂来。这是人的本能冲动，也是正常的，只要加以正确引导，都可以成为社会进步的动力。但是搞得不好，则将是遗臭万年的事情。有些项目负责人因疏于管理导致重大责任事故或因贪污受贿，工程没建成，人已进监狱，工程本身就成为他的耻辱碑；本可以流芳百世的，现在却变为遗臭万年。子孙后代看到这个工程，就会想到我的先辈在这个工程上栽了，变成了囚犯。每当他们路过这一工程，心情就会格外沉重。这给人们留下了什么样的“文化遗产”？这是所有负责重点工程建设的人们必须想清楚的问题，再辅之以强有力的管理措施。

一是严格制度，加强管理。不仅领导干部自己要严格遵守制度，而且要求别人也这么做。对工程建设项目实行无标底的公开招投标，是领导防止腐败的一条“拦水坝”。决策者要学会自律，通过制度瓦解自己手中的权力，这是领导干部成熟的标志。权力越大，腐败的诱惑也越大。如果领导抓住手中的权力不放，全部方案都由自己审批，或者是什么也不管，放任下面审批，这样的领导是不负责任、不清醒的领导。

二是从下而上建立责任追究制。工程建设副总指挥或下属出了问题，总指挥就要承担连带责任。要做一个清醒的工程项目负责人。即使被“摘帽”，也应是清清楚楚、明明白白，不能是对下面的情况迷迷糊糊的，连自己为什么被“摘帽”的原因都不知道。安全施工包含两个方面，即领导的政治安全和施工人员的人身安全。这两个方面的安全，都需要建立一级向一级负责的责任追究制度才能有所保障。

三是规范现场管理。工程建设如果要出问题，施工现场管理中就该暴露出来了。如该规范管理的不规范，有章程、准则不遵守，责任人责任负责不到位，或投机取巧，结果就容易发生重大事故。

四是努力学习科技知识。在同一个坑里跌倒两次的人，确实是一个笨蛋。为什么不能吸取教训，屡次犯同样的错误？如果这些公务员把平时搓麻将、吹牛皮、侃大山的精力稍微用一点在看书学习上，那就不至于犯同样的错误。常识性的错误是最可悲的错误。一个 13 岁的小孩居然能写出《本领的恐慌》这样的书来，而我们有些搞项目工程的干部牛皮很大，自以为可上天揽月，可下海捉鳖，对自己的本领一点也不恐慌，这样行吗？当今世界变化那么快，技术创新日新月异，每个人都应恐慌，这样才能孜孜不倦地去学习知识，才能避免犯错误。

第十章　传统城市管理模式的矛盾与变革之道

——推广数字化城管新模式，促进繁荣与舒适

我国城镇化的快速发展带来了诸多严峻的政府管理缺位问题，加强和改善城市管理的任务尤为紧迫而艰巨。自从有了城市，人类就孜孜不倦地探索城市管理的问题。所以说，城市管理既是一个古老的问题，也是一个常新的问题，充满了挑战性和创新性。我国已经确立了落实科学发展观和构建“和谐社会”的战略目标，又具有良好的传统文化氛围，能够应用最新的信息化技术，还有集中度很高的政治体制和勤奋聪慧的百姓。充分利用这些优势，协同社会各方面的力量来管理好当今世界上发展最快、规模最大的城市群，不仅能为中国和谐社会的构建作贡献，也能为全球的城市化和可持续发展提供可借鉴的范例。但是，当前我国城市管理领域存在着一些日益尖锐的矛盾和冲突，这些矛盾和冲突始终困扰着各地城市管理者的观念、行为和模式。本章先从这些矛盾的分析入手，提出困扰我国城市管理现代化的主要障碍，进而阐述了城市管理新模式应对这些矛盾和克服此类障碍的主要功能，然后提出近期进一步推广城管新模式的几项重点工作。

一、当前城市管理领域存在四大矛盾冲突

（一）人民群众对城市优质公共空间日益增长的需求与现行传统的、粗放的、落后的城市管理模式的冲突。

改革开放以后，人民群众通过到国外旅游、观看电视电影、浏览因

特网等多种途径，了解到什么是优良的城市空间。城市公共空间是全体市民最宝贵的资产，也是城市竞争力、生活质量、生态环境的最主要的载体。但在我国许多城市中，建筑外表亮丽，小区内部洁净，但是公共空间却肮脏混乱。这说明我们的城市公共空间管理工作还不到位，城市功能的发挥和承载力的提高也受到严重的影响。人民群众通过这种感观对比，渴望政府能够提供像国外发达国家的城市那样的环境优美、安全舒适、交通便利的公共空间。社会主义中国城市的和谐与文明应超过资本主义，其优越性也应该体现在为人民群众提供更好的公共空间上。从政府职能方面来看，私人空间可以通过市场化的方式由个人和产权单位自己解决，政府不可能也不应该管到每个住户室内和小区内部的洁净卫生，但为人民群众提供优质的公共空间是政府不可推卸的责任。

快速发展的城镇化造就了非常复杂且日益增多的城市管理盲区。从空间秩序方面来看，存在许多传统的“门前三包”不到位的地方，有许多城郊结合部和“城中村”变成了“脏、乱、差”的代名词，成为中国式的贫民窟的所在地。从管理的具体事件来看，有很多事情没人管，但有许多事情抢着管，管理方面越位和缺位状况并存。有利的事情，没有部门愿意放弃，甚至拼死拼活地与兄弟部门争；无利的事情，相互推诿扯皮。从部厅管理方面来看，有许多城市专业管理部门奉行“大锅饭”制度，管好管坏一个样，管与不管一个样，等到部件坏了，如窨井盖被盗，有人掉进窨井发生伤亡了，新闻媒体报道了，家属索赔了，领导批示了，相关专业部门才会出动处理。由此可见，快速城镇化所带来的许许多多的城市管理盲区，光靠传统的管理模式是不能解决的，大多数城市政府的管理能力、管理法规的准备、技术装备、信息收集与处理、奖罚措施都跟不上快速城镇化对高效、人性化的城市管理的要求，不能满足人民群众对优质公共空间的需求，也就不能为构建和谐社会创造条件。

（二）以突击性的运动来弥补经常性、持续性的城市管理不足的传统管理模式，引发了干群之间的冲突和对抗。

从某种意义上说，传统的管理模式已经走到了尽头，它不是与构建和谐社会相适应的城市管理模式。如流动商贩乱设摊、乱扔垃圾等现象，没有人及时进行制止，也没有单位来及时进行组织疏导，而是等到这些摊位固定化或半固定化，小商贩们采购了大量的装备、物资、商品后，城管部门才突然袭击、驱赶，小商贩们连本带利损失就大了。据了解，商贩设摊摆位，一般都是先搞一些成本非常低的买卖，先花个一二百块钱进点货，在这里摆个摊试试看有没有人来管。如没有人来管，过几天就进几千元的货，甚至几万元投进去了，最后城管部门才出来制止，对商贩货物一扫而光，这时候对立情绪就严重了。小商贩们说，刚开始在街头设摊尝试做小本买卖时，城管部门就出来引导和制止，并开放某些地段设置双休日“跳蚤市场”，就不会有这样激烈对立的情绪。从城管自身找原因，这是政府管理部门的拖延失管行为所酿成的恶果，没有把问题处理在初始和低成本状态。又如违法建筑的蔓延，就是由零星的乱搭乱建没有得到及时制止和拆除造成的。搭建违法建筑也是需要成本的，每平方米造价约在500～1000元之间，加上装潢价格每平方米约1000～2000元。违法建筑的建设程序，往往先是搭一个简易的棚子，如果没有人来拆，几个月后就变成砖木结构房子，再没有人拆，就演变成钢混结构的房子，尔后再装潢成花岗岩贴面的漂亮街面房了。这时，管理部门再实施拆除，就血本无归了。违建者投入巨额资本形成了巨额资产或债务时，管理部门再来拆除，极易冲垮违建者的心理承受底线，引发严重的冲突。再如破损的市政服务设施，没有得到及时维护，造成了群众的伤亡事故，也易引发群众对政府的不满和对立情绪。

依据传统的城市管理体制，如果把城市空间看成是一个人，那城管部门就好比是医生，但不经常去会诊，也没有预防在先，有了小病，也不予理睬，等到小病变成了大病，大病变成了癌症，然后才予动大手术或花巨额药物费，这不是维护患者利益的态度。任何一个城市，如果它的公共设施一旦到了严重失管、失修的状态，或者干群矛盾较为尖锐对立的时刻，部分城市功能就会瘫痪。为什么现行的城市管理模式，经常会发生城管队员被打、被油烫甚至被杀的情况？除了少数城市管理员态度粗暴的原因外，实际上更多的是传统管理机制有问题。这种机制是对抗性的，是庸医机制，而不是治病救人的机制，所以许多常发的城市病治不好，病人与医生容易发生全面冲突，互相对立。许多城市的网上论坛对城管队伍是一片骂声，鲜有同情的，一旦把城管队员看成土匪、强盗了，这就与构建和谐社会的目标相悖了。事实上，城管执法干部正在遭受“夹板困境”。一方面，政府领导要求城市环境整洁，秩序井然，城管干部任务重、压力大；另一方面，进城农民和小商贩为了生存，走街穿巷，到处设摊，不时引发暴力抗法事件。而市民群众对价格低廉、服务便利的小商贩有一定的需求，市民自己多余的小物件进行交易也应有专门的空间，所以，普遍存在同情小商贩的心态。

（三）城市管理的专业化技术日益深化与以块为主、综合性行政执法的思路形成冲突。

现代城市管理制度的创立，最早在英国，当时只有一个管理机构，只有一部法律，就是150年前英国颁布的城市公共卫生管理法，也是世界上第一部城市管理的法律，那时候确实是一顶“大盖帽”管所有的事情。但是进入工业化时代后，城市社会变得越来越复杂，各种各样的管理职能分工也越来越具体。就像农村诊所里的医生是全科医生，从内科、妇科到皮肤科等等，全是一位医生负责，其对知识积累非常慢，这样的医生看病水平也不会高，所以人们看重病、动手术一定要到城里的医院去。只有城里的医院，牙科、眼科、鼻科、内外科等所有科目是分设的，在单一科目狭窄的领域里，医生的知识积累很快，才会有优秀的专科医生涌现。这些专科医生集中在一起相互合作就构成了现代化的医院，这是人类社会进步的体现，也是技术创新的奥秘之一。

城市是人类创造的最复杂的人工与生态的复合系统。对这类日益复杂化的系统进行有效管理，管理者需要应对的问题是比任何单一学科都要复杂，建立比现代医院更加高度专业化的众多城市管理部门是非常必要的，也是不可抗拒的历史潮流。城市规模越大，现代化程度越高，城市管理部门专业化程度就会越细，这是人类社会进步的必然趋势。从另一个方面来看，就街头路面现场的简单事件的处理，必须是综合化的，以块为主，现场处理，以取得迅速敏捷的效果。这说明专业化部门管理与路面的综合化处理是并存的。我们不可能简单地因为“一顶大盖帽管不了七八个大草帽”这样一个简单比喻，就把所有专业队伍的执法功能全部合并综合起来，当然也不因为通过专业化分工以后，就不需要综合协调现场处理了。

目前，我国某些城市管理的方式从一种极端走向了另一种极端。例如，北京市城管局网站公布实施的行政处罚权多达285项，光是背诵法律条文就令人生畏，以至于这些综合执法部门负担过重，专业的技术支持储备不足，综合协调能力反而下降、缺乏。此外，执法主体的地位也不明确，综合执法部门只是受各专业部门委托执法，实际上委托执法只能是局部委托，执法所需的专业技能和规范却无法“委托”到位。市区两级综合执法部门职责也不明确。传统的“门前三包”，从制度自身分析上来看是很合理的，但是，该项制度发挥作用的前提是监督者与被监督者之间不存在信息不对称、奖惩能不折不扣地落实。这两点在实际中都办不到，这也正是开展“门前三包”的历史已经超过整整20年，但效果总是不理想的原因。首先是涉及专业部件损坏问题谁包干？“门前三包”主要内容是清扫，但那么多专业性部件损坏谁“包”？执法权的权限谁“包”？失去了执法权，在“门前三包”范围内的任何强制性措施都是违法的。虽然实行了“门前三包”，但干与不干、干好干坏一个样，没有专门单位负责进行信息传递和及时评价。在现代城市管理模式的演进历史中，一方面，专业化分工的日益细化，不可避免地派生出众多的专业管理法规和执法机构；另一方面又要求基层单位有综合化的整合功能，包括小事件就地现场快速处理的协调功能。由于这两种功能在我国传统的城市管理模式中并没有协调一致，造成了综合执法局负担过重，专业部门闲得发慌，而人民群众对破损的市政设施、环境脏乱差的公共空间日益不满等矛盾的局面。

（四）现代城市活动的日益复杂性与政府效能低下引发的冲突。

必须承认，对现代城市管理者而言，“非常不幸”的是，我国的城镇化伴随着全球化、市场化和机动化的进程，也伴随着任何国家都没有发生过的多达1.4亿农民工“候鸟式”的迁徙活动。这么多影响因素与城市化同时相伴随，是西方任何一个国家都没有经历过的，这为我国的城市管理带来了前所未有的挑战。而“非常有幸”的是，我们又生活在信息化时代，能否利用信息技术来解决城市管理的问题，那就是傻医生和好医生、笨医生和聪明医生之间的区别。所谓政府失效是国际性的通病，在我国也不能幸免。首先表现在管理部门信息掌握不足。由于机动化和市场化的存在，决策在空间和时间上高度分散化和随机性使得现代城市公共空间的“病症”多发、频发、复杂、疑难症并发，而传统的城市综合管理部门作为城市的“医生”来讲，由于只能了解极为有限的信息和处理零星的事务，其水平相当于乡镇的赤脚医生，根本无能力诊治急病重症。面对高度复杂的、日益繁多的、前所未有的、多发的城市疑难病症，城市管理者遇到了史无前例的、解决不了的难题，经常出现政府管理越位和缺位并存的困境。其次是公共利益的冷漠。以前经常提“人民城市人民建，人民城市人民管”这样的口号，而今有网民发帖评论说，正是因为许多方面的城市事务无人建、无人管，所以才叫人民群众建，人民群众来管。真的有问题时，有些城管部门的管理人员是多一事不如少一事，能推就推，对关系人民群众生活质量和影响和谐社会构建的城市疾病防治无动于衷，这样的“医生”和防治机制就不是人民所需的。另一方面，之所以对公共利益冷漠，是因为缺乏有效的激励和评判机制对干多干少、干好干坏进行奖惩。第三是受俘获。诺贝尔经济学奖获得者、美国经济学家斯蒂格勒(Stigler)认为：政府的管理者与被管理者经多次博弈之后，管理者往往被被管理者拖下水，成为某个利益集团的代言人。例如，在城市中蔓延的违法建筑，正是管理部门受俘获的恶果。在城市中心公开拍卖一块地，需要付出一万多元一平方米的代价，最高的达四五万。但是乱搭建的、占用绿地的建筑，不仅不需要支付巨额土地出让金，而且侵占了公众享用的公共空间。如果某利益集团与规划局勾结起来，后者以“不作为”来默许违法现象就能与违法者“分赃”。我国有最严格的耕地保护制度，但同时存在最软弱的违法建筑查处的拆除机制，这是严重不匹配的。为什么一些城市管理部门对违法建筑放任自流？为什么“以罚代拆”越演越烈？公共空间是人民群众共有的，怎么可以被个人占有呢？以罚款了之，是对违法者有利，对管理者亦有利可图，自动形成了被俘虏现象。在这样一种机制作用下的城市管理，往往难以代表公众利益来管理城市，而会跟着利益集团走。第四是信任危机。城市管理需要政府的公信力和法规的强制力来捍卫公众利益的底线。如果政府失去信任度，许多公共政策措施都将难以执行。靠什么去建立政府的公信力？靠什么去捍卫人民群众的公共空间、长远的利益，避免公地的悲剧？这就是城市管理模式创新的要点。最后是政府管理时滞和管理成本过高。按照以往的城市管理模式，各专业部门之间、条块之间、上下级之间，城市管理的协同难度和成本越来越高，而且往往会引发一些机制体制性的错误，从而使城市管理工作陷入死胡同。

正因为存在以上四类城市管理工作的内在冲突，各地都自发地开展了城市管理新模式探究工作，一场城市管理革命就应运而生了。

二、城市管理新模式的五大功能

简言之：城市管理新模式是以信息化为手段，集成各种政府管理和公共服务资源，在特定的社区网络内，及时发现并综合解决各类问题，更好地满足群众对城市整洁优美的公共空间需求的一种管理机制和制度的创新。其主要功能可归纳为五个方面：

一是变粗放、低效管理为精准高效管理。通过GIS、GPS、RS等信息管理新系统的运用和事件、部件处理优先权的合理安排，实现了城市管理在空间和时间轴上的精确定位。将城市管理对象按“部件”和“事件”进行详细分类，经过编码、定位，将所有发生的城市管理问题都在数字化的地图上标明，落实到以街道或居委会社区为基础的单元网格中。在事件的处理上，以块(基层单位)为主，条条协助；在部件的处理上，以条为主，块块协同。这两者职责分明，无法推诿。在城市地理空间上实行网格化划分、专业人员定点巡视管理，信息的采集、反馈和检查在空间上准确定位，责任到人，职责范围定位准确。在时间上实行流程化管理，定人、定时、定量，记录在案，无效返工，做不好通报批评、及时处分。有了精细的管理模式，才会有精致的公共空间，才有精致的城市。许多试点城市到处是精致、秀美和整洁的公共空间景观，就是通过精细化的管理而获得的。

二是变突击运动式管理为经常性的、可持续性的、深入到每个角落细节的管理。北京市东城区、朝阳区和扬州、深圳等试点城市在推进数字化城市管理时所创造的“实时”发现和处理问题的能力，实际上就是“医生”时时在关照“病人”，“在线”诊断“病人”，时刻在做“疾病”预防治疗工作。通过设立现场监督员，可及时发现问题和就近受理群众的举报，能将影响城市健康运行的事故消灭在萌芽状态。4小时内发现问题，12小时内处置问题已成为城市管理新模式的通用行为规则。从传统的被动应付到主动处理、及时处理，新的管理模式产生的效应实现了集“小变”为城市人居环境的“大变”；变断断续续的突击清扫为持续的高效管理；变伤筋动骨冲击式的大手术为和风细雨式的保守治疗与预防；变政府城管部门的不作为、乱作为为规范执法、文明执法。所以，管理新模式对城市病的治理是固本强基、预防在先，并为诊治根治各类城市顽症奠定了基础。

三是变管理主体的分散、职责的交叉扯皮为上下左右无缝拼接。新的管理模式能完全适应高度的专业化分工。城市管理方面日益细化的专业化分工是合理的，但与传统的管理模式存在着内在的冲突。新模式通过网络化进行技术的无缝拼接，实现不同专业部门如市政、房产、绿化、市容、交通、建筑、环保以及电力、通信、广播、热力、供水等公共服务机构的管理资源在空间、时间上的整合和系统化，高度整合和有效利用了各类管理和公共服务资源。通过在政府城管机构中设立监督中心和指挥中心进行双线运行、相互监督强化，再通过网络通信技术进行拼接，使管理行为从传统的一次性工作指令变为循环反复检查落实，从单向度的发散式管理模式变成反馈追踪。任何一个监督人员现场发现问题或接到群众举报，后者必须限时将信息传输给指挥中心，当接到专业部门处理报告后，现场的信息员必须将处理结果进行现场核对，并反馈给指挥中心结案。这个过程无论是数字化城市管理或者是12319城管热线也好，都能达到明确职责，明确管理对象，明确处置标准，明确处理时间，从而形成了专业部门之间的合力和上下左右之间协调管理机制。无论某个市或区有多少专业部门和队伍参与管理，无论城管的复杂性增加多少，网络技术、信息技术能将各专业部门的职能、众多的“门前三包”单位，甚至各种各样的物业公司的管理资源“一网打尽”。通过信息系统的无缝拼接、全方位监督，使他们的绩效、工作态度全部记录在案，“天网恢恢，疏而不漏”，并便于上级、民众和新闻媒体的监督。从而使专业部门告别了清闲，综合部门告别了协调的重担，上级部门告别了城管经费、人员编制、工作量上的考核难题，人民群众告别了脏、乱、差的市容市貌。

*四是变政府城管部门的处置能力从低效、迟钝为高效、敏捷。*12319服务热线和数字化城管的联动，实际上是一场城市管理的效能革命。只要有群众电话举报或者信息员报告，任何一个职能部门都推卸不了、受俘获不了 、推诿不了、草率不了。城管部门掌握的信息，从不足到充足，从粗放到精确、从定性到定量；处理的责任从不明确到明确，能办的事情不能推、不能拖、不能放，处理的结果最终由群众来评判。各地实践证明：推行数字化城市管理后，专业部门的信息量一般增加了9倍到12倍，工作量也随之提高了，及时消除了许多社会不和谐的因素和城市管理的盲区。

*五是变对抗性、强制性的旧管理模式为润物无声式的“善治”。*以构建和谐社会为目标的城市管理新模式，应该创造一种市民与政府间的平等对话机制，而不应是“自上而下”的一厢情愿、强制性的运动或满足

某个领导个人偏好的全民演习。这与联合国人居署所倡导的“善治”模式是一致的。

善治(Good Governance)不同于行政(Administration)，也不同于管理(Management)以及统治(Government)，四者有着明显的区别。首先，无论是行政、管理，还是统治，都是从上到下的指挥、命令；而善治是从上到下和从下到上的结合。第二，行政、管理、统治都是由政府或上级说了算，而善治是着眼于调动各方面的积极性。善治有多种定义，但认同度较广的是全球治理委员会1991年发表的题为《我们的全球伙伴关系》研究报告中的定义——善治是各种公共的或私人的个人和机构管理其共同事务的诸多方式的总和，它是相互冲突的或不同的利益得以调和并且采取联合行动的持续过程。这既包括迫使人服从的正式制度，也包括各种人们同意或以为符合其利益的非正式制度和制度安排。

当前，我国城市市民阶层日益分化，市民中贫富差距的拉大，不同阶层群体的独立越来越明显，城市基础设施尚不完善。与此同时，移民背景文化的多元化，也使城市管理日益“众口难调”。在此时代背景下推行市民参与管理的“善治”模式尤为重要。

市民参与城市管理，从虚到实，从初步到高级阶段，可分为三类八个标准。

第一类有二级，不是参与的参与，或称之为“假参与”，实际上是掌权者在玩政治手腕。一是操纵。选几个赞同自己观点的市民作代言人，作为代表，阐述自己的观点，实际上是操纵舆论，这是假参与。二是治疗。不求改善政府自身，而是改变市民对政府的反映，包装自己。这两种情况说明“假参与”实际上都不是为了群众参与，而是利用和操纵舆论。这些在国外都已经揭露得比较彻底了，我们现在不少地方还在搞。有的城市实行管理的公众参与，选的几个代表，都是与管理者的意见一致的，是被“内定”为“群众代表”，坐在那里发表“群众意见”，实际上他们根本不能代表群众，代表的是领导个人的意志，这确实有些愚弄群众的味道。新模式不仅要求每件举报都有反馈，而且将城市管理的总体效能置于市民的评价之下，无疑能杜绝此类假参与。

第二类有三级，属于象征性参与。一是通知，报告既成事实。城市管理部门将已经决定的城市管理方案向公众发布，你提意见也罢，不提意见也罢，反正就是一回事。这虽比原来封闭的好，但也就是一个安民告示。二是咨询，决策之前进行民意调查，并不一定采用民众的意见，反正调查是一种形式，听证也是种形式，最后还是根据领导的意志来定。三是安抚，设立一个市民委员会，只能内部提意见，不能影响决策，也不能预决策。所以这三种方式是象征性参与。象征性参与虽比前面的“假参与”好，仍然属于虚假的“民主”。新模式将市民的需求作为城市管理的目标与任务，从根本上削弱了“长官意志”或“政府有病、群众吃药”等劳民伤财的乱决策行为。

第三类是有实权的参与，分三级。一是建立伙伴关系，即政府与各类社会团体分享权力与责任。政府把许多自己的职能转移分包出去。二是代理权，即社会团体或企业受委托行使部分政府职权。如同特许经营。三是市民决策管理。市民选出代表，或通过网络系统直接向城管专业服务单位和综合部门“分配任务”，督促其完成，拥有实际决策权。新模式通过网络公开、新闻追踪，使每个市民都可以根据基于利益的角度对城市相关专业部门的服务态度与质量进行评分，真正使这类“保姆”机构置于人民的监督之下。另一方面，由于新模式注重发挥基层组织的效能，体现了自下而上的“城管善治”，能够将各类矛盾化解在萌芽状态，有利于构筑“润物无声”的和谐管理方式。

在新的城市管理模式中，政府管理的行为由被动应付转化为主动解决、定期分析、探求源头生成原因；管理的方式从粗放变为精细、定性变为定量、一次性突击变为长效持续；管理资源的配置从杂乱低效配置转为系统高效；对管理结果的评价从奖罚不明变为奖罚分明、及时处理；管理的程度从封闭运作转化为公开公平，便于群众参与和监督；管理的参与机制从政府和专业部门一个积极性变成为全社会参与，有效调动了各方面共建美好家园的积极性。从某种意义上说，城市管理新模式的主要功能，实际上是通过现代网络系统集成了一个最广泛的“统一战线”来解决我国前所未有的城市管理的难题。

三、促进城市管理模式创新的若干重点

十六届六中全会提出美好和谐社会需要全体人民的共同参与、共同建设、共同享有。这对城市管理工作提出了很高的标准，也就是和谐社会的城市应该让全市人民共有、共管、共享、共评。这就要求城市管理

部门在贯彻落实六中全会精神的过程中，及时推进管理模式的创新，并着重抓好以下几项工作：

第一，将推广数字化城市管理和12319服务热线作为构建和谐社会的主要抓手。急群众所急，切实解决老百姓一家一户做不了、做起来不合算的事。尽快提高城市政府的管理效率，尽力为群众提供洁净优美的城市公共空间，消除脏乱差和环境污染，提升城市的功能。实践已经证明，让人民群众参与城市管理、让人民群众满意政府的管理方式、让人民群众高兴地享用完美的公共空间和完善的服务设施，是让社会和谐的重要前提条件，也是做好城市管理工作的一个最主要的指导方针。

第二，要尽快设立与优化12319服务系统。由于地区经济发展水平不同，我国西部少数城市设立城管新模式可能会缺乏必要的资金，但是12319服务热线的设立，并不需要多大的投入，一般只需几十万元就可建立。市政服务热线是一种低成本的现代化管理手段，是任何一个城市都承担得起的。只要市民电话能打得进，城管指挥中心能够收发电子邮件，群众反映的问题能够解答，信息能传递到责任单位，责任单位处理后能够反馈处理结果，结果能够根据人民群众的满意度进行结案，城市管理新模式的雏型就形成了。如果部门处置的结果能够及时登报公开披露，对“门前三包”、其他专业单位的成效能利用信息化手段客观及时监督评判，就能进一步提升新管理模式的效能。通过这条很简单的电话热线，把人民群众与政府机关的职能连接起来，把群众的不满意与针对性地促进政府效能的提高连接起来。但是这条电话热线要真正高效运转并不容易。一是一线接听员的经验要丰富，要有独立判断能力。二是处理程序要形成闭环管理，要及时向举报人反馈处理结果，取信于民。三是管理系统对群众的呼声，要能传递，有记录，能对共性的问题处理公开登报评判。四是指挥分析小组的要有丰富的经验，判断精确，指挥恰当。实际上这四个要点都是出于没有运用较昂贵的现代地理信息系统的新技术，只能是靠熟练的人工技能进行补偿的结果。所以，12319管理系统需要接听人员的技能深化培训。例如，杭州市设立服务热线时，就派遣城建系统和其他部门的后备干部为接线员，每人每天接听回答35个问题作为定量指标，群众满意率要达98%，不达此两项，就算定额任务没达标。3个月下来以后，每个人都精通了城市管理，了解了群众的呼声，锻炼了实际处置的能力。但是数字化管理不一样，数字化管理依托现代信息技术和3S系统，使复杂的城市管理部件化、标准化、事件化、程序化，也就是说城市事件、部件问题接听处理“傻瓜化”，一般能打字的年轻人培训几天就能胜任工作岗位。12319相当于专业摄影机，什么都要手动操作，数字化城市管理就相当于“傻瓜机”，快门一按就能拍照，因为任何处理对策都程序化了。由此可见，无论是信息接受还是指挥系统，都是相互关联的，只要人员培训到位、系统设置科学、处理程序合理(即记录、传输、反馈等功能发挥)就能发挥新模式的效能。但由于数字化管理是将整个管理系统都信息化、程序化了，需要投入的资金也比较多。

第三，稳步推行和优化数字化管理系统。发达的沿海省份要在5年内实现数字化城市管理的全覆盖；中等发达的省份5年内应该完成1/3或1/2试点城市；发展中的省份，推广数字化城市管理要取得突破，至少是省会城市、大城市能获得推广。但是12319服务热线必须在2年内实现全覆盖，不管是发达还是不发达地区，这两个系统成本和投资量不一样，构建所需的人力资本素质和系统管理难度也有较大的差别，这就为基层推广新模式提供了多种选择。

当前，建立和优化数字化城市管理系统，要注意解决普遍性管理问题，并力求避免以下几类缺陷：

一是系统设计包含内容太多。从目前的经验来看，初创时期的数字化城管系统不能把民政系统、治安系统、人口系统都同步纳入，否则一下子就把整个系统压垮。目前该系统还没有那么高的包容性和自适应性。数字城管系统容易人机对话，操作简单，如把这个系统搞得适应性非常强，包罗万象，那这个系统将会成为失败的系统，或投资很昂贵的系统。所以说，数字化管理不是万能，不能一步到位，过分理想化，而且应循序渐进地扩大管理覆盖面和内容。

二是服务范围、空间覆盖面过小。目前试点城市的数字化管理一般覆盖的是已建成的城市区域，没有什么建设工地。但城市大多数问题主要发生在繁华地段和城乡结合部，不能只管了建成区这一头，而把另一头丢掉了。城市管理混乱更严重的是城市边缘地区。一个好的管理系统要能够及时扩展，适应快速城镇化时期部件和事件的多样性和多变性，网格管理要逐步覆盖城市和城乡结合部所有人群活动频繁的区域。

三是系统形象装备太多，实用的处理功能反受到削弱。有些试点城市的管理系统配置了昂贵的大屏幕显示设备，其实一台廉价的投影仪就可以替代。市一级指挥中心装备一台大屏幕显示器就可以了，区一级就没有必要，只要能够对信息进行传递、接收、处理就行了。如有领导或同行来学习交流参观，用一个投影仪临时放映一下就可以。按节约型的原则来创建和实施新模式，新系统的投资和运行成本可以大大减少。

四是与群众的沟通反馈不密切，系统在社会上的公信力不足。设立管理新模式，就是为了重构和强化政府的公信力，通过实时沟通、公开处理标准、时限和结果来显示公平，促进公正办事，提高政府的管理能力，降低执政的成本，提高行政效能。

五是系统运作成果的奖罚不分明。对专业部门，管理效能高的不奖，差的不罚，不点名，不挂红灯，不黄牌警告，就会失信于民。实际上，通过系统自动生成的数据，可以非常清楚地了解哪个专业部门管理效能和服务态度是最好和最差的。如果对此不作相应的处理，市民参与和监督的积极性就会逐渐丧失，整个系统的效用就会毁于一旦。

六是系统信息库的兼容性差，不能扩容，包容面不广。信息系统和其他系统不一样，信息的多次重复使用并不消耗资源，而只会增加信息系统的效用，所以系统的共用性越好，信息库建立反而越容易，共享程度越高，综合投资也越省。一个城市的规划管理、市政管网、行业设施、公共服务等方面都应共享信息库和系统的功能。

七是政府包揽过多，没有能够实现小政府、高效率。城市管理内容中可以外包的业务要及时外包，职能外包能够引入竞争机制，提高政府效率。实行数字化城市管理，能促进政府城市管理职能外包，最大程度上实行城市管理事务的社会化营运、物业化管理和市民大众的参与。系统的信息收集员队伍没有必要按吃大锅饭的事业单位来组建。管理指挥中心和反馈系统的工作人员也不必都是公务员编制，而应该建立奖罚分明、能进能出的制度，形成内部自我优化的机制。

第四，优化数字化城市管理系统和 12319 服务热线系统的整合。这两个系统的功能是不能相互替代的。数字化管理是政府主动发现问题，解决问题，是属于主动服务；而 12319 是被动的服务系统，群众有呼声，通过接线员接听，分析记录，专业部门处理了再向群众反馈，是被动性质的。数字化城市管理系统是政府内部的延伸服务系统，是内部解决问题的执行和自我反馈系统；12319 主要是外部系统，是针对群众生活中遇到的问题及时进行反馈的处理系统；数字化系统具有内部小反馈的自动处理机制，但是12319是个大反馈系统，是通过人民群众对处理结果满意不满意形成大反馈，并具有根据这个最广泛的反馈来作出应答的机制；数字化管理是政府作为人民的“保姆”，通过数字化、程序化、精确化来明确自己的职责，明确对自己的奖罚，运用类似西方国家大工业生产时期创建的“泰勒制”模式来提高“保姆”的工作效率。定事件和部件、定人、定位、精确、仔细、限时，这就是泰勒制管理的基本要求。12319则是主人监督保姆，通过呼叫“保姆”进行专项服务的机制。

第五，尽快建立对各地12319、数字化城市管理系统的评价、会诊、优化机制。数字化城市管理系统和12319服务热线本身是一种新鲜事物，在许多方面都有待成熟和不断磨合，也需要持续地诊断、研究和完善机制，促进其健康发展。只有健康的城市管理系统才能造就健康的城市社会。

总之，我国在2010年即将进入城市化国家，50％的人口将居住在城市，90％外商投资集中在城市，越来越多的农民将移居到城市，90％的国内外的游客要进入城市。城市无疑既体现了国家的竞争力，又承载着数亿进城农民美好的愿望。与此同时，80％～90％的社会案件、社会问题发生在城市。所以，能不能在高速的城市化进程中建立与之相适应的城市管理新模式，通过现代信息技术来达到多用信息少耗资源、能源，多拓市民参与管理的新路子，少发社会冲突的事件，是构建资源节约型、环境友好型社会，尽早实现和谐社会的有效途径。我们有幸处在这个时代，就应该成为这个时代的管理创新者，应该更自觉地肩负起这个历史的职责，推行城市管理新模式，奋发努力来确保让百姓生活在繁荣和舒适的城市之中。

附　录

1. 优化城市形象的十大方略

本文提出研究城市形象这个命题，基于以下两方面的考虑：从物质文明建设的角度来看，农村是区域经济的基础，而城市是区域经济的中心。特别是在发展中国家和地区，采用非均衡发展战略几乎成为必然的选择。城市作为地区经济增长的发展极，它首先产生极化效应，同时也伴随着扩散效应。这两大效应相互作用的过程对一个地区的经济发展将产生决定性的影响。从精神文明建设的角度来看，城市是精神文明的辐射源，是各种文化哺育、冲突、沉淀的地方，它既是整个地区文明进步的产物，又是这个地区精神文明的窗口和策源地。

开展城市形象设计与建设，具有十分重要的意义。首先，有利于塑造、培养富有地方个性文化特征的城市形象，带动和提高整个地区的知名度和美誉度。其次，有利于增强市民的凝聚力，激发他们的自豪感、使命感，释放人的智慧潜能，提高人的素质。再次，有利于通过实施开放带动战略，促进城乡经济的发展。开展城市形象设计与建设，还有利于城市物质文明建设与精神文明建设相结合，并辐射农村，实现经济、社会、文化与人的和谐、统一发展。

那么，怎么优化城市形象？从形象设计的一般原理可推导出 10 方面的基本策略。下面我们将金华市区作为特定的对象来具体研讨城市形象设计与建设的方略：

一、在更广阔的时空域中为城市重新定位

一个城市的功能定位与目标定位是城市发展战略的重要组成部分，它体现了城市的发展方向、形象定势。而形象定势是通过在时空域中的城市定位来决定的。

从城市功能定位来看，金华市主要体现在几个方面：

1. 上海经济区的卫星城市。下个世纪有可能是以上海为龙头的长江流域的发展带动整个中国经济迅猛发展的新时代，参与这个国际贸易、金融经济中心的功能分工，是重新构筑金华市优势的最重要的必要条件。我们要争取成为上海市制造业的副中心、旅游城市，上海市的后花园之一。

2. 四省九地市的核心城市。闽浙赣皖毗邻的四省九地市是一个经济协作区，计划经济40多年来，金华是四省九地市主要的物资集散地，物资和商品的批发转运，主要通过金华来进行。同时，从金华现在的发展状况来看，人均国民生产总值达到了12000元，在四省九地市中是最高的，是四省九地市2000多万人口平均水平的1倍。同时，在这个协作区中，金华最靠近上海，是整个经济协作区接轨上海的跳板。金华应该有条件成为四省九地市的核心城市。

3. 浙江中部的中心城市。经过许多专家研究和论证，浙江省的城市体系规划已经形成，这个规划分析了浙江省几个大城市，杭宁温台都分布在沿海，内陆缺乏一个发展极，缺乏一个支撑城市。所以新的浙江省城市体系网络规定了在浙江中部，要有一个中心城市，作为整个浙江内地发展的支撑点。这就要求金华市区从现在的30万人口到下世纪初叶达到50万，终极规模要达100万人口。而要成为浙江中部的中心城市，就必须既重视经济高速发展，更注重形象设计和建设。

从城市的形象定位来看，金华的未来形象，可用三句话来概括：一是人文荟萃、教育鼎盛的历史文化名城；二是风景秀丽、环境优雅的旅游城市；三是文明开放、充满朝气的科技创新城市。这是对金华市发展形态的形象定位。这个形象定位，主要考虑了以下几个优势：

一是区位优势。金华市地处浙江中部，是浙赣复线、金温铁路、金千铁路的交会处，交通方便。金华机场是浙江省规划中的四大航空港之一，离市区不远的义乌机场已开通十多条航线。杭金衢高速公路即将动工建设。

二是教育人才优势。金华市教育发达、人才济济，在外地工作的高级专业技术人才有4000多名。城北有浙江师范大学，南有金华理工学院，在校大学生超过10万人。

三是生态优势。金华生态保护得比较好，森林覆盖率在全市范围内已达到50%，已被列为绿色食品和无公害蔬菜的基地。

四是自然景观优势。金华城南，金华江、武义江、义乌江三江汇流，从城边蜿蜒而过。城之北面，北山挺秀，风景迷人，其中有国家级风景名胜——双龙风景区。这是金华市区成为山水城市的基础条件。

五是文化沉淀的优势。金华有1800年的历史，保存了大量的历史文物古迹和地方文化传统，形成了在中华民族灿烂文化中占有一席之地的“婺文化”，东南亚华侨信奉传说中的财神黄大仙修炼得道之处就在金华山；全国规模最大、保存最完整、艺术品最多的太平天国遗迹——太平天国侍王府，与南宋著名词人李清照的千古绝唱《题八咏楼》而蜚声中外的八咏楼、元代古刹天宁寺，唐代法隆寺经幢，都可称之为中国传统文化之宝。梁思成先生曾提出：“山水城市”应该有深邃的文化内涵；要有诗情、画意，园林性，建筑意，这是东方文化特色所在，是中华民族的精髓。这正是金华城市形象定位与建设的目标之一。

二、在科学编制城市总体规划的基础上，积极开展城市设计与环境设计

著名环境艺术理论家多伯解释道：“环境设计作为一种艺术，它比建筑更巨大，比规划更广泛，比工程更富有感情。这是一种爱管闲事的艺术，无所不包的艺术，早已被传统所瞩目的艺术。环境艺术的实践与影响环境的能力，赋予环境视觉上秩序的能力，以及提高装饰有存在领域的能力，是紧密地联系在一起的。”因此，我们现在必须在城市总体规划的基础上，构筑城市的空间结构和视觉结构。这里，除了总体规划外，还要搞好控制性详规、修建性详规，在此基础上再进行城市设计、环境设计。城市设计与环境设计，一般包括以下七个方面：

1. 确定城市的空间形态结构。根据金华城市所在的自然地理环境及历史形成的布局特征，结合城市规划要求的用地功能布局，精心设计构造整个城市的空间系统发展形态。因为自然环境与城市历史形态有机结合，富有逻辑性的空间体系，往往是最生动、富有魅力和特色的城市空间。

2. 构筑城市景观体系。要设计修复城市的景观区、景观线、景观

点。这些线、区、点，通过风貌设计，连成有机的整体的景观轴组织。特别是金华城中从子城的侍王府、八咏楼、胜利街、解放东路、西市街、五一路、新客站，构成了一条历史文化游览的风景轴线，另一条从上浮桥沿江而下，经婺江公园到达三江汇合之处，两岸的高楼、三桥倒映在碧水之中，形成金华城市的小外滩——水之轴。

3. 布置城市人文活动空间。城市人文活动空间布局就是对城市公共空间的人文活动性质、内容、规模进行布局，为市民设计公共社会生活活动。从而为局部的城市设计、风貌设计提供形态、尺度、色彩和气氛等方面的依据。

4. 设计城市竖向轮廓。一般城市总体规划只是平面的，城市的竖向轮廓设计要根据金华城处于丘陵地带，三江汇合穿城而过等自然景观，以及新旧建筑的现状，对城市整体建筑高度进行分区，确定高层建筑和重要景观、功能建筑的布局。对子城风貌恢复区，更要慎重研究新建筑的形态和高度。另外对城市五个主入口，三江沿岸和城市制高点，观景点视线所及的城市天际线、竖向轮廓线进行设计控制。

5. 设计城市的道路、水面、绿地等环境的几个要素。要从历史文化传承、风貌、空间质量的角度，对城市道路和网络、线型、性质、交叉口及断面空间提出要求，要在啤酒厂附近的江面筑造橡皮坝，形成“三江人工湖”，并利用沿江的多层绿化，将其环绕，形成碧水、绿树、古桥、高楼相得益彰的优雅环境。

6. 提出城市的照明、色彩、建筑风格、城市标志、建筑小品。现在许多地方的建筑小品是东一锄头西一棒，风格不一，粗制滥造。要从塑造城市特色出发，结合金华城独特的自然地理条件、历史文脉的自然延伸与城市的功能分区，对重要的建筑小品和标志性建筑物做出科学的总体布局。

7. 主要的公共活动空间、重点建筑、重点地段的形态设计。中国古代的城市发展实际上主要是街区文化的发展。而西方主要是以广场文化为主的发展模式。我们所要做的是如何把广场文化和街区文化有机地结合起来，这是未来城市居民活动空间的主要组成部分。同时还要对步行街、城市入口、新客站广场、市中心体育场等，尤其重要的是三江汇合之处的江心“世纪之门”更要精心设计。因为这里将产生整个金华城的标志性建筑，是城市景观的高潮。

三、全方位地设计金华城的信息标志及识别系统

每个城市都应有它的信息标志、个性特征。为了使现代的城市有一种个性的美，而且使这种美历久不衰，就必须使城市具有既符合国际规范又有自己风格的各种信息标志和识别系统。如城市的行道树种、花草、路灯、路牌、路标、邮箱和各级政府、公司的牌名等，都要有特殊的式样要求。有的国际城市，把公共汽车、出租汽车作为流动的识别系统。如香港、新界的出租汽车用不同的色彩符号加以区别。而且将其作为城市文化景观的一个系列进行科学地规划。我国除了评选市树、市花这些信息识别系统以外，也有少数城市注意到了信息和识别系统与城市风格相联系的构想。如江苏宜兴市街道两旁的电线杆及路灯挑杆都是陶瓷制作的，上有盘龙图案，这与宜兴市的整体风格、文化气息很相符合，为其增添了不少特色。应该尽快改变过去那种对城市只强调使用功能，不注重文化涵量，没有审美价值的设计思想，从一种新的角度，对城市的识别系统进行构筑。这种识别系统应当非常明快、科学，与城市的内涵与发展目标相一致。每到一个城市，它的路灯、电线杆、建筑风格，甚至垃圾箱都散发出这个城市特有的文化味，这是成本最低的城市广告。

四、创造与市民及游客需求相适应的城市文化氛围

一个城市，如果只有经济、商业的单向发展，它仍然是没有地位、没有生机和情趣的。现在，人们注意到了这个问题，但是也不可避免地进入了这样一个误区：有的决策者认为，城市文化发展就是为了在各类文化艺术的评比中夺几个奖杯，或是搞一些高精尖的文化项目。这种看法是片面的，因为这与市民真善美的享受关系不大，和每一城市实用性的文化构建关系不大。这类活动大多如过眼云烟，留不下什么痕迹。所以，城市文化的重新构筑，包括建设实用性和观览性兼而有之的文化设施，创造具备文化默契和基本共识的文化气氛，建立有明确文化等级和层次的文化序列，树立在各个序列中具有代表性、辐射性的文化偶像。这样一些构成，我觉得比较合理，也符合城市科学的

发展规律。

西方城市的发展，在文化硬件设施建设方面是走在前面的。早在古希腊罗马时代，公共图书馆、公共浴室、公共广场、剧院、体育馆、开放性公园等属于市民的文化设施就已经出现。而在我国，这些设施的出现时间比西方晚了2000年，大部分直到近代才出现。但直至现在，一些相当规模的城市还很缺乏。因此，无论从市民社会的需要，还是从城市功能、文化旅游的需要来说，城市整体形象的优化就要在城市的文化"硬件"和软件建设上下功夫。这些硬件主要有图书馆、文化馆、博物馆、艺术馆、美术馆、公园、电影院、体育馆、展览馆、少年游乐场、老年活动中心、科技馆等公共娱乐设施及各类学校等。从金华的实际来看，金华的硬件设施建设比较晚，但也有一个后发的优势，就是可以在更高的起点上，更加科学地构筑现代的文化设施硬件。比方说图书馆，除老图书馆之外，金华以股份制的方式正在着手建设新图书馆。一个藏书80万册，面积1万多平方米，设计新颖、功能齐全的图书馆现已动工建设。金华博物馆已进入筹资阶段，是综合性的，采取与省木雕艺术、省民居博物馆联办的办法。金华还考虑建立艾青文艺中心，黄宾虹书画研究中心，施光南歌剧院，吴茀之艺术馆，这些设施都要根据财力的许可与市民的需求逐步建起来。

在一个城市的各种文化的空间、文化序列中间，都要有一定的文化名人偶像群。具有一定规模的城市，如果没有与之相适应的文人的存在，那是不可想象的。日本的京都过去曾是文化中心，后来经过长达11年之久的应仁之乱变成一片废墟，在这一历史阶段，京都的文化人为了免遭战火，云散四方。而山口地区的大内氏由于开展与明朝的贸易而聚积了实力，改建山口的城镇，修筑寺院，鼓励古典文献抄写与诗歌创作，促进了学术与艺术的繁荣，以至山口地区被人称为"西京"。这种情况也与纽约相似——米罗、杜杰、蒙多利昂等巴黎画坛的大师们为了免遭世界大战的灾难，移居纽约，结果纽约现在成了世界现代美术的中心。日本的山口县也曾在战国时代之后的100多年间保持着文化繁荣。

"文化应从人开始"。不论是美术、文学和音乐，吸引"大师"移居其地，也许是振兴地方文化的一项有力措施。

五、高起点、高效率地进行市政工程设施建设

市政工程设施是城市各项经济、社会活动所产生的人流、物质流、信息流的载体，既为物质生产同时也为人民生活提供了基础条件，在城市的发展过程中应处于先导地位。另一方面，一个城市的市政工程设施也会对城市的基本形象产生“定格”作用，可称之为一个城市的“骨相”。具体地说有以下几个方面：

1. 城市道路设施。城市道路设施的设计，除了城市规划所确定的交通流量测算之外，联系金华的实际，还需考虑这样几个形象构成因素：

首先，要从构筑整个浙中城市群的角度，从城市体系交通网的系统设计入手，确立综合立体交通城市的框架，即以二条高速公路(杭金衢、金温)为基干，再修建一条永康经东阳至义乌的高速公路，形成连接金华市各中小城市群的快速基干交通环线，并辅之以连接城内道路的高等级道路网，再加上正在修建中的铁路交通网络及一大一小两个机场的合理布局，就有可能形成高密度城市组团、开阔的生态空间以及传统优美的乡村风景交织的城镇群，形成一个空间形态比较有序、功能互补、基础设施共享、环境优美、生态良好的城市体系。在这一城市体系中，每个大组团之间的行车时间不超过 40 分钟。一般来说，这样的环型多组团综合交通城市，要到后工业化社会才能出现。但金华有这个良好的条件，并且由于地处浙江中部，是各个方向公路车辆的汇流中心，投资修建高速干道交通环线的资金大部分可由向进入该环道的外地车辆收费收回。

其次，市内道路设施的设计更应考虑汽车时代的到来和生态可持续交通模式的发展，与高速公路直接连接的城市主干道，应将车道数提高到六车道。同时加快城市内环线的修建以保证过境车辆不穿过市中心。保留和延伸自行车道，并在自行车道两边栽上高大的乔木，使骑车市民在鸟语花香和绿荫中实践绿色出行。与此同时，还必须在旧城区、闹市区增设一些步行街、步行区，以控制市中心的交通量。

第三，城市设计的一代宗师凯文·林奇在《城市意象》一书中提出，城市的通道、边缘、地域、布点、地标是构成城市表层形象的五大因素。通道本身的形象是基本因素，并直接影响其他四因素的构成。所以，城

市道路的类型、绿化方案和机动车道、非机动车道及人行道之间的协同度等都必须精心设计。更重要的是，城市的各主干道还应根据平均行车速度进行动态景观设计，只有这样去设计和修建，不久的将来展现在汽车时代人们面前的才是壮观、美丽、协调的流动景观。

2. 城市桥梁建设。城市往往傍水修建，城市的桥梁不仅因为其空间位置突出，而且由于水面的烘托、倒影，使得桥梁的造型、色彩成为城市形象的重要组成部分。金华城由于三江汇流的天然优势，元代建造的通济桥在过去漫长的历史岁月中成为金华城的标志性建筑，在此之后修造的河盘桥、金虹桥、双龙大桥，由于采取了不同的桥型结构，为城市的形象增色不少。不久的将来，金华还要精心设计和建造武义江桥、上浮桥及三江口步行桥。这些桥梁的设计不仅要考虑桥型风格有别，相映成趣，更要研究桥型与水面、两岸的建筑及桥梁之间的空间协调性和历史文化的传承，不仅使众多的桥梁构成一幅雄浑壮观的城市景观，而且也使金华城成为一座开放的桥梁博物馆。

3. 城市防洪设施。防洪堤的修造往往成为影响城市景观的重要因素，既要“固若金汤”，又要美丽壮观、视野开阔，常常成为城市建设者的两难选择。著名的上海外滩就因为这样的原因使得设计者煞费苦心，而且耗资巨大。由于金华城的三个核心组团由三江自然分割，此岸的防洪堤自然成为彼岸的主要景观线。江南段的防洪堤设计，由于综合考虑了堤岸本身的绿化、堤岸上的绿化及人工湖游泳戏水者、垂钓者玩耍的场所，因而成为江南的风景线之一，而且建设费用比单调的重力堤更低。

除此之外，市政设施还包括给排水设施和城市道路照明系统等等。这些设施的修建不仅要满足功能的长远需要，同时还要考虑其对城市形象的影响和环境美的因素。

六、树立廉洁、高效、民主、公开的行政干部的群体形象

干部的群体形象，是一个城市形象的重要组成部分，特别是领导干部的形象。这方面，考虑以下六个要素：一是廉洁奉公。包括对自身的要求要严格，这是勤政创业的基础。二是决策科学。决策上的失误是最大的失误，决策上的浪费是最大的浪费。所以决策上的科学化、民主化应摆到重要的议事日程上去。金华在外地工作的高级工程技术人员有

4000 多名，要把这些人才分门别类组成了决策咨询委员会，为金华市经济和社会发展出谋划策。三是勤政高效。人们一进入金华市委、市政府大院，就能看到一条醒目的横幅："党和人民提醒你：无功便是过"。没有功劳就是过错。我们共产党各级干部如果可以混事，干好干坏一个样，那么执政党还有什么威信？怎么能够成为人民的公仆？四是公正公开，让民做主。办事要通过公开程序、公开标准、公开结果，让群众来监督。列宁讲过一句话，没有公开的民主是可笑的民主。真要搞民主的话，就要从公开化做起，以公开制度、公开办事标准、程序来规范权力、约束权力，使腐败得到有效的遏制，使办事效率得到提高，使政府形象得到改善。五是要求领导干部高瞻远瞩，超前思维。如城市规划，要求 100 年不落后。但许多建议、规划，很难做到 20 年不落后，有些建筑刚刚建成就成为遗憾的艺术。在整个经济转轨时期，无论是物质文明建设还是精神文明建设，决策者的文化艺术修养、关心弱势群体的情怀、全球的眼光和生态可持续发展的意识等都是非常重要的。六是创造内谐外争、政通人和的良好局面。讲团结、讲奉献、讲大局、讲风格，领导干部这方面的修养尤为重要的。

七、举办有影响力的文化艺术活动，扩大国际、国内的经济文化交流

在城市的形象设计优化过程中，大型经济文化与学术活动往往是城市形象创立传播手段和形式的重要内容。广州的出口商品交易会、大连的服装节、潍坊的风筝节，就是城市形象设计的成功实例。所以要举办一些体现城市形象和气魄的活动，没有这类国际性、全国性、开放性的交流，也就无法把城市形象创立起来、传播出去，也无法让世界和全国人民了解一个正在寻求发展机遇的城市的状况。像中国这样一个长期封闭、目前正在发展中的国家，城市形象的优化传播显得尤为重要。

在城市形象的传播过程中，要非常重视文化资源的开发与交流。文化可以提高一个城市的知名度，从而使人们产生与之合作的愿望。国内外的城市不计其数，人们总是首先寻求有特色而比较知名的城市进行合作，引人注目的独特文化活动是一个城市让外界了解自己的最有效的手段。很多人正是通过音乐知道维也纳，通过冰雪艺术节知道扎幌，通过

宗教认识麦加，通过兵马俑才知道中国有个西安。对于金华来说，跑遍全世界，只有华人世界才知道金华火腿。金华总是与火腿连在一起。因此，金华举办了全国首届火腿文化博览会。但是经过科学、系统、超前地考虑，把火腿作为金华全部文化的象征是不足的，它只能作为陪衬。所以我市在大型的活动的策划中，需要有自己的创造，既要继承过去，更要面向未来。所以，要考虑：(1) 举办文化活动要与树立城市未来形象有意识地、有机地、科学地结合起来。(2)举办文化活动要让市民普遍受益，与推进城市景观建设和旅游业的发展结合起来。(3)要在“继承、创新、特色、开放”这八个字上下功夫。从这三个原则出发，金华的办节方向可在以下三方面进行探讨：一是以中国民间广场艺术作为文化节的主题。民间的广场艺术既被人民群众所接受，被广大海内外的投资者、旅游者所喜爱，又是树立一个新兴的旅游城市的重要内容。二是从金华民间传说中发掘黄大仙这样一个人间的神仙，他容易被海外侨胞所接受，传播得又很广。三是从生态园林城市的角度来研究如何办节。

八、重构城市的企业形象和商品形象

企业形象和商品形象是城市形象的重要组成部分。因为城市形象的构成包括政府形象、事业单位形象、企业形象、市民形象等。其中企业形象和产品形象是非常重要的形象。

1. 产品的定位与城市的定位是相关联的。主导产品往往能够为城市定位。如人们一提起巴黎，就想到香水和时装，法国巴黎的产品定位就显示出来了。再譬如美国休斯顿的航天工业、底特律的汽车。所以产品定位和城市定位是密切相关的。

2. 企业实力与城市形象是相关联的。有几个大企业、大财团，这个城市的品位、城市的风格、城市的地位、城市的实力形象也就突出起来了。

3. 企业信用与地区信誉是密切相连的。我国为什么三角债长期解决不了？有的同志把三角债看成金融机构独立经济活动的结果。我认为这种看法是不正确的。一个表层的问题是许多企业不是独立的法人，它们对企业的信用不注意，只愿意躺在国家信用的大锅饭上享受，而不注意塑造有个性的信誉形象。所以把信用与金钱进行交换。深层次的问题是信用文化的衰退。市场经济是信用经济，必须以信用文化来支撑。现在的三角债从文化上分析，就是信用文化的贬值。这在世界上是有先例的。如搞国际贸易的同志都知道，同样一件产品，到南美的售价是10美元，到北美的售价是8美元，但是客商愿意以8个美元卖给北美，因为南美有的地方相对不讲信用，许多国际惯例难以通行，交易风险较大。所以一个地区的信用是一个地区形象最重要的内容。一个地区如果丧失了信用，形象建设就无从谈起。这就要求一个地区在形象构筑中，要十分注意地区信用，要让人觉得购买这个地区的商品，与这个地区的人交往，与这个地区进行合作，是公平的、守信的。

一个地区的信用形象靠什么来建立呢？靠的是良好的产品质量，有良好行为的企业。企业的产品构筑了这个地区的形象。而且这些产品的广告传播、销售、消费，都带着这些地区的形象。如金华的纯牛奶，现在在杭州、上海等一些大城市已经推开了，要进行严格地管理，保证质量，要让大家相信，喝金华的牛奶是可以放心的。这样金华的地区形象也就传播出去了。如果喝了金华的牛奶，造成集体中毒，那么金华还有什么形象可言呢？

日本学者名和太郎甚至断言：商品是制造国、制造地区文化的一种表现，接受商品也就意味着接受它的文化和国家形象。例如美国人开始感到日本的产品很好，接着就会产生疑问：为什么日本人能制造出来，而教会日本人质量控制法的美国人却造不出来呢？结果他们认识到，美国在经营观念以及职工的文化水平等方面存在差异。于是舆论界和政府提出"应该向日本学习"。这样，日本商品背后存在的日本文化及形象也就逐渐为美国人所接受。

九、规划建设与城市发展目标相融合的主题公园

1977年12月，在秘鲁举行的一次会议上，世界上许多环境保护和城市规划专家献计献策，形成了著名的《马丘比丘宪章》，与20世纪30年代的《雅典宪章》相比，它指出城市的混乱发展有两种基本形式：第一种形式是工业化社会具有的特色，就是比较富裕的居民都向城市郊区迁移；第二种形式就是发展中国家具有的特色，大批农村住户向城市迁移，大家都挤在城市的边缘。这里既无公共服务设施，又无市政工程设

施，更无良好的生态环境可言。不论哪一种形式，都不可避免地出现人口增长、生活质量下降。

《雅典宪章》与《马丘比丘宪章》最大的差别，在于后者提出了人是环境的主体，一切环境的美化、优化，都要围绕着人来进行重新构筑，这是《马丘比丘宪章》最重要的内核。从这样一个角度出发，我们现在碰到了这样一个问题：要使城市特别是大城市的生态环境得到改善，就要通过严格的规划，控制人口，控制产业的发展。这样的控制就牺牲了城市更大的发展机遇和空间。这是一个两难的选择。那么通过什么途径才能解决这个问题？现在，有一种新途径：规划建设与紧凑型城市目标相融合的大规模、大生态、大区域的主题公园。这是解决这个两难之结的有效办法之一，是让城市经济与生态环境、文化艺术结成板块的措施。

主题公园集现代都市回归自然、缅怀历史、向往未来、集旅游娱乐于一体，是城市从工业社会的污染，走向服务性的优美的后工业化社会的标志性产物。主题公园经济效益、环境效益、社会效益的统一，可以创造出现代城市经济与文明进步、形象优化的奇迹。城市的主题公园要以大面积园林绿化为建设起点，以填补都市文明的缺憾。以市民大众新奇的热望为建设宗旨，以吸引外地游客，创立高品位旅游产业为目标。所以，金华作为发展中的明星城市、未来的大城市，尽快设计与未来目标相适应的生态文化主题公园，来避免许多城市发展过程中生态的恶化、环境的污染、形象的损害，这是一个非常重要的课题。

主题公园的启动也会引发城市经济效益的递增效应。如新加坡的圣陶沙，1995 年游客人数 800 万，收入 8 亿元，每个游客在圣淘沙多留一天，包括吃、住、行在内就能为新加坡创造 60 亿元的综合效益。此外主题公园还促进了城市规划的最佳配置，打破了城市中心区的“磁力法则”，有助于市民产生对外定位的稳定心理趋势，改变了传统、封闭的饼状城市的僵化格局。

首先，金华作为交通枢纽城市，它的迅速集聚、发散的功能能使市区成为旅游产业城市、生态文化景观城市。这是金华走向繁荣的一个关键。交通方面，要走立体交通的路子。但交通城市、枢纽城市有一个弊端，这就是人来得快，走得也快。所以凡是交通枢纽城市，都必须有一系列主题公园或大型商贸市场来辅助，使之重新产生集聚效应，这是城市繁荣的关键所在。这也是许多交通枢纽城市并没有因为交通优势带来繁荣的教训。

其次，金华山与城市之间有一块空地，是一个大约20平方公里的丘陵地区，这块空地作为城市的建设用地，它缺水；作为耕作用地，它土壤很贫瘠，有的地方甚至是寸草不生；作为工业用地，又处于城市的上风向。但这块地方，完全可以建一个大型的生态文化主题公园。金华作为一个具有悠久历史的城市，有国家级的风景区，黄大仙修炼得道的金华山。古城、名山、主题公园这三者可相得益彰。

第三，主题的选择。从金华的实际出发，有三个方案可供考虑，一是世界园林博览会。在城市园林建设方面，金华远远落在世界著名城市的后面，还完全处于初级阶段。在中国文化中，过去的皇家园林是达官贵人所享受的，是封闭的园林结构，向民众开放的园林很少。所以，我们要创造一个向民众开放、完美的、与城市空间相适应的、与建设生态城市相协调的园林文化和园林博览会。这个主题公园是带有示范性的。二是道教文化的主题公园。因为金华山是道教的山，黄大仙是道教的仙，道教文化在金华文化的沉淀是非常重要的。可构思一座道教文化公园，为旅游者提供一个健康、优雅、清静、无为、轻松的去处。三是中国民居博览公园。民居是文化的凝结体，有多少文化，就有多少种形式的民居，这些文化凝结体是人类共同的财富。我们正面临着一个大力扩展居住的时代，应该在集中各民族优秀文化及其物化符号的同时，进一步建造一个民居公园来展览、借鉴，推动建筑业的发展，推动城市的美化和城市形象的优化。建造主题公园还可最大限度地利用已有的自然因素，将壮丽的金华北山绿色之景“引入”金华城，再现山水城市的自然之美。

十、塑造城市精神，形成勤奋、热情、文明、开放，具有较强文化道德法律意识的市民群体

成功的城市形象设计在于有效地把市民内心追求的真、善、美，体现、建设于实实在在的“城市形象”之中，形成善良、包容、优雅、真诚的环境和气氛，进而培育“勤奋、热情、文明、开放”的现代市民集体。这里要遵循的轨道主要有以下三个方面的内容：

1. 塑造开拓奋进的城市精神。张家港的“团结拼搏，负重奋进，自加压力，敢于争先”已经成为该市人民发自内心的精神支柱。我们民族

有民族的精神支柱，一个地区除了民族的精神支柱之外，还应有自己独特的精神支柱。这种精神支柱能够激励人民群众精神振奋、意气风发，以饱满的热情为本地区的事业而奋斗，自强不息，奋发向上，具有高度自信心和自豪感。如果对自己地区的形象缺乏自信心、自豪感，地区的形象就得不到保证。

2. 将环境卫生作为城市的“第一形象”。环境卫生是城市的基础形象。一些城市给人印象不佳，往往因为一到这个地方，就看到垃圾成堆。所以对此绝不能掉以轻心。这方面张家港堪称典范，给人的印象是有序、整洁、文明。金华原来在这个方面是落后的，但是我们要求 2 年内达到全省卫生城市，5 年内达到国家级城市环境卫生水平。要向张家港那样，提出“三铁”：

一是铁政策。我们出台了城市管理的若干规定，违反规定就要严格罚款，再辅之以一般的教育。

二是铁手腕，就是打一个强硬的战役。要坚决拆除违法建筑。把违法建筑列出来，在报纸上公开，发动群众人人参与，2 个月时间，一共拆除了 1300 多处、5 万多平方米违法建筑，把前 10 多年积起来的违法建筑一扫而光。

三是铁队伍。第一层次，成立创建办，对加强城市管理和创建文明卫生工作，实行统一指挥、统一协调。第二层次是几个直接的部门，如城管局、建设局、国土规划局，加上环保、交通、工商、公安、卫生等部门。第三层次是所有的其他部门。第四个层次就是各个街道居委会。城市街道居委会是城市的基层社区，是各层次、各类型市民朝夕相处的聚居地，每一个市民都有自己的属地关系。街道居委会还是全部城市工作的基石，凡是涉及整个城市的工作，都要在街道居委会落实。这四个层次中特别是巡警、市容监察更应该成为铁的队伍的典范。巡警、市容监察的精力一定要百分之百地到位，巡警一定要有 80%的警力在街上巡逻，而且时间一定要保证 8 小时。铁的队伍要有铁的作风、铁的形象、铁的手腕。这“三铁”，对提高市民素质，塑造城市精神，能够产生积极的作用。

3. 维护城市形象。每一个市民都要注意建设、维护金华的形象，城市优化工程，只有人人动员，人人动手，才能真正奏效，才能把城市形象长久地维护好。

总之，人与环境存在相互影响、相互促进的关系。完美的城市形象塑造完美的人，完美的人创造更加完美的城市形象。只要我们注重城市形象的设计和建设，并一步一个脚印地抓下去，就能实现人与环境的完美、和谐统一，就能使我们的城市以繁荣、文明、开放、整洁、优美的面貌展现在世人面前。

（原刊于《浙江学刊》，1996 年第 4 期）

2. 实施旅游发展战略应把握的五大关系

当前，各地都把发展旅游业作为促进当地经济发展，推动城市化进程的重要举措来抓，旅游资源的开发和景点建设可谓是方兴未艾。但是急功近利的重复建设和盲目粗放式的开发，破坏了许多不可再生的人文、生态资源；缺乏创新的开发机制与僵化陈旧的管理体制，严重制约了旅游业的快速发展。本文从全面分析当前旅游业发展中存在的诸多问题入手，结合杭州正在实施的“旅游西进”[1] 战略，提出合理开发保护和利用旅游资源，加快旅游业发展的基本思路，具体归结为五方面关系的把握和处理。

一、旅游资源的保护与加快开发利用的关系

（一）旅游资源的定义和分类

凡能满足游客游览、度假、娱乐、享受、考察等需求的环境因素和自然人文因素，都可称之为旅游资源。旅游商品的概念比旅游资源范围更广，在构成旅游商品的四个部分（旅游资源、旅游设施、旅游服务和旅游购物）中，旅游资源是最主要的一种，也是各地发展旅游业的基础条件。

旅游资源主要由山水自然景观、人文资源包括人工再造资源所构成。有许多专家提出应对旅游资源进行分类，但意见尚难统一。有的专家提出旅游资源可分为 8 大类 108 个小类，也有的认为可分为 74 种。就小类而言，肯定是在 100 多类以上[2]。尽管旅游资源的门类非常广，但最值得我们关注并加以开发利用的是文化遗址、自然生态景观系统。这二大资

---

❶ 旅游西进：是进入新世纪杭州旅游业发展的一项重要战略，主要内容是以“三江两湖一山”（钱塘江、富春江、新安江、西湖、千岛湖、天目山）为基础，通过规划共绘、交通共建、市场共拓，整合和优化配置旅游等各类资源，打响“游在杭州”品牌，把杭州建设成为国内外享有较高知名度的旅游集散中心和重要目的地，成为现代化的国际风景旅游城市。共分核心景区、近郊景区、远郊景区三个层次。核心景区是指西湖风景名胜区，面积约为 60 平方公里；近郊景区是指紧邻西湖风景名胜区，面积约为 3000 平方公里内的景区；远郊景区是指杭州西部 5 县（市）区域，面积约为 13000 平方公里内的景区

❷ 参见：杨佳华主编. 旅游资源学 . 云南大学出版社，1999 年 6 月第二版第 28 页

源具有垄断性、不可再生性的特点。

文化遗址是老祖宗留传下来的，是独特的、区域性的，一旦毁坏就不复存在。如在良渚文化保护区范围内进行房地产开发，遗址就将遭到毁灭性破坏，也就不存在基于良渚文化的旅游资源。文化遗址这类人文景观是各类旅游资源中最脆弱的。

就自然生态景观而言，生态环境的破坏一旦越过了临界点，需要几十年甚至上百年的时间才能恢复到原来的面貌，有的可能永久不能恢复。山体表层自然积累一厘米厚的土壤约需 500 年时间，如在坡度较大、土层较浅薄的山坡上开垦种植高山蔬菜，就会造成水土流失，恢复原有的植被生态也就需要几百年。如是炸山挖石，那更是永久性的毁坏了。自然生态是难以再生的。

（二）当前旅游资源开发中存在的问题

一是盲目性开发。对旅游资源的开发没有进行科学的规划与有效控制。如几年前在杭州西湖风景区千年古刹灵隐寺前，用水泥堆制十分粗糙的所谓中华石窟集萃园，假古董掩盖了飞来峰 1000 多年前精美的五代石刻，最后在 100 多位专家紧急呼吁和社会的一致谴责下，才拆除了这些假古董。对旅游资源进行盲目性开发，其破坏力很强。

二是掠夺性开发。许多峰峦叠翠的山体变成了小石矿、水泥厂；许多清澈的湖泊河流，放任商业化饲养家禽而被污染；许多具有传统风貌的古建筑、古村落、名人故居，在旧城改造和农民建房中湮没了。政府为恢复修建某名人故居，也遇到陈旧观念的阻抗而被认为是不值得保护的。按照这样的思维逻辑，北京故宫似乎也应该拆除，因为在故宫居住过的皇帝推行封建主义。为什么有人反对修复某些名人故居呢？究其原因是有人想把这一故居变成自己小团体甚至私人的经营性房产。

三是圈地性开发。在风景区内乱搭乱建，搞违法建筑，建招待所、疗养院，开发房地产等，违法占地进行破坏性开发。

（三）旅游资源保护与开发的处理方式

实现旅游资源的合理开发利用，加快旅游业的发展，必须高度重视旅游资源开发中存在的问题，正确处理好保护与开发的关系，在加快开发的同时，注重保护。在旅游资源的保护与开发的关系处理上，存在着三种不同的方式：

一是为了保护而保护。这是消极的。单纯的保护，是文物部门的事情，但文物部门仅能对一个点上的文物进行较好地保护，而对整个面上、环境性和区域性的人文古迹就很难实施保护，因为文物保护部门所面对的是众多"唯利是图"的房地产开发公司和居民要求改善住房条件的迫切愿望。最典型的就是良渚文化遗址，对某几个点保护得很好，而整个区域的古迹遗址已遭到了严重破坏，如再不进行抢救性的、强制性的、整体性的保护，我们有可能将永久地失去这一具有世界独特性的旅游资源。实践已经证明，"为保护而保护"这一消极的保护办法，是根本无效的。

二是为了开发而开发。这是盲目的。许多珍贵的人文景观和自然生态景观，渐渐地在低层次的开发中湮没了，而且永久不可恢复。还有一些景区的环境已处于临界状态，如杭州西溪风景区，河塘密布，绿色葱茏，以古樟、修竹、柿树、河网构成了多形态的自然生态景观，可以说在中国的大城市中是惟一的。但由于河塘水体不能循环，这一景区的生态系统是非常脆弱的。然而现实情况是，西溪风景区内 1820 户农户竟然养了上万头猪，一头猪的排污量相当于 5 个人，再加上区内小企业工业污水的直接排放，导致水质的急剧恶化。如果不加以制止，生态系统就会遭受不可逆转的破坏。

三是为了保护而进行适度开发，或是为了长远可持续的利用和深度开发而进行有效地保护。这才是正确的保护方式。

（四）旅游资源开发规划的科学性和合理性

有效保护旅游资源，并在有效保护的前提下进行有序开发，关键是要制订科学合理的规划。没有科学的规划，旅游资源的保护就失去理性基础。制订旅游资源保护开发规划，要注意把握好以下几点：

一是旅游资源保护开发规划不等于风景名胜资源保护规划。保护是开发的前提。旅游资源是旅游者进行旅游活动的基础和前提条件，一旦破坏殆尽，旅游业将失去依存的条件，也就无开发可言了。而风景名胜资源是最重要的旅游资源，其最大的优势，也是其他旅游资源和市场环境无法比拟的条件，就在于风景名胜区生态环境和自然人文资源对游客有着永恒的吸引力。同时，风景名胜资源除了旅游经济价值外，还具有遗产保存、生态环境、科学研究、教育启智和审美陶冶等多重价值，从某种意义上讲，世界上没有其他物质资源可与之相比拟。因此，不能把风景名胜资源等同于旅游资源。一些风景名胜区之所以出现急功近利无序开发、乱搭乱建破坏景观、开山毁石损坏植被的行为，造成景区“城市化、商业化、人工化”的现象，其根源是没有编制和实施风景名胜区保护规划，或者以旅游资源保护开发规划来代替风景名胜区保护规划。所以，制订旅游资源的开发保护规划，必须依据风景名胜区保护总体规划，严格保护风景名胜区自然景观的完整风貌和人文景观的历史风貌，突出自然环境为主导的景观特征，划定核心保护区，并根据风景名胜区生态保护和环境容量的要求，来合理确定并严格控制开发利用的限度及旅游发展的容量。风景名胜区内及外围保护地带的各项旅游开发建设，都必须符合总体规划要求，与景观相协调。尤其是在核心景区内，严格限止各类旅游经营项目和设施的建设。

二是以政府为主导，开放式地进行旅游专项规划设计。许多旅游景点之所以规划水平低，不符合旅游业发展的需要，主要原因是旅游资源开发规划被某些权力部门所垄断，乡里的规划县里做，县里的规划市里做，而且只能由一个部门来做，本部门以外的任何人不能插手。一个部门做，也就是一个人做，有时可能是刚从学校毕业没有实际经验的大学生来编制。如杭州市灵隐景区二期扩建项目，是一个资源条件非常好且投资几亿元的大景区，居然也搞封闭性规划设计。像这类重要的景点建设，如果是“学习性”地进行规划，那将是后患无穷。正因为如此，该景区二期扩建过程中出现了一系列的失误，使得目前难以进行深度开发，造成巨大的浪费。不开放性地引进高手来规划，就不可能吸取先进的经验和设计理念。规划的竞争，实际上是开发理念和思路的竞争，靠的是专家学者自身知识的积累，是经历无数次失败、付出沉重的代价才能奠定成功的基础。旅游资源往往是不可再生的，不能瞎折腾，完全应该吸取别人“跌倒”的教训，以防自己不“跌倒”，使旅游景点的开发建设更加快速、高效、健康地向前迈进。

三是注重规划的弹性度和规定性。目前，不少领导对旅游专项规划的设计确实比较陌生，往往是照套城市规划、控制性详规来进行的，既缺乏概念性规划来提供有效的开发思路，也导致该保护的资源、区域没有得到保护，该有弹性度的资源、区域开发，规划又缺乏弹性度。特别是对一些人文景观敏感区、生态敏感区没有注意保护，从规划上就造成了对资源的破坏。这是当前旅游规划中存在的一个突出问题。作为一个合格的旅游资源开发专项规划，对一些不可再生的、不可逆的、非常脆弱的资源，规划上要有足够的保护深度；对不确定的、可由市场机制发挥作用的项目，规划应该有充分的弹性度。在这些区域，可以建立度假区或大型的主题公园、宾馆等等，有一系列的项目可供投资者选择，以利于在今后的招商引资中，有足够的灵活性来应对市场需求的变化。

四是招聘高层次的人才指导实施和深化规划。在实际工作中，我们有时会犯这样的错误，一个通过竞赛脱颖而出的颇具创意的设计方案，往往由外行人来评价和修改，七嘴八舌地"完善"，结果使得方案中的一些好创意都消失了，最后真正付诸实施却是一个十分平庸的规划设计方案。正像一幅画一样，原创者是一位巨匠，所作的画是非常优美的，但经过许多人的东添西改，而添的人又不是大师，只略懂皮毛，经过这样修改的画会是一幅好画吗？一个项目之所以要设立一个高层次的专家组，就是要让他们承担这一项目规划设计、实施、深化的全部责任，要么流芳百世，要么遗臭万年，从而使每位专家都有责有权。每一个重大项目的实施都应建立这样一种责任追究体系。

（五）旅游资源开发的基本原则

综上所述，旅游资源的开发，首先要有一个科学合理的规划。其次是要有强有力的措施，以制止对风景旅游资源的破坏行为，包括违法建筑和某些咄咄逼人的房地产公司掠夺性的开发。但更为重要的是政府应根据不同的旅游资源，明确开发的一些基本原则，采取不同的开发模式。

一是对独特的、稀缺的，同时又是非常脆弱的风景旅游资源，必须由政府垄断进行规划开发。对这一类旅游资源的开发，要慢工出细活，也就是政府垄断，专家把关，精雕细刻。如对杭州市区胡雪岩故居的修复，如果是由哪一家房地产公司来承担，会有今天这样的结果吗？而且在故居修复过程中，一旦破坏了原有的风貌，就无法挽救。所以只能由政府进行全过程的垄断规划建设。但这一类项目规划建设完成后，则不一定由政府永久经营，可明确一定的经营期限，对项目经营权对外进行公开招投标，选择最有能力的承包商来承包经营。

二是对一些比较宝贵的资源，由政府制定详细的规划，并在科学具体的规划和严密的管理下，公开招聘有实力、有信誉的企业来开发，并由政府组织专家对建设结果进行评价验收。

三是对一般的竞争性项目、可再生性的资源开发和人造景点等旅游项目，完全通过公开的市场，让有实力、有经验业绩的企业来进行开发建设。而政府主要是进行过程目标和质量监管，同时在制定控制性详规的基础上，给企业的运作有较宽的设计、经营和创新的自由度。

总之，在开发当地旅游资源的进程中，处理好保护与开发之间的矛盾，目的就是要注重经济、社会、生态三大效益的协调发展，实现资源的永续利用，既要吃祖宗的饭，又不能断子孙路。

二、城市环境优化与旅游景点建设的关系

旅游经济是旅客用脚来选择消费的经济。因此，一地旅游业的发展完全是以其吸引力来进行铺路搭桥的。同时旅游商品作为综合性非常强的一种商品形态，必须以城市为依托，从而形成集聚效应。而城市本身就是一个最有吸引力的巨型景点。如香港的历史人文景观都比较缺少，但它把娱乐、购物、美食、住宿这几种旅游商品的特点发挥到了极致的程度，从而成为全球旅游业最发达的地区之一。

发展旅游业，一方面要实行城市的转型，使许多有资源条件的城镇从一般性的居住型城市、生产型城市转向旅游型城市。另一方面，要以城市为中心，对分散的景点进行依托性的开发。离开了城市这个支点，就不可能对区域性分散的景点进行有效地整合和综合利用。旅游业的发展，需要以城市为载体，建立市场促销、产品开发、咨询服务、旅游接待体系，更需要城市提供一个安全保障体系。在促进城市转型和发展旅游型城市的过程中，要改变以往的一些过时的做法，处理好以下几个关系。

（一）自然与人文的关系

旅游城市的建设与生态自然不是对立的，而是协调的。在城市建设中，要充分利用大自然对我们的馈赠，注重依山傍水、显山露水，引景入城，造成浑然天成这样一种山水城市的格局，而不是遮山避水、开山填水。过去有开山辟田学大寨的壮举，现在则存在削山填水建城市的冲动，以至于许多翠绿的山体、自然的河道就这样消失了。水利设施建设中也存在同样的问题。杭州市在编制城市防洪总体规划方案时曾有一设想，为确保城市的防洪，要在城区修筑 2 米多高的防洪堤，把城区分割成十三个“土围子”。如真的按照这一规划方案去实施，杭州还能称为风景旅游城市吗？要善待大自然赋予人类的山水资源。要围绕城市的转型，

按照亲水性、旅游性、景观性的要求，进行城市规划建设。水库、堤塘、河道的修建，也都要按照生态自然的要求来设计建设。

（二）传统与时代的关系

对一些具有地方特色、民族特点的传统建筑和人文遗迹，都应予以很好地保护。传统建筑反映的是纵向的历史，代表着继往开来，体现了城市演变的历史文脉，是积累性的，可读性很强，令人流连忘返。但是在实际工作中，人们往往喜欢一律化、一刀切，城市建筑只体现一个时期的文化特征，结果导致千城一面，没有特色。而时代性往往是横向比较，模仿性很强。就如农民造房子，20 世纪 70 年代是平顶，80 年代是尖顶，90 年代是欧式。如果城市决策者的水平也停留在这样一个层次，就不可能创造独特性的旅游城市。许多具有传统历史风貌的村落、古镇都在我们这一代人手里消失、破坏了，而不少人还自我标榜为优化城市形象。这不是与把旅游业作为主导产业发展的目标南辕北辙了吗？所以，在城市建设与旅游资源的开发中，决策者不能以自己的偏好来代替游客的偏好，用自己的审美标准来代替欧美游客的审美标准，用眼前利益来代替长远利益。要善于把时代性与传统性这两者不同的价值取向进行沟通转化，使之相互协调，从而保留城市的特色，并创造独特性。云南丽江大地震后，如果不是坚定不移地按原来的风格去修复重建的话，丽江古城风貌将荡然无存，就不可能成为世界著名的旅游景点。历史文脉的延续是非常重要的，当然文化可以创新，但创新不能脱离老祖宗几千年研磨积累下来的东西。在城市规划建设管理中，应十分重视保护、利用和延续城市的自然人文景观。

（三）直观与抽象的关系

城市景观既是物质水平的体现，又是文化精神的象征。任何建筑既具有实用性，又是文化符号和象征性的。我们不仅要注重构建和优化建筑的外在文化符号，而且对建筑与建筑之间、单体与群体之间的相互协调，建筑与空间的合理布局，建筑虚与实之间的关系处理，都应该进行科学地研究。但现在有些领导对城市建设非常急躁，看到一块空地，就赶紧“填充”，搞一个所谓的标志性建筑，这恰恰可能成为城市建设的败笔。城市美的体现，并不是实体建筑，主要是建筑间的优雅空间，如同中国山水画中的留白才是最美的那样。不少城市确实非常缺乏有想象力的、开敞的公共空间，许多道路两侧、城市主要街道两边的建筑，都如板壁那样被填得严严实实，毫无景观可言，与建设国际风景旅游城市的要求相差太远。所以，在城市规划建设中，一定要把城市环境的优化与旅游景点建设有机地结合起来。如杭州市下属的淳安县，围绕建设山水城市的目标，注重千岛湖镇的建设与自然山水风光相协调，城镇面貌焕然一新，展示了与千岛湖周边山水相辉映的风貌。

三、旅游景点开发机制创新与政府管理体制变革的关系

进入市场经济时代，政府部门要从计划经济的包揽一切转向弥补市场缺陷、弥补市场的失灵。实现这一职能的转变，需要城市决策者与规划师们付出大量的精力去研究和实践，这本身就是思路的创新。在旅游景点的规划、建设、微观的管理和宏观的政策管理这一系列过程中，政府要学会抓两头。一是对市场干不了，企业做起来不合算的事情，政府要做规划性、先导性的工作。二是从运动员与裁判员角色混杂的局面中，逐步转移到裁判员、监管者的角色上来。在旅游景点开发机制创新和政府管理体制变革方面，要着重做好六项重点工作。

（一）加快旅游企业的改制步伐

要把能够下放给社会、企业和市场去做的事情，全部下放给社会、企业和市场；应该由政府管理的事情，要坚决地管起来；国有企业改制的具体办法，原则上都适用于旅游企业的改革，可以通过拍卖转让、租赁、股份制改造、中外合资嫁接等形式，将国有资产逐步从旅游企业特别是从中小旅游企业中退出。今后新建的旅游企业一般不再搞国有独资，应该充分发挥浙江省民间资本比较多、民营企业家相对成熟的环境优势，利用民间资本大力发展旅游事业。

（二）放开旅游行业进入的门槛

倡导旅游行业“宽进入，严评比”的方式，与国际惯例接轨。目前，旅游行业进入的门槛很高，审批程序很严，应该予以适当放宽。放宽以后，政府可以采取适当的形式对旅游企业的经营发展状况进行评比，好的予以奖励，差的就予以淘汰。国际上一些发达国家就是采取这样的方式，即某个旅游企业设立 2 年后，旅游行业管理部门对其经营状况进行复核，如发现该企业没有什么经营业绩或经营水平很差，就取消其经营资格。而我们却把进入旅游行业的门槛设置得很高，控制得很严，结果

进入的"门票"成为行贿受贿的敲门砖，进来的人恰恰不是最有本领的人，而是最会钻营的人，从而导致了旅游行业的萎靡不振，阻碍了旅游业的健康发展。

（三）严格整治旅游市场秩序

对那些利用旅游市场信息不对称，宰客、坑害游客的行为，一定要进行坚决地治理。在社会风尚上一定要树立"善待外地游客"的文明之风，在一个以"刨黄褂儿"❶ 为荣的习俗不断滋长的文化氛围中是不可能造就国际旅游城市的。

（四）理顺旅游管理体制

目前，许多景点的开发之所以举步不前或管理混乱，一个重要的原因是"三国四方"互相扯皮，如山林归属林场，水库归属水利部门，山体归属乡镇，景点建设归城建部门，人文景观管理归园文部门，庙宇归宗教管理。有这么多的部门插手景点开发，以至于出现了有利益的事大家争，无利益的事大家推，都有责任，但谁都不管。这种体制和观念，害国害民，严重阻碍旅游产业的发展。理顺风景名胜区管理体制，就要实行统一管理，委托授权。景区管理要一体化，由一个部门代表政府依照《风景名胜区管理条例》进行统一管理，不能政出多门，互相扯皮。

（五）规范政府投入

要把有限的人力、财力投入到旅游业发展的刀刃上。政府投入主要有五方面：一是基础性项目，如交通、能源等建设项目。如果这些项目建成后是可以收费的，可对项目经营权进行公开转让，政府投资从中退出。二是先导性项目，如核心景区的主要景点建设，由政府先行投入，实行先投后转。三是补缺性项目，即那些社会效益很好，但没有经济效益的项目。四是抗风险性项目。一些项目投资风险很大，政府可以适当投入一部分资金(一般为 1/3)与其他资本合股建设，以共担风险。五是保护性项目，如生态、环境、污染的整治。政府投入主要集中在以上五个方面，而不能在竞争性领域里大量投入与企业争地盘，不然就会引发对社会民间资本的"挤出效应"。只有坚持正确的投向，才可以发挥"四两拨千斤"的效应，尽快地创造良好的投资环境，从而吸引更多的社会资本包括外资来投资发展旅游业。

---

❶ 杭州俚语，意为宰客，尤指对外地人的坑害欺骗行为

（六）充分利用开放的、招投标的机制

当前，一些旅游景点开发包括城市建设、景观房产建设步子慢、效果差、水平低，一个根本的原因是封闭性操作、守株待兔式招商，从而导致了低水平、投机性开发，搞一锤子买卖。提高景点的开发建设水平，应充分利用开放的机制、竞争的机制。一是有利于引进人才、资金和设计的理念，尤其是设计的理念。旅游业本身是一种开放性的产业。旅游景点的开发，如不是通过开放竞争的机制引入一个好的设计理念和人才，要实施高水平的开发就很困难。二是有利于选择最有实力和最具才华的业主来开发。三是有利于形成公平竞争的机制，能够消除腐败。四是有利于最大限度地实现土地等国有资源价值的最大化，从而增加政府收入，加快基础设施建设。

在旅游景点的开发建设上，各地都有许多惨痛的教训。如杭州西溪风景区的开发，偌大的区域居然由一家企业来包干开发，先期投资 800 万元，但历时多年尚处于规划方案设计阶段，后终因实力不济等原因被政府依法收回，也使得整个西溪风景区幸免糟蹋。最近又有人夸海口说，准备投资 20 亿元来开发西溪风景区，但其实际资金只有上千万元。更迷惑人心的是，有人提出先让其在景区周边开发一批房产，以房产收益来投资建设生态景观或旅游项目。这种商人的承诺是非常虚伪的。如果轻信这种承诺，就会因为这些不可再生的资源受到破坏而成为人民的罪人。不以开放的形态来进行旅游景点的开发，就不可能充分利用和发挥市场机制作用。对一些旅游景点的开发，政府即使给予补贴，也要采取明补的办法，而不是划一块地允许其搞房地产作补偿。总之，应该充分地通过市场竞争的方式，公平、开放地利用企业和市场的力量来加快旅游资源的开发与保护。

四、区域整体促销与网络化协同发展的关系

旅游商品具有不可储藏的特点，不像电冰箱、电视机等产品，生产出来没有销售可以在仓库存放几个月，甚至一两年问题也不大。已开发的旅游商品如没有游客，那就得赔本。旅游资源的闲置或者说季节性接待的不均匀性所造成的旅游接待能力和资源的放空，已成为旅游业发展中的一个顽症。只有改变这一现状，才能形成旅游产业发展的良性循环。

（一）办节造势，整体促销

如果没有冰雪节，人们就不知道日本的扎幌；没有世博会，国际上就不会知道昆明；没有经济峰会，人们也就不知道达沃斯。海南的博鳌在确定成为亚洲首脑峰会会址之前，可能除了本地人以外，外界没有多少人知道。必须通过办节造势，进一步扩大本地旅游商品在国内外的影响。就杭州市来说：具体可分三步走：第一步，办好一年一届的西湖国际博览会，发挥这一老品牌的效应；第二步，争取在杭州举办中国旅游经济年会，并争取成为长期主办城市；第三步，申办世界休闲博览会。这三步走是依次递进的。

（二）旅游交通成网，景点串珠成链

要通过交通建设，使旅游景点串珠成链，实现城乡一体化和互补性发展。要贯彻大地景观化的原则，加快交通环线建设，形成杭州天目山、昌化到千岛湖、黄山的旅游交通环线。交通建设如果不是按照大地景观化的要求去设计、建设和管理，让游客沿途看到的都是破杂的建筑，满目疮痍的山体，污染的河水，露天粪坑，垃圾成堆，那杭州形象就彻底毁了。因此，新的旅游景观的创造，一定要注重环境的整体协调性、大地景观化。同时要加快推进城市建设的转型，包括住宅都要成为旅游景点。新加坡就非常注意城市房产的景观设计，注重建筑与周围环境的协调，体现人本主义的关怀和细节处的文化精致主义，将住宅修建成景观房产，使得许多住宅区都成为旅游景点，并推出了居民住宅游。要注重全市范围内旅游资源的组合协同，打出自己的品牌，凝聚力量，从而有效地开拓客源市场。

（三）外部优势的整合互补

杭州旅游业的发展，既要充分发挥自己的优势，又要利用外部的力量联线成网，特别是与上海的捆绑式发展尤为重要。为什么近几年来苏州接待海外游客的数量和增长幅度大大高于杭州，关键在于苏州旅游促销战术是与上海捆绑在一起的，唇齿相依，互相利用，甘当配角。而杭州喜欢独立做老大，上海有的，杭州也要有，以这样的态势发展下去，就不可能利用上海这只大船来提高我们小舢板的航速。从旅游资源的互补性角度来讲，杭州与上海关系最为密切。上海是国际经济、金融、贸易、航运中心，杭州是山水城市、历史文化名城和风景旅游城市，与上海的互补性很强。同时，杭州与西安、北京的互补性也很强。北京、西安展现的是皇家文化，是北方的文化体系，而杭州是纤秀的南方文化体系，相互之间具有很强的互补性。我们应善于与这些城市捆绑促销，把旅游网络延伸得更为广阔，在更大的范围进行资源的合理配置和组合。

（四）造就旅游品牌

要进一步提高杭州旅游业的品牌效应。除了争取和巩固优秀风景名胜区、持续改善各景点服务质量之外，还要积极申报世界文化和自然遗产。要把本市旅游的最亮点组合起来，并连贯地、持续地、每年都有重点地、互相递增地进行宣传推介，向世人展示。山东推出的旅游促销整体形象设计非常好，抓住了旅游资源中首要的山、水、人文进行策划，山是“泰山在这儿屹立”，水是“黄河从这里入海”，人文推出的是“孔子在这里诞生”，把最具优势的三个方面的资源组合成亮点。杭州应如何组合丰富的旅游资源，形成具有极大震撼力和号召力的旅游形象呢?

一是最完整的中华古文明。通过对良渚文化遗址的保护整理开发，成为最完整的中华古文化展示区。在良渚出土的大批玉器和陶器上，保留着史前中华民族文明的源泉和至今未解的许多奥秘。大英博物馆展示中国史前文化的展品中，第一件展品就是良渚文化的玉琮，它代表了中国史前文明的最高工艺水平。杭州能不能以良渚文化作为旅游品牌进一步扩大自身的知名度，这值得持续进行研究。

二是最秀丽的东方水景观城市。意大利的威尼斯，是西方水景观城市，杭州应该争取成为东方水景观城市。杭州有西湖、千岛湖、大运河、钱塘江和西溪，湖、河、海、江、溪兼而有之，有着丰富的水资源。要通过精心策划，造就让人过眼不忘、回味无穷、流连忘返，造成心灵上的共鸣和震动的水景观，打出杭州的品牌。在这个基础上，再组合利用其他的大大小小的旅游景观资源。

五、观光旅游与休闲度假旅游的关系

旅游商品具有同一性的特点，从游客到达旅游目的地开始，至享受全部旅游内容之后，旅游消费才结束。旅游商品的生产、交换、消费是同一的，在空间上是一致的，时间上是连续的。旅游业实际是一个百姓有钱有闲后才持续发展起来的体验性产业。旅游商品的同一性说明，旅游者直接介入了旅游商品的生产、交换与消费，以自己的亲身感受检验商品的数量与质量。目前，我国的旅游业还处于初级阶段，追求的是新、奇、乐，游客像走马灯一样，到一个景点拍一张照，一天游览20多个景点。以观光为主的旅游初级阶段必然要朝着休闲度假旅游的方式转变，人们在“空闲时间”的选择将逐步转移到对心灵享受和自我陶醉的追求上，在一个较高的层次上，重新自我反省，寻求生活的目的和意义。我们要尽早有所准备，抓住发展机遇，尽快地促使旅游朝着舒适性、休闲性、享受性、健康性、求知性和自我参与性等休闲旅游的方向前进。如把旅游发展的目标定位在面向未来的休闲度假旅游上，还可以促进短期观光旅游；如把目标定位在面向世界的优秀旅游商品的集散地、优秀的国际旅游城市，杭州就可以在国内客源市场中分到一块更大蛋糕；如把旅游景点的开发定位在世界独特而具有震撼力的景点上，就可以“以点带面”发挥扩散效应，将一般性的景点开发组合带动起来。如良渚文化和西湖申报世界文化遗产，从旅游资源的角度来说，就意味着该景点在国际范围的独特性和不可替代性。良渚文化和西湖一贴上世界文化遗产或自然文化遗产的标签，杭州的品牌就打响了。旅游业发展的目标定位高，可以带动低层次旅游的发展。没有这样的高度，低层次的旅游市场也会丢失。有了远期目标的展望，才可以最大限度地获取近期的、短期性的、附加性的利益。

旅游事业的发展，旅游景点的开发建设，都是根据可达、可看、可游、可居这样一个次序来发展的，最高的境界是可居。当游客到了某个地方，令人回味无穷，觉得应该住在这里享受一辈子，这就达到了旅游的最高境界。只有众多游客每年都渴望有一段时间在杭州休闲旅游消费，才算完成了整个城市的转型。为此，要从资源保护和开发相协调的机制出发，切实改善生态环境，大力发展生态休闲旅游。

首先，生态旅游的客体是原生的、和谐的生态系统，对人有强大的亲和力。回归自然是人类追求精神享受、提高自我素质和潜力的大趋势。目前，杭州的森林覆盖率超过了60%，同时每年又增加至少5平方公里的园林绿化面积，再加上坚持多年的水环境整治和美化活动正在取得良好的成效，这为发展生态旅游创造了良好的基础条件。

其次，生态旅游资源是不可再生的、不可逆的。发展经济应该放眼长远，切实保护生态资源。对石头经济、泥沙经济、高山蔬菜、木材加工等，都应该严格限制，特别是高山蔬菜对生态的影响非常大，不能因为短期的利益而损害了长远的利益。

第三，充分强调旅游资源地群众的参与性、受益性。只有这样，才能把破坏旅游资源的力量转变成保护的力量。国内许多景区如黄山之所以保护得比较好，就是因为当年采取了强制性办法，关闭了小土窑，严禁农民上山砍柴，对当地所有的农民青壮劳动力进行分流，其中一部分转变成山林的守护者、旅游景区的清洁工，把潜在的破坏力量转成了保护力量。同时对整个景区进行严格的方格式管理，使得生态资源、环境质量日益提高。

只要有了正确的战略、科学的思路、理性的行为、坚定的意志，正确处理好上述五个方面的关系，旅游业肯定会大放异彩，就会带动当地区域经济的快速发展。

3. 城市经营与城市竞争力

城市承载着GDP的90％、科技创新成果的90％，而且城市是一个国家和民族对外开放的窗口、商品国际交换的平台，也决定着整个国家和地区的竞争力。但就我国来说，城市的规划建设管理与发达国家相比有很大的差距。本文从城市经营、城市规划建设管理与城市竞争力的关系入手，分析这三者的基本概念和实践中的诸多矛盾，并提出相应的对策。

一、城市竞争力与城市经营的基本概念

(一) 城市竞争力的提出

随着我国转入市场经济体制后，许多城市都提出了城市竞争力的问题。城市和其他事物一样，是相互作用、相互依存的，城市本身就是因为集聚了周边的人财物而发展起来的。城市之间的竞争是客观存在的，有的城市发展得快，有的发展得慢；有的城市是吸收了其他城市的资源，而有的城市是自己的资源流向了外地。所以城市的兴衰史就是一部城市的竞争史。尤其在当前，我国的城市正处在这样一个历史大背景：

一是我国从计划经济转向市场经济。在计划经济时代，计划是最高权威。而在市场经济，竞争是最高权威，没有竞争，就没有市场经济。所以，现在城市之间、企业与企业之间、社区与社区之间都存在着竞争。在一个城市里，各种生产要素都可以移动，惟独城市的环境是不能移动的。投资者觉得这个城市的环境不行，就会用脚来投票，去另外一个城市投资。如上海市就吸收了许多浙江省的企业，这说明上海的竞争力比较强。从计划经济转向市场经济，城市间的竞争变得越来越突出了，这是不以人的意志为转移的。

二是从区域经济转向全球经济。经济学认为，市场交易的范围随着分工的细化、市场容量的扩大而扩大。市场交易的范围、横跨的空间与交易的成本是相互作用的。如在某一城市的交易成本低，那交易的空间就大，这一城市就会越来越国际化。进入WTO以后，每个城市都把国际化作为自己的目标，实际上就是竞争范围的国际化，因为所有商品必

须在国际市场上进行竞争。我国正面临着国内竞争国际化，国际竞争国内化的现实。所谓国内竞争国际化，就是无论是哪个城市的地产品，要立住脚，必须参与国际竞争。如国产收音机有没有竞争力，就要了解其在国际同类产品中有没有质量和成本的优势。所谓国际竞争国内化，就是关税下降后，国际竞争向国内延伸。从现在开始，区域经济的观念已经淡薄了，有许多问题要立足于从全球角度去考虑。这也就是我们在进行城市规划和建设，特别是在研究城市竞争力问题时要注意的一个非常重要的概念。

三是从传统经济转向知识经济。随着传统经济向知识经济的转变，竞争的规律发生了变化。在传统经济时代，城市之间的竞争，靠的是矿产资源、大工业体系、物质生产能力等，但到了知识经济时代，生产要素的组成结构发生了变化，人的智力、知识成为最主要的生产要素，知识、人才等方面的竞争已成为城市之间竞争最主要的领域。如果说在农业经济时期竞争力培育靠的是占有土地和培育地力，工业经济时代是靠发展福特式的大规模生产流水线来低成本制造，那到了知识经济时代，靠的就是知识。而知识依附于人，流动性非常大，他们是用脚来选择投资地和城市的，因此，在当今这一时代，城市的兴衰存亡变化将比以往任何时候都快。

（二）城市竞争力的基本内涵

城市竞争力与城市综合实力的内涵是不同的。城市竞争力是综合反映城市的生产力水平、对生产要素积聚能力、社会全面进步的动力、可持续发展的能力。城市竞争力与城市综合实力相比，有三个区别：

第一，城市综合实力主要反映的是经济发展的总量、综合水平。而城市竞争力主要反映的是经济发展的质量、效率和可持续性发展能力。

第二，城市综合实力是城市本身纵向的比较，是静态的指标。而城市竞争力是强调城市横向比较和城市之间相互的作用力，是相对的、动态变化的指标体系。

第三，城市综合实力描述的是城市的现状，反映的是当前的发展水平，是绝对量指标。而竞争力指标不仅是现实的，更着眼于发展的后劲和潜力，是以人均、增长比例等相对指标来计算的。它可以用动态模型来刻画。如世界上一些城市在发展的进程中，就曾遇到城市要不要跨越发展？什么时候跨越的问题。因为过早人为地越跨，城市中心区就会衰亡，整个城市的活力就会下降，效率就会降低。由紧凑型城市转变为分散型城市，生产要素之间的交易就会变得昂贵。何时才能进行跨越发展呢?有一个动态的模型，其中有两个指标：一是GDP的年增长持续超过10%，二是人口机械年增长持续超过3%。达到了这两个指标，城市一般就有条件实行跨越发展。所谓跨越，就是超越地理空间上的“门槛”，如河流、山川等，这需要有一定的能量积聚。就像物理学中物体上升到一个高度时，就可将能量转换成下泄的动量，借助这个动量，城市扩展就能越过门槛。

(三) 城市经营的基本内涵

国内许多从事实际工作的同志对城市经营的理解，往往具有一定的局限性，认为城市经营就是经营城市的基础设施。其实城市经营的概念应该放大。我认为，城市经营的内涵应包含以下几方面的内容：

首先是城市经营的目标，从单纯增加政府的财力延续扩展到提高城市的竞争力。因为这两者完全是两个概念。城市竞争力反映的是城市的综合素质，理应成为城市经营的首选目标。但是现在许多学术刊物还是把城市经营的目标描绘为解决城市政府的财力短缺问题。

其次是城市经营的维度，从单一的基础设施的投融资扩展到影响城市竞争力的所有项目。因为，城市竞争力是一个复杂系统，与之相关的可能有上千个子项目，但我们可以从中找出主要的一些项目，然后进行分类。这些项目是多维度的，主要是刻画城市竞争力的诸多的子系统，所以城市经营的维度大大增加了。

第三是城市经营的范围，从城市的内部资源配置转向更大区域范围内的资源配置。也就是说城市的竞争力要在更大的空间、在国际范围的比较中来培育。甚至有的规划学家认为21世纪的城市政府应该是全球经纪人，要把自己的城市推销出去。所以，城市经营不能局限于城市内部与周边地区。

第四是城市经营的主体，从城市政府转向政府与民众的综合体。原来一直认为城市政府是城市经营的惟一主体，但是城市是全体市民的城市，所以城市经营的主体也应该是城市的市民、企业、社会团体和各级政府，实际上是这么一个综合体作为经营的主体。在城市经营的过程中，有许多领域应该让位给企业和市民去经营。政府应该采取一些引导性的规划和政策，来调动各个经营主体的积极性，才能把城市经营搞好。

综上所述，城市经营就是要从小范围经营转向大范围经营、从计划经济的经营转向市场经济的经营、从区域经济的经营转向全球经济的经营、从传统经济的经营转向知识经济时代的经营，也就是说城市经营的方略发生了变化。

(四) 城市竞争力与城市经营之间的关系

1. 从企业的性质来看城市的性质

为什么会有企业？企业已存在几百年，但没有人去研究它为什么存在，只觉得企业的存在是天然合理的。而美国经济学家科斯却认为，企业与市场是两种制度的安排，而且这两种制度在不同的条件下是可以互相转换的。为什么在某种条件下会存在着企业、某种条件下不存在，或变成小企业甚至变成个体户？存在的理由、产生的原因是什么呢？科斯研究认为，是因为有交易成本的存在，所以产生了企业。如个体与个体之间的商品买卖，如果交易成本比较高，业主们觉得不合算，就干脆两者合伙组合成一个企业，这样就把外部交易契约内部化了，相互之间以统一的核算体系进行核算，两者就不存在竞争了，这就是企业的由来。科斯的这个理论经过 5 年的争论，后来获得了诺贝尔奖。

企业是为了降低交易成本而存在，那为什么会有城市呢？同济大学主编的《城市规划原理》一书也认为“有市才有城”，先有交易，再有城市。城市不仅是防御的体系，更重要的是交易的场所。有了交易场所，才有了人的积聚，人的积聚就是为了方便交易，这两者是正向循环的。进一步推论可导出，城市的大小就是交易空间的大小。如小村落是农户与农户之间交易的场所，小城镇可看做是村与村之间商品交易的场所，中等城市是周边小城市商品的交易场所，国际化大都市交易的是国际化的商品。如上海要成为国际经济、金融、贸易中心，就必须具有国际商品交易的成本优势。所以，城市分为大城市、中等城市、小城市，按照市场经济的观点，就是因为存在着不同的商品交易成本和空间，从而构成了城市体系。这从科斯的企业性质也可以反推，如果不存在交易成本的话，城市也就不存在。因为人与人之间如可以不受空间、时间的约束，没有代价地进行交易，那为什么还要聚居形成一个城市呢？

从企业的性质来看城市的性质，我们可以得出这样一些结论：一是城市经营的一个重要内容就是降低城市的交易成本。二是进入知识经济时代，交易的内容从物质的交易转向了知识的交易。知识是作为一种产权和商品，一种主要生产要素，必须要在城市里进行交易。对一个城市来说，知识产品交易的成本高低直接影响到这个城市的竞争力。

2. 从企业的核心竞争力来看城市的核心竞争力

企业的竞争力，是企业家和全体员工经营的成果。一个企业要在激烈的市场竞争中生存发展，必须要有一个核心竞争力。核心竞争力是所有竞争力诸要素中最为主要的要素，通俗地讲，就是“杀手锏”。企业的核心竞争力，对手难以模仿，短时间很难学会，来不及跟进。核心竞争力可以连锁产生许多系列产品。如日本东芝公司，它的核心产品就是计算机液晶显示屏，质量领先，制造成本较低。虽然该公司的其他产品不如人家，但从液晶显示屏就可以延伸出许多产品。核心竞争力对整体竞争力产生决定性的影响。作为企业的核心竞争力，通常有以下三类：一是秘方或专利；二是专项先进技术、人才专家队伍；三是一个学习团队，拥有知识共享平台，通过这一知识平台，就可以持续产生许多具有竞争力的创意。

在不同的时代，城市竞争力的内涵是不同的。如在农业经济时代，城市的竞争力是粮食的仓储基地，农副产品交易的场所，交通运输便利。为什么有许多城市建在河边？就是因为粮食通过水路运输成本最低。到了工业经济时代，城市的竞争力是矿产资源、人力资本的获得，产品距离消费市场的远近。如要占领中国轻工产品市场，就必须先占领上海市场，上海是轻工业产品的交易和消费中心。到了知识经济时代，核心竞争力内容又发生了变化。人才和人才的学习能力，以及团队之间的知识共享已成为其主导因素。现在，全国正兴起第二轮开发区建设的高潮。第一轮开发区建设是为了引进外资，第二轮开发区热是圈地建设大学城。但是，大学城确实是增强城市竞争力的重要因素。因为知识经济是以知识为基础的经济，靠的是人的智力发挥，而大学是传播和产生知识的场所，所以，新一轮圈地运动要比过去聪明得多。现在是各地争抢名牌大学，有的地方甚至出现了先把校园盖好，再请学校搬进去的做法。如珠海市没有大学，它就免费提供土地，引进了中山大学。名牌大学是城市竞争力的来源之一，是知识经济时代核心竞争力之所在。

3. 城市经营和城市规划

城市规划的范围要扩大。对于规划的定义，大不列颠百科全书的解释与我国通用的解释有所区别，前者对规划作了三个方面的解释：

第一，城市规划是一门专门的学科。这一学科已经从纯粹的工程技术演变为多学科协同的综合科学，包括社会学、心理学、经济学等。所以，城市规划作为专门学科，其抽象化、多学科综合化、思路战略化已经非常明显。目前，各个大城市都不约而同地提出要在总体规划阶段先做概念规划。概念规划与原来的规划大纲有质的区别，规划大纲实际上是总体规划说明书，而概念规划则完全是发展思路上的比较，可以超越原来的规划体系，可以突出未来发展的多种可能的模式。城市规划作为一门专门的学科，对城市经营来讲，是非常重要的行动原则。

第二，城市规划是一项政府行为。政府行为从独立的政府管制逐步转变为政府引导，调动城市真正的主人或者说是经营主体，沿着城市规划所指出的方向，大家共同出力。简单地讲，规划本身也正在经历由强制性向倡导性转变。所以总体规划的灵活性、高度化、长期性越来越明显。从经营城市的角度来讲，城市政府的存在就是为了弥补市场的缺陷，市场不能发挥作用的地方，由政府去补缺。如污染环境和不可再生资源保护等经济外部性问题，市场本身不能克服，就需要政府强制治理和监管。又如社会治安问题，靠市场本身无法解决，而由政府来解决成本就比较低。还有海关、税收、贫困、劳动保障等问题都需要政府承担，政府就是由于弥补市场的缺陷而存在的。城市规划既然是政府行为，那么城市规划、经营层次从经济学的角度来讲，也就是为了弥补市场的缺陷。市场能够发挥作用的地方，在规划上可以简略。所以在规划体系上，已从修建性详规的编制转变为更多地采用控制性详规、法定图则的编制，实际上就是把更多的选择权交给用户，交给建设者，而不是给政府。规划体系的这一转变，也是根据政府是为了弥补市场的不足而演变的，这就要求我们在经营城市方略上做出调整。

第三，城市规划又是一项社会运动，是一个由全体市民参与的实践过程。规划的主体不应只是城市政府，还应包括城市公共部门、企业、居民。在市场经济时代，这个观念是非常重要的，因为市场经济是一个分散决策体系。在计划经济时代是国家决策，老百姓享受。如果把国家当作一个火车头的话，那所有的部门和民众就是车厢，车厢只能由火车头拖着跑，如国家把火车头开向大跃进，全国上下就大炼钢铁，计划经济就是一个寡头决策体系。而市场经济是无数个决策主体构成的系统，这样一种分散决策系统就像人们在公路上开汽车一样，发现前面出现翻车事故堵塞交通，后面的车辆自己可以决定绕道行驶或掉头跑，不至于大家一齐跟着翻车。这种分散决策体系对现代城市经营或者城市规划师们也提出了一些挑战。所以，城市规划作为一项社会运动，应更注重于市民的态度和意愿，更注重于投资者，从卖方市场转向了买方市场，这是一个非常明显的转变。城市规划就是要在这样背景下制定好“轨道”，使分散决策的各种各样的作用力都朝着增强城市竞争力的方向来发挥，使这种多方参与的社会运动保持在增强城市竞争力的主导方向上。这就是城市政府与社会运动之间的关系，城市经营与增强城市竞争力的关系。

二、城市经营、规划调控与城市竞争力的培育

从实际情况来看，城市经营、规划调控与城市竞争力之间的关系处理存在着六个方面的问题。

（一）城市政府的有限理性与发展机遇的不确定性

当前，影响一个城市竞争力的因素和发展机遇的不确定性越来越大。主要表现在：

一是变化越来越快捷。像深圳从一个小渔村发展成为300万人口的大城市，只用了20年时间；美国硅谷所在地圣荷塞市，在摩尔定律的作用下，从20世纪80年代的一个小城市变成现在的大城市。如把硅谷的经济总量单独作为城市进行排名，可排在全球第20位；如作为一个国家来讲，经济实力也可排到前20位。也就是20年时间突飞猛进的发展。

二是资源越来越虚拟化。物质资本的影响力有所下降，而无形资本的影响力有所上升。在知识经济时代，知识作为无形资产的主要组成部分，具有无限性、主体性和广域性的特点。所谓无限性，就是知识可以无限地复制。如一个软件可以复制几万遍，它仍旧是一个软件。实物经济与知识经济的区别，就在于实物经济像一个苹果，假若我拿苹果进行交易之后，我的苹果就没有了；如果以知识来交易，我的知识不仅没有减少，而且还可以获得更多的知识。所以，实物资本与知识资本的概念是不一样的。所谓主体性，指的是知识是依附于人的肉体。自己拥有的知识他人无法剥夺，因为它依附于人的肉体，人死了，知识也就随之带走了。所以知识分子自然而然地就成为个体户，成为个人创业者。个人创业成为社会前进越来越大的动力。未来学家托夫勒说，“21世纪是个人创业的爆炸性时期”。我们的规划应该适应这一变化。所谓广域性，指的是因特网的快速发展，使得竞争的范围非常广泛。以至于比尔·盖茨提出因特网的概念，

即可以从全球范围来组织资源，从而更有效地开展国际竞争。

三是信息分布越来越不均衡。城市政府正在变得越来越“笨”。为什么日本经济衰退得很快，而美国的经济比较强盛，成为世界经济发展的火车头？日本政府可以说是全世界管得最多的政府。在20世纪70年代，日本人非常骄傲，认为未来的世界将是日本的。美国所有的东西都将变成日本的。当时日本在培育竞争力方面，所采取的产业化政策非常成功。如日本当年对电视机、存储器生产技术进行分解，集中全国资源协同攻关，结果用了1年时间占领了同类产品80%的世界市场，并进军美国，购并了美国汽车厂、地产等许多产业，当时可谓是不可一世。但是这种政府主导的产业政策，到了20世纪90年代末期出现了重大危机，同样是发展电视技术，日本政府又是老方一帖，把资源集中起来发展高清晰彩电，但日本在政府指导下走了一条模拟技术的道路。而美国政府从来没有去集中资源，更不要说是进行管制了，但是它通过有效竞争的产业组织确确实实发展了数字化的高清晰彩电，比日本人领先了好多年。日本白花了整整上百亿美元。20世纪70年代有效的战略为什么在20世纪90年代失效呢？因为20世纪90年代不可把握的因素大大增加了，技术变动越来越快，技术创新中间硬技术的比例越来越少了。这时候的政府是越来越“笨”了，政府如果以为自己还聪明，那就失去了机会，实际上就不可能经营好这个城市乃至整个国家。所以，政府职能必须要大力转变。这是进入WTO和知识经济时代后，政府面临的一个重大挑战。

（二）城市政府的投资能力与可利用资源的有限性

有专家给出的描述竞争力的指标有30多个，但有两个指标是不可缺少的，这就是投入与效益。投入乘以效益等于增长，增长值比率包括其他指标数据构成了城市竞争力这一概念。投入包括政府、社会和个人投资。其中政府的投资具有基础性、启动性和先导性的作用。

在城市相互竞争的过程中，谁在基础设施上先行，谁就奠定了竞争力的基础，所以每个城市都争相扩大投资强度。世界银行提示，发展中国家在人均收入超过1000美元时，基础设施的投入就显得越来越为重要，而且在此阶段的某些发展中国家，对基础设施的投入将超过私人资本投入。他们建议基础设施的投入不能少于GDP的5%。上海市对基础设施的投入占GDP的比例已经达到12%，而且连续7年保持2位数，沿海城市在基础设施方面的投资都超过GDP的4%。杭州市本级每年对基础设施建设的投入达50多亿元，还应包括教育投资占4%、卫生保险占7%、公务员的开支等，所有支出全部加起来早就超过GDP的10%。而我们现在税收总收入约占GDP的9%，其中50%要上交中央，留下来只有4.5%可供政府使用。如果按照政府对基础设施投资要占5%的话，那么所有的可用财力全部投入基础设施还不够。所以，每一个城市政府都希望能大量举债经营。这实际上是一种寅吃卯粮的行为。朱镕基总理就曾指出，地方政府不能过度举债建设。波兰曾经因地方政府大量举债而出现危机，因为地方政府的举债，最后只得由中央政府来偿还。结果怎么办呢？波兰出台了世界上第一部法律《地方政府破产法》，地方政府大量举债无法偿还，就实施地方政府的破产，中央政府不承担债务偿还。这就要求每个地方政府在经营城市中实行有效地开源节流。

从节流方面来讲，一是政府要缩短投资战线，降低投资成本。杭州就推出了保证质量前提下的建设工程无标底投标。实行建设工程无标底投标，如何排除恶意低标竞争？建筑质量怎么控制？这可以用次低标与最低标的差不超过总造价的15%或事先有一些条款进行限制。杭州萧山机场按照设计概算总投资为32亿元，通过建设工程的无标底投标，实际仅需26亿元，而且建筑质量全部优良。杭州市在大面积推行建设工程无标底投标方面，取得了较好的成绩。

二是在城市基础设施、公共品提供的领域，要降低进入门槛，大量地让民营经济来提供。如自来水、煤气的供应等，或者是采用BOT的方式进行建设。从开源方面来讲，首先是土地。因为土地是凝聚着城市基础设施渗透的价值。所以，杭州市从一年前开始，就对经营性土地全部实行公开招投标出让。就杭州市本级来讲，公开招投标出让与协议出让，同样的土地出让量，通过公开招投标出让所得收益绝对量每年可增加几十亿元，相对量增长40%左右，这不仅实现了土地资源价值的最大化，而且也消除了许多暗箱操作的腐败因素。

第二是城市的空间资源。如出租车经营权、广告设置权、公交车经营线路和新发展的信息资源等。但在信息资源利用方面，我国还较落后。欧盟对新一代无线通讯CDMA网络资源使用权，进行招投标拍卖，成交额达上百亿美元。而我国对这一网络资源的配置，还是采取了发放许可证的方式，有五六家单位取得了许可证，造成了资源的巨大浪费。当时抱有这样一个观念，认为采用招投标的方式配置网络资源，最后会给老百姓增加负担。而实际上这样做并不会增加成本，因为这是公平竞争的结果。

第三是适度安排，超前经营。在城郊向农民租用土地，建成简易的高尔夫球场或绿地公园，并对周边的土地予以控制，然后进行拍卖。投入虽然很低，但因为环境的改善而产生的收益是巨大的。超前经营和滞后经营的效果是完全不一样的，正如现在许多城市因市中心建筑密度过大而采取开辟中心绿地的做法，导致每平方米绿地的造价高达上万元。

第四是把原有的国有资产进行转换。如对煤气公司、自来水公司制水厂包括地下停车库等采取公开拍卖的方式，盘活存量资产，实现国有资产价值的最大化。

（三）经营规模与竞争活力

我国从领导层到各级干部都喜欢大企业，这是计划经济时代的一个通病。规模经济当然有规模经济的好处，因为规模经济遵循的是规模报酬递增规律。同样性质的企业，一般是生产规模越大，生产成本就越低，规模报酬递增。这在工业经济时代是非常明显的，所以企业的规模越做越大。100 多年前，经济学家马歇尔就注意到，追求规模经济的结果是垄断的发展，而垄断又是阻碍价格机制作用的罪魁。垄断使价格受到了人为因素的控制，扼杀了自由竞争这一经济增长的原动力，使经济运动失去活力，破坏了资源的合理配置。所以说，竞争活力与规模经济是一对矛盾。到底孰先孰后？有的人主张竞争是最主要的，有的人主张规模经济是最主要的，就这个问题整整争论了 40 年，被称之为“马歇尔冲突”。正因为这场争论，导致产生了产业经济学，专门描述产业的组织和产业的竞争。

直到现在，政府直接经营的煤气、电力、自来水、公共交通、通信、教育、卫生等领域，也普遍存在“马歇尔冲突”。这就要求在经营过程中注重有效竞争。因为规模的缩小虽然可以提高竞争的活力，但也随之减少了规模经济性，所以要在规模与竞争之间寻找一个两全齐美的平衡点。为此，我们要做好以下几项工作：

一是要对政府直接经营层次的城市基础设施或公共品作一些限制。要把它们分成自然垄断、准公共品生产和一般性的竞争产品。真正属于自然垄断的、纯粹的公共品是越来越少了。如自来水行业具有规模经济效益，但自然垄断比较明显的是管道网络，而不是自来水厂。像杭州共有6个自来水厂，我们把其中的两个水厂进行公开拍卖，拍卖以后，政府确定进水价、出水价和质量。经营者把自来水厂人浮于事的人员减掉50%。经营成本就大大下降。政府建设一个自来水厂投资需3000万元，拍卖所得达到1.2亿元。电力和煤气供应也正在采取这种办法。对于有显著垄断经营效益的管道网络，也可以采取有限期的专营权拍卖，使政府的投资转化为收入，这样就把城市的资源充分地利用起来了。

二是要对政府间接经营层次的国有经济实行有进有退。如何进退？两条标准：第一是监管成本。现在国有资产监管成本太高。凡是监管成本较低的领域，国有经济可以进。但是监管成本居高不下的领域，国有经济宜退出，实行产权多元化或民营化。第二是自然垄断。对自然垄断领域，国有经济要进入；对一般竞争性领域，国有经济要适当退出。

（四）经营者的近期收益与城市的可持续竞争能力

现在，经营主体都呈现了分散化、企业化和收益短期化的趋势。短期化不仅发生在企业，而且也发生在政府。主要表现在：

一是政府领导任期过短，变动过大。有些大城市把土地批租权、规划权都下放到各区政府，以至于这些城市的房地产发展一度处于失控状态。购买房产，市民都能“合理预期”，就是买涨不买落。假如房价持续下降，市民肯定会持币等待。而如果房产是增值的，且增值的幅度不低于银行的存款利率，那购房者就会大胆投资，但极易造成房价暴涨。由此可见，通过多种调控工具将房价上涨幅度控制在每年5%左右，是保持房地产健康发展、减少泡沫危机的理想目标。一个城市的规划和土地出让如有多个主体，那每年出让多少土地、建设多少商品房就无法控制。假如有些市长区长，希望“寅吃卯粮”在自己的任期内，把辖区范围内可出让的土地全部予以出让，所得资金把基础设施搞上去，片面追求本届政府的政绩，造成掠夺性的竭泽而渔的恶果。

二是片面追求经营成本。一些房地产开发公司在住宅小区规划审批阶段，什么生态景观、配套服务设施包括小区邻里中心、幼儿园等等，应有尽有，而一旦进入建设程序，这些配套设施就被简化了甚至是省略了，结果是房子卖光，公司解散，找不到开发企业来对这些配套设施建设负责。像这样的例子可谓比比皆是。

三是经营的分散化，许多设施不配套。如桥梁、道路、水涵、自来水等，这些设施都应配套的，正是因为经营主体、所有制结构、投资方式、资金到位率和收回成本的时间不同，结果造成了配套工程之间不能相互衔接，从而影响了城市的整体效能。这样的情况，在现在的城市建设中屡见不鲜。

解决以上这些问题的对策：一是规划权特别是土地的出让权，集中与分散应该有机地结合。二是在城市边缘划出若干个生态敏感区或文化遗产敏感区，对这些区域应从严进行规划审批管理。三是改善城市形象，整治道路、河道和入城口，拆除违法建筑。城市形象是影响城市竞争力的一个重要因素。四是采取借地绿化的办法，大规模地实施城市绿化。五是创建生态园林城市，这是杭州实现城市可持续发展的阶段性目标。虽然目前这些目标并不很科学，但毕竟是个激动人心的口号，城市经营本身就是一场文明活动，需要有一个明确的目标来动员民众。

（五）经营方略的趋同性与城市资源积聚的有机性

有了资本市场，城市经营就有了手段，可以负债经营，我们把它称之为大规模经营、大批量投入、快节奏变化。在这样一个背景之下，各个城市的建设往往都按照一种文化模式、一套设计风格操作，最后归结为一条规划设计思路，充满着一个时代的理性主义色彩，这就不可能造就城市建筑风格的多样性、促进城市发展文化的积累性和文脉的延续，文化精致主义慢慢地淡化了，给人以似曾相识的感觉。更重要的是破坏了城市资源积聚的有机性。

城市资源是如何积聚的？它的经济学解释就是交易成本或外部性起作用。城市资源在交易成本特别低的地方积聚，在交易成本高的地方发散。而城市规划对城市资源积聚的有机性有时正好是相反的。如 1933 年的《雅典宪章》，对我国城市规划的影响深远。《雅典宪章》实际上是理性主义的产物，它的哲学思想来源于笛卡尔，它主张对城市实行明确的功能分区。这样一来，就造成了颇为奇特的现象，有些城市规划上是比较“混乱”的，经济上却是很繁荣的。而某些城市规划上是非常理性的、非常整洁的，但经济却是非常萧条的，这不是离开我们规划的本意了吗？如澳大利亚的堪培拉市、巴西的巴西利亚市和美国的华盛顿市，其城市完全按照《雅典宪章》的理性主义色彩进行规划，功能区非常分明，但是经济一直很萧条。而城市形态相对较为“混乱”的一类城市，是自然积聚、自主演进的，是自适应成长的过程，就像一个生物体一样，是有机集聚繁衍的，是活的生命体；而后一类城市，像堪培拉、巴西利亚等，是事先理性规划，按照技术美框定后人工建设起来的城市。有专家把这一类的城市，称之为高尚的、文雅的、诗意般的、有纪律的、机械循环的，或者说是等级制非常分明的机械社会、优美的但是没有活力的城市。我国在城市规划中，往往也犯这样的错误，不利于城市繁荣。为什么出现这个问题？因为城市是一个有机体，它的各类资源的集聚是有机性的，如果严格按照功能分区来进行城市规划的话，就把资源集聚的通道“肢解”了，交易的成本就非常高。所以按照技术美的要求和理性主义规划的城市与自然演进的城市相比较，它们的交易的成本是不一样的，资源集聚的有机性也是不一样，所以竞争力就有明显差异。反而是前一类城市强，后一类城市弱。华盛顿就已经注意到这个问题，它在几个大学附近建了一些混合小区，卓有成效地发展了高技术产业。

如何实行资源集聚的有机性？一要按照知识经济时代资源的有机集聚来规划设计城市。虽然《马丘比丘宪章》也讲了城市内部之间的有机联系，但更突出地从文化的角度，阐述了人与人之间的有机联系是城市的主要内涵，没有讲到资源集聚的有机性。二要保护城市的老城。老城固然是杂乱无章的，但它具存在的合理性。保护老城，不仅是保护历史文脉、保护文化遗产，更重要的是保护老城资源的有机集聚机制。三是淡化分区规划，倡导混合区。新加坡的规划师们也认识到新加坡规划的败笔，就是工业区离市区太远。所以在苏州规划新加坡工业园区时，就把居住区与工业区混在一起。这正是总结了新加坡本土工业园区规划失败的经验。但是更重要的是，我们要借鉴这些前人的经验深入研究和把握知识经济时代城市演进的内在规律和资源集聚的有机性规律。

（六）规划调控的区域性与城市资源的广域性

知识经济时代的城市规模、空间结构、城市形态，与传统经济时代有一定的区别。实践表明，物质类的资源在城市中的作用是越来越低了。由于物质类资源的扩散，一般劳动力的用工量大大减少，交通费用占某个产品成本的比例大大下降，信息传输成本更是趋向于零，产业的分布在地理空间上可以很快的速度进行扩张。有人就提出了将来还会不会出现大城市，未来的社会肯定是以小城市、小企业为主的状态。其实并不是这样，因为当前除了物质类的资源大大扩散以外，而知识类资源的生产企业的集聚需求大大强化了。为什么知识类资源的生产企业会在城市里集聚，而不是扩散呢？知识类产品通过因特网传递的成本比物质类产品在高速公路上运输的成本还要低得多，应该在空间上扩散得更快，为什么反而是集聚？按照韦伯的《工业区位理论》是无法解释的。这里主要有两个原因：

一是在大工业时代，知识产品与物质产品是密不可分的。汽车、纺织、家电虽是物质产品，但依附着知识，如产品的设计、构思、外形、色彩、人体工程技术等等，都依附在物质产品上，不可分离。城市的功能就是物质产品的制造基地，它毕竟集聚了大量的物质产品制造企业。而在知识经济时代，软件与硬件是相分离的。软件可以单独生产，不仅是计算机软件，还有出版、影视、学校教育等文化类产品，它与物质类产品高度分工、独立生产，而且这一趋势是越来越明显，所以今后的城市将越来越成为知识类产品生产机构的集聚场所。以至于美国、印度两国许多软件生产企业集中到了硅谷和印度的班加罗尔等地，1 万多家软件企业集中在一地，使得其他地方无法与之匹敌。软件可以通过网上传输，它们为什么不在地理空间上分散？因为它们需要集聚创新，需要共享知识交换平台。

二是知识结构中的沉默知识，在创新中的作用非常明显。沉默知识的交流、碰撞比显性知识交流、组合要重要得多。为什么有些硅谷的中国留学生已经到上海创业了，一年中还要回硅谷 2 个月，就是为了补充沉默类知识。硅谷为什么有许多咖啡屋和协会？就是提供相互交流的场所，使沉默知识通过交流、碰撞进行升华，变成显性知识。沉默知识快速积累，对技术创新是十分重要的。这样一种环境，就构成某种学习平台，在这个平台上有许多知识可以共享。这就是硅谷作为“学习型”城市的内涵。

斯坦福大学有两位研究城市规划的专家萨克斯·尼安和罗文，对硅谷有什么优势作了深入研究。其中萨克斯·尼安的《地区优势硅谷和128 地区的文化竞争》的论著，就是阐述竞争力的。他们把硅谷的竞争力优势归结为八个方面：第一，硅谷的生产企业结构是开放的，许多原始构件都是积木结构的。把 A 的积木性零件与 B 的积木性零件对接起来，然后在上面加上 C 的积木性零件，就成为一个新产品。企业如果离开了这个开放形态就无法生存和快速发展。第二，硅谷的人才频繁地流动。第三，硅谷的法律是既保护知识产权，又不限制人员的跳槽，更不需要跳槽人员签订商业秘密保护书，所以在硅谷，知识创新的共享程度非常高。第四，硅谷文化是鼓励尝试、允许失败。失败者因为会总结经验，反而受风险投资家所青睐。第五，风险投资起着知识共享的集聚功能。它可以把知识资源调动组合起来，在风险投资家的干预之下，构筑知识平台。第六，外国移民，特别是世界精英的集聚。第七，完善的资本市场，创新企业在纳斯达克市场的进出较为容易。第八，有斯坦福大学和伯克利大学，它们在美国是作风异端的另类大学。这两个大学的学生行为方式非常自由，可以做一切事情，被称之为文化异端。只有在这样自由的环境里才可以催生出硅谷的文化。如果条条框框限制很多，就不会诞生出有竞争力的新制度和新技术。

杭州正沿着这样一些思路在做，也取得了一定效果，城市面貌变化较大，经营城市的成果也较为显著，政府的欠账也在减少，经济实力不断提高。特别是在上个月国家教委组织的研究生毕业工作去向意向调查中，杭州已被列为 4 个最受研究生欢迎的就业城市之一(北京、上海、深圳、杭州)。

(原刊于《中共中央党校学报》，2001 年第 4 期)

4. 历史文化名城的功能及其实现途径

前些年，历史文化名城还没有引起人们的普遍关注，对它的功能及其实现途径更是缺乏研究。近年来，各地申报历史文化名城的热情日益高涨。为什么会出现这种情况？一般有三种说法：一是保护地方文化、文物的需要；二是保留和发展城市个性和特点的需要；三是表明城市历史悠久的需要。以上三种说法都有一定道理，但比较肤浅。历史文化名城是一个既老又新的课题，我们对历史文化名城的设置目标、功能、实现途径等方面了解得少，研究得也少。

一、历史文化名城的功能

1. 优化城市总体形象的功能

城市形象包括建筑质量、环境质量、服务质量和商业氛围等，是政治、经济、文化等方面的综合反映。丰富的历史文化是城市环境质量的最高层次。

城市的出现本身就是人类文明进步的产物。放在历史的长河中全方位考察，城市“天生”就具有积累、聚合、选择、发展文化的功能，各类文化在城市时空交汇点冲突碰撞，铸就了丰富多彩的城市文化，形成了各具特色的城市个性。凡是历史文化名城，都具有鲜明的个性，这是许多工业城市再过100年都望尘莫及的。因为许多新兴工业城市往往只是工业区、生活区、商业区的组合，难以形成丰富的文化内涵、亲切感和独特的魅力。亚历山大·克里斯托夫曾说过：有两种不同的城市，一种是在历史过程中逐渐发展而形成的；一种是按照规划图建立起来的。在规划实践中发现，后者容易受到诸如“缺乏人性”、“不具地方特色”、“不吸引人”等的指责；而前者却值得人回味，使人留下记忆，倾注感情。由此可见，城市中的古老人文景观是文化的物化，是历史的凝结；文化是城市的灵魂，是城市外在个性形象的内核。鲁迅说过：“有个性的才是美的”，“有地方色彩的倒容易成为世界的，为别国所注意的。”西安是驰名中外的文化古城，许多外国人到西安旅游观光，正是冲着其“古”味而来的。在西安，外国人很少去现代气息浓的大商厦、公园、游乐场。

而陕西历史博物馆、秦始皇兵马俑、法门寺、大雁塔、小雁塔等处，外国人的身影随处可见；外国人对中国现代打击乐毫无兴趣，而对陕西锣鼓极有兴趣；更值得注意的是，连许多西安人都认为老掉牙的秦腔戏，却迷倒了不少根本听不懂台词的外国人。

就历史文化方面说，金华当然比不上西安。但金华也是一个古老的城市，它建置久远，至今已有1800年历史。悠久的历史如何体现？辉煌的文化沉淀如何整理？这已经成为我们正在关注和研究的一个重要课题。金华古称“婺州”，婺文化相当丰富，包括婺剧、婺瓷、以吕祖谦、陈亮为代表的“金华学派”、“永康学派”、婺州建筑、金华火腿、东阳木雕等。每座城市都有自己的地域文化背景，研究发掘属于金华城的“婺文化”，争创国家级历史文化名城，无疑有利于提高金华市的城市品位，进一步优化城市整体形象。

2. 开发城市潜在资源的功能

在浙江省城市体系中，已经把金华规划为杭宁温之后第四个大城市，在即将完成的《金华城市总体规划》中，确定了金华的城市定位，即经过几年努力，成为上海经济区的卫星城市、旅游城市。

从巴塞罗那的“西班牙村”、圣地亚哥的“文化村”，到潍坊的风筝、曲阜的孔府家酒，我们体会到，历史文化是一种潜在的生产力和巨大的经济资源。金华拥有丰富而又独特的自然景观、人文景观，只要加以认真挖掘和开发，就能产生巨大的经济效益和社会效益。

从自然景观来看，金华有“一盆一山一水”。“一盆”指金衢盆地。金华市地处浙江中部盆地中心，农业发达，生态良好，森林覆盖率达50%，而金华山屹立在这只绿“盆”中心，山高海拔1300多米，而金华城海拔却只有30多米。因此金华山的相对高度较高，显得拔地而起，气势雄伟，如同泰山挺拔于齐鲁大地。在金华山上，有“一水穿开岩底石，片槎引入洞中天”的双龙洞。在金华山之南，有一条三江聚汇而成的婺江，水流潺缓，从城中逶迤而过。金华城就坐落在金华山与婺江之间，可谓青山、绿水、古城三者相得益彰。

从人文景观来看，金华的奇山秀水吸引了古往今来无数文人雅士，沈约、李清照等都曾到过金华，留下了许多吟咏金华风情胜迹的名篇佳作；金华物华天宝、人杰地灵，历史上名人辈出，有“初唐四杰”之一的骆宾王，宋代抗金名将宗泽，有清初戏剧家李渔，以及近现代的邵飘萍、陈望道、艾青、黄宾虹、施光南……

从文物来看，最令金华人骄傲的是太平天国侍王府，这是我国目前保持原貌最完整、壁画艺术最丰富、建筑规模最大的太平天国遗迹，两幅最为珍贵的壁画，已于最近获得揭取保护成功。除侍王府外，还有“天宁寺”、“八咏楼”等，都具有古朴典雅的建筑风格。更值得一提的是“侍王府”、“八咏楼”所在地的“子城”，保留着许多明、清时的民居建筑，是不可多得的古建筑区。

从历史来说，金华有许多历史传说，其中最著名的是史书上关于黄大仙“叱石成羊”的记载。今双龙风景区内有港澳台胞熟知的黄大仙观遗址，现已修复。香港黄大仙观的门楼上写着“金华黄大仙观香港分迹”，在旧金山、温哥华也是如此。因此，金华也可称之为道教文化之城。以上这些人文景观和自然景观，正是金华市发展旅游业，争取成为上海的卫星城亟待开发的资源。要把这些资源充分利用好、开发好，开辟出独具特色的旅游景点，将文化和历史浓缩于此，从而吸引更多的人到金华来旅游观光、投资兴业。

3. 满足群众精神需求的功能

人活着有多种层次的需求，除了物质生活的满足之外，更需要文化的精神享受。如日本枥木市市长铃木乙一郎的名片上方印着一幅图片，图片上有一条名叫巴波川的小河，小河边有一排矮房子。这排毫不起眼的房子是派什么用的呢？原来这个地方自古以来由于运输方便，是稻米的集散地，所以枥木的许多房子是当谷仓用的。名片上的房子就是日本江户时代的谷仓。这些粮仓就是这个城市很值得骄傲的历史凝结物。这些房子外观平常，如在中国可能早已被拆掉了。但枥木人觉得这是他们的骄傲，把它作为维系海内外侨胞的纽带，国内外客人观光考察的重点，枥木人因此得到了自信心和凝聚力。这是历史的见证、文化的凝聚，证明这个城市在历史上曾经是个商都。他们提出，在城市发展中有两条不悖的宗旨：一是要成为充满生机和活力的生产流通城市；二是要成为富有特色和情趣的旅游文化城市。他们深深地懂得，没有文化，没有这些旧谷仓，就难以成为有文化的城市，更谈不上成为令人留恋的旅游城市。

所以，从以上几点去看我们申报历史文化名城，或者说正在拟订的历史文化名城的保护方案，就物有所值了。从社会价值上讲，把这些东西保护下来，使这些事物支撑起故乡风土人情。几万华侨回乡探亲，就要看这些东西；从经济价值上讲，它包含着旅游资源的巨大效益的潜力；从环境价值上讲，它创造一种亲切、宜人、友好的气氛和有特色、有个性的城市风格。像日本枥木那样几万人口的小城市，也能将旅游文化城市作为自己的目标；从建筑价值上讲，它显示着历史文脉的延续性、可览性。所以历史文化名城能够极大地满足人的精神需求，人们在欣赏环境、创造环境的同时，也被环境所熏陶、改变。从这个意义上来说，历史文物不是“死的物质”，而是城市物化的历史、凝固的音乐、形象的诗篇、永恒的画卷。它们是实实在在具有教育、陶冶、净化、充实人们灵魂功能的“活物”。像金华这样的状况、发展阶段、目标定位，如何能够更好地保护、整修、开发历代遗留的人文景观，这很值得专家学者加以研讨，贡献自己的智慧。

二、历史文化名城保护设想(功能实现途径)

1. 辟新区，保旧城

历史文物的保护，特别是成片的保护，有一个非常突出的问题，就是现实需求与原貌保存的矛盾。比如居民建房，拆掉了宋代、明清时期的老房子。如果政府部门如不让业主拆，他们会提出：要么我们换一个地方住住？所以这件事也很难办。再加上现在推行土地批租，越是老城区，土地的含金量越高。而且随着经济的发展，又有一种很强的愿望，希望尽快地改变城市的面貌，给人一种整洁的、舒适的、统一的、有秩序的感觉。另外，也是生活质量提高的迫切需要。这样三路夹攻，许多城市，什么子城、古城啊，什么成片遗留古风的街道等，消失得速度很快，许多城市历史性建筑甚至已荡然无存。所以许多报纸、许多专家在呼吁进行保护。

在发展形势面前，如何保护金华的文化古迹？金华提出：坚持城市向西转移，向南发展，开辟新区。这里有几个层次：第一是历史文化保护区。金华有一块宝地，即将军路以南，飘萍路以北，胜利街以东，东市街以西这块地方称为子城。两个国家级的历史文物均坐落在子城内。第二个层次是古城风貌恢复区。这个恢复区的范围比较大，大概有六七平方公里。第三个层次是古城风貌协调区。每一个层次都有不同的保护目标、保护要求、保护范围、保护深度。而最主要的一条就是开发新区，向西延伸到站前区。目前的老火车站随着功能的改变，要成片地进行改造。更重要的目标是向南开辟一个新区，即江南新区，现在开发区已打下 10 多平方公里建成区的基础，道路框架已基本形成。所以现在把一些主要的建筑物都搬迁到那里去，市委、市政府办公楼也拟南迁，实现城市功能分流。这方面，中国城市科学研究会副秘书长鲍世行提出了很好的意见。他说：如果只在旧城里做文章，所谓“田螺壳里做道场”，不仅不能妥善地解决名城保护问题，而且旧城的景况会愈来愈糟。建筑物的层次、体量、风格、街道的宽度、色彩的协调度等，都要做出严格的限制。

根据这一思路，金华城市主要向西、向南进行大规模地建设。通过开发新区，保护老城，而不是把可供后人继续挖掘的具有悠久历史渊源的、可以源源不断生财的旅游资源，葬送在我们手里。不要图一时之快。总结历史经验，如果现在大规模地进行老城开发，大部分老百姓可能会叫好，因为居住条件、行车条件将大大改善。但是这样做，只能博得一时的喝彩，等到若干年之后，市民的文化素质提高之后，就会喝倒彩了，决策者最终只能成为千古罪人。所以这种事不能也不应去做。

2. 复风貌，保子城

对于金华子城，应以保存、保护为主，整治、改建为辅。同时剔除其不适应的方面，增加与历史文化风貌相适应的内容。目的是全面改善这个地区的环境质量，使之成为一处具有悠久历史文化价值并与现代使用功能相协调的高情感、高艺术价值的区域。由于一些古建筑已经分屋到人，住户如要对房屋进行改造，政府要干预。有些古建筑如果不控制就有可能被拆掉，必须严格监督、保护。有的街道非常雅致，但住户偏偏把水龙头、洗衣槽等放在房屋门前，这就很不协调。所以市貌市容一定要下功夫进行整治。有的在古建筑前面搭建一个现代化的房子，就像人脸上长了一个瘤一样。建起来以后再拆除，难度就大了。所以应采取外围改建、内部整治、核心保护、风貌复旧、功能恢复等措施。

金华子城，过去是商业街，现在可以把它规划控制成步行街、步行区和商业区，在外围搞一些疏导。因为是商业区，车辆要停在外面，因此必须把停车场、外围交通、消防通道、下水道、给水排水解决好。古代的城市，绿地本来就比较少，随着城市的发展，空地越来越少，著名的石榴巷已没有一棵石榴树。我们设计了一个叫做“找缝插绿，见缝插绿，垂直绿化，盆景绿化”的方案，这样从现在开始，按照这个方案去实施，经过几年努力，能够把这块地方的绿化问题解决好。

当然，最重要的是对子城的全面保护整治要进行科学的规划设计。可以采取以下几个步骤：一是全面调查。对要重点保护的建筑风格、建筑年代等进行全面调查研究，搞清来龙去脉。二是进行综合开发。对子城的保护，需要多学科地进行综合研究，研究它的布局、历史演变过程、现存空间的协调性、建筑形象，然后加以详细地规划。至少子城这一块要进行城市设计、风貌设计。三是对经济社会效益进行预测。有多大的本钱做多大的事情，分步实施。

3. 继文脉，保重点

城市的发展都有一条清晰的文化脉络，每个城市文化脉络都需要继承延展下去。这是因为城市的发展是文化的沉淀过程、历史的沉淀过程。今天城市的特点，既是过去的延伸，又必将向将来延伸下去。所以，金华的城市总体规划中，分为四个组团：一是以子城为核心的旧城保护组团；二是以八一北路、西市街以及新客站、老客站构成的商业中心，这里要进行大规模现代化开发；三是向江南延伸的组团，就是现在的经济技术开发区；四是现在的多湖组团。

四个组团的开发程序：先有子城。这是历史上开发的，当代决策者的责任是保护好，然后延伸到现在的商业中心。这个中心是大规模的，显示的是城市的现代风貌。古代和现代在这里交融的过程中，金华在此沿续了几十年后，才向西跨了一步。从现在到与下世纪之交的这段时期，主要是建设江南组团，即经济技术开发区。它的功能确定为行政管理和科技产业的中心和商业的副中心，它充满着现代气息，而且面向未来。然后在 20 世纪末，回过头来开发多湖这个组团时，又与子城加以对接。这个组团完全可按未来的模式运作。

总之，对于历史文化名城来说，城市整体就是一座历史文化沉淀凝集的巨大结晶体，其景观特色比一般城市来说更需要精心设计，精心雕琢，使之真正成为集历史文化与艺术宝库为一体的大型的精神、文化、艺术的综合体。只有这样去思索、实践，金华城才能逐步展现南宋著名女词人李清照咏叹的“水通南国三千里，气压江城十四洲”的雄伟景象。

（原刊于《城市发展研究》，1996 年第 1 期）

5. 城市工业企业改革和管理的八大趋势

工业经济是国民经济的支柱，是稳定经济发展的基石。首先，工业制造业是一个永不衰落的产业，无论是处在什么时代，也不论生产力水平和生活标准提高到何种程度，人们始终需要具体的物质产品，而且所需求的产品种类只会越来越丰富，质量越来越精致。第二，制造业是社会就业最主要的场所。如杭州市区近50万企业从业人员中，从事制造业的产业工人占了60%以上。第三，工业经济对GDP的贡献最大。杭州工业对GDP的贡献率达到54%，其他产业如旅游业，虽然在杭州也是一个大产业，但旅游总收入只占整个GDP的15%。旅游总收入不仅仅指旅游门票收入，它是广义的，包括了交通、住宿、餐饮、购物消费及会议等所带来的收益。但从现阶段的情况来看，旅游业对GDP的贡献远不如工业来得大。第四，制造业的发展有利于防止泡沫经济的出现。对任何一个经济快速发展的地区来讲，都有可能会产生一些泡沫效应。证券、金融市场以及房地产的许多投资项目都属短线投资，资金进入与退出市场的速度都很快，过度地投资会带来虚假的繁荣，导致泡沫经济的出现。而制造业属固定资产投资，是一种长远的、直接的投资，强大的制造业是经济发展的稳定器，也是克服经济泡沫危害最好的办法。所以，解决经济发展过程中出现的泡沫，不能就事论事，而应该立足于把制造业的基础夯实。

展望“十五”期间，工业企业的改革和管理将面临一系列新的变化，具体可归结为以下八个方面的趋势。可以说，我们正处于一个变革的时代，一个与时俱进的时代，工业企业的改革和管理工作要迎合这一时代的变化，顺势而为，才能有所作为。

一、企业产权变革持续向多元化、制度化的方向发展

(一) 原因分析

1. 改革的实践表明，产权制度改革对工业绩效影响最大。据经济学家金玉国等人对1977～1999年我国工业企业的数据进行分析，得出各种制度变革对工业绩效之间的关联度(如表)。

制度变革名称	产权改革	市场化指数	财政分配	对外开放度
平均关联度	0.691	0.748	0.530	0.618
排　序	2	1	4	3

从上表可以看出，市场化指数对工业绩效的影响力度最大，达到0.748，对GDP的贡献达到14%；其次是产权制度改革，为0.691；财政分配是指财政对企业的留利以及税制改革，是国家与企业分配制度的变革。市场化指数包括企业市场主体地位的确立，企业产权明晰、平等交换、自主经营、自负盈亏。而产权改革包括产权的变革，最主要的是国有股的适度进退，也就是国有股在一般性的竞争性企业中退出。从中可以看出，产权变革和市场化指数都是企业改革的结果，两者的权重非常之大，占了整个影响的一大半。企业产权制度改革始于最近5年，以前所进行的企业改革基本上是停留在财政分配、企业与主管单位利益的分配，以及企业承包制的完善上，并没有涉及产权制度变革。所以，经济学家们以1977～1999年这20多年的数据来刻画产权变革对工业绩效的贡献，显然把产权变革的效用弱化了。如果采用最近5年的数据进行分析，产权制度改革对工业绩效的贡献将占一大半。

从工业企业资本金的利润率来看，据1995年的统计数据，国有企业资本金利润率是5.7%，集体企业是9.6%，股份制企业是11.7%，三资企业是12.9%，个私企业可以达到20%。也就是投入100元，国有企业只能产生5.7元的利润。这还是5年前的数据，而现在国有企业只有3元的利润率。

2. 意识形态的变革将促进企业改革。党中央国务院早就指出，不能简单地把有没有财产、有多少财产当作判断人们政治上先进与落后的标准，而主要应该看他们的思想政治状况和现实表现，看他们的财产是怎么得来的以及对财产怎么支配和使用。这从经济学的角度来看，是一个非常重大的突破，就是进一步明确了对合法获得财富、拥有股权的人在政治上不得歧视。我们从解放以来的分土地、划成分，一直到三反五反，最后到文化大革命，所受教育的一条主线，就是财富即罪恶，谁拥有财富，谁就是坏蛋。但是经过20多年的变革，情况已悄悄发生了变化。有报道说，某学校新生填写登记表，在家庭成分这一栏中，大多填的是富农或企业主，没有填贫农的。所以，当拥有财富不再是罪恶的观念被广大人民所接受，无产阶级拥有自己的政权，并为这个政权作出贡献的同时自己也拥有财富的时候，我们应进一步解放思想，合法地拥有财富，在政治上也就在最高层次上不应该受到歧视。以前，私人拥有财富，虽然在法律上是平等合法的，但在政治上却是不平等的。现在从最高层次的否定转为最高层次的肯定，这就会带来生产力的飞跃。

3. 企业改革的实践所产生的推动作用。从杭州市工交直属的 157 家国有工业企业最近 2 年的改革成效来看，2001 年 1～6 月份，在 42 家企业停业、破产的情况下，工业销售产值增长 5.8%，扭转了连续 3 年负增长的局面；利税增长 30.4%，利润增长 178.5%。实践证明，产权制度改革是有效的。当然仍有一些不到位的地方，这也是说明改革是无止境的。有些改革措施仍然是局部的、拆东墙补西墙临时性的变革性措施。如杭州灯泡厂，国有资产比例还比较大，因为为别的企业担保了一大块，国有资产作为黄金股留在企业，将来被担保企业如果破产了，就由这块国有股去弥补；有的企业因为要上市、债转股等，而这些优惠政策只能是纯国有企业才能享受。还有一些企业是历史亏损、银行贷款、连锁担保等交织在一起，情况相当复杂，一时还没有什么办法进行改制。上述几类企业加起来，大概还有 30 多家。

（二）基本对策

1. 充分利用国家优化资本结构，债转股等政策，攻克大而亏的国有企业遗留问题。

2. 把握加入 WTO 的机遇，引进外资嫁接改造工业企业。进入 WTO 后，我们面临国际资本市场、国内产品市场蛋糕的重新分配，因此必须引进外资来嫁接改造我们的工业企业。这种嫁接改造，其实就是引进外资的第二次高潮。

3. 充分利用民间资本来置换企业职工股，优化产权结构。现在已改制的企业都设有职工股。1983 年以前参加工作的职工，一般以平均每人 1.5 万买断工龄后，按 1∶1 比例配股作为对企业的投资。这种方式能够让企业度过资本短缺、负债率升高的困境。但是企业股东过多也带来了决策分散的弊端。怎么办？浙江省民营企业数量众多，成熟程度较高，要引进和利用这些先富裕起来的、完成了资本积累且又有丰富市场经验的民营企业资本进入杭州，对国有企业的职工股进行置换。这不仅能够使职工股升值，职工得到额外的福利，同时又能使企业产权结构得到改善优化。

4. 加大国有资产监管力度，妥善处理企业剩余的国有股，优化国有资产的布局。加强国有资产的监管是当前国企改革的一场重头戏，每一份国有资产都必须有一个排他性的、惟一的自然人代表国有资产所有者对其进行监管，承担保值增值的责任。如管理不好，可能使其倾家荡产并被追求法律责任，管理得好也可以合法致富。国有资产应进退有序。我个人认为，监管成本比较低的领域，国有资产要积极地进入，这有利于国有资产的保值增值；而在高新技术领域，政府应采取补贴的办法，对企业进行鼓励而不是控股；对那些因市场竞争激烈、技术变动极快导致监管成本过高的领域，政府投资不如借款，借款不如补贴。

5. 将工业企业深化改制与改造、转性(退二进三)结合起来，鼓励企业进行技术改造，兼并与被兼并，优化资产配置，扩大生产规模。对技术改造项目，要实施大幅度地贴息配套政策，而且要把技改项目贴息的范围扩大到国有企业、国有参股企业、私营企业甚至包括三资企业。企业可同时享受国家、省和市里对技改项目的贴息。如杭州软件产业基地，在享受国家优惠政策的同时，市里的优惠政策不变。政府采取技改贴息的目的，就是鼓励企业进行技术改造。通过企业改制与改造、转性相结合，促进传统工业企业升级为高新技术产业，一般工业企业转变为都市工业，有污染的工业企业实施退二进三。

企业产权变革的过程，就是产权自由组合的过程，这种组合实际上就是企业兼并式扩大发展。企业兼并有三种基本模式：

(1) 娃哈哈：单一产业兼并式扩大模式

这种模式风险容易控制，行业技术熟悉。娃哈哈公司到西部的投资方式与有些企业的草率做法完全不一样。如某市一家企业到兰州投资，由于经济纠纷打官司受到暗算，结果1500万元血本无归。许多企业到大西北投资都是同样的结局，如金松集团到成都投资5000万元，企业没开业就被银行冻结了。但娃哈哈对西部地区投资采取的策略：一是兼并当地的企业，原企业所有的职工由当地政府承担；二是免费经营企业所有的资产，不承担企业原有的债务。如果不同意这两条要求，娃哈哈就不在这里投资，而转移到别的地方。它在每一个省都计划投资设立一个分厂，在该省省域范围内公开选择合作伙伴，结果使该省几个地区内部进行自相竞争，最后看谁提供的政策条件最优惠，慎重选择一家最“干净”

的企业予以兼并，少招工人，多投入自动化设备，利用当地的资源和市场，进行24小时连续生产，就地销售，降低了运输成本，回避了观念的冲突。本地企业被外来企业购并，观念冲突所带来的成本是非常高昂的，而要改造他们的观念却很困难，需要很长的磨合时间。海尔集团在对外兼并扩展中采取了“吃休克鱼”的办法。企业濒临破产，已属“脑死亡”阶段，观念不转也得转。就是先让企业致于“死”地，然后对其实施兼并。企业“死”了，传统的大锅饭、铁饭碗、铁交椅等观念也就站不住脚了，只有海尔的观念，才是有饭吃、能发展的观念。娃哈哈采取单一产业兼并式的扩大模式是比较成功的，风险也比较低。

（2）海尔：相关多元化的发展战略

海尔集团已集中兼并了30多家国内外(如意大利等国)的家电生产企业，他追求的是战略协同效应。这些企业生产的诸如电冰箱、洗衣机等产品对海尔来说，技术、工业、市场都是与母公司相近的，因而可以共享广告、销售系统、售后服务包括核心技术，企业的商标、信誉可顺利转移。所以，海尔对外兼并是很成功的，产值连续8年年均递增80%，2000年产值达400多亿元。海尔实施相关多元化战略的风险在于：兼并了那么多企业后，一旦其中某个企业因为产品质量管理问题砸了海尔的牌子，那海尔作为高品质的代名词在市场上受到怀疑，就会发生整体雪崩效应。如果消费者认为洗衣机质量有问题，进而对冰箱的质量也会产生怀疑，这将会给海尔带来致命的影响。

（3）春兰：不相关多元化的发展战略

近几年来，春兰集团也兼并了30多家企业，不断地进入摩托车、房地产、贸易、电子信息等产业，甚至花5.4亿元兼并了南京汽车制造厂，把“依维柯”纳入春兰的旗下。它突出表现为什么好赚钱就干什么，这就是利润追求驱动型兼并，靠的是雄厚的资金实力。实施这一发展战略，有利的一面是分散了投资风险，如当某一个市场需求浪潮来的时候，抓住机遇，及时介入求得发展；而当某一个行业不景气时，可由其他行业的收益予以弥补，从而分散了投资风险，同时也有利于企业内部的融资。如房地产业，投入资金并不多，取得商品房预售证后就可以对外出售，大量地回收资金，回收的资金可以转到工业上去。所以，春兰集团“十个瓶子只需五个盖”。但是，春兰模式最大的缺陷就在于进入了不熟悉的产业，不能共享技术而带来的“学习成本”，同时由于业务分散，不能共享品牌、信誉，“管理成本”将急剧上升。而且如在广告方面处理不当，还会发生冲突。如“少女之春”是江苏一家生产化妆品企业的产品商标，一直以来做得很成功，但后来这家企业的总经理犯了个错误，在生产化妆品的同时，投资生产农药，也以“少女之春”作为商标，结果使得消费者在购买化妆品时就想到这家企业生产农药，导致销售额直线下降。

随着改革的不断深化，企业产权制度变革已向自主化方向发展。以往我们所推行的改革，可以分为两个部分：

一是利益诱导型的改革。在利益的推动下有强烈的自发效应。它是一种增量式的改革。如乡镇企业、个体私营经济的发展，属利益诱导型、自主自愿型、有利可图型，在原有的僵化体制或国有企业、二轻集体企业体制外部，增加了这些新成分，而且比重逐渐上升，所以称之为增量改革。

二是强制性改革。国有企业的产权制度改革，是存量的改革，是政府推动的强制性改革。这种强制性改革必须是从上而下的。为此，国家制定了国有企业改革“三年两目标”的计划，设定了改革时间表。杭州市也相应出台政策文件，加快企业改制进程。这种存量攻坚型改革难免会带来短时的阵痛，也必然会遭受来自主管部门、控股公司、厂长经理和企业职工的压力。像改革前的企业厂长经理是相当潇洒的，企业盈利有奖金可拿，企业倒闭不承担任何责任，还可以调到别的地方任职。而现在企业改制了，厂长经理睡不着了，因为在企业中有自己的股份，企业搞得不好，自己也将倾家荡产。

同时，企业改革砸掉了大锅饭、铁饭碗、铁交椅的旧体制，所带来的观念冲突如同急风暴雨般的。但是当产权制度改革到了一定程度，国有股不再控股的时候，改革就不是政府唱主角了，而是企业、资产所有者唱主角了，改革就从强制性变成了自主性。企业的兼并、外资嫁接、职工股转成民营股、企业配股、技术人员持大股、经营者收购职工股等，这些都将在法律框架之下，由企业自主来进行，政府退出强制操作者的行列，只能来当裁判。

所以，“十五”期间工业企业的改革，无论是国有企业还是其他企业，改革的阵痛期已基本过去，将逐步转向自主化、多元化的改革。这里所说的多元化，不仅是产权结构的多元化，而且是改制形式的多元化，实行国有资产有进有退，既有外资又有内资，既有民营企业家，又有知识技术拥有者的广泛参与；股权结构有虚有实，虚的是期权，甚至是技术股，实的是资金和实物所构成的股本。对今后的企业改革，政府一般不再派工作组或制订计划了，完全由企业自主进行，这就是顺应时代的变化。

二、企业的生产方式将倾向于个性化、柔性化、大规模定制化

(一) 原因分析

1. 市场或顾客消费心态的变化，要求提供的商品是少批量、多品种、个性化的，追求品牌，商品的专属感增强，导致生产方式发生变化。

2. 因计算机技术、网络技术的发展，新的制造系统和控制技术不断涌现，如CAD(计算机辅助设计)，CAM(计算机辅助制造)，FMC(柔性制造系统)，IMS(智能制造系统)、CIMS(计算机集成制造体系)，还有GROUP WARE(群件)等得到应用，使得企业的生产方式发生变化。

3. 大规模的生产模式转变为大规模的定制模式。大规模的生产模式即福特式的生产模式，是生产推动，企业生产多少产品，市场销售多少产品；而大规模的定制模式，是需求拉动，根据市场需要多少产品，企业生产多少产品，也就是定制生产。目前，大量的外包生产定制模式已大量涌现。

4. 产品的模块化设计、零部件标准化和通用化。如手提计算机就是计算机模块化设计的产物。计算机是由CPU、存贮器、硬盘、显示器、键盘等几部分组成的，这几块通过模块设计就可以形成不同型式的手提计算机。其中有的模块升级很快，如CPU、内存升级就很快，有的模块升级很慢，如键盘、显示器还是老样子，近5年来没有什么变化。零部件的标准化和通用化程度大大提高，软件、硬件的通用程度也非常高，不同品牌机互相之间能够兼容，这就使得整个生产方式发生变化。

5. 全球范围外包生产模式的企业越来越多。全球生产模式主要有三种：一是产业间的全球生产分工。根据资源的优势，把一些劳动力成本高的产业转移到发展中国家，以赚取劳动力成本较为便宜的好处；二是产业内部的全球生产分工。如日本，把产品核心制造部分留在国内，而把产品外围的零部件转移到中国生产。三是企业内的全球生产分工。现

在企业内部的产业分工越来越明确，如雀巢公司，海外生产占90%；诺基亚公司，本国员工不到2000人，而有2万多工人散布在全球各地；通用机器公司，在海外的制造额达到86%。像这些跨国公司基本上是全球生产。东方通信2001年1～7月份实现利润下降了77%，手机的价格是一个礼拜一个价，利润越来越低。为什么手机价格会越来越低呢？主要是手机制造采用了全球生产的外包生产模式。在台湾地区、新加坡、马来西亚、韩国包括美国都有专门的手机外包生产企业，这是一个新的工业企业门类。这些被称之为专门化的大批量制造企业，在一条流水线上实行高度智能化生产，同一条生产线可以生产不同品牌的产品，既可以为DELL公司、IBM公司、HP公司生产，也可以为三菱公司、诺基亚公司生产。只要提供产品单子，整个产品的生产过程可以在一条高速自动化的智能生产线上完成，而且24小时运转，所以生产成本非常低。远比我们招月薪500元的农民工组装低得多，可想而知，国内的手机生产企业还有什么优势？三菱公司在日本的手机生产组装线与在中国组装线完全不一样，一个车间内布放了十几条生产线，零部件组装速度非常快，年产量可达几千万台，而管理人员只有3人。如果生产不同品牌的手机，整条生产线调整只需5天时间。但这还不是最先进的，国外最先进的批量制造企业，一般一天时间就可把新的产品生产线调试完成，也就是说今天生产诺基亚手机，后天就可以生产三菱手机，完全是高速度全自动装配。在这样强大的专业化生产企业面前，靠劳动力成本比较低，手工劳动比人家便宜的这一点优势，简直是以卵击石，无法生存。所以，必须寻求一些基本的对策。

（二）基本对策

1. 转变管理的观念，增强市场竞争意识。对工业企业的经营管理，我们一直信奉老祖宗的教诲，采取成本领先战略。而到了当今这一时代，应走差异化战略和成本领先战略并重的路子，要避开人家的锋芒，而且要预先了解锋芒来自何方，不然就难免灭顶之灾。如西湖电子集团曾经是盈利大户，不仅西湖彩电的市场占有率达到13%，而且为三菱公司加工生产大量的计算机显示器。但是彩电的大规模、自动化制造，大幅度削价早已成定局。当两年前三菱公司取消在西湖电子集团代加工生产显示器，而是把它转移到更便宜的专业化生产企业去生产时，实际上就意味着西湖电子集团的危机已经来临。如果当时该企业准确地判断，把一般性的彩电生产线全部转给乡镇企业，由他们去生产，每生产一台彩电，经由西湖电子集团质量检验，收取几百元的检验费和品牌使用费，争取一部分利润，而企业集中全力上新品，就可以顺利过关。而当时西湖集团还幻想着彩电利润会回升，抱着彩电不放，花很大的精力去搞价格同盟。直到2000年每生产一台彩电要赔300元时才醒悟过来，砍掉彩电生产线，对场地进行粉刷，搞了一个软件园区出租给UT斯达康，每年收取几百万元的租金。这样的滞后调整代价当然很大。所以，什么事情都要有预先设计，不能一条道上走到黑，要早日寻求差异化的战略，避其锋芒而求生存和发展。

2. 提高企业柔性度。为什么一些企业会出现针尖对锋芒，一条路上黑到死的结局？主要原因在于企业组织和战略的柔性不够。提高企业的柔性度，首先，是企业组织结构的扁平化，对外部信息的变化应非常敏感，不能因机构重叠而导致信息传递扭曲；第二，是机器设备的智能化；第三，是企业骨干要高度适应化和知识化。这是企业的核心问题。企业中有对自己的前途、命运做出适时的、超前的、科学的决策，才能适时保存实力、发展自己、打败对手。提高企业柔性度，最重要的还是要通过团队学习来提高掌握未来、把握趋势的能力。

3. 重视产品设计环节。一般来说，产品的生产成本60%在设计阶段就已经确定。设计上的成功，就是市场开拓成功的一半。对于产品设计，目前国际上流行的是模块化设计、标准化配置以适应通用化生产。不管企业如何强大，其生产的产品只有符合这三条标准，才能赢得市场。如微软公司，它首先要考虑自己生产的软件要通用，如果不通用，在中国市场无法销售，占领市场也就等于零。现在还有一种新的设计模式，称之为委托设计(OED)，就是整个产品委托国际一流的设计公司设计，支付一定的费用取得设计方案，然后相互之间签署法律文件，要求设计公司不得把设计方案转给第二家企业。国内的汽车制造厂大都是采取OED的方式，如上海大众公司的桑塔纳2000型轿车，就是委托巴西大众汽车制造厂设计的，可见我们自己的设计水平是如何的低，也说明一个好的设计能够对市场销售产生多大的影响。

4. 采取现代的信息技术，加快企业信息化进程。

5. 寻找战略性合作伙伴。加强供应链的管理，对于寻找战略性的合作伙伴是非常重要的。供应链管理，就是通过前馈的信息流和反馈的物料和信息流，将供应商、制造商、分销商、零售商直到最终用户连成一个整体的管理模式。这是美国哈佛大学的比特教授提出的。他认为，一个企业从产品设计开始，一直到产品的销售以及售后服务，每一个环节都应该为顾客提供价值，提供的价值越多，企业产生的总体效益就越高。他还认为，竞争优势归根结缔是企业在生产全过程中为客户所创造的价值。根据这一理论，许多企业就对从原材料到产品售后服务整个供应链进行分析，哪一个环节产生的价值比较高，就把它作为企业生产的核心环节，哪一个环节价值较低或无利可图的，就外包给别人去生产，这样生产结构就得到优化。把价值较低、自己做起来不合算的环节实行外包生产，就是一种战略性合作的方式。所以，现在的企业是处于合作中竞争的企业，相应的一种理论称为竞合理论。单个企业在当今时代已没法生存，只有在竞争中进行合作才能发展自身。

三、无形资产经营所创造的利润将接近或超过有形资产

（一）原因分析

1. 品牌升值的趋势越来越明显。品牌的功能主要体现在三个方面：一是帮助消费者选择商品。现在市场上的商品实在是太多了，光一个随身听，就可能达上千个品种。要选择一个质量最可靠的、功能与价格比最合理的产品，没有品牌的指引无疑于大海捞针。例如随身听，大都认为买索尼产的比较好。索尼的品牌就包含了产品的功能、质量和服务等所有内容。二是进入新市场的导向和桥梁。某一产品要进入一个新市场，一般以品牌作为敲门砖去开路，消费者先认识了品牌，然后才会接受具体的商品。三是一种经营的手段。品牌是企业与消费之间的连接器，这个连接器的好坏，对企业的生存与发展至关重要。一切为了服务顾客，才会壮大品牌，品牌升值，企业才会发达。所以，以品牌的经营成果来检验企业的整体经营业绩往往比单纯关注生产成本降低更有效。

品牌不是单一的，有企业品牌，如杭州大厦就是一个企业品牌。还有类别品牌，在一个企业品牌中可能有几个商标，每一个商标针对某一类消费群体，如前面所说的“少女之春”的商标就不能用于农药。但最重要的是产品的品牌。产品的品牌是一种独特的承诺，是对社会、对消费者的承诺，无论是过去、现在还是将来，对产品质量有个自始至终、

从一而终、一以贯之的保证。据报载，武汉海关大楼建成80年以后，收到英国设计所的一封信，信中说，这幢海关大楼，80年前是由本设计所设计的，根据当年的设计合同和英国法律及本设计所规定，我们保证该大楼80年的质量。现在80年的承诺期已到，故特致信声明，今后这幢大楼出现安全问题，本所不承担任何责任。这一例子充分说明品牌就是一种承诺。这样一来，我们的许多单位就注意到英国设计所的质量信誉。如宁波市的一座钢铁大桥，质量承诺也是80年。而我们的一些建筑设计所的水平实在不敢恭维，如某市有一幢楼，建成才3年，整幢楼会摇晃。这样的设计所对社会的承诺与人家相差太远了，这就是品牌承诺的含金量之区别。品牌在企业销售、生产、经营过程中的地位是越来越高了。人们需要一个指路明灯去引导消费，品牌就是消费明灯。

2. 随着资本市场的完善，资产重组、产权经营已经成为企业重要的利润源。我国许多上市公司的效益都比较低。虽然这些上市公司的老总勤勤恳恳、辛辛苦苦地工作，也都是本行业的专家，但是他们对资本经营确实了解不透，对资本市场怎么样组合，怎么样在资本市场上获得好的表现知之甚浅。经营产品与经营资本都是很重要的利润源，由于不谙资本经营之道，没有产权重组的概念，所以就没有产生新的利润源，以至于有些上市公司每股的业绩非常差，甚至成为垃圾股。

3. 外包生产方式的兴起，使企业“软件”收益的比重大大上升。自从比特提出价值链、供应链的概念后，企业纷纷按照这些新观念，审视企业在整个经营过程中哪个环节有利可图，哪个环节无利可图，无利可图的环节马上甩出，结果甩出由外部企业外包的一般都是硬件，企业成为哑铃型结构，一头是设计开发，一头是市场销售，中间的生产环节实行外包。而那些光是制造不重销售的橄榄型企业却纷纷倒闭。个中原因是因为“软件”这部分的收益比重大大上升，硬件的收益大大缩小。而专门从事硬件生产的企业，由于采取大规模专业化柔性生产模式，同样也有利可图。所以，在这一种趋势下，每一个企业都要审视自己，按照价值链的模式，重新进行生产流程的再设计。

4. 现代物流系统的发展，将使企业营销环节的利润大大下降。在发达国家，企业在营销的过程中所产生的利润是微不足道的。如在美国，同样的商品，东海岸和西海岸的价格相差平均不到15%，而在我国则高达70%；有的甚至超过1倍。我国有许多商品出口到南美洲，价格相差

8～10 倍，因为南美洲的许多国家，信息系统、物流系统、保证系统比较混乱，所以营销环节的利润比较高。营销环节的利润高，从经济学上来说就是交换成本高。这实际上是一种内耗。一个国家的营销环节利润高，说明这个国家的生产力落后。我国营销环节对 GDP 的贡献达到 20%，而发达国家流通环节对 GDP 的贡献只有 10%。虽然国外一些大型超市如沃尔玛、欧尚、麦德龙等年销售额都在 200 多亿美元，但是利润都比较薄。由于他们资金流转快，所以在非常薄利的情况下也能生存，号称低利润就是经营之道、生存之道、发展之道。超市商品批量大，销售环节简捷的要求，对物流系统提出了一个新概念：现代化的配送体系是从顾客到顾客。如日本的配送体系。日本超市与我国目前的超市有很大的不同，日本超市里的蔬菜非常新鲜，就是因为简化了流通环节。超市采购人员每天早上 5 点钟到农产品拍卖市场，看样竞价拍卖，几分钟之内成交签约，然后超市的配送车直接开到田头收割装运蔬菜，3 小时后这些蔬菜已在超市的货架上，所以，日本顾客早上 8 点钟到超市就可以买到当天的蔬菜。在整个配送体系中，取消了运输和储藏环节，蔬菜从田头直接进入了超市的柜台。我们的超市配送系统怎么能做得到呢？计划经济时代，我国在商品的流通环节有过许多笑话。如刚捕捞上来的黄鱼是金黄色的，一定要储存 2 年以后颜色变白才能卖；粮站收购稻谷以后不是马上碾成米，而是先进库储藏，然后倒腾仓库把前几年收购的稻谷碾成米才出售。所以，我国流通环节的成本曾经高达 30%以上。流通环节利润的下降，意味着有形资产的作用大大降低，商品库存、运输等间接经济环节所产生的利润下降了。

（二）基本对策

1. 实施名牌战略，维护企业的商标、品牌和信誉。这是重中之重。那么，除此之外，我们还要通过国际标准化体系的认证，如 ISO 9000 国际质量标准体系和 ISO 14000 国际环保标准体系。特别是 ISO 14000 系列，对企业的发展和品牌的升值有着极大的贡献。

一是可以降低企业的物质消耗，提高利润率。如海尔最先在国内实施 ISO 14000 系列，按照这一标准体系生产后，虽然成品率只提高 1.5%，物耗降低 0.9%，但对提高整个品牌的效应作用很大，带来的间接效益比较大。

二是大大提高了企业的信誉。企业一旦通过 ISO 14000 系列认证，就说明这家企业管理科学，环保意识强，是着眼于21世纪的企业，企业信誉、产品信誉、品牌信誉得到全面提升，塑造了企业新形象。

三是有利于打破国际贸易中的绿色壁垒。进入WTO后，我国与各成员国之间的关税壁垒将基本取消。但国际贸易中还有一些绿色和技术壁垒，出口商品如果没有获得ISO 14000系列认证，进口国还可采取措施限制进口。所以说，拿到ISO 14000系列认证，等于拥有了冲破国际市场绿色壁垒的通行证。实施品牌战略，不是单一层次的，而是多层次的。

2. 充分利用特许经营、外包生产，提高企业的专业化水平。我国目前的专业化水平平均比发达国家相差15年。当我国机械制造业专业化水平达到50%时，先进国家已达到85%，相差10～15年时间。专业化水平同时表现为企业的效率，技术改造的能力和对外界变化的反应能力及敏捷程度。

3. 密切客户的关系，提高市场的信任度。通过因特网来密切与客户的关系，是当前非常流行的一种办法。3个月前，美国通用电器公司(GE)水电设备生产部总经理来到杭州，准备收购克瓦纳杭州发电设备厂。在会谈中，我对他讲：水电设备不可能采用大规模的自动化生产，人工成本约占整个设备制造成本的35%左右。而中国的劳动力包括熟练技工的劳动力成本大大低于美国，如在中国生产水电设备，这35%的成本就可以大大削减，这对提高美国通用公司水电设备生产效率是非常有利的。他对我的观点表示赞同，同时介绍说，GE公司与顾客有非常紧密的联系，并举了个例子，澳大利亚向GE公司订购一台水轮机，公司就从他订货的那一刻开始，就专门在公司网站上设立一个窗口，世界上任何一个国家的客户，只要用鼠标一点进入GE公司的网站，就可了解到所订购的设备现在处于制造的哪个阶段，再进一步，客户可以在网上看见零部件组装、生产流程、各部门之间的配合、每一道环节的工艺质量标准，可以了解零部件是哪个国家的厂家生产的、采用的品牌和质量标准，一直到设备生产的最后一个环节。而且客户可以根据自己的要求，随时在网上对设备的制造做出修改，给人的感觉就是用户与GE公司一起生产制造设备，在设备制造时供需双方就是伙伴，所以客户非常信任。尽管GE公司的水电设备价格比其他厂家高出许多，但还是有客户愿来订货。像杭州发电设备厂，过去是中国水电设备生产大户，但现在每年有多少订货？所以，密切与客户的关系，提高市场的信任度，是企业发展的迫切需要。

4. 推行“概念经营”和“网络经营”，提高企业在市场上的美誉度。所谓概念经营，就是创造某种注意力或提出一个新的创意。这个创意是符合人类的天性的，体现终极关怀。爱美之心人皆有之。有几大主题是自人类诞生以来永远不衰的，一是母爱，二是爱美之心，三是爱情等等。许多品牌就是围绕这些主题进行运作，使企业创造了许多注意力，这就是一种概念经营。所谓网络经营，就是系统整体的经营之道。既要重视产品质量，又要重视售后服务；既要满足客户对产品实际功能的需求，又要重视迎合客户的精神需求。消费者购买某一产品，体现了其档次、品位和人际关系。这不仅是物质的需求，而且是精神的需求。如购买意大利法拉利轿车，一定要先进入法拉利俱乐部，以证明个人财产、社会地位、犯罪记录、社会信誉度等等是否良好，取得入门证后才能购买。这就是一个整体的经营概念。经过这样一番策划后，法拉利轿车成为全球最知名的品牌，是独一无二的，是精益求精的，极大地提高了企业的美誉度。

5. 改变企业的人才结构。现在，企业的“软件”收益比重大大提高，要把企业的工作重心放在经营“软件”上，核心任务是经营品牌、新产品和新技术研究与开发、资产重组与产权经营。企业要变成哑铃型的结构，可缺乏技术开发、市场营销、资本经营的人才，企业生产工人不少，但“两头冒尖”的人却是寥寥无几。所以，要改变企业的人才结构。为什么中央三令五申要求搞活劳动力市场，取消固定工，改为合同工，就是要让职工走向市场，盘活人力资本。只有这样，企业才能调整自己的人才结构，进而调整企业的资产结构和“软件”与硬件的比例结构，从而实现产品、产业结构的优化升级。

四、企业的控制权将由资本和知识所有者分享

（一）原因分析

1. 产品过剩、资本过剩将接踵而来。这一趋势已越来越明显。技术变动速度的加快，新产品层出不穷，许多产品市场销售不畅，产品过剩已经出现。资本过剩的问题同样存在，如上市公司数源科技有 8000 万元资金存在银行，杭州百大集团也有几千万元资金存在银行，一边要给股

东以高的回报率，这边只能把资金存在银行取低利息。手头有资金，却找不到好的项目，不敢投出去，这就是资本过剩。

2. 技术变动速度越来越快。许多设备都有一个中央处理器 CPU，CPU 的技术与价格按摩尔定律变化。摩尔定律就是每 18 个月芯片的价格下降一倍，而集成度提高一倍。近 10 年来这一规律没有突破。18 个月的时间，就意味着设备的核心技术升级一次，这使得资本的所有者及其代理人无法把握市场的变化。这不是一般的经营者所能应对的。

3. 企业的核心竞争力已从设备、资金、资源垄断、市场封锁转向技术创新能力和品牌经营能力。从硬件转换到软件，硬件只是资本所有者的长处，而软件经营是知识所有者的特长。

4. 人才、高新技术、专利在企业价值链中的地位越来越重要。企业哑铃型结构的两头，实际上就是高新技术、专利、营销手段、资本经营、人才战略等发挥主导作用，这必然要求知识所有者与资本所有者来共同治理企业。

（二）基本对策

1. 转变观念、尊重人才、尊重知识、吸引人才、留住人才，发挥人才的专长。

2. 推行技术骨干入股和期权计划。用“金手铐”铐住优秀的技术人才为企业所用。教师节前夕去某小学慰问，在与该校的一位教师交谈中，得知他是从某企业跳槽过来的。我想这家企业肯定完蛋。果然不出所料，这家昔日如日中天的企业，如今已是奄奄一息。一个名牌大学毕业的技术骨干，居然愿意从这家技术对口的企业跳槽到小学当教师，这样的企业还会有什么前途？

3. 突出 CTO 的作用。现在许多网络企业都设有 CEO 即首席执行官，CTO 是首席技术执行官。在美国，许多企业特别是高新技术企业，CTO 的地位是非常重要的。CTO 取个中国名字就是“技术大拿”，他对企业生产什么、开发什么、怎么经营起着主导作用，CEO 是围绕 CTO 而转。虽然 CTO 在国内还比较陌生，但随着企业和产品技术含量的提高，其作用将越来越大。只有做到 CTO 是站在技术的前沿，而技术的前沿又是市场的前沿，才能掌握市场的动向，对企业的发展、整个市场的运转和市场的未来做出正确的把握。这种把握无需也不必经过层层上报批准，CTO 自己就可以迅速拿定主意，做出选择，避开技术风险，引导企业前进。

4. 倡导知识产权、专利技术入股。只要肯定知识产权、专利技术的价值，并发挥其价值，才能振兴企业。

5. 改善企业的内部分配机制，对优秀人才设立工资“特区”。对任何一家企业来说，只要存在外包生产的模式，必然使重复性、物质产品的劳动价值越来越低，而创造性的劳动价值越来越高。创造性劳动获得的价值高，为企业创造的利润也就高。创造性的劳动价值当然是由优秀人才创造的，必须为优秀人才设立高的工资，承认他们预期的业绩。对某一个优秀人才该付多少工资，不是根据他创造了多少利润来确定的。过去地主雇帮工，是根据产量进行分成的。而现在对优秀人才，一开始就要给他一个地位符号，不仅要以创造的价值发给相应的工资，而且还要考虑企业的业绩分成。深圳的一些高新技术企业，招收名牌大学的毕业生，工资发放也不是按照一般的惯例，而是设立工资“特区”。深圳市规定，博士生年薪不能低于 10 万元，硕士生年薪不能低于 8 万元。而我市有的单位却发文规定，博士生每月最低工资为 800 元，硕士为 650 元。两地一比较，大量的优秀人才就流向深圳了。可见，转变观念非常重要。

五、市场营销将以赢得顾客信赖为首要目标

(一) 原因分析

1. 企业之间技术差别的缩小和企业学习、模仿能力的提高，使得以产品差别化、市场差别化为主要内容的营销策略难以持久。以前的市场营销学教材，则是把产品差别化和市场细分作为市场营销的主要原则。

2. 顾客消费的个性化、品牌化，已使以价格为核心的控制销售总体成本的策略失去竞争优势。同样一件商品，名牌与非名牌，其价格相差巨大，以价格为核心的市场销售已不具优势。在这一方面，我们应该认真吸取经验教训。

3. 广告滥用及人们的合理预期心理也使得一般的广告促销效应逐渐失效。中央电视台的广告“标王”已经成为“死亡陷阱”的代名词。凡在中央电视台得过“标王”的企业，现在基本上不存在了。人们的合理预期心理已经意识到，这家企业花几亿元的资金夺得“标王”，大量的广

告费用必将分摊在产品上，这就意味着消费者在购买商品的过程中为企业承担了广告支出，这样的产品就不可能货真价实。什么是合理预期心理？西方经济学的一个学派提出了合理预期理论，这一理论认为，所有的企业、政府每做出一项决策，人们都会相应做出一种合理的预期，这种合理预期往往会抵消企业或政府作出决策原来想达到的效果。如山东秦池酒厂本想通过“标王”来扩大知名度，推销产品，结果花了5亿多资金夺得“标王”后，消费者反而对酒的质量产生怀疑，不买秦池酒，最终导致企业倒闭。

（二）基本对策

1. 淡化产品的自我优化和定价策略，着眼于研究消费者需求和愿意支付的成本。消费者现在已不是看谁的产品价格低就买谁的。中央电视台有一谈话节目非常精彩，参与节目的都是大腕，其中有一国际销售公司的CEO，名叫特勒尔，号称能将冰卖给爱斯基摩人，爱斯基摩人住在北极，终年在冰上生活，而且养成了在冰上睡觉的习惯。特勒尔能把冰卖给爱斯基摩人，销售能力可谓达到了顶峰。在节目中，有人就向他提出问题：现在，我国国内有那么多的企业在进行价格大战，如电视机、啤酒、微波炉、手机等都在搞价格大战，但战到最后大家都得死，你有没有办法让他们不搞大战。特勒尔回答：首先，这一问题违反了基本常识。现在，还没有一种灵丹妙药可以使不产生价值或者产生价值比人家差的企业不死。第二，单纯的降价竞争，不是一个好办法。而要提高产品在消费者中的价值，商品一旦削价，对商品的品牌就是重大的损害。有个机灵的小伙子马上又问：特勒尔先生，既然是这样，假如现在中国突然来了10个特勒尔，都要求作报告，而本来你作一场报告我们需付5万美元，现在来了10个，你的报告会酬金会不会削价？如不削价，没有人来听报告怎么办？特勒尔马上回答：我不削价。一知道十个“特勒尔”来作报告的话，我晚上就“开夜车”，精心准备报告，把报告的信息量成倍提高，通过提高信息量来提升价值，人家听了后就会认为我的报告比别的“特勒尔”值钱，我还保持我的5万美元。如果我也跟着削价，变成3万美元，实际上就是损害了自己的品牌。这使我想起“红顶商人”胡雪岩，当时他以“不二价”和“戒欺”而名闻江南。他兴办的胡庆余堂的药材价格比一般的药店要高，但以货真价实而迅速成为中国最大的药店。胡雪岩的生意经与特勒尔的策略几乎同出一辙。

2. 淡化分销渠道，主要着眼于考虑消费者如何方便地购得商品。哈梅尔在《未来大竞争》一书中认为：企业基本的构架好比一幢房子，核心能力相当于地基，一个企业核心能力比较强，地基就比较扎实坚固；核心产品相当于房子的柱子；企业的品牌相当于房子屋顶。我们看一幢房子，第一眼往往是看房子的屋顶结构。我市之所以实施平改坡，就是要引人注目。所以，企业基本构架中，基础、柱子、屋顶都是需要的，都是为顾客服务的。

3. 淡化促销手段和广告效应，而着眼于与客户、与顾客沟通，以赢得顾客的信赖。这一切都是企业向顾客作出的承诺。除了争夺“标王”以外，还有一种企业促销手段，称之为“农村包围城市”，最典型的就是三株口服液，农村住宅的墙壁上到处刷有三株口服液的广告，连厕所的外墙上也刷上一条，现在这家企业已经不行了。红桃 K 的广告促销与三株口服液也差不多。一个品牌应产生四大效应，即知名度、信誉、亲和力、范围，少一个都不行。

六、从专注于单个企业的管理转向对合作联盟的整体协调

（一）原因分析

1. 技术变动速率越来越快，投资额度越来越大。单个企业独立将自己开发的技术转变为商品的风险越来越大，需要有人共同分担。

2. 国外大公司长期处于产业新技术的前沿，而且研发能力、资金实力远比我们的工业企业雄厚。进入 WTO 失去关税壁垒保护后，国内企业只能以合作联盟来集体对抗。

3. 国内企业间低层次价格恶性竞争，再加上对技术创新的资金、政策等支持体系不够健全，不靠合作联盟的单个企业研发能力、生存能力、发展能力将会明显退化。

4. 在创造价值的增值链上，原料、零部件供应者、生产者、销售者、顾客及相关利益群体的相互影响日益密切。现在世界已成为地球村，相关企业就是一条藤上的瓜，一条船上的船员，一荣俱荣，一亡俱亡。母公司如有三长两短，配套的生产厂家也将随之倒霉。比如摩托罗拉公司出问题，与其合资的东方通讯就会遭殃。所以，应不失时机地连接成协作同盟，共担市场风险。

5. 要取得整体竞争优势，企业必须学会如何把自己的核心能力和技术专长恰当地同其他企业有利的竞争资源结合起来，捏成拳头打出去。这对我国企业尤为重要。拿破仑曾说：一个法国人打不过一个中国人，但三个法国人肯定能够打败三个中国人。这说明基于我们传统文化基因的组织体系不健全，不善于合作。

(二) 基本对策

1. 建立供应链合作联盟。零部件的供应在产品的增值链中占据很大的成本。我们到苏州去考察，当地的一些企业，还有些县委书记、县长向我们介绍说，引进一家生产手机、电脑的厂家，如引进台湾的宏基电脑，年产 200 万台电脑，每台 1000 美元，年产值就是 20 亿美元，当地工业产值就成倍提高。但我认为，引进任何项目都要考虑到增值效应。如果引进零部件需要 19 亿美元，经加工形成了 20 亿美元的产值，也就是赚了 1 亿美元(即工业增加值)。只有这 1 亿美元才会变成税收、利润和职工的工资。只有工业的增加值才能对 GDP 作出贡献。要从信息系统和零部件的预期需求信息与供应商共享，演进到利用计算机网络与供应商共构敏捷制造系统，也就是 Just in time——合适的品种、合适的数量、合适的时间、合适的地点、合适的速度，同步、准确地与装配线配合，实现零库存、低成本、柔性化生产，只有通过建立合作联盟才能实现。这种新型的敏捷制造方式，通过计算机网络的控制，使每一个零部件的供应商等于在一条流水线上进行操作，使得在生产链上的所有企业共同降低成本，获得好的利润。但我国的第一汽车制造厂，零部件堆放占了整个车间的 2/3，生产流水线占了 1/3，还有辅助仓库，轮胎还露天堆放。而国外的汽车制造厂都采用了 Just in-time 的生产方式，零部件的堆放不到整个车间的 10%，因为零部件是准时送达装配线的某一个部位，对号入坐，届时机械手一拎就行，整套信息全部通过计算机调控一个敏捷制造系统来完成。与国外相比，我们的制造成本就很高。进入 WTO 关税壁垒取消后，汽车工业是遭受冲击最大的行业之一。像桑塔纳这类家用普通轿车，国外非常便宜，2000 美元一台的轿车已相当高级。如果立即放开市场让国外的轿车进入，我们的汽车工业立即就垮。所以，我国目前对国外进口轿车课以 100%甚至 140%关税，以保护自己民族的汽车工业。

2. 战略联盟的网络型。企业通过建立与供应商、经销商以及最终用户等的价值链，形成一个战略网络系统，协同进行新产品的开发、配套件的质量成本控制、市场营销等。

3. 协作联营型。把企业与供应商、其他经营组织甚至竞争对手分享与交换控制权、成本、资本、进入市场的机会、信息和技术等，产生一种特定的协作关系，并帮助它们实现其底线利润目标。如娃哈哈集团，去年销售额是40亿元，今年可达到60亿元，但企业基本上没有应收款。我们有许多企业的应收款居高不下，有的企业应收款占总资产30%以上。娃哈哈之所以基本没有应收款，主要原因是它通过联盟的关系，从产权结构上把经销商与娃哈哈销售公司联在一起，娃哈哈销售公司是股份制的，经销商要经销娃哈哈的产品，就得入股，并以入股的多少确定娃哈哈产品经销权大小，然后根据经销权给予优惠价，产生的利润年终返还。在这样一个联盟内，形成了一荣俱荣，一亡俱亡的格局。所以，所有的经销商到娃哈哈进货都不欠账，欠账就意味着退出联盟。同时，这一体系把有可能产生的应收款风险全部转移到经销商，而经销商又与娃哈哈建立了战略同盟关系，娃哈哈就没有应收款的负担。这就是一种协作联营的成功范例。

4. 虚拟组织型。利用信息技术把企业自身的优势资源与其他市场主体的资源充分结合起来，以最快的速度、最低的成本开发新产品并占领市场。虚拟组织型与协作联营型的主要区别，在于虚拟组织型实际上是一种临时的、短期的协作关系。如某企业要开发一个新产品，就通过网络或协会，找到几个有开发能力的企业，组建成临时的开发组织共同进行开发，实行利益共享。尤其是通过因特网把企业自身的优势与其他企业的优势结合起来。如国外开发一个新的汽车品种，就先通过上网寻找合作伙伴，谁的发动机技术水平最高、谁的外壳设计能力最强、谁的悬挂系统、座椅、轮胎质量最好，然后相互之间用网络联结起来，成立一个虚拟组织，联合攻关设计出一个新车种，再把这一新车种的设计方案卖给汽车制造商，所得的利润共享后，这一虚拟组织也随之解散。下一次再要设计一个新产品时，通过网络重新寻找合作伙伴。

5. 企业与小企业集群的联盟。这是一个非常重要的概念。这一联盟主要有三种模式：

一是母子式。如丰田模式。丰田总部只是一个组装厂，是零部件总装，汽车总成的总装公司。汽车悬挂系统、发动机的生产，是由通过竞争选择出来的最优秀的企业作为丰田公司子公司来承担的。孙公司是零部件生产厂。孙公司下面的玄孙公司是基本件生产商和原材料提供商。整个制造系统通过比较明确的父子、孙子、玄孙关系来长期固定，但相互之间既竞争又合作。丰田公司研制新车种时，由总公司提出新车种总的设计概念，设计图完成后，提出各零部件、总成等需进行改造的技术指标、原料标准和资金概算，然后由各相关的下属公司自己去实施。在实施的过程中，公司总部免费帮助培训、提供设计样板，但不一定负担设计试验费用。全部完成后由丰田本部进行组装。所以，丰田公司研制一个新产品的费用较低，它把相当一部分技术创新成本分摊到子公司、孙公司和玄孙公司上了。

二是竞争式。如浙江模式。一个典型的例子，就是温州的虎牌打火机，打败了俄罗斯、日本的生产厂家，已成为世界名牌。现在，日本向我国起诉，认为我们对其倾销打火机。生产虎牌打火机的老板大呼冤枉，说倾销是以低于成本价来销售为特征的，我们个体私营经济怎么会低于成本销售呢？虎牌打火机生产成本只需 10 元/个，但日本产的却要卖到 100 元/个，这是你日本自己的事。虎牌打火机为什么售价如此便宜还赚钱？主要原因是对打火机的 50 个零部件的生产，全部实行招投标，谁生产的零部件价格便宜、质量好，就买谁的。对这些零部件进行组合总装，就生产出既便宜又漂亮的打火机。从经济学上来说，就是充分发挥了中间体和零部件市场的作用。广州、重庆等地的摩托车厂到永康五金市场考察，发现市场上的气缸头加工质量非常好，售价只需 70 元/个，感到十分惊讶。而他们学习邯钢的倒逼成本法，生产一只气缸头的成本怎么也得 120 元。后来到了这家企业一看就明白了。因为这家工厂专门生产气缸头，共有 35 台组合加工机床(每台机床价值 100 万元)，24 小时不停地运转，根据生产工艺和专业化水平，生产一只气缸头的成本只需 50 元。所以，竞争式的浙江模式，把单个企业与市场组合起来是很有生命力的。浙江省经济总量的 60%是小企业集群即块状经济提供的。这种块状经济既然能够打败俄罗斯、日本产的打火机，说明其中有许多东西是可以利用的。再举个例子，现在全国的袜厂几乎大多关门了，惟独浙江省义乌、诸暨的袜厂一枝独秀，因为他们引进的是意大利织机，每户人家有几十台、上百台，最好的设备，最便宜的加工流程，每一道专业化分散在不同的厂家，但他们相互之间同属一企业集群，工序之间进行赊账，不需现金流转，生产过程非常简练，成本很低，所以生产的袜子很便宜。而且那里的袜厂对市场特别敏感，一听说西班牙要举办世界杯，两天就出相关的样品。我们国有企业的袜厂根本无法与他们竞争。

三是网络式。是完全通过计算机控制构成的一个敏捷制造系统。虽然计划经济在整个国家已完全失灵，但却可以在某个产品或区域的生产组织中发挥巨大的作用。以前的计划不可能覆盖到每一个零部件的生产，现在通过计算机运算控制，可以把生产所需的不同的零部件、原材料定量定质准时送到每一个部位，并与整条生产流水线的装配速度完全配合。现代计算机强大的计算能力，使得计划经济在一个区域之内能够实现，这就是敏捷制造的含义。有人把 CIMS 系统进行扩展，对众多的生产厂商进行协同控制，形成高效的生产经营网络，就导致产生了现在非常有竞争力的敏捷制造系统。

七、单一的财务管理将向资源管理综合化、集成化发展

（一）原因分析

1. 现代企业 M 型结构的多利润中心模式，使企业的财务监控难度大大增加。过去的企业集团的组织结构是 H 型、U 型的，现在转成为 M 型，结构的变化使得集团公司、控股公司因财务失控实际上成为“空股公司”。上级公司不知道下属企业发生了什么。如 1992 年至 2000 年，杭州市本级直属企业出借资金 785 笔，共计 12.65 亿元。其中没经过领导班子集体讨论同意，厂长、经理个人批出去的有 168 笔，总数为 3.44 亿元，占了 1/4。企业内部“五乱”，即乱借款、乱投资、乱担保、乱开户、乱采购所造成的损失比以上数额高出 10 倍。财务和监管失控不仅表现在国有企业，甚至也表现在非国有资产的管理上。如巨人集团成了“泥足巨人”，胜利集团成为“失败的典范”等等。

2. 决定企业命运的参数，已从过去单一的生产成本扩大到包括企业无形资产在内的未来的整个价值系统。零部件供应商、客户的信任度、品牌包括厂牌、产品形象、商标和专利，其中有一项损失，就是企业资产的损失。如杭州齿轮箱厂起诉宏达齿轮箱厂窃取商业机密案，最后法院判决杭州齿轮箱厂胜诉，一套产品技术图纸的泄密就赔了上千

万元。

3. 企业的跨行业、跨国界、跨所有制界限，多级参控股产权结构以及多种型式的企业联盟等，都需要进行财务管理的变革，以克服财务监管成本过于高昂的问题。近几年来，杭州有那多么的企业失败了，我们应该编一本书，深刻总结这些失败的教训，这真是生动鲜活的教材。其中之一就是西子仪表集团，曾经是响当当的国有大中型企业，如今渐渐走向没落。而原先为其提供零部件配套的协作厂——华立集团，现在则非常强大。究其原因，西子仪表集团的采购部门为自身利益购进大量不合格的零部件造成积压资金 2000 多万元，拍卖所得仅 73 万元；销售部门只管按销售额一定比率提留资金，而造成无法追回的应收款 2000 万元。现在核销等于零，一分钱都收不回来。除非厂长经理辞职了例行审计，控股公司无法了解内情，上级单位机电控股公司成了冤大头。

企业规模的大小取决于企业家控制能力和监管的成本。企业的规模不能是说大就大，说小就小。1997 年，杭州市改革重组成立金松集团，盘点家底时，无形资产有几个响当当的品牌(金鱼、华美、东宝、乘风，无形资产难以估料)，净资产也高达 6 亿元。成立金松集团时，财政还注入资金 9800 万元。过了一年后，财政再补亏 1 亿元，两次土地盘活注入资金 5000 万元。而金松集团的年产值却从当年的 27 亿元下降到去年的 12 亿元，净资产从 6 亿元变成负数。不能去埋怨某决策人员，因为当时就是这么一股风。所以，不计控制能力和监管成本，这种乱拼而成的企业集团在市场面前是立不住脚跟的。

(二) 基本对策

1. 推行财务信息化的建设。以财务管理为中心，资金管理为重点，带动企业管理信息化。这就好比为管理者配置了“显微镜”和“望远镜”，不管下属子公司在天涯海角，都可以通过信息化实行实时监控。深圳一家资产规模 80 亿元、下属企业 100 多家的集团公司，投资 100 万元安装了“金蝶”财务管理软件，建立了一个财务核算中心，当年产生直接的管理效益 400 万元，而且还使整个集团减少资金存量 1 亿元，贷款总量 15 亿元，资金周转速度提高 30%。这就是通过采取企业财务信息化管理的效果。

2. 适时采用企业资源计划系统(ERP)。企业资源计划系统是由美国的 Gartne Group 公司于 1990 年提出。根据去年的报道，世界 500 强中有 80%的企业采用 ERP 进行日常工作流程管理。这一管理方法有以下几个优点：一是增强了对企业所有者和经营者的监控能力，违反企业财务管理的不规范行为将大大减少。二是通过网络和 ERP 系统进行实时监控，取代原来的月报、季报。下属所有子公司的财务状况、应收账款、存货周转、资金投向等，每天都自动形成报表上网，而且可与前一天、上一季度、去年同期进行比较分析。三是除了财务管理之外，还可将质量管理、业务流程管理和重组(BPR—Business Process Reengineering)、人力资源的管理等功能进行叠加。

企业资源计划系统(ERP)在国外实施的成功率很高，但在国内成功率只有 30%。主要是我们在实施过程中策略不对或操之过急。为此要注意把握以下几个问题：一是循序渐进，从简到繁。先上财务管理模块和进销存货模块，适应之后再上其他的模块。二是提高软件供应商的服务能力和本地化水平。现在各种各样的管理软件、财务核算软件、ERP 的软件种类繁多，有的不符合国情，有的没有汉化，令人难以选择。所以，信息办的专家要定期发布消息，优先推荐哪一类软件，让企业家们了解，并进行软件之间的比较。三是实施周期不宜太长，要把握好节奏。四是注意外部动态。ERP 也好，财务管理软件也好，目前我国的企业还没有像跨国公司那么大的经济实力和管理能力，熟悉掌握管理这一信息系统也不可能一步到位。真正的 ERP 是从企业的内部管理一直延伸到所有客户，从原材料一直到销售市场，从生产工艺质量控制一直到人力资本管理，但我们目前不可能达到这一步。所以，当企业运用财务软件时，一定要关注外部市场的机遇，不能因为有这一套东西，就可以忽视外部市场信息。五是采用主流技术与软件持续性升级。落实一家维护水平高、服务质量优的服务商，及时进行软件的升级和设备维护。

八、企业人力资源管理将以吸引人才和发挥职工的潜能为目标

(一) 原因分析

1. 技术创新和管理创新已成为企业生存和发展的最基本条件。没有

技术、管理、工艺、体制的创新，企业不用说发展，就连生存也很困难。实现这些创新，必须要靠人才。

2. 生产自动化和管理自动化水平的提高，员工的重复劳动、低价值劳动必将不断减少，创造性劳动日益增加，附加值也成倍提高。创造性劳动需要创造性员工。创造性员工不同于一般员工，创造性员工是脑力劳动为主要劳动形式的人才，不是一般的体力劳动者，更不是以前国有企业的正式职工，坐在车间一角喝喝茶、看看报，把脏苦累活让临时工、季节工去干。

3. 传统的企业管理、分配制度已越来越不适应人才的引进与使用，以及其潜能的发挥。论资排辈的陋习在许多企业中都存在。

4. 知识经济时代的到来，必然加剧企业之间人才的争夺。进入WTO后，国内企业优秀人才有可能会被实力雄厚的国外大企业“一网打尽”。现阶段还处在国内企业之间争夺人才。如深圳华为公司的老总任正非，是浙江金华人。他在人才争夺上采取的一个策略是，把浙江大学电子工程学院计算机通信专业毕业的学生“一网打尽”，本科生给以6万元年薪，结果一下子在杭州招了600名学生。然后进入华为公司各个阶层的项目小组工作，一年以后淘汰60%，留下的40%再增加工资，以高待遇、高淘汰率、高收益、大批量引进人才。华为公司能够从一个微不足道的民营小企业发展成为年产值200多亿元的大企业，成为深圳最大的税利大户，靠的就是人才的集聚。人才市场如有华为公司进场招聘，就热闹异常，它好像一条大鲶鱼，把小鱼、小虾一口气吞光。任正非作为浙江人，以前为什么不到杭州来投资？他说杭州投资环境欠佳，美丽的西湖，破烂的城市，人才不愿意来。深圳多好啊，厂房边就是鲜花、绿地。我是跟着人才走的，他们愿意到哪里，我就跟他们到哪里。这两年，杭州经过拆违、整治，城市面貌大变样了。人才说杭州好，愿意到杭州来了，我只好跟着他们到杭州买了300亩地。我们给他设定的容积率是0.5，他说0.35就够了。为什么呢？他要在300亩地里造几幢漂亮的厂房，周边配以鲜花、绿草、园林，他以一流的工作环境把一流的人才“一网打尽”。华为就是靠一流的人才快速发展。

（二）基本对策

1. 要更新观念，真正确立尊重人才、尊重知识的风尚。谁拥有附加价值更高的知识，谁就拥有了获得财富的更大资本。在前工业时代，如果资本是企业发展的第一资源的话，那么现在人才是企业发展的第一资源了。知识的大部分存在于人的头脑中，知识的商品化、市场化过程实质上是将作为私有财产或半私有财产的知识转化为社会产品的过程。知识本质的属性是个人的，大科学家的生命一结束，他拥有的知识也就随之进了坟墓。所以，把科学家或者工程师所拥有的知识和智慧变成产品，也就是把他们的智慧转化为社会产品的过程。这个过程是我们尊重人才、尊重知识的起源。为什么要尊重人？因为人是创造知识的，他把知识转化成商品。只尊重知识，而不尊重人，这不是傻冒吗？前段时间，金华有一家生产快克感冒药的企业，到杭州高新技术开发区投资兴办一个研发中心，请了一位美国的留学生研制核磁共振医疗仪器，产品比最新的西门子产的仪器还先进。目前样品已研制出来了。但这位留学生脾气怪僻，很难与人共事，有人就向董事长楼金反映。楼金说的第一句话是，人家就是一个技术人员，你不能把他作为一个革命家去要求。第二句话，他脾气怪，再怪也怪不过陈景润。他虽在这一方面是近乎疯狂的，但另一方面他却研制出了常人无法想到的东西。所以你们还得尊重他。尊重就是宽容。没有宽容和理解，创新成果涌现的环境。如果他既有这么大的本领，脾气好又懂得体贴人，还团结大家一起干，我看去当领袖还差不多，还呆在这里干什么!?

2. 优化知识管理。优化知识管理有三大原则。

一是积累原则。就企业而言，对企业组织的知识积累，逐步构成企业的财富，形成企业文化价值观和核心竞争力。一个企业里知识积累越多，财富、核心竞争力就越强，因为核心竞争力基本上是“软件”，而不是硬件。核心竞争力是有独特性的开发能力，即人家无法模仿的、永远领先的开发能力。世界上可开发利用的四种资源(物力、财力、信息和人力)中，人力资源是惟一可连续开发、深层次开发和无止境开发的资源。这种开发的过程也是个人与企业知识积累的过程。

二是共享原则。知识共享可使每一个新产品开发、新工艺的改进都建立在全公司的经验和知识的基础之上。比尔·盖茨认为，17 世纪培根所提出的“知识就是力量”，其所指的力量，在新时代不是来自于保密的知识。东方民族在思维上有一个坏习惯，什么东西都喜欢藏起来，不愿共享，所以我们进步就不如人家快。知识收藏是无用的，知识就是力量是来自于共享的知识。有竞争力的企业的价值观和奖励制度都必须遵循、反映、强化这个观念。要促使知识在团队里的共享。如果大家相互之间保密，都不愿意把私有知识转化成公共知识，不愿意把知识这一私有财产转化为社会可享用的产品，企业就无法发展。

三是交流原则。一个人力资源管理良好的企业，应该不断使本企业人才的隐性知识转化为显性知识。什么是隐性知识？就是储存在人脑里的知识。爱因斯坦把相对论写成书出版后，隐性知识就变成显性知识了。统一场论、爱因斯坦全集都属显性知识。学习物理学有个不成文的标准，就是把爱因斯坦的统一场论搞懂，就可达到研究生的水平。爱因斯坦当时想出来的东西，虽然我们现在读起来都非常困难，但他毕竟把隐性知识转化为显性知识了。当然在其大脑里的隐性知识比写出来的书还要多几十倍。显性知识只是隐性知识冰山上的一角。把隐性知识转化为显性知识，转化率越高企业财富越雄厚、竞争力越强。把个人知识转化为公共知识，才会有新产品的开发。一个企业是这样，一个城市是这样，一个国家也同样如此。现在许多回国创业的留学生，每年有 3 个月要回到硅谷去。因为硅谷是人才、知识交流碰撞最好的一个地方，硅谷工程师在座谈时，绝不会说自己的企业在开发什么新产品，但开发理念大家可以商讨。这些理念在商讨中可以互相启发。留学生如不回硅谷充电，大脑就会变得迟钝，思想就会落后，就会没有灵感。灵感是在互相交流中产生的。有时自己冥思苦想没有火花，结果找了一帮志同道合的朋友喝喝茶，一经启发，灵感就出来了，这就是交流的成果。

没有交流，知识就不能显性化、升华。交流是使知识体现其价值的关键环节。只有在交流过程中，才能更好地完成知识的学习、利用和创新。李政道、杨振宁两位华裔诺贝尔奖获得者，当时提出要为中国培养 100 名一流的物理学博士生，结果在全国只挑了 20 个学生就难以为继了。因为国内的学生考试成绩很好，但到了美国后，什么事都要问老师。李政道、杨振宁培养博士生一人要带 20 个学生，他们培养博士生的方式是，第一天告诉学生看哪几本书、向哪几个人学。过一个月后，花半天时间回答学生的提问。又过一个月后，再回答学生提出的问题，这样的学习方式历经 3 年，交毕业论文。整个博士学习就这样完成了。什么叫学习？学习就是自己学，在交谈、讨论和工作中认真听，并能提出意见和问题，师生与同学间相互交流启发，在研制开发的过程中学。你讲我听，单向传导，其实是一种最笨的学习办法。中国的教育体系从小学到博士都是采取这样的讲课方法，所以李政道、杨振宁觉得培养国内的博士生很累。同理，企业人力资源管理的核心就是“降低知识交流的成本”，从而加速知识积累的速度。

3. 在产权结构上，企业可实施科技和经营人才持股制度。以知识为资本，用“金手铐”将人才与企业的命运拴在一起(期权持股制度)。股权的安排要以预期业绩最大化为原则进行倾斜，不能搞平均主义。人才的股权安排要突出人才的预期业绩，如以现在业绩最大化进行倾斜，那就变成发奖金了。

4. 在管理制度上，要探讨和实施适合知识人才的工作特点。除了对人才的宽容以外，还有一整套的办法。以弹性工作制取代硬性坐班制，以团队扁平化管理模式取代层级管理模式，以新产品收益分成取代固定报酬与奖金。这是一场管理激励革命。新产品收益的分成与期权，把人才的收入与贡献挂钩，有两种办法：一种是领导决定。给人才多少奖金，什么时候发给，虽有制度，但这个制度是领导最终决定的。另一种是由人才决定。设计一个制度供人来选择。如新产品开发2年之内利润分成，40％归个人，60％归企业。奖金分开档次，一旦表现为期权形式，就自动落到人才的名下。这样的话，人才有自主的选择权，而不是凭领导的好恶、情绪、亲疏来决定分配制度。这两种办法同样是绩效挂钩，但效果不一样。东方人的理念往往选择前一种，主动权掌握在领导手里，这就是“法制”。而西方人讲求的是“法治”，在法的面前人人平等。只有这样，人的尊严才能得到维护，人才的创造性才能充分发挥。

5. 将企业转变为学习型组织。学习是创造力和竞争力的源泉，未来最成功的企业将是一种学习型的组织——能使企业各阶层所有成员全身心投入，并持续不断学习的组织。在学习中把个人知识转化成公共知识，把创意转化为新产品。在该组织中，学习已经内化为组织的日常行为，主动学习、自觉学习将取代被动学习；制度性、系统化学习将取代零星式学习；企业内外交互式学习将取代封闭式学习。如果真正做到学习上的变革，企业就会兴旺。如果企业表面上看起来兴旺，但缺乏学习的内动力，企业的发展也就后继乏力。

因此，每一个企业的经营者都应加强学习，增强内功，使自己首先成为一个学习型的领导，并通过管理，使企业成为学习型的企业。只有顺应企业改革和管理基本趋势，不断去研究、探索，我们才能真正实践“三个代表”的重要思想。“三个代表”是实践的科学，是管用的科学，是通过贯彻后能够变成生产力的科学，是能为老百姓谋取更多的利益的科学。

（原刊于《浙江经济》，2001 年第 9 期）

6. 山水园林城市和历史文化名城

一个国际风景旅游城市应该是充满活力，充满情趣，充满文化灵气。杭州的老祖宗留给后人太多的优势，一个城市，有山，有湖，有江，有河，那么多优势都集中在这里，这在世界上也是罕有的。城中有山，山中有城，山也不是孤零的，而是群岭叠翠，非常之秀丽。100 年前英国大革命时期霍华德提出了田园城市的伟大构想，我们在读书学英文时都知道这本《Garden Cities of Tomorrow》的书影响很大。光理解山水城市是不够的，还必须辅之以相协调的人文。这本书将追求城市人工环境与自然生态之间的协调，看作是作者自己对于人类及其赖以生存的自然界的崇高责任，力求以人作为主体对于自然环境客体的需求发展成为城市与自然的交融与共生。作者反对城乡的分割，强调新的生活方式，提高生活质量，不仅是满足物质文明和人的合理欲望，而且追求人与环境和谐相处，向往田园。霍华德的著作成为城市建设、城市规划的经典之作。对城市建设者、管理者来说，看这一类书，像是与伟人对话，要在实际工作中渗透这种思路，找出一条具有杭州特色的山水城市、园林城市之路，一定要把这样的要求主动落实在城市建设、旧城改造、园林小区和居民小区建设上。

作为风景旅游城市，杭州应该处处是景。杭州作为历史文化名城、国际旅游城市，高速公路两边就应有 50 米甚至 300 米宽的绿地，而且是景观与生态相统一的园林绿化。新加坡已将百姓住宅作为旅游资源，它的住宅区搞得非常漂亮，有新加坡的特色，住宅花园、小品从里到外，美仑美奂。无论是环境保护，还是山水城市、园林城市，人人都要从自己做起，从现在做起。每户家庭、每个人都把最美的东西献给我们的城市，献给我们生活的这个环境，城市自然就漂亮了。如果把最丑、最难看的献给大众，这成什么生态园林城市啊！国外一些城市虽然只有一二百年的建城史，但环境为什么这样好？就是环境的美与人们爱美之心达到了平衡，要求每幢房子都建一个花园，还要精心布置，否则罚款。所有的个人住宅花园、阳台、屋顶绿化都必须及时进行整修，按照规划搞出特色，每年进行评比。只有这样，才能实现处处是景。

要切实保护好城市的自然痕迹。自然痕迹除了山体，还有城郊的河、湖、池塘。不少池塘是自然形成的，沼泽地也是自然形成的，它们是众多生物的载体，构成城市整体生态系统的重要环节。像这样的东西不能破坏，如果予以填埋，用人工湖来取代，其对水体净化效果很差，就把生物链断掉了，就不可能造成生物的多样性，对环境也是一种破坏。

在规划上，山水城市应该引山入城。要把山体的壮美，通过视线开阔的街道和空间引到城里来，充分展示城在山中的景象。水是江南城市的特色之一，我市的大部分河道是通江通湖的，是与西湖相匹配的。许多河道岸堤的驳坎要亲水，第一个台阶人跟水很近，有个绿化坡度，然后是第二个绿化平台。这不仅是美化绿化，而且也可增强河道溢洪的能力。岸堤还要留出自然的洞穴，不能由水泥堵死，以便水中各类生物的繁殖。河道驳坎造型要改变。西湖湖心亭的驳坎已改成了石头，很自然的形态，这就是亲水的做法。我市所有河道的整治，不能修成像农渠一样的河岸高高在上，而要分台阶使人能与水亲近。河道截直取弯，以符合古代造园“虽由人做，宛自天开”的意境。北京颐和园后面有条河道，在设计时特地将河岸悬空伸到河里去，它就是仿江南的小桥流水。

在城市建设中还要引绿入城。上海的规划师现在只好拆掉房子建几块绿地，代价非常高。现在杭州要引绿入城，好在有那么多河道没有填埋，还有世界著名的京杭大运河，运河的文化内涵和景观都非常值得我们精心挖掘。穿城而过的铁路是坏事但可以变好事，可以将铁路沿线建成园林公园，将来沿河、沿铁路引绿入城，构成绿色的景观网络。法国规划师有生态意识，规划中把整个法国用人工森林割成几块，形成生态绿轴，设想非常宏伟。那我们至少可以用绿地把城区割成几块，并将城内的零星绿地连接起来，造就生态园林之城。

杭州作为我国第一批公布的历史文化名城，应比其他的历史文化名城更加重视历史文化的继承和发展。中国只有一个杭州，只有一个西湖。但是有些老外就讲，杭州看不出古都的样子嘛。与姐妹城市匈牙利的布达佩斯相比，人家城市确确实实是古都的样子，罗马时期的建筑风格一直延续到现在，两个子城，一个布达，一个佩斯，都是古色古香的，做得很好，一看就知道是文化底蕴深厚的历史文化名城。

杭州的城市建设，一是要注意历史文化名城古老的风貌与现代文明高度协调，二是要注意地方特色文化与国际流行文化相协调。建筑是文化的凝聚，既要反映地方特色，又要与国际接轨，符合现代的审美观，这两个方面要协调。

对历史文化来说，对本地区的特色文化来说，恐怕首先应是重在历史，重在文化，重在特色，重在保护。

杭州是七大古都之一，但是少数干部却在拆除古建筑，这是“灭古”行动。众多国内外专家对此很不满意。西湖的面貌还是比较好的，但作为古城这一块风貌基本上已经没有了。说重在历史，许多工作值得反思，这不光是我们这一代人，可能是以前留下来的问题，是积累起来的。这不仅是杭州，北京也值得反思。所以重在历史我们没有做好，但目前又处在矛盾的关键时刻，这个矛盾不可能叫前代人来负责，只能是我们来承担。

在时代的发展进程中，文化的推动力、影响力、促进力、感染力越来越强大。现在要非常强调从中国传统文化中寻求动力，找出智慧，但是我觉得在这个问题上，可能也处在一个非常尴尬的地步。对于一些建筑，从规划设计来说，要体现的城市文化，肯定应是吴越文化。前几年建的吴山广场，作为一般文化广场规划来讲是可以的，但是如从吴越文化的内涵来看则是失败的。吴山广场反映不出吴越文化，与吴山其他景点和河坊街就难以协调。浙江大学设计的规划方案，从总体布局上看是可以的，但它的围栏建筑，从下往上看，半边围栏像个体育馆，从上往下看比较笨重，没有地方特色，也没有民族特色，更缺乏吴越文化特色。广场中的水景布置和瓷砖的花样，其呈放射状的图案是西欧许多广场的翻版。吴山广场用这个图案怎么能显示吴越文化特征？体现中国传统文化的图案多得很，如福禄寿喜、蝙蝠图案、浮云图案，还有八卦的图案，有各种各样代表吉祥的图案，我国很多传统文化可以用图案来表达的，怎么以一个西方抽象的几何图案出现在吴山广场中间？所以这些问题很值得深思。一个建筑，如果没有相匹配的文化，就没有内涵，没有情趣，没有韵味，就不可能引起人家的流连忘返，不可能引起人家的联想。没有联想，世界将会怎样？站在吴山广场，如果没有吴越文化的联想，吴山广场就是水泥钢筋建筑，重在文化的方针也会落空。

有特色才是美的，是民族的才是世界的。鲁迅先生在几十年前讲的这句话，得到美学家越来越高的评价，得到城市规划师和建筑师的认可。因为没有特色，也就丧失了自我。城市环境美是抽象的概念，各人有各人的看法，没有自己的特色，可以说这种美的表达方式人家不予承认，只是简单地模仿抄袭。现在许多地方仿欧建筑很多，但某些建筑让人看了以后是倒胃口的。曾有这样一个房产广告，大意是：西方圣保罗大教堂，几百年来越来越光辉夺目，我们仿了它，相信也能流芳百世。这完全是胡吹。欧洲建筑强调它的历史、它的文脉，强调它特定的环境，它的建筑里曾有许多历史事件发生过，有许多人物在这里导演过世界上波澜壮阔的人类史话。一个仿欧建筑，里面全是水泥钢筋，外面抹上几块石头，牵强附会，有的还粗制滥造，既侮辱了人家的特色，又埋没了自己的特色，很难说得上美。在这些问题上，杭州怎么样有自己的特色，很值得研究。到过法国巴黎的人都知道，巴黎的德方斯新区，它与凡尔赛宫、塞纳河以一条清晰的历史文脉加以连结，从古到今，而且走向未来，中间建有丹麦建筑师尼尔森设计的“巨门”，与古老的凯旋门相呼应。这样处理非常好，展现了整个历史的延续，过去有鲜明的特色，现在有承前启后的地标，显示了法国文化的博大精深和法国人那种自信、自豪。杭州人也应该有自信、有自豪。城市规划建设的大气和大手笔，绝对不能表现在没有特色上。如果没有了特色，这怎么叫大手笔？无非是大规模的模仿、仿造而已。

历史形成的建筑，把它拆除，就与人的脑袋一样，砍掉不可能重生。现代建筑拆掉几座，可重造得更好；绿化毁坏了，也可以恢复，只要不把古树大树砍掉；马路街道改了，还可以重新修复原样，这些都没有问题。恰恰就是历史的建筑、古建筑，拆掉就完全没有了。所以我觉得很奇怪，为什么我们不少决策者对珍贵古老建筑的拆除一点都不感到心痛，拆起来毫不手软，这恐怕与我们这一代人在文革中拿起铁榔头敲敲打打的出身有关吧?! 城市的历史文化遗产保护与百姓改善居住环境的要求有时是非常矛盾的。在这里我们要痛定思痛，重新接受再教育，再反思。对历史文化建筑、名人名居，要痛下决心，也可以说要不惜一切代价来保护。这对杭州市来讲，一点都不过分。适合到处是历史珍宝的杭州市的城市更新改造策略恐怕要在“存古”、“复古”、“拟古”、“创古”上要动脑筋、下功夫。因为过去把古的东西消灭得太多了，作为七大古都的风貌几乎荡然无存了。在这四个“古”上面，最重要的是“存古”。有了

"存古"，后面这些都好办，"复古"、"拟古"、"创古"都好说，"存古"最难，而古都风貌保存更难。

古都风貌，一般来说应分以下三个层次来进行保护：

第一个层次是绝对保护区，不仅仅是保护几座古建筑，更重要的是保护整个区域。河坊街这一区域绝对要保护好。绝对保护区有些建筑是绝对保护主体，有些风貌、外貌不能变化，这样作为历史名城的历史之根还看得见。所谓文脉，指的就是城市的起点和历程，能找得到历史风貌演变的踪迹，这就是保持杭州特色的始点。杭州的特色从哪里看？首先从历史遗产的保护开始，这是无法替代的策略。

第二个层次是风貌保护区。风貌保护区要比绝对保护区大，一直延伸到整个西湖，包括灵隐及周围全部风景区在内，而且包括了杭州原来的古城遗址。现在已建的建筑要适当恢复改装。

第三个层次是历史文化名城的整体风貌保护。要尽快规划建设新城，将城市发展从围绕西湖的旧框框中解脱出来，尽快形成跨钱塘江发展的新格局，以达到"建新城，保旧城"的目的。从古城到现代化的新城区之间要有一个风貌过渡地带。

这三个区域要划定，而且这三个区域的保护责任、规划、如何落实操作程序都要有。新加坡的规划是联合国教科文组织请专家来规划的，但新加坡自己承认有三大败笔，他们反思要检讨的第一个问题是古老的新加坡已经不存在了。实际上它至少还保留了一大片古街区；第二个问题是把功能分区分得过于明细，工业区、金融区、居住区等等，泾渭分明，不仅造成分区内建筑风格单一，而且使交通流大为增加。第三个问题是路网过密，交通难以处理。新加坡都在反思，而我们往往喜欢讲自己的优点，领导来了最好听表扬，鼓舞鼓舞斗志。有的斗志是不能鼓励的，如果有人成片成片地拆古老的建筑，还去鼓励，后果就更糟糕了。所以，大家都要经常地反思检讨，在领导层面上检讨反思是最正常的。这跟到医院看病一样，医生找出你的毛病，如果医生说这个好，那个好，你就会认为这个医生没有什么用。但有时我们请些专家来指导，往往是谁给我们讲好话，下次再请，如讲不好的话，下次就不请了。那些专家也都学乖了，以后尽说好话，这和我们到医院看病正好相反。

在对历史文化的继承和发展中，一个文化特色城市的创造，除了古老建筑的保护即“存古”、“复古”、“拟古”，同时还有“创古”。现在中国最古老的建筑，表达形式最好的是谁造的？奇怪的是往往不少是日本人造的、台湾人设计的。日本的历史建筑与唐朝传过去的唐风一脉相承，它的“拟古”建筑充分体现了隋唐时期简洁的风格，唐风余韵与现代审美观相结合在日本做得很好。台湾设计的古建筑也非常漂亮。以至于有少数文人认为，我们要真正学到传统的建筑风格，要到他们那里再去拿回来。这个问题要引起我们的深思，“正宗”的古建筑风韵与现代审美观念和现代建筑材料的应用相结合等都很值得研究。

历史文化名城规划，既要重视保护名人名居，又要引进新的名人。司徒雷登的房子看上去是一座普通的房子，但人家就是要到这里来看，哪怕是茅草房，也是引人注目的。因为这里就是一个历史事件的标签，通过这一标签可以看到全书的面貌，这也是重大历史事件的提示。故居不保护，另搞新的，就会造成标签与书本之间的矛盾引发历史性的笑话。夏衍的故居，可惜四周被违法建筑包围了，没有了环境特色，到了夏衍故居找不到感觉，这些都值得我们反思。所以任何一个故居，旁边必须要有与历史事件相一致的环境，要恢复它的自然与文化环境。再一个是引进文化名人。金庸的云松书社，就是一个经典之作。下一步有类似的这些文人来杭州，特别是真正像巴金这样的国宝级名人，如果原来曾在杭州居住，就要把他们抢过来，哪怕是别的省籍的，也要引进来建立藏书楼，建立个人展览馆、纪念馆，政府财政可以贴点钱、贴点地。历史上有的名人、现代的名人都赶快抢过来，那杭州就是中国的杭州、世界的杭州。如果全中国的许多文化名人甚至一些世界名人都要在杭州找到立足之地，就能加速文化的沉淀和积累，这是历史文化名城应有之义举。

历史已经过去，但文化可以浓缩。过了几十年、一百年，回首往事，浏览市容，游客们或许会由衷地说，杭州真是名副其实的历史文化名城，真是七大古都。从现在开始，决策者们不仅要保护古老的，还要抢救新的，还要跟人家抢那些文人。有这么一些名人在这里定居，把他们的藏书、一生的痕迹，浓缩在杭州，这将成为城市景观的闪光点。这与搞漂亮的大厦完全不一样，徒有虚表而没有灵魂。一个建筑如果没有文化，也就没有灵魂；一个城市如果没有文化，那就等于徒有水泥森林的荒漠感。城市的灵魂是由大大小小的有灵魂的建筑所构成的。所谓有灵魂的建筑，它不在于大，而在于其中居住过的人物所表达的文化内涵和方式和其外表所凝结的文化符号。但愿有更多的干部能日夜兼程来共塑杭州的文化之魂。

（原刊于《风景名胜》，2001 年第 1 期）

7. 城市文化复兴与规划变革

"文化"实在是一个意义博大精深的词汇。翻开权威的字典，对文化词义的阐述有170多条，择其中的一种释义，即文化是人类有意识行动的纲领。而从某种意义来看，城市是文化的容器。由此可见，培育什么样的文化，就会诞生什么样的城市。城市规划作为引导"物化文化"的主要手段，也将随着文化复兴的需求进行适应性改革。

一、传承历史文化

（一）问题的提出

全球化正发挥着强势文化"推土机"的功能，使得多元文化世界面临被"推平"的危机。"千城一面"、"风格雷同"的城、镇正在发展中国家泛滥成灾。这不是仅仅在中国出现的现象，而是整个世界多元文化都在不同程度上面临的危机。

任何一个国家和地区的城市、村镇的风貌特色作为地方传统文化的物化形式，是地方建筑风格与人文精神的完美结合，是历史传统与现代文明的有机统一，是当地民众的凝聚力的载体。如果说西方古代的城镇以教堂为中心的话，那中国的村、镇往往是以祠堂为中心的。所以，城镇的传统风貌是一个民族凝聚力的重要组成部分。

绚丽多姿的历史文化名城、名镇、名村，不仅镌刻着先辈们的勤劳、成功与辉煌，也铭记了他们的辛酸、痛苦与挫折，从而成为后人汲取传统智慧的营养基，而且也日益成为当地世世代代增值的"绿色财富"，在不增加资源、能源消费的条件下，促进了当地百姓的富裕和传统文化的复兴与交流。

许多人感叹，大量的新建筑难以与旧建筑和谐共生。我们不妨去看看欧洲国家的一些城市，那里既有现代化城市的繁华，更有厚重的历史沉淀。不管是意大利的罗马、佛罗伦萨、威尼斯，还是德国的慕尼黑、科伦，抑或是法国的巴黎、瑞士的苏黎士、比利时的布鲁塞尔，人们不用去博物馆，从城市的建筑、街道和广场上，就能清晰地看到这座城市从古至今的历史和文化脉络(图22、图23)。而且这种历史、文化的脉络和痕迹，不是几个点，也不是几小片，而是整座城市。因此，欧洲的不少城市整个地被列为世界自然和文化遗产，而历史悠久的中国，除了丽江和平遥两座小城市外，却没有那一座大中城市享此殊荣。

图 22　瑞士苏黎士城风貌

图 23　比利时布鲁塞尔广场一角

以史为鉴的民族是智慧的。致力于保护文物古迹，更是一个社会文明进步的标志。资金和技术可以使城市迅速变得高大，却无法使城市变得悠久，没有保留历史痕迹的单调的繁华都市形态，给人的感觉是“失忆”。城市的生长过程，应如树木的年轮，能记录下城市不同历史阶段的不同特征。我们的城市决策者、地产开发者、旧城改造和新城建设者，都应牢记这一点，不能以牺牲环境、割断历史为代价建设城市，不能让我们的城市失去了文脉。

在城镇化、机动化、工业化和全球化汹涌而至的今天，珍惜、保护和弘扬这些属于全人类的珍贵的历史文化遗产，应该成为我国每一个规划、建设和文化工作者的历史使命。我们既迎来了吴良镛先生所说的城市文化的黄金时代，同时也应该义不容辞地接受保护和弘扬优秀传统文化的历史重任。这一任务既是无比光荣的，又是无比艰巨、充满挑战的，需要在许多方面做出相应的变革。

(二) 相应的变革

要多层次整体保护历史文化名城、名镇、名村。

首先，在城市层次：要强调“拓新城、保古城”，缓解古城、旧城区功能过分重叠，疏散人口的密度，防止开发性破坏。我们有正反两方面的典型。一个是以巴黎为代表的保护模式，沿着巴黎的中轴线，我们可以看到城市历史文脉的延续、继承和发扬(图 24)。在巴黎也可以看到新建筑，但是它仅限于建在老城区的外围，而不是弥漫于整个老城。要看巴黎的新建筑就到拉德芳斯区，整座城市的新旧建筑之间相互不干扰，而且交相辉映。所以，顺应吴良镛先生的号召，在老城保护方面，我们确实要遵循“整体规划、拓新留旧；积极保护、有机更新；传承文脉、形成特色”等方面的原则。但是在中国，许多城市建设者忘记了这些基本的原则。这类反面的典型，在中国相当多的城市中出现，在古老的历史建筑旁边建起了高高的大楼，紧接着把原有非常珍贵的，或者说仅有的历史街区用推土机夷为平地(图 25)，以获取高额的房地产收益。

图 24　法国巴黎的老城与新城

图 25　某省会城市历史街区拆迁工地

规模较小的历史文化城市、历史名镇、名村，应采取非地方传统特色建筑不建、原传统建筑不拆、有违本地传统风格的建筑逐步改造等方针来确保城市、镇、村整体风貌的完整统一。记得国务院副总理回良玉到黄山去视察时曾说过：“黄山市作为一座 20 万人口的小城市，所有的徽派建筑都应该保留，所有的新建建筑都必须带有徽派建筑的符号，所有的奇形怪状的高楼大厦要逐步进行改造。如果坚持这样做，相信经过 10～15 年的时间，一座充满特色、具有地方风格、世界上独一无二的历史文化名城将于黄山脚下诞生。”

其次，在街道层次：落实“紫线”管制，设立风貌协调区，倡导有机更新，切忌整体拆平重建，防止新建建筑和街道的尺度风格与保护区严重对立冲突、割断历史文脉的延续和城区基本肌理的丧失，促进地方传统文化活动的开展。在这方面，我们既有比较成功的保护实例，如福建泉州市(图 26)。但是也有许许多多失败的教训，如有着几千年历史的济南大明湖，居然有高架桥从湖面上切过，就像一个漂亮的脸蛋被刀子划破了一样(图 27)。

图 26　泉州市现代民居风貌

图 27　济南大明湖畔的高架桥

第三，在建筑层次：属“文保单位”的建筑，应贯彻全真性、整体性、可持续性等基本原则，尽量采用“延年益寿”的办法进行修复；属一般历史建筑、优秀近代建筑也应遵照修旧如旧、继承和尊重原有风格特征的原则进行修缮。当一座历史古迹周边的环境焕然一新，变成体量巨大的高楼大厦，变成宽广的草坪时，历史建筑和周边环境所包含的历史文化信息就已经荡然无存，文脉与风格的传承就大打折扣了。

第四，在城市的近郊层次：因城市是“自然与人工构造物的复合体”，应尽量保留“山水形胜”的基本地理格局(图 28)。着重保护江河、

图 28　桂林山水城市风貌

湖泊、海岸线、沼泽湿地和山体植被等自然斑痕，使自然风光与文化特色交相辉映，使城市的天际线与山水景观融为一体。

第五，在管理体制方面：强调派驻规划督察员、编制与实施历史文化名城保护规划、贯彻“四线”控制、落实奖罚措施。所有的历史古建筑街区所形成的城市风格，一旦消失，再予重建就一文不值。就像家里有一幅祖传的历史名画，一旦改画变成现代的水墨画、水彩画，就变得一文不值。但是我们有的城市天天在重复做这样的蠢事。

二、倡导生态文化

（一）问题的提出

联合国的一份报告指出：虽然城市面积只占全世界土地总面积的2%，但却消耗着75%的世界自然资源，产生着占世界总量75%的废弃物。正因为如此，联合国助理秘书长沃特·恩道曾经感叹：“城市化极可能是无可比拟的未来光明前景之所在，也可能是前所未有的灾难之凶兆。所以，未来会怎样就取决于我们当今的所作所为。”这句话对已经经历过城市化高潮的发达国家来讲，没有什么实际的作用，但对发展中国家却有着重大的现实意义。因为我们正处在城市化高潮期或城市分布和形态定型的阶段。什么样的城市化模式就意味着将来要消耗多少资源，就意味着未来以什么样的方式与自然相处。

中国传统文化中充满了敬天、顺天、法天、同天的原始生态意识，天人同物、天人相副、天人一体、天人同性、天人同理、天人合一等生态文化思想指引着这个世界上最大的农耕国家经历了数千年的风霜雪雨。如果将人类与自然的关系分为“崇拜自然、征服自然和协调自然”三个阶段的话，中华民族应该是世界上崇拜自然历史最长的民族。在我们的文化基因中，深深烙刻着的印记是人类必须与自然和谐相处。但仅仅几十年时间，因为盲目追随西方发达国家的“成功之道”，使众多发展中国家陷入了能源浪费、资源枯竭、物种消亡、交通拥堵、环境污染、生态退化等困境。

无数早已成为遗址的古代城市和文明都在以史实对人类浪费行为的后果作出了注解。但当年走上环境和经济不可持续而泯灭的早期文明，基本上都是孤立的。在今天日趋一体化的、相互依赖的全球化时代，如果我们面临文明的衰落，那将是共同的。所以，我们经常会说，气候的变化是全球人类共同的敌人。在人类历史上，直到现在，拯救我们自身命运所需要的是全人类的团结、全人类的奋斗，才能赢得与人类赖以生存的地球和谐相处，才能为我们的子孙后代创造一个继续生存的空间。回顾1977年，国际建协在南美洲的秘鲁召开了大会并签署了《马丘比丘宪章》。当时指出，除了西方的理性主义以外，世界上还有众多的文明曾经或者正在这个地球上生存。印加帝国于1000年前轰然倒塌，但我们在它的废墟上惊讶地发现，印加人为了延续自己民族的生命，曾经发展出用城市的污水来浇灌农作物这样一些精巧的灌溉机制。但是由于无休止的战争和自然灾害，大自然仍然没有容忍这样一个古代灿烂文明的生存(图29)。

图29　秘鲁马丘比丘遗址

从远古“道法自然”的人类聚居地，至中世纪以城堡为中心的城镇，再到100年前霍华德的“田园城市”和半个世纪之前的“新城运动”，人类从未中断让城市与自然和谐相处的梦想。今天，人类对自己命运的把握应从这个被称之为“人类最伟大的成就”入手，正因为城市代表了人类作为地球的统治物种所有想像力的恢弘巨作。全球生态危机和气候变化实质上是始作俑者——城市的生态危机。生态城市(eco-city)由此因运而生了。

(二) 相应的变革

在中国，我们需要观念的转变。任何城市都有“生态”、“绿色”的成分，只不过分量不同而已。如果说可持续性是节约和浪费之和，当城市各种资源浪费趋为“0”时，城市的可持续发展能力就趋于无穷大。以“生态文化复兴”为行动纲领的“生态城市”规划设计原则，应该成为正处于城镇化高潮期的我国城市规划建设者的指导总则。

首先，应该着眼坚持紧凑的城镇用地密度和倡导不同性质用地的混合布局。因过分接受《雅典宪章》功能分区影响的我国城市规划者们，更应主动承担推进城市土地混合使用的重任。只有注重土地的混合使用，我们才能谈得上保持城市多样性，保持城市公共交通的活力，促进城市基础设施的节约，才能使城市的崛起过程以对大自然最小干扰的形式进行等等。

其次，应该着眼于创建方便市民交通的城市，而不是汽车型城市。20 世纪 60 年代，英国规划师布切南(Maloolm Bughana)为发达国家规划师敲响的“不能让城市只见汽车不见人”的警钟，也值得我国同行们所警惕。“交通”是一种城市稀缺的公共资源，应该通过编制和实施综合交通体系规划来更公平地进行分配。保持和延伸城市的自行车、步行道和实施“公共交通优先”应成为所有城市追求“生态化”的首选行动。

正像城市文化国际研讨会暨第二届城市规划国际论坛通过的《北京宣言》所论述的那样：应该充分利用城市规划来维护普通的市民的利益，尤其是关注贫困的市民、处于边缘化的市民，首先应该在城市空间的分配上，为他们留出公平的活动空间。但可惜的是，绝大多数的城市规划都是那些拥有小汽车乘坐权的人们所确定的。一辆小汽车实际上等于七辆自行车所占的空间，等于 20 个以上行人所占的空间。正因为如此，在所有城市里都应该保持和延伸城市的自行车、步行道，实施公共交通优先。这些原则应该成为所有城市市民和市长们追求本城市“生态化”的首选系统。城市规划的目的是为了所有的市民生活更美好。城市文化国际研讨会暨第二届城市规划国际论坛的会标由两个英文字母 P 组成，这就是 Planning for People。只有当我们的城市规划是为所有的人士，这样的城市规划才是全体市民的规划。

第三，应该在城市中逐步增加“行人可进，自行车可通，而耗能污染车不可进”的绿色区域或步行街。相信这种新的“生态产权”可与文艺复兴前的“私有产权”一样会带来革命性的社会变革。西方的资本主义世界在挣脱奴隶制的过程中，人们以发端于住宅“风可进、雨可进、王公贵族不可进”的私有产权制度为手段，发展为工业文明的世界。经历了数百年工业文明所派生的种种成功、磨难和危机之后，人类迎来了生态文明的时代。现代的生态文明有一种召唤。我们既然认定人类与地球应该平等共处，那就应该认定这种“生态产权”，应该与自然生态友好的方式来划定一些特定的区域，不能任凭污染加剧和蔓延。

第四，应该从“绿色建筑”甚至“绿色家电”开始，追求城市结构每个层次的生态化和“绿色化”，以实现建筑和城市建设的节能、节水、节材、节地和生态环保的实际效应。尽量从源头对污染物进行减量化并净化处理。在城市建设过程中，我们应该学习古人们在农耕文化时代所创造的智慧。在人类生存、演化延续数万年的历史长河中，古老的农耕文化演示着几乎所有的资源都可以循环利用的可持续模式，也就是说人类在那个时期已经创建了一种可以与大自然和谐相处的经济循环模式。但是伴随着工业革命和城市化，在给人类带来舒适的家园和种种前所未有的物质享受的同时，也使得一切的资源利用方式都变成了不可循环了。这就违背了人类自己的生存原则。这些都值得我们在城市建设中加以反思和纠正。

第五，无论是新城建设，还是旧城改造，都要贯彻最大限度地使用可再生能源的原则。推行分布式能源计划，将可再生能源应用与建筑一体化，从而使用能的基本单元成为能源产生之源泉(图 30)。全球各地有众多“零排放”城市的革命性的方案。这是人类进入生态文明时代的辉煌梦想。我们不仅有“东滩”项目，有正在实施的“芬兰计划”，还有瑞典援助的生态城镇的计划。外国也有这样的实践，如英国福斯特建筑事务所(Foster＋Partners)最近为阿布扎比设计一座名为“马斯达”(Masdar)的新城(图 31)，它将是世界上第一座“零碳城市”(zero-carbon)和“零废物城市”(zero-waste)，是一座无车的(car-free)带城墙的城市(walled-city)。在城市周围的土地上，将建设光电发电厂、风力农场、光电农场、研发基地和种植园，整座城市将完全能够“自我维持”。

图 30　欧洲屋顶计划

图 31　阿布扎比的马斯达(Masdar)新城

这些梦想虽然遥远，但是它们给出了一个明确的方向——“零排放”的城市，是全人类值得为之奋斗的伟大目标。

第六，城市如同生物——输入能源、原材料，排出废物、废水。城市决策者们应该将城市看作为某种生态系统。仿照自然生态系统物质新陈代谢、循环、共生等规律，形成类似自然界生产者、消费者和分解者三者之间的均衡匹配。也就是说要尽可能学习大自然，推进循环经济，回收利用垃圾废水，减少废物的直线性排放。推行低冲击开发模式(Low Impact Development)，保护一切不可再生的资源，修复城市生态系统。

第七，在城市中尽可能多地栽种树木，保留永久性的农地，推行建筑的立体绿化和公共场所的绿化，并尽可能将所有零星的绿点、线连结成生态网络。在高速公路、铁路等基础设施建设时，留有为野生动物通行的生态廊道，尽量形成人与其他生物和谐共处的场所，增进城市的物种多样性。因为只有复杂多样的生态系统才能在外部变化时自适应地进行调节，维持自身的生存与发展。

第八，在一切城市基础设施设计、建造和运行的过程中，推行“四节一环保”的原则。建立以必要基础设施达标城市、园林城市、节水城市、绿色交通城市、环保模范城市、人居奖和生态园林城市等逐步递进的台阶式城市生态化评价指标体系(图 32)，以促进城市政府的改良生态环境的步伐 。总的指导方针，就是让原来绿色分量不足的城市逐步地通过改造来走向真正的生态城市。在每台阶的递进过程中，都应该给予鼓励、检查、评价，当然也给予奖惩。

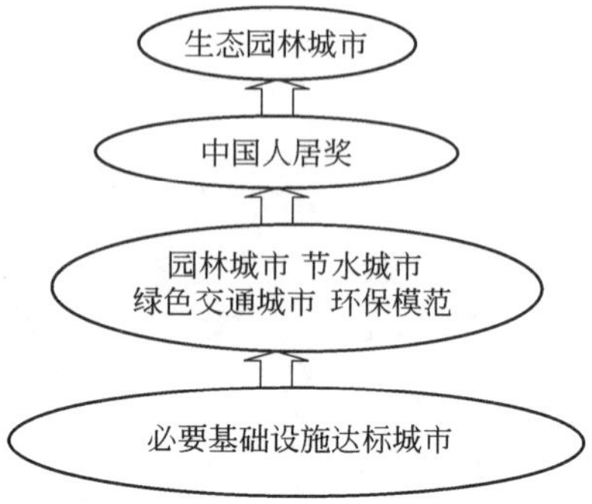

图 32　台阶式的城市生态化评价指标体系

三、弘扬创新文化

这部分内容在本书第五章的“促进城市创新文化的培育”一文中已有详述。总之，城市——作为人类最伟大的创造物，既给生态系统带来了众多不可挽回的破坏和不断增加的威胁，但也能为通向可持续的未来找到充满希望的道路。要在正确的文化复兴的指引下，以一种可持续的方式创建和改进人类的栖息地，把大自然给予人类的恩赐输送给所有的城市居民。首先要在更宽广的领域来看待城市文化复兴的内涵。现代文化不能只是人类的自娱自乐工具，而是影响人与自然关系的行动总则。其次要在认真总结国内外包括历史的经验与教训的基础上，以创新的思路在城市规划建设中传承历史文化，倡导生态文化和弘扬创新文化。最后要尽快将理性的思考转变为扎实的全民行动和“法规的强制力”，及时保护那些不可再生的资源，为子子孙孙们的生存发展留下资源与空间。这既是我们能够把握的一次前所未有的机遇，也是对正处于城镇化高速期的我国的规划建设者和文物保护工作者们一次重大的考验。

（本文系作者 2007 年 6 月 11 日在城市文化国际研讨会暨第二届城市规划国际论坛上的演讲）

8. 杭州未来发展的战略选择

在城市间竞争日趋激烈的年代，任何城市都应立足于世情、国情和市情确定合适的长期发展战略。所谓发展战略，一般都是事关未来发展的总体思路，或者是将来某些新的运行秩序的再定义。作为任一城市可选择的战略很多，但从长期起主导作用的战略来说，可分为两种：以哈佛商学院教授迈克尔·波特为代表的“定位论”以及以密歇根大学教授普拉哈德与伦敦商学院教授哈默尔为代表的“核心竞争力论”。那么，杭州为什么要确立人力资本密集型发展战略？人力资本密集型发展战略与我们目前所关心的新经济、网络经济和创意产业有什么关联性？在这一战略的实施过程中，政府相关部门、行业和企业应作怎么样的安排，并且使得这些安排与未来的发展相协调？要实施好这一发展战略，除了科学编制战略规划以外，还应该采取什么样的措施？这些就是本课题要解决的问题。

一、人力资本密集型发展战略与杭州的选择

(一) 什么是人力资本密集型发展战略

人力资本密集型发展战略是相对于实物或货币资本投资密集型发展战略而言的。在我国区域经济中，实物或货币资本投资密集型发展战略，主要有以下几种类型：

一是以利用自然资源、气候土壤、矿藏资源为主的开发型发展战略。如大庆、克拉玛依、玉溪等城市都是利用自然资源进行开发获得成功的，这些城市的人均收入已处于全国各城市的前列。

二是利用区位优势，以引进外资为主的资本密集型发展战略。如深圳、珠海、苏州等城市的发展战略非常明确，就是利用外资来起步的。其发展分为两个阶段：第一个阶段主要是来料加工；第二个阶段是引进技术含量和资本密集程度高的外资。衡量一个开发区成功与否的标志就是每平方公里土地引进多少外资。

三是以利用国家优惠政策、依靠中央政府密集投资为主的发展战略。如开发大西北、重庆等城市就是实施这样的发展战略，其发展主要依靠

中央政府的投资，或者兄弟城市企业西进的投资。

人力资本密集型发展战略与以往取得巨大成功的实物或货币资本密集型发展战略不同，其不同点主要是：

1. 资源观念不同

实物或货币资本密集型发展战略是尽可能多地利用和开发自然资源，以获得最大的利润，不考虑或少考虑环境、生态、社会效益。对不可再生资源的高强度开发，实际上有可能会把子孙后代的资源提前开发消耗掉。这样的掠夺性开发，就有可能导致生物种类的灭绝、资源枯竭和生态的恶化，其后果是非常严重的。中央提出的实施西部开发战略，我理解其更重要的含义是要进行生态环境的全面保护。朱镕基总理在视察西北地区时的讲话，其中心内容就是西北地区土地比较贫瘠的地方，基本上都要退耕还草、退耕还林。农民退多少田，国家就从产粮区的粮库中调拨多少大米、小麦。这就是说要以生态平衡和环境保护为基础，使西部开发建立在良好的生态环境的基础上，建立在子孙后代永续利用自然资源的基础上。这是符合可持续发展思路的西部开发战略；而人力资本密集型发展战略是主要依靠智力资源，或是科学合理综合高效地利用自然资源发展经济的战略。

2. 资本投入不同

实物或货币资本密集型发展战略，需要投入大量的资金、设备，有形资产起着主导性的作用；人力资本密集型发展战略，主要靠人的智力、脑力，无形资产起着决定性作用。按经济学的定义，人力资本是人通过教育、培训所积累的资本，它是与人的智力、拥有的专业知识、实践能力、创新创业的勇气相联系的，这种投入积累起来的是无形资产。

3. 产业前景不同

实物或货币资本密集型发展战略主要是钢铁、冶金等传统产业，有些甚至已是夕阳产业，往往都是需求弹性较小，增长率不高的产业。这类产业的产品随着人们生活水平的提高，需求不仅不增长，还会下降。如我国最近对钢铁行业就采取了限产的措施；人力资本密集型产业往往是需求弹性和增长率都很高的产业，通常是朝阳产业。需求弹性大是指人们生活水平提高后，对该产业的产品将会有很高的需求，需求呈增长趋势，或者说该商品的供求对价格变化的敏感度较高。这类产业的特征是非常明显的。如文化消费品、电子视听产品、体育健身器材等等这一类在当前经济发达程度下，就是需求弹性大的产品，只要人们温饱之后富起来，人人都想买，它不同于像粮食这类需求刚性大的商品。需求弹性与人力资本的密集程度的高低有关，人力资本密集程度越高的产品，往往需求弹性也就越大。

4. 就业结构不同

随着自动化和生产线的推进，传统产业就业人员比重就会迅速下降。根据发达国家的资料分析，在传统产业中运用新技术，10 年内就业人员比重下降幅度可达 20%。随着知识经济的到来，下降的幅度还将进一步提高。最近美国通用公司、德国西门子公司看中了杭州市的杭氧、杭锅、发电设备厂，因为这几家厂都是生产非标设备的，这类产品的劳动力价格占到整个产品价格的 30%左右。随着我国进入 WTO 进程的加快，美国、日本、德国都愿把这类产品的生产转移到中国，利用进入 WTO 以后所享受的双边贸易零关税的政策进口零部件，利用我国劳动力便宜、素质较好的优势，生产成品再返销本国市场。我国进入 WTO 以后，受冲击最大的往往是自动化程度高、资本密集型的产业，因为自动化程度高，劳动力价格往往只占整个产品价格的 5%。劳动力价格占整个产品价格 5%与占 30%的行业，所受到的冲击程度是完全不一样的。人人都关心我国进入 WTO 以后，哪个行业受到的冲击最大，这里有个简单的估算方法，就是看劳动力成本占产品总成本的比例，低于 10%的产业，将受到严重的冲击，高于 20%的，将会因进入 WTO 而欣欣向荣。实施人力资本密集型发展战略，对高学历、高技术人才的需求会大大上升。当然对一般劳动力的需求调整也有一个过程，如始于美国新经济的发展，使得该国的就业率一度高涨，对高学历人才的需求度就更高了。历史经验表明，高技能人才的集聚，不仅可以促进科技创新，而且也可以创造就业机会，也就是说一个高素质的人才，可以带动好几个中低素质人员一起组合来达到增加就业的目的。

(二) 杭州选择自身发展战略的限制

一个城市、一个地区甚至一个国家选择什么样的发展战略，并不具有完全的自由度，必然要受到一些限制。一个城市选择未来的发展战略，就必须看清自身发展存在的种种限制。就杭州市而言，主要有以下几个方面：

一是没有像宁波、大连等城市那样拥有天然良港，杭州没有发展港口经济的地理资源优势。

二是没有像苏南诸市那样有众多广阔的平原用于工业园区的开发建设。苏州因为有几个新区、新加坡工业园区和与上海市接壤的区位条件，形成了大规模引进外资投资的优势。杭州和苏州同为“天堂”城市，但杭州利用外资的数量仅为苏州的1/5。利用外资是我市的短腿，在第一轮、第二轮引进外资的高潮中，我们已经丧失了机遇。

三是没有像温州、台州、绍兴等民营经济蓬勃发展的优势。在温台绍地区，国有企业仅占其经济总量的6%，而杭州却占40%左右，全省一半左右的退离休职工、下岗工人在杭州。

四是没有像上海这样作为全国经济、金融、商贸三大中心的优势。上海可凭这些优势来集聚全国大企业，在上海建立研发基地，或吸引外地企业总部迁入上海。

五是没有深圳、东莞、珠海土地辽阔、区位条件优越的优势。如东莞、珠海每平方公里的人口密度低，土地资源较多，征地价格低。而杭州的土地资源是非常稀缺的，市区人口密度每平方公里达到4万人，已经超过了上海。市区面积只有683平方公里(不包括余杭、萧山)，而且其中还包括了80平方公里的西湖风景名胜区。就整个杭州市而言，山区面积占到80%左右，多为丘陵群山，为保护良好的生态环境和众多的文化遗产，不能进行大规模开发。所以杭州能够有效地利用的土地是非常少的，要引进占地面积较大的工业项目，受限制很大。

六是没有像我国北方大城市那样环境容量大，可设立大型化工、炼油等工业基地的优势。所谓环境容量，就工业而言，就是该地建设带有废水、废气、废渣排放的工业项目，其环境所能承受的能力。杭州因是国际旅游城市，在这方面受限制颇多。杭州城市总体规划明确了杭州的发展方向，不可能作为一个工业基地来发展。1983年万里同志任副总理，他批准的杭州市城市总体规划，确定杭州城市的性质是著名国际旅游城市，比这更早时曾被确定为旅游疗养性的城市。也就是说自20世纪50年代以来，杭州的环境容量就一直受到严格的限制。

(三) 杭州现有的自身优势

一是现有科技人才数量的优势。据1998年度省统计局《市地科技进步统计评价报告》，在全省11个地市中，杭州市从事科技活动的人数达2.6万人，约占全省的49.7%；每万人中的科技人员为43.33人，比居第二位的绍兴市高出3倍。

二是宜人居住的环境优势。全市森林覆盖率达到60%，山、河、湖、海、江景观样样俱备，自然风光秀丽。2000年“五一”节，来杭游客达300万人，远远超过苏州。苏州园林名闻天下，为什么接待游客比杭州少呢？主要原因是因为苏州没有多层次“层岭叠翠”的山景，也没有水景，所以苏州的景观尺度比较小，无法形成壮观的大地景观。而杭州既有宏观大度的壮观之美，又有微观细节的精致之美，两者融合所形成的优美的自然人文景观，造就了杭州房地产业持续上升的好势头。当前正当全国各大城市房地产商都为商品房滞销着急时，杭州的房产却是畅销。户型适合的现房已全部销完，即使是期房，楼盘一经推出，也基本上已经销售出去。而且更重要的是杭州的房地产发展前景非常好，上涨的空间大，因为买涨不买落是购房者普遍的心理。杭州市曾制定一个计划，要使得杭州房地产的价格逐年稳步上升，每年上涨3%～5%。这样就使得在杭州置房的购买者都可以达到投资保值增值的目的，同时也使得土地的供应与房地产的开发相匹配。

三是休闲旅游的优势。杭州有中国的水景之冠——西湖。清代著名学者陆敬安在《冷庐杂识》中说：“天下西湖，三十有六，惟杭州最著”。不论是扬州的瘦西湖，还是福州的小西湖，都是取材于杭州西湖，包括已列入世界文化遗产名单的北京颐和园昆明湖，也完全照搬杭州西湖的造园模式。从人文景观来说，杭州是中国的七大古都之一，有着无数的历史文化、神话传说的积淀。杭州年接待国内游客2250万人次，接待境外游客60万人次，居全国第5位，这些成绩还是在航空“卡脖子”的情况下取得的。2000年年底，萧山机场投入使用后，将与世界上许多城市直接通航，杭州的对外交通大为改善，海外来杭游客将大幅度上升，这是可以预料得到的。杭州的景观具有东方古典之美，意大利旅行家曾称杭州为“世界上最美丽的华贵之城”。

四是吸引未来人才求知就学的优势。杭州有以浙江大学为代表的大学群体，教学、科研和学科建设能力都非常强，综合实力已列全国大学三甲。1999年杭州在校大学生已达12万人，今后每年还会有大幅度地增加。

五是杭州地处中国经济最发达的长江三角洲，紧邻大上海，根据铁道部的工作安排，2000年10月1日，上海到杭州火车行驶时间只需1.5

小时。同时，长江三角洲地区是我国最富饶的地区，任何产品要进入中国市场，必须占领上海市场。这意味着杭州靠近中国的消费中心，紧临中国消费品市场的制高点，这为产品的销售提供了便利。杭州抓准自身的发展战略，并按此认真实施还可吸引上海的人才来杭工作。

六是传统产业较为发达，年工业产值达2000亿元，加工工业门类较为齐全。这些门类齐全的实体经济是与虚拟经济结合的良好基础。

上述六个方面的优势都与人有关，但如果按照常规的发展思路发展下去，那杭州可能仅仅是成为住人养老的天堂，成为上海人工作之余休闲的后花园，成为吃在杭州、穿在杭州的天堂。历史上杭州曾是有钱人的销金窝，在市区建设工程施工开挖地基时，常有金块、银锭发现，这说明历史上有多少人带着财富来杭州颐养天年。现在，杭州如没有全新的发展战略，不充分利用自己的优势，仍按照常规的发展思路，那杭州则有可能沦为一般的打工者的天堂，发展势头就会窒息。历史上有许许多多繁荣的城市，就是因为没有选对发展战略，而从兴旺走向衰败。这样的例子比比皆是。杭州的全部希望就在于人力资本密集型发展战略，而且必须是适应未来发展的、再造杭州新优势的人力资本密集型发展战略。

从另一方面来看，杭州应该而且也必须是浙江省在知识经济时代发展的火车头，其辐射的范围应更广阔。位于美国圣荷西市的硅谷，不仅是美国经济发展的火车头，而且影响着全球。当今这个世界上，许多政府首脑都在做着硅谷梦。我国著名的经济学家吴敬琏先生在评论中国城市中谁最有希望成为硅谷时，对我国几个著名的城市作了比较分析，他没有同大家一样看好中关村。为什么呢？他认为，中关村很像早期的美国128号公路波士顿地区，大企业集中、大学集中，有著名的麻省理工学院、哈佛大学，政府财政也给予较大的倾斜，当时这一科技园区与硅谷同为美国科技的亮点。但是“吃偏饭”的政策，使得波士顿地区的人们养成了眼睛向上的习惯，导致了园区发展活力的减弱，被后来居上的硅谷远远抛在后面。硅谷的崛起，靠的是一种文化精神，是经济体制的创新。硅谷人有一种勇于创新、乐于创业、允许失败，活着就是为了工作，工作就是为了活着的工作狂精神，形成了工作、创新、创业本身就是生活的乐趣这一硅谷文化。任何新体制都不可能在旧体制重重迭迭的土壤中萌发成长出来的。硅谷为什么没有在超大城市如纽约或政治中心华盛顿出现，而在远离经济和政治中心的圣荷西等小城市诞生，就是因为在那些大城市中，往往是行政干预过多、观念陈旧，而只有在自由的“气候”下，人才会启发灵感，萌发新的创意，同时适合于技术创新。

至于成长迅速的深圳，存在着技术源过小的缺陷。深圳大学拥有的科技人才仅为浙江大学的 1/5，以使它还不可能像硅谷的斯坦福大学、伯克利大学那样衍生出众多的高科技小企业。西安虽有许多高等院校，可惜气候和生态环境差，时有风沙，这样的生活环境对人才缺乏吸引力。

综合各方面的因素分析后，吴敬琏认为，成为或争取成为中国硅谷的历史责任有可能落在杭州身上。我认为这是很有见地的。杭州面对这样的历史机遇，选对发展战略，弄清人力资本密集型发展战略的真正涵义，就显得尤为重要。

（四）人力资本密集型发展战略与其他类型发展战略的关系

一是与体制创新战略的关系。浙江经济的高速发展完全是体制创新的结果，是制度上的优势。而人力资本密集型发展战略，在未来的知识经济时代，要求在体制上、企业组织结构上进一步创新，再上一个台阶。未来经济是“人”的经济，它要求在运行体制上最大限度地调动人的积极性。再创体制的新优势与选择人力资本密集型发展战略是一致的。

二是与技术创新战略的关系。诺贝尔奖获得者、美国经济学家索罗(R. Solow)曾证明，现代经济增长的途径主要源自技术升级。美国经济发展 80%源自技术创新，而 20%是来自资本的积累。技术革新是人的智力显性化的结果，也就是人的脑力、智力付诸于实践的结果。所以，所有的技术创新战略本身就是人力资本密集型发展战略。

三是与产业结构优化发展战略的关系。纺织业、传统医药业、食品业的提升，必须向两个密集化方向发展，一是科学技术附加值的密集化，一是文化附加值的密集化。这两个密集化，都是人力资本带来的结果。所以，产业结构的优化，离开了人力资本密集型的战略，就是无源之水。

四是与投资环境优化发展战略的关系。投资环境优化，首先要求人力资本的优化。一个地方的投资环境好，并不是说道路多少宽、交通条件多么好就可以了，而是人的创业积极性的发挥所受到的阻碍最小。给人的创业空间、自由度有足够的大，对人的创业、创新限制就越少，创业的成本就越低，就越容易使拥有知识的人把知识转化为生产力。另外，人才的集聚也会造成人才自身素质的优化，也就是说人才具有“正向”

的外部性。简言之，谁能使拥有知识的人致富最快，谁就拥有最好的投资环境，这与人力资本密集型发展战略是一致的。

五是与社会生活质量优化发展战略的关系。人力资本是人的知识作为生产要素第一次附在人的身上，它与实物资本不一样。人力资本是可以用“脚”来选择一个城市、一个地方，用“脚”来投票的资本。如果一个地方环境不好，创业空间狭小，它就会到别的地方去。要吸引人才，不仅要求创业的空间比较好，而且还必须要生活质量比较好。一个城市有没有吸引人才的磁力，不仅要看城市的经济发展潜力，更重要的决定性因素在于该城市能不能最大化地满足高素质人才居住工作的多样化、个性化和多层次的物质与精神文化需求。为什么美国的硅谷、西雅图能够集聚大量的人才，就是因为该地山青水秀、气候怡人、生态环境非常好。台湾的新竹工业园区也建在环境非常优越的区域。这样的环境，就能够聚人，在这里工作心情舒畅，居住宜人，就可以启发自己的灵感。这与我们提出的“住在杭州”是一致的，让创业者在这座城市中享受诗意般的生活。

总之，正如被称之为“全球五位管理大师”之一的大前研一所提出的那样：“20世纪充满常识，而21世纪是一个无常识可言，而且会突然发生变化的时代。如果被旧战略的常识所束缚，就无法在瞬间抓住并正确理解新世界的新事实，更不能预见到新的事业。”[1] 人力资本密集型发展战略往往显现某些超越传统成功经验和常识的新战略。

二、网络经济与人力资本

最近报纸上连篇累牍地刊登了新经济、知识经济、信息经济、网络经济等新名词，但对这些新名词的内涵至今还没有很准确的定义。比如，有的说新经济包含了高技术产业、因特网、电脑产业、基因工程、新材料等等，或者说这些新事物累计的结果就产生了新经济。联合国经合组织对知识经济曾经下过一个定义：知识作为生产力诸要素中起主导作用的经济就是知识经济。而以往是土地、劳动力或资本作为主要的要素，

[1] 参见：［日］大前研一．专业主义——专业，21世纪你惟一的生存之道．中信出版社，2006年6月第一版第76页

而知识不是作为主要的生产力要素。在知识第一次被作为生产力诸要素中最重要要素时，就是知识经济时代的来临。

在这些新名词中，最早起用的是信息经济。信息经济可以解释为比特化的经济，这样的解释就比较清楚了。信息经济的启动，是因为个人电脑(PC)的出现，并随着因特网和电子商务(E-commerce)的出现，从个人电脑发展到联网，又从因特网上一般的信息交流到利用因特网进行电子商务活动。因特网的功能由于两方面因素而扩展。一方面，因特网本身的技术，主要是各种各样的接入技术、传输技术的改善，使网络不断地扩张；另一方面，由于上网的各种各样计算机主机的信息分析能力、运算能力大大地增强，从而使得因特网的功能越来越庞大。因特网的作用正在渐渐地渗透到人类生产和生活的所有领域，网络经济的名称终于应运而生。从个人电脑到因特网然后再到电子商务，这三步曲就说明了网络经济是新经济、知识经济的核心内容，新经济时代的许多内容都可以归结到网络经济。所以，用网络经济来表达新时代的到来，从经济学的角度来讲是最贴切的。

从实际情况来看，网络经济的作用从先行者美国经济的表现中就可以看得很明白。美国是网络经济的诞生地，美国经济自 1991 年 3 月从谷底持续攀升以来，到 2000 年 3 月已经创下了历史上繁荣时期最长的纪录，失业率也降至 30 年前的低水平，仅为 4.1%，同时通货膨胀率也保持平衡，基本上是低通胀状况，出现了高增长、低失业、低通胀、低赤字并存的理想状态，也就是说它的经济增长非常看好。美国作为世界上经济实力非常雄厚的国家，在世界经济增长率普遍衰退回落时，它却从 1991 年开始保持了一个持续的增长期，这是值得我们研究的。为什么要着重加上一个低赤字呢？大家都知道，30 年前从凯恩斯主义到货币经济学派，都主张恢复经济增长要增加货币的投入，用货币来调节经济行为。货币投入首先就需要财政投入，用财政投入来刺激经济，就是财政要扩张，而财政扩张没有钱怎么办？就要借钱，要多印钞票，要做赤字预算。因此，美国政府的赤字预算在 20 世纪 90 年代初期，曾经高达全国人均分摊 1.4 万美元的债务。但到了 1999 年，美国不仅把所有的赤字还掉了，而且还有了很大的财政盈余。过去要用货币来刺激经济，而现在新经济状况下，不用财政扩张这一手段，不借助于外力，就实现了经济的增长，出现了高增长、低失业、低通胀、低赤字甚至没有赤字的理想状态。英国经济学家菲利普斯曾对失业率与通胀率作过统计学上的概括，发现工业化进程中的英国等国家，凡出现高通胀率的年份，失业率就很低，而失业率比较高的时候，通胀率却很低，他把这两者的关系描述成一条曲线，这就是著名的菲利普斯曲线。这说明通胀率与失业率是一个翘翘板的关系，在短时间内这两个参数是负相关的，两者之中只能选择其一，要有比较高的就业率就要承受较高的通货膨胀，要低通胀就要承受高失业率，这两者之间的关系如同鱼和熊掌不能兼得。但现在，美国出现的高增长、低通胀的状况，显然已与菲利普斯曲线原来对经济周期规律的短期预测结果不符。这一理想状态的取得，与网络经济的两个定律、五方面的功能是分不开的，而这些功能的核心更是人力资本的贡献。

第一个是互联网定律——互联网的价值与上网的 PC 数的二次方成正比。现在互联网上上网的 PC 数量增长得非常快，从 5 年前的几千台据估计到 2000 年仅主机就将会增加到 1 亿台，主机的外围设备包括个人手提电脑和使用 WAP 协议的移动电话加起来共有 5 亿台，并会以每年翻一番的速度增长。

第二个是摩尔定律——芯片上的晶体管数量每 18 个月增加一倍，而价格却降低一半。硬件即晶体管密度每 18 个月就翻一番，价格就越降越低。所以生产电脑的企业也有一个非常奇怪的特点，如笔记本电脑价格中有相当大的一块是由 CPU 决定的，而世界上的 CPU 生产大部分是由 Intel 公司提供的，Intel 公司经常推出新一代的 CPU，把老的价格一降再降，所以生产电脑的企业绝对不能有库存，库存过多就会倾家荡产。

网络经济的特性与人力资本的关系可以概括为以下五个方面：

(一) 网络经济使交易费用降低是由人力资本所产生的特性(知识)所决定

因为因特网的应用和推广，从而使交易费用大大下降。制度经济学的全部目的就是使交易成本下降。人类为什么要设置产权？就是为了交易成本能够降低。为什么不采取人对人之间的直接贸易，却要设立企业，也是因为企业内部交易这种形式比在市场上直接进行交易的费用要低，从而产生了企业组织。制度经济学对此进行了直观的描绘。

网络经济的到来，第一个直观概念是使商品的交易费用大大下降。这与知识经济、与人力资本有什么关系？据世界银行 1999 年发展报告的定义，知识大致可以分为两大类：一类是关于诀窍的知识，也就是技术；另一类是关于属性的知识，也就是信息。前者作为技术的知识可以直接提高生产率，后者可以通过降低交易活动成本来提高经济效益。这一提高使得网络经济超越了传统经济的报酬递减规律。报酬递减规律是经济学中一条重要的规律。举个很粗浅的例子，农民在 1 亩田里耕种，假如阳光、土壤、种子、水等都不变，只是无限增加肥料的投入，肯定会使单位肥料投入的产出不断下降，甚至还会“烧死”庄稼。不仅是肥料，也不仅是农业，在任何产业，只要其他要素给定不变，任一种要素的不断增加，这个要素的单位产出率就会递减。大家都注意到许多统计报表反映的发达国家(主要指人均 GDP 在 1 万美元以上的国家，如西欧等)前 30 年的年均经济增长速度排列，如果在 2%就是很高了，1%也不错，而发展中国家 GDP 的增长速度却有 6%，更多的甚至达到 10%以上。为什么会出现这种情况？有的人以为这些发达国家的资本密集度到了饱和状态，因此增长率很低；也有人说那些国家的技术发展水平不高。这些说法都不对，实际上他们的技术发展水平是很高的，越是发达国家运用新技术越迅速，但为什么增长率反而低呢？这就是与报酬递减规律有关系。大到一个国家、小到一个企业其资金的投入对生产力的作用，也受报酬递减规律的无情约束。比方说，美国工人的年平均工资是 5 万美元，如果再增加 5000 美元，对他们的积极性没有多大的作用，无非是老板开恩。但如果在发展中国家的某个地方，如在人均年工资仅为 1000 美元的基础上再给予每个人 5000 美金的话，那他们的积极性一下子就调动起来了。这说明同样数量的资本，在不同的地方其效用就不一样。所以在传统经济的范畴之中效用递减规律是不可抗拒的，除非发生了技术革命。网络经济到来就打破了这一规律，这是一场真正意义上的革命，它使得富裕的国家也能发展得很快，出现一个发展奇迹，从而超越了原来认为不可克服的报酬递减规律。这正是因为：

第一，信息与物质产品不同，信息不需要离开它的原始占有者就能被赠送、买卖、交换，也就是说可以无限制地离开原始占有者，可以广泛地被赠送、买卖和交换，而不会损耗自己。

第二，信息产品只需要一次开发就能供所有的人使用，它能够通过电脑和因特网大量地复制、分配而不需额外的费用。如某人谱写了一首非常抒情的乐曲，再通过因特网传输出去，许多爱好音乐的人就可以把这首乐曲下载，用 MP3 播放，这就可以被千万人所享用，而且不需要增加任何费用；又如许多做得非常成功的网站，其成功的秘诀就是有一个非常好的软件，这个软件与人类生活是分不开的，例如发 E-mail 的软件，这个软件使得人类利用因特网进行免费的通讯，从而使电报业消失。或是一个语音转换的软件，这些软件每个人都适用，如果免费供大家下载，大家就都会去访问这个网站，网站就会身价倍增。网站上许多供大家免费享用的软件从哪里来？都是人的智力结晶。智力结晶第一次不是以实物形态、不是以货币形态而是以信息形态出现，可以被任何人无限制地、没有成本地使用，这就与传统经济完全不一样。

第三，传统经济的各种资源在生产过程中都是要被消耗的，如钢铁生产就需要消耗氧气、矿石、焦炭。但是信息资源在使用过程中间不仅不会被损耗，而且在使用过程中还会增值，使用的人越来越多，网站的点击率越高，网站的价值就越高。网络经济就是这么一种反传统的经济！

现在任何个人的信息搜索能力有可能比过去一大群专家都强。过去，企业规模为什么要大？就是因为只有企业规模大，才有可能组织大批专家来捕捉足够的市场信息。市场信息要全方位地进行捕捉，一般的企业家是满足需求，高明的企业家则是制造需求。怎么制造呢？这就需要对市场有正确的把握，这种把握就包含着大量的市场信息，包括现在的、未来的信息，才能作出超人一等的决策。只有超人一等的信息收集能力，才能作出超人一等的决策。而现在就不一样了，现在任何个人要找某一方面的信息，只要在搜索引擎上把关键字打进去，一上网搜索，所有这方面的信息全都会分门别类列出，任何一个人捕捉某一专业领域的信息就变得非常容易。过去一大群专家收集的信息，还不如现在一个人上网收集得那么全，这就使得任何小企业都能够挑战大企业。以前这些小企业不了解世界上此时此刻发生了什么变化、有什么机遇，所以它只能依附于大企业。而现在的小企业通过上网，就能够找到这一刻世界上所发生的相关的信息，这时候它就不必依赖于大企业，自己可以独立闯市场了。所以，个人的创业能力随着因特网性能的改善而无限地延伸。

前段时间见《参考消息》上登了一幅漫画，解释什么叫新经济，画的是一个奇形怪状的动物，这个动物把一本书撕掉了，这本书的书名叫 RULE（规矩），这个名叫“新经济”的动物把规矩撕掉了。也就是说新经济藐视一切既定的规矩。这些既定的规矩或常识，都是由传统经济所带来的，是几千年以来从农耕时代到工业时代所逐步积累形成的，但这些规矩在新经济面前被粉碎了。

（二）网络经济能大幅度提高传统行业的生产率，这是传统资本与人力资本相结合的结果

网络经济为什么能大幅度提高传统行业的生产率呢？这是与网络经济在传统行业中大幅度地加入人力资本有关系的。如通用汽车公司和克莱斯勒汽车公司使巨大的零部件供应网络上网以后，仅这方面的开支成本降低就达 10%。著名的丰田公司曾经创造了丰田模式，就是看板订货。丰田公司挑选了几个“子”公司，专门为它供应零部件，并以总成形式来供应。而“子”公司下又有“孙”公司，“孙”公司又向“子”公司提供小的总成，“孙”公司下面还有“玄孙”公司，为它提供一般的零部件，这样一层一层成了宝塔型、系列化的集团。这个系列化的集团使生产的产品完全可以看板订货，顺着这一条思路把这些零部件扩展到下面的小企业去生产，小企业与丰田公司没有什么产权联系，仅仅就是零部件供应的固定关系。这种固定的供应关系在传统经济条件下得到了莫大好处，它使零部件的成本可以一层一层地降低，汽车定型以后零部件的积压量大大下降，使得任何新产品研制的成本可以分解到每个加工小公司去，丰田公司自己只要画画图纸就行了。美国在 20 世纪 80 年代也提出要学丰田模式，但现在丰田公司也开始把它的零部件、设计、生产、流通消费等业务统统上网。丰田公司光是零部件采购就需 4 万亿日元，而如果节省 10%，就达到 4000 亿日元，节省的幅度是很大的。

国内的上海梅林食品公司建立了电子商务公司，使原有的配送中心、品牌效应、产品多元化的传统产业优势通过电子商务进一步得到了发挥。通用电气公司利用网络大大改善了公司的经营方式，利用项目协作技术在 Internet 上建立了信息门户，与客户进行实时交流和反馈，使客户可在世界上任何一个地方从 Internet 上看到自己订购的涡轮发电机制造的全过程，可以使生产全过程都处在用户的监督之下，并可在最后一刻按照用户自己的需要在网上提出修改要求。

网络经济是完全以客户为中心的经济，谁能抓住客户谁就能赢得利润。而网络技术本身的发展也正是为了“抓住”顾客。Extranet（外部网）既不是 Internet 上的节点，也不是 Intranet 上的节点，但内部网与外部网在技术上、安全性上完全是一样的。这就意味着可以用 Internet 建立一个扩展了的局域网，用这个局域网将相关的企业、用户连接在一起，造成一种虚拟的组合，使大家在网络上像一家人一样，彼此交流非常方便，并产生互动的关系。同时，大家又不断地对这些新的东西提出要求。如日本索尼公司总裁就提出传统企业改造成新企业有三大课题：一是如何推进传统业务的网络化。梅林公司有配送中心、有自己的商店、专卖店，这些专卖店要电子商务化、要上网，传统业务要网络化。二是如何构筑传统业务与网络业务的最佳配合。传统业务不是轻而易举就可以网络化的，而需要相互配合，这种配合是非常重要的。认为传统经济只要加入一个商务网站就能解决什么问题，这只是幻想。正确的配合方法是企业本身应该有健全的内部网络，并在内部网的基础上开放客户门户，加强与客户的联系，然后在 Internet 上捕捉到更多的客户信息，这样才能为客户提供延伸性服务。如有的企业已经有了 CIMS 技术、实时供货系统(Just In Time)，这些技术都通过网络把生产线、零部件客商和其他相关的客户连接在一起，形成了内部网，然后再把内部网延伸为电子商务门户对外开放。如果本身就是一块木头一样的传统经济，然后再加上一个花环——电子商务网站，这与新经济是完全不一样的，就是没有找到虚拟经济与实体经济的结合点。三是如何创建传统业务与网络业务共存的组织，使企业组织适应网络经济的到来。

在网络时代，传统企业要增强竞争力有四个要点：一是省去库存负担。如同丰田公司、通用汽车公司那样，把零部件供应全部上网，在网上建立虚拟的零部件供应车间，减掉库存，通过网络使整个生产流水线与零部件供应同步，零部件供应需在什么时候、什么地方，以什么方式、什么种类进行提供，全部通过网上进行协调，这样库存就变成了零库存了，企业的效益就可以大幅度上升。二是省去中间商。梅林公司就准备把中间商省去，在梅林的旗号下，所有的食品企业都通过自己的电子商务、自己的配送中心来供货，原来的超级市场、商店就可以省去了，这样，成本就可以大大下降。在电子商务发达的美国及西欧国家，网上购物比超级市场买东西往往便宜10%左右，这个差价就是中间商取消后节约下来的交易成本。三是省去一般性的生产业务，更注重核心能力的培养。如丰田公司就把许多业务扩散出去，使主干业务更加精干，更注重核心能力的培养；四是加强与客户的直接沟通。客户就是企业的全部，传统经济与新经济的区别就在于，传统经济尽管争取了客户，但与客户的关系没有网络时代企业那么密切。如通用电气公司使自已的客户订购的涡轮发电机，从设计开始，一直到生产的最后阶段都可以看到，客户就如同到现场指导一模一样。通用汽车公司专门建立了客户网页，通过这个网页，客户对自己所订的货现在生产到了什么阶段、目前的技术参数、生产上遇到了什么问题、要做哪些修改，都可以了如指掌，这个网页是专门为客户服务的。就像现在有些酒店的做法，顾客来酒店吃饭，他就宰活鸡活鸭给你看，从杀到脱毛一直到下锅煮，最后配料上菜，顾客都可以通过玻璃窗看得一清二楚，证明这个菜是货真价实的，从而吸引顾客。通用公司就在网上提供这么一个“玻璃窗口”，顾客可以看到所订设备生产的全过程，并将其要求融入制造全过程，这样企业抓住客户的能力就大大提高了。

这些新情况的出现，已经促使企业之间由产品、服务等方面竞争转变为商务模式的竞争，从而要求传统的游戏规则作出相应的调整。不仅是产品、质量、技术的竞争，还是商务模式的竞争，谁能够提供抓住顾客的商务模式，使得顾客离你距离更近，最大限度地融入到生产、设计、服务的各个领域，谁就是胜利者。

（三）网络经济衍生出许多网络中介企业是人的创意的结果

过去我们经常说，网络经济是直接经济，许多传统经济（迂回经济）的产物，如商店、超市等中介机构都将逐步消亡。但事实是传统的商业企业并没有消亡，反而又涌现出许多过去闻所未闻的新网络中介公司，而且这些公司都寄生在网上。所谓直接经济就是供需双方可直接见面。那为什么还要大量的中介机构存在呢？这是因为互联网始终存在信息的无限性与个人注意力的有限性这一基本矛盾，这与传统经济是不一样的。网络经济的魅力就在于其市场信息的完全性，而传统经济就存在信息不完整、不完全的问题，所以要由市场机制、价格信号来弥补信息的不完整。在网络经济时代，任何人都可以在网上找到他所需要的信息，但是这种完整性任何人都是不能穷尽的，也像传统经济一样，需要大量的中介机构来为顾客进行信息收集整理以节约时间。

前段时间，北京有人创建了一个名为“打折啦”的网站，很多商店打折的信息统统可以到这个网站上去找，它做的事情就是了解哪个地方哪家商店在打折，专门开设一个门户连在自己的网站上，用户登录该网站，就可找到各地各类商品打折的信息。如上海打折的商店有多少家，打折的品种是什么，南京打折的有多少家，北京打折的有多少家。不论到什么地方，你只要上网就会找到所在的城市现在打折的商店有多少家？

打折的幅度谁最大？打折的商品是哪些？有哪些品种？都可以了如指掌，这就是专门做打折的网站。

美国亚马逊网上书店是实力最雄厚的网上书店，它推出了一个资金担保公司，解决电子商务中小企业信用问题。例如某小企业要造一台新机器，许多配件扩散到全世界去订货，订货要预付定金，就要建立信用关系，要有中介单位的担保。如果没有信用担保，这个电子商务就开展不起来了。亚马逊的经营人员就灵机一动，既然存在个人信用的危机，它就开发出一个网上担保公司，交易者需要交换的钱统统存在它这里进行中转，它来搞转账支付，如果有损失也由它赔。亚马逊就是提供了这样一种新中介体，从而发展了新的业务领域。这样的例子比比皆是，按照传统经济是无法想像的，但网络经济却有许多这样的挣钱机会。

我认为，任何能给生产者和消费者降低交易成本的创意，都将成为新网络企业的财富源泉。例如：

个人隐私问题。人们上网进行网上交易，就要把自己信用卡等资料输入，也就暴露了自己的网址，这样自己的隐私就有可能在网上曝光。怎么办？有些软件想出了解决的办法，既能够顺利进行网上交易结算，又能使个人资料保密，如同加上一把电子锁，这已经迅速发展成为利润丰厚的新产业。

知识产权的保护问题。因为因特网实际上是人人共享的，除了电信公司要你付点上网费外，不用付任何费用，私有的产权特别是知识产权与公共品之间的界限就很难划分。因此，在网上要区分什么是公共品、什么是个人的知识产权，界限是非常模糊的，在网上要保护版权也是不容易。如果这时能够想到一些很好的、很廉价的、很方便的解决办法，既能保护知识产权，又能使人共享应该开放的空间，这又是很好的赚钱创意。

公共信息的安全问题。信息高速公路上也需要“交通警察”，来防止黑客侵犯和病毒感染。如最近放的反映千年虫题材的电视纪录片，非常逼真地描述了公共信息安全问题。有的生产防病毒的软件公司首先是自己制造病毒，制造出一代一代的网络病毒，然后又制造出克服网络病毒的软件，越做越好，而用户还蒙在鼓里。这就需要专门的公共信息安全技术去揭露。因此，公共信息安全会成为范围巨大的赚钱产业。

信息污染问题。因为网上信息实在太多，什么东西都有，有的是垃圾，有的是黄色的、封建迷信的、邪教信息，这些信息使人中毒匪浅，是一种精神鸦片。如何在网上进行禁毒，就要有一整套的办法。现在有关部门正在召集专家花很高的代价来研究这个问题，谁要在这个方面有所进展，谁就可能是千万、亿万富翁。

硬件资源有效利用问题。日新月异的虚拟化技术可以运用软件来虚拟硬件资源。一方面在一台计算机上运行数种甚至几十种不同的操作系统；另一方面又可以将一个企业、小区甚至城市的全部计算机、互联网硬件资源(包括服务器、网络硬件、局域网等)整合在一起，从而节约大量投资和能源消耗，优化系统结构和性能。据《商业周刊》报道，英国一家饮料公司用该技术将30多台服务器合并到了4台物理服务器上，将原来需要两个星期的服务器系统恢复时间缩短为20分钟。而在虚拟化技术占领先地位的VMware公司成立不到10年，但2006年的销售额已达7亿美元之多，今年预计增长率会继续保持62%。

信息欺诈问题。在网上，虚假的信息也比比皆是。这些虚假信息如何能够得到遏制，这方面蕴藏着巨大商机；网络经济还带来个人信用的危机。要使得个人信用可以在网上查询。或者在维护商品信用、防止假冒商品方面，能搞出一个网上的查询办法来保证，大家都会发财，这里面有很大的商机。因为大家都怕假的，如上网一查保证我这个货是真的，这样的网站不就赚钱了吗!

网上交易如何收税的问题。现在国家税务总局正在研究这个问题。美国对电子商务是免税的，按照他的系统是可以收税的，但是跨国发展电子商务收税也很困难。美国政府一方面觉得电子商务有助于降低能源消耗和交易成本，应该予以免税，另一方面他们也没有找到正确的办法去收税，也只好免税。如果能够想到方便的计算扣税办法，那国家税务总局马上就会找到你了，就会订你的网上收税新软件，一年收入几个亿是不成问题的。

这些新的网络创意存在巨大的财富和商机，每一项都可以使人成为小的比尔·盖茨。这些商机都是个人创业的结果，只有“偏执狂”才能抓住机遇。所以，网络经济与人力资本密集型经济几乎就是一回事。

(四) 网络经济促进经济活动全球化的实质是人力资本作用范围扩大化

网络的存在和发展，减少了人们远距离控制的成本，从而使得所有借助于因特网进行管理与运作的企业，与各种经济主体交往的半径大大扩大。人类第一次有能力以很低的成本在全球范围内对物质资本和人力资本进行整合。比尔·盖茨曾说，未来的经济就是在全球能够调动人力和物力资源的经济，也就是说可以在全球范围内找到一群志同道合的人一起来研究、一起来生产、一起来推销。如杭州人马云创办的“阿里巴巴”网站，6个月发展会员几十万，这些遍布世界五大洲的会员都是慕名而来的，网站采取的是Business To Business的模式，全球每个角落的客户都能与世界上任何地方的客户保持24小时的接洽联系，方便地进行货比万家。本人曾和这个网站的创始者进行过讨论。马云向我介绍说，现在如有人需要矿泉水，他就可以通过这个网站找到世界上所有品牌的矿泉水，在几秒钟之内就可把名单打印出来，所需品牌的矿泉水，在世界上五大洲哪个地方能够供应也可以马上找到，而且什么规格、什么价格、内含什么成分都一清二楚，非常简便。❶

由原厂定牌生产(OEM)生产方式演变而来的虚拟企业，根据某一项生产目的，用网络技术在全球范围内寻找合作伙伴组成临时的虚拟企业，这种虚拟企业对生产成本的下降非常有利。中国进入WTO以后，这种企业模式会因为贸易壁垒的消除而进一步扩大。实行“走出去”的战略，不一定都要人走出去，而是通过这种虚拟企业的模式，使企业在全球范围内利用好两种资源、两个市场，使生产成本更低、竞争力更强。虚拟企业就意味着能在全球范围内利用资源，以最低的成本生产自己的产品。如华立集团是生产电度表的，它们经常推出许多新产品。如果现在要生产某种新产品，在中国找不到合适的合作伙伴，它们就可以通过网络在全世界寻找配件商，在华立集团决定生产这一新产品时，与这些配件商也组成一个虚拟企业，制定共同的条律，为所生产的新型产品提供服务。一旦这个新产品生产结束了，虚拟企业也就解散了。

在生产趋势全球化的同时，另一方面高科技产业的集聚效应也同时出现，尤其是高智力产业。网络经济是种扩展型的经济形态之一，有一种SOHO的模式，即人在自己家里就可以上班，世界上任何角落的人坐在自己家里就可以调控管理自己在全世界的企业，将来有相当的白领阶

❶ 据新浪科技2005年10月24日消息，因阿里巴巴赴港上市成功，其国际配股高达1千亿美元。以其招股区间以每股12～13.5港元，基于2007年预计净利不少于6.22亿人民币来算，该公司的预测亏盈率将在94.5～106.3倍。马云个人的资产预计可达50亿人民币

层上班模式变成家庭上班模式，这是完全可能的。但是另一倾向也存在，也就是高科技产业的集聚。如美国硅谷集聚了近万家 IT 中小型企业、300 家风险投资公司、40 多万科技人员；印度的班加鲁尔和我国台湾省的新竹工业园区，也是规模颇大的高科技产业集聚区。这些高智力产业在地理空间上的集聚原因有多种，其中最重要的是编码和非编码知识相互学习的需要。

一切灵感都是因为有了深厚的知识积淀才产生的，没有深厚的知识积淀就不会有露出冰山的一角。使这些非编码知识进行交流、显性化，对大家都有好处，为此就要找到同类人才共聚的地方进行交流。硅谷就是这么一个地方。我第一次在浙图作报告时就说道，我国大陆的高新技术开发区与美国的硅谷、我国台湾的新竹工业园区最大区别不在于环境怎么优越，也不在于税收政策怎么优惠，而在于人与人之间的交流。在硅谷有许多咖啡馆、酒吧等许多非正式的交流场所，这些地方 24 小时开放，对同一课题感兴趣的大量人才聚在一起，共同为一个难题进行探讨，相互之间从探讨时的形体语言、眼神、谈吐中捕捉思想火花和灵感，然后变成自己的思想，再通过反馈、整合就产生了许多创新的理念，这些创新的理念就派生出许多 IT 小企业。而中国的高新技术产业园区，因为门类太杂，人力资本密集度太低，人与人之间老死不相往来，根本没有机会互相交流、互相讨论，这样我们就没有高新技术产业发展的发动机，也就是人力智慧的共振器。所以，许多留学生回国创业就不愿收回护照，而保留美国绿卡，不是为了别的，就是为了随时能够回到硅谷去。因为离开硅谷半年，知识就会老化很多，必须要回去参加这些讨论、研究、交流，才能使知识得到更新，这是个很普遍的现象。任何一个高新技术开发区都存在这样的问题，都存在一个人才密集进行交流、碰撞、整合的问题。这也是硅谷难以被完全复制的原因之一。

(五) 发展与网络经济相关的硬件与软件产业本身就是人力资本密集型产业

网络经济的发展趋势使越来越多的日常产品都能上网。目前最新的技术可以将 20 个奔腾处理器纳入单个芯片。专家预测，到 2010 年可以把几万个奔腾处理器集中在单个芯片中，然后再将芯片嵌入各种装置，PC 机将成为插入组件。今天我们用的电脑、电视机、电冰箱、随身听、游戏机、电话机甚至电饭煲都会变得越来越聪明，都因为有线和无线上网变得具有越来越多的功能。网络将无所不在，所有的物体都将通过网络连接在一起。人类自身的肉体也可以嵌入诊断芯片，受到24小时的特级护理，这个趋势是不可逆转的。家电行业的海尔集团现在就在研制网络冰箱、网络空调。家用电表也可以制成网络电表，这样的智慧电表将峰电谷电区别开来分别计费，而且不用人工抄表，通过上网直接送到计费中心进行结算。现在的IC价格越来越便宜，中国2004年的芯片需求量是200亿片，每个中国人分到了近20片，而在美国每人就分到200片，甚至玩具上都有电脑。

现在，已有人提出网络地球的设想。如大不列颠百科全书有上百本，将其编码就是40亿比特，可以输送到网上去。人类所有的信息也可通过比特进行排列，然后上网，意味着人类在网上有一个虚拟的地球，它与真实的地球有同样的信息量，人们将生活在两个世界里，一个是真实的世界，一个是虚拟的世界。难怪有人说，未来的世界是易发神经分裂症的世界，因为人的脑子也分成两部分了，一部分生活在真实的世界里，另一部分放荡在虚拟的世界里。尽管现在网络还是最初级的阶段，但已经有人迷恋于网上的生活。台湾现在就生产成人尿布供上网迷使用，以解决网迷不愿从虚拟世界里出来到真实世界里上厕所的问题。因此，网络确实是柄双刃剑，它可以使人迷恋于另外一个世界，使人的神经特别紧张甚至崩溃，另一方面它又是巨大的社会生产力，而这种变革的力量就相当于过去人类发明蒸汽机和电气化那样，对生产力有着巨大的促进作用。

网络经济发展硬件与软件的大量需求，必将促进经济快速发展。美国已经在研制新一代的因特网了，初型已经成功。新的因特网网上信息传输速度比现在快几万倍，这对人类将来会带来不可估量的影响。这些硬件与软件都是人力资本的创造物。网络化、智能化、多功能化其本身并不增加自然物质的损耗，增加的全是人力资本的附加值，会使人力资本、人类智慧的用途进一步扩展。显而易见，网络经济是人类继农业经济和工业经济之后第三次瓜分世界财富蛋糕的机遇。第一次瓜分的时候，中国是占了便宜的，因为中国的农业技术在几千年前是顶尖的。所以才有中华文明、尼罗河文明和幼发拉底河文明古国的崛起，并成为当时世界的超级强国，这就是农业经济造就的辉煌历史。工业经济因为蒸汽机出现在英国，所以英国就变成海上的日不落帝国。鸦片战争时，英国1000多人打败几十万清朝大军。西班牙派了几千人就可以毁灭整个玛雅民族，靠的就是由工业革命武装起来的坚船利炮，这个财富的蛋糕被英国人、欧洲人及英国人的后裔美国人所瓜分了。第三次瓜分世界财富蛋糕的机遇就是网络经济，其本质就是人力资本密集型经济，是智能型经济，而且极大地依赖于人类的智慧，也是最大限度地发挥了人类智慧作用的经济。我们中华民族应该把握住这个机遇，使中国在世界上再一次崛起。

综上所述，网络经济主要有以下六大新观念：

一是新的资源观。知识创新能力已经成为企业核心的资源，创新知识人力资本的丰裕程度与创造能力的集聚、发挥程度，已经成为一个企业或一个城市、一个国家经济发展的决定性因素。人才的质量和数量能够决定任一个企业、城市、民族的命运。

二是新的增长观。网络经济遵循效益递增规律，而传统经济遵循效益递减规律。持续不断的知识创新活动使低通胀、高增长、低失业有可能成为经济常态，从而走出工业经济时代的增长、膨胀、萧条、复苏的经济周期律，实现经济的可持续增长。按照我的理解，网络经济与市场经济的功能是相互强化的，它能够最大限度地发挥市场经济克服因信息不对称而出现的混乱，使得周期性起伏慢慢地趋于平缓，人类梦寐以求的高增长、低通胀、低失业这种经济成为常态是有可能的。

三是新的产业观。知识产业将成为朝阳产业。网络经济以高科技产业为支柱，造就了一系列新的产业如软件业、教育产业、电子商务等，这一切没有网络经济就不会产生。如教育产业，将来要进行网上教育，既能形成规模，又能互动教学，商机是非常巨大的。这些产业正在迅速改变着传统的产业结构，使传统产业得到提升、整合，使传统夕阳产业焕发出新的青春。

四是新的企业观。网络经济推动现代企业制度进一步创新，企业制度将以调动人力资本的能动性为主线，进行制度的再创新。个性化产品正在取代大批量生产，企业之间的竞争不再以规模大小而制胜，而以知识创新的速度而制胜；不是大吃小，而是快吃慢。前几天，我的一个老师、原杭州大学研究生院的院长对我讲，他与几个博士生在研究建立一个新的网站，本以为自己这个网站一开张，就可以大赚其钱，但就是比别人慢了 24 小时，当他准备投入运转时，人家同性质的网站已经开张了，他们所做的工作全部白费了，这完全是速度制胜的时代。另一个最新的例子是美国分类网站 Craigslist 的用户数已经是亚马逊的 2 倍，而前者的员工仅 25 人，网站每个月都会有 2500 万用户进入，他们纷纷到 Craigslist 买卖房子、家具、艺术品等一切日常用品，他们在 Craigslist 组装了全部生活，譬如找工作、学校、配偶、住处、朋友和他们的宠物等等。

五是新的消费观。知识性消费将成为主导消费，标志着现代消费理念与方式进入一个全新的发展阶段。全球性消费和生产体系正在取代区域性的消费和生产体系。网络经济所创造的虚拟空间隐藏着巨大的财富。根据专家们的分析，这些潜在的信息财富比世界上所有的实物资本总和还要多，因为虚拟世界可以无限地扩张，人类在虚拟世界中的视野，可以扩展到地球以外或深入到微观世界。在这种状况下，它有可能不仅包括了地球物质与文化的全部信息，还可以扩展到地球以外的宇宙空间去，这样的网络拥有的信息量当然有可能超过地球所有的信息。

六是新的分配观。生产创造知识的人力资本正在取代传统的实物资本，在分配中处于更主动的地位，从而使传统的资本雇佣关系发生本质变化，人力资本的质量成为决定收入分配水平的基本要素。现在有些单位把工资定为几级，工程师是多少级，博士毕业生是多少工资，这些都已成为过去式。他们所拥有的知识，他们能创造的价值，就决定了应该有多少的工资收入。

这说明人力资本密集型发展战略与网络经济之间的关系，人力资本密集型发展战略绝不是传统意义上的人海战术，绝不是像过去改革开放初期那种来料加工型的低层次人力资本发展战略，绝不是以外来打工者为主体、靠劳动力成本低廉来竞争的策略，而是与未来发展趋势相吻合的、充分发挥人类智力资本的新的经济发展战略。从另一方面看，因特网正在改写人类传统知识体系，而且还不是终结，才刚开始。因特网才开启了一道门缝，让知识免费流通、资讯自由传播、无限的知识便利搜索、意见(民声)免除审查，网络正快速成为人类的集体记忆库，正日益成为影响城市发展的主导因素，自然成为城市长期发展战备的主要组成部分。

三、创意产业与城市发展动力

（一）创意产业的内涵

创意产业又叫创意工业、创造性产业、创意经济等。实际上，创意产业作为一个新兴产业，在学界、政府和社会组织之间对创意产业内涵和覆盖范围的理解还存在较大的分歧。例如，联合国教科文组织在蒙特利尔会议上对创意产业的定义为："按照工业标准生产、再生产、储蓄及分配文化产品和服务的一系列活动"，主要是指从事文化产品及服务的生产经营活动。英国政府则极大地肯定了个人创造力对经济发展的重要作用。在1998年出台的《英国创意产业路径文件》中，对创意产业作如下定义："起源于个体创意、技能与才能，透过智慧财产权的生成与利用；而有潜力创造财富和就业机会的产业"，此外，在具体的产业分类上更是无法统一。各个国家大多是根据本国产业发展的基本情况对其进行定义的，而没有一个公认的国际标准。现在，尽管已经有许多学者对各国的创意产业分类情况作过整理研究，但总体而言轮廓尚不清晰。本人认为，正因为其内涵的"混沌"而缺乏"成熟"产业的清晰结构，也说明创意产业的发展空间和潜力之巨大。

创意产业是一个范围外延不断扩张的产业，有着明显的产业融合特性。有研究认为，创意产业的发展源于数字技术和文化内容的交融、升华和发展。也有研究认为传统文化通过现代科技的演绎、传播和融合往往能创造出崭新的价值。而有的研究则直接以创意、文化、内容为核心进行整合，并将其命名为全新的C产业。

从实际观察可知，创意产业还日益呈现出融入其他产业(服务产业，以及制造业，甚至是初级制造业)的特点。从这个意义上说，高端服务业和高科技产业已经成为创意产业发展的基石，是创意产业发展壮大的支持性产业。而对于传统产业而言，创意产业能对其产生渗透作用，也即通过频繁广泛交流互动和创意性改革与重组，使传统制造业、传统手工业、民间艺术等低端产业成为新兴价值链的一部分，促使产品创新，提高企业的竞争力。

创意产业迅速引起各国的关注和重视，但由于各个国家或地区经济发展水平不同，工业化、城市化、现代化发展进程不同，人均收入和人力资源结构不同，创意产业的统计口径和分类标准都有所不同。一般来说，创意产业包括广告、艺术和时装市场、建筑艺术、手工艺品、时尚设计、电影与录像、会展经济、动漫游戏、出版业、软件、计算机服务及工业设计等。据统计，目前全球从事创意产业的人有1亿到1.5亿。

(二)创意产业在我国的发展形势

从我国现阶段的城镇化形势来看，随着生活水平的提高，沿海大城市居民出现了多样化的文化需求，对消费创意产生了越来越多的需求。同时，随着城市化的发展，大城市普遍面临发展空间有限、资源能源瓶颈制约等问题，城市的经济功能从生产型向服务型转变，以制造业为主的第二产业转型升级，对专业创意产生了巨大的需求。一方面大城市是人才集聚的洼地，科技支撑条件、因特网通讯设施日趋完善，市场机制也相对比较完善，具备了为这两种需求提供创意产品的可能性。越来越多的城市将创意产业作为城市产业发展的主导方向，这一趋势以“风起云涌”来描述也毫不过分。如深圳，原以“三来一补”为代表的加工贸易曾经使其最早成为我国劳动密集型企业的聚集地。进入 20 世纪 90 年代以后，深圳做出大力发展高新技术产业的决策，推动产业升级更新。当时做出这一决策，使深圳在调整产业结构上具有了先发优势。另一方面，深圳是一座新兴的城市，和一些城市相比，缺乏深厚的文化底蕴和长期的历史沉淀，而这两者往往是发展文化创意产业的重要基础。经过 20 多年的高速发展，以不断加大有形资本投入、无限消耗资源为特征的传统经济发展模式遇上了瓶颈，在深圳已经出现了土地、水、环境等方面的危机。如果要保持又好又快的发展，就只能调整经济结构，发展低消耗、高产出的创意产业。

除此之外，深圳及其周边地区电子信息产业发达，仅获得牌照的手机企业就占全国一半以上，并有超过 200 家的手机设计公司，对工业设计、平面设计等需求旺盛。再往远看，珠三角是全国闻名的制造业中心，比如顺德的家电工业、东莞的电脑制造业和中山的灯具业等。深圳市本地及周边地区高度集中和发达的制造业在升级的过程中，产生了对文化创意的巨大需求，工业设计、平面设计等已经具备了一定的基础。同时，作为一个新兴的移民城市，深圳特有的文化包容性和人才储备基础，也都成为文化创意产业发展的重要基础。于是，深圳明确提出要打造“设计之都”，把设计作为发展文化创意产业的重要着力点，一系列扶持政策、措施都指向设计行业。

与此同时，“设计之都”的兴起还催生出了电子出版、数字影视、网络传输、会展经济等新的文化业态和相关技术的快速发展，推动了文化博览、动漫游戏、数字传输等新兴产业的发展。利用高新技术改造传统文化产业，提升传统文化产业的科技含量，改进传统文化产业的产品形态，扩大传统文化产业的市场竞争力，已成为社会共识。

北京采取了一系列举措扶持、鼓励文化创意产业的发展。在2006年北京“两会”上，文化创意产业被确立为北京重点发展的支柱产业，并正式写入北京市“十一五”规划；此后不久，由中共中央政治局委员、北京市委书记刘淇任组长，北京市市长王岐山任副组长的北京市文化创意产业领导小组宣告成立；2006年12月，北京市正式公布了首批文化创意产业集聚区名单，中关村创意产业先导基地、北京数字娱乐产业示范基地、国家新媒体产业基地、北京798艺术区、北京DRC工业设计创意产业基地、中关村软件园等10个创意产业基地榜上有名。

来自北京市统计局的数据显示，今年第一季度，由文化艺术、广播影视等九大领域构成的规模以上文化创意产业实现收入482.7亿元，比去年同期增长21%，增幅高于第三产业3.9个百分点，占第三产业产值的12.6%；从业人员51.6万人，增长5.3%，高于第三产业平均增幅0.7个百分点。预计到2010年，北京文化创意产业增加值占全市生产总值比重将提升到10%，成为重要的支柱产业。北京的文化创意产业正努力构建着一个前所未有的发展空间，一步步填补传统工业退出后留下的经济空当。

上海的制造业正在经历快速外迁的进程，但设计中心却越来越向上海集中。上海市委书记习近平在上海市第九届党代会上强调，要积极推动“三二一”产业共同发展，在加快服务业发展中推进结构调整，形成服务经济为主的产业结构。他说，上海要重点发展现代物流、信息服务、创意产业等服务业，加快发展会计、审计、法律、咨询、评估、设计等专业服务业，着力提升旅游会展业、商贸流通业、房地产业。而上海市经委和统计局编制出版的《上海创意产业发展重点指南》已确定，“十一五”上海创意产业发展重点是：研发设计创意、建筑设计创意、文化传媒创意、咨询策划创意和时尚消费创意。20世纪90年代以来长三角各城市产业结构高度趋同的现象，有望变成“上海创意，长三角制造”的格局。

2006年，上海创意产业增加值为650亿元，占当年全市GDP的比重超过6%，创意产业不仅成为推动上海经济增长的重要力量，而且对其他产业发挥着强大的带动作用。种种迹象表明，创意正在为上海乃至整个长三角地区注入新的活力。上海创意产业发展一条很重要的经验，就是走长三角融合的道路。发达国家的实践表明，在以城市化推动现代化发展的过程中，会形成若干个智力资源高度集中的城市群，这些城市群整合资源形成一个强大的要素流动市场。在这个市场中，创意的成果能够迅速扩展到周边产业，周边产业发展又促进新的创意产生。

南京市委、市政府领导成立了全市文化产业发展领导小组，把创意产业纳入“十一五”城乡总体发展规划，在资金投入、立项、用地、税收、价格、信贷、融资、生产、进出口等方面对创意产业予以扶持，并将定期发布《南京创意产业发展年度报告》等，为创意产业发展提供科学决策服务。据统计，2006 年，南京市文化产业增加值已达 90.66 亿元，比上一年增长 3.27％，其中还未包含相关的教育体育等增加值。根据规划，到 2010 年，南京市文化产业占地区生产总值的比重将达到 6％。

在众多城市纷纷发展创意产业的情况下，南京创意产业的规划十分注重立足区域特色，实现错位发展。南京发展创意产业有着独特的优势，南京的城市定位、深厚的历史文化底蕴、门类齐全的人才资源、高度密集的高新技术企业、周边地区日益高涨的文化消费需求，都为文化创意产业发展奠定了坚实的文化基础和产业基础。在 2006 年 8 月出台的《关于加快发展文化创意产业的政策意见》中，南京发展文化创意产业基本原则的第一条就是“保护南京历史文化名城的独特风貌，传承六朝古都的历史文脉”。为此，南京制定了研发设计、建筑设计、艺术传媒、咨询策划、时尚设计等 5 类重点鼓励发展的文化创意产业项目，将发挥科教优势，通过新技术运用和专业化服务，促进产业的分化与融合，逐步形成具有南京特色的创意产业群。

杭州正在经历从“杭州制造”向“杭州创造”的跨越过程中，需要借助创意的力量，把文化、科技融合到传统产业当中。创意产业化，是创意走向市场的开始。产业创意化，则是创意产业化后带动传统产业升级产生的效果。梳理杭州市创意产业发展的历程，人们不难发现，后者才是杭州培育发展创意产业的更高追求。丝绸女装、包装印刷、工艺美术等具有传统优势的都市型工业，已经借助创意的力量加快发展。在丝绸和女装产业的集聚地下城区，推出设计师创意联动基地，努力把武林路打造成时尚风向标和创意发布平台；中国丝绸城管委会则在成立研发中心的基础上，依托国内外设计师、科研院所、丝绸企业的科技力量，建立丝绸新产品研发推广中心，为广大中小丝绸企业整合科技力量，建立共享互补机制。

在动漫、电子商务等一些新兴产业中，创意的力量显得更加重要。在西湖区杭州数字娱乐产业园，天畅网络科技公司开发出一部原创网络游戏《大唐风云》，今古时代电影公司跟它合作改编成了动漫电影《麦包系列之动漫风云》，而园区内的另一家手机游戏企业联梦娱乐正打算把这个游戏开发成手机网游。一批动漫企业依靠原创创意迅速在业内站稳脚跟，奠定了杭州动漫产业的基础。目前，杭州数字娱乐产业园已成为“国家数字娱乐产业示范基地”，位于杭州高新区内的“国家动画产业基地”也聚集了40家动画企业，拥有中南卡通、盛大边锋、中国创网等为代表的国内动画原创及制作、网络游戏自主研发、动漫游戏衍生产品开发的龙头企业。从2005年到2007年，连续3届国际动漫节在杭州举办，大大提升了杭州动漫产业在行业内的地位，动漫也成为杭州新的最具成长性的产业之一。

（三）国外创意产业发展历程

从国际上看，英国等发达国家在工业化高度发达的情况下提出了创意产业。这些国家具有一些共同的特点，比如制造业高度发达，对智力产品和创意的需求很大；社会知识化程度很高，能开展创意活动的人已经形成一个较大的群体；金融体系和科技系统高度发达，创意比较容易与技术、资本市场相结合而产业化。在这样的条件下，一方面创意产业是制造业发展到一定阶段进行产业升级的需求，另一方面社会的基础条件比如人才储备、市场机制等已经培育了适合创意产业发展的土壤。

于是，在全球经济进入以知识为核心竞争力的时代背景下，创意产业在发达国家率先蓬勃兴起。2003年，创意产业在伦敦首次超过金融业成为第一大产业，为50万人提供了就业机会，年营业额超过210亿英镑。据联合国统计，近年来全球创意产业以每年10%的速度增长，大大高于全球GDP的增长速度。而我国正处于城市化、工业化高速发展期，依靠大量廉价劳动力、大量消耗资源能源的粗放型增长方式，已经被证明是不可持续的。全面贯彻落实科学发展观，必须找到一条资源节约型、环境友好型发展道路。通过增加知识含量，依靠创意来提升工业能级，少消耗资源，多产生价值，是重要的内容。从这个意义上说，当前发展创意产业，是转变经济发展方式的重要抓手。另一方面我国沿海大城市，人均 GDP 早已超过 5000 美元，人才储备非常丰富，市场机制相对健全，第三产业超越第二产业成为第一大产业，发展创意产业已是水到渠成之事。

实践经验证明，作为城市发展活力的源泉，创意产业在增强城市发展后劲中具有决定性作用。例如，曾经被列入“棕色地带”而出现就业危机的美国内陆著名城市芝加哥，就因为抓住举办世界博览会之机会，提出建设“梦幻之城”的目标，大举兴办创意产业和服务业，从而使传统产业迅速得到提升；而著名的汽车之城底特律，则因为缺少现代服务业的支撑而走向衰落，被称为一个“生锈的铁蛋”。当今世界最具活力的国际化大都市如伦敦、纽约、东京和我国的香港等，无一例外地拥有强大的创意产业。创意产品、创意营销、创意服务等在这些城市快速发展，创意产业正在成为这些城市的支柱产业，也为这些城市不断注入发展的动力。

人们看到，源于个人创造力、技能与才华的创意产业，正以其产生的巨大附加值，激发出城市的活力，增强城市的凝聚力和辐射力。在工业化初期，决定城市竞争力的主导因素是资金投入、资源优势等要素，经济发展主要依靠投资驱动。随着工业化加速发展，经济发展模式由投资驱动转向创新驱动，人才、制度、环境、创新等文化创意要素取代资金、资源等成为决定城市竞争力的主导因素，这个过程也就是城市经济功能从生产型向服务型转变的过程。目前，我国经济发展正在向这个阶段过渡，发展创意产业是提升城市竞争力的重要途径。

（四）创意产业的主要特征

需要指出的是，创意产业并非单指某一种产业，可以简单地在传统产业体系中“对号入座”，它甚至没有一个固定化的形式，各地对创意产业的定义、分类也各不相同。不过有一点已经形成共识——和曾经的“点子”经济不同，创意产业是一个跟个人创造力和知识产权紧密相关的产业概念，通过创意的作用，不同行业、不同领域可以相互融合。随着人们生活水平的提高，千差万别的需求之间隐藏着市场的“缝隙”，如何发现这些“缝隙”，并集合各种资源整合创新来满足不同的需求，是创意产业的重要内容。

创意产业是一种资源消耗少、产出价值大的“环保”产业，一个创意就可能带动一条长长的产业链。比如著名的美国迪斯尼公司，从制作动画片起步，延伸到和动画片内容相结合的主题游乐园以及大量的动画形象衍生产品，成就了一个实力强大的跨国公司。在这里，文化创意是整个产业链的最高端，科技创新则使得文化创意能够和传统产业有机融合，从而调动整个产业链发挥巨大的能量。

创意产业和传统产业的结合，能够大大提升传统产业的价值，一个创意创造的价值可能远远高于传统产业。等电梯浪费人们的时间，传统的解决办法是调快电梯的运行速度，通过科学调度减少等待的时间。但有人独辟蹊径，把电视机挂到电梯口，供等待的人们消遣，这个创意成就了分众传媒——他们既不生产电视机，也不是电梯运营商，但把两者巧妙地结合，发现了一个巨大的广告市场。在这里，我们看到了创意产业跨产业整合的巨大能量，这也为许多传统产业的升级改造提供了广阔的思路和空间。

创意产业还是提升品牌价值的重要动力，一个创意对品牌价值的影响甚至会远远大于一项重大的技术发明。可口可乐生产过程没有太多尖端的技术，但其品牌价值却长期居于前列，一个重要的原因就是因为这个品牌包含了很多文化创意——细微到饮料瓶子的外观设计，都具有独特的品牌区分度。技术创新是提升品牌价值的重要途径，但投入大、周期长，对中小企业来说具有一定的难度，依靠创意设计提升品牌价值，是一条有效的路径。在这里，我们明白了文化创意对于品牌的力量，软实力的提升带来的是实实在在的硬的竞争力。

M. Csikszentmihalyi(1996)认为，创意的产生来自个人的思想与社会文化状况之间的互动的观点。M. A. Boden(2004)更直接地指出，人文精神特别在文化艺术方面，是人们产生创意想法和创意活动的来源。我国学者姜奇平认为创意是活的精神创造，而不仅是指内容的生产。他在书中引用了哈佛商学院罗布·奥斯汀的观点，也即创意就是把“工业化制造”转变成“艺术化创造”。创意是一种全新意义上的精神化的创新，它从属于创新但更强调人文内涵，更具备后工业经济的时代特性。具体而言，创意可以分为文化创意和科技创意，这两者皆可以促进经济增长，并成为产业竞争力的核心。其中文化创意是通过内容的创新使人拥有更丰富的精神体验，而科技创意则是通过效率的提高使人拥有更多的自我时间。

我国青年学者将创意产业的主要特征，归纳为以下几点：[1]

1. 后现代特性

创意产业自兴起于20世纪90年代以来，经历了从工业社会迈向后工业社会的转变阶段，这种独特的时代背景孕育了创意产业鲜明的产业特色——“后现代主义”。学者姜奇平指出，颠覆传统的后现代经济环境是创意产业发展的关键。为此，只有在后现代环境中才能实现科学与人文的统一，扬弃工业化让创意真正实现产业化，才能意识到意义需求（文化需求、精神需求、自我实现需求）的价值，才能体现产品的人文内涵，实现从效率优先到价值优先的转变。理查德·弗罗里在其著名的宽容性指数中也充分考虑到了创意产业的后现代性，并引入了价值指数和自我体现指数。前者所反映的是一个国家将传统视为反现代的或世俗价值观程度，后者代表了一个民族对待个人权利和自我体现的重视程度，充分体现出后现代主义对创意指数的影响。所以，应该说创意经济是后现代主义最好体现，从大红大紫的超级女生节目到各种各样的网络博客、播客、维客，再到充满个性的手机彩铃、图片，创意产业给后现代主义社会的广大群众（特别是草根阶层）最迫切需要的“个性体验”，符合当代最鲜明的时代特色。

2. 交互性

创意产业的另一大特色就是消费者与创造者之间复杂的交互关系，类似于弗罗里达提出的“复杂沟通”的概念。Richard Brecknock（2005）在Christopher Madden（1998）的基础上得出，文化产业与传统产业的最大不同之处在于创造者与消费者的交流和交融，他称之为符号信息（symbolic information）的“编码与译码”过程。因此可以毫不夸张地说，这种关系的混乱交互程度甚至有时会导致消费者身份的转变，使其同创造者一起走到产品研发使用中去。Eric Hippel（1988）最先将这类消费者定义为领先用户，意指能够系统地提出自己的问题以及新产品解决办法的创意人。

事实上，积极采用顾客创意在现代商业竞争中已习以为常。著名的乐高（Lego）公司以Brainstorm产品（可程式化机器人及积木）大受市场欢

[1] 参见：仇勇懿．创意产业：基于集群化和通讯网络角度的分析．第二届城市规划国际研讨会论文集．中国城市出版社，2007年

迎。但随之而起的社群、DIY改造热潮却也大出乐高公司的意料之外，甚至曾经发生乐高总工程师宣布新改良时，台下直接举手告知社群早就已经完成相关工作的尴尬场景。后来，乐高开始学会了迎合这样的趋势开始鼓励社群、教学和分享，甚至进而成为这些社群的官方支持者。因为公司认识到擅用这些搞怪的消费者，等于让庞大的公司体系外又多了一群消费者研究员，他们既身兼消费者身份，又同时可以改进产品，变成变相回馈企业的研究者。

另一个很好的案例是宝马集团在创新管理上抛开传统做法，成为世界汽车行业第一家设立虚拟创新机构(VIA，www.bmwgroup.com/via)来寻求“创意灵感”的跨国公司。在这个网站上，无论是中小型公司还是普通车迷都可以向宝马集团提交革新计划和建议，这些创新思想和建议如果被认为具有可行性，集团将有进一步同“发明人”商议开发的可能性。自2001年来籍此方案以及其他创新方面的不懈努力，宝马集团由此获得了美国杰出创新企业奖(OCI)、德国工业创新奖、德国最具创新能力的公司等一系列荣誉。

3. 产品的短时性

在物质丰富的后工业化时代，与传统消费需求最大的不同是时尚人群追求的是“体验”而不是一般意义上的“占有”。比如，在电影院或者电影网站有新电影上市的情况下没有多少人愿意花钱和时间去看老电影，哪怕它曾经十分的经典。而书籍、动漫、游戏、广告设计、营销策略、转移成本较低的电脑软件等等创意产品都具有这个特性。也就是说对消费者而言产品的“边际收益”会下降得十分迅速。所以当人们面对创意产品时，大众的注意力会在新鲜事物上快速地转移，同时也对产品的多样性和厂商的即时应变能力提出很高的要求。

实际上，阿伦·斯科特(Allen Scott，1997)曾通过分析文化产业内部产品种类多寡与市场一体化高低的相关性，得出文化产业的创新不仅带有强烈的空间模式色彩，还有一种强大的短时性逻辑。他认为，创意产品的数量会因为那些富有活力的小公司是否会被大公司所兼并而发生改变，这是一种依据市场结构层次的思考方式，但是从创意产品的需求端也可以得出相同的结论。归纳而言，创意产业的消费需求非常容易受到流行趋势、技术潮流、价值观念等外部因素的影响。一种新事物从盛行到没落的时间可能是十分短暂的，产品的普及和更新速度之快不是一般传统制造业之类的产业可以比拟的，由于创意产品生产的周期极大地缩短了，因此，在创意产品生产过程中短时性的效果十分重要。

（五）创意产业与隐性知识

知识可分为显性知识（explicit knowledge）和缄默知识（tacit knowledge）。显性知识又称编码化知识（codified knowledge），是可以比较容易地整理、编码，具有单一的含义和内容。缄默知识是很难编码、隐含的知识，它往往被偶然发现，并且这种知识不能和个人、社会及地域背景轻易地分开。简单地说，显性知识是可以客观运用概念加以捕捉或呈现的知识，而缄默知识是难以被表述或者书面阐述的知识。

目前许多学者都认为缄默知识与创意之间存在重要联系。Scharmer（2001）通过对知识创新的最终源泉和驱动力的研究对隐性知识做了更为清晰的诠释，他认为隐性知识可以分为两种类型：物化了的隐性知识和自我超越的隐性知识（尚未物化的隐性知识）。物化的隐性知识是建立在行动经验基础上的，表现为经验、诀窍、惯例等具有一定成型意义的隐性知识；自我超越的隐性知识是建立在审美情趣基础上的，它属于想像力层次的知识，表现为直觉、灵感、幻想等尚未物化成型的、并能始终保持自我跃进性能的萌芽性感知和意识，它尽管尚未成为一种真实的客观事物存在，但始终保持超越的内在冲动与趋向，为完整性知识的创生提供了基本的思维跃进的能量，因而是知识创新的真正源泉，是组织保持其核心竞争力的知识发源地。这与日本著名创新管理学家野中郁次郎（Nonaka Ikujiro）提出的隐性知识包含技术层面（the technical dimension）与认知层面（the cognitive dimension）的观点十分接近。

对创意产业而言，保障产业竞争力的关键在于促进创意的萌生。知识管理学理论证明知识的交流才能生产新的创意。正如联合国经济合作与发展组织（OECD）在 1996 年发表的《以知识为基础的经济》报告中指出的那样，当代的创新活动是由厂商和用户在交流编码化知识和隐含经验类知识的过程中相互作用所推动的。目前，知识的传播越来越依靠现代化网络。相比传统的模式，网络形式成本更低，传播范围更广，速度更快。其具体表现形式有：群策群力模式，即在 WEB2.0 的网络框架下，充分利用网络用户为网络创造价值，这些共享信息与知识的典范有完全由用户提供内容的“MIT open course”开放课程网站、维基百科全书-Wikipedia、免费开放软件源代码的网络社区以及公众投票网站如 digg

和大众点评网等等；另一种更主动的方式是“众包”（Crowd Sourcing）模式。众包模式的前身可以追溯到开源软件的研发模式，这种利用网络整合全球智慧进行创造产品的形式与“众包”十分相似，只是后者将其进行商业化操作，从而更好地把个人能力与商品价值相结合。

有效的现代网络是创意和显性知识进一步交流，从而推动创意再生的重要渠道之一。根据日本野村综合研究的研究，他们认为知识创造的源点是人与人知识的交换、交流。因此要实现知识创造，必须要在组织内建立知识流动机制，实现知识共享，并提出了简称 SECI 模型(The SECI Model)知识转化的四种模式，该模型认为缄默知识与显性知识之间是可以互动转化的，是一个不断更替创造的循环过程。其中，模型之组合化(combination)模式说明，知识的组合可将显性知识转化成为更复杂、更多样的显性知识。在这个阶段，关键问题是知识的传播、扩散与系统化的过程。在外表化阶段所产生的新知识在进入组合阶段后，就超越了各自的群体本身，而在各个群体间进行有系统的相互交流与扩散。研究特别指出用电脑场所来代表知识的“组合阶段”（the combination phase），就是利用虚拟世界而非实际的空间与时间来进行互动。在组织内部将新的显性知识与现有的资讯与知识组合，以便再产生更新的显性知识，并使之系统化，并且利用“线上网路”（On-line Networks）、文件与数据库等资讯来强化这项知识的转化程序。由此可见，创意的产生、应用、传播、扩散及其再生，自始自终都与网络交互平台有着密切关联。所以创意产业的形成和发展具备知识网络性的内在特质。实际上，由于东西方文化差异，在美国大部份有关知识之研究都集中在通过网络搜集、发布、重新利用与统计已编制好的知识与资讯。知识的负责人经常注视资讯技术，并藉以搜集及传播这种显性知识。美国当今网络技术与文化如此盛行，其引领全球之发展的趋势从知识网络性角度就可窥一斑。

而产业空间组织一直以来都是知识，特别是隐性知识的主要传播源和生产主渠道，关于这方面的研究十分丰富。事实证明集群化组织内部各部门之间频繁的前后和侧际联系，可以在实际生产过程中通过“干中学”模式积累出很多新知识。虽然缄默知识是高度个人化的知识，主要隐含在个人经验思想之中，很难被规范化并难以通过传统媒体进行传递，但却可以通过集群内部人们近距离面对面交流的方式实现知识交流个溢出，从而产生创意。而且集群内特有的“信任”机制也能保障这个过程的顺利完成。

在创意集群产业运作过程中，除了必要的资金、土地等初级生产要素之外，知识要素的交流与碰撞才是关键。特别是在创意诞生时期，一般是以难以传播交流的缄默知识形式出现，但由于隐性知识的专属性，这在跨行业的综合知识创造过程中障碍重重，必须借助非正式的方式进行交流。所以建立在集群内部高效的生产系统上的各种复杂的非正式的要素流动渠道是激发创意的重要保障。Allen Scott(2006)把这种学习和创新效应的结构称之为“创意场”(creative flied)。他认为企业间生产网络与各种弹性的劳动力市场是创意生产系统的重要特征。有研究证实(Edquist，1997)，它们的联系和相互交流的多面向过程是产业综合体中新思想、灵感、洞察力直至创意产生的一个关键要素。

四、落实人力资本密集型发展战略的主要措施

（一）更新教育体制，培育急需人才

来自中国社科院的一项调研显示，目前我国创意产业和网络经济人才仅占就业人口总量的千分之几，行业需求与人才储备之间存在着巨大的缺口；而创意人才培养模式的陈旧、激励机制的单一以及人才结构的失衡等方面因素，已成为制约我国沿海大中城市落实人力资本密集型发展战略的主要障碍。

加快培养、吸引一大批既具有国际视野又符合我国城市新产业发展需要的人才，已经迫在眉睫。业内人士指出，创意产业不仅要有勇于创新的网络设计师、金融工作者、分析师、工业设计师、美术家、工艺师和策划人，更要有一批擅长将新产品产业化和市场化的创意经营人才和营销人才。只有形成一个具备高度包容性、互补性的人才生态圈，网络经济和创意产业才能获得源源不断的发展动力，成为经济发展的新引擎。

完善创意人才和网络经济培养体系，首先在学历教育上要尽快弥补相关产业学科教育的“空白”。以游戏人才培养为例，2005年之前，我国全日制大中专院校还没有一所学校真正开设游戏专业，游戏产业从业人员的培养更多依赖于各公司开发人员的传、帮、带。游戏开发人才既要具备扎实的计算机基础知识，又要具有一定的美术功底，还要富有创新精神，目前，不管是数量还是质量上，创意人才的教育培养都远远满

足不了我国游戏产业发展的需要。

可喜的是，近 2 年来，随着创意产业和网络经济的迅速发展，不少高校、职业学院陆续开设了相关的学科和课程，例如浙江大学、中国美术学院还兴办了软件学院和动漫学院。部分高校还主动与一些运作成熟的职业培训机构合作，联合推出创意专业，培养“学历＋职业技能证书”的创意学历人才，受到用人单位的欢迎。

纵观网络经济和创意产业发达的国家和地区，无不培养、吸引了质量高、数量多的创意人才。在纽约，文化创意产业人才占当地就业人口总数的 12%，伦敦这一比例是 14%，东京则高达 15%。据悉，这些城市创意产业的从业者，大都来自世界各地，具有广泛的国际视野和较强的文化包容性。这些城市之所以能牢牢吸引创意人才的脚步，得益于当地富有吸引力的政策措施、良好的产业氛围以及独具魅力的城市人文精神。

（二）科学编制城市新产业发展规划

首先要结合本地的文化资源、人力资源和产业基础等进行科学规划，确定创意产业和网络经济发展的突破口和重点行业，在战略层面明确产业导向，通过资金扶持、公共服务倾斜等手段，引导创意人才和企业投资向重点行业集中，实现城市之间的错位发展。比如长沙在原创动漫领域已经培育了“蓝猫”、“虹猫”等知名品牌，今年长沙市政府设立 2000 万元的引导资金，通过补助、奖励、贴息等方式，对创意产业进行扶持，动漫成为重点扶持项目。需要强调的是，科学规划的前提是对当前本市网络经济和创意产业“家底”有准确的把握，而目前一些地方对网络经济和创意产业缺乏明确的定义和分类，也未开展创意产业统计工作，缺乏规划决策的依据。因此，当务之急是对本地区新产业的“家底”展开调查，并把网络经济和创意产业纳入国民经济统计范畴，以便为决策提供真实的参考。

其次要研究城市新产业发展的规律，有针对性地解决当前新产业发展存在的问题。比如，一些城市中心区工业企业外迁后，在闲置的大量老厂房、老仓库自发形成了创意产业、网络经济的聚集区，但常常要面临拆迁等问题。另外，不少网络经济企业诞生于居民小区和公寓，从而遭遇工商企业注册问题。这些问题，就需要各地灵活出台政策予以解决。又比如，一些城市对创意企业的项目扶持，往往比照高科技企业的政策，但和高科技项目不同，创意企业项目的动态管理比较难，资金使用效果的考核就成为一个难题，类似的问题如何解决，也需要各地在实践中探索可行的办法。尤其需要指出的是，当前创意企业普遍规模较小，许多中小企业机制灵活，具有活力，但受到资金、人才等方面的制约，创意产业化存在一定的困难，扶持政策应该重点关注这些中小企业，通过园区公共服务平台整合资源，帮助中小企业把创意转化成市场，逐步做大做强。

（三）改善软环境，拓展城市的包容性

研究表明，有创造力的人才对所处城市的技术（technology）、周围人的才能（talent）和宽松愉悦的环境（tolerance）三因素（即所谓"3T"）要求更高。创意产业和网络经济的主体是人才，不断提升"3T"条件，为创意和网络经济人才的集聚营造良好条件，才能加快城市新产业发展。

提升创意产业和网络经济发展软环境，城市不仅要具有高效率，更要具有创造力，同时还要打造和谐的文化生活环境。从某种角度看，营造有利于城市新产业加快发展的环境，最重要的并不是资金、人才这些"硬"环境，因为资金与人都是可以流动的，而是"软"环境——鼓励各种创意的、具有包容性的文化环境。有这种环境作保障，网络经济和创意产业就能获得长久的生命力。

近代国外城市发展的经验也给了我们一个重要的启示，那就是要不断制定并完善各项创意政策，为创意人群提供良好的创业、就业条件，从政策、环境等方面构建良好的用人体制和机制，努力做到人尽其才，才尽其用，真正实现以人才推动产业发展。独具魅力的城市人文精神与良好的产业氛围，是吸引创意人才集聚的另一重要因素。事实上，一座城市的文化积淀和人文精神正是其创意产业形成的重要基础，而融合城市特色的文化创意产业发展，又使得这座城市的风格更具特色，发展也更有活力。一座创意产业快速发展的城市，一定也是一座创新氛围浓郁、对各种文化具有高度包容性的城市。在这个意义上说，城市不仅应该成为创意人才在空间上的栖息地，更应该成为他们精神上依恋的家园。

最关键的是要营造有利于创意产业发展的市场环境。创意产业源于人才的创造力、技能与才华，是智力高度集中的产业。发展创意产业，最重要的是要发展一个发达的创意交易市场，使创意能够自由流通、交易和转化，从而体现其价值。创意在这个市场的表现形式，就是知识产权，知识产权能否得到有效的保护，是创意产业市场环境好坏的重要标志。

此外，完善创意产业政策，还要从资本市场和金融市场着手，为创意企业融资提供良好的环境。通过财政资金扶持只能是引导性的，创意产业化所需要的大量资金，只能来自市场。一个发达的创意产业市场，同时需要一个稳定繁荣的资本市场，一个不断创新的金融市场，三者结合，创意产业才能健康持续发展。

（四）倡导创业精神，激活现有的人力资源

在中国，传统儒家文化的根基非常深。传统文化的核心就是“序”，即讲究长幼尊卑，年轻人不敢出格出位。过去我们经常讲的传统文化，就集中体现在《四书五经》中，历代许多人都是围绕《四书五经》进行注解，而不敢越出其一步，历代杰出的思想家都仅试图在《四书五经》中找出其本义来，这就造成了先人留下了一块田地，后人就不敢越过这块田坎一步的旧框框，这是我们文化观念创新非常大的一个思想障碍。80 多岁的国学大师南怀瑾先生是我们浙江人，他精通诸子百家，十几岁时就云游四方，到峨眉山等许多地方学道，20 多岁的时候考上黄埔军校文化教员，1948 年又到西藏去学密宗，后来再到美国、东南亚去讲学，是好几所大学的教授。他经常思索，博大精深的中国传统文化为什么会窒息我们的发展，毛病出在什么地方？不在《四书五经》本身，而是为《四书五经》注解的那些文人，首当其冲的就是宋朝的朱熹，他择写的《四书集注》，实际上是他理解的所谓本意。按照南怀瑾先生的研究，是朱熹曲解了古人的思想，但却有利于皇帝的封建统治，所以导致独尊儒家持续上千年的局面，因此宋之后的历代皇帝都推崇经过朱熹注解的“四书五经”。从这个时候起，中国几乎所有的优秀分子都在古人留下来的、后来又经朱熹强化了的“田园”里进行耕作，造成了民族创新精神的衰退。南怀瑾先生就有一个雄心壮志，要重注《四书五经》，他写了一系列的书，题目有点古怪，如《论语别裁》，《论语》是四书之首，号称半部《论语》可治天下，他就从别的方面对其进行仲裁；《老子他说》，即从另外角度对《老子》进行评说；《大学微言》，即《大学》发“微言”讨论；《孟子旁通》，从旁边进行通判。总之，儒家文化的承袭再加上传统计划经济大锅饭的影响，造成一部分人乐于“搭便车”、“懒得出格”，这都是与知识经济所需要的创业精神相悖的。

要激活现有的人力资源，首先要鼓励大学生创业，鼓励科技人员创业。因为网络经济是突破旧经济模式的经济，今天涌现的创意，就可能是明天的财富。大学生、研究生(杭州在校研究生可以达到2万人)，如果有10%的人创业，每年就会产生2000家高科技小企业。创业经历可以培养学生所缺乏的创新能力和实践能力。

其次是鼓励企事业单位科技人员创业。传统的企事业单位，往往成为人才的牢笼，部门所有制的意识非常强烈，单位往往把人才就当成是相关或企业的所有物，不能越出单位一步。过去有些企业的工程师要下海创业、要跳槽，企业就把他的房子收回来。现在政府出台了政策，个人的房产都可以上市，这就有助于加强人才的流动。因为人才流动对原单位来说可能是个损失，但对整个城市、整个国家来说，人力资本合理的配置，是提高人力资本效用的最好途径。

第三是鼓励人才流动和人才引进。2000年杭州市政府颁布的杭政[2000] 1号文件就写得很清楚，只要具有学士学位的人来杭州自主创业，就可以直接到工商局办理执照，现在工商局是并联审批，一般几天时间就可以拿到执照。凭执照到公安局办蓝印户口，有了这个蓝印户口就可以享受市民的一切待遇，2年以后证明他有创业能力的，就可以转成为杭州的正式户口。有硕士学位的就不要走这条路了，直接就可办理入户手续，而且其配偶子女也可以直接入户杭州；博士学位的人连他老爹老妈也可以直接入户。

第四是将现有的国有科技型企业、研究所要改革成为产权明晰、自负盈亏、自主发展的真正企业。这些企业过去历史上的功劳很大，人才济济，但员工的积极性都没有发挥出来，应该大力进行改造。现在许多发展势头很好的民营企业，都是从原来研究所里跳槽出来的人创办的。杭州一家名叫做兰格公司的半导体制造企业，是7个大学生5年前从一家国有半导体器件公司里面跳槽出来，租了一层楼办起来的，他们用自己的人力资本，再吸引了台湾的一客户50万美元的投资，组建这家半导体制造企业，这几个人完全是用自己的头脑进行创业，搞的就是大规模半导体集成电路的设计和销售，而把集成电路中间的生产过程全部外包了，设计后的图纸送到INTEL公司、上海的华虹公司去生产，生产出的产品部分自己封装，部分由别人封装，然后自己负责销售。仅仅几年时间，去年的产值就达到几亿元，利润达到2000万元，利润率在30%以上，结果投资的台湾老板开始投的50万美元现在早就收回了200万美元。他们下一部还准备重新成立一家公司，让台湾老板占新公司25%的股份，自己占75%，台湾老板也同意了，原来的老企业继续保留，新企业又重新设立，分配关系重新调整，企业就这样蓬勃发展起来了。他们还准备把我国四大半导体制造企业至少吃下一家来，有这样的雄心壮志！这就说明机制不同，人的积极性就不同，人的发展潜力、人的智力发挥也完全不同，所以，要对现有的国有企业、国有的研究所进行产权制度改革，进一步激发人才的潜能。

第五是保护知识产权，确保公平竞争和优胜劣汰的市场环境。因为知识、创意就是产权，在被人共享之前是个人所拥有的财富，政府要提供一系列的保护，使他的创造不被别人剽窃或无偿挪用。

第六是要倡导创业型就业。要尽快将政府主导的“下岗分流再就业”转为个人主导的“创业型再就业”。为什么要提倡创业精神？15年前浙江省的GDP总量还排在全国的第12位，过了10年上升到了第4位，靠的就是当地老百姓在党的基本路线指导下的闯劲。“浙江精神”概括之就是“睡睡地板，当当老板”。许多浙江人在睡地板的时候就想到要当老板，于是奋力拼搏，敢于创新，这是一种非常强大的精神动力。下岗工人如果能够充分吸收“浙江精神”的内涵，自主创业，奋力拼搏，那怕失败，也隐含着成功。如果没有个人主导型的创业，一个城市的创业精神就无法培育。如果一人创业，别人讥笑他不知天高地厚，就不可能出现马云，也不能出现7个大学生创立全国最大的集成电路设计公司。所以，倡导创业精神对地方新经济产业的发展尤为重要。另外，还将出台支持政策，兴建创业大厦，要为创业者提供场所。要完善社会保障制度，对下岗职工进行创业保障和再培训。还要实施“都市新产业”计划，因为在都市中有许多产业可以发展，如软件设计、服装设计、出版印刷等都是都市新产业，都是劳动力密集型的产业，技术和文化附加值较高，但是占地较少，在一个创业大厦一个楼层或几间房中就可以设立自己的公司，而把一般的加工业扩展到外地。这样可以集聚大量的人力资本、物质资本在城市中心进行创业。

（五）变革企业组织与管理，善用企业内部的人力资源

网络时代的潜力资本只存在于人们的头脑之中，是一种有思想、有灵魂的资源和主动性资本，是用脚投票的资本。如果仍然按照100年前适用的“泰勒”制进行管理、占有、控制人力资本，就如同管理机器设备、货币资本、卷宗、文件等有形资产那样，就会使人力资本丧失创造性和活力，反而降低了企业效率和应变能力。新的时代对企业管理者是一种挑战。当代有许多企业家都感觉到自己过去经验是管用的，但现在为什么就管不住这些人？人才的积极性为什么发挥不出来？企业为什么没有过去那种活力？这里面很重要的问题是管理者的观念要创新。要迎接网络经济、应对人力资本密集型发展战略对企业管理方式所带来的挑战，必须要走好几步棋。

（1）企业组织变革。

企业组织变革的核心问题，首先就是要保持和发展核心竞争力。每个企业都应该有自己的核心竞争力，而将其他的次要业务外延出去。企业核心竞争力的基本要素就是一要有用户价值的；二要有独特性；三有延展性，从这个核心技术里面可以推延出一系列产品，有了第一代再可以有第二代、第三代产品。也就是人无我有，人有我优，而且是建立在能够不断以比别人更快的速度推陈出新的能力之上。比方说可口可乐公司，它拥有一个产品配方，这是一种秘诀，它不可能在产品上推陈出新。所以，可口可乐公司真正的核心竞争力是它的市场销售网，是它的品牌而不是它的秘方，其核心竞争力已经改变了，其销售的方法能以比别人更快的速度推陈出新。新产品的开发能力也要基于网络的管理能力，只有广泛的利用网络才能做到新产品的开发成本最低、速度最快。

其次，企业组织要做到扁平化、弹性化、原子化，使企业以网络速度前进。这也是非常重要的。我国有许多企业还是庞大的层级制的管理体系，还是老的管理模式，信息的传递严重受阻，等级制的观念非常严重，青年人的创新创造能力受到压制，这种企业组织结构与网络经济是相悖的，也无法使企业以更快的速度占领市场。企业组织扁平化、弹性化、原子化的核心就是以顾客为中心。一流的企业是满足顾客，超一流的企业则是创造顾客；要超越客户的期待。客户想到了的还要超越它，这就创造了新的顾客，创造了新的需求；要有更加个性化的服务，更加周到地针对某个企业某个个人提供特殊服务。组织变革必须要朝这个方向前进，要实现互动式的交流。在产品生产的任何一个过程都需要有顾客的融入。1986年麻省理工学院接受美国总统生产委员会的一个提议，专题研究20世纪60年代以后美国制造业为什么会一路滑坡。麻省理工学院召集了全世界100多个专家，对全世界制造业的发展进行分析，最后提出了一个重振美国制造业雄风的计划，其中很重要的一个内容就是把美国制造业与日本的制造业进行了比较，发现美国制造业公司只注意制造什么，而不注意怎样去制造，制造过程的组织方式非常陈旧，制造产品的成本非常高、质量比较次。根据这个报告同时又适应网络经济的到来，美国制造业的组织机构进行了变革，使其能够重振雄风，美国货又卷土重来。要做到言行一致。在网络经济时代个人的信用、企业的信用比什么都重要。最后，企业不但要向客户提供产品，而且还要提供知识。只有提供知识才能与人分享知识，才能抓住“顾客”。

思科总裁钱伯斯成功地运用了“外部资源生产法”。他通过改革组织结构把制造的整个系统委托设计、委托制造、委托销售，利用网络使设计者、配货商、零部件制造商、装配商看起来就像是自己的一个部门，这样就无需建立新的工厂，就可以将生产能力扩大 4 倍，将新产品推向市场时间缩短了 2/3，员工只有传统企业的 1/4，每年节省的开支可以达到 5 亿美元。“外部资源生产法”就是新的企业组织形式，使生产成本大大下降。巴西的汽车制造业最近这几年发展非常迅速，在我国上海生产的桑塔纳 2000 型轿车就是巴西开发的，但向巴西汽车制造商订一种变型卡车的货，整个生产周期要 6 个月以上，而在美国一般卡车公司因为利用网络技术只要 45 天就可以供货。这正是因为美国企业吸收了 MIT 专家的意见，采用了新的生产方式，进行了新的制造业革命，把企业的组织结构进行了调整。

(2) 管理方法变革

一是要改变管理方式，放弃指导、命令、现场与过程的操作控制、人治等传统管理办法。要改变等级制，改变中国封建礼教的传统，建立目标管理、组织协调、授权自治、产权制度制衡、平等交流、支持服务。只有这样做，人的积极性才可以充分地发挥出来，人才只有感到“平等”时才会有创造动力。

二是承认高级人力资本的价值。最好的办法就是期权——以约定的价格购进未来公司股份的权利。这样的股份包含了自己全部的劳动创造和其他人的劳动创造。比如某企业现在的股价是每股 1.5 元，一个员工被允许以这样的约定价格购入 5 年以后该企业的股票 10 万股，出的钱就是 15 万元。如果这个企业引进新的技术，发展一系列的新产品，使得股价上升了 100 倍，这在网络经济时代是易如反掌的，将来的一股就是 150

元的价值，花 1.5 元就可以买下了，拥有这 10 万股就是千万富翁，这样一来员工还不会拼命为该企业贡献自己全部的智力、全部的心血吗？同时，期权又是面向未来的高级人力资本的定价资格。人力资本在公司里值多少钱就给多少比率的认股证，有的人值 2%，有的人值 5%，还有的人值 10%。联想集团在中央有关部门的指导之下进行了改革，企业的主要核心人员就持有 10%的认股权，部门经理就只有百分之零点几的认股权，分公司的人员就更少，这说明在公司里的贡献、人力资本的价位就定在认股的比例上，这种新的定价机制，无论是对老企业改革还是新企业创新都是需要的。

通过分红、参股、股票、期权股等手段，使他们分享剩余价值，从而更大限度地调动人力资本的努力程度，更好地留住人才。温州的个体户根本不知道期权这一洋名称，但实际上他们早在十几年前就运用了期权的原理。温州乐清的柳市是生产低压电器的，上海有 5000 多个高级人才在那儿工作，这些高级工程师、教授们什么活都干，积极性非常高，而工资只有一两千元一个月。为什么就这一点薪金他们就如此卖力？因为这些人占有企业 10%的股份。有形资本如果投入 1000 万元，10%就是 100 万元，5 年以后 100 万的股份就有可能变成 1000 万元，个人就成了千万富翁。所以这些人对现在拿多少工资是无所谓的，关键是他把自己的才智与老板的资本捆在一起，共享未来的企业收益。

三是要帮助每位高级人才设计个人职业生涯发展计划，使其专业能力的提高、职务提升与企业人力资源战略相吻合，助其实现个人梦想，并与公司目标相重合。万向集团的老总鲁冠球是个绝顶聪明的人。他曾对我说：过去我们企业是发展十万富翁，现在是百万富翁，近期又提出要在万向集团造就千万富翁。鲁冠球就是通过给企业骨干期权，使他们成为千万富翁。只有造就千万富翁的企业才能吸收千万级能量的人才来加盟企业，使万向集团焕发出千万级人才富集的能量，这样的企业当然就能搭上知识经济的快车。马云就说过阿里巴巴网站 5 年之后要淘汰所有的员工，为什么？因为每个人都想自己创业，阿里巴巴网站就帮助他创业，使每个人都实现自己的梦想，让阿里巴巴网站成为高科技小企业的孵化器，在网站工作一段时间就可以实现其个人梦想，要成为亿万富翁也可以实现，要成为高级管理者也可以实现，这样 5 年之后所有的人都创业去了，梦想就实现了。这就是个人生涯发展设计所能产生的吸引力。

(3) 提升人力资源管理

提升创意产业和网络经济的人力资源管理，也是培养相关人才的有效途径。创意企业既是人才的享用者，也是人才培养的再造者，通过强化新产业的人力资源管理，不仅可以提高人才的职业化程度，促进人力资源向产业资源的转化，而且有利于人才资源的共享与优化，实现行业整体素质的提升。

杭州作为大学密集的城市，实际上就是未来的中国硅谷，充满着年轻人创业的机遇，也需要年轻人具有新时代的创业精神。美国麻省理工学院(MIT)的校训是：博大的胸怀，敢当先锋的精神，企业家的欲望。大学生如果要成为一个企业家，就不能在象牙塔里瞎琢磨，必须进行创业的实践。

(六) 创建学习型组织，促进人力资本自我优化

未来最成功的企业将是一种新型的组织——能够使企业所有的成员全身心投入。因为人力资本与其他资本不一样，在一种环境中可以增值，但在另外的环境中也可以贬值。增值的环境就是学习型组织，帮助人力资本增值，它可以使人力资本持续地自我优化，这就是要建立全球化、弹性组合、永不休止、高效能的人才团队。

学习型的组织与个体学习最大的区别在于：第一，对个人而言，认识到知识只有在互相学习中间才能得到发展，也只有通过使用知识才能派生出更多的新知识。知识交流范围越广，学习的效果就越好；共享知识越多，知识拥有者获得的收益就越大。第二，对组织而言，必须将学习化为组织的日常行动，以主动学习代替被动学习、团队学习代替个人学习、系统学习代替零星式学习。

学习型组织的运行要点是：

一是营造有利于员工生成、交流、验证知识的宽松环境。减少知识流通中的环节，提供员工友好交流的机会，如专题研讨会、茶会、内部咖啡馆、集体旅游等，许多科研生产中的问题都是通过这种非正式的联系解决的。在这种合作学习的过程中间，一切都有可能发生，因为灵感只能在宽松的环境中萌发，只能从心灵激荡、非编码知识相互碰撞中间才能萌发。

二是要建立一个内部信息网，便于员工进行知识交流，使每个员工通过网络来填充知识和信息，每个员工的知识都成为企业系统知识平台的组成部分，这样就将分散在各个员工头脑中的零星知识资源，整合成强有力的知识力量。这就是企业在网络经济时代的核心能力。

三是要制定各种激励政策，鼓励员工进行知识交流。如果员工为了保证自己在企业中地位而隐瞒知识，或者企业文化中的等级观念对知识共享造成障碍(这在中国许多企业中大量存在)，这对企业的发展是极为不利的。因为这不是学习型企业，不能提供相互学习的机会，而企业采取期权激励、认股证制度就能对企业的知识创新进行有效的激励。比方说某员工持有企业未来百分之几的认股证，这个认股证有可能使他在几年以后成为千万富翁，能实现个人财富的最高梦想，这个时候他就根本没有必要隐瞒自己的知识，他只有贡献自己的知识与人共享，他所持的股票才能增值，这就创造了知识共享的机制，这就是期权制可以达到的目标。

四是要利用各种知识数据库、专利数据库存放知识、积累知识，而且全天候向员工开发。创新的灵感随时随地都会产生，使知识从隐性向显性转化，需要创造便于信息共享的环境。要放松对员工在知识应用方面的控制，鼓励员工在企业内部进行个人创业，促进知识应用，知识只有在运用中才能增值。美国社会学家奈斯比特有句名言：创新自下而上，风尚自上而下。学习的风尚、创业应由企业领导带头形成风尚自上而下扩散，而创新的成果萌发于企业职工的学习过程，能自下而上地升级。

五是要最充分地利用外部知识网络、专家网络、行业主管部门信息网络、供应商网络、经销商网络、合作机构网络、技术源等网络。要高度利用这些网络将零星的知识进行整合变成个人或企业的核心创新能力。

未来的趋势是传统的物流管理将变为知识流管理，一切围绕着对知识的产生、传播和应用安排生产经营活动，这样一来就会极大地缩小制造成本和上市时间。这种管理的变革不仅适用于一个企业，而且也适用于一个城市。

（七）设立各类创意产业园区，提供企业孵化器

建设创意产业园区也是完善创意产业链发展网络经济的一个有效办法。我国一些城市正在兴起的创意产业园区，把相关的各种学术团体、企业、研发机构、工作室、工程师、艺术家等组合在同一个空间，不但降低了开发的成本，而且在相互的穿插渗透中，形成许多新的组合。在这些园区，企业之间的分工协作或者通过招商过程中有意识地引导，或者经过市场考验自发地形成，正在为城市新产业的发展贡献着积极的力量。

完善创意产业链的过程，是“价值扩散，分工协作”的过程，也是“创意产业化，产业创意化”的过程。一个创意只有和产业高度融合，才能真正体现其核心价值。加快创意产业和网络经济的发展，就是要建立这样一种机制——创新的价值得到认可和保护，并能够便利地扩散到周边产业中去，从而提升周边产业的产出价值。

首先，建设创意产业园区一般要依托一个非赢利的、具有知识“溢出”效应的“知识源”。这个“知识源”可以是大学，可以是研究机构，也可以是知名企业，甚至可以是园区自己建设的公共服务平台或专业孵化器。比如，上海在同济大学周边形成了建筑设计产业带，就是依托同济大学在建筑设计领域强大的人才资源；杭州上城区的西湖创意谷，同样依托中国美术学院的人才资源。“知识源”形成了，创意企业就会不请自来，因为在这里，他们比较容易找到在市场上稀缺的人才，也比较容易了解这个领域内最前沿的研究成果，能够大大降低交易费用。

其次，建设创意产业园区要有明确的产业定位，但又要避免产业结构过于单一。有些城市在短短一年多时间内，一哄而起建设了数十家创意产业园。园区建设好了，招商却成了难题，于是只要是和创意沾边的企业，甚至用创意的概念包装了一下的传统制造企业，也都引进了园区。创意产业涉及的门类众多，结果只能成为“大杂烩”，不仅影响园区环境，而且也损害园区的品牌和发展前景。

同时，园区在引进企业的时候，也要注意企业之间的互补交叉，如果园区产业结构过于单一，也就难以发挥集群的作用。集群内企业之间业务存在互补，能够形成内部配套的产业链条，这是产业集群的重要特征。创意产业园区虽然不可能像传统产业的集群一样，从研发设计、生产制造到销售服务，贯穿整个产业链条，但在产业链的高端，同样可以分成若干个环节，由不同的企业来合作完成。比如服装设计的企业，自己的品牌形象设计却要请相邻的一家视觉艺术设计企业来完成；一家动漫企业创作了一部动漫游戏，但衍生产品的开发却授权给园区内的其他两家企业进行。相互关联又不同类型的创意企业或网络经济同在一个园区，还能激发设计师、营销商之间思想的碰撞，从而产生新的创意。

最后，建设创意产业园区，要形成一套适合于创意产业发展的机制。许多知名的创意产业园区，像北京的798、上海的8号桥等，已经以其独特的艺术风格成为城市的一道风景。但建设创意产业园区，不能只注重漂亮的外在形象，真正使创意园区独具魅力的，是内在的机制。在创意产业园区里，管委会的职能不仅仅是提供物业管理、改善基础设施等，更重要的是构建一个交流沟通的平台和孵化器的功能，通过这个平台，园区内的艺术家、设计师能够便捷、愉快地交流，激发各自创意的灵感。园区布局、空间设计甚至管理方式，都要从是否有利于形成开放交流的氛围出发。

总之，作为沿海开放城市——杭州要突破资源、能源诸方面的发展瓶颈，必须转变增长方式和发展模式，选择以人力资本密集型的发展战略。而要实施人力资本密集型战略，一定要从市情的系统分析入手，把握网络经济和创意产业发展的内在规律，着眼于激发人才的活力和潜力，从改革教育培训方式，优化城市创业环境，科学编制城市新产业发展规划，变革企业的组织结构与管理模式，创建学习型组织和促进人力资本的自我优化等方面的认真落实，才能贯彻落实科学的发展观，突破资源环境的压力，进一步繁荣城市经济。

（本文系作者于2000年5月7日在杭州“走向21世纪高级讲座”第二期所作演讲的修改稿）

主要参考文献

[1] 周干峙．发展我国大城市交通的研究．北京：中国建筑工业出版社，1997.

[2] 吴良镛．吴良镛城市规划研究论文集．北京：清华大学出版社，1996.

[3] 吴良镛．人居环境科学导论．北京：中国建筑工业出版社，2001.

[4] 张兵．城市规划实效论．北京：中国人民大学出版社，1998.

[5] 孙施文、邓永成．城市规划作用的研究．上海：同济大学出版社，1996.

[6] 金经元．近现代西方人本主义城市规划思想家．北京：中国城市出版社，1998.

[7] 郝娟．西欧城市规划理论与实践．天津：天津大学出版社，1997.

[8] 同济大学．城市规划原理．北京：中国建筑工业出版社，1991.

[9] 齐康．城市环境规划设计与方法．北京：中国建筑工业出版社，1999.

[10] 谢小蕙等．城市经济学．北京：清华大学出版社，1996.

[11] 王德禄等．知识管理——竞争力之源．南京：江苏人民出版社，1999.

[12] 仇保兴．地区形象理论及应用．北京：红旗出版社，1995.

[13] 仇保兴．小企业集群研究．上海：复旦大学出版社，1999.

[14] 仇保兴．让权力在阳光下运行．北京：红旗出版社，2000.

[15] 仇保兴．人才·体制·环境——区域经济转型与对策选择．杭州：浙江人民出版社，2000.

[16] 仇保兴．金华市城乡一体化发展规划．杭州：浙江大学出版社，1999.

[17] 重庆建筑大学城规学院45周年院庆学术丛书：教师学术论文集．北京：中国建筑工业出版社，1997.

[18] 王受之．当前商业住宅区的规划与设计——新都市主义论．北京：中国建筑工业出版社，2001.

[19] 杨小凯、张永生．新兴古典经济学和超边际分析．北京：中国人民大学出版社，2000.

[20] 倪鹏飞．中国城市竞争力理论与实证分析．北京：中国经济出版社，2001.

[21] 张斌等．城市设计与环境艺术．天津：天津大学出版社，2000.

[22] 段进．城市空间发展论．南京：江苏科学技术出版社，1999.

[23] 陈友华．城市规划概论．上海：上海科学技术出版社，2000.

［24］ 赵和生. 城市规划与城市发展. 南京：东南大学出版社，1999.

［25］ 任致远. 21世纪城市规划管理. 南京：东南大学出版社，2000.

［26］ 董卫等. 可持续发展的城市与建筑设计. 南京：东南大学出版社，1999.

［27］ 刘滨谊. 现代景观规划设计. 南京：东南大学出版社，1999.

［28］ 阳建强. 现代城市更新. 南京：东南大学出版社，1999.

［29］ 张京祥. 城镇群体空间组合. 南京：东南大学出版社，2000.

［30］ 杨贵庆. 城市社会心理学. 上海：同济大学出版社，2000.

［31］ 马光等. 环境与可持续发展导论. 北京：科学出版社，2000.

［32］ 王景慧等. 历史文化名城保护理论与规划. 上海：同济大学出版社，1999.

［33］ 林广等. 成功与代价：中外城市化比较新论. 南京：东南大学出版社，2000.

［34］ 张曾芳等. 运行与嬗变：城市经济运行规划新论. 南京：东南大学出版社，2000.

［35］ 李其荣. 对立与统一：城市发展历史逻辑新论. 南京：东南大学出版社，2000.

［36］ 刘君德等. 制度与创新：中国城市制度的发展与改革新论. 南京：东南大学出版社，2000.

［37］ 张鸿雁. 侵入与接替：城市社会结构变迁新论. 南京：东南大学出版社，2000.

［38］ 王祥荣. 生态与环境：城市可持续发展与生态环境控制新论. 南京：东南大学出版社，2000.

［39］ 顾朝林等. 集聚与扩散：城市空间结构新论. 南京：东南大学出版社，2000.

［40］ 叶骁军等. 控制与系统新论. 南京：东南大学出版社，2000.

［41］ 叶南客等. 战略与目标：城市管理系统与操作系统. 南京：东南大学出版社，2000.

［42］ 任平. 时尚与冲突：城市文化结构与功能新论. 南京：东南大学出版社，2000.

［43］ 靳润成. 中国城市化之路. 上海：学林出版社，1999.

［44］ 鲍世行. 山水城市与建筑科学. 北京：中国建筑工业出版社，1999.

［45］ 罗哲文. 罗哲文古建筑文集. 北京：文物出版社，1998.

［46］ 孙宗文. 中国建筑与思考. 南京：江苏科学技术出版社，2000.

［47］ 刘育东. 建筑的涵意. 天津：天津大学出版社，1999.

［48］ 杨永生. 建筑百家言. 北京：中国建筑工业出版社，1998.

［49］ 崔功豪主编. 中国城镇发展研究. 北京：中国建筑工业出版社，1992.

［50］ 顾朝林. 中国城镇体系——历史·现状·展望. 北京：商务印书馆，1992.

［51］ 汪德华. 中国城市规划40年. 东北城市规划信息中心，1990.

[52] [美] 斯蒂格利茨. 政府为什么干预经济. 北京：中国物资出版社，1998.
[53] [法] 让-保罗·拉卡兹. 城市规划方法. 北京：商务印书馆，1996.
[54] [英] 哈耶克. 自由秩序原理. 邓正来译. 上海：生活·读书·新知三联书店，1997.
[55] [英] 哈耶克. 通向奴役之路. 北京：中国社会科学出版社，1996.
[56] [古希腊] 亚里斯多德. 政治学. 北京：商务印书馆，1983.
[57] [美] 刘易斯·芒福德. 城市发展史. 倪文彦、宋峻岭译. 北京：中国建筑工业出版社，1989.
[58] [美] 马斯洛. 动机与人格. 北京：华夏出版社，1987.
[59] [美] 詹姆斯·马丁(James Martin). 生存之路——计算机引发的全新经营革命. 北京：清华大学出版社，1997.
[60] [美] 威廉姆斯. 交易费用经济学. 见陈郁：企业制度与市场组织. 上海：生活·读书·新知三联书店，1996.
[61] [日] 关满博. 东亚新时代的日本经济——超越"全套型"产业结构. 上海：上海译文出版社，1997.
[62] [英] 埃比尼·泽霍华德. 明日的田园城市. 北京：商务印书馆，2000.
[63] [美] 埃罗·沙里宁. 城市：它的发展、衰败与未来. 北京：中国建筑工业出版社，1986.
[64] [英] P·霍尔. 城市和区域规划. 北京：中国建筑工业出版社，1985.
[65] [英] W·鲍尔. 城市的发展过程. 北京：中国建筑工业出版社，1981.
[66] [美] E·D·培根等. 城市设计. 北京：中国建筑工业出版社，1989.
[67] [波] W·奥斯特罗夫斯. 现代城市建设. 北京：中国建筑工业出版社，1986.
[68] [英] P·霍尔. 世界大城市. 北京：中国建筑工业出版社，1982.
[69] [美] 帕克等. 城市社会学：芝加哥学派城市研究论文集，北京：华夏出版社，1987.
[70] [英] M·帕西昂. 当代城市的困扰和出路，重庆：重庆出版社，1989.
[71] [德] G·阿尔伯斯. 城市规划与实践概论，北京：科学出版社，2000.
[72] [德] 汉斯·于尔根·尤尔斯等. 大城市的未来. 北京：对外贸易教育出版社，1991.
[73] [美] 詹姆斯·特拉菲尔. 未来城. 北京：中国社会科学出版社，2000.
[74] [美] N·J·格林伍德等. 人类环境和自然系统. 北京：化学工业出版社，1987.
[75] [美] 罗伯特·文丘里. 建筑的复杂性与矛盾性. 北京：中国建筑工业出版社，1991.

[76] [英] 比尔·里斯贝罗. 现代建筑与设计. 北京：中国建筑工业出版社，1999.

[77] Hall. P. 城市和区域规划. 邹德慈、金经元译，北京：中国建筑工业出版社，1985.

[78] Sumuelson. P. A.. 经济学. 高鸿业译. 北京：商务印书馆，1991.

[79] McLoughlin. J. B.. 系统方法在城市和区域规划中的作用. 王凤武译. 北京：中国建筑工业出版社，1988.

[80] 吴良镛. 面对城市规划"第三个春天"的冷静思考. 城市规划，2002 年，第 2 期.

[81] 敬东. 新土地管理法对城市规划法的影响. 城市规划汇刊，1999 年，第 5 期.

[82] 梁鹤年. 规划战略：来自生态学的启发. 城市规划，2000 年，第 5 期.

[83] 吴志强. 百年现代城市规划中不变的精神与责任，城市规划. 1999 年，第 1 期.

[84] 夏勇. 法治与公法，读书杂志，2002 年，第 5 期.

[85] 唐子来. 英国规划核心法的历史演进过程. 国外城市规划，2000 年，第 1 期.

[86] 林本初、冯莹. 有关竞争力问题的理论综述. 经济学动态，2001 年，第 3 期.

[87] 文一何、树青. 看不见的城市. 新周刊，2000 年，第 6 期.

[88] 阮仪三、孙萌. 我国历史街区保护与规划的若干问题研究. 城市规划，2001 年，第 10 期.

[89] 齐康. 关于城市建筑学的思考——整体. 城市研究，2000 年，第 3 期.

[90] 蒋来文、考斯顿. 中国区域城市化水平差异原因探析. 中国人口科学，2001 年，第 1 期.

[91] 何树青、窦建. 中国城市十大败笔. 新周刊，2000 年，第 6 期.

[92] 苏珊·E·布罗迪：土地使用与城市交通规划. 国外城市规划，1996 年，第 2 期.

[93] 陈浮. 城市人居环境与满意度评价研究. 城市规划，2000 年，第 7 期.

[94] 方可. 简·雅各布斯关于城市多样性的思想及其对旧城改造的启示. 国外城市规划，1998 年，第 1 期.

[95] 渡边俊一著. 曹信受译. 欧美近代城市规划的反思. 国外城市规划，1989 年，第 4 期.

[96] 邹兵. "新都市主义"与美国社区设计的新动向. 国外城市规划，2000 年，第 2 期.

[97] 程里尧. Teamlo 的城市设计思想. 世界建筑，1987 年，第 3 期.

[98] Hightower. H. C. 1969. 转引自 Camhis. M. Planning Theory and Philosophy，1979.

[99] Leonardo Benevolo：The Origins of Modern Town Planning. The M. I. T. Press，1967.

[100] J. Schumpeter: Business Cycle. New York: Me Graw-Hill, 1939.

[101] C. A. Doxiadis. Anthropopolis City for Human Development. Greece. Athens: Athens Publishing center 24 Stratiotikou syndesmou, 1975.

[102] Pregill. Philip and Volkman. Nancy. 1993. Landscape in History. Van Nostrand Reinhold, New York.

[103] Newton. Norman T. Design on The Land: The Development of Landscape Architecture. The Belknap Press of Harvard University. Cambridge. MA. U. S. A.

[104] Aprodicio A. Laqnian for Cities in the 21st Century: Opportunities and challenges.

[105] C. A. Doxiadis. Ekistics: An Introduction to the Science of Human Settlement, 1964.

[106] Jane Jacobs: The Death and Life of Great American Cities. New York: Rondom House, 1961.

[107] Friedmann. J.. Planning in the public domain: From Knowledge to Action. Princeton University Press, 1987.

[108] Hague. C.. The development of planning thought. Hutchinson, 1984.

Banerjee. T. & Chakravory. S.. Transfer of planning technology and local political economy: A retrospective analysis of Calcutta's planning. APA Journal, No. 1. 1994.

[109] Castells. M.. ed.. High technology. space. and society. Sage, 1985.

[110] Catanese. A. J.. The politics of planning and development. Sage, 1984.

[111] Cherry. G. E.. Cities and plans: The shaping of urban Britain in the nineteenth and twentieth centuries. Edward Arnold, 1988.

[112] Roeseler. W. G.. Successful American urban plans. Lexington Books, 1982.

[113] Sarin. M.. Urban planning in the Third World: The Chandigarh experience. Mansell, 1982.

[114] Self. P.. Planning the urban region. The University of Alabama Press, 1982.

[115] Taylor. N.. Professional ethics in town planning: What is a code of professional conduct for? Town Planning Review, Vol. 63, No. 3, 1992.

[116] Willis. K. G.. ed.. Contemporary issues in town planning. Gower, 1986.

[117] Abercrombie. P. Town and Country Planning. Oxford University Press, 1959.

[118] Bourne. L. S. (ed.) Internal Structure of the City (2nd ed.). Oxford University Press, 1982.

[119] Chapin. F. S. Jr & Kaiser. E. J. Urban Land Use Planning (3rd ed.). University of Illinois Press.

[120] Donnison. D & Soto. P. The Good City: A Study of Urban Development and Policy in Britain. Heinman, 1980.

[121] Hartshorn. T. A. Interpreting the City: An Urban Geography(2nd ed.). John Wiley & Sons, 1992.

[122] Jakle. J. A. et al. Human Spatial Behavior: A Social Geography. Waveland, 1976.

[123] Jones. J. C. Design Methods: Seeds of Human Futures. John Wiley & Sons, 1980.

[124] Meier. M. L. A Communications Theory of Urban Growth. The MIT Press, 1962.

[125] Scoffham. E. R. The Shape of British Housing. George Godwin, 1984.

[126] Short. J. R. An Introduction to Urban Geography. Rouledge & Kgan Paul, 1984.

[127] Andrew Blowers and Bob Evans(edi). Town Planning into the 21 Century Routledge, 1997.

[128] Borja. Jordi & Castells. Manuei. Local & Global—Management of Cities in the information Age United Nations Center for Human Settlements (Habitat). Earthscan Publications Ltd. , London, 1997.

[129] Richard. T. Legate & Frederic. Stout (edi) . City Readers. Routledge, N. Y. , 1994.

[130] Sassen. S. . Cities in a World Economy. Pine Forge Press. London, 1994.

[131] Perry. M. & Kong, L. & Yuan. B. . Singapore: A Development City State. John Wiley & Sons, 1997.

[132] Knox. Paul L. & Taylor. Peter J. . (edi). World Cities in a World-System. Cambridge. University Press, 1995.

[133] Clark. David. Urban World/Global City. Routldge, 1996.

后　　记

我国正处于快速城镇化进程之中，各地涌现的新问题和新对策正以爆炸性的趋势增长，令人目不暇接。及时吸纳动态变化的数据和吸收新鲜经验已成为保持任何这一方面著作可阅读性的惟一选择，笔者也不能例外。《追求繁荣与舒适——中国典型城市规划、建设与管理的策略》自2002年5月出版以来，蒙读者们的厚爱已经数次印刷，再不修订，恐怕会误导读者。万般无奈之际，只得提笔对旧作进行逐字逐页的修改，30多个夜晚的挑灯笔耕，居然修改了1200多处，删除了自己认为过时的50页内容，新添了第十章“传统城市管理模式的矛盾与变革之道——推广数字化城管新模式，促进繁荣与舒适”和其他章节100多页的新内容。同时对书名的副标题也略作改动。

盛夏挥汗笔耕的过程中，常常浮现在我脑海中的是芒福德·路易斯之名言：“五千年的人类文明史几乎就是一部人类对理想城市的不懈追求史”。而城市的“繁荣与舒适”几乎是每一个城市领导和规划、建设、管理者所追求的梦想境界。没有梦想的世界肯定暗淡无光，不切实际的追求也只能是“空想”和“瞎忙”，并意味着巨大的失败和浪费。如果本书的新版能对读者朋友们的美梦成真并防止陷入“空想”的泥淖有所裨益，就能使我心满意足矣。

作　者
2007年8月于北京
建设部大院